AF192487

EHE-08

Instrucción
de hormigón estructural

EHE-08

Instrucción
de hormigón estructural

Real Decreto 1247/2008 de 18 de julio

Garceta grupo editorial

Instrucción de hormigón estructural, EHE-08

Ministerio de Fomento
ISBN: 978-84-9372-088-9
IBERGARCETA PUBLICACIONES, S.L., Madrid 2010

Edición: 1.ª
Impresión: 1.ª
N.º de páginas: 664
Formato: 20 × 26 cm

Materia CDU: 691 Materiales de construcción y componentes.

Reservados los derechos para todos los países de lengua española. De conformidad con lo dispuesto en el artículo 270
y siguientes del código penal vigente, podrán ser castigados con penas de multa y privación de libertad quienes reprodujeren o plagiaren,
en todo o en parte, una obra literaria, artística o científica fijada en cualquier tipo de soporte sin la preceptiva autorización.
Ninguna parte de esta publicación, incluido el diseño de la cubierta, puede ser reproducida, almacenada o trasmitida de ninguna forma,
ni por ningún medio, sea éste electrónico, químico, mecánico, electro-óptico, grabación, fotocopia o cualquier otro,
sin la previa autorización escrita por parte de la editorial.

Diríjase a CEDRO (Centro Español de Derechos Reprográficos), www.cedro.org, si necesita fotocopiar
o escanear algún fragmento de esta obra.

COPYRIGHT © 2010 IBERGARCETA PUBLICACIONES, S.L.
info@ibergarceta.es

Instrucción de hormigón estructural, EHE-08
Ministerio de Fomento
1.ª edición, 1.ª impresión

OI: 13/2009
ISBN: 978-84-9372-088-9
Deposito Legal: M-28326-2009

Impresión:
PRINT HOUSE, S.A.

IMPRESO EN ESPAÑA - PRINTED IN SPAIN

Nota sobre enlaces a páginas web ajenas: Este libro puede incluir referencias a sitios web gestionados por terceros y ajenos a
IBERGARCETA PUBLICACIONES, S.L., que se incluyen sólo con finalidad informativa. IBERGARCETA PUBLICACIONES, S.L.,
no asume ningún tipo de responsabilidad por los daños y perjuicios derivados del uso de los datos personales que pueda hacer
un tercero encargado del mantenimiento de las páginas web ajenas a IBERGARCETA PUBLICACIONES, S.L., y del funcionamiento,
accesibilidad y mantenimiento de los sitios web no gestionados por IBERGARCETA PUBLICACIONES, S.L., directamente.
Las referencias se proporcionan en el estado en que se encuentran en el momento de publicación sin garantías, expresas o implícitas,
sobre la información que se proporcione en ellas.

contenido

contenido   contenido   contenido   contenido   contenido

índice
de búsqueda rápida

índice de búsqueda rápida   índice de búsqueda rápida

TÉRMINO	PÁGINA

B

C

I

J

R

Real Decreto 1247/2008

de 18 de julio, por el que se aprueba la instrucción de hormigón estructural (EHE-08)

Las estructuras constituyen un elemento fundamental para conseguir la necesaria seguridad de las construcciones que en ellas se sustentan, tanto de edificación como de ingeniería civil, y en consecuencia, la de los usuarios que las utilizan.

Entre los diferentes materiales que se emplean en su construcción, el hormigón es el más habitual, por lo que el proyecto y la construcción de estructuras de hormigón cobra una especial relevancia en orden a la consecución de dicha seguridad.

La Instrucción de hormigón estructural (EHE), aprobada por Real Decreto 2661/1998, de 11 de diciembre, a la que sustituye la que se aprueba por este real decreto, ha venido constituyendo, desde su entrada en vigor, el marco en el que se establecen los requisitos a tener en cuenta en el proyecto y ejecución de estructuras de hormigón, tanto de edificación como de ingeniería civil, con el objeto de lograr los niveles de seguridad adecuados a su finalidad.

Durante el tiempo transcurrido desde la aprobación de la EHE, se han producido una serie de novedades de carácter técnico y reglamentario que afectan al contenido de dicha Instrucción y que han aconsejado su actualización. Así, en el ámbito europeo, el Comité Europeo de Normalización ha desarrollado notablemente el programa de eurocódigos estructurales y, en particular, el grupo de normas EN-1992 «Eurocódigo 2. Proyecto de estructuras de hormigón». Además, se ha experimentado un gran avance en la implantación del marcado CE para los productos de construcción, en virtud de lo dispuesto en la Directiva 89/106/CEE del Consejo, de 21 de diciembre de 1988, relativa a la aproximación de las disposiciones legales, reglamentarias y administrativas de los Estados miembro sobre los productos de construcción, transpuesta por el Real Decreto 1630/1992, de 29 de diciembre, que ha dado lugar a que en muchos casos ya esté vigente dicho marcado para diferentes productos de construcción considerados en la EHE: Áridos, cementos, adiciones, aditivos, elementos prefabricados, sistemas de aplicación del pretensado, etc.

En el ámbito interno, cabe destacar la entrada en vigor de nuevas reglamentaciones técnicas, como el Código Técnico de la Edificación, aprobado por Real Decreto 314/2006, de 17 de marzo; la Norma de Construcción Sismorresistente: Parte general y edificación (NCSE-02) y la Norma de Construcción Sismorresistente: Puentes (NCSP-07), aprobadas, respectivamente, por Real Decreto 997/2002, de 27 de septiembre, y por Real Decreto 637/2007, de 18 de mayo, así como la Instrucción para la recepción de cementos (RC-08), aprobada por Real Decreto 956/2008, de 6 de junio.

Las novedades antes citadas, junto con la experiencia adquirida en la aplicación de la Instrucción de hormigón estructural hasta ahora vigente, han motivado que la Comisión Permanente del Hormigón, órgano colegiado regulado por el Real Decreto 1177/1992, de 2 de octubre, haya elaborado una propuesta para su revisión en uso de las funciones que se atribuyen a dicho órgano en el artículo 3 del citado real decreto, habiendo propuesto su aprobación.

La nueva Instrucción, de carácter eminentemente técnico, adopta un enfoque prestacional, que hace más explícito el tradicionalmente empleado en anteriores instrucciones, lo que permite no limitar la gama de posibles soluciones o el uso de nuevos productos y técnicas innovadoras. Para ello, establece y cuantifica unas exigencias de forma que puedan ser objeto de comprobación y cuyo cumplimiento acredita el de los requisitos exigibles a las estructuras para la consecución de la necesaria seguridad. Este enfoque se alinea con el que se plantea en el Código Técnico de la Edificación, así como en otras reglamentaciones técnicas y, por otra parte, también adopta el sistema de seguridad de las normas europeas «Eurocódigos estructurales».

Por lo tanto, la nueva Instrucción se configura como un marco de unicidad técnica coherente con el establecido en la normativa técnica europea y armonizado con las disposiciones relativas a la libre circulación de productos de construcción dentro del mercado único europeo, en particular con la Directiva 89/106/CEE.

El nuevo texto de la Instrucción profundiza en el tratamiento de la durabilidad de las estructuras de hormigón, incluyendo procedimientos para la estimación de su vida útil, con objeto de disminuir las patologías derivadas de la agresividad del ambiente en que se ubica la estructura. También revisa el planteamiento de gestión de la calidad a realizar en la obra, incorporando sistemas que permitan reducir los ensayos en la misma, a la vez que intensifica las inspecciones a realizar sobre aquellos procesos que pudieran tener mayor trascendencia tanto en la ejecución de la estructura como en su comportamiento.

Asimismo, la Instrucción fomenta la incorporación de criterios de sostenibilidad al proyecto y ejecución de la estructura mediante algunos aspectos novedosos, como la consideración de criterios medioambientales, la prevención de impactos sobre el medio ambiente durante la ejecución de la estructura, el empleo de hormigones reciclados, el uso de subproductos industriales como materiales componentes del hormigón y el establecimiento de un índice de contribución de la estructura a la sostenibilidad que permita la comparación en este ámbito de posibles alternativas de proyecto.

Adicionalmente, la nueva Instrucción contempla el uso de nuevos materiales y tecnologías que se han venido consolidando en la construcción de estructuras de hormigón, como los hormigones autocompactantes, los hormigones de fibras o los hormigones con áridos ligeros.

Por otra parte, los forjados prefabricados, cuyo proyecto y ejecución quedaba regulado en la «Instrucción para el proyecto y la ejecución de forjados unidireccionales de hormigón estructural realizados con elementos prefabricados (EFHE)», aprobada por Real Decreto 642/ 2002, de 5 de julio, se incorporan a la nueva Instrucción al tratarse de elementos que están incluidos en el ámbito del hormigón estructural.

Por último, el Real Decreto 1630/1980, de 18 de julio, sobre fabricación y empleo de elementos resistentes para pisos y cubiertas, establece que los sistemas de forjados o estructuras para pisos y cubiertas que pretendan industrializarse para su empleo en edificación deberán disponer de autorizaciones de uso. Sin embargo, en aplicación de la Directiva 89/106/CEE, los elementos prefabricados de hormigón que forman parte de dichos sistemas, en la medida que las normas europeas armonizadas están disponibles, deben ostentar el correspondiente marcado CE, que acredita que el producto que lo exhibe es idóneo para el uso al que se destina y, por lo tanto, permite su libre circulación y comercialización en el ámbito europeo sin ninguna exigencia adicional. En consecuencia, aquellos elementos que estén obligados al marcado CE no requieren de la mencionada autorización de uso.

El objeto de este Real Decreto es la aprobación de la Instrucción de hormigón estructural (EHE-08), en la que se incorporan las cuestiones que, con carácter general, han sido citadas anteriormente y que suponen la adaptación de la reglamentación a los criterios imperantes en el ámbito europeo en relación con los requisitos exigibles a las estructuras, así como la incorporación de nuevas técnicas constructivas y de nuevos materiales, incluyendo los reciclados.

En la tramitación de este Real Decreto se han cumplido los trámites establecidos en el Real Decreto 1337/1999, de 31 de julio, por el que se regula la remisión de información en materia de normas y reglamentaciones técnicas y de las reglas relativas a los servicios de la sociedad de la información en aplicación de la Directiva 98/34/CE del Parlamento Europeo y del Consejo, de 22 de junio.

Asimismo, este Real Decreto se adopta a iniciativa de la Comisión Permanente del Hormigón.

En su virtud, a propuesta de los Ministros de Fomento, de Industria, Turismo y Comercio y de Vivienda, y previa deliberación del Consejo de Ministros en su reunión del día 18 de julio de 2008,

DISPONGO:

Artículo único. *Aprobación de la Instrucción de Hormigón Estructural (EHE-08).*

Se aprueba la «Instrucción de Hormigón Estructural (EHE-08)», que se inserta a continuación.

Disposición adicional primera. *Aplicación del Real Decreto 1630/1980, de 18 de julio, sobre fabricación y empleo de elementos resistentes para pisos y cubiertas.*

En el caso de elementos resistentes para pisos y cubiertas que incluyan elementos prefabricados de hormigón que deban ostentar obligatoriamente el marcado CE, no será exigible la autorización de uso a que hace referencia el Real Decreto 1630/1980, de 18 de julio, sobre fabricación y empleo de elementos resistentes para pisos y cubiertas.

Disposición adicional segunda. *Normativa de prevención de riesgos laborales.*

En lo relativo a los aspectos de prevención de riesgos laborales que deben tenerse en cuenta en el proyecto y ejecución de las estructuras y elementos estructurales de hormigón, se estará a lo dispuesto en la normativa específica de seguridad y salud sobre la materia y, en particular, a lo establecido en el Real Decreto 1627/1997, de 24 de octubre, por el que se establecen disposiciones mínimas de seguridad y salud en las obras de construcción.

Disposición transitoria única. *Aplicación a proyectos y obras.*

Lo dispuesto en este Real Decreto no será de aplicación a los proyectos cuya orden de redacción o de estudio, en el ámbito de las Administraciones Públicas, o encargo, en otros casos, se hubiese efectuado con anterioridad a su entrada en vigor, ni a las obras de ellos derivadas, siempre que éstas se inicien en un plazo no superior a un año para las obras de edificación, ni a tres años para las de ingeniería civil, desde dicha entrada en vigor.

Disposición derogatoria única. *Derogación normativa.*

1. A la entrada en vigor de este Real Decreto, quedan derogadas las disposiciones siguientes:

   a) Real Decreto 2661/1998, de 11 de diciembre, por la que se aprueba la Instrucción de Hormigón Estructural (EHE), modificado por el Real Decreto 996/1999, de 11 de junio.

   b) Real Decreto 642/2002, de 5 de julio, por el que se aprueba la «Instrucción para el proyecto y la ejecución de forjados unidireccionales de hormigón estructural realizados con elementos prefabricados (EFHE)».

2. Asimismo, quedan derogadas cuantas disposiciones de igual o inferior rango se opongan a lo establecido en este Real Decreto.

Disposición final primera. *Título competencial.*

Este Real Decreto se dicta al amparo de lo dispuesto en la regla 13.ª del artículo 149.1 de la Constitución, que atribuye al Estado la competencia en materia de bases y coordinación de la actividad económica.

Disposición final segunda. *Facultad de desarrollo.*

Se faculta al Ministro de Fomento para que pueda modificar, a propuesta de la Comisión Permanente del Hormigón, la relación de normas referenciadas en el Anejo 2 de la «Instrucción de hormigón estructural (EHE-08)», cuando dicha modificación tenga por objeto acomodar su contenido al progreso de la técnica o a la normativa comunitaria, así como para dictar las disposiciones necesarias para el desarrollo y aplicación de este Real Decreto.

Disposición final tercera. *Entrada en vigor.*

El presente Real Decreto entrará en vigor el uno de diciembre de dos milocha.

Dado en Madrid, el 18 de julio de 2008.

JUAN CARLOS R.

La Vicepresidenta Primera del Gobierno y Ministra de la Presidencia,
MARÍA TERESA FERNÁNDEZ DE LA VEGA SANZ

(En suplemento aparte se publica la Instrucción de Hormigón Estructural EHE-08).

capítulo I

Principios generales

Artículo 1.º Objeto

Esta Instrucción de Hormigón Estructural, EHE, es el marco reglamentario por el que se establecen las exigencias que deben cumplir las estructuras de hormigón para satisfacer los requisitos de seguridad estructural y seguridad en caso de incendio, además de la protección del medio ambiente, proporcionando procedimientos que permiten demostrar su cumplimiento con suficientes garantías técnicas.

Las exigencias deben cumplirse en el proyecto y la construcción de las estructuras de hormigón, así como en su mantenimiento.

Esta Instrucción supone que el proyecto, construcción y control de las estructuras que constituyen su ámbito de aplicación son llevados a cabo por técnicos y operarios con los conocimientos necesarios y la experiencia suficiente. Además, se da por hecho que dichas estructuras estarán destinadas al uso para el que hayan sido concebidas y serán adecuadamente mantenidas durante su vida de servicio.

La notación, las unidades y la terminología empleadas en esta Instrucción son las indicadas en el Anejo 1.

Artículo 2.º Ámbito de aplicación

Esta Instrucción es de aplicación a todas las estructuras y elementos de hormigón estructural, de edificación o de ingeniería civil, con las excepciones siguientes:

— los elementos estructurales mixtos de hormigón y acero estructural y, en general, las estructuras mixtas de hormigón estructural y otro material de distinta naturaleza con función resistente;
— las estructuras en las que la acción del pretensado se introduce mediante armaduras activas fuera del canto del elemento;
— las estructuras realizadas con hormigones especiales no considerados explícitamente en esta Instrucción, tales como los pesados, los refractarios y los compuestos con, serrines u otras sustancias análogas;

— las estructuras que hayan de estar expuestas normalmente a temperaturas superiores a 70 °C;

— las tuberías de hormigón empleadas para la distribución de cualquier tipo de fluido, y

— las presas.

Los elementos de hormigón estructural pueden ser construidos con hormigón en masa, armado o pretensado.

Cuando, en función de las características de la estructura, exista reglamentación específica de acciones, esta Instrucción se aplicará complementariamente a la misma.

Cuando a la vista de las características de la obra, definidas por la Propiedad, la estructura pueda considerarse como una obra especial o singular, esta Instrucción será de aplicación con las adaptaciones y disposiciones adicionales que, bajo su responsabilidad, establezca el Autor del proyecto para satisfacer las exigencias definidas en esta Instrucción, con su mismo nivel de garantía.

Artículo 3.° Consideraciones generales

Todos los agentes que participan en el proyecto, construcción, control y mantenimiento de las estructuras de hormigón en el ámbito de esta Instrucción, están obligados a conocer y aplicar la misma.

Para asegurar que una estructura de hormigón satisface los requisitos establecidos en el Artículo 5° de esta Instrucción, los agentes que intervengan deben comprobar el cumplimiento de las exigencias que se establecen en la misma para el proyecto, la ejecución, el control y el mantenimiento de la estructura.

Para justificar que la estructura cumple las exigencias que establece esta Instrucción, el Autor del Proyecto y la Dirección Facultativa podrán:

a) adoptar soluciones técnicas que sean conformes con los procedimientos que contempla esta Instrucción, cuya aplicación es suficiente para acreditar el cumplimiento de las exigencias establecidas en la misma, o

b) adoptar soluciones alternativas que se aparten parcial o totalmente de los procedimientos contemplados en esta Instrucción. Para ello, el Autor del Proyecto y la Dirección Facultativa pueden, en uso de sus atribuciones, bajo su personal responsabilidad y previa conformidad de la Propiedad, adoptar soluciones alternativas (mediante sistemas de cálculo, disposiciones constructivas, procedimientos de control, etc., diferentes), siempre que se justifique documentalmente que la estructura cumple las exigencias de esta Instrucción porque sus prestaciones son, al menos, equivalentes a las que se obtendrían por la aplicación de los procedimientos de ésta.

Artículo 4.° Condiciones generales

4.1. Condiciones administrativas

En el ámbito de aplicación de esta Instrucción, podrán utilizarse productos de construcción que estén fabricados o comercializados legalmente en los Estados miembros de la Unión Europea y en los Estados firmantes del Acuerdo sobre el Espacio Económico Europeo, y siempre que dichos productos, cumpliendo la normativa de cualquiera de dichos Estados, aseguren, en cuanto a la seguridad y el uso al que están destinados, un nivel equivalente al que exige esta Instrucción.

Dicho nivel de equivalencia se acreditará conforme a lo establecido en el artículo 4.2 o, en su caso, en el artículo 16 de la Directiva 89/106/CEE del Consejo, de 21 de diciembre de 1988, relativa a la aproximación de las disposiciones legales, reglamentarias y administrativas de los Estados miembros sobre los productos de construcción.

Lo dispuesto en los párrafos anteriores será también de aplicación a los productos de construcción fabricados o comercializados legalmente en un Estado que tenga un Acuerdo de asociación aduanera con la Unión Europea, cuando ese Acuerdo reconozca a esos productos el mismo tratamiento que a los fabricados o comercializados en un Estado miembro de la Unión Europea. En estos casos el nivel de equivalencia se constatará mediante la aplicación, a estos efectos, de los procedimientos establecidos en la mencionada Directiva.

A los efectos de esta Instrucción, debe entenderse que las normas UNE, UNE-EN o UNE-EN ISO mencionadas en el Articulado, se refieren siempre a las versiones que se relacionan en el Anejo 2, salvo en el caso de normas UNE-EN que sean transposición de normas EN cuya referencia haya sido publicada en el Diario Oficial de la Unión Europea, en el marco de aplicación de la Directiva 89/106/CEE sobre productos de construcción, en cuyo caso la cita se deberá relacionar con la última Comunicación de la Comisión que incluya dicha referencia.

Los distintivos de calidad voluntarios que faciliten el cumplimiento de las exigencias de esta Instrucción podrán ser reconocidos por las Administraciones Públicas competentes en el ámbito de la construcción pertenecientes a cualquier Estado miembro del Espacio Económico Europeo y podrán referirse al proyecto de la estructura, a los productos, a los procesos para su construcción o a la consideración de criterios medioambientales.

4.2. Condiciones técnicas para la conformidad con esta Instrucción

4.2.1. Condiciones técnicas de los productos, equipos y sistemas

Los materiales y los productos de construcción que se incorporen con carácter permanente a las estructuras (hormigón, cemento, áridos, acero corrugado, armaduras elaboradas, sistemas de pretensado, elementos prefabricados, etc) deberán presentar las características suficientes para que la estructura cumpla las exigencias de esta Instrucción, para lo que deberá comprobarse su conformidad de acuerdo con los criterios establecidos en el Título 8º.

Las características de los materiales empleados, en su caso, para la elaboración de los productos a los que hace referencia el párrafo anterior, deberán permitir que éstos, tras su elaboración, en su caso, cumplan las exigencias de esta Instrucción, por lo que deberán cumplir las especificaciones establecidas para dichos materiales.

4.2.2. Condiciones técnicas del proyecto

El proyecto deberá describir la estructura, justificando la solución adoptada y definiendo las exigencias técnicas de las obras de ejecución con el detalle suficiente para que puedan valorarse e interpretarse inequívocamente durante su ejecución.

En particular, el proyecto definirá las obras proyectadas con el detalle adecuado, de modo que pueda comprobarse explícitamente que las soluciones adoptadas cumplen las exigencias de esta Instrucción y del resto de la reglamentación técnica que le fuera aplicable. Esta definición incluirá, al menos, la siguiente información:

a) las características técnicas de cada unidad de obra, con indicación de las condiciones para su ejecución y las verificaciones y controles a realizar para comprobar su conformidad con lo indicado en el proyecto,

b) las características técnicas mínimas que deben cumplir los productos, equipos y sistemas que se incorporen de forma permanente a la estructura proyectada, así como sus condiciones de suministro, las garantías de calidad y el control de recepción que deba realizarse.

A la vista de las posibles mayores garantías técnicas y de trazabilidad que puedan estar asociadas a los distintivos de calidad, el Autor del proyecto valorará la inclusión en el correspondiente pliego de prescripciones técnicas particulares, de la exigencia de emplear materiales, productos y procesos que dispongan de un nivel de garantía adicional conforme con el Anejo 19 de esta Instrucción.

c) las verificaciones y pruebas de carga que, en su caso, deban realizarse sobre la estructura construida, y

d) las instrucciones de uso y mantenimiento de la estructura.

4.2.3. Condiciones técnicas de la ejecución

Las obras de ejecución de la estructura se llevarán a cabo con sujeción al proyecto y a las modificaciones que, bajo su responsabilidad y en uso de sus atribuciones, autorice la Dirección Facultativa, con la conformidad, en su caso, de la Propiedad. Además, deberán ser conformes a las instrucciones de la Dirección Facultativa, a la reglamentación que sea aplicable y a las normas de buena práctica constructiva.

Durante la construcción, se desarrollarán las actividades de control necesarias para comprobar la conformidad de los procesos empleados en la ejecución, la conformidad de los materiales y productos que lleguen a la obra, así como la conformidad de aquéllos que se preparen en la misma con la finalidad de ser incorporados a ella con carácter definitivo.

Atendiendo a los mismos criterios de garantía expuestos en el apartado anterior, la Dirección Facultativa valorará la conveniencia de exigir productos o procesos que dispongan de un nivel de garantía adicional conforme con el Anejo 19 de esta Instrucción, aun en el caso de que tal exigencia no haya sido prevista en el proyecto.

Durante la construcción de la obra, la Dirección Facultativa elaborará la documentación que reglamentariamente sea exigible y que, como mínimo, deberá incluir una memoria que recoja las incidencias principales de la ejecución, una colección de planos que reflejen el estado final de la obra tal y como ha sido construida y la documentación correspondiente al control de calidad efectuado durante la obra, todo ello de conformidad con lo establecido en el proyecto y en esta Instrucción.

Artículo 5.º Requisitos

De conformidad con la normativa vigente, y con el fin de garantizar la seguridad de las personas, los animales y los bienes, el bienestar de la sociedad y la protección del medio ambiente, las estructuras de hormigón deberán ser idóneas para su uso, durante la totalidad del período de vida útil para la que se construye. Para ello, deberán satisfacer los requisitos siguientes:

a) seguridad y funcionalidad estructural, consistente en reducir a límites aceptables el riesgo de que la estructura tenga un comportamiento mecánico inadecuado frente a las acciones e influencias previsibles a las que pueda estar sometido durante su construcción y uso previsto, considerando la totalidad de su vida útil,

b) seguridad en caso de incendio, consistente en reducir a límites aceptables el riesgo de que los usuarios de la estructura sufran daños derivados de un incendio de origen accidental, e

c) higiene, salud y protección del medio ambiente, en su caso, consistente en reducir a límites aceptables el riesgo de que se provoquen impactos inadecuados sobre el medio ambiente como consecuencia de la ejecución de las obras.

Para la consecución de los anteriores requisitos, deberán cumplirse las exigencias que se relacionan en este artículo. Para su comprobación será suficiente, en algunos casos, la aplicación de los procedimientos incluidos en esta Instrucción, mientras que en otros, deberán ser complementados con lo establecido por otras reglamentaciones vigentes de carácter más específico en función del uso de la estructura.

En cualquier caso, la Propiedad deberá fijar previamente al inicio de proyecto, la vida útil nominal de la estructura, que no podrá ser inferior a lo indicado en las correspondientes reglamentaciones específicas o, en su defecto, a los valores recogidos en la Tabla 5.

Tabla 5. Vida útil nominal de los diferentes tipos de estructura[1]

Tipo de estructura	Vida útil nominal
Estructuras de carácter temporal[2]	Entre 3 y 10 años
Elementos reemplazables que no forman parte de la estructura principal (por ejemplo, barandillas, apoyos de tuberías)	Entre 10 y 25 años
Edificios (o instalaciones) agrícolas o industriales y obras marítimas	Entre 15 y 50 años
Edificios de viviendas u oficinas y estructuras de ingeniería civil (excepto obras marítimas) de repercusión económica baja o media	50 años
Edificios de carácter monumental o de importancia especial	100 años
Puentes y otras estructuras de ingeniería civil de repercusión económica alta	100 años

[1] Cuando una estructura esté constituida por diferentes partes, podrá adoptarse para tales diferentes valores de vida útil, siempre en función del tipo y características de la construcción de las mismas.
[2] En función del propósito de la estructura (exposición temporal, etc.). En ningún caso se considerarán como estructuras de carácter temporal aquellas estructuras de vida útil nominal superior a 10 años.

La Propiedad podrá establecer también otros requisitos adicionales, como por ejemplo, el aspecto, en cuyo caso deberá identificar previamente a la realización del proyecto las exigencias ligadas a la consecución de los citados requisitos adicionales, así como los criterios para su comprobación.

Los anteriores requisitos se satisfarán mediante un proyecto que incluya una adecuada selección de la solución estructural y de los materiales de construcción, una ejecución cuidadosa conforme al proyecto, un control adecuado del proyecto, en su caso; así como de la ejecución y de la explotación, junto con un uso y mantenimiento apropiados.

5.1. Exigencias

Las exigencias que debe cumplir una estructura de hormigón para satisfacer los requisitos son las que se relacionan a continuación.

5.1.1. Exigencias relativas al requisito de seguridad estructural

Para satisfacer este requisito, las estructuras deberán proyectarse, construirse, controlarse y mantenerse de forma que se cumplan unos niveles mínimos de fiabilidad para cada una de las exigencias que se establecen en los apartados siguientes, de acuerdo con el sistema de seguridad recogido en el grupo de normas europeas EN 1990 a EN 1999 «Eurocódigos Estructurales».

Se entiende que el cumplimiento de esta Instrucción, complementada por las correspondientes reglamentaciones específicas relativas a acciones, es suficiente para garantizar la satisfacción de este requisito de seguridad estructural.

5.1.1.1. Exigencia de resistencia y estabilidad

La resistencia y la estabilidad de la estructura serán las adecuadas para que no se generen riesgos inadmisibles como consecuencia de las acciones e influencias previsibles, tanto durante su fase de ejecución como durante su uso, manteniéndose durante su vida útil prevista. Además, cualquier evento extraordinario no deberá producir consecuencias desproporcionadas respecto a la causa original.

El nivel de fiabilidad que debe asegurarse en las estructuras de hormigón vendrá definido por su índice de fiabilidad, β_{50}, para un período de referencia de 50 años, que en el caso general, no deberá ser inferior a 3,8. En el caso de estructuras singulares o de estructuras de poca importancia, la Propiedad podrá adoptar un índice diferente.

Los procedimientos incluidos en esta Instrucción mediante la comprobación de los Estados Límite Últimos, junto con el resto de criterios relativos a ejecución y control, permiten satisfacer esta exigencia.

5.1.1.2. Exigencia de aptitud al servicio

La aptitud al servicio será conforme con el uso previsto para la estructura, de forma que no se produzcan deformaciones inadmisibles, se limite a un nivel aceptable, en su caso, la probabilidad de un comportamiento dinámico inadmisible para la confortabilidad de los usuarios y, además, no se produzcan degradaciones o fisuras inaceptables.

Se entenderá que la estructura tiene deformaciones admisibles cuando cumpla las limitaciones de flecha establecidas por las reglamentaciones específicas que sean de aplicación. En el caso de las estructuras de edificación, se utilizarán las limitaciones indicadas en el apartado 4.3.3 del Documento Básico «Seguridad Estructural» del Código Técnico de la Edificación.

Además, en ausencia de requisitos adicionales específicos (estanqueidad, etc.), las aberturas características de fisura no serán superiores a las máximas aberturas de fisura ($w_{máx}$) que figuran en la Tabla 5.1.1.2

Tabla 5.1.1.2.

Clase de exposición, según artículo 8°	$w_{máx}$ [mm]	
	Hormigón armado (para la combinación cuasipermanente de acciones)	Hormigón pretensado (para la combinación frecuente de acciones)
I	0,4	0,2
IIa, IIb, H	0,3	0,2[1]
IIIa, IIIb, IV, F, Qa[2]	0,2	Descompresión
IIIc, Qb[2], Qc[2]	0,1	

[1] Adicionalmente deberá comprobarse que las armaduras activas se encuentran en la zona comprimida de la sección, bajo la combinación cuasipermanente de acciones.

[2] La limitación relativa a la clase Q sólo será de aplicación en el caso de que el ataque químico pueda afectar a la armadura. En otros casos, se aplicará la limitación correspondiente a la clase general correspondiente.

Se entenderá que un elemento estructural tiene vibraciones admisibles cuando cumpla las limitaciones establecidas por las reglamentaciones específicas que sean de aplicación. En el caso de las estructuras de edificación, se utilizarán las limitaciones indicadas en el apartado 4.3.4 del Documento Básico «Seguridad Estructural» del Código Técnico de la Edificación.

Los procedimientos incluidos en esta Instrucción mediante la comprobación de los Estados Límite de Servicio, junto con el resto de criterios relativos a ejecución y control, permiten satisfacer esta exigencia.

El nivel de fiabilidad que debe asegurarse en las estructuras de hormigón para su aptitud al servicio, vendrá definido por su índice de fiabilidad, β_{50}, para un período de 50 años, que en el caso general, no deberá ser inferior a 1,5.

5.1.2. Exigencias relativas al requisito de seguridad en caso de incendio

Para satisfacer este requisito, en su caso, las obras deberán proyectarse, construirse, controlarse y mantenerse de forma que se cumplan una serie de exigencias, entre las que se encuentra la de resistencia de la estructura frente al fuego.

El cumplimiento de esta Instrucción no es, por lo tanto, suficiente para el cumplimiento de este requisito, siendo necesario cumplir además las disposiciones del resto de la reglamentación vigente que sea de aplicación.

5.1.2.1. Exigencia de resistencia de la estructura frente al fuego

La estructura deberá mantener su resistencia frente al fuego durante el tiempo establecido en las correspondientes reglamentaciones específicas que sean aplicables de manera que se limite la propagación del fuego y se facilite la evacuación de los ocupantes y la intervención de los equipos de rescate y extinción de incendios.

En el caso de estructuras de edificación, la resistencia al fuego requerida para cada elemento estructural viene definida por lo establecido en el Documento Básico DB-SI del Código Técnico de la Edificación.

En el Anejo 6 de esta Instrucción se proporcionan unas recomendaciones para la comprobación de la resistencia al fuego de elementos estructurales de hormigón a fin de evitar un colapso prematuro de la estructura..

5.1.3. Exigencias relativas al requisito de higiene, salud y medio ambiente

Cuando se haya establecido el cumplimiento de este requisito, las estructuras deberán proyectarse, construirse y controlarse de forma que se cumpla la exigencia de calidad medioambiental de la ejecución.

El cumplimiento de esta Instrucción es suficiente para la satisfacción de este requisito sin perjuicio del cumplimiento de las disposiciones del resto de la legislación vigente de carácter medioambiental que sea de aplicación.

5.1.3.1. Exigencia de calidad medioambiental de la ejecución

Cuando así se exija, la construcción de la estructura deberá ser proyectada y ejecutada de manera que se minimice la generación de impactos ambientales provocados por la misma, fomentando la reutilización de los materiales y evitando, en lo posible, la generación de residuos.

capítulo II
Criterios de seguridad y bases de cálculo

Artículo 6.º Criterios de seguridad

6.1. Principios

Las exigencias del requisito de seguridad y estabilidad, así como las correspondientes al requisito de aptitud al servicio pueden ser expresadas en términos de la probabilidad global de fallo, que está ligada al índice de fiabilidad, tal como se indica en 5.1.

En la presente Instrucción se asegura la fiabilidad requerida adoptando el método de los Estados Límite, tal y como establece el Artículo 8º. Este método permite tener en cuenta de manera sencilla el carácter aleatorio de las variables de solicitación, de resistencia y dimensionales que intervienen en el cálculo. El valor de cálculo de una variable se obtiene a partir de su principal valor representativo, ponderándolo mediante su correspondiente coeficiente parcial de seguridad.

Los coeficientes parciales de seguridad no tienen en cuenta la influencia de posibles errores humanos groseros. Estos fallos deben ser evitados mediante mecanismos adecuados de control de calidad que deberán abarcar todas las actividades relacionadas con el proyecto, la ejecución, el uso y el mantenimiento de una estructura.

6.2. Comprobación estructural mediante cálculo

La comprobación estructural mediante cálculo representa una de las posibles medidas para garantizar la seguridad de una estructura y es el sistema que se propone en esta Instrucción.

6.3. Comprobación estructural mediante ensayos

En aquellos casos donde las reglas de la presente Instrucción no sean suficientes o donde los resultados de ensayos pueden llevar a una economía significativa de una estructura, existe también la posibilidad de abordar el dimensionamiento estructural mediante ensayos.

Este procedimiento no está desarrollado explícitamente en esta Instrucción y por lo tanto deberá consultarse en la bibliografía especializada. En cualquier caso, la planificación, la ejecución y la valoración de los ensayos deberán conducir al nivel de fiabilidad definido por la presente Instrucción, al objeto de cumplir las correspondientes exigencias.

Artículo 7.° Situaciones de proyecto

Las situaciones de proyecto a considerar son las que se indican a continuación:

— Situaciones persistentes, que corresponden a las condiciones de uso normal de la estructura.
— Situaciones transitorias, como son las que se producen durante la construcción o reparación de la estructura.
— Situaciones accidentales, que corresponden a condiciones excepcionales aplicables a la estructura.

Artículo 8.° Bases de cálculo

8.1. El método de los Estados Límite

8.1.1. Estados Límite

Se definen como Estados Límite aquellas situaciones para las que, de ser superadas, puede considerarse que la estructura no cumple alguna de las funciones para las que ha sido proyectada.

A los efectos de esta Instrucción, los Estados Límite se clasifican en:

— Estados Límite Últimos
— Estados Límite de Servicio
— Estado Límite de Durabilidad

Debe comprobarse que una estructura no supere ninguno de los Estados Límite anteriormente definidos en cualquiera de las situaciones de proyecto indicadas en el Artículo 7°, considerando los valores de cálculo de las acciones, de las características de los materiales y de los datos geométricos.

El procedimiento de comprobación, para un cierto Estado Límite, consiste en deducir, por una parte, el efecto de las acciones aplicadas a la estructura o a parte de ella y, por otra, la respuesta de la estructura para la situación límite en estudio. El Estado Límite quedará garantizado si se verifica, con un índice de fiabilidad suficiente, que la respuesta estructural no es inferior que el efecto de las acciones aplicadas.

Para la determinación del efecto de las acciones deben considerarse las acciones de cálculo combinadas según los criterios expuestos en el Capítulo III y los datos geométricos según se definen en el Artículo 16° y debe realizarse un análisis estructural de acuerdo con los criterios expuestos en el Capítulo V.

Para la determinación de la respuesta estructural deben considerarse los distintos criterios definidos en el Título 5°, teniendo en cuenta los valores de cálculo de los materiales y de los datos geométricos, de acuerdo con lo expuesto en el Capítulo IV.

En el caso del Estado Límite de Durabilidad, se deberá clasificar la agresividad ambiental conforme al Artículo 8° de esta Instrucción y desarrollar una estrategia eficaz según el Título 4° de esta Instrucción.

8.1.2. Estados Límite Últimos

La denominación de Estados Límite Últimos engloba todos aquellos que producen el fallo de la estructura, por pérdida de equilibrio, colapso o rotura de la misma o de una parte de ella. Como Estados Límite Últimos deben considerarse los debidos a:

— fallo por deformaciones plásticas excesivas, rotura o pérdida de la estabilidad de la estructura o parte de ella;

— pérdida del equilibrio de la estructura o parte de ella, considerada como un sólido rígido;
— fallo por acumulación de deformaciones o fisuración progresiva bajo cargas repetidas.

En la comprobación de los Estados Límite Últimos que consideran la rotura de una sección o elemento, se debe satisfacer la condición:

$$R_d \geqslant S_d$$

donde:

R_d = Valor de cálculo de la respuesta estructural.

S_d = Valor de cálculo del efecto de las acciones.

Para la evaluación del Estado Límite de Equilibrio (Artículo 41°) se debe satisfacer la condición:

$$E_{d,\,estab} \geqslant E_{d,\,desestab}$$

donde:

$E_{d,\,estab}$ = Valor de cálculo de los efectos de las acciones estabilizadoras.

$E_{d,\,desestab}$ = Valor de cálculo de los efectos de las acciones desestabilizadoras.

El Estado Límite de Fatiga (Artículo 48°) está relacionado con los daños que puede sufrir una estructura como consecuencia de solicitaciones variables repetidas.

En la comprobación del Estado Límite de Fatiga se debe satisfacer la condición:

$$R_F \geqslant S_F$$

donde:

R_F = Valor de cálculo de la resistencia a fatiga.

S_F = Valor de cálculo del efecto de las acciones de fatiga.

8.1.3. Estados Límite de Servicio

La denominación de Estados Límite de Servicio engloba todos aquéllos para los que no se cumplen los requisitos de funcionalidad, de comodidad o de aspecto requeridos.

En la comprobación de los Estados Límite de Servicio se debe satisfacer la condición:

$$C_d \geqslant E_d$$

donde:

C_d = Valor límite admisible para el Estado Límite a comprobar (deformaciones, vibraciones, abertura de fisura, etc.).

E_d = Valor de cálculo del efecto de las acciones (tensiones, nivel de vibración, abertura de fisura, etc.).

8.1.4. Estado Límite de Durabilidad

Se entiende por Estado Límite de Durabilidad el producido por las acciones físicas y químicas, diferentes a las cargas y acciones del análisis estructural, que pueden degradar las características del hormigón o de las armaduras hasta límites inaceptables.

La comprobación del Estado Límite de Durabilidad consiste en verificar que se satisface la condición:

$$t_L \geqslant t_d$$

donde:

t_L = Tiempo necesario para que el agente agresivo produzca un ataque o degradación significativa.

t_d = Valor de cálculo de la vida útil.

8.2. Bases de cálculo adicionales orientadas a la durabilidad

Antes de comenzar el proyecto, se deberá identificar el tipo de ambiente que defina la agresividad a la que va a estar sometido cada elemento estructural.

Para conseguir una durabilidad adecuada, se deberá establecer en el proyecto, y en función del tipo de ambiente, una estrategia acorde con los criterios expuestos en el Capítulo VII.

8.2.1. Definición del tipo de ambiente

El tipo de ambiente al que está sometido un elemento estructural viene definido por el conjunto de condiciones físicas y químicas a las que está expuesto, y que puede llegar a provocar su degradación como consecuencia de efectos diferentes a los de las cargas y solicitaciones consideradas en el análisis estructural.

El tipo de ambiente viene definido por la combinación de:

— una de las clases generales de exposición, frente a la corrosión de las armaduras, de acuerdo con 8.2.2.
— las clases específicas de exposición relativas a los otros procesos de degradación que procedan para cada caso, de entre las definidas en 8.2.3.

En el caso de que un elemento estructural esté sometido a alguna clase específica de exposición, en la designación del tipo de ambiente se deberán reflejar todas las clases, unidas mediante el signo de adición «+».

Cuando una estructura contenga elementos con diferentes tipos de ambiente, el Autor del Proyecto deberá definir algunos grupos con los elementos estructurales que presenten características similares de exposición ambiental. Para ello, siempre que sea posible, se agruparán elementos del mismo tipo (por ejemplo, pilares, vigas de cubierta, cimentación, etc.), cuidando además que los criterios seguidos sean congruentes con los aspectos propios de la fase de ejecución.

Para cada grupo, se identificará la clase o, en su caso, la combinación de clases, que definen la agresividad del ambiente al que se encuentran sometidos sus elementos.

8.2.2. Clases generales de exposición ambiental en relación con la corrosión de armaduras

En general, todo elemento estructural está sometido a una única clase o subclase general de exposición.

A los efectos de esta Instrucción, se definen como clases generales de exposición las que se refieren exclusivamente a procesos relacionados con la corrosión de armaduras se incluyen en la Tabla 8.2.2.

En el caso de estructuras marinas aéreas, el Autor del Proyecto podrá, bajo su responsabilidad, adoptar una clase general de exposición diferente de IIIa siempre que la distancia a la costa sea superior a 500 m y disponga de datos experimentales de estructuras próximas ya existentes y ubicadas en condiciones similares a las de la estructura proyectada, que así lo aconsejen.

8.2.3. Clases específicas de exposición ambiental en relación con otros procesos de degradación distintos de la corrosión

Además de las clases recogidas en 8.2.2, se establece otra serie de clases específicas de exposición que están relacionadas con otros procesos de deterioro del hormigón distintos de la corrosión de las armaduras (Tabla 8.2.3.a).

Tabla 8.2.2. Clases generales de exposición relativas a la corrosión de las armaduras

CLASE GENERAL DE EXPOSICIÓN				DESCRIPCIÓN	EJEMPLOS
Clase	Subclase	Designación	Tipo de proceso		
No agresiva		I	Ninguno	– Interiores de edificios, no sometidos a condensaciones. – Elementos de hormigón en masa.	– Elementos estructurales de edificios, incluido los forjados, que estén protegidos de la intemperie.
Normal	Humedad alta	IIa	Corrosión de origen diferente de los cloruros	– Interiores sometidos a humedades relativas medias altas (> 65%) o a condensaciones. – Exteriores en ausencia de cloruros, y expuestos a lluvia en zonas con precipitación media anual superior a 600 mm. – Elementos enterrados o sumergidos.	– Elementos estructurales en sótanos no ventilados. – Cimentaciones. – Estribos, pilas y tableros de puentes en zonas, sin impermeabilizar con precipitación media anual superior a 600 mm. – Tableros de puentes impermeabilizados, en zonas con sales de deshielo y precipitación media anual superior a 600 mm. – Elementos de hormigón, que se encuentren a la intemperie o en las cubiertas de edificios en zonas con precipitación media anual superior a 600 mm. – Forjados en cámara sanitaria, o en interiores en cocinas y baños, o en cubierta no protegida.
	Humedad media	IIb	Corrosión de origen diferente de los cloruros	– Exteriores en ausencia de cloruros, sometidos a la acción del agua de lluvia, en zonas con precipitación media anual inferior a 600 mm.	– Elementos estructurales en construcciones exteriores protegidas de la lluvia. – Tableros y pilas de puentes, en zonas de precipitación media anual inferior a 600 mm.
Marina	Aérea	IIIa	Corrosión por cloruros	– Elementos de estructuras marinas, por encima del nivel de pleamar. – Elementos exteriores de estructuras situadas en las proximidades de la línea costera (a menos de 5 km).	– Elementos estructurales de edificaciones en las proximidades de la costa. – Puentes en las proximidades de la costa. – Zonas aéreas de diques, pantalanes y otras obras de defensa litoral. – Instalaciones portuarias.
	Sumergida	IIIb	Corrosión por cloruros	– Elementos de estructuras marinas sumergidas permanentemente, por debajo del nivel mínimo de bajamar.	– Zonas sumergidas de diques, pantalanes y otras obras de defensa litoral. – Cimentaciones y zonas sumergidas de pilas de puentes en el mar.
	En zona de carrera de mareas y en zonas de salpicaduras	IIIc	Crrosión por cloruros	– Elementos de estructuras marinas situadas en la zona de salpicaduras o en zona de carrera de mareas.	– Zonas situadas en el recorrido de marea de diques, pantalanes y otras obras de defensa litoral. – Zonas de pilas de puentes sobre el mar, situadas en el recorrido de marea.
Con cloruros de origen diferente del medio marino		IV	Corrosión por cloruros	– Instalaciones no impermeabilizadas en contacto con agua que presente un contenido elevado de cloruros, no relacionados con el ambiente marino. – Superficies expuestas a sales de deshielo no impermeabilizadas.	– Piscinas e interiores de los edificios que las albergan. – Pilas de pasos superiores o pasarelas en zonas de nieve. – Estaciones de tratamiento de agua.

Tabla 8.2.3.a. Clases específicas de exposición relativas a otros procesos de deterioro distintos de la corrosión

CLASE ESPECÍFICA DE EXPOSICIÓN				DESCRIPCIÓN	EJEMPLOS
Clase	Subclase	Designación	Tipo de proceso		
Química agresiva	Débil	Qa	Ataque químico	– Elementos situados en ambientes con contenidos de sustancias químicas capaces de provocar la alteración del hormigón con velocidad lenta (ver Tabla 8.2.3.b).	– Instalaciones industriales, con sustancias débilmente agresivas según Tabla 8.2.3.b. – Construcciones en proximidades de áreas industriales, con agresividad débil según Tabla 8.2.3.b.
	Media	Qb	Ataque químico	– Elementos en contacto con agua de mar. – Elementos situados en ambientes con contenidos de sustancias químicas capaces de provocar la alteración del hormigón con velocidad media (ver Tabla 8.2.3.b).	– Dolos, bloques y otros elementos para diques. – Estructuras marinas, en general instalaciones industriales con sustancias de agresividad media según Tabla 8.2.3.b. – Construcciones en proximidadesdeáreas industriales, con agresividad media según Tabla 8.2.3.b. – Instalaciones de conducción y tratamiento de aguas residuales con sustancias de agresividad media según Tabla 8.2.3.b.
	Fuerte	Qc	Ataque químico	– Elementos situados en ambientes con contenidos de sustancias químicas capaces de provocar la alteración del hormigón con velocidad rápida (ver Tabla 8.2.3.b).	– Instalaciones industriales, con sustancias de agresividad alta de acuerdo con Tabla 8.2.3.b. – Instalaciones de conducción y tratamiento de aguas residuales, con sustancias de agresividad alta de acuerdo con Tabla 8.2.3.b. – Construcciones en proximidades de áreas industriales, con agresividad fuerte según Tabla 8.2.3.b.
Con heladas	Sin sales fundentes	H	Ataque hielo-deshielo	– Elementos situados en contacto frecuente con agua, o zonas con humedad relativa media ambiental en invierno superior al 75%, y que tengan una probabilidad anual superior al 50% de alcanzar al menos una vez temperaturas por debajo de $-5\,^{\circ}C$.	– Construcciones en zonas de alta montaña. – Estaciones invernales.
	Con sales fundentes	F	Ataque por sales fundentes	– Elementos destinados al tráfico de vehículos o peatones en zonas con más de 5 nevadas anuales o con valor medio de la temperatura mínima en los meses de invierno inferior a $0\,^{\circ}C$.	– Tableros de puentes o pasarelas en zonas de alta montaña, en las que se utilizan sales fundentes.
	Erosión	E	Abrasión cavitación	– Elementos sometidos a desgaste superficial. – Elementos de estructuras hidráulicas en los que la cota piezométrica pueda descender por debajo de la presión de vapor del agua.	– Pilas de puente en cauces muy torrenciales. – Elementos de diques, pantalanes y otras obras de defensa litoral que se encuentren sometidos a fuertes oleajes. – Pavimentos de hormigón. – Tuberías de alta presión.

Un elemento puede estar sometido a ninguna, a una o a varias clases específicas de exposición relativas a otros procesos de degradación del hormigón.

Por el contrario, un elemento no podrá estar sometido simultáneamente a más de una de las subclases definidas para cada clase específica de exposición.

En el caso de estructuras sometidas a ataque químico (clase Q), la agresividad se clasificará de acuerdo con los criterios recogidos en la Tabla 8.2.3.b.

Tabla 8.2.3.b. Clasificación de la agresividad química

Tipo de medio agresivo	Parámetros	Tipo de exposición		
		Qa	Qb	Qc
		Ataque débil	Ataque medio	Ataque fuerte
Agua	Valor del pH, según UNE 83.952	6,5-5,5	5,5-4,5	<4,5
	CO_2 agresivo (mg CO_2/l), según UNE-EN 13.577	15-40	40-100	>100
	Ión amonio (mg NH_4^+/l), según UNE 83.954	15-30	30-60	>60
	Ión magnesio (mg Mg^{2+}/l), según UNE 83.955	300-1.000	1.000-3.000	>3.000
	Ión sulfato (mg SO_4^{2-}/l), según UNE 83.956	200-600	600-3.000	>3.000
	Residuo seco (mg/l), según UNE 83.957	75-150	50-75	<50
Suelo	Grado de acidez Baumann-Gully (ml/kg), según UNE 83.962	>200	(*)	(*)
	Ión sulfato (mg SO_4^{2-}/kg de suelo seco), según UNE 83.963)	2.000-3.000	3.000-12.000	>12.000

(*) Estas condiciones no se dan en la práctica.

capítulo III
Acciones

Artículo 9.º Clasificación de las acciones

Las acciones a considerar en el proyecto de una estructura o elemento estructural serán las establecidas por la reglamentación específica vigente o en su defecto las indicadas en esta Instrucción.

Las acciones se pueden clasificar según su naturaleza en acciones directas (cargas) e indirectas (deformaciones impuestas).

Las acciones se pueden clasificar por su variación en el tiempo en Acciones Permanentes (G), Acciones Permanentes de Valor no Constante (G^*), Acciones Variables (Q) y Acciones Accidentales (A).

Artículo 10.º Valores característicos de las acciones

10.1. Generalidades

El valor característico de una acción puede venir determinado por un valor medio, un valor nominal o, en los casos en que se fije mediante criterios estadísticos, por un valor correspondiente a una determinada probabilidad de no ser superado durante un período de referencia, que tiene en cuenta la vida útil de la estructura y la duración de la acción. Los valores característicos de las acciones son los definidos en la reglamentación específica aplicable.

10.2. Valores característicos de las acciones permanentes

Para las acciones permanentes en las cuales se prevean dispersiones importantes, o en aquellas que puedan tener una cierta variación durante el período de servicio de la estructura, se tomarán los valores característicos superior e inferior. En caso contrario es suficiente adoptar un único valor.

En general, para el peso propio de la estructura se adoptará como acción característica un único valor deducido de las dimensiones nominales y de los pesos específicos medios. Para los elementos de hormigón se tomarán las siguientes densidades:

Hormigón en masa: 2.300 kg/m^3 si $f_{ck} \leqslant 50$ N/mm^2

2.400 kg/m^3 si $f_{ck} > 50$ N/mm^2

Hormigón armado y pretensado: 2.500 kg/m^3

10.3. Valores característicos de las acciones permanentes de valor no constante

Para la determinación de las acciones reológicas, se considerarán como valores característicos los correspondientes a las deformaciones de retracción y fluencia establecidos en el Artículo 39º.

10.4. Valores característicos de la acción del pretensado

10.4.1. Consideraciones generales

En general las acciones debidas al pretensado en un elemento estructural se deducen de las fuerzas de pretensado de los tendones que constituyen su armadura activa. Estas acciones varían a lo largo de su trazado y en el transcurso del tiempo.

En cada tendón, por medio del gato o elemento de tesado utilizado, se aplica una fuerza, denominada fuerza de tesado, que a la salida del anclaje, del lado del hormigón, toma el valor de P_0, que vendrá limitado por los valores indicados en 20.2.1.

En cada sección se calculan las pérdidas instantáneas de fuerza ΔP_i y las pérdidas diferidas de fuerza ΔP_{dif}, según 20.2.2 y 20.2.3. A partir de los valores P_0, ΔP_i y ΔP_{dif}, se calcula el valor característico de la fuerza de pretensado P_k en cada sección y fase temporal según 10.4.2.

10.4.2. Valor característico de la fuerza de pretensado

El valor característico de la fuerza de pretensado en una sección y fase cualquiera es:

$$P_k = P_0 - \Delta P_i - \Delta P_{\text{dif}}$$

Artículo 11.º Valores representativos de las acciones

El valor representativo de una acción es el valor de la misma utilizado para la comprobación de los Estados Límite.

Una misma acción puede tener uno o varios valores representativos.

El valor representativo de una acción se obtiene afectando su valor característico, F_k, por un factor ψ_i.

$$\Psi_i F_k$$

Como valores representativos de las acciones se tomarán los indicados en la reglamentación específica aplicable.

Artículo 12.° Valores de cálculo de las acciones

Se define como valor de cálculo de una acción el obtenido como producto de un coeficiente parcial de seguridad por el valor representativo al que se refiere el Artículo 11°.

$$F_d = \gamma_f \Psi_i F_k$$

donde:

F_d = Valor de cálculo de la acción F.

γ_f = Coeficiente parcial de seguridad de la acción considerada.

12.1. Estados Límite Últimos

Como coeficientes parciales de seguridad de las acciones para las comprobaciones de los Estados Límite Últimos se adoptan los valores de la Tabla 12.1.a, siempre que la correspondiente reglamentación específica aplicable de acciones no establezca otros criterios.

En general, para las acciones permanentes, la obtención de su efecto favorable o desfavorable se determina ponderando todas las acciones del mismo origen con el mismo coeficiente, indicado en la Tabla 12.1.a.

Tabla 12.1.a Coeficientes parciales de seguridad para las acciones, aplicables para la evaluación de los Estados Límite Últimos

Tipo de acción	Situación persistente o transitoria		Situación accidental	
	Efecto favorable	Efecto desfavorable	Efecto favorable	Efecto desfavorable
Permanente	$\gamma_G = 1,00$	$\gamma_G = 1,35$	$\gamma_G = 1,00$	$\gamma_G = 1,00$
Pretensado	$\gamma_P = 1,00$	$\gamma_P = 1,00$	$\gamma_P = 1,00$	$\gamma_P = 1,00$
Permanente de valor no constante	$\gamma_{G^*} = 1,00$	$\gamma_{G^*} = 1,50$	$\gamma_{G^*} = 1,00$	$\gamma_{G^*} = 1,00$
Variable	$\gamma_Q = 0,00$	$\gamma_Q = 1,50$	$\gamma_Q = 0,00$	$\gamma_Q = 1,00$
Accidental	—	—	$\gamma_A = 1,00$	$\gamma_A = 1,00$

Cuando los resultados de una comprobación sean muy sensibles a las variaciones de la magnitud de la acción permanente, de una parte a otra de la estructura, las partes favorable y desfavorable de dicha acción se considerarán como acciones individuales. En particular, esto se aplica en la comprobación del Estado Límite de Equilibrio en el que para la parte favorable se adoptará un coeficiente $\gamma_G = 0,9$ y para la parte desfavorable se adoptará un coeficiente $\gamma_G = 1,1$, para situaciones de persistentes, o $\gamma_G = 0,95$ para la parte favorable y $\gamma_G = 1,05$ para la parte desfavorable, para situaciones transitorias en fase de construcción.

Para la evaluación de los efectos locales del pretensado (zonas de anclaje, etc.) se aplicará a los tendones un esfuerzo equivalente a la fuerza característica última del mismo, obtenida multiplicando el área del tendón por la carga unitaria máxima del tendón sin afectar del coeficiente parcial de seguridad del acero.

12.2. Estados Límite de Servicio

Como coeficientes parciales de seguridad de las acciones para las comprobaciones de los Estados Límite de Servicio se adoptan los valores de la Tabla 12.2, siempre que la correspondiente reglamentación específica aplicable de acciones no establezca otros criterios.

Tabla 12.2. Coeficientes parciales de seguridad para las acciones, aplicables para la evaluación de los Estados Límite de Servicio

Tipo de acción		Efecto favorable	Efecto desfavorable
Permanente		$\gamma_G = 1,00$	$\gamma_G = 1,00$
Pretensado	Armadura pretesa	$\gamma_P = 0,95$	$\gamma_P = 1,05$
	Armadura postesa	$\gamma_P = 0,90$	$\gamma_P = 1,10$
Permanente de valor no constante		$\gamma_{G^*} = 1,00$	$\gamma_{G^*} = 1,00$
Variable		$\gamma_Q = 0,00$	$\gamma_Q = 1,00$

Para situaciones transitorias en estructuras con control intenso pretensadas con armadura pretesa se podrá adoptar como coeficiente parcial de seguridad de la acción del pretensado $\gamma_G = 1,00$ tanto si la acción es favorable como desfavorable. Para situaciones transitorias en estructuras con control intenso pretensadas con armadura postesa, se podrá adoptar como coeficiente parcial de seguridad de la acción del pretensado $\gamma_P = 0,95$ si el efecto es favorable y $\gamma_P = 1,05$ si su efecto es desfavorable. Estos mismos coeficientes pueden utilizarse para situaciones permanentes en el caso de elementos con armaduras postesas con trazado recto ejecutados en una instalación de prefabricación propia de la obra o ajena a la misma, con un control intenso, geometría del trazado y de la fuerza de tesado, siempre que la correspondiente reglamentación específica aplicable de acciones no establezca otros criterios.

Artículo 13.º Combinación de acciones

13.1. Principios generales

Para cada una de las situaciones estudiadas se establecerán las posibles combinaciones de acciones. Una combinación de acciones consiste en un conjunto de acciones compatibles que se considerarán actuando simultáneamente para una comprobación determinada.

Cada combinación, en general, estará formada por las acciones permanentes, una acción variable determinante y una o varias acciones variables concomitantes. Cualquiera de las acciones variables puede ser determinante.

13.2. Estados Límite Últimos

Para las distintas situaciones de proyecto, las combinaciones de acciones se definirán de acuerdo con los siguientes criterios:

— Situaciones permanentes o transitorias:

$$\sum_{j \geqslant 1} \gamma_{G,j} G_{k,j} + \sum_{j \geqslant 1} \gamma_{G^*,j} G^*_{k,j} + \gamma_P P_k + \gamma_{Q,1} Q_{k,1} + \sum_{i > 1} \gamma_{Q,i} \psi_{0,i} Q_{k,i}$$

— Situaciones accidentales:

$$\sum_{j \geqslant 1} \gamma_{G,j} G_{k,j} + \sum_{j \geqslant 1} \gamma_{G*,j} G_{k,j}^{*} + \gamma_P P_k + \gamma_A A_k + \gamma_{Q,1} \psi_{1,1} Q_{k,1} + \sum_{i > 1} \gamma_{Q,i} \psi_{2,i} Q_{k,i}$$

— Situaciones sísmicas:

$$\sum_{j \geqslant 1} \gamma_{G,j} G_{k,j} + \sum_{j \geqslant 1} \gamma_{G*,j} G_{k,j}^{*} + \gamma_P P_k + \gamma_A A_{E,k} + \sum_{i > 1} \gamma_{Q,i} \psi_{2,i} Q_{k,i}$$

donde:

$G_{k,j}$ = Valor característico de las acciones permanentes.

$G_{k,j}^{*}$ = Valor característico de las acciones permanentes de valor no constante.

P_k = Valor característico de la acción del pretensado.

$Q_{k,1}$ = Valor característico de la acción variable determinante.

$\psi_{0,i} Q_{k,i}$ = Valor representativo de combinación de las acciones variables concomitantes.

$\psi_{1,1} Q_{k,1}$ = Valor representativo frecuente de la acción variable determinante.

$\psi_{2,i} Q_{k,i}$ = Valores representativos cuasipermanentes de las acciones variables con la acción determinante o con la acción accidental.

A_k = Valor característico de la acción accidental.

$A_{E,k}$ = Valor característico de la acción sísmica.

En las situaciones permanentes o transitorias, cuando la acción determinante $Q_{k,1}$ no sea obvia, se valorarán distintas posibilidades considerando diferentes acciones variables como determinantes.

El Estado Límite Último de Fatiga, en el estado actual del conocimiento, supone comprobaciones especiales que dependen del tipo de material considerado, elementos metálicos o de hormigón, lo que da lugar a los criterios particulares siguientes:

— Para la comprobación a fatiga de armaduras y dispositivos de anclaje se considerará exclusivamente la situación producida por la carga variable de fatiga, tomando un coeficiente de ponderación igual a la unidad.

— Para la comprobación a fatiga del hormigón se tendrán en cuenta las solicitaciones producidas por las cargas permanentes y la carga variable de fatiga, tomando un coeficiente de ponderación igual a la unidad para ambas acciones.

13.3. Estados Límite de Servicio

Para estos Estados Límite se consideran únicamente las situaciones de proyecto persistentes y transitorias. En estos casos, las combinaciones de acciones se definirán de acuerdo con los siguientes criterios:

— Combinación poco probable o característica

$$\sum_{j \geqslant 1} \gamma_{G,j} G_{k,j} + \sum_{j \geqslant 1} \gamma_{G*,j} G_{k,j}^{*} + \gamma_P P_k + \gamma_{Q,1} Q_{k,1} + \sum_{i > 1} \gamma_{Q,i} \psi_{0,i} Q_{k,i}$$

— Combinación frecuente

$$\sum_{j \geqslant 1} \gamma_{G,j} G_{k,j} + \sum_{j \geqslant 1} \gamma_{G*,j} G_{k,j}^{*} + \gamma_P P_k + \gamma_{Q,1} \psi_{1,1} Q_{k,1} + \sum_{i > 1} \gamma_{Q,i} \psi_{2,i} Q_{k,i}$$

— Combinación cuasi permanente

$$\sum_{j \geqslant 1} \gamma_{G,j} G_{k,j} + \sum_{j \geqslant 1} \gamma_{G*,j} G_{k,j}^{*} + \gamma_P P_k + + \sum_{i > 1} \gamma_{Q,i} \psi_{2,i} Q_{k,i}$$

capítulo IV
Materiales y geometría

Artículo 14.° Principios generales

Tanto la determinación de la respuesta estructural como la evaluación del efecto de las acciones, deben realizarse utilizando valores de cálculo para las características de los materiales y para los datos geométricos de la estructura.

Artículo 15.° Materiales

15.1. Valores característicos

A efectos de esta Instrucción, los valores característicos de la resistencia de los materiales (resistencia a compresión del hormigón y resistencia a compresión y tracción de los aceros) son los cuantiles correspondientes a una probabilidad 0,05.

En relación con la resistencia a tracción del hormigón, se utilizan dos valores característicos, uno superior y otro inferior, siendo el primero el cuantil asociado a una probabilidad de 0,95 y el segundo cuantil asociado a una probabilidad de 0,05. Estos valores característicos deben adoptarse alternativamente dependiendo de su influencia en el problema tratado.

Para la consideración de algunas propiedades utilizadas en el cálculo, se emplean como valores característicos los valores medios o nominales.

A los efectos de definir los valores característicos de las propiedades de fatiga de los materiales se siguen los criterios particulares definidos en el Artículo 48°.

15.2. Valores de cálculo

Los valores de cálculo de las propiedades de los materiales se obtienen a partir de los valores característicos divididos por un coeficiente parcial de seguridad.

15.3. Coeficientes parciales de seguridad de los materiales

Los valores de los coeficientes parciales de seguridad de los materiales para el estudio de los Estados Límite Últimos son los que se indican en la Tabla 15.3.

Tabla 15.3. Coeficientes parciales de seguridad de los materiales para Estados Límite Últimos

Situación de proyecto	Hormigón γ_c	Acero pasivo y activo γ_s
Persistente o transitoria	1,5	1,15
Accidental	1,3	1,0

Los coeficientes de la Tabla 15.3 no son aplicables a la comprobación del Estado Límite Último de Fatiga, que se comprueba de acuerdo con los criterios establecidos en el Artículo 48° ni a la comprobación frente a fuego cuando se aplica el Anejo 6.

Para el estudio de los Estados Límite de Servicio se adoptarán como coeficientes parciales de seguridad valores iguales a la unidad.

Los coeficientes parciales de seguridad de los materiales para los Estados Límite Últimos de la Tabla 15.3 podrán ser modificados de acuerdo con las indicaciones definidas en los apartados 15.3.1 y 15.3.2.

Los coeficientes parciales de seguridad de los materiales para Estados Límite Últimos que figuran en la Tabla 15.3 corresponden a las desviaciones geométricas máximas definidas en el punto 5.1 y en el 5.3.d) del Anejo 11 y a un control estadístico del hormigón definido en 86.5.4. De acuerdo con la Propiedad, dichos coeficientes podrán ser modificados cuando las condiciones de ejecución cumplan lo establecido en el apartado 6 de dicho Anejo.

15.3.1. Modificación del coeficiente parcial de seguridad del acero

Se podrá reducir el coeficiente parcial de seguridad del acero hasta 1,10, cuando se cumplan, al menos, dos de las siguientes condiciones:

a) Que la ejecución de la estructura se controle con nivel intenso, de acuerdo con lo establecido en el Capítulo XVII y que las tolerancias de colocación de la armadura sean conformes con las definidas explícitamente en el proyecto, las cuales deberán ser, al menos, igual de exigentes que las indicadas en el apartado 6 del Anejo 11 de esta Instrucción.

b) Que las armaduras pasivas o activas, según el caso, estén en posesión de un distintivo de calidad oficialmente reconocido, con nivel de garantía conforme con el apartado 5 del Anejo 19 de esta Instrucción, o que formen parte de un elemento prefabricado que ostente un distintivo de calidad oficialmente reconocido con nivel de garantía conforme con el citado apartado.

c) Que el acero para las armaduras pasivas esté en posesión de un distintivo de calidad oficialmente reconocido.

15.3.2. Modificación del coeficiente parcial de seguridad del hormigón

Se podrá reducir el coeficiente parcial de seguridad del hormigón hasta 1,40 en el caso general y hasta 1,35 en el caso de elementos prefabricados, cuando se cumplan simultáneamente las siguientes condiciones:

a) Que la ejecución de la estructura se controle con nivel intenso, de acuerdo con lo establecido en el Capítulo XVII y que las desviaciones en la geometría de la sección transversal respecto a las nominales del proyecto sean conformes con las definidas explícitamente en el proyecto, las cuales deberán ser, al menos, igual de exigentes que las indicadas en el apartado 6 del Anejo 11 de esta Instrucción.

b) Que el hormigón esté en posición de un distintivo de calidad oficialmente reconocido, con nivel de garantía conforme con el apartado 5 del Anejo 19 de esta Instrucción, o que formen parte de un elemento prefabricado que ostente un distintivo de calidad oficialmente reconocido conforme con el citado apartado.

Artículo 16.º Geometría

16.1. Valores característicos y de cálculo

Se adoptarán como valores característicos y de cálculo de los datos geométricos, los valores nominales definidos en los planos de proyecto.

$$a_k = a_d = a_{nom}$$

En algunos casos, cuando las imprecisiones relativas a la geometría tengan un efecto significativo sobre la fiabilidad de la estructura, se tomará como valor de cálculo de los datos geométricos el siguiente:

$$a_d = a_{nom} + \Delta a$$

donde Δa tiene en cuenta las posibles desviaciones desfavorables de los valores nominales, y se define de acuerdo con las tolerancias admitidas.

16.2. Imperfecciones

En los casos en los que resulte significativo el efecto de las imperfecciones geométricas, éstas se tendrán en cuenta para la evaluación del efecto de las acciones sobre la estructura.

capítulo V
Análisis estructural

Artículo 17.° **Generalidades**

El análisis estructural consiste en la determinación de los efectos originados por las acciones sobre la totalidad o parte de la estructura, con objeto de efectuar comprobaciones en los Estados Límite Últimos y de Servicio.

Artículo 18.° **Idealización de la estructura**

18.1. Modelos estructurales

Para la realización del análisis, se idealizará tanto la geometría de la estructura como las acciones y las condiciones de apoyo mediante un modelo matemático capaz de reproducir adecuadamente el comportamiento estructural dominante.

El proyecto y la disposición de armaduras deberán ser coherentes con las hipótesis del modelo de cálculo con las que se han obtenido los esfuerzos.

18.2. Datos geométricos

18.2.1. Ancho eficaz del ala en piezas lineales

En ausencia de una determinación más precisa, en vigas en T se supone, para las comprobaciones a nivel de sección, que las tensiones normales se distribuyen uniformemente en un cierto ancho reducido de las alas llamado ancho eficaz.

18.2.2. Luces de cálculo

Salvo justificación especial, se considerará como luz de cálculo de las piezas la distancia entre ejes de apoyo.

En forjados unidireccionales, cuando el forjado se apoye en vigas planas o mixtas no centradas con los soportes, se tomará como eje el que pasa por los centros de éstos.

18.2.3. Secciones transversales

18.2.3.1. Consideraciones generales

El análisis global de la estructura se podrá realizar, en la mayoría de los casos, utilizando las secciones brutas de los elementos. En algunos casos, cuando se desee mayor precisión en la comprobación de los Estados Límite de Servicio, podrán utilizarse en el análisis las secciones neta u homogeneizada.

18.2.3.2. Sección bruta

Se entiende por sección bruta la que resulta de las dimensiones reales de la pieza, sin deducir los espacios correspondientes a las armaduras.

18.2.3.3. Sección neta

Se entiende por sección neta la obtenida a partir de la bruta deduciendo los huecos longitudinales practicados en el hormigón, tales como entubaciones o entalladuras para el paso de las armaduras activas o de sus anclajes y el área de las armaduras.

18.2.3.4. Sección homogeneizada

Se entiende por sección homogeneizada la que se obtiene a partir de la sección neta definida en 18.2.3.3, al considerar el efecto de solidarización de las armaduras longitudinales adherentes y los distintos tipos de hormigón existentes.

18.2.3.5. Sección fisurada

Se entiende por sección fisurada, la formada por la zona comprimida del hormigón y las áreas de las armaduras longitudinales, tanto activas adherentes como pasivas, multiplicadas por el correspondiente coeficiente de equivalencia.

Artículo 19.º Métodos de cálculo

19.1. Principios básicos

Cualquier análisis estructural debe satisfacer las condiciones de equilibrio.

A menos que se especifique lo contrario, las condiciones de compatibilidad se satisfarán siempre en los estados límite considerados. En los casos en que la verificación de la compatibilidad no se exija directamente, hay que satisfacer el conjunto de condiciones de ductilidad apropiadas y asegurar un adecuado comportamiento de la estructura en situación de servicio.

En general, las condiciones de equilibrio se formularán para la geometría original de la estructura sin deformar. Para estructuras esbeltas como las definidas en el Artículo 43º, el equilibrio se comprobará para la configuración deformada (teoría de 2º orden).

19.2. Tipos de análisis

El análisis global de una estructura puede llevarse a cabo de acuerdo con las metodologías siguientes:

— Análisis lineal.
— Análisis no lineal.
— Análisis lineal con redistribución limitada.
— Análisis plástico.

19.2.1. Análisis lineal

Es el que está basado en la hipótesis de comportamiento elástico-lineal de los materiales constituyentes y en la consideración del equilibrio en la estructura sin deformar. En este caso se puede utilizar la sección bruta de hormigón para el cálculo de las solicitaciones.

El análisis lineal elástico se considera, en principio, adecuado para obtener esfuerzos tanto en Estados Límite de Servicio como en Estados Límite Últimos en todo tipo de estructuras, cuando los efectos de segundo orden sean despreciables, de acuerdo con lo establecido en el Artículo 43º.

19.2.2. Análisis no lineal

Es el que tiene en cuenta el comportamiento tenso-deformacional no lineal de los materiales y la no linealidad geométrica, es decir, la satisfacción del equilibrio de la estructura en su situación deformada. El análisis no lineal se puede utilizar tanto para las comprobaciones en Estados Límite de Servicio como en Estados Límite Últimos.

El comportamiento no lineal lleva intrínseco la invalidez del principio de superposición y, por tanto, el formato de seguridad propuesto en esta Instrucción no es aplicable directamente en el análisis no lineal.

19.2.3. Análisis lineal con redistribución limitada

Es aquél en el que los esfuerzos se determinan a partir de los obtenidos mediante un análisis lineal, como el descrito en 19.2.1, y posteriormente se efectúan redistribuciones (incrementos o disminuciones) de esfuerzos que satisfagan las condiciones de equilibrio entre cargas, esfuerzos y reacciones. Deberán tenerse en cuenta las redistribuciones de las leyes de esfuerzos en todos los aspectos del proyecto.

El análisis lineal con redistribución limitada solamente se podrá utilizar para comprobaciones de Estado Límite Último.

El análisis lineal con redistribución limitada exige unas condiciones de ductilidad de las secciones críticas que garanticen las redistribuciones requeridas para las leyes de esfuerzos adoptadas.

19.2.4. Análisis plástico

Es aquel que está basado en un comportamiento plástico, el asto-plástico o rígido-plástico de los materiales y que cumple al menos uno de los teoremas básicos de la plasticidad: el del límite inferior, el del límite superior o el de unicidad.

Debe asegurarse que la ductilidad de las secciones críticas es suficiente para garantizar la formación del mecanismo de colapso planteado en el cálculo.

El análisis plástico se podrá utilizar solo para comprobaciones de Estado Límite Último. Este método no está permitido cuando es necesario considerar efectos de segundo orden.

Artículo 20.º Análisis estructural del pretensado

20.1. Consideraciones generales

20.1.1. Definición de pretensado

Se entiende por pretensado la aplicación controlada de una tensión al hormigón mediante el tesado de tendones de acero. Los tendones serán de acero de alta resistencia y pueden estar constituidos por alambres, cordones o barras.

En esta Instrucción no se consideran otras formas de pretensado.

20.1.2. Tipos de pretensado

De acuerdo con la situación del tendón respecto de la sección transversal, el pretensado puede ser:

a) Interior. En este caso el tendón está situado en el interior de la sección transversal de hormigón.

b) Exterior. En este caso el tendón está situado fuera del hormigón de la sección transversal y dentro del canto de la misma.

De acuerdo con el momento del tesado respecto del hormigonado del elemento, el pretensado puede ser:

a) Con armaduras pretesas. El hormigonado se efectúa después de haber tesado y anclado provisionalmente las armaduras en elementos fijos. Cuando el hormigón ha adquirido suficiente resistencia, se liberan las armaduras de sus anclajes provisionales y, por adherencia, se transfiere al hormigón la fuerza previamente introducida en las armaduras.

b) Con armaduras postesas. El hormigonado se realiza antes del tesado de las armaduras activas que normalmente se alojan en conductos o vainas. Cuando el hormigón ha adquirido suficiente resistencia se procede al tesado y anclaje de las armaduras.

Desde el punto de vista de las condiciones de adherencia del tendón, el pretensado puede ser:

a) Adherente. Este es el caso del pretensado en el que en situación definitiva existe una adherencia adecuada entre la armadura activa y el hormigón del elemento (punto 35.4.2).

b) No adherente. Este es el caso del pretensado con armadura postesa en el que se utilizan como sistemas de protección de las armaduras, inyecciones que no crean adherencia entre ésta y el hormigón del elemento (punto 35.4.3).

20.2. Fuerza de pretensado

20.2.1. Limitación de la fuerza

En general, la fuerza de tesado P_0 ha de proporcionar sobre las armaduras activas una tensión σ_{p0} no mayor, en cualquier punto, que el menor de los dos valores siguientes:

$$0{,}70 \, f_{p\,\max\,k}$$
$$0{,}85 \, f_{pk}$$

donde:

$f_{p\,\text{max}\,k}$ = Carga unitaria máxima característica.

f_{pk} = Límite elástico característico.

De forma temporal, esta tensión podrá aumentarse hasta el menor de los valores siguientes:

$$0,80\; f_{p\,\text{max}\,k}$$
$$0,90\; f_{pk}$$

siempre que, al anclar las armaduras en el hormigón, se produzca una reducción conveniente de la tensión para que se cumpla la limitación del párrafo anterior.

En el caso de elementos pretensados con armadura pretesa o de elementos postesados en el que el tanto el acero para armaduras activas como el aplicador del pretensado, o en su caso el prefabricador, presenten un nivel de garantía adicional conforme al artículo 81º de esta Instrucción, se acepta un incremento de la tensión hasta el menor de los siguientes valores:

a)   situaciones permanentes:

$$0,75\; f_{p\,\text{max}\,k}$$
$$0,90\; f_{pk}$$

b)   situaciones temporales:

$$0,85\; f_{p\,\text{max}\,k}$$
$$0,95\; f_{pk}$$

20.2.2. Pérdidas en piezas con armaduras postesas

20.2.2.1. Valoración de las pérdidas instantáneas de fuerza

Las pérdidas instantáneas de fuerza son aquellas que pueden producirse durante la operación de tesado y en el momento del anclaje de las armaduras activas y dependen de las características del elemento estructural en estudio. Su valor en cada sección es:

$$\Delta P_i = \Delta P_i + \Delta P_2 + \Delta P_3$$

donde:

ΔP_1 = Pérdidas de fuerza, en la sección en estudio, por rozamiento a lo largo del conducto de pretensado.

ΔP_2 = Pérdidas de fuerza, en la sección en estudio, por penetración de cuñas en los anclajes.

ΔP_3 = Pérdidas de fuerza, en la sección en estudio, por acortamiento elástico del hormigón.

20.2.2.1.1. Pérdidas de fuerza por rozamiento

Las pérdidas teóricas de fuerza por rozamiento entre las armaduras y las vainas o conductos de pretensado, dependen de la variación angular total α, del trazado del tendón entre la sección considerada y el anclaje activo que condiciona la tensión en tal sección; de la distancia x entre estas dos secciones; del coeficiente μ de rozamiento en curva y del coeficiente K de rozamiento en recta, o rozamiento parásito. Estas pérdidas se valorarán a partir de la fuerza de tesado P_0.

Las pérdidas por rozamiento en cada sección pueden evaluarse mediante la expresión:

$$\Delta P_1 = P_0[1 - e^{-(\mu\alpha + Kx)}]$$

donde:

- μ = Coeficiente de rozamiento en curva.
- α = Suma de los valores absolutos de las variaciones angulares (desviaciones sucesivas), medidas en radianes, que describe el tendón en la distancia x. Debe recordarse que el trazado de los tendones puede ser una curva alabeada debiendo entonces evaluarse a en el espacio.
- K = Coeficiente de rozamiento parásito, por metro lineal.
- x = Distancia, en metros, entre la sección considerada y el anclaje activo que condiciona la tensión en la misma (ver Figura 20.2.2.1.1).

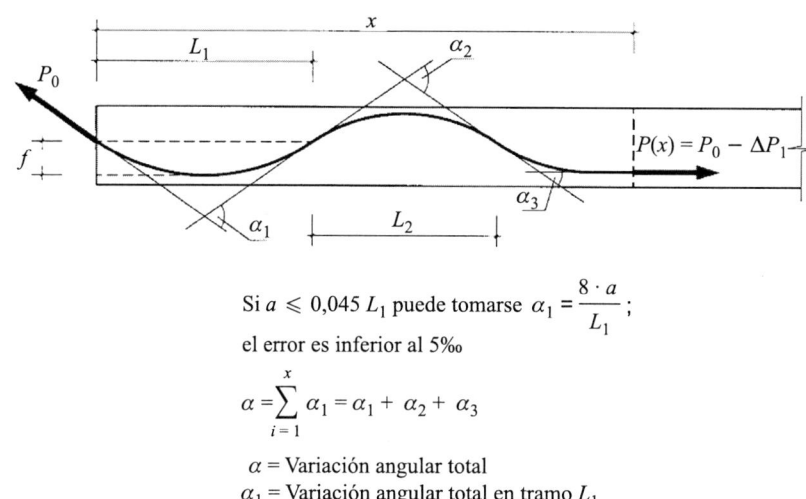

Si $a \leqslant 0,045\, L_1$ puede tomarse $\alpha_1 = \dfrac{8 \cdot a}{L_1}$; el error es inferior al 5‰

$$\alpha = \sum_{i=1}^{x} \alpha_1 = \alpha_1 + \alpha_2 + \alpha_3$$

α = Variación angular total
α_1 = Variación angular total en tramo L_1

Figura 20.2.2.1.1

Los datos correspondientes a los valores de μ y de K deben definirse experimentalmente, habida cuenta del procedimiento de pretensado utilizado. A falta de datos concretos pueden utilizarse los valores experimentales sancionados por la práctica.

20.2.2.1.2 Pérdidas por penetración de cuñas

En tendones rectos postesos de corta longitud, la pérdida de fuerza por penetración de cuñas, ΔP_2, puede deducirse mediante la expresión:

$$\Delta P_2 = \frac{a}{L} E_p A_p$$

donde:

- a = Penetración de la cuña.
- L = Longitud total del tendón recto.
- E_p = Módulo de deformación longitudinal de la armadura activa.
- A_p = Sección de la armadura activa.

En los demás casos de tendones rectos, y en todos los casos de trazados curvos, la valoración de la pérdida de tensión por penetración de cuñas se hará teniendo en cuenta los rozamientos en los conductos. Para ello podrán considerarse las posibles variaciones de μ y de K al destesar el tendón, respecto a los valores que aparecen al tesar.

20.2.2.1.3. Pérdidas por acortamiento elástico del hormigón

En el caso de armaduras constituidas por varios tendones que se van tesando sucesivamente, al tesar cada tendón se produce un nuevo acortamiento elástico del hormigón que descarga, en la parte proporcional correspondiente a este acortamiento, a los anteriormente anclados.

Cuando las tensiones de compresión al nivel del baricentro de la armadura activa en fase de tesado sean apreciables, el valor de estas pérdidas, ΔP_3, se podrá calcular, si los tendones se tesan sucesivamente en una sola operación, admitiendo que todos los tendones experimentan un acortamiento uniforme, función del número n de los mismos que se tesan sucesivamente, mediante la expresión:

$$\Delta P_3 = \sigma_{cp} \frac{n-1}{2n} \frac{A_p E_p}{E_{cj}}$$

donde:

A_p = Sección total de la armadura activa.

σ_{cp} = Tensión de compresión, a nivel del centro de gravedad de las armaduras activas, producida por la fuerza $P_0 - \Delta P_1 - \Delta P_2$ y los esfuerzos debidos a las acciones actuantes en el momento del tesado.

E_p = Módulo de deformación longitudinal de las armaduras activas.

E_{cj} = Módulo de deformación longitudinal del hormigón para la edad j correspondiente al momento de la puesta en carga de las armaduras activas.

20.2.2.2. Pérdidas diferidas de pretensado

Se denominan pérdidas diferidas a las que se producen a lo largo del tiempo, después de ancladas las armaduras activas. Estas pérdidas se deben esencialmente al acortamiento del hormigón por retracción y fluencia ya la relajación del acero de tales armaduras.

La fluencia del hormigón y la relajación del acero están influenciadas por las propias pérdidas y, por lo tanto, resulta imprescindible considerar este efecto interactivo.

Siempre que no se realice un estudio más detallado de la interacción de estos fenómenos, las pérdidas diferidas pueden evaluarse de forma aproximada de acuerdo con la expresión siguiente:

$$\Delta P_{\text{dif}} = \frac{n\varphi(t, t_0)\sigma_{cp} + E_p\varepsilon_{cs}(t, t_0) + 0{,}80\Delta\sigma_{pr}}{1 + n\dfrac{A_p}{A_c}\left(1 + \dfrac{A_c y_p^2}{I_c}\right)(1 + \chi\varphi(t, t_0))} A_p$$

donde:

y_p = Distancia del centro de gravedad de las armaduras activas al centro de gravedad de la sección.

n = Coeficiente de equivalencia = E_p/E_c.

$\varphi(t, t_0)$ = Coeficiente de fluencia para una edad de puesta en carga igual a la edad del hormigón en el momento del tesado (t_0) (ver 39.8).

ε_{cs} = Deformación de retracción que se desarrolla tras la operación de tesado (ver 39.7).

σ_{cp} = Tensión en el hormigón en la fibra correspondiente al centro de gravedad de las armaduras activas debida a la acción del pretensado, el peso propio y la carga muerta.

$\Delta\sigma_{pr}$ = Pérdida por relajación a longitud constante. Puede evaluarse utilizando la siguiente expresión:

$$\Delta\sigma_{pr} = \rho_f \frac{P_{ki}}{A_p}$$

siendo ρ_f el valor de la relajación a longitud constante a tiempo infinito (ver 38.9) y A_p el área total de las armaduras activas. P_{ki} es el valor característico de la fuerza inicial de pretensado, descontadas las pérdidas instantáneas.

A_c = Área de la sección de hormigón.

I_c = Inercia de la sección de hormigón.

χ = Coeficiente de envejecimiento. Simplificadamente, y para evaluaciones a tiempo infinito, podrá adoptarse $\chi = 0,80$.

20.2.3. Pérdidas de fuerza en piezas con armaduras pretesas

Para armaduras pretesas, las pérdidas a considerar desde el momento de tesar hasta la transferencia de la fuerza de tesado al hormigón son:

a) penetración de cuñas,

b) relajación a temperatura ambiente hasta la transferencia,

c) relajación adicional de la armadura debida, en su caso, al proceso de calefacción,

d) dilatación térmica de la armadura debida, en su caso, al proceso de calefacción,

e) retracción anterior a la transferencia,

f) acortamiento elástico instantáneo al transferir.

Las pérdidas diferidas posteriores a la transferencia se obtendrán de igual forma que en armaduras postesas, utilizando los valores de retracción, relajación y fluencia que se producen después de la transferencia. En la evaluación de las deformaciones por fluencia podrá tenerse en cuenta el efecto del proceso de curado por calefacción mediante la modificación de la edad de carga del hormigón t_0 por una edad ficticia t_T ajustada con la temperatura cuya expresión es:

$$t_T = \sum_{i=1}^{n} e^{-(4.000/[273 + T(\Delta t_i)] - 13,65)} \Delta t_i$$

donde:

t_T = Edad del hormigón ajustada a la temperatura.

$T(\Delta t_i)$ = Temperatura en grados centígrados °C durante el período de tiempo t_i.

Δt_i = Número de días con una temperatura T aproximadamente constante.

Las pérdidas por relajación adicional de la armadura debido al proceso de calefacción, c), se pueden tener en cuenta mediante el empleo de un tiempo equivalente t_{eq} que debería añadirse al tiempo transcurrido desde el tesado en las funciones de relajación. Para ello, la duración del proceso de calefacción se divide en intervalos de tiempo, Δt_i, cada uno de ellos con una temperatura en °C, $T_{\Delta ti}$, de forma que el tiempo equivalente en horas t_{eq} puede calcularse como:

$$t_{eq} = \frac{1,14^{T_{max} - 20}}{T_{max} - 20} \sum_{i=1}^{n} (T_{\Delta ti} - 20)\Delta t_i$$

donde:

T_{max} = Temperatura máxima en °C alcanzada durante el curado térmico.

Las pérdidas por dilatación térmica de la armadura debida al proceso de calefacción, d), pueden evaluarse mediante la expresión:

$$\Delta P = K \alpha E_p (T_{max} - T_a)$$

donde:

K = Coeficiente experimental, a determinar en fábrica y que, en ausencia de ensayos, puede tomarse $K = 0,5$.

α = Coeficiente de dilatación térmica de la armadura activa.

E_p = Módulo de deformación longitudinal de la armadura activa.

T_{max} = Temperatura máxima en °C alcanzada durante el curado térmico.

T_a = Temperatura media en °C del ambiente durante la fabricación.

20.3. Efectos estructurales del pretensado

Los efectos estructurales del pretensado pueden representarse utilizando tanto un conjunto de fuerzas equivalentes autoequilibradas, como un conjunto de deformaciones impuestas. Ambos métodos conducen a los mismos resultados.

20.3.1. Modelización de los efectos del pretensado mediante fuerzas equivalentes

El sistema de fuerzas equivalentes se obtiene del equilibrio del cable y está formado por:

— Fuerzas y momentos concentrados en los anclajes.
— Fuerzas normales a los tendones, resultantes de la curvatura y cambios de dirección de los mismos.
— Fuerzas tangenciales debidas al rozamiento.

El valor de las fuerzas y momentos concentrados en los anclajes se deduce del valor de la fuerza de pretensado en dichos puntos, calculada de acuerdo con el apartado 20.2, de la geometría del cable, y de la geometría de la zona de anclajes (ver Figura 20.3.1).

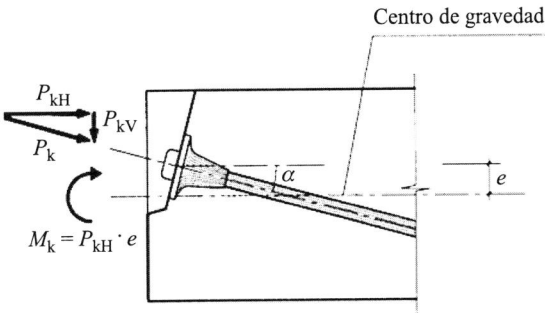

Figura 20.3.1

Para el caso específico de vigas, con simetría respecto a un plano vertical, en el anclaje existirá una componente horizontal y otra vertical de la fuerza de pretensado y un momento flector, cuyas expresiones vendrán dadas por:

$$P_{k,H} = P_k \cos \alpha$$
$$P_{k\,V} = P_k \operatorname{sen} \alpha$$
$$M_k = P_{k,H}\, e$$

donde:

α = Ángulo que forma el trazado del pretensado respecto de la directriz del elemento, en el anclaje.

P_k = Fuerza en el tendón según 20.2.

e = Excentricidad del tendón respecto del centro de gravedad de la sección.

Las fuerzas normales distribuidas a lo largo del tendón, $n(x)$, son función de la fuerza de pretensado y de la curvatura del tendón en cada punto, $1/r(x)$. Las fuerzas tangenciales, $t(x)$, son proporcionales a las normales a través del coeficiente de rozamiento μ, según:

$$n(x) = \frac{P_k(x)}{r(x)} \qquad ; \qquad t(x) = -\mu n(x)$$

20.3.2. Modelización de los efectos del pretensado mediante deformaciones impuestas

Alternativamente, en el caso de elementos lineales, los efectos estructurales del pretensado se pueden introducir mediante la aplicación de deformaciones y curvaturas impuestas que, en cada sección, vendrán dadas por:

$$\varepsilon_p = \frac{P_k}{E_c A_c}$$

$$\left(\frac{1}{r}\right)_p = \frac{P_k e}{E_c I_c}$$

donde:

ε_p = Deformación axil debida al pretensado.

E_c = Módulo de deformación longitudinal del hormigón.

A_c = Área de la sección de hormigón.

I_c = Inercia de la sección de hormigón.

e = Excentricidad del pretensado respecto del centro de gravedad de la sección de hormigón.

20.3.3. Esfuerzos isostáticos e hiperestáticos del pretensado

Los esfuerzos estructurales debidos al pretensado tradicionalmente se definen distinguiendo entre:

— Esfuerzos isostáticos.
— Esfuerzos hiperestáticos.

Los esfuerzos isostáticos dependen de la fuerza de pretensado y de la excentricidad del pretensado respecto del centro de gravedad de la sección, y pueden analizarse a nivel de sección. Los esfuerzos hiperestáticos dependen, en general, del trazado del pretensado, de las condiciones de rigidez y de las condiciones de apoyo de la estructura y deben analizarse a nivel de estructura.

La suma de los esfuerzos isostático e hiperestático de pretensado es igual a los esfuerzos totales producidos por el pretensado.

Cuando se compruebe el Estado Límite de Agotamiento frente a solicitaciones normales de secciones con armadura adherente, de acuerdo con los criterios expuestos en el Artículo 42º, los esfuerzos de cálculo deben incluir la parte hiperestática del efecto estructural del pretensado considerando su valor de acuerdo con los criterios del apartado 13.2. La parte isostática del pretensado se considera, al evaluar la capacidad resistente de la sección, teniendo en cuenta la predeformación correspondiente en la armadura activa adherente.

Artículo 21.º Estructuras reticulares planas, forjados y placas unidireccionales

Para el cálculo de solicitaciones en estructuras reticulares planas podrá utilizarse cualquiera de los métodos indicados en el Artículo 19º.

Cuando utilice el análisis lineal con redistribución limitada, la magnitud de la redistribución dependerá del grado de ductilidad de las secciones críticas.

Artículo 22.º Placas

Para que un elemento bidireccional sea considerado como una placa, debe cumplirse que la luz mínima sea mayor que cuatro veces el espesor medio de la placa. Para el cálculo de las solicitaciones de placas podrá utilizarse cualquiera de los métodos indicados en el Artículo 19º.

Artículo 23.º Membranas y láminas

Se llaman láminas aquellos elementos estructurales superficiales que desde un punto de vista estático se caracterizan por su comportamiento resistente tridimensional. Las láminas suelen estar solicitadas por esfuerzos combinados de membrana y de flexión, estando su respuesta estructural influida fundamentalmente por su forma geométrica, sus condiciones de borde y la naturaleza de la carga aplicada.

Para el análisis de láminas pueden utilizarse el análisis lineal y no lineal. No es recomendable el calculo plástico, salvo que este debidamente justificado en el caso particular estudiado.

Las láminas sometidas a esfuerzos de compresión se analizarán teniendo en cuenta posibles fallos por pandeo. A tal fin, se considerarán las deformaciones elásticas y, en su caso, las debidas a la fluencia, variación de temperatura y retracción del hormigón, los asientos de apoyo y las imperfecciones en la forma de la lámina por inexactitudes durante la ejecución.

Artículo 24.º Regiones D

24.1. Generalidades

Son regiones D (regiones de discontinuidad) las estructuras o partes de una estructura en las que no sea válida la teoría general de flexión, es decir, donde no sean aplicables las hipótesis de Bernouilli-Navier o Kirchhoff. Por el contrario, las estructuras o partes de las mismas en que se cumplen dichas hipótesis se denominan regiones B.

Las regiones D existen en una estructura cuando se producen cambios bruscos de geometría (discontinuidad geométrica, Figura 24.1.a), o en zonas de aplicación de cargas concentradas y reacciones (discontinuidad estática, Figura 24.1.b). Igualmente, una región D puede estar constituida por una estructura en su conjunto debido a su forma o proporciones (discontinuidad generalizada). Las vigas de gran canto o ménsulas cortas (Figura 24.1.c) son ejemplos de discontinuidad generalizada.

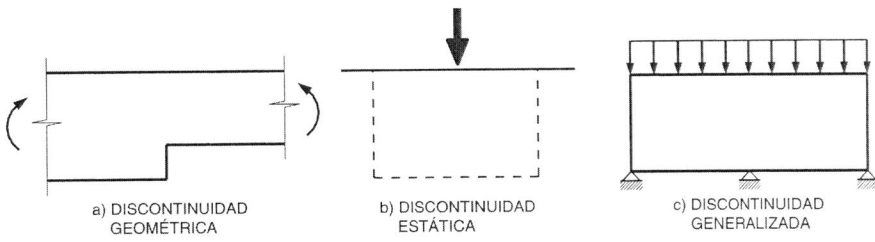

a) DISCONTINUIDAD GEOMÉTRICA   b) DISCONTINUIDAD ESTÁTICA   c) DISCONTINUIDAD GENERALIZADA

Figura 24.1.a, b y c

Para analizar zonas de discontinuidad se admiten los siguientes métodos de análisis

a) Análisis lineal mediante teoría de la elasticidad
b) Método de las bielas y tirantes
c) Análisis no lineal

24.1.1. Análisis lineal mediante teoría de la elasticidad

El análisis proporciona el campo de tensiones principales y de deformaciones. Las concentraciones de tensiones, como las que se dan en las esquinas o huecos, pueden redistribuirse teniendo en cuenta los efectos de la fisuración, reduciendo la rigidez en las zonas correspondientes.

El análisis lineal es válido tanto para comportamiento en Servicio como para Estados Límite Últimos.

24.1.2. Método de las bielas y tirantes

Este método consiste en sustituir la estructura, o la parte de la estructura que constituya la región D, por una estructura de barras articuladas, generalmente plana o en algunos casos espacial, que representa su comportamiento. Las barras comprimidas se denominan bielas y representan la compresión del hormigón. Las barras traccionadas se denominan tirantes y representan las fuerzas de tracción de las armaduras.

El modelo debe equilibrar los esfuerzos exteriores existentes en la frontera de la región D, cuando se trata de una zona de la estructura, las cargas exteriores actuantes y las reacciones de apoyo, en el caso de una estructura con discontinuidad generalizada. Este tipo de modelos, que suponen un comportamiento plástico perfecto, satisfacen los requerimientos del teorema del límite inferior de la teoría de la plasticidad y, una vez decidido el modelo, el de unicidad de la solución.

Este método permite la comprobación de las condiciones de la estructura en Estado Límite Último, para las distintas combinaciones de acciones establecidas en el Artículo 13º, si se verifican las condiciones de las bielas, los tirantes y los nudos, de acuerdo con los criterios establecidos en el Artículo 40º.

Las comprobaciones relativas al Estado Límite de Servicio, especialmente la fisuración, no se realizan explícitamente, pero pueden considerarse satisfechas si el modelo se orienta con los resultados de un análisis lineal y se cumplen las condiciones para los tirantes establecidas en el Artículo 40º.

24.1.3. Análisis no lineal

Para un análisis más refinado, pueden tenerse en cuenta las relaciones tenso-deformacionales no lineales de los materiales bajo estados multiaxiales de carga, utilizando un método numérico adecuado. En este caso, el análisis resulta satisfactorio para los Estados Límite de Servicio y Últimos.

Artículo 25.º Análisis en el tiempo

25.1. Consideraciones generales

El análisis en el tiempo permite obtener los efectos estructurales de la fluencia, retracción y envejecimiento del hormigón, y de la relajación del acero de pretensado. Dichos efectos pueden ser deformaciones y desplazamientos diferidos, así como variaciones en el valor o en la distribución de esfuerzos, reacciones o tensiones.

El análisis se puede realizar por el método general del apartado 25.2 o los métodos simplificados basados en el coeficiente de envejecimiento o similares. En general se podrán aplicar las hipótesis de la viscoelasticidad lineal, es decir, proporcionalidad entre tensiones y deformaciones y superposición en el tiempo, para tensiones de compresión que no superen el 45% de la resistencia en el instante de aplicación de la carga.

25.2. Método general

Para la aplicación del método general, paso a paso, son de aplicación las siguientes hipótesis:

a) La ecuación constitutiva del hormigón en el tiempo es:

$$\varepsilon_c(t) = \frac{\sigma_0}{E_c(t)} + \varphi(t, t_0)\frac{\sigma_0}{E_c(28)} + \sum_{i=1}^{n}\left(\frac{1}{E_c(t_i)} + \frac{\varphi(t, t_i)}{E_c(28)}\right)\Delta\sigma(t_i) + \varepsilon_r(t, t_s)$$

En esta ecuación, el primer término representa la deformación instantánea debida a una tensión aplicada en t_0. El segundo término representa la fluencia debida a dicha tensión. El tercer término representa la suma de las deformaciones instantánea y de fluencia debida a la variación de tensiones que se produce en un instante t_i. Por último, el cuarto término representa la deformación de retracción.

b) Para los distintos aceros se considera un comportamiento lineal frente a cargas instantáneas.

Para aceros de pretensado con tensiones superiores a $0,5\,f_{p\,\text{max}}$ se tendrá en cuenta la relajación y el hecho de que ésta se produce a deformación variable.

c) Se considera que existe adherencia perfecta entre el hormigón y las armaduras adherentes y entre los distintos hormigones que pudieran existir en la sección.

d) En el caso de elementos lineales, se considera válida la hipótesis de deformación plana de las secciones.

e) Se deben verificar las condiciones de equilibrio a nivel de cualquier sección.

f) Se debe verificar el equilibrio a nivel de estructura teniendo en cuenta las condiciones de apoyo.

capítulo VI

Materiales

En el ámbito de aplicación de esta Instrucción, podrán utilizarse productos de construcción que estén fabricados o comercializados legalmente en los Estados miembros de la Unión Europea y en los Estados firmantes del Acuerdo sobre el Espacio Económico Europeo, y siempre que dichos productos, cumpliendo la normativa de cualquiera de dichos Estados, aseguren en cuanto a la seguridad y el uso al que están destinados, un nivel equivalente al que exige esta Instrucción.

Dicho nivel de equivalencia se acreditará conforme a lo establecido en el artículo 4.2 o, en su caso, en el artículo 16 de la Directiva 89/106/CEE del Consejo, de 21 de diciembre de 1988, relativa a la aproximación de las disposiciones legales, reglamentarias y administrativas de los Estados miembros sobre los productos de construcción.

Lo dispuesto en los párrafos anteriores será también de aplicación a los productos de construcción fabricados o comercializados legalmente en un Estado que tenga un Acuerdo de asociación aduanera con la Unión Europea, cuando ese Acuerdo reconozca a esos productos el mismo tratamiento que a los fabricados o comercializados en un Estado miembro de la Unión Europea. En estos casos el nivel de equivalencia se constatará mediante la aplicación, a estos efectos, de los procedimientos establecidos en la mencionada Directiva.

Artículo 26.° Cementos

El cemento deberá ser capaz de proporcionar al hormigón las características que se exigen al mismo en el Artículo 31°.

En el ámbito de aplicación de la presente Instrucción, podrán utilizarse aquellos cementos que cumplan las siguientes condiciones:

— ser conformes con la reglamentación específica vigente,
— cumplan las limitaciones de uso establecidas en la Tabla 26, y
— pertenezcan a la clase resistente 32,5 o superior.

En la Tabla 26, las condiciones de utilización permitida para cada tipo de hormigón, se deben considerar extendidas a los cementos blancos y a los cementos con características adicionales (de resistencia a sulfatos y al agua de mar, de resistencia al agua de mar y de bajo calor de hidratación) correspondientes al mismo tipo y clase resistente que aquéllos.

Tabla 26. Tipos de cemento utilizables

Tipo de hormigón	Tipo de cemento
Hormigón en masa	Cementos comunes excepto los tipos CEM II/A-Q, CEM II/B-Q, CEM II/A-W, CEM II/B-W, CEM II/A-T, CEM II/B-T y CEM III/C Cementos para usos especiales ESP VI-1
Hormigón armado	Cementos comunes excepto los tipos CEM II/A-Q, CEM II/B-Q, CEM II/A-W, CEM II/B-W, CEM II/A-T, CEM II/B-T, CEM III/C y CEM V/B
Hormigón pretensado	Cementos comunes de los tipos CEM I y CEM II/A-D, CEM II/A-V, CEM II/A-P y CEM II/A-M (V, P)

Cuando el cemento se utilice como componente de un producto de inyección adherente se tendrá en cuenta lo prescrito en 35.4.2.

El empleo del cemento de aluminato de calcio deberá ser objeto, en cada caso, de estudio especial, exponiendo las razones que aconsejan su uso y observándose las especificaciones contenidas en el Anejo 3.

Se tendrá en cuenta lo expuesto en 31.1 en relación con el contenido total de ion cloruro para el caso de cualquier tipo de cemento, así como con el contenido de finos en el hormigón, para el caso de cementos con adición de filler calizo.

A los efectos de la presente Instrucción, se consideran cementos de endurecimiento lento los de clase resistente 32,5N, de endurecimiento normal los de clases 32,5R y 42,5N y de endurecimiento rápido los de clases 42,5R, 52,5N y 52,5R.

Artículo 27.º Agua

El agua utilizada, tanto para el amasado como para el curado del hormigón en obra, no debe contener ningún ingrediente perjudicial en cantidades tales que afecten a las propiedades del hormigón o a la protección de las armaduras frente a la corrosión.

En general, podrán emplearse todas las aguas sancionadas como aceptables por la práctica.

Cuando no se posean antecedentes de su utilización, o en caso de duda, deberán analizarse las aguas, y salvo justificación especial de que no alteran perjudicialmente las propiedades exigibles al hormigón, deberán cumplir las siguientes condiciones:

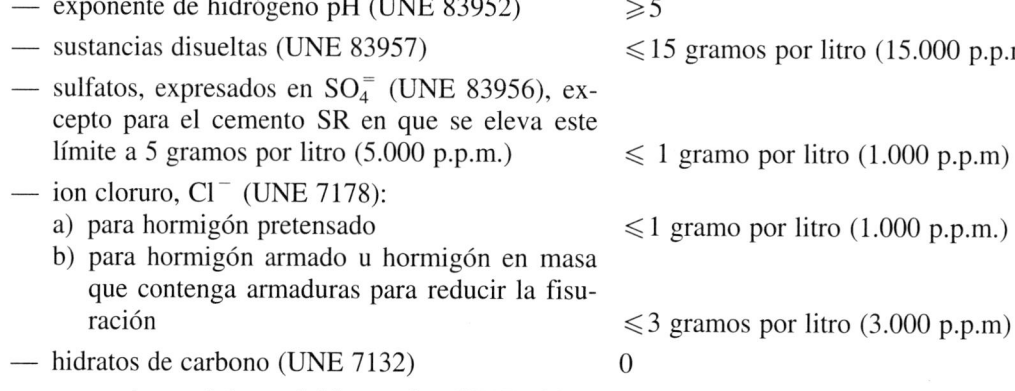

— exponente de hidrógeno pH (UNE 83952) $\geqslant 5$

— sustancias disueltas (UNE 83957) $\leqslant 15$ gramos por litro (15.000 p.p.m.)

— sulfatos, expresados en $SO_4^=$ (UNE 83956), excepto para el cemento SR en que se eleva este límite a 5 gramos por litro (5.000 p.p.m.) $\leqslant 1$ gramo por litro (1.000 p.p.m)

— ion cloruro, Cl^- (UNE 7178):
  a) para hormigón pretensado $\leqslant 1$ gramo por litro (1.000 p.p.m.)
  b) para hormigón armado u hormigón en masa que contenga armaduras para reducir la fisuración $\leqslant 3$ gramos por litro (3.000 p.p.m)

— hidratos de carbono (UNE 7132)   0

— sustancias orgánicas solubles en éter (UNE 7235) $\leqslant 15$ gramos por litro (15.000 p.p.m.)

realizándose la toma de muestras según la UNE 83951 y los análisis por los métodos de las normas indicadas.

Podrán emplearse aguas de mar o aguas salinas análogas para el amasado o curado de hormigones que no tengan armadura alguna. Salvo estudios especiales, se prohíbe expresamente el empleo de estas aguas para el amasado o curado de hormigón armado o pretensado.

Se permite el empleo de aguas recicladas procedentes del lavado de cubas en la propia central de hormigonado, siempre y cuando cumplan las especificaciones anteriormente definidas en este artículo. Además se deberá cumplir que el valor de densidad del agua reciclada no supere el valor 1,3 g/cm^3 y que la densidad del agua total no supere el calor de 1,1 g/cm^3.

La densidad del agua reciclada está directamente relacionada con el contenido en finos que aportan al hormigón, de acuerdo con la siguiente expresión:

$$M = \left(\frac{1 - d_a}{1 - d_f}\right) \cdot d_f$$

donde:

M = Masa de finos presente en el agua, en g/cm^3.

d_a = Densidad del agua en g/cm^3.

d_f = Densidad del fino, en g/cm^3.

En relación con el contenido de finos aportado al hormigón, se tendrá en cuenta lo indicado en 31.1. Para el cálculo del contenido de finos que se aporta en el agua reciclada, se puede considerar un valor de d_f igual a 2,1 g/cm^3, salvo valor experimental obtenido mediante determinación en el volumenómetro de Le Chatelier, a partir de una muestra desecada en estufa y posteriormente pulverizada hasta pasar por el tamiz 200 μm.

Con respecto al contenido de ion cloruro, se tendrá en cuenta lo previsto en 31.1.

Artículo 28.° Áridos

28.1 Generalidades

Las características de los áridos deberán permitir alcanzar la adecuada resistencia y durabilidad del hormigón que con ellos se fabrica, así como cualquier otra exigencia que se requieran a éste en el Pliego de Prescripciones Técnicas Particulares del proyecto.

Como áridos para la fabricación de hormigones pueden emplearse áridos gruesos (gravas) y áridos finos (arenas), según UNE-EN 12620, rodados o procedentes de rocas machacadas, así como escorias siderúrgicas enfriadas por aire según UNE-EN 12620 y, en general, cualquier otro tipo de árido cuya evidencia de buen comportamiento haya sido sancionado por la práctica y se justifique debidamente.

En el caso de áridos reciclados, se seguirá lo establecido en el Anejo 15. En el caso de áridos ligeros, se deberá cumplir lo indicado en el Anejo 16 de esta Instrucción, y en particular, lo establecido en UNE-EN 13055-1.

En el caso de utilizar áridos siderúrgicos (como, por ejemplo, escorias siderúrgicas granuladas de alto horno), se comprobará previamente que son estables, es decir, que no contienen silicatos inestables ni compuestos ferrosos inestables.

Dada su peligrosidad, sólo se permite el empleo de áridos con una proporción muy baja de sulfuros oxidables.

28.2. Designación de los áridos

A los efectos de esta Instrucción, los áridos se designarán, de acuerdo con el siguiente formato:

$$d/D - IL$$

donde:

d/D = Fracción granulométrica, comprendida entre un tamaño mínimo, d, y un tamaño máximo, D, en mm.

IL = Forma de presentación: R, rodado; T, triturado (de machaqueo); M, mezcla.

Preferentemente, se indicará también la naturaleza (N) del árido (C, calizo; S, silíceo; G, granito; O, ofita; B, basalto; D, dolomítico; Q, traquita; I, fonolita; V, varios; A, artificial; R, reciclado), en cuyo caso, la designación sería

$$d/D - IL - N$$

En la fase de proyecto, a efectos de la especificación del hormigón, es necesario únicamente establecer para el árido su tamaño máximo en mm, de acuerdo con 39.2 (donde se denomina TM) y, en su caso, especificar el empleo de árido reciclado y su porcentaje de utilización.

28.3. Tamaños máximo y mínimo de un árido

Se denomina tamaño máximo D de un árido grueso o fino, la mínima abertura de tamiz UNE-EN 933-2 que cumple los requisitos generales recogidos en la Tabla 28.3.a, en función del tamaño del árido.

Se denomina tamaño mínimo d de un árido grueso o fino, la máxima abertura de tamiz UNE-EN 933-2 que cumple los requisitos generales recogidos en la Tabla 28.3.a, en función del tipo y del tamaño del árido.

Los tamaños mínimo d y máximo D de los áridos deben especificarse por medio de un par de tamices de la serie básica, o la serie básica más la serie 1, o la serie básica más la serie 2 de la Tabla 28.3.b. No se podrán combinar los tamices de la serie 1 con los de la serie 2.

Los tamaños de los áridos no deben tener un D/d menor que 1,4.

Tabla 28.3.a. Requisitos generales de los tamaños máximo D y mínimo d

		Porcentaje que pasa (en masa)				
		$2D$	$1,4D^{[a]}$	$D^{[b]}$	d	$d/2^{[a]}$
Árido grueso	$D > 11,2$ y $D/d > 2$	100	98 a 100	90 a 99	0 a 15	0 a 5
	$D \leqslant 11,2$ o $D/d \leqslant 2$	100	98 a 100	85 a 99	0 a 20	0 a 5
Árido fino	$D \leqslant 4$ y $d = 0$	100	95 a 100	85 a 99	—	—

[a] Como tamices 1,4D y d/2 se tomarán de la serie elegida o el siguiente tamaño del tamiz más próximo de la serie.

[b] El porcentaje en masa que pase por el tamiz D podrá sen superior al 99%, pero en tales casos el suministrador deberá documentar y declarar la granulometría representativa, incluyesdo los tamices D, d, $d/2$ y los tamices intermedios entre d y D de la serie básica más la serie 1, o de la serie básica más la serie 2. Se podrán excluir los tamices con una relación menor a 1,4 veces el siguiente tamiz más bajo.

Tabla 28.3.b. Series de tamices para especificar los tamaños de los áridos

Serie básica (mm)	Serie básica + Serie 1 (mm)	Serie básica + Serie 2 (mm)
0,063	0,063	0,063
0,125	0,125	0,125
0,250	0,250	0,250
0,500	0,500	0,500
1	1	1
2	2	2
4	4	4
—	5,6 (5)	—
—	—	6,3 (6)
8	8	8
—	—	10
—	11,2 (11)	—
—	—	12,5 (12)
—	—	14
16	16	16
—	—	20
—	22,4 (22)	—
31,5 (32)	31,5 (32)	31,5 (32)
—	—	40
—	45	—
63	63	63
125	125	125

NOTA: Por simplificación, se podrán emplear los tamaños redondeados entre paréntesis para describir el tamaño de los áridos.

28.3.1. Limitaciones del árido grueso para la fabricación del hormigón

A efectos de la fabricación del hormigón, se denomina grava o árido grueso total, a la mezcla de las distintas fracciones de árido grueso que se utilicen; arena o árido fino total a la mezcla de las distintas fracciones de árido fino que se utilicen; y árido total (cuando no haya lugar a confusiones, simplemente árido), aquel que posee las proporciones de arena y grava adecuadas para fabricar el hormigón necesario en el caso particular que se considere.

El tamaño máximo del árido grueso utilizado para la fabricación del hormigón será menor que las dimensiones siguientes:

a) 0,8 veces la distancia horizontal libre entre vainas o armaduras que no formen grupo, o entre un borde de la pieza y una vaina o armadura que forme un ángulo mayor que 45° con la dirección de hormigonado.

b) 1,25 veces la distancia entre un borde de la pieza y una vaina o armadura que forme un ángulo no mayor que 45° con la dirección de hormigonado.

c) 0,25 veces la dimensión mínima de la pieza, excepto en los casos siguientes:

— Losa superior de los forjados, donde el tamaño máximo del árido será menor que 0,4 veces el espesor mínimo.

— Piezas de ejecución muy cuidada (caso de prefabricación en taller) y aquellos elementos en los que el efecto pared del encofrado sea reducido (forjados que se encofran por una sola cara), en cuyo caso será menor que 0,33 veces el espesor mínimo.

Cuando el hormigón deba pasar entre varias capas de armaduras, convendrá emplear un tamaño de árido más pequeño que el que corresponde a los límites a) o b) si fuese determinante.

28.4. Granulometría de los áridos

La granulometría de los áridos, determinada de conformidad con la norma UNE-EN 933-1, debe cumplir los requisitos correspondientes a su tamaño de árido d/D.

28.4.1. Condiciones granulométricas del árido fino total

La cantidad de finos que pasan por el tamiz 0,063 UNE-EN 933-1, expresada en porcentaje del peso de la muestra de árido grueso total o de árido fino total, no excederá los valores de la Tabla 28.4.1.a. En caso contrario, deberá comprobarse que se cumple la especificación relativa a la limitación del contenido total de finos en el hormigón recogido en 31.1.

Tabla 28.4.1.a. Contenido máximo de finos en los áridos

Árido	Porcentaje máximo que pasa por el tamiz 0,063 mm	Tipos de áridos
Grueso	1,5%	– Cualquiera.
Fino	6%	– Áridos redondeados. – Áridos de machaqueo no calizos para obras sometidas a las clases generales de exposición IIIa, IIIb, IIIc, IV o bien a alguna de las clases específicas de exposición Qa, Qb, Qc, E, H y F[1].
	10%	– Áridos de machaqueo calizos para obras sometidas a las clases generales de exposición IIIa, IIIb, IIIc, IV o bien a alguna de las clases específicas de exposición Qa, Qb, Qc, E y F[1]. – Áridos de machaqueo no calizos para obras sometidas a las clases generales de exposición I, IIa o IIb y no sometidas a ninguna de las clases específicas de exposición Qa, Qb, Qc, E, H y F[1].
	16%	– Áridos de machaqueo calizos para obras sometidas a las clases generales de exposición I, IIa o IIb y no sometidas a ninguna de las clases específicas de exposición Qa, Qb, Qc, E, H y F[1].

[1] Véanse las Tablas 8.2.2 y 8.2.3.a.

28.4.2. Calidad de los finos de los áridos

Salvo en el caso indicado en el párrafo siguiente, no se utilizarán áridos finos cuyo equivalente de arena (SE_4), determinado sobre la fracción 0/4, de conformidad con el Anexo A de la norma UNE-EN 933-8 sea inferior a:

a)   70, para obras sometidas a la clase general de exposición I, IIa o IIb y que no estén sometidas a ninguna clase específica de exposición. Véanse las Tablas 8.2.2 y 8.2.3.a.

b)   75, el resto de los casos.

No obstante lo anterior, aquellas arenas procedentes del machaqueo de rocas calizas o dolomías (entendiendo como tales aquellas rocas sedimentarias carbonáticas que contienen al menos un 70% de calcita, dolomita o de ambas, que no cumplan la especificación del equivalente de arena, podrán ser aceptadas como válidas cuando se cumplan las condiciones siguientes:

— para obras sometidas a clases generales de exposición I, IIa o IIb, que no estén sometidas a ninguna clase específica de exposición,

$$AM \leqslant 0,6 \cdot \frac{f}{100}$$

donde *AM* es el valor de azul de metileno, según UNE-EN 933-9, expresado en gramos de azul por cada kilogramo de fracción granulométrica 0/2 mm y *f* es el contenido de finos de la fracción 0/2, expresado en g/kg y determinado de acuerdo con UNE-EN 933-1.

— para los restantes casos,

$$AM \leqslant 0,3 \cdot \frac{f}{100}$$

Cuando para la clase de exposición de que se trate, el valor de azul de metileno sea superior al valor límite establecido en el párrafo anterior y se tenga duda sobre la existencia de arcilla en los finos, se podrá identificar y valorar cualitativamente su presencia en dichos finos mediante el ensayo de difracción de rayos X. Sólo se podrá utilizar el árido fino si las arcillas son del tipo caolinita o illita y si las propiedades mecánicas y de penetración de agua a presión de los hormigones fabricados con esta arena son, al menos, iguales que las de un hormigón fabricado con los mismos componentes, pero utilizando la arena sin finos. El estudio correspondiente deberá ir acompañado de documentación fehaciente que contendrá en todos los casos el análisis mineralógico del árido, y en particular su contenido en arcilla.

28.5. Forma del árido grueso

La forma del árido grueso se expresará mediante su índice de lajas, entendido como el porcentaje en peso de áridos considerados como lajas según UNE-EN 933-3, y su valor debe ser inferior a 35.

28.6. Requisitos físico-mecánicos

Se cumplirán las siguientes limitaciones:

— Resistencia a la fragmentación del árido grueso determinada con arreglo al método de ensayo indicado en la UNE-EN 1097-2 (ensayo de Los Ángeles). $\leqslant 40$

— Absorción de agua por los áridos, determinada con arreglo al método de ensayo indicado en la UNE-EN 1097-6. $\leqslant 5\%$

Para la fabricación de hormigón en masa o armado, de resistencia característica especificada no superior a 30 N/mm^2, podrán utilizarse áridos gruesos con una resistencia a la fragmentación entre 40 y 50 en el ensayo de Los Ángeles (UNE-EN 1097-2) si existe experiencia previa en su empleo y hay estudios experimentales específicos que avalen su utilización sin perjuicio de las prestaciones del hormigón.

Cuando el hormigón esté sometido a una clase de exposición H o F y los áridos tengan una absorción de agua superior al 1%, estos deberán presentar una pérdida de peso al ser sometidos a cinco ciclos de tratamiento con soluciones de sulfato magnésico (método de ensayo UNE-EN 1367-2) que no será superior a 118% en el caso del árido grueso.

Un resumen de las limitaciones de carácter cuantitativo se recoge en la Tabla 28.6.

Tabla 28.6. Requisitos físico-mecánicos

Propiedades del árido	Cantidad máxima en % del peso total de la muestra	
	Árido fino	Árido grueso
Absorción de agua %. Determinada con arreglo al método de ensayo indicado en UNE-EN 1097-6.	5%	5%
Resistencia a la fragmentación del árido grueso, determinada con arreglo al método de ensayo indicado en UNE-EN 1097-2.	—	40(*)
Pérdida de peso % con cinco ciclos de sulfato magnésico. Determinada con arreglo al método de ensayo indicado en UNE-EN 1367-2.	—	18%

(*) 50, en el caso indicado en el Articulado.

28.7. Requisitos químicos

En este apartado se definen los requisitos mínimos que deben cumplir los áridos para hormigones. Un resumen de las limitaciones de carácter cuantitativo se recogen en la Tabla 28.7.

28.7.1. Cloruros

El contenido en ion cloruro (Cl^-) soluble en agua de los áridos grueso y fino para hormigón, determinado de conformidad con el artículo 7 de la UNE-EN 1744-1, no podrá exceder del 0,05% en masa del árido, cuando se utilice en hormigón armado u hormigón en masa que contenga armaduras para reducir la fisuración, y no podrá exceder del 0,03% en masa del árido, cuando se utilice en hormigón pretensado, de acuerdo con lo indicado en la Tabla 28.7.

Con respecto al contenido total en los hormigones del ion cloruro, Cl^-, se tendrá en cuenta lo prescrito en 31.1.

28.7.2. Sulfatos solubles

El contenido en sulfatos solubles en ácido, expresados en SO_3 de los áridos grueso y fino, determinado de conformidad con el artículo 12 de la Norma UNE-EN 1744-1, no podrá exceder de 0,8% en masa del árido, tal y como indica la Tabla 28.7. En el caso de escorias de alto horno enfriadas por aire, la anterior especificación será del 1%.

28.7.3. Compuestos totales de azufre

Los compuestos totales de azufre de los áridos grueso y fino, determinados de conformidad con el artículo 11 de la norma UNE-EN 1744-1, no podrá exceder del 1% en masa del peso total de la muestra. En el caso de escorias de alto horno enfriadas por aire, la anterior especificación será del 2%.

En el caso de que se detecte la presencia de sulfuros de hierro oxidables en forma de pirrotina, el contenido de azufre aportado por éstos, expresado en S, será inferior al 0,1%.

Tabla 28.7. Requisitos químicos

Sustancias perjudiciales		Cantidad máxima en % del peso total de la muestra	
		Árido fino	Árido grueso
Material retenido por el tamiz 0,063 UNE-EN 933-2 y que flota en un líquido de peso específico 2, determinado con arreglo al método de ensayo indicado en el apartado 14.2 de UNE-EN 1744-1.		0,50	1,00
Compuestos totales de azufre expresados en S y referidos al árido seco, determinados con arreglo al método de ensayo indicado en el apartado 11 de UNE-EN 1744-1.		1,00	1,00(*)
Sulfatos solubles en ácidos, expresados en SO_3 y referidos al árido seco, determinados según el método de ensayo indicado en el apartado 12 de UNE-EN 1744-1.		0,80	0,80(**)
Cloruros expresados en Cl^- y referidos al árido seco, determinados con arreglo al método de ensayo indicado en el apartado 7 de UNE-EN 1744-1.	Hormigón armado u hormigón en masa que contenga armaduras para reducir la fisuración.	0,05	0,05
	Hormigón pretensado	0,03	0,03

(*) Este valor será del 2% en el caso de escorias de alto horno enfriadas al aire.
(**) Este valor será del 1% en el caso de escorias de alto horno enfriadas al aire.

28.7.4. Materia orgánica. Compuestos que alteran la velocidad de fraguado y el endurecimiento del hormigón

En el caso de detectarse la presencia de sustancias orgánicas, de acuerdo con el apartado 15.1 de la UNE-EN 1744-1, se determinará su efecto sobre el tiempo de fraguado y la resistencia a la compresión, de conformidad con el apartado 15.3 de la norma UNE-EN 1744-1. El mortero preparado con estos áridos deberá cumplir que:

a) El aumento del tiempo de fraguado de las muestras de ensayo de mortero será inferior a 120 minutos.

b) La disminución de la resistencia a la compresión de las muestras de ensayo de mortero a los 28 días será inferior al 20%.

No se emplearán aquellos áridos finos que presenten una proporción de materia orgánica tal que, ensayados con arreglo al método de ensayo indicado en el apartado 15.1 de la UNE-EN 1744-1, produzcan un color más oscuro que el de la sustancia patrón. Asimismo, el contenido de partículas orgánicas ligeras que flotan en un líquido de peso específico 2 determinadas según el apartado 14.2 de la norma UNE-EN 1744-1 no será superior al valor de 0,5% para áridos finos y 1% para áridos gruesos. En el caso de áridos gruesos, antes de proceder a su ensayo, se procederá a reducir su tamaño mediante machaqueo hasta tamaños inferiores a 4 mm.

28.7.5. Estabilidad de volumen de las escorias de alto horno enfriadas por aire

Las escorias de alto horno enfriadas por aire deben permanecer estables:

a) Frente a la transformación del silicato bicálcico inestable que entre en su composición, determinada según el ensayo descrito en el apartado 19.1 de UNE-EN 1744-1.

b) Frente a la hidrólisis de los sulfuros de hierro y de manganeso que entren en su composición, determinada según el ensayo descrito en el apartado 19.2 de UNE-EN 1744-1.

28.7.6. Reactividad álcali-árido

Los áridos no presentarán reactividad potencial con los compuestos alcalinos del hormigón, ya sean procedentes del cemento o de otros componentes.

Para su comprobación se realizará, en primer lugar, un estudio petrográfico, del cual se obtendrá información sobre el tipo de reactividad que, en su caso, puedan presentar.

Si del estudio petrográfico del árido se deduce la posibilidad de que presente reactividad álcali-sílice o álcali-silicato, se debe realizar el ensayo descrito en la UNE 146508 EX (método acelerado en probetas de mortero).

Si del estudio petrográfico del árido se deduce la posibilidad de que presente reactividad álcali-carbonato, se debe realizar el ensayo descrito en la UNE 146507-2 EX . En el caso de mezcla, natural o artificial, de áridos calizos y silíceos, este ensayo se realizará sobre la fracción calizo-dolomítica del árido.

Si a partir de los resultados de algunos de los ensayos prescritos para determinar la reactividad se deduce que el material es potencialmente reactivo, el árido no se podrá utilizar en condiciones favorables al desarrollo de la reacción álcali-árido, de acuerdo con el apartado 37.3.8. En otros casos, se podrá emplear el árido calificado *a priori* como potencialmente reactivo sólo si son satisfactorios los resultados del ensayo de reactividad potencial a largo plazo sobre prismas de hormigón, según UNE 146509 EX, presentando una expansión al finalizar el ensayo menor o igual al 0,04%.

Artículo 29.º Aditivos

29.1. Generalidades

A los efectos de esta Instrucción, se entiende por aditivos aquellas sustancias o productos que, incorporados al hormigón antes del amasado (o durante el mismo o en el transcurso de un amasado suplementario) en una proporción no superior al 5% del peso del cemento, producen la modificación deseada, en estado fresco o endurecido, de alguna de sus características, de sus propiedades habituales o de su comportamiento.

En los hormigones armados o pretensados no podrán utilizarse como aditivos el cloruro cálcico, ni en general, productos en cuya composición intervengan cloruros, sulfuros, sulfitos u otros componentes químicos que puedan ocasionar o favorecer la corrosión de las armaduras.

En los elementos pretensados mediante armaduras ancladas exclusivamente por adherencia, no podrán utilizarse aditivos que tengan carácter de aireantes.

Sin embargo, en la prefabricación de elementos con armaduras pretesas elaborados con máquinas de fabricación continua, podrán usarse aditivos plastificantes que tengan un efecto secundario de inclusión de aire, siempre que se compruebe que no perjudica sensiblemente la adherencia entre el hormigón y la armadura, afectando al anclaje de ésta. En cualquier caso, la cantidad total de aire ocluido no excederá del 6% en volumen, medido según la UNE-EN 12350-7.

Con respecto al contenido de ion cloruro, se tendrá en cuenta lo prescrito en 31.1.

29.2. Tipos de aditivos

En el marco de esta Instrucción, se consideran fundamentalmente los cinco tipos de aditivos que se recogen en la Tabla 29.2.

Tabla 29.2. Tipos de aditivos

Tipo de aditivo	Función principal
Reductores de agua / Plastificantes	Disminuir el contenido de agua de un hormigón para una misma trabajabilidad o aumentar la trabajabilidad sin modificar el contenido de agua.
Reductores de agua de alta actividad / Superplastificartes	Disminuir significativamente el contenido de agua de un hormigón sin modificar la trabajabilidad o aumentar significativamente la trabajabilidad sin modificar el contenido de agua.
Modificadores de fraguado / Aceleradores, retardadores	Modificar el tiempo de fraguado de un hormigón.
Inclusores de aire	Producir en el hormigón un volumen controlado de finas burbujas de aire, uniformemente repartidas, para mejorar su comportamiento frente a las heladas.
Multifuncionales	Modificar más de una de las funciones principales definidas con anterioridad.

Los aditivos de cualquiera de los cinco tipos descritos anteriormente deberán cumplir la UNE-EN 934-2.

En los documentos de origen, figurará la designación del aditivo de acuerdo con lo indicado en la UNE-EN 934-2, así como el certificado del fabricante que garantice que el producto satisface los requisitos prescritos en la citada norma, el intervalo de eficacia (proporción a emplear) y su función principal de entre las indicadas en la tabla anterior.

Salvo indicación previa en contra de la Dirección Facultativa, el Suministrador podrá emplear cualquiera de los aditivos incluidos en la Tabla 29.2. La utilización de otros aditivos distintos a los contemplados en este artículo, requiere la aprobación previa de la Dirección Facultativa.

La utilización de aditivos en el hormigón, una vez en la obra y antes de su colocación en la misma, requiere de la autorización de la Dirección Facultativa y el conocimiento del Suministrador del hormigón.

Artículo 30.º Adiciones

A los efectos de esta Instrucción, se entiende por adiciones aquellos materiales inorgánicos, puzolánicos o con hidraulicidad latente que, finamente divididos, pueden ser añadidos al hormigón con el fin de mejorar alguna de sus propiedades o conferirle características especiales. La presente Instrucción recoge únicamente la utilización de las cenizas volantes y el humo de sílice como adiciones al hormigón en el momento de su fabricación.

Las cenizas volantes son los residuos sólidos que se recogen por precipitación electrostática o por captación mecánica de los polvos que acompañan a los gases de combustión de los quemadores de centrales termoeléctricas alimentadas por carbones pulverizados.

El humo de sílice es un subproducto que se origina en la reducción de cuarzo de elevada pureza con carbón en hornos eléctricos de arco para la producción de silicio y ferrosilicio.

Las adiciones pueden utilizarse como componentes del hormigón siempre que se justifique su idoneidad para su uso, produciendo el efecto deseado sin modificar negativamente las características del hormigón, ni representar peligro para la durabilidad del hormigón, ni para la corrosión de las armaduras.

Para utilizar cenizas volantes o humo de sílice como adición al hormigón, deberá emplearse un cemento tipo CEM I. Además, en el caso de la adición de cenizas volantes, el hormigón deberá presentar un nivel de garantía conforme a lo indicado en el artículo 81º de esta Instrucción, por ejemplo, mediante la posesión de un distintivo de calidad oficialmente reconocido.

En hormigón pretensado podrá emplearse adición de cenizas volantes cuya cantidad no podrá exceder del 20% del peso de cemento, o humo de sílice cuyo porcentaje no podrá exceder del 10% del peso del cemento.

En aplicaciones concretas de hormigón de alta resistencia, fabricado con cemento tipo CEM I, se permite la adición simultánea de cenizas volantes y humo de sílice, siempre que el porcentaje de humo de sílice no sea superior al 10% y que el porcentaje total de adiciones (cenizas volantes y humo de sílice) no sea superior al 20%, en ambos casos respecto al peso de cemento. En este caso la ceniza volante sólo se contempla a efecto de mejorar la compacidad y reología del hormigón, sin que se contabilice como parte del conglomerante mediante su coeficiente de eficacia K.

En elementos no pretensados en estructuras de edificación, la cantidad máxima de cenizas volantes adicionadas no excederá del 35% del peso de cemento, mientras que la cantidad máxima de humo de sílice adicionado no excederá del 10% del peso de cemento. La cantidad mínima de cemento se especifica en 37.3.2.

Con respecto al contenido de ion cloruro, se tendrá en cuenta lo prescrito en 31.1

30.1. Prescripciones y ensayos de las cenizas volantes

Las cenizas volantes no podrán contener elementos perjudiciales en cantidades tales que puedan afectar a la durabilidad del hormigón o causar fenómenos de corrosión de las armaduras. Además deberán cumplir las siguientes especificaciones de acuerdo con la UNE-EN 450-1:

— Anhídrido sulfúrico (SO_3), según la UNE-EN 196-2 $\leqslant 3,0\%$
— Cloruros (Cl^-), según UNE-EN 196-2 $\leqslant 0,10\%$
— Óxido de calcio libre, según la UNE-EN 451-1 $\leqslant 1\%$
— Pérdida al fuego, según la UNE-EN 196-2 $\leqslant 5,0\%$ (categoría A de la norma UNE-EN 450-1)
— Finura, según la UNE-EN 451-2
— Cantidad retenida por el tamiz 45 μm $\leqslant 40\%$
— Índice de actividad, según la UNE-EN 196-1 y de acuerdo con UNE-EN 450-1
  a los 28 días $\geqslant 75\%$
  a los 90 días $\geqslant 85\%$
— Expansión por el método de las agujas, según la UNE-EN 196-3 < 10 mm

La especificación relativa a la expansión sólo debe tenerse en cuenta si el contenido en óxido de calcio libre supera el 1% sin sobrepasar el 2,5%.

Los resultados de los análisis y de los ensayos previos estarán a disposición de la Dirección Facultativa.

30.2. Prescripciones y ensayos del humo de sílice

El humo de sílice no podrá contener elementos perjudiciales en cantidades tales que puedan afectar a la durabilidad del hormigón o causar fenómenos de corrosión de las armaduras. Además, deberá cumplir las siguientes especificaciones:

— Óxido de silicio (SiO_2), según la UNE-EN 196-2 $\geqslant 85\%$
— Cloruros (Cl^-) según UNE-EN 196-2 $< 0,10\%$
— Pérdida al fuego, según la UNE-EN 196-2 $< 5\%$
— Índice de actividad, según la UNE-EN 13263-1 $> 100\%$

Los resultados de los análisis y de los ensayos previos estarán a disposición de la Dirección de Obra.

Artículo 31.º Hormigones

31.1. Composición

La composición elegida para la preparación de las mezclas destinadas a la construcción de estructuras o elementos estructurales deberá estudiarse previamente, con el fin de asegurarse de que es capaz de proporcionar hormigones cuyas características mecánicas, reológicas y de durabilidad satisfagan las exigencias del proyecto. Estos estudios se realizarán teniendo en cuenta, en todo lo posible, las condiciones de la obra real (diámetros, características superficiales y distribución de armaduras, modo de compactación, dimensiones de las piezas, etc.).

Los componentes del hormigón deberán cumplir las prescripciones incluidas en los Artículos 26.º, 27.º, 28.º, 29.º y 30.º. Además, el ion cloruro total aportado por los componentes no excederá de los siguientes límites:

— Obras de hormigón pretensado   0,2% del peso del cemento
— Obras de hormigón armado u obras de hormigón en masa que contenga armaduras para reducir la fisuración   0,4% del peso del cemento

La cantidad total de finos en el hormigón, resultante de sumar el contenido de partículas del árido grueso y del árido fino que pasan por el tamiz UNE 0,063 y la componente caliza, en su caso, del cemento, deberá ser inferior a 175 kg/m^3. En el caso de emplearse agua reciclada, de acuerdo con el Artículo 27.º, dicho límite podrá incrementarse hasta 185 kg/m^3.

31.2. Condiciones de calidad

Las condiciones o características de calidad exigidas al hormigón se especificarán en el Pliego de Prescripciones Técnicas Particulares, siendo siempre necesario indicar las referentes a su resistencia a compresión, su consistencia, tamaño máximo del árido, el tipo de ambiente a que va a estar expuesto, y, cuando sea preciso, las referentes a prescripciones relativas a aditivos y adiciones, resistencia a tracción del hormigón, absorción, peso específico, compacidad, desgaste, permeabilidad, aspecto externo, etc.

Tales condiciones deberán ser satisfechas por todas las unidades de producto componentes del total, entendiéndose por unidad de producto la cantidad de hormigón fabricada de una sola vez.

Normalmente se asociará el concepto de unidad de producto a la amasada, si bien, en algún caso y a efectos de control, se podrá tomar en su lugar la cantidad de hormigón fabricado en un intervalo de tiempo determinado y en las mismas condiciones esenciales. En esta Instrucción se emplea la palabra «amasada» como equivalente a unidad de producto.

A los efectos de esta Instrucción, cualquier característica de calidad medible de una amasada, vendrá expresada por el valor medio de un número de determinaciones (igual o superior a dos) de la característica de calidad en cuestión, realizadas sobre partes o porciones de la amasada.

31.3. Características mecánicas

Las características mecánicas de los hormigones empleados en las estructuras, deberán cumplir las condiciones establecidas en el Artículo 39º.

A los efectos de esta Instrucción, la resistencia del hormigón a compresión se refiere a los resultados obtenidos en ensayos de rotura a compresión a 28 días, realizados sobre probetas cilíndricas de 15 cm. de diámetro y 30 cm. de altura, fabricadas, conservadas y ensayadas conforme a lo establecido en esta Instrucción. En el caso de que el control de calidad se efectúe mediante probetas cúbicas, se seguirá el procedimiento establecido en 86.3.2.

Las fórmulas contenidas en esta Instrucción corresponden a experimentación realizada con probeta cilíndrica, y del mismo modo, los requisitos y prescripciones que figuran en la Instrucción se refieren, salvo que expresamente se indique otra cosa, a probeta cilíndrica.

En algunas obras en las que el hormigón no vaya a estar sometido a solicitaciones en los tres primeros meses a partir de su puesta en obra, podrá referirse la resistencia a compresión a la edad de 90 días.

En ciertas obras o en alguna de sus partes, el Pliego de Prescripciones Técnicas Particulares puede exigir la determinación de las resistencias a tracción o a flexotracción del hormigón, mediante ensayos normalizados.

En esta Instrucción, se denominan hormigones de alta resistencia a los hormigones con resistencia característica de proyecto f_{ck} superior a 50 N/mm^2.

A efectos de la presente Instrucción, se consideran hormigones de endurecimiento rápido los fabricados con cemento de clase resistente 42,5R, 52,5 o 52,5R siempre que su relación agua/cemento sea menor o igual que 0,60, los fabricados con cemento de clase resistente 32,5R o 42,5 siempre que su relación agua/cemento sea menor o igual que 0,50 o bien aquellos en los que se utilice acelerante de fraguado. El resto de los casos se consideran hormigones de endurecimiento normal.

31.4. Valor mínimo de la resistencia

En los hormigones estructurales, la resistencia de proyecto f_{ck} (véase 39.1) no será inferior a 20 N/mm^2 en hormigones en masa, ni a 25 N/mm^2 en hormigones armados o pretensados.

Cuando el proyecto establezca, de acuerdo con 86.5.6, un control indirecto de la resistencia en estructuras de hormigón en masa o armado para obras de ingeniería de pequeña importancia, en edificios de viviendas de una o dos plantas con luces inferiores a 6,0 metros, o en elementos que trabajen a flexión de edificios de viviendas de hasta cuatro plantas también con luces inferiores a 6,0 metros, deberá adoptarse un valor de la resistencia de cálculo a compresión f_{cd} no superior a 10 N/mm^2 (véase 39.4). En estos casos de nivel de control indirecto de la resistencia del hormigón, la cantidad mínima de cemento en la dosificación del hormigón también deberá cumplir los requisitos de la Tabla 37.3.2.a.

Los hormigones no estructurales (hormigones de limpieza, hormigones de relleno, bordillos y aceras), no tienen que cumplir este valor mínimo de resistencia ni deben identificarse con el formato de tipificación del hormigón estructural (definido en 39.2) ni les es de aplicación el articulado, ya que se rigen por lo indicado en el Anejo 18 de esta Instrucción.

31.5. Docilidad del hormigón

La docilidad del hormigón será la necesaria para que, con los métodos previstos de puesta en obra y compactación, el hormigón rodee las armaduras sin solución de continuidad con los recubrimientos exigibles y rellene completamente los encofrados sin que se produzcan coqueras.

La docilidad del hormigón se valorará determinando su consistencia por medio del ensayo de asentamiento, según UNE-EN 12350-2.

Las distintas consistencias y los valores límite del asentamiento del cono, serán los siguientes:

Tipo de consistencia	Asentamiento en cm
Seca (S)	0-2
Plástica (P)	3-5
Blanda (B)	6-9
Fluida (F)	10-15
Líquida (L)	16-20

Salvo en aplicaciones específicas que así lo requieran, se evitará el empleo de las consistencias seca y plástica. No podrá emplearse la consistencia líquida, salvo que se consiga mediante el empleo de aditivos superplastificantes.

En todo caso, la consistencia del hormigón que se utilice será la especificada en el Pliego de Prescripciones Técnicas Particulares, definiendo aquella por su tipo o por el valor numérico de su asentamiento en centímetros.

En el caso de hormigones autocompactantes, se estará a lo dispuesto en el Anejo 17.

Artículo 32.° Aceros para armaduras pasivas

32.1. Generalidades

A los efectos de esta Instrucción, los productos de acero que pueden emplearse para la elaboración de armaduras pasivas pueden ser:

— Barras rectas o rollos de acero corrugado soldable.
— Alambres de acero corrugado o grafilado soldable.
— Alambres lisos de acero soldable.

Los alambres lisos sólo pueden emplearse como elementos de conexión de armaduras básicas electrosoldadas en celosía.

Los productos de acero para armaduras pasivas no presentarán defectos superficiales ni grietas.

Las secciones nominales y las masas nominales por metro serán las establecidas en la Tabla 6 de la UNE-EN 10080. La sección equivalente no será inferior al 95,5% de la sección nominal.

Se entiende por diámetro nominal de un producto de acero el número convencional que define el círculo respecto al cual se establecen las tolerancias. El área del mencionado círculo es la sección nominal.

Se entiende por sección equivalente de un producto de acero, expresada en centímetros cuadrados, el cociente de su peso en Newtons por 0,077 (7,85 si el peso se expresa en gramos) veces su longitud en centímetros. El diámetro del círculo cuya área es igual a la sección equivalente se denomina diámetro equivalente. La determinación de la sección equivalente debe realizarse después de limpiar cuidadosamente el producto de acero para eliminar las posibles escamas de laminación y el óxido no adherido firmemente.

A los efectos de esta Instrucción, se considerará como límite elástico del acero para armaduras pasivas, f_y, el valor de la tensión que produce una deformación remanente del 0,2%.

El proceso de fabricación del acero será una elección del fabricante.

32.2. Barras y rollos de acero corrugado soldable

A los efectos de esta Instrucción, sólo podrán emplearse barras o rollos de acero corrugado soldable que sean conformes con UNE-EN 10080.

Los posibles diámetros nominales de las barras corrugadas serán los definidos en la serie siguiente, de acuerdo con la tabla 6 de la UNE-EN 10080:

$$6 - 8 - 10 - 12 - 14 - 16 - 20 - 25 - 32 \text{ y } 40 \text{ mm}$$

Salvo en el caso de mallas electrosoldadas o armaduras básicas electrosoldadas en celosía, se procurará evitar el empleo del diámetro de 6 mm cuando se aplique cualquier proceso de soldadura, resistente o no resistente, en la elaboración o montaje de la armadura pasiva.

A los efectos de esta Instrucción, en la Tabla 32.2.a se definen los tipos de acero corrugado:

Tabla 32.2.a. Tipos de acero corrugado

Tipo de acero		Acero soldable		Acero soldable con características especiales de ductilidad	
Designación		B 400 S	B 500 S	B 400 SD	B 500 SD
Límite elástico, f_y (N/mm^2)[1]		$\geqslant 400$	$\geqslant 500$	$\geqslant 400$	$\geqslant 500$
Carga unitaria de rotura, f_s (N/mm^2)[1]		$\geqslant 440$	$\geqslant 550$	$\geqslant 480$	$\geqslant 575$
Alargamiento de rotura, $\varepsilon_{u,5}$ (%)		$\geqslant 14$	$\geqslant 12$	$\geqslant 20$	$\geqslant 16$
Alargamiento total bajo carga máxima, $\varepsilon_{máx}$ (%)	Acero suministrado en barra	$\geqslant 5,0$	$\geqslant 5,0$	$\geqslant 7,5$	$\geqslant 7,5$
	Acero suministrado en rollo[3]	$\geqslant 7,5$	$\geqslant 7,5$	$\leqslant 10,0$	$\geqslant 10,0$
Relación f_s/f_y[2]		$\geqslant 1,05$	$\geqslant 1,05$	$1,20 \leqslant f_s/f_y \leqslant 1,35$	$1,15 \leqslant f_s/f_y \leqslant 1,35$
Relación $f_{y\,real}/f_{y\,nominal}$		—	—	$\leqslant 1,20$	$\leqslant 1,25$

[1] Para el cálculo de los valores unitarios se utilizará la sección nominal.

[2] Relación admisible entre la carga unitaria de rotura y el límite elástico obtenidos en cada ensayo.

[3] En el caso de aceros corrugados procedentes de suministros en rollo, los resultados pueden verse afectados por el método de preparación de la muestra para su ensayo, que deberá hacerse conforme a lo indicado en el Anejo 23. Considerando la incertidumbre que puede conllevar dicho procedimiento, pueden aceptarse aceros que presenten valores característicos de $\varepsilon_{máx}$ que sean inferiores en un 0,5% a los que recoge la tabla para estos casos.

Las características mecánicas mínimas garantizadas por el Suministrador serán conformes con las prescripciones de la tabla 32.2.a. Además, las barras deberán tener aptitud al doblado-desdoblado, manifestada por la ausencia de grietas apreciables a simple vista al efectuar el ensayo según UNE-EN ISO 15630-1, empleando los mandriles de la Tabla 32.2.b.

Tabla 32.2.b. Diámetro de los mandriles

Doblado-desdoblado $\alpha = 90°$ $\beta = 20°$		
$d \leqslant 16$	$16 < d \leqslant 25$	$d > 25$
$5d$	$8d$	$10d$

donde:

d = Diámetro nominal de barra, en mm.

α = Ángulo de doblado.

β = Ángulo de desdoblado.

Alternativamente al ensayo de aptitud al doblado-desdoblado, se podrá realizar el ensayo de doblado simple, según UNE-EN ISO 15630-1, para lo que deberán emplearse los mandriles especificados en la Tabla 32.2.c.

Tabla 32.2.c. Diámetro de los mandriles

Doblado simple $\alpha = 180°$	
$d \leqslant 16$	$d > 16$
$3d$	$6d$

donde:

d = Diámetro nominal de barra, en mm.

α = Ángulo de doblado.

Los aceros soldables con características especiales de ductilidad (B400SD y B500SD) deberán cumplir los requisitos de la Tabla 32.2.d en relación con el ensayo de fatiga según UNE-EN ISO 15630-1, así como los de la Tabla 32.2.e, relativos al ensayo de deformación alternativa, según UNE 36065 EX.

Tabla 32.2.d. Especificación del ensayo de fatiga

Característica	B400S D	B500S D
Número de ciclos que debe soportar la probeta sin romperse.	$\geqslant 2$ millones	
Tensión máxima $\sigma_{máx} = 0{,}6\ f_y$ nominal (N/mm²)	240	300
Amplitud, $2\sigma_a = \sigma_{máx} - \sigma_{mín}$ (N/mm²)	150	
Frecuencia, f (Hz)	$1 \leqslant f \leqslant 200$	
Longitud libre entre mordazas (mm)	$\geqslant 14d$ $\geqslant 140$ mm	

donde:

d = Diámetro nominal de barra, en mm.

Tabla 32.2.e. Especificación del ensayo de deformación alternativa

Diámetro nominal (mm)	Longitud libre entre mordazas	Deformaciones máximas de tracción y compresión (%)	Número de ciclos completos simétricos de histéresis	Frecuencia f (Hz)
$d \leqslant 16$	$5\,d$	± 4		
$16 < d \leqslant 25$	$10\,d$	$\pm 2,5$	3	$1 \leqslant f \leqslant 3$
$d > 25$	$15\,d$	$\pm 1,5$		

donde:

d = Diámetro nominal de barra, en mm.

Las características de adherencia del acero podrán comprobarse mediante el método general del anejo C de la UNE-EN 10080 o, alternativamente, mediante la geometría de corrugas conforme a lo establecido en el método general definido en el apartado 7.4 de la UNE-EN 10080. En el caso de que la comprobación se efectúe mediante el ensayo de la viga, deberán cumplirse simultáneamente las siguientes condiciones:

— Diámetros inferiores a 8 mm:

$$\tau_{bm} \geqslant 6,88$$
$$\tau_{bu} \geqslant 11,22$$

— Diámetros de 8 mm a 32 mm, ambos inclusive:

$$\tau_{bm} \geqslant 7,84 - 0,12\phi$$
$$\tau_{bu} \geqslant 12,74 - 0,19\phi$$

— Diámetros superiores a 32 mm:

$$\tau_{bm} \geqslant 4,00$$
$$\tau_{bu} \geqslant 6,66$$

donde τ_{bm} y τ_{bu} se expresan en N/mm^2 y ϕ en mm.

Hasta la entrada en vigor del marcado CE, en el caso de comprobarse las características de adherencia mediante el ensayo de la viga, los aceros serán objeto de certificación específica elaborada por un laboratorio oficial o acreditado conforme a la UNE-EN ISO/IEC 17025 para el referido ensayo. En el certificado se consignarán obligatoriamente, además de la marca comercial, los límites admisibles de variación de las características geométricas de los resaltos para el caso de suministro en forma de barra recta, con indicación expresa de que en el caso de suministros en rollo la altura de corruga deberá ser superior a la indicada en el certificado más 0,1 mm en el caso de diámetros superiores a 20 mm o más 0,05 mm en el resto de los casos. Además, se incluirá la información restante a la que se refiere el anejo C de la UNE-EN 10080.

Por su parte, en el caso de comprobarse la adherencia por el método general, el área proyectada de las corrugas (f_R) o, en su caso, de las grafilas (f_P) determinadas según UNE-EN ISO 15630-1, deberá cumplir las condiciones de la Tabla 32.2.f.

La composición química, en porcentaje en masa, del acero deberá cumplir los límites establecidos en la Tabla 32.2.g, por razones de soldabilidad y durabilidad.

Tabla 32.2.f. Área proyectada de corrugas o de grafilas

d (mm)	$\leqslant 6$	8	10	12-16	20-40
f_R o f_P (mm), en el caso de barras	$\geqslant 0{,}039$	$\geqslant 0{,}045$	$\geqslant 0{,}052$	$\geqslant 0{,}056$	$\geqslant 0{,}056$
f_R o f_P (mm), en el caso de rollos	$\geqslant 0{,}045$	$\geqslant 0{,}051$	$\geqslant 0{,}058$	$\geqslant 0{,}062$	$\geqslant 0{,}064$

En la Tabla 32.2g, el valor de carbono equivalente, C_{eq}, se calculará mediante:

$$C_{eq} = C + \frac{Mn}{6} + \frac{Cr + Mo + V}{5} + \frac{Ni + Cu}{15}$$

donde los símbolos de los elementos químicos indican su contenido, en tanto por ciento en masa.

Tabla 32.2.g. Composición química (porcentajes máximos, en masa)

Análisis	C[1]	S	P	N[2]	Cu	C_{eq}(*)
Sobre colada	0,22	0,050	0,050	0,012	0,80	0,50
Sobre producto	0,24	0,055	0,055	0,014	0,85	0,52

[1] Se admite elevar el valor límite de C en 0,03%, si C_{eq} se reduce en 0,02%.
[2] Se admiten porcentajes mayores de N si existe una cantidad suficiente de elementos fijadores de N.

32.3. Alambres corrugados y alambres lisos

Se entiende por alambres corrugados o grafilados aquéllos que cumplen los requisitos establecidos para la fabricación de mallas electrosoldadas o armaduras básicas electrosoldadas en celosía, de acuerdo con lo establecido en UNE-EN 10080.

Se entiende por alambres lisos aquéllos que cumplen los requisitos establecidos para la fabricación de elementos de conexión en armaduras básicas electrosoldadas en celosía, de acuerdo con lo establecido en UNE-EN 10080.

Los diámetros nominales de los alambres serán los definidos en la Tabla 6 de la UNE-EN 10080 y, por lo tanto, se ajustarán a la serie siguiente:

$$4 - 4{,}5 - 5 - 5{,}5 - 6 - 6{,}5 - 7 - 7{,}5 - 8 - 8{,}5 - 9 - 9{,}5 - 10 - 11 - 12 - 14 \text{ y } 16 \text{ mm}$$

Los diámetros 4 y 4,5 mm sólo pueden utilizarse en los casos indicados en 59.2.2, así como en el caso de armaduras básicas electrosoldadas en celosía empleadas para forjados unidireccionales de hormigón, en cuyo caso, se podrán utilizar únicamente en los elementos transversales de conexión de la celosía.

A los efectos de esta Instrucción, se define el siguiente tipo de acero para alambres, tanto corrugados como lisos (ver Tabla 32.3).

Alternativamente al ensayo de aptitud al doblado-desdoblado, se podrá emplear el ensayo de doblado simple, según UNE-EN ISO 15630-1, para lo que deberá emplearse el mandril de diámetro 3d, siendo del diámetro del alambre, en mm.

Además, todos los alambres deberán cumplir las mismas características de composición química que las definidas en el apartado 32.2 para las barras rectas o rollos de acero corrugado soldable. Los alambres corrugados o grafilados deberán cumplir también las características de adherencia establecidas en el citado apartado.

Tabla 32.3. Tipo de acero para alambres

Designación	Ensayo de tracción[1]				Ensayo de doblado-desdoblado, según UNE-EN ISO 15630-1 $\alpha = 90°$ [5] $\beta = 20°$ [6] Diámetro de mandril D′
	Límite elástico f_y (N/mm²)[2]	Carga unitaria de rotura f_s (N/mm²)[2]	Alargamiento de rotura sobre base de 5 diámetros A (%)	Relación f_s/f_y	
B 500 T	500	550	8[3]	1,03[4]	5 d[7]

[1] Valores característicos inferiores garantizados.

[2] Para la determinación del límite elástico y la carga unitaria se utilizará como divisor de las cargas el valor nominal del área de la sección transversal.

[3] Además, deberá cumplirse:

$$A\% \geqslant 20 - 0,02\, f_{yi}$$

donde

   A = Alargamiento de rotura.

   f_{yi} = Límite elástico medido en cada ensayo.

[4] Además, deberá cumplirse

$$\frac{f_{si}}{f_{yi}} \geqslant 1,05 - 0,1\left(\frac{f_{yi}}{f_{yk}} - 1\right)$$

donde:

   f_{yi} = Límite elástico medido en cada ensayo.

   f_{si} = Carga unitaria obtenida en cada ensayo.

   f_{yk} = Límite elástico garantizado.

[5] α = Ángulo de doblado.

[6] β = Ángulo de desdoblado.

[7] d = Diámetro nominal del alambre.

Artículo 33.° Armaduras pasivas

Se entiende por armadura pasiva el resultado de montar, en el correspondiente molde o encofrado, el conjunto de armaduras normalizadas, armaduras elaboradas o ferrallas armadas que, convenientemente solapadas y con los recubrimientos adecuados, tienen una función estructural

Las características mecánicas, químicas y de adherencia de las armaduras pasivas serán las de las armaduras normalizadas o, en su caso, las de la ferralla armada que las componen.

Los diámetros nominales y geometrías de las armaduras serán las definidas en el correspondiente proyecto.

A los efectos de esta Instrucción, se definen los tipos de armaduras de acuerdo con las especificaciones incluidas en la Tabla 33.

En el caso de estructuras sometidas a acciones sísmicas, de acuerdo con lo establecido en la reglamentación sismorresistente en vigor, se deberán emplear armaduras pasivas fabricadas a partir de acero corrugado soldable con características especiales de ductilidad (SD).

33.1. Armaduras normalizadas

Se entiende por armaduras normalizadas las mallas electrosoldadas o las armaduras básicas electrosoldadas en celosía, conformes con la UNE-EN 10080 y que cumplen las especificaciones de 33.2.1 y 33.2.2, respectivamente.

Tabla 33. Tipos de aceros y armaduras normalizadas a emplear para las armaduras pasivas

Tipo de armadura	Armadura con acero de baja ductilidad		Armadura con acero soldable de ductilidad normal		Armadura con acero soldable y características especiales de ductilidad	
Designación	AP400 T	AP500 T	AP400 S	AP500 S	AP400 SD	AP500 SD
Alargamiento total bajo carga máxima, $\varepsilon_{máx}$ (%)(**)	—	—	⩾5,0	⩾5,0	⩾7,5	⩾7,5
Tipo de acero	—	—	B 400 S / B 400SD(*)	B 500 S / B 500SD(*)	B 400 SD	B 500 SD
Tipo de malla electrosoldada, en su caso, según 33.1.1	ME 400 T	ME 500 T	ME400S / ME 400SD	ME500S / ME 400 SD	ME400SD	ME500SD
Tipo de armadura básicas electrosoldada en celosía, en su caso, según 33.1.2	AB 400T	AB 500 T	AB400S / AB 400 SD	AB500S / AB 500 SD	AB400SD	AB500SD

(*) En el caso de ferralla armada AP400S o AP500S elaborada a partir de acero soldable con características especiales de ductilidad, el margen de transformación del acero producido en la instalación de ferralla, conforme al apartado 69.3.2, se referirá a las especificaciones establecidas para dicho acero en la Tabla 32.2.a.

(**) Las especificaciones de $\varepsilon_{máx}$ de la tabla se corresponden con las clases de armadura B y C definidas en la EN 1992-1-1. Considerando lo expuesto en 32.2 para aceros suministrados en rollo, pueden aceptarse valores de $\varepsilon_{máx}$ que sean inferiores en un 0,5%.

33.1.1. Mallas electrosoldadas

En el ámbito de esta Instrucción, se entiende por malla electrosoldada la armadura formada por la disposición de barras corrugadas o alambres corrugados, longitudinales y transversales, de diámetro nominal igual o diferente, que se cruzan entre sí perpendicularmente y cuyos puntos de contacto están unidos mediante soldadura eléctrica, realizada en un proceso de producción en serie en instalación industrial ajena a la obra, que sea conforme con lo establecido en UNE-EN 10080.

Las mallas electrosoldadas serán fabricadas a partir de barras corrugadas o alambres corrugados, que no se mezclarán entre sí y deberán cumplir las exigencias establecidas para los mismos en el Artículo 32º de esta Instrucción.

La designación de las mallas electrosoldadas será conforme con lo indicado en el apartado 5.2 de la UNE-EN 10080.

A los efectos de esta Instrucción, se definen los tipos de mallas electrosoldadas incluidos en la Tabla 33.2.1, en función del acero con el que están fabricadas.

Tabla 33.2.1. Tipos de mallas electrosoldadas

Tipo de mallas electrosoldadas	ME 500 SD	ME 400SD	ME 500S	ME 400 S	ME 500 T	ME 400 T
Tipo de acero	B500SD, según 32.2	B400SD, según 32.2	B500S, según 32.2	B400S, según 32.2	B500T, según 32.3	B400T, según 32.3

En función del tipo de malla electrosoldada, sus elementos deberán cumplir las especificaciones que les sean de aplicación, de acuerdo con lo especificado en UNE-EN 10080 y en los correspondientes apartados del Artículo 32º. Además, las mallas electrosoldadas deberán cumplir que la carga de despegue (F_s) de las uniones soldadas,

$$F_{s_{min}} = 0,25 \cdot f_y \cdot A_n$$

donde f_y es el valor del límite elástico especificado y A_n es la sección transversal nominal del mayor de los elementos de la unión o de uno de los elementos pareados, según se trate de mallas electrosoldadas simples o dobles, respectivamente.

33.1.2. Armaduras básicas electrosoldadas en celosía

En el ámbito de esta Instrucción, se entiende por armadura básica electrosoldada en celosía a la estructura espacial formada por un cordón superior y uno o varios cordones inferiores, todos ellos de acero corrugado, y una serie de elementos transversales, lisos o corrugados, continuos o discontinuos y unidos a los cordones longitudinales mediante soldadura eléctrica, producida en serie en instalación industrial ajena a la obra, que sean conforme con lo establecido en UNE-EN 10080.

Los cordones longitudinales serán fabricados a partir de barras corrugadas conformes con 32.2 o alambres corrugados, de acuerdo con 32.3, mientras que los elementos transversales de conexión se elaborarán a partir de alambres lisos o corrugados, conformes con 32.3.

La designación de las armaduras básicas electrosoldadas en celosía será conforme con lo indicado en el apartado 5.3 de la UNE-EN 10080.

A los efectos de esta Instrucción, se definen los tipos de armaduras básicas electrosoldadas en celosía incluidas en la Tabla 33.2.2.

Tabla 33.2.2. Tipos de armaduras básicas electrosoldadas en celosía

Tipo de armaduras básicas electrosoldadas en celosía	AB 500 SD	AB 400 SD	AB 500 S	AB 400 S	AB 500 T	AB 400 T
Tipo de acero de los cordones longitudinales	B500SD, según 32.2	B400SD, según 32.2	B500S, según 32.2	B400S, según 32.2	B500T, según 32.3	B400T, según 32.3

Además, se cumplirá que la carga de despegue (F_w) de las uniones soldadas, ensayadas según UNE-EN ISO 15630-2, sea superior a

$$F_{w_{min}} = 0,25 \cdot f_{yL} \cdot A_{nL}$$
$$F_{w_{min}} = 0,60 \cdot f_{yD} \cdot A_{nD}$$

donde:

f_{yL} = Valor del límite elástico especificado para los cordones longitudinales.

A_{nL} = Sección transversal nominal del cordón longitudinal.

f_{yD} = Valor del límite elástico especificado para las diagonales.

A_{nD} = Sección transversal nominal de las diagonales.

33.2. Ferralla armada

En el ámbito de esta Instrucción, se define como:

— Armadura elaborada, cada una de las formas o disposiciones de elementos que resultan de aplicar, en su caso, los procesos de enderezado, de corte y de doblado a partir de acero corrugado conforme con el apartado 32.2 o, en su caso, a partir de mallas electrosoldadas conformes con 33.1.1.

— Ferralla armada, el resultado de aplicar a las armaduras elaboradas los correspondientes procesos de armado, bien mediante atado por alambre o mediante soldadura no resistente.

Las especificaciones relativas a los procesos de elaboración, armado y montaje de las armaduras se recogen en el Artículo 69° de esta Instrucción.

Artículo 34.° Aceros para armaduras activas

34.1. Generalidades

A los efectos de esta Instrucción, se definen los siguientes productos de acero para armaduras activas:

— Alambre: producto de sección maciza, liso o grafilado, que normalmente se suministra en rollo. En la Tabla 34.1.a se indican las dimensiones nominales de las grafilas de los alambres (Figura 34.1) según la norma UNE 36094.

— Barra: producto de sección maciza que se suministra solamente en forma de elementos rectilíneos.

— Cordón: producto formado por un número de alambres arrollados helicoidalmente, con el mismo paso y el mismo sentido de torsión, sobre un eje ideal común (véase UNE 36094). Los cordones se diferencian por el número de alambres, del mismo diámetro nominal y arrollados helicoidalmente sobre un eje ideal común y que pueden ser 2, 3 o 7 cordones.

Los cordones pueden ser lisos o grafilados. Los cordones lisos se fabrican con alambres lisos. Los cordones grafilados se fabrican con alambres grafilados. En este último caso, el alambre central puede ser liso. Los alambres grafilados proporcionan mayor adherencia con el hormigón. En la Tabla 34.1.b se indican las dimensiones nominales de las grafilas de los alambres para cordones según la norma UNE 36094.

Se denomina «tendón» al conjunto de las armaduras paralelas de pretensado que, alojadas dentro de un mismo conducto, se consideran en los cálculos como una sola armadura. En el caso de armaduras pretesas, recibe el nombre de tendón, cada una de las armaduras individuales.

El producto de acero para armaduras activas deberá estar libre de defectos superficiales producidos en cualquier etapa de su fabricación que impidan su adecuada utilización. Salvo una ligera capa de óxido superficial no adherente, no son admisibles alambres o cordones oxidados.

Tabla 34.1.a. Dimensiones nominales de las grafilas de los alambres

Diámetro nominal del alambre (mm)	Dimensiones nominales de las grafilas			
	Profundidad (a) centésimas de mm		Longitud (l) (mm)	Separación (p) (mm)
	Tipo 1	Tipo 2		
3	2 a 6		3,5 $\pm$ 0,5	5,5 $\pm$ 0,5
4	3 a 7	5 a 9		
5	4 a 8	6 a 10		
6	5 a 10	8 a 13	5,0 $\pm$ 0,5	8,0 $\pm$ 0,5
$\geqslant$7	6 a 12	10 a 20		

Tabla 34.1.b. Dimensiones nominales de las grafilas de los alambres para cordones

Profundidad (a) centésimas de mm	Longitud (l) (mm)	Separación (p) (mm)
2 a 12	3,5 $\pm$ 0,5	5,5 $\pm$ 0,5

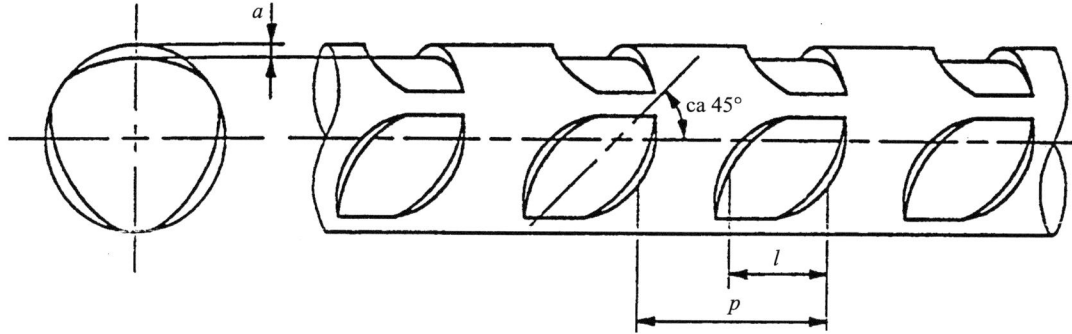

Figura 34.1. Grafilas

34.2. Características mecánicas

A los efectos de esta Instrucción, las características fundamentales que se utilizan para definir el comportamiento de los aceros para armaduras activas son las siguientes:

a) Carga unitaria máxima a tracción (f_{max}).

b) Límite elástico (f_y).

c) Alargamiento bajo carga máxima (ε_{max}).

d) Módulo de elasticidad (E_s).

e) Estricción (η), expresada en porcentaje.

f) Aptitud al doblado alternativo (sólo para alambres).

g) Relajación.

h) Resistencia a la fatiga.

i) Susceptibilidad a la corrosión bajo tensión.

j) Resistencia a la tracción desviada (sólo para cordones de diámetro nominal igual o superior a 13 mm).

Los fabricantes deberán garantizar, como mínimo, las características indicadas en a), b), c), d), g), h) e i).

34.3. Alambres de pretensado

A los efectos de esta Instrucción, se entiende como alambres de pretensado aquellos que cumplen los requisitos establecidos en UNE 36094 o, en su caso, en la correspondiente norma armonizada de producto. Sus características mecánicas, obtenidas a partir del ensayo a tracción realizado según la UNE-EN ISO 15630-3, deberán cumplir las siguientes prescripciones:

— La carga unitaria máxima f_{max} no será inferior a los valores que figuran en la Tabla 34.3.a.

Tabla 34.3.a. Tipos de alambre de pretensado

Designación	Serie de diámetros nominales, en mm	Carga unitaria máxima $f_{máx}$ en N/mm² no menor que
Y 1570 C	9,4-10,0	1.570
Y 1670 C	7,0-7,5-8,0	1.670
Y 1770 C	3,0-4,0-5,0-6,0	1.770
Y 1860 C	4,0-5,0	1.860

— El límite elástico f_y estará comprendido entre el 0,85 y el 0,95 de la carga unitaria máxima f_{max}. Esta relación deberán cumplirla no sólo los valores mínimos garantizados, sino también los correspondientes a cada uno de los alambres ensayados.

— El alargamiento bajo carga máxima medido sobre una base de longitud igual o superior a 200 mm no será inferior al 3,5%. Para los alambres destinados a la fabricación de tubos, dicho alargamiento será igual o superior al 5%.

— La estricción a la rotura será igual o superior al 25% en alambres lisos y visible a simple vista en el caso de alambres grafilados.

— El módulo de elasticidad tendrá el valor garantizado por el fabricante con una tolerancia de $\pm 7\%$.

En los alambres de diámetro igual o superior a 5 mm o de sección equivalente, la pérdida de resistencia a la tracción después de un doblado-desdoblado, realizado según la UNE-EN ISO 15630-3 no será superior al 5%.

El número mínimo de doblados-desdoblados que soportará el alambre en la prueba de doblado alternativo realizada según la UNE-EN ISO 15630-3 no será inferior a:

Producto de acero para armadura activa	Número de doblados y desdoblados
Alambres lisos	4
Alambres grafilados	3
Alambres destinados a obras hidráulicas o sometidos a ambiente corrosivo	7

La relajación a las 1.000 horas a temperatura de 20 °C $\pm$ 1 °C, y para una tensión inicial igual al 70% de la carga unitaria máxima real no será superior al 2,5% (alambres enderezados y con tratamiento de estabilización).

El valor medio de las tensiones residuales a tracción, deberá ser inferior a 50 N/mm², al objeto de garantizar un comportamiento adecuado frente a la corrosión bajo tensión.

Los valores del diámetro nominal, en milímetros, de los alambres se ajustarán a la serie siguiente:

$$3 - 4 - 5 - 6 - 7 - 7,5 - 8 - 9,4 - 10$$

Las características geométricas y ponderales de los alambres de pretensado, así como las tolerancias correspondientes, se ajustarán a lo especificado en la UNE 36094.

34.4. Barras de pretensado

Las características mecánicas de las barras de pretensado, deducidas a partir del ensayo de tracción realizado según la UNE-EN ISO 15630-3 deberán cumplir las siguientes prescripciones:

— La carga unitaria máxima f_{max} no será inferior a 980 N/mm^2.
— El límite elástico f_y, estará comprendido entre el 75 y el 90% de la carga unitaria máxima f_{max}. Esta relación deberán cumplirla no sólo los valores mínimos garantizados, sino también los correspondientes a cada una de las barras ensayadas.
— El alargamiento bajo carga máxima medido sobre una base de longitud igual o superior a 200 mm no será inferior al 3,5%.
— El módulo de elasticidad tendrá el valor garantizado por el fabricante con una tolerancia del $\pm 7\%$.

Las barras soportarán sin rotura ni agrietamiento el ensayo de doblado especificado en la UNE-EN ISO 15630-3.

La relajación a las 1.000 horas a temperatura de 20 °C $\pm$ 1 °C y para una tensión inicial igual al 70% de la carga unitaria máxima garantizada, no será superior al 3%. El ensayo se realizará según la UNE-EN ISO 15630-3.

34.5. Cordones de pretensado

Cordones, a los efectos de esta Instrucción, son aquéllos que cumplen los requisitos técnicos establecidos en la UNE 36094, o en su caso, en la correspondiente norma armonizada de producto. Sus características mecánicas, obtenidas a partir del ensayo a tracción realizado según la UNE-EN ISO 15630-3, deberán cumplir las siguientes prescripciones:

— La carga unitaria máxima f_{max} no será inferior a los valores que figuran en la Tabla 34.5.a en el caso de cordones de 2 o 3 alambres y 33.5.b en el caso de cordones de 7 alambres.

Tabla 34.5.a. Cordones de 2 o 3 alambres

Designación	Serie de diámetros nominales, en mm	Carga unitaria máxima $f_{máx}$ en N/mm^2 no menor que:
Y 1770 S2	5,6-6,0	1.770
Y 1860 S3	6,5-6,8-7,5	1.860
Y 1960 S3	5,2	1.960
Y 2060 S3	5,2	2.060

Tabla 34.5.b. Cordones de 7 alambres

Designación	Serie de diámetros nominales, en mm	Carga unitaria máxima $f_{máx}$ en N/mm^2
Y 1770 S7	16,0	1.770
Y 1860 S7	9,3-13,0-15,2-16,0	1.860

— El límite elástico f_y estará comprendido entre el 0,88 y el 0,95 de la carga unitaria máxima f_{max}. Esta limitación deberán cumplirla no sólo los valores mínimos garantizados, sino también cada uno de los elementos ensayados.

— El alargamiento bajo carga máxima, medido sobre una base de longitud igual o superior a 500 mm, no será inferior al 3,5%.

— La estricción a la rotura será visible a simple vista.

— El módulo de elasticidad tendrá el valor garantizado por el fabricante, con una tolerancia de $\pm 7\%$.

— La relajación a las 1.000 horas a temperatura de $20\,°C \pm 1\,°C$, y para una tensión inicial igual al 70% de la carga unitaria máxima real, determinada no será superior al 2,5%.

— El valor medio de las tensiones residuales a tracción del alambre central deberá ser inferior a $50\ N/mm^2$ al objeto de garantizar un comportamiento adecuado frente a la corrosión bajo tensión.

El valor del coeficiente de desviación D en el ensayo de tracción desviada, según UNE-EN ISO 15630-3, no será superior a 28, para los cordones con diámetro nominal igual o superior a 13 mm.

Las características geométricas y ponderales, así como las correspondientes tolerancias, de los cordones se ajustarán a lo especificado en la UNE 36094.

Los alambres utilizados en los cordones soportarán el número de doblados y desdoblados indicados en 34.3.

Artículo 35.° Armaduras activas

Se denominan armaduras activas a las disposiciones de elementos de acero de alta resistencia mediante las cuales se introduce la fuerza del pretensado en la estructura. Pueden estar constituidos a partir de alambres, barras o cordones, que serán conformes con el Artículo 34° de esta Instrucción.

35.1. Sistemas de pretensado

En el caso de armaduras activas postesadas, sólo podrán utilizarse los sistemas de pretensado que cumplan los requisitos establecidos en el documento de idoneidad técnico europeo, elaborado específicamente para cada sistema por un organismo autorizado en el ámbito de la Directiva 89/106/CEE y de conformidad con la Guía ETAG 013 elaborada por la European Organisation for Technical Approvals (EOTA).

Todos los aparatos utilizados en las operaciones de tesado deberán estar adaptados a la función, y por lo tanto:

— Cada tipo de anclaje requiere utilizar un equipo de tesado, en general se utilizará el recomendado por el suministrador del sistema.

— Los equipos de tesado deberán encontrarse en buen estado con objeto de que su funcionamiento sea correcto, proporcionen un tesado continuo, mantengan la presión sin pérdidas y no ofrezcan peligro alguno.

— Los aparatos de medida incorporados al equipo de tesado, permitirán efectuar las correspondientes lecturas con una precisión del 2%. Deberán contrastarse cuando vayan a empezar a utilizarse y, posteriormente, cuantas veces sea necesario, con frecuencia mínima anual.

Se debe garantizar la protección contra la corrosión de los componentes del sistema de pretensado, durante su fabricación, transporte y almacenamiento, durante la colocación y sobre todo durante la vida útil de la estructura.

35.2. Dispositivos de anclaje y empalme de las armaduras postesas

35.2.1. Características de los anclajes

Los anclajes deben ser capaces de retener eficazmente los tendones, resistir su carga unitaria de rotura y transmitir al hormigón una carga al menos igual a la máxima que el correspondiente tendón pueda proporcionar. Para ello deberán cumplir las siguientes condiciones:

a) El coeficiente de eficacia de un tendón anclado será al menos igual a 0,95, tanto en el caso de tendones adherentes como no adherentes. Además de la eficacia se verificarán los criterios de no reducción de capacidad de la armadura y de ductilidad conforme a la Guía ETAG 013 elaborada por la European Organisation for Technical Approvals (EOTA).

b) El deslizamiento entre anclaje y armadura debe finalizar cuando se alcanza la fuerza máxima de tesado (80% de la carga de rotura del tendón). Para ello:

Los sistemas de anclaje por cuñas serán capaces de retener los tendones de tal forma que, una vez finalizada la penetración de cuñas, no se produzcan deslizamientos respecto al anclaje.

Los sistemas de anclaje por adherencia serán capaces de retener los cordones de tal forma que, una vez finalizado el tesado no se produzcan fisuras o plastificaciones anormales o inestables en la zona de anclaje,

a) Para garantizar la resistencia contra las variaciones de tensión, acciones dinámicas y los efectos de la fatiga, el sistema de anclaje deberá resistir 2 millones de ciclos con una variación de tensión de 80 N/mm^2 y una tensión máxima equivalente al 65% de la carga unitaria máxima a tracción del tendón. Además, no se admitirán roturas en las zonas de anclaje, ni roturas de más del 5% de la sección de armadura en su longitud libre.

b) Las zonas de anclaje deberán resistir 1,1 veces la carga de rotura del anclaje con el coeficiente de eficacia indicado en el punto a) del presente artículo.

El diseño de las placas y dispositivos de anclaje deberá asegurar la ausencia de puntos de desviación, excentricidad y pérdida de ortogonalidad entre tendón y placa.

Los ensayos necesarios para la comprobación de estas características serán los que figuran en la UNE 41184.

Los elementos que constituyen el anclaje deberán someterse a un control efectivo y riguroso y fabricarse de modo tal, que dentro de un mismo tipo, sistema y tamaño, todas las piezas resulten intercambiables. Además deben ser capaces de absorber, sin menoscabo para su efectividad, las tolerancias dimensionales establecidas para las secciones de las armaduras.

35.2.2. Elementos de empalme

Los elementos de empalme de las armaduras activas deberán cumplir las mismas condiciones exigidas a los anclajes en cuanto a resistencia y eficacia de retención.

35.3. Vainas y accesorios

35.3.1. Vainas

En los elementos estructurales con armaduras postesas es necesario disponer conductos adecuados para alojar dichas armaduras. Para ello, lo más frecuente es utilizar vainas que quedan embebidas en el hormigón de la pieza, o se recuperan una vez endurecido éste.

Deben ser resistentes al aplastamiento y al rozamiento de los tendones, permitir una continuidad suave del trazado del conducto, garantizar una correcta estanquidad en toda su longitud, no superar los coeficientes de rozamiento de proyecto durante el tesado, cumplir con las exigencias de adherencia del proyecto y no causar agresión química al tendón.

En ningún caso deberán permitir que penetre en su interior lechada de cemento o mortero durante el hormigonado. Para ello, los empalmes, tanto entre los distintos trozos de vaina como entre ésta y los anclajes, habrán de ser perfectamente estancos.

El diámetro interior de la vaina, habida cuenta del tipo y sección de la armadura que en ella vaya a alojarse, será el adecuado para que pueda efectuarse la inyección de forma correcta.

35.3.2. Tipos de vainas y criterios de selección

Los tipos de vainas más utilizados son:

— Vainas obtenidas con flejes metálicos corrugados enrollados helicoidalmente. Se presentan en forma de tubos metálicos con resaltos o corrugaciones en su superficie para favorecer su adherencia al hormigón y a la lechada de inyección y aumentar su rigidez transversal y su flexibilidad longitudinal. Deberán presentar resistencia suficiente al aplastamiento para que no se deformen o abollen durante su manejo en obra, bajo el peso del hormigón fresco, la acción de golpes accidentales, etc. Asimismo deberán soportar el contacto con los vibradores interiores, sin riesgo de perforación. El espesor mínimo del fleje es 0,3 mm. Cumplirán lo estipulado en las normas UNE-EN 523 y UNE-EN 524.

Son las más frecuentemente utilizadas en pretensado interior para soportar presiones normales, para trazados con radios de curvatura superiores a 100 veces su diámetro interior. En elementos estructurales de pequeño espesor (losas o forjados pretensados) este tipo de vainas se pueden utilizar con sección ovalada para adaptarse mejor al espacio disponible.

— Vainas de fleje corrugado de plástico. Las características morfológicas son similares a las anteriores, con espesores mínimos de 1 mm. Las piezas y accesorios de material plástico deberán estar libres de cloruros (véase 37.3).

En el caso de pretensado interior, cuando se desea conseguir un aislamiento eléctrico para los tendones, bajo presiones y con radios de curvatura similares a las de fleje metálico, pueden emplearse:

– Tubos metálicos rígidos. Con un espesor mínimo de 2 mm, presentan características resistentes muy superiores a las vainas constituidas por fleje enrollado helicoidal y se utilizan tanto en pretensado interior como exterior. Debe tenerse en cuenta, en pretensado interior, la escasa adherencia del tubo liso con el hormigón y con la lechada.

Admiten, por sí solas, presiones interiores superiores a 1 bar, en función de su espesor y por lo tanto son recomendadas para conseguir estanquidad total en estructuras con alturas de inyección considerables. También son apropiadas para trazados con radios de curvatura inferiores a 100 Φ (Φ = diámetro interior del tubo). Son doblados con medios mecánicos apropiados, pudiendo llegarse hasta radios mínimos en el entorno de 20 Φ siempre que se cumpla:

a) La tensión en el tendón en la zona curva no excede el 70% de la de rotura.

b) La suma del desvío angular a lo largo del tendón no excede de $3n/2$ radianes, o se considera la zona de desvío (radio mínimo) como punto de anclaje pasivo, realizándose el tesado desde ambos extremos.

– Tubos de polietileno de alta densidad. Deben tener el espesor necesario para resistir una presión nominal interior de 0,63 N/mm^2 en tubos de baja presión, en PE80, y de 1 N/mm^2 para tubos de alta presión en PE80 o PE100.

Se suelen utilizar para la protección de los tendones en pretensado exterior.

– Tubos de goma hinchables. Deben tener la resistencia adecuada a su función y se recuperan una vez endurecido el hormigón. Para extraerlos, se desinflan y se sacan de la pieza o estructura tirando por un extremo. Pueden utilizarse incluso para elementos de gran longitud con tendones de trazado recto, poligonal o curvo.

Salvo demostración contraria, no se recomienda este tipo de dispositivo como vaina de protección, ya que desaparece la función pantalla contra la corrosión. Está recomendada en elementos prefabricados con juntas conjugadas, estando en este caso el tubo de goma insertado dentro de las propias vainas de fleje metálico, durante el hormigonado, con el fin de garantizar la continuidad del trazado del tendón en las juntas, evitando puntos de inflexión o pequeños desplazamientos.

35.3.3. Accesorios

Los accesorios auxiliares de inyección más utilizados son:

— Tubo de purga o purgador: Pequeño segmento de tubo que comunica los conductos de pretensado con el exterior y que se coloca, generalmente, en los puntos altos y bajos de su trazado para facilitar la evacuación del aire y del agua del interior de dichos conductos y para seguir paso a paso el avance de la inyección. También se llama respiradero.
— Boquilla de inyección: Pieza que sirve para introducir el producto de inyección en los conductos en los que se alojan las armaduras activas. Para la implantación de las boquillas de inyección y tubos de purga se recurre al empleo de piezas especiales en T.
— Separador: Pieza generalmente metálica o de plástico que, en algunos casos, se emplea para distribuir uniformemente dentro de las vainas las distintas armaduras constituyentes del tendón.
— Trompeta de empalme: Es una pieza, de forma generalmente troncocónica, que enlaza la placa de reparto con la vaina. En algunos sistemas de pretensado la trompeta está integrada en la placa de reparto.
— Tubo matriz: Tubo, generalmente de polietileno, de diámetro exterior algo inferior al interior de la vaina, que se dispone para asegurar la suavidad del trazado.

Todos estos dispositivos deben estar correctamente diseñados y elaborados para permitir el correcto sellado de los mismos y garantizar la estanquidad bajo la presión nominal de inyección con el debido coeficiente de seguridad. A falta de especificación concreta del proveedor, estos accesorios deben resistir una presión nominal de 2 N/mm^2.

La ubicación de estos dispositivos y sus características estarán definidos en proyecto y será comprobada su idoneidad por el proveedor del sistema de pretensado.

35.4. Productos de inyección

35.4.1. Generalidades

Con el fin de asegurar la protección de las armaduras activas contra la corrosión, en el caso de tendones alojados en conductos o vainas dispuestas en el interior de las piezas, deberá procederse al relleno de tales conductos o vainas, utilizando un producto de inyección adecuado.

Los productos de inyección pueden ser adherentes o no, debiendo cumplir, en cada caso, las condiciones que se indican en 35.4.2 y 35.4.3.

Los productos de inyección estarán exentos de sustancias tales como cloruros, sulfuros, nitratos, etc., que supongan un peligro para las armaduras, el propio material de inyección o el hormigón de la pieza.

35.4.2. Productos de inyección adherentes

En general, estos productos estarán constituidos por lechadas o morteros de cemento conformes con 35.4.2.2, cuyos componentes deberán cumplir lo especificado en 35.4.2.1, podrán emplearse otros materiales como productos de inyección adherentes, siempre que cumplan los requisitos de 35.4.2.2 y se compruebe que no afectan negativamente a la pasividad del acero.

35.4.2.1. Materiales componentes

Los componentes de las lechadas y morteros de inyección deberán cumplir lo especificado en los artículos 26, 27, 28 y 29 de esta Instrucción. Además, deberán cumplir los requisitos que se mencionan a continuación, donde los componentes se expresan en masa con la excepción del agua que se puede expresar en masa o volumen. La precisión de la mezcla debe de ser de $\pm 2\%$ para el cemento y los aditivos y $\pm 1\%$ para el agua.

Cemento:

El cemento será Portland, del tipo CEM I. Para poder utilizar otros tipos de cementos será precisa una justificación especial.

Agua:

No debe contener más de 300 mg/l de ion cloruro ni más de 200 mg/l de ion sulfato.

Áridos:

Cuando se utilicen áridos para la preparación del material de inyección, deberán estar constituidos por granos silíceos o calcáreos, exentos de iones ácidos y de partículas laminares tales como las de mica o pizarra.

Aditivos:

No pueden contener sustancias peligrosas para el acero de pretensado, especialmente: tiocianatos, nitratos, formiatos y sulfuros y deben además cumplir los siguientes requisitos:

— Contenido $<0,1\%$.
— Cl^- <1 g/l de aditivo líquido.
— El pH debe estar entre los límites definidos por el fabricante.
— El extracto seco debe estar en un $\pm 5\%$ del definido por el fabricante.

35.4.2.2. Requisitos de los productos de inyección

Las lechadas y morteros de inyección deben cumplir:

— el contenido en iones cloruro (Cl^-) no será superior a 0,1% de la masa de cemento,
— el contenido en iones sulfato (SO_3) no será superior a 3,5% de la masa de cemento,
— el contenido en ion sulfuro (S^{2-}) no será superior a 0,01% de la masa de cemento.

Además, las lechadas y morteros de inyección deben tener las siguientes propiedades determinadas mediante UNE-EN 445.

— La fluidez medida mediante el método del cono de Marsh, de 100 mm de diámetro, debe ser menor que 25 s en el rango de temperaturas especificado por el fabricante, tanto inmediatamente después del amasado como 30 minutos después o hasta terminar la inyección o el tiempo definido por el fabricante o prescrito por el proyectista. En el caso de lechadas tixotrópicas su fluidez se debe medir con un viscosímetro y debe estar comprendida entre 120 g/cm^2 y 200 g/cm^2.

— La cantidad de agua exudada después de 3 h debe ser menor que el 2% en el ensayo del tubo de exudado en el rango de temperaturas definido por el fabricante.
— La reducción de volumen no excederá del 1%, y la expansión volumétrica eventual será inferior al 5%. Para las lechadas fabricadas con agentes expansivos, no se admite ninguna reducción de volumen.
— La relación agua/cemento deberá ser menor o igual que 0,44.
— La resistencia a compresión debe ser mayor o igual que 30 N/mm^2 a los 28 días.
— El fraguado no debe empezar antes de las 3 h en el rango de temperaturas definido por el fabricante. El final del fraguado no debe exceder de las 24 h.
— La absorción capilar a los 28 días debe ser menor que 1 g/cm^2.

35.4.3. Productos de inyección no adherentes

Estos productos están constituidos por grasas, ceras, polímeros, productos bituminosos, poliuretano o, en general, cualquier material adecuado para proporcionar a las armaduras activas la necesaria protección sin que se produzca adherencia entre éstas y los conductos.

El fabricante debe garantizar la estabilidad física y química del producto seleccionado durante toda la vida útil de la estructura o durante el tiempo de servicio del producto, previsto en el proyecto, en el caso de que éste vaya a ser repuesto periódicamente durante la vida útil de la estructura.

Para poder utilizar los productos de inyección no adherentes será preciso que éstos aparezcan como parte del documento de idoneidad técnico europeo del sistema de pretensado, y por tanto, conformes con la Guía ETAG 013, Anejo C.4.

Artículo 36.° Piezas de entrevigado en forjados

Una pieza de entrevigado es un elemento prefabricado con función aligerante o colaborante destinada a formar parte, junto con las viguetas o nervios, la losa superior hormigonada en obra y las armaduras de obra, del conjunto resistente de un forjado.

Las piezas de entrevigado colaborantes pueden ser de cerámica o de hormigón u otro material resistente. Su resistencia a compresión no será menor que la resistencia de proyecto del hormigón vertido en obra con que se ejecute el forjado. Puede considerarse que los tabiquillos de estas piezas adheridas al hormigón forman parte de la sección resistente del forjado.

Las piezas de entrevigado aligerantes pueden ser de cerámica, hormigón, poliestireno expandido u otros materiales suficientemente rígidos. Las piezas cumplirán con las condiciones establecidas a continuación:

— La carga de rotura a flexión para cualquier pieza de entrevigado debe ser mayor que 1,0 kN determinada según UNE 53981 para las piezas de poliestireno expandido y según UNE 67037, para piezas de otros materiales.
— En piezas de entrevigado cerámicas, el valor medio de la expansión por humedad, determinado según UNE 67036, no será mayor que 0,55 mm/m, y no debe superarse en ninguna de las mediciones individuales el valor de 0,65 mm/m. Las piezas de entrevigado que superen el valor límite de expansión total podrán utilizase, no obstante, siempre que el valor medio de la expansión potencial, según la UNE 67036, determinado previamente a su puesta en obra, no sea mayor que 0,55 mm/m.
— El comportamiento de reacción al fuego de las piezas que estén o pudieran quedar expuestas al exterior durante la vida útil de la estructura, cumplirán con la clase de reacción al fuego que sea exigible. En el caso de edificios, deberá ser conforme con el apartado 4 de la seccion SI.1 del Documento Básico DB SI «Seguridad en caso de incendio» del Código Técnico de la Edificación, en función de la zona en la que esté situado el forjado. Dicha

clase deberá estar determinada conforme a la norma UNE-EN 13501-1 según las condiciones finales de utilización, es decir, con los revestimientos con los que vayan a contar las piezas. Las bovedillas fabricadas con materiales inflamables deberán resguardarse de la exposición al fuego mediante capas protectoras eficaces. La idoneidad de las capas de protección deberá ser justificada empíricamente para el rango de temperaturas y deformaciones previsibles bajo la actuación del fuego de cálculo.

capítulo VII
Durabilidad

Artículo 37.° **Durabilidad del hormigón y de las armaduras**

37.1 Generalidades

La durabilidad de una estructura de hormigón es su capacidad para soportar, durante la vida útil para la que ha sido proyectada, las condiciones físicas y químicas a las que está expuesta, y que podrían llegar a provocar su degradación como consecuencia de efectos diferentes a las cargas y solicitaciones consideradas en el análisis estructural.

Una estructura durable debe conseguirse con una estrategia capaz de considerar todos los posibles factores de degradación y actuar consecuentemente sobre cada una de las fases de proyecto, ejecución y uso de la estructura. Para ello, el Autor del proyecto deberá diseñar una estrategia de durabilidad que tenga en cuenta las especificaciones de este Capítulo. Alternativamente, para los procesos de corrosión de las armaduras, podrá optar por comprobar el Estado Límite de Durabilidad según lo indicado en el apartado 1 del Anejo 9.

Una estrategia correcta para la durabilidad debe tener en cuenta que en una estructura puede haber diferentes elementos estructurales sometidos a distintos tipos de ambiente.

37.1.1. *Consideración de la durabilidad en la fase de proyecto*

El proyecto de una estructura de hormigón debe incluir las medidas necesarias para que la estructura alcance la duración de la vida útil acordada según lo indicado en el artículo 5°, en función de las condiciones de agresividad ambiental a las que pueda estar sometida. Para ello, deberá incluir una estrategia de durabilidad, acorde a los criterios establecidos en el apartado 37.2. En el caso de que, por las características de la estructura, el Autor del proyecto considerara conveniente la estimación de la vida útil de la estructrura mediante la comprobación del Estado Límite de durabilidad, podrá emplear los métodos contemplados en el Anejo 9 de esta Instrucción.

La agresividad a la que está sometida la estructura se identificará por el tipo de ambiente, de acuerdo con 8.2.1.

En la memoria, se justificará la selección de las clases de exposición consideradas para la estructura. Así mismo, en los planos se reflejará el tipo de ambiente para el que se ha proyectado cada elemento.

El proyecto deberá definir formas y detalles estructurales que faciliten la evacuación del agua y sean eficaces frente a los posibles mecanismos de degradación del hormigón.

Los elementos de equipamiento, tales como apoyos, juntas, drenajes, etc., pueden tener una vida más corta que la de la propia estructura por lo que, en su caso, se estudiará la adopción de medidas de proyecto que faciliten el mantenimiento y sustitución de dichos elementos durante la fase de uso.

37.1.2. Consideración de la durabilidad en la fase de ejecución

La buena calidad de la ejecución de la obra y, especialmente, del proceso de curado, tiene una influencia decisiva para conseguir una estructura durable.

Las especificaciones relativas a la durabilidad deberán cumplirse en su totalidad durante la fase de ejecución. No se permitirá compensar los efectos derivados por el incumplimiento de alguna de ellas, salvo que se justifique mediante la aplicación, en su caso, del cumplimiento del Estado Límite de durabilidad establecido en el Anejo 9.

37.2. Estrategia para la durabilidad

37.2.1. Prescripciones generales

Para satisfacer los requisitos establecidos en el artículo 5º será necesario seguir una estrategia que considere todos los posibles mecanismos de degradación, adoptando medidas específicas en función de la agresividad a la que se encuentre sometido cada elemento.

La estrategia de durabilidad incluirá, al menos, los siguientes aspectos:

a) Selección de formas estructurales adecuadas, de acuerdo con lo indicado en 37.2.2.

b) Consecución de una calidad adecuada del hormigón y, en especial de su capa exterior, de acuerdo con indicado en 37.2.3.

c) Adopción de un espesor de recubrimiento adecuado para la protección de las armaduras, según 37.2.4 y 37.2.5.

d) Control del valor máximo de abertura de fisura, de acuerdo con 37.2.6.

e) Disposición de protecciones superficiales en el caso de ambientes muy agresivos, según 37.2.7.

f) Adopción de medidas de protección de las armaduras frente a la corrosión, conforme a lo indicado en 37.4.

37.2.2. Selección de la forma estructural

En el proyecto se definirán los esquemas estructurales, las formas geométricas y los detalles que sean compatibles con la consecución de una adecuada durabilidad de la estructura.

Se evitará el empleo de diseños estructurales que sean especialmente sensibles frente a la acción del agua y, en la medida de lo posible, se reducirá al mínimo el contacto directo entre ésta y el hormigón.

Además, se diseñarán los detalles de proyecto necesarios para facilitar la rápida evacuación del agua, previendo los sistemas adecuados para su conducción y drenaje (imbornales, conducciones, etc.). En especial, se procurará evitar el paso de agua sobre las zonas de juntas y sellados.

Se deberán prever los sistemas adecuados para evitar la existencia de superficies sometidas a salpicaduras o encharcamiento de agua.

Cuando la estructura presente secciones con aligeramientos u oquedades internas, se procurará disponer los sistemas necesarios para su ventilación y drenaje.

Salvo en obras de pequeña importancia, se deberá prever, en la medida de lo posible, el acceso a todos los elementos de la estructura, estudiando la conveniencia de disponer sistemas específicos que faciliten la inspección y el mantenimiento durante la fase de servicio, de acuerdo con lo indicado en el Capítulo XVIII de esta Instrucción.

37.2.3. Prescripciones respecto a la calidad del hormigón

Una estrategia enfocada a la durabilidad de una estructura debe conseguir una calidad adecuada del hormigón, en especial en las zonas más superficiales donde se pueden producir los procesos de deterioro.

Se entiende por un hormigón de calidad adecuada, aquel que cumpla las siguientes condiciones:

— Selección de materias primas acorde con lo indicado en los artículos 26º al 35º.
— Dosificación adecuada, según lo indicado en el punto 37.3.1, así como en el punto 37.3.2.
— Puesta en obra correcta, según lo indicado en el artículo 71º.
— Curado del hormigón, según lo indicado en el apartado 71.6
— Resistencia acorde con el comportamiento estructural esperado y congruente con los requisitos de durabilidad.
— Comportamiento conforme con los requisitos del punto 37.3.1.

37.2.4. Recubrimientos

El recubrimiento de hormigón es la distancia entre la superficie exterior de la armadura (incluyendo cercos y estribos) y la superficie del hormigón más cercana.

A los efectos de esta Instrucción, se define como recubrimiento mínimo de una armadura pasiva aquel que debe cumplirse en cualquier punto de la misma. Para garantizar estos valores mínimos, se prescribirá en el proyecto un valor nominal del recubrimiento r_{nom}, definido como:

$$r_{nom} = r_{min} + \Delta r$$

donde:

r_{nom} = Recubrimiento nominal.

r_{min} = Recubrimiento mínimo.

Δr = Margen de recubrimiento, en función del nivel de control de ejecución, y cuyo valor será

0 mm en elementos prefabricados con control intenso de ejecución
5 mm en el caso de elementos ejecutados *in situ* con nivel intenso de control de ejecución, y
10 mm en el resto de los casos

El recubrimiento nominal es el valor que debe reflejarse en los planos, y que servirá para definir los separadores. El recubrimiento mínimo es el valor que se debe garantizar en cualquier punto del elemento y que es objeto de control, de acuerdo con lo indicado en el artículo 95º.

En los casos particulares de atmósfera fuertemente agresiva o especiales riesgos de incendio, los recubrimientos indicados en el presente artículo deberán ser aumentados.

37.2.4.1. Especificaciones respecto a recubrimientos de armaduras pasivas o activas pretesas

En el caso de las armaduras pasivas o armaduras activas pretesas, los recubrimientos mínimos deberán cumplir las siguientes condiciones:

a) Cuando se trata de armaduras principales, el recubrimiento deberá ser igual o superior al diámetro de dicha barra (o diámetro equivalente si se trata de un grupo de barras) y a 0,80 veces el tamaño máximo del árido, salvo que la disposición de armaduras respecto a los paramentos dificulte el paso del hormigón, en cuyo caso se tomará 1,25 veces el tamaño máximo del árido, definido según el apartado 28.3.

b) Para cualquier clase de armaduras pasivas (incluso estribos) o armaduras activas pretesas, el recubrimiento no será, en ningún punto, inferior a los valores mínimos recogidos en las Tablas 37.2.4.1.a, 37.2.4.1.b y 37.2.4.1.c.

c) En el caso de elementos (viguetas o placas) prefabricados en instalación industrial fija, para forjados unidireccionales de hormigón armado o pretensado, el proyectista podrá contar, además del recubrimiento del hormigón, con el espesor de los revestimientos del forjado que sean compactos e impermeables y tengan carácter de definitivos y permanentes, al objeto de cumplir los requisitos del punto c) anterior. En estos casos, el recubrimiento real de hormigón no podrá ser nunca inferior a 15 mm. El Anejo 9 incluye algunas recomendaciones para evaluar la contribución a la que se refiere este punto, en el caso de emplearse morteros de revestimiento.

d) El recubrimiento de las barras dobladas no será inferior a dos diámetros, medido en dirección perpendicular al plano de la curva.

e) Cuando se trate de superficies límites de hormigonado que en situación definitiva queden embebidas en la masa del hormigón, el recubrimiento no será menor que el diámetro de la barra o diámetro equivalente cuando se trate de grupo de barras, ni que 0,8 veces el tamaño máximo del árido

Tabla 37.2.4.1.a. Recubrimientos mínimos (mm) para las clases generales de exposición I y II

Clase de exposición	Tipo de cemento	Resistencia característica del hormigón [N/mm²]	Vida útil de proyecto (t_g) (años)	
			50	100
I	Cualquiera	$f_{ck} \geqslant 25$	15	25
II a	CEM I	$25 \leqslant f_{ck} < 40$	15	25
		$f_{ck} \geqslant 40$	10	20
	Otros tipos de cementos o en el caso de empleo de adiciones al hormigón	$25 \leqslant f_{ck} < 40$	20	30
		$f_{ck} \geqslant 40$	15	25
II b	CEM I	$25 \leqslant f_{ck} < 40$	20	30
		$f_{ck} \geqslant 40$	15	25
	Otros tipos de cementos o en el caso de empleo de adiciones al hormigón	$25 \leqslant f_{ck} < 40$	25	35
		$f_{ck} \geqslant 40$	20	30

Tabla 37.2.4.1.b. Recubrimientos mínimos (mm) para las clases generales de exposición III y IV

Hormigón	Cemento	Vida útil de proyecto (t_g) (años)	Clase general de exposición			
			IIIa	IIIb	IIIc	IV
Armado	CEM III/A, CEM III/B, CEM IV, CEM II/B-S, B-P, B-V, A-D u hormigón con adición de microsílice superior al 6% o de	50	25	30	35	35
		100	30	35	40	40
	Resto de cementos utilizables	50	45	40	(*)	(*)
		100	65	(*)	(*)	(*)
Pretensado	CEM II/A-D o bien con adición de humo de sílice superior al 6%	50	30	35	40	40
		100	35	40	45	45
	Resto de cementos utilizables, según el Artículo 26º	50	65	45	(*)	(*)
		100	(*)	(*)	(*)	(*)

(*) Estas situaciones obligarían a unos recubrimientos excesivos, desaconsejables desde el punto de vista de la ejecución del elemento. En estos casos, se recomienda comprobar el Estado Límite de Durabilidad según lo indicado en el Anejo 9, a partir de las características del hormigón prescrito en el Pliego de prescripciones técnicas del proyecto.

Tabla 37.2.4.1.c. Recubrimientos mínimos para las clases específicas de exposición

Clase de exposición	Tipo de cemento	Resistencia característica del hormigón [N/mm²]	Vida útil de proyecto (t_g) (años)	
			50	100
H	CEM III	$25 \leqslant f_{ck} < 40$	25	50
		$f_{ck} \geqslant 40$	15	25
	Otros tipos de cemento	$25 \leqslant f_{ck} < 40$	20	35
		$f_{ck} \geqslant 40$	10	20
F	CEM I I/A-D	$25 \leqslant f_{ck} < 40$	25	50
		$f_{ck} \geqslant 40$	15	35
	CEM III	$25 \leqslant f_{ck} < 40$	40	75
		$f_{ck} \geqslant 40$	20	40
	Otros tipos de cementos o en el caso de empleo de adiciones al hormigón	$25 \leqslant f_{ck} < 40$	20	40
		$f_{ck} \geqslant 40$	10	20
E[1]	Cualquiera	$25 \leqslant f_{ck} < 40$	40	80
		$f_{ck} \geqslant 40$	20	35

[1] Estos valores corresponden a condiciones moderadamente duras de abrasión. En el caso de que se prevea una fuerte abrasión, será necesario realizar un estudio detallado.

Tabla 37.2.4.1.c. *(Continuación)*

Clase de exposición	Tipo de cemento	Resistencia característica del hormigón [N/mm²]	Vida útil de proyecto (t_g) (años)	
			50	100
Qa	CEM III, CEM IV, CEM II/B-S, B-P, B-V, A-D u hormigón con adición de microsílice superior al 6% o de cenizas volantes superior al 20%	—	40	55
	Resto de cementos utilizables	—	(*)	(*)
Qb, Qc	Cualquiera	—	(2)	(2)

(*) Estas situaciones obligarían a unos recubrimientos excesivos.
(2) El Autor del proyecto deberá fijar estos valores de recubrimiento mínimo y, en su caso, medidas adicionales, al objeto de que se garantice adecuadamente la protección del hormigón y de las armaduras frente a la agresión química concreta de que se trate.

Cuando por exigencias de cualquier tipo (durabilidad, protección frente a incendios o utilización de grupos de barras), el recubrimiento sea superior a 50 mm, deberá considerarse la posible conveniencia de colocar una malla de reparto en medio del espesor del recubrimiento en la zona de tracción, con una cuantía geométrica del 5 por mil del área del recubrimiento para barras o grupos de barras de diámetro (o diámetro equivalente) igual o inferior a 32 mm, y del 10 por mil para diámetros (o diámetros equivalentes) superiores a 32 mm.

En piezas hormigonadas contra el terreno, el recubrimiento mínimo será 70 mm, salvo que se haya preparado el terreno y dispuesto un hormigón de limpieza, no rigiendo en este caso lo establecido en el párrafo anterior.

En caso de mecanismos de deterioro distintos de la corrosión de las armaduras, se emplearán los valores de la Tabla 37.2.4.1.c.

Los valores de recubrimiento mínimo de las Tablas 37.2.4.1.a, 37.2.4.1.b y 37.2.4.1.c están asociadas al cumplimiento simultáneo de las especificaciones de dosificación del hormigón contempladas en 37.3 para cada clase de exposición. En el caso de que se dispongan datos experimentales sobre la agresividad del ambiente en estructuras similares situadas en zonas próximas y con el mismo grado de exposición, o bien en el caso de que se decida adoptar en el proyecto unas características del hormigón más exigentes que las indicadas en el articulado, el Autor del proyecto podrá comprobar el cumplimiento del Estado Límite de durabilidad, de acuerdo con lo indicado en el Anejo 9.

En el caso de que el Autor del proyecto establezca en el mismo la adopción de medidas especiales de protección frente a la corrosión de las armaduras (protección catódica, armaduras galvanizadas o empleo de aditivos inhibidores de corrosión en el hormigón); podrá disponer unos recubrimientos mínimos reducidos para las clases generales III y IV, que se corresponderán con los indicados en este artículo para la clase general IIb, siempre que se puedan disponer las medidas necesarias para garantizar la eficacia de dichas medidas especiales durante la totalidad de la vida útil de la estructura prevista en el proyecto.

37.2.4.2. Recubrimientos de armaduras activas postesas

En el caso de las armaduras activas postesas, los recubrimientos mínimos en las direcciones horizontal y vertical (Figura 37.2.4.2) serán por lo menos iguales al mayor de los límites siguientes, y no podrán ser nunca superiores a 80 mm:

— 40 mm;
— el mayor de los valores siguientes: la menor dimensión o la mitad de la mayor dimensión de la vaina o grupos de vainas en contacto

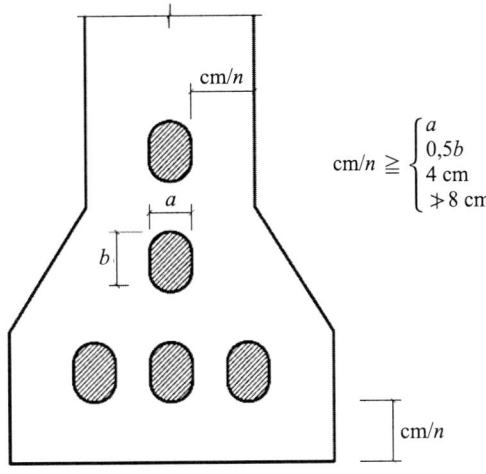

Figura 37.2.4.2

37.2.5. Separadores

Los recubrimientos deberán garantizarse mediante la disposición de los correspondientes elementos separadores colocados en obra.

Estos calzos o separadores deberán disponerse de acuerdo con lo dispuesto en 69.8.2.

Deberán estar constituidos por materiales resistentes a la alcalinidad del hormigón, y no inducir corrosión de las armaduras. Deben ser al menos tan impermeables al agua como el hormigón, y ser resistentes a los ataques químicos a que se puede ver sometido éste.

Independientemente de que sean provisionales o definitivos, deberán ser de hormigón, mortero, plástico rígido o material similar y haber sido específicamente diseñados para este fin.

Si los separadores son de hormigón, éste deberá ser, en cuanto a resistencia, permeabilidad, higroscopicidad, dilatación térmica, etc., de una calidad comparable a la del utilizado en la construcción de la pieza. Análogamente, si son de mortero, su calidad deberá ser semejante a la del mortero contenido en el hormigón de la obra.

Cuando se utilicen separadores constituidos con material que no contenga cemento, aquellos deberán, para asegurar su buen enlace con el hormigón de la pieza, presentar orificios cuya sección total sea al menos equivalente al 25% de la superficie total del separador.

Se prohíbe el empleo de madera así como el de cualquier material residual de construcción, aunque sea ladrillo u hormigón. En el caso de que puedan quedar vistos, se prohíbe asimismo el empleo de materiales metálicos. En cualquier caso, los materiales componentes de los separadores no deberán tener amianto.

37.2.6. Valores máximos de la abertura de fisura

La durabilidad es, junto a consideraciones funcionales y de aspecto, uno de los criterios en los que se basa la necesidad de limitar la abertura de fisura. Los valores máximos a considerar, en función de la clase de exposición ambiental, serán los indicados en la Tabla 5.1.1.2.

37.2.7. Medidas especiales de protección

En casos de especial agresividad, cuando las medidas normales de protección no se consideren suficientes, se podrá recurrir a la disposición de sistemas especiales de protección, como los siguientes:

— Aplicación de revestimientos superficiales con productos específicos para la protección del hormigón (pinturas o revestimientos), conformes con las normas de la serie UNE-EN 1504 que les sean de aplicación.

— Protección de las armaduras mediante revestimientos (por ejemplo, armaduras galvanizadas).

— Protección catódica de las armaduras, mediante ánodos de sacrificio o por corriente impresa, según UNE-EN 12696.

— Armaduras de acero inoxidable, según UNE 36067.

— Aditivos inhibidores de la corrosión.

Las protecciones adicionales pueden ser susceptibles de tener una vida útil incluso más pequeña que la del propio elemento estructural. En estos casos, el proyecto deberá contemplar la planificación de un mantenimiento adecuado del sistema de protección.

37.3. Durabilidad del hormigón

La durabilidad del hormigón es la capacidad de comportarse satisfactoriamente frente a las acciones físicas o químicas agresivas y proteger adecuadamente las armaduras y demás elementos metálicos embebidos en el hormigón durante la vida de servicio de la estructura.

La selección de las materias primas y la dosificación del hormigón deberá hacerse siempre a la vista de las características particulares de la obra o parte de la misma de que se trate, así como de la naturaleza de las acciones o ataques que sean de prever en cada caso.

37.3.1. Requisitos de dosificación y comportamiento del hormigón

Para conseguir una durabilidad adecuada del hormigón se deben cumplir los requisitos siguientes:

a) Requisitos generales:
   — Máxima relación agua/cemento, según 37.3.2.
   — Mínimo contenido de cemento, según 37.3.2.
b) Requisitos adicionales:
   — Mínimo contenido de aire ocluido, en su caso, según 37.3.3.
   — Utilización de un cemento resistente a los sulfatos, en su caso, según 37.3.4.
   — Utilización de un cemento resistente al agua de mar, en su caso, según 37.3.5.
   — Resistencia frente a la erosión, en su caso, según 37.3.6.
   — Resistencia frente a las reacciones álcali-árido, en su caso, según 37.3.7.

37.3.2. Limitaciones a los contenidos de agua y de cemento

En función de las clases de exposición a las que vaya a estar sometido el hormigón, definido de acuerdo con 8.2.2 y 8.2.3, se deberán cumplir las especificaciones recogidas en la Tabla 37.3.2.a.

En el caso de que el tipo de ambiente incluya una o más clases específicas de exposición, se procederá fijando, para cada parámetro, el criterio más exigente de entre los establecidos para las clases en cuestión.

En el caso particular de que se utilicen adiciones en la fabricación del hormigón, se podrá tener en cuenta su empleo a los efectos del cálculo del contenido de cemento y de la relación agua/cemento. A tales efectos, se sustituirá para entrar en la Tabla 37.3.2.a el contenido de

Tabla 37.3.2.a. Máxima relación agua/cemento y mínimo contenido de cemento

Parámetro de dosificación	Tipo de hormigón	Clase de exposición												
		I	IIa	IIb	IIIa	IIIb	IIIc	IV	Qa	Qb	Qc	H	F	E
Máxima relación a/c	Masa	0,65	—	—	—	—	—	—	0,50	0,50	0,45	0,55	0,50	0,50
	Armado	0,65	0,60	0,55	0,50	0,50	0,45	0,50	0,50	0,50	0,45	0,55	0,50	0,50
	Pretensado	0,60	0,60	0,55	0,45	0,45	0,45	0,45	0,50	0,45	0,45	0,55	0,50	0,50
Mínimo contenido de cemento (kg/m³)	Masa	200	—	—	—	—	—	—	275	300	325	275	300	275
	Armado	250	275	300	300	325	350	325	325	350	350	300	325	300
	Pretensado	275	300	300	300	325	350	325	325	350	350	300	325	300

Tabla 37.3.2.b. Resistencias mínimas recomendadas en función de los requisitos de durabilidad (*)

Parámetro de dosificación	Tipo de hormigón	Clase de exposición												
		I	IIa	IIb	IIIa	IIIb	IIIc	IV	Qa	Qb	Qc	H	F	E
Resistencia mínima (N/mm²)	Masa	20	—	—	—	—	—	—	30	30	35	30	30	30
	Armado	25	25	30	30	30	35	30	30	30	35	30	30	30
	Pretensado	25	25	30	30	35	35	35	30	35	35	30	30	30

(*) Estos valores reflejan las resistencias que pueden esperarse con carácter general cuando se emplean áridos de buena calidad y se respetan las especificaciones estrictas de durabilidad incluidas en esta Instrucción. Se trata de una tabla meramente orientativa, al objeto de fomentar la deseable coherencia entre las especificaciones de durabilidad y las especificaciones de resistencia. En este sentido, se recuerda que en algunas zonas geográficas en las que los áridos sólo pueden cumplir estrictamente las especificaciones definidas para ellos en esta Instrucción, puede ser complicado obtener estos valores.

cemento C (kg/m³) por $C + KF$, así como la relación A/C por $A(C + KF)$ siendo F (kg/m³) el contenido de adición y K el coeficiente de eficacia de la misma.

En el caso de las cenizas volantes, se tomará un valor de K no superior a 0,20 si se emplea un cemento CEM I 32,5, ni superior a 0,40 en el caso de cementos CEM I con otras categorías resistentes superiores. La Dirección Facultativa podrá admitir, bajo su responsabilidad, valores superiores del coeficiente de eficacia pero no mayores de 0,65, siempre que ello se deduzca como una estimación centrada en mediana del valor característico real, definido como el cuantil del 5% de la distribución de valores de K. La estimación referida procederá de un estudio experimental que deberá ser validado previamente por el correspondiente organismo certificador del hormigón y que no sólo tenga en cuenta la resistencia sino también el comportamiento frente a la agresividad específica del ambiente al que va a estar sometida la estructura.

En el caso del humo de sílice, se tomará un valor de K no superior a 2, excepto en el caso de hormigones con relación agua/cemento mayor que 0,45 que vayan a estar sometidos a clases de exposición H o F en cuyo caso para K se tomará un valor igual a 1.

En el caso de utilización de adiciones, los contenidos de cemento no podrán ser inferiores a 200, 250 o 275 kg/m³, según se trate de hormigón en masa, armado o pretensado.

37.3.3. Impermeabilidad del hormigón

Una comprobación experimental de la consecución de una estructura porosa del hormigón suficientemente impermeable para el ambiente en el que va a estar ubicado, puede realizarse comprobando la impermeabilidad al agua del hormigón, mediante el método de determinación de la profundidad de penetración de agua bajo presión, según la UNE-EN 12390-8.

Esta comprobación se deberá realizar cuando, de acuerdo con 8.2.2, las clases generales de exposición sean III o IV, o cuando el ambiente presente cualquier clase específica de exposición.

Un hormigón se considera suficientemente impermeable al agua si los resultados del ensayo de penetración de agua cumplen simultáneamente que:

Clase de exposición ambiental	Especificación para la profundidad máxima	Especificación para la profundidad media
IIIa, IIIb, IV, Qa, E, H F, Qb (en el caso de elementos en masa o armados)	50 mm	30 mm
IIIc, Qc, Qb (sólo en el caso de elementos pretensados)	30 mm	20 mm

37.3.4. Resistencia del hormigón frente a la helada

Cuando un hormigón esté sometido a una clase de exposición F, se deberá introducir un contenido mínimo de aire ocluido del 4,5%, determinado de acuerdo con UNE-EN 12350-7.

37.3.5. Resistencia del hormigón frente al ataque por sulfatos

En el caso particular de existencia de sulfatos, el cemento deberá poseer la característica adicional de resistencia a los sulfatos, según la vigente instrucción para la recepción de cementos, siempre que su contenido sea igual o mayor que 600 mg/l en el caso de aguas, o igual o mayor que 3.000 mg/kg, en el caso de suelos (excepto cuando se trate de agua de mar o el contenido en cloruros sea superior a 5.000 mg/l, en que será de aplicación lo indicado en 37.3.6.

37.3.6. Resistencia del hormigón frente al ataque del agua de mar

En el caso de que un elemento estructural armado esté sometido a un ambiente que incluya una clase general del tipo IIIb o IIIc, o bien que un elemento de hormigón en masa se encuentre sumergido o en zona de carrera de mareas, el cemento a emplear deberá tener la característica adicional de resistencia al agua de mar, según la vigente instrucción para la recepción de cementos.

37.3.7. Resistencia del hormigón frente a la erosión

Cuando un hormigón vaya a estar sometido a una clase de exposición E, deberá procurarse la consecución de un hormigón resistente a la erosión. Para ello, se adoptarán las siguientes medidas:

— Contenido mínimo de cemento y relación máxima agua/cemento, según la Tabla 37.3.2.a.
— Resistencia mínima del hormigón de 30 N/mm^2.

— El árido fino deberá ser cuarzo u otro material de, al menos, la misma dureza.

— El árido grueso deberá tener un coeficiente de Los Ángeles inferior a 30.

— No superar los contenidos de cemento que se indican a continuación para cada tamaño máximo del árido *D*:

D	Contenido máximo de cemento
10 mm	400 kg/m^3
20 mm	375 kg/m^3
40 mm	350 kg/m^3

— Curado prolongado, con duración, al menos, un 50% superior a la que se aplicará, a igualdad del resto de condiciones, a un hormigón no sometido a erosión.

37.3.8. Resistencia frente a la reactividad álcali-árido

Las reacciones álcali-árido se pueden producir cuando concurren simultáneamente la existencia de un ambiente húmedo, la presencia de un alto contenido de alcalinos en el hormigón y la utilización de áridos que contengan componentes reactivos.

A los efectos del presente artículo, se consideran ambientes húmedos aquellos cuya clase general de exposición, según 8.2.2, es diferente a I o IIb.

Para prevenir las reacciones álcali-árido, se deben adoptar una de las siguientes medidas:

a) Empleo de áridos no reactivos, según 28.7.6.

b) Empleo de cementos con un contenido de alcalinos, expresados como óxido de sodio equivalente (0,658 K_2O + Na_2O) inferior al 0,60% del peso de cemento.

En el caso de no ser posible la utilización de materias primas que cumplan las prescripciones anteriores, se deberá realizar un estudio experimental específico sobre la conveniencia de adoptar una de las siguientes medidas:

a) Empleo de cementos con adiciones, salvo las de filler calizo, según la UNE 197-1 y la UNE 80307.

b) Empleo de adiciones al hormigón, según lo especificado en 30.

En estos casos, puede estudiarse también la conveniencia de adoptar un método de protección adicional por impermeabilización superficial.

37.4. Corrosión de las armaduras

Las armaduras deberán permanecer exentas de corrosión durante todo el período de vida útil de la estructura. La agresividad del ambiente en relación con la corrosión de las armaduras, viene definida por las clases generales de exposición según 8.2.2.

Para prevenir la corrosión, se deberán tener en cuenta todas las consideraciones relativas a los espesores de recubrimiento, indicadas en 37.2.4.

Con respecto a los materiales empleados, se prohíbe poner en contacto las armaduras con otros metales de muy diferente potencial galvánico, salvo en el caso de sistemas de protección catódica.

Esta Instrucción contempla la posibilidad de emplear sistemas para la protección de las armaduras frente la corrosión, de acuerdo con lo indicado en 37.2.7.

Asimismo, se recuerda la prohibición de emplear materiales componentes que contengan iones despasivantes, como cloruros, sulfuros y sulfatos, en proporciones superiores a las indicadas en los artículos 27°, 28°, 29° y 30°.

37.4.1. Corrosión de las armaduras pasivas

Además de la limitación específica del contenido de iones cloruro para los materiales componentes, de acuerdo con el apartado 31.1, se deberá cumplir que el contenido total de cloruros al final de su vida útil, sea inferior al 0,6% del peso de cemento, en el caso de obras de hormigón armado u hormigón en masa que contenga armaduras para reducir la fisuración.

37.4.2. Corrosión de las armaduras activas

En el caso de estructuras pretensadas, se prohíbe el uso de cualquier sustancia que catalice la absorción del hidrógeno por el acero.

Además de la limitación específica del contenido de iones cloruro para los materiales componentes, de acuerdo con el apartado 31.1, se deberá cumplir que el contenido total de cloruros al final de su vida útil en un hormigón pretensado no deberá superar el 0,3% del peso del cemento.

Se prohíbe la utilización de empalmes o sujeciones con otros metales distintos del acero, así como la protección catódica.

Con carácter general, no se permitirá el uso de aceros protegidos por recubrimientos metálicos. La Dirección Facultativa podrá permitir su uso cuando exista un estudio experimental que avale su comportamiento como adecuado para el caso concreto de cada obra.

37.4.3. Protección y conservación de las armaduras activas y de los anclajes

Se adoptarán las precauciones necesarias para evitar que las armaduras activas, durante su almacenamiento, colocación, o después de colocadas en obra, experimenten daños, especialmente entalladuras o calentamientos locales, que puedan modificar sus características o dar lugar a que se inicie un proceso de corrosión.

capítulo VIII

Datos de los materiales para el proyecto

Artículo 38.° Características de las armaduras

38.1. Generalidades

Las características del acero para el proyecto que se recogen en este artículo, se refieren a las propiedades de las armaduras colocadas en el elemento estructural, de acuerdo con lo indicado en el apartado 3.2.1 de la EN 1992-1-1.

38.2. Diagrama tensión-deformación característico del acero en las armaduras pasivas

Diagrama tensión-deformación característico es el que se adopta como base de los cálculos, asociado en esta Instrucción a un porcentaje del 5% de diagramas tensión-deformación más bajos.

Diagrama característico tensión-deformación del acero en tracción es aquel que tiene la propiedad de que los valores de la tensión, correspondientes a deformaciones no mayores que el 10‰, presentan un nivel de confianza del 95% con respecto a los correspondientes valores obtenidos en ensayos de tracción realizados según la UNE-EN 10080. En compresión puede adoptarse el mismo diagrama que en tracción.

A falta de datos experimentales precisos, puede suponerse que el diagrama característico adopta la forma de la Figura 38.2, pudiendo tomarse este diagrama como diagrama característico si se adoptan los valores tipificados del límite elástico dados en el Artículo 32°. La rama de compresión es en todos los casos simétrica de la de tracción respecto al origen.

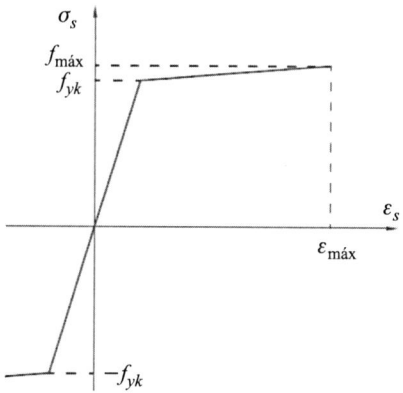

Figura 38.2. Diagrama característico tensión-deformación en las armaduras pasivas

38.3. Resistencia de cálculo del acero en las armaduras pasivas

Se considerará como resistencia de cálculo del acero f_{yd} el valor:

$$f_{yd} = \frac{f_{yk}}{\gamma_s}$$

siendo f_{yk} el límite elástico característico y γ_s el coeficiente parcial de seguridad definido en el artículo 15°.

Las expresiones indicadas son válidas tanto para tracción como para compresión.

Cuando en una misma sección coincidan aceros con diferente límite elástico, cada uno se considerará en el cálculo con su diagrama correspondiente.

38.4. Diagrama tensión-deformación de cálculo del acero en las armaduras pasivas

El diagrama tensión-deformación de cálculo del acero en las armaduras pasivas (en tracción o en compresión) se deduce del diagrama característico mediante una afinidad oblicua, paralela a la recta de Hooke, de razón $1/\gamma_s$.

Cuando se utiliza el diagrama de la Figura 38.2, se obtiene el diagrama de cálculo de la Figura 38.4 en la que se observa que se puede considerar a partir de f_{yd} una segunda rama con pendiente positiva, obtenida mediante afinidad oblicua a partir del diagrama característico, o bien una segunda rama horizontal, siendo esto último suficientemente preciso en general.

Se pueden emplear otros diagramas de cálculo simplificados, siempre que su uso conduzca a resultados que estén suficientemente avalados por la experiencia.

Se adoptará una deformación máxima del acero en tracción en el cálculo $\varepsilon_{max} = 0{,}01$.

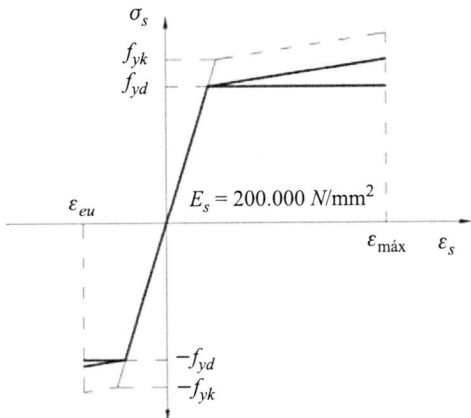

Figura 38.4. Diagrama tensión-deformación de cálculo en las armaduras pasivas

38.5. Diagrama tensión-deformación característico del acero en las armaduras activas

Como diagrama tensión-deformación característico del acero en las armaduras activas (alambre, barra o cordón) puede adoptarse el que establezca su fabricante hasta la deformación $\varepsilon_p = 0,010$, como mínimo, y tal que, para una deformación dada las tensiones sean superadas en el 95% de los casos.

Si no se dispone de este diagrama garantizado, puede utilizarse el representado en la Figura 38.5. Este diagrama consta de un primer tramo recto de pendiente E_p y un segundo tramo curvo, a partir de $0,7\,f_{pk}$, definido por la siguiente expresión:

$$\varepsilon_p = \frac{\sigma_p}{E_p} + 0,823 \left(\frac{\sigma_p}{f_{pk}} - 0,7 \right)^5 \quad \text{para} \quad \sigma_p \geqslant 0,7\,f_{pk}$$

siendo E_p el módulo de deformación longitudinal definido en 38.8.

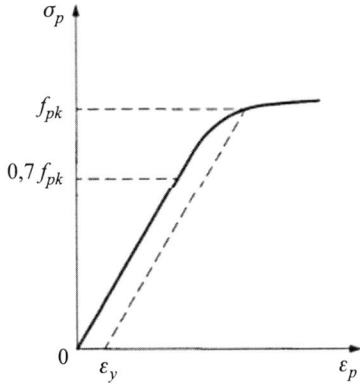

Figura 38.5. Diagrama tensión-deformación característico para armaduras activas

38.6. Resistencia de cálculo del acero en las armaduras activas

Como resistencia de cálculo del acero en las armaduras activas, se tomará:

$$f_{pd} = \frac{f_{pk}}{\gamma_s}$$

siendo f_{pk} el valor del límite elástico característico y γ_s el coeficiente parcial de seguridad del acero dado en el artículo 15°.

38.7. Diagrama tensión-deformación de cálculo del acero en las armaduras activas

El diagrama tensión-deformación de cálculo del acero en las armaduras activas, se deducirá del correspondiente diagrama característico, mediante una afinidad oblicua, paralela a la recta de Hooke, de razón $1/\gamma_s$ (ver Figura 38.7.a).

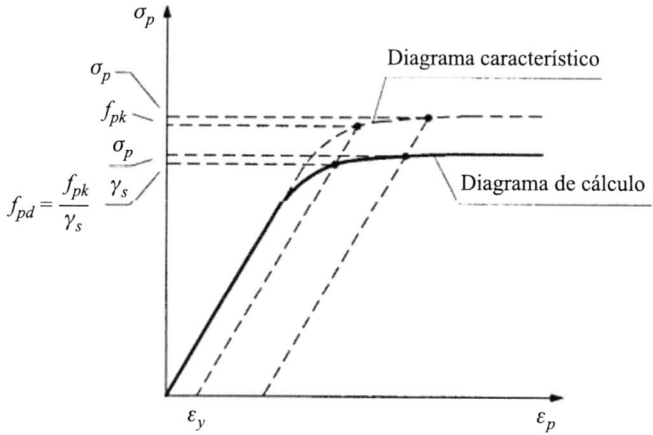

Figura 38.7.a. Diagrama tensión-deformación de cálculo en las armaduras activas

Como simplificación, a partir de f_{pd} se podrá tomar $\sigma_p = f_{pd}$ (ver Figura 38.7.b).

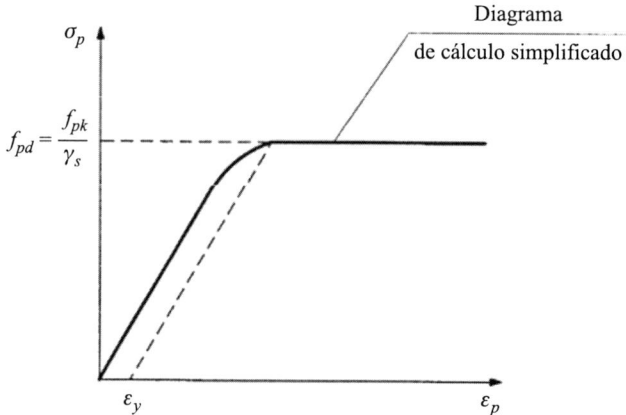

Figura 38.7.b. Diagrama tensión-deformación de cálculo en las armaduras activas

38.8. Módulo de deformación longitudinal del acero en las armaduras activas

Como módulo de deformación longitudinal del acero de las armaduras constituidas por alambres o barras se adoptará, salvo justificación experimental, el valor $E_p = 200.000$ N/mm^2.

En los cordones, se pueden adoptar como valores noval y reiterativo los que establezca el fabricante o se determinen experimentalmente. En el diagrama característico (véase 38.5) debe tomarse el valor del módulo reiterativo. Si no existen valores experimentales anteriores al proyecto puede adoptarse el valor $E_p = 190.000$ N/mm^2.

Para la comprobación de alargamiento durante el tesado se requiere utilizar el valor del módulo noval determinado experimentalmente.

38.9. Relajación del acero en las armaduras activas

La relajación ρ del acero a longitud constante, para una tensión inicial $\sigma_{pi} = \alpha f_{max}$ estando la fracción α comprendida entre 0,5 y 0,8 y para un tiempo t, puede estimarse con la siguiente expresión:

$$\log \rho = \log \frac{\Delta\sigma_p}{\rho_{pi}} = K_1 + K_2 \log t$$

donde:

$\Delta\sigma_p$ = Pérdida de tensión por relajación a longitud constante al cabo del tiempo t, en horas.

K_1, K_2 = Coeficientes que dependen del tipo de acero y de la tensión inicial (Figura 38.9).

El fabricante del acero suministrará los valores de la relajación a 120 h y a 1.000 h, para tensiones iniciales de 0,6, 0,7 y 0,8 de f_{max} a temperatura de 20 ± 1 °C y garantizará el valor a 1.000 h para $\alpha = 0,7$. Con estos valores de relajación pueden obtenerse los coeficientes K_1 y K_2 para $\alpha = 0,6$, 0,7 y 0,8.

Para obtener la relajación con otro valor de α puede interpolarse linealmente admitiendo para $\alpha = 0,5$; $\rho = 0$.

Como valor final ρ_f tomará el que resulte para la vida estimada de la obra expresada en horas, o 1.000.000 de horas a falta de este dato.

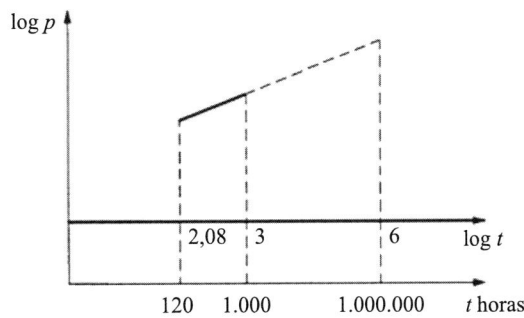

Figura 38.9

38.10. Características de fatiga de las armaduras activas y pasivas

La variación de tensión máxima, debida a la carga de fatiga, debe ser inferior a los valores del límite de fatiga indicados en la Tabla 38.10.

Tabla 38.10. Límite de fatiga para armaduras pasivas y activas

Tipo de armaduras	Límite de fatiga $\Delta\sigma_D$ [N/mm²]	
	Adherencia directa	Adherencia dentro de vainas de acero
Pasivas: – Barras.	150	—
– Mallas electrosoldadas.	100	—
Activas: – Alambres.	150	100
– Cordones de 7 alambres.	150	100
– Barras de pretensado.	—	100

En el caso de barras dobladas, a falta de resultados experimentales específicos y representativos, el límite de fatiga indicado en la Tabla 38.10 deberá disminuirse según el siguiente criterio:

$$\Delta\sigma_{D,\,red} = \left(1 - 3\,\frac{d}{D}\right)\Delta\sigma_D$$

donde:

d = Diámetro de la barra.

D = Diámetro de doblado.

En el caso de estribos verticales de diámetro menor o igual a 10 mm, no será necesaria ninguna reducción del límite de fatiga.

38.11. Características de fatiga de los dispositivos de anclaje y empalme de la armadura activa

Los dispositivos de anclaje y empalme se situarán, en la medida de lo posible, en secciones donde sea mínima la variación de tensiones.

En general, el límite de fatiga de este tipo de elementos es inferior al de las armaduras y deberá ser suministrado por el fabricante después de la realización de ensayos específicos y representativos.

Artículo 39.° Características del hormigón

39.1. Definiciones

Resistencia característica de proyecto, f_{ck}, es el valor que se adopta en el proyecto para la resistencia a compresión, como base de los cálculos. Se denomina también resistencia característica especificada o resistencia de proyecto.

Resistencia característica real de obra, $f_{c\,real}$ es el valor que corresponde al cuantil del 5% en la distribución de resistencia a compresión del hormigón suministrado a la obra.

Resistencia característica estimada, $f_{c\,est}$, es el valor que estima o cuantifica la resistencia característica real de obra a partir de un número finito de resultados de ensayos normalizados de resistencia a compresión, sobre probetas tomadas en obra. Abreviadamente se puede denominar resistencia característica.

El valor de la resistencia media a tracción, $f_{ct,m}$, puede estimarse, a falta de resultados de ensayos, mediante:

$$f_{ct,m} = 0{,}30\,f_{ck}^{2/3} \quad \text{para} \quad f_{ck} \leqslant 50 \text{ N/mm}^2$$

$$f_{ct,m} = 0{,}58\,f_{ck}^{1/2} \quad \text{para} \quad f_{ck} > 50 \text{ N/mm}^2$$

Si no se dispone de resultados de ensayos, podrá admitirse que la resistencia característica inferior a tracción, $f_{ct,k}$ (correspondiente al cuantil del 5%) viene dada, en función de la resistencia media a tracción, $f_{ct,m}$, por la fórmula:

$$f_{ct,} = 0{,}70\,f_{ct,m}$$

La resistencia media a flexotracción, $f_{ct,m,fl}$, viene dada por la siguiente expresión que es función del canto total del elemento h en mm:

$$f_{ct,m,fl} = \max \{ (1{,}6 - h/1.000)f_{ct,m} \,; f_{ct,m} \}$$

En todas estas fórmulas las unidades son N y mm.

En la presente Instrucción, la expresión resistencia característica a tracción se refiere siempre, salvo que se indique lo contrario, a la resistencia característica inferior a tracción, $f_{ct,k}$.

39.2. Tipificación de los hormigones

Los hormigones se tipificarán de acuerdo con el siguiente formato (lo que deberá reflejarse en los planos de proyecto y en el Pliego de Prescripciones Técnicas Particulares del proyecto):

$$T\text{-}R/C/TM/A$$

donde:

T = Indicativo que será HM en el caso de hormigón en masa, HA en el caso de hormigón. armado y HP en el de pretensado.

R = Resistencia característica especificada, en N/mm².

C = Letra inicial del tipo de consistencia, tal y como se define en 31.5.

TM = Tamaño máximo del árido en milímetros, definido en 28.3.

A = Designación del ambiente, de acuerdo con 8.2.1.

En cuanto a la resistencia característica especificada, se recomienda utilizar la siguiente serie:

$$20, \ 25, \ 30, \ 35, \ 40, \ 45, \ 50, \ 55, \ 60, \ 70, \ 80, \ 90, \ 100$$

En la cual las cifras indican la resistencia característica especificada del hormigón a compresión a 28 días, expresada en N/mm².

La resistencia de 20 N/mm² se limita en su utilizadón a hormigones en masa.

El hormigón que se prescriba deberá ser tal que, además de la resistencia mecánica, asegure el cumplimiento de los requisitos de durabilidad (contenido mínimo de cemento y relación agua/cemento máxima) correspondientes al ambiente del elemento estructural, reseñados en 37.3.

39.3. Diagrama tensión-deformación característico del hormigón

El diagrama tensión-deformación característico del hormigón depende de numerosas variables: edad del hormigón, duración de la carga, forma y tipo de la sección, naturaleza de la solicitación, tipo de árido, estado de humedad, etc.

Dada la dificultad de disponer del diagrama tensión-deformación característico del hormigón, aplicable al caso concreto en estudio, a efectos prácticos pueden utilizarse diagramas característicos simplificados.

39.4. Resistencia de cálculo del hormigón

Se considerará como resistencia de cálculo del hormigón en compresión el valor:

$$f_{cd} = \alpha_{cc} \frac{f_{ck}}{\gamma_c}$$

donde:

α_{cc} = Factor que tiene en cuenta el cansancio del hormigón cuando está sometido a altos niveles de tensión de compresión debido a cargas de larga duración. En esta Instrucción se adopta, con carácter general, el valor $\alpha_{cc} = 1$. No obstante, el Autor del Proyecto valorará la adopción de valores para α_{cc} que sean menores que la unidad ($0{,}85 \leqslant \alpha_{cc} \leqslant 1$) en función de la relación entre las cargas permanentes y las totales o en función de las características de la estructura.

f_{ck} = Resistencia característica de proyecto.

γ_c = Coeficiente parcial de seguridad que adopta los valores indicados en el artículo 15°.

Se considerará como resistencia de cálculo a tracción del hormigón, el valor:

$$f_{ctd} = \alpha_{ct} \frac{f_{ctk}}{\gamma_c}$$

donde:

α_{ct} = Factor que tiene en cuenta el cansancio del hormigón cuando está sometido a altos niveles de tensión de tracción debido a cargas de larga duración. A falta de justificación experimental específica, en esta Instrucción se adopta $\alpha_{ct} = 1$.

$f_{ct,k}$ = Resistencia característica a tracción.

γ_c = Coeficiente parcial de seguridad que adopta los valores indicados en el artículo 15°.

39.5. Diagrama tensión-deformación de cálculo del hormigón

Para el cálculo de secciones sometidas a solicitaciones normales, en los Estados Límite Últimos se adoptará uno de los diagramas siguientes:

a) Diagrama parábola-rectángulo

Está formado por una parábola de grado n y un segmento rectilíneo (Figura 39.5.a). El vértice de la parábola se encuentra en la abcisa ε_{c0} (deformación de rotura del hormigón a compresión simple) y el vértice extremo del rectángulo en la abcisa ε_{cu} (deformación de rotura del hormigón en flexión). La ordenada máxima de este diagrama corresponde a una compresión igual a f_{cd}.

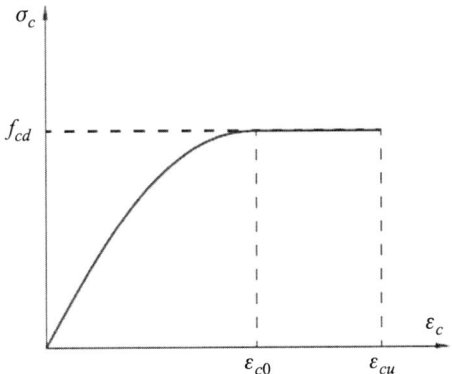

Figura 39.5.a. Diagrama de cálculo parábola-rectángulo

La ecuación de esta parábola es:

$$\sigma_c = f_{cd}\left[1 - \left(1 - \frac{\varepsilon_c}{\varepsilon_{c0}}\right)^n\right] \quad \text{si} \quad 0 \leqslant \varepsilon_c \leqslant \varepsilon_{c0}$$

$$\sigma_c = f_{cd} \quad \text{si} \quad \varepsilon_{c0} \leqslant \varepsilon_c \leqslant \varepsilon_{cu}$$

Los valores de la deformación de rotura a compresión simple, ε_{c0}, son los siguientes:

$$\varepsilon_{c0} = 0{,}002 \quad\quad\quad\quad\quad\quad\quad\quad\quad \text{si} \quad f_{ck} \leqslant 50 \ \text{N/mm}^2$$
$$\varepsilon_{c0} = 0{,}002 + 0{,}000085(f_{ck} - 50)^{0{,}50} \quad \text{si} \quad f_{ck} > 50 \ \text{N/mm}^2$$

Los valores de la deformación última, ε_{cu}, vienen dados por:

$$\varepsilon_{cu} = 0{,}0035 \quad\quad\quad\quad\quad\quad\quad\quad\quad\quad \text{si} \quad f_{ck} \leqslant 50 \ \text{N/mm}^2$$

$$\varepsilon_{cu} = 0{,}0026 + 0{,}0144\left[\frac{(100 - f_{ck})}{100}\right]^4 \quad \text{si} \quad f_{ck} > 50 \ \text{N/mm}^2$$

Y el valor n que define el grado de la parábola se obtiene como:

$$n = 2 \quad\quad\quad\quad\quad\quad\quad\quad\quad \text{si} \quad f_{ck} \leqslant 50 \ \text{N/mm}^2$$
$$n = 1{,}4 + 9{,}6[(100 - f_{ck})/100]^4 \quad \text{si} \quad f_{ck} > 50 \ \text{N/mm}^2$$

b) Diagrama rectangular

Está formado por un rectángulo cuya profundidad $\lambda(x) \cdot h$, e intensidad $\eta(x) \cdot f_{cd}$ dependen de la profundidad del eje neutro x (Figura 39.5.b), y de la resistencia del hormigón. Sus valores son:

$$\eta(x) = \eta \quad\quad\quad\quad\quad \text{si } 0 < x \leqslant h$$

$$\eta(x) = 1 - (1 - \eta)\,\frac{h}{x} \quad \text{si} \quad h \leqslant x < \infty$$

$$\lambda(x) = \lambda\,\frac{x}{h} \quad\quad\quad\quad \text{si} \quad 0 < x \leqslant h$$

$$\lambda(x) = 1 - \left(1 - \lambda\right)\frac{h}{x} \quad \text{si} \quad h \leqslant x < \infty$$

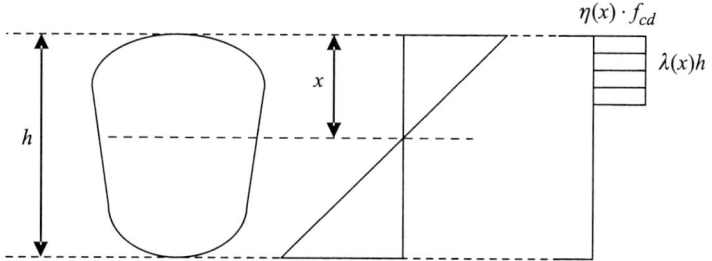

Figura 35.9.b. Diagrama de cálculo rectangular

donde:

$$\eta = 1{,}0 \qquad\qquad \text{si} \quad f_{ck} \leqslant 50 \text{ N/mm}^2$$
$$\eta = 1{,}0 - (f_{ck} - 50)/200 \quad \text{si} \quad f_{ck} > 50 \text{ N/mm}^2$$

$$\lambda = 0{,}8 \qquad\qquad \text{si} \quad f_{ck} \leqslant 50 \text{ N/mm}^2$$
$$\lambda = 0{,}8 - (f_{ck} - 50)/400 \quad \text{si} \quad f_{ck} > 50 \text{ N/mm}^2$$

c) Otros diagramas de cálculo, como los parabólicos, birrectilíneos, trapezoidales, etc. Se aceptarán siempre que los resultados con ellos obtenidos concuerden, de una manera satisfactoria, con los correspondientes a los de la parábola-rectángulo o queden del lado de la seguridad.

39.6. Módulo de deformación longitudinal del hormigón

Como módulo de deformación longitudinal secante E_{cm} a 28 días (pendiente de la secante de la curva real $\sigma\text{-}\varepsilon$), se adoptará:

$$E_{cm} = 8.500 \sqrt[3]{f_{cm}}$$

Dicha expresión es válida siempre que las tensiones, en condiciones de servicio, no sobrepasen el valor de $0{,}40 \, f_{cm}$, siendo f_{cm} la resistencia media a compresión del hormigón a 28 días de edad.

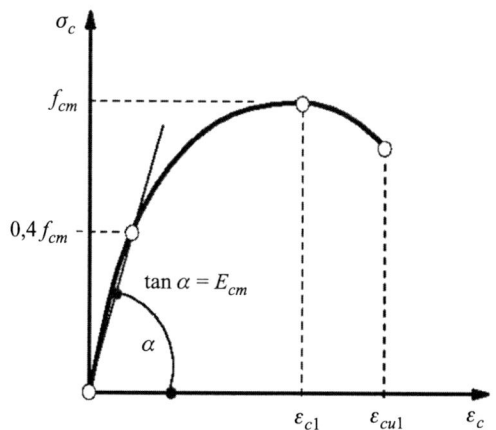

Figura 39.6 Representación esquemática de la relación tenso-deformacional del hormigón

Para cargas instantáneas o rápidamente variables, el módulo de deformación longitudinal inicial del hormigón (pendiente de la tangente en el origen) a la edad de 28 días, puede tomarse aproximadamente igual a:

$$E_c = \beta_E \cdot E_{cm}$$

$$\beta_E = 1{,}30 - \frac{f_{ck}}{400} \leqslant 1{,}175$$

39.7. Retracción del hormigón

Para la evaluación del valor de la retracción, han de tenerse en cuenta las diversas variables que influyen en el fenómeno, en especial: el grado de humedad ambiente, el espesor o menor dimensión de la pieza, la composición del hormigón y el tiempo transcurrido desde la ejecución, que marca la duración del fenómeno.

39.8. Fluencia del hormigón

La deformación dependiente de la tensión, en el instante t, para una tensión constante $\sigma(t_0)$, menor que $0{,}45\ f_{cm}$, aplicada en t_0, puede estimarse de acuerdo con el criterio siguiente:

$$\varepsilon_{c\sigma}(t, t_0) = \sigma(t_0)\left(\frac{1}{E_{c, t_0}} + \frac{\phi(t, t_0)}{E_{c28}}\right)$$

donde t_0 y t se expresan en días.

El primer sumando del paréntesis representa la deformación instantánea para una tensión unidad, y el segundo la de fluencia, siendo

E_{c28} = Módulo de deformación longitudinal instantáneo del hormigón, tangente en el origen, a los 28 días de edad, definido en 39.6.

E_{c, t_0} = Módulo de deformación longitudinal secante del hormigón en el instante t_0 de aplicación de la carga, definido en 39.6.

$\varphi(t, t_0)$ = Coeficiente de fluencia.

39.9. Coeficiente de Poisson

Para el coeficiente de Poisson relativo a las deformaciones elásticas bajo tensiones normales de utilización, se tomará un valor medio igual a 0,20.

39.10. Coeficiente de dilatación térmica

El coeficiente de dilatación térmica del hormigón se tomará igual a 10^{-5}.

capítulo IX
Capacidad resistente de bielas, tirantes y nudos

Artículo 40.º Capacidad resistente de bielas, tirantes y nudos

40.1. Generalidades

El modelo de bielas y tirantes constituye un procedimiento adecuado para explicar el comportamiento de elementos de hormigón estructural, tanto en regiones B como en regiones D (artículo 24°).

Los elementos de un modelo de bielas y tirantes son las bielas, los tirantes y los nudos. Los tirantes, habitualmente, están constituidos por armaduras activas o pasivas.

Una biela puede representar un campo de compresiones de ancho uniforme, tal y como se muestra en la Figura 40.1.a, o un campo de compresiones de anchura variable o con forma de abanico, tal como se muestra en la Figura 40.1.b.

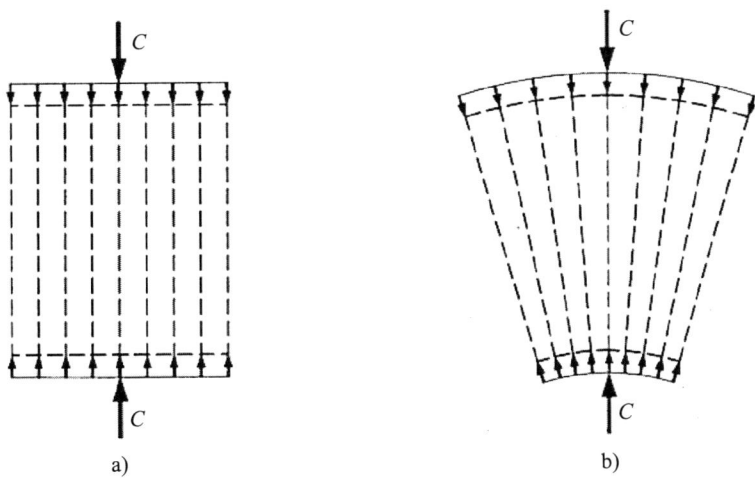

a)   b)

Figura 40.1.a y b

Un nudo es una zona donde los campos de compresiones o las tracciones de los tirantes se intersecan.

En este artículo se exponen los criterios de comprobación de cada uno de estos elementos en Estado Límite Último.

Si bien los criterios expuestos en este Capítulo constituyen comprobaciones en Estado Límite Último que no implican la comprobación automática del Estado Límite de Fisuración, se definen aquí algunas limitaciones que, junto con los principios generales expuestos en el artículo 24º, conducen en la práctica a un control adecuado de la fisuración.

40.2. Capacidad resistente de los tirantes constituidos por armaduras

En Estado Límite Último se supondrá que la armadura alcanza la tensión de cálculo, es decir:

— Para armaduras pasivas $\quad \sigma_{sd} = f_{yd}$
— Para armaduras activas $\quad \sigma_{pd} = f_{pd}$

Cuando no se estudien las condiciones de compatibilidad de una forma explícita, será necesario limitar la deformación máxima de los tirantes en Estado Límite Último y, con ello, se limita indirectamente la tensión de la armadura en Estado Límite de Servicio.

La capacidad resistente de un tirante constituido por armaduras puede expresarse:

$$A_s f_{yd} + A_p f_{pd}$$

donde:

A_s = Sección de la armadura pasiva.

A_p = Sección de la armadura activa.

40.3. Capacidad resistente de las bielas

La capacidad de una biela comprimida está fuertemente influida por el estado de tensiones y deformaciones transversales al campo de compresiones así como por la fisuración existente.

40.3.1. Bielas de hormigón en zonas con estados de compresión uniaxial

Este es el caso del cordón comprimido de una viga, debido a esfuerzos de flexión, y cuya capacidad resistente puede evaluarse de acuerdo con los diagramas tensión-deformación indicados en 39.5, donde la tensión máxima para el hormigón comprimido se limita al valor:

$$f_{1cd} = f_{cd}$$

40.3.2. Bielas de hormigón con fisuración oblicua o paralela a la biela

En este caso, el campo de compresiones que constituye una biela de hormigón puede presentar fisuración oblicua o paralela a la dirección de las compresiones. Debido al estado tensional y de fisuración del hormigón, la capacidad resistente a compresión disminuye considerablemente.

De forma simplificada, se puede definir la capacidad resistente del hormigón en estos casos, de la siguiente forma:

— Cuando existen fisuras paralelas a las bielas y armadura transversal suficientemente anclada

$$f_{1cd} = 0{,}70 f_{cd}$$

— Cuando las bielas transmiten compresiones a través de fisuras de abertura controlada por armadura transversal suficientemente anclada (este es el caso del alma de vigas sometidas a cortante).

$$f_{1cd} = 0{,}60 f_{cd}$$

— Cuando las bielas comprimidas transfieren compresiones a través de fisuras de gran abertura (este es el caso de elementos sometidos a tracción o el de las alas traccionadas de secciones en T).

$$f_{1cd} = 0{,}40 f_{cd}$$

40.3.3. Bielas de hormigón con armaduras comprimidas

La armadura puede considerarse contribuyendo efectivamente a la capacidad resistente de las bielas cuando se sitúan en el interior del campo y en dirección paralela a las compresiones y existe armadura transversal suficiente para evitar el pandeo de estas barras.

La tensión máxima del acero comprimido podrá considerarse:

$$\sigma_{sd,c} = f_{yd}$$

cuando sea posible establecer las condiciones de compatibilidad que así lo justifiquen, o

$$\sigma_{sd,c} = 400 \text{ N/mm}^2$$

cuando no se establezcan condiciones de compatibilidad explícitas.

En este caso, la capacidad resistente de las bielas puede expresarse como:

$$A_c f_{1cd} + A_{sc} \sigma_{sd,c}$$

siendo A_{sc} el área de la armadura de la biela.

40.3.4. Bielas de hormigón confinado

La capacidad resistente de las bielas puede aumentarse si el hormigón se confina apropiadamente (Figura 40.3.4). Para cargas estáticas, la resistencia del hormigón puede aumentarse multiplicando f_{1cd} por:

$$(1 + 1{,}5 \alpha \omega_W)$$

donde:

ω_W = Cuantía mecánica volumétrica de confinamiento, definida por (ver Figura 40.3.4):

$$\omega_W = \frac{W_{sc}}{W_c} \frac{f_{yd}}{f_{cd}} = \frac{\sum A_{si} \cdot l_i}{A_{cc} \cdot s_t} \cdot \frac{f_{yd}}{f_{cd}}$$

donde:

W_{sc} = Volumen de horquillas y estribos de confinamiento.

A_{si} = Área de cada una de las armaduras transversales de confinamiento.

l_i = Longitud de cada una de las armaduras transversales de confinamiento.

W_c = Volumen de hormigón confinado.

A_{cc} = Área del núcleo de hormigón confinado.

S_t = Separación longitudinal de las armaduras transversales de confinamiento.

α: Factor que tiene en cuenta la separación entre cercos, el tipo de hormigón y la disposición de la armadura de confinamiento, cuyo valor es $\alpha = \alpha_c \cdot \alpha_s \cdot \alpha_e$.

α_c = Factor que tiene en cuenta la resistencia del hormigón, de valor:

$\alpha_c = 1,0$ para hormigones convencionales, con $f_{ck} \leqslant 50 \ \text{N/mm}^2$.

$\alpha_c = 1,2 - \dfrac{f_{ck}}{250}$ para hormigones de alta resistencia, con $f_{ck} > 50 \ \text{N/mm}^2$.

α_s = Factor que tiene en cuenta la influencia de la separación longitudinal entre cercos, de valor:

$$\alpha_s = \left(1 - \frac{s_t}{2b_c}\right) \cdot \left(1 - \frac{s_t}{2h_c}\right)$$ si el núcleo es rectangular, de dimensiones b_c, h_c y está confinado por cercos separados longitudinalmente s_t.

$$\alpha_s = \left(1 - \frac{s_t}{2d_c}\right)^2$$ si el núcleo confinado es de sección circular de diámetro d_c y está confinado por cercos separados una distancia s_t.

$$\alpha_s = \left(1 - \frac{s_t}{2d_c}\right)$$ si el núcleo confinado es de sección circular de diámetro d_c y está confinado por armadura espiral de paso s_t.

α_e = Factor que tiene en cuenta la efectividad de la armadura transversal dispuesta, en el confinamiento de la sección, de valor:

$$\alpha_e = 1 - \frac{\sum\limits_{i=1}^{n} s_{l,i}^2}{6 \cdot A_{cc}}$$

donde la suma se extiende a todas las armaduras longitudinales eficazmente atadas por la armadura transversal de confinamiento y s_l es la separación entre armaduras longitudinales.

Para secciones rectangulares, en las que las armaduras longitudinales atadas lateralmente están separadas una distancia s_b a lo largo de la anchura y s_h a lo largo de la altura de la sección, el factor α_e se puede expresar por:

$$\alpha_e = 1 - \frac{\sum\limits_{i=1}^{n} (s_{b,i}^2 + s_{h,i}^2)}{6 \cdot b_c \cdot h_c}$$

Para secciones con cercos circulares, $\alpha_e = 1,0$.

En este caso, la capacidad resistente de las bielas puede expresarse como

$$A_{cc}(1 + 1,5 \cdot \alpha \omega_W) f_{1\,cd}$$

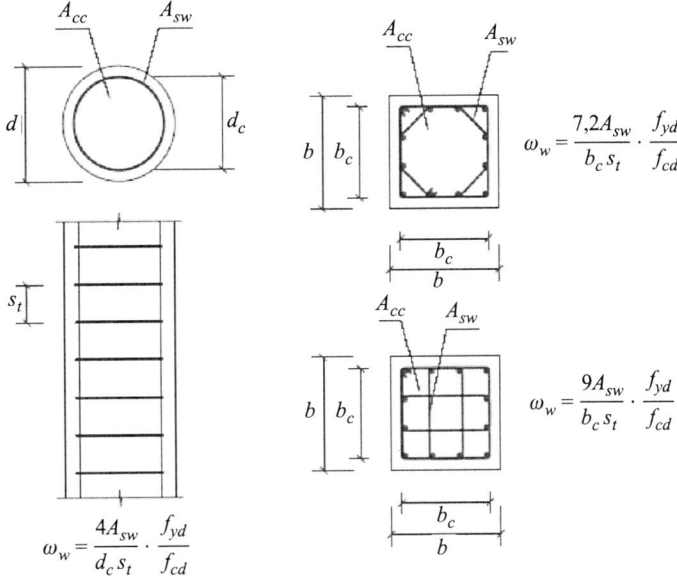

$$\omega_w = \frac{7,2 A_{sw}}{b_c s_t} \cdot \frac{f_{yd}}{f_{cd}}$$

$$\omega_w = \frac{9 A_{sw}}{b_c s_t} \cdot \frac{f_{yd}}{f_{cd}}$$

$$\omega_w = \frac{4 A_{sw}}{d_c s_t} \cdot \frac{f_{yd}}{f_{cd}}$$

Cuantía mecánica volumétrica de confinamiento

Figura 40.3.4

40.3.5. Bielas con interferencias de vainas con armaduras activas

Si las bielas están atravesadas por vainas de armaduras activas, adherentes o no adherentes, y cuando la suma de los diámetros sea mayor que $b/6$, siendo b el ancho total de la biela, deberá reducirse el ancho a considerar en la comprobación de la capacidad resistente de acuerdo con el siguiente criterio:

$$b_0 = b - \eta \Sigma \phi$$

donde:

b_0 = Ancho de la biela a considerar en la comprobación.

$\Sigma \phi$ = Suma de los diámetros de las vainas, al nivel más desfavorable.

η = Coeficiente que depende de las características de la armadura.

$\eta = 0,5$ para vainas con armadura activa adherente.

$\eta = 1,0$ para vainas con armadura activa no adherente.

40.4. Capacidad resistente de los nudos

40.4.1. Generalidades

Los nudos deben estar concebidos, dimensionados y armados de tal forma que todos los esfuerzos actuantes estén equilibrados y los tirantes convenientemente anclados.

El hormigón de los nudos puede estar sometido a estados multitensionales y esta particularidad debe ser tenida en cuenta ya que supone un aumento o disminución de su capacidad resistente.

En los nudos deben comprobarse los siguientes aspectos:

— Que el anclaje de los tirantes está asegurado (artículos 69° y 70°).
— Que la tensión máxima del hormigón no supere su máxima capacidad resistente.

40.4.2. Nudos multicomprimidos

En nudos que conectan sólo bielas comprimidas (ver Figuras 40.4.2.a y 40.4.2.b) se presenta normalmente un estado tensional multicomprimido que permite aumentar la capacidad resistente a compresión del hormigón de acuerdo con los criterios siguientes:

$$f_{2\,cd} = f_{cd}$$

para estados biaxiales de compresión y

$$f_{3\,cd} = 3{,}30 f_{cd}$$

para estados triaxiales de compresión.

Cuando se consideren estos valores de capacidad resistente a compresión del hormigón del nudo deben tenerse en cuenta las tensiones transversales inducidas, que habitualmente requieren una armadura específica.

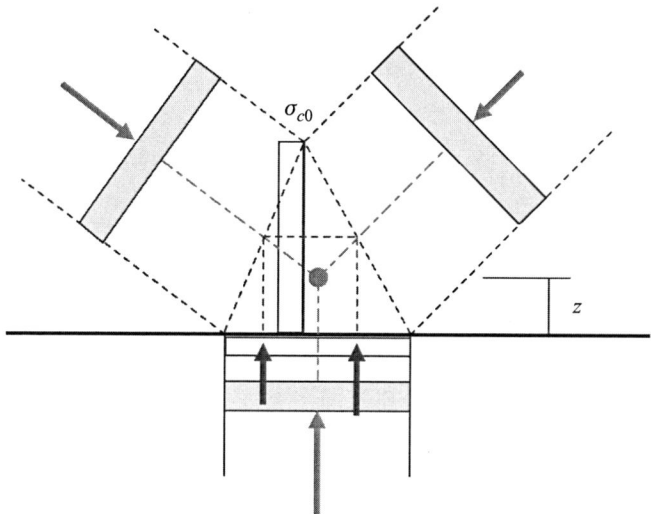

Figura 4042a

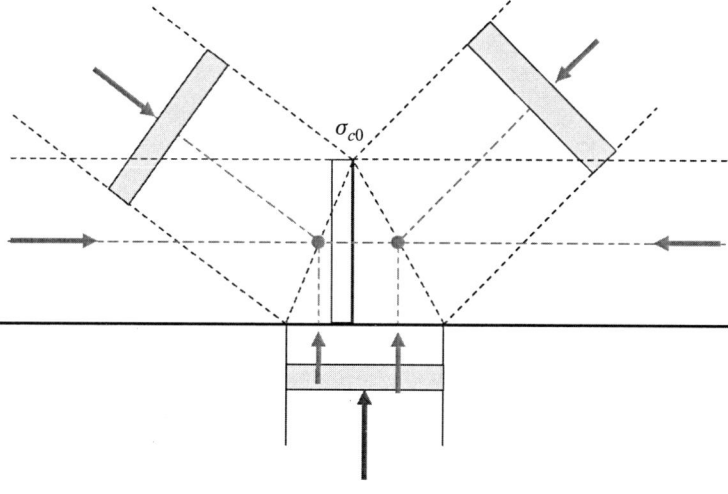

Figura 40.4.2.b

40.4.3. Nudos con tirantes anclados

La capacidad resistente a compresión en este tipo de nudos es:

$$f_{2\,cd} = 0{,}70\,f_{cd}$$

capítulo X
Cálculos relativos a los estados límite últimos

Artículo 41.º Estado Límite de Equilibrio

Habrá que comprobar que, bajo la hipótesis de carga más desfavorable, no se sobrepasan los límites de equilibrio (vuelco, deslizamiento, etc.), aplicando los métodos de la Mecánica Racional y teniendo en cuenta las condiciones reales de las sustentaciones.

$$E_{d,\,estab} \geqslant E_{d,\,desestab}$$

donde:

$E_{d,\,estab}$ = Valor de cálculo de los efectos de las acciones estabilizadoras.

$E_{d,\,desestab}$ = Valor de cálculo de los efectos de las acciones desestabilizadoras.

Artículo 42.º Estado Límite de Agotamiento frente a solicitaciones normales

42.1. Principios generales de cálculo

42.1.1. Definición de la sección

42.1.1.1. Dimensiones de la sección

Para la obtención de la capacidad resistente de una sección, ésta se considerará con sus dimensiones reales en la fase de construcción —o de servicio— analizada, excepto en piezas de sección en T, I o similares, para las que se tendrán en cuenta las anchuras eficaces indicadas en 18.2.1.

42.1.1.2. Sección resistente

A efectos de cálculos correspondientes a los Estados Límite de Agotamiento frente a solicitaciones normales, la sección resistente de hormigón se obtiene de las dimensiones de la pieza y cumpliendo con los criterios de 40.3.5.

42.1.2. Hipótesis básicas

El cálculo de la capacidad resistente última de las secciones se efectuará a partir de las hipótesis generales siguientes:

a) El agotamiento se caracteriza por el valor de la deformación en determinadas fibras de la sección, definidas por los dominios de deformación de agotamiento detallados en 42.1.3.

b) Las deformaciones del hormigón siguen una ley plana. Esta hipótesis es válida para piezas en las que la relación entre la distancia entre puntos de momento nulo y el canto total, es superior a 2.

c) Las deformaciones ε_s de las armaduras pasivas se mantienen iguales a las del hormigón que las envuelve.

Las deformaciones totales de las armaduras activas adherentes deben considerar, además de la deformación que se produce en la fibra correspondiente en el plano de deformación de agotamiento (ε_0), la deformación producida por el pretensado y la deformación de descompresión (Figura 42.1.2) según se define a continuación:

$$\Delta\varepsilon_p = \varepsilon_{cp} + \varepsilon_{p0}$$

donde:

ε_{cp} = Deformación de descompresión del hormigón al nivel de la fibra de armadura considerada.

ε_{p0} = Predeformación de la armadura activa debida a la acción del pretensado en la fase considerada, teniendo en cuenta las pérdidas que se hayan producido.

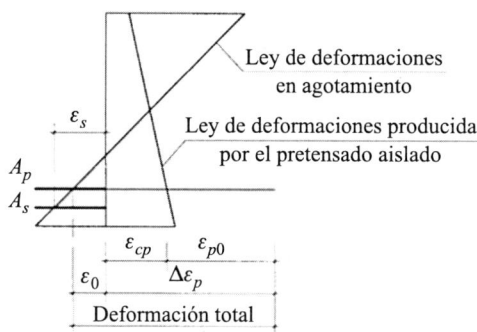

Figura 42.1.2

d) El diagrama de cálculo tensión-deformación del hormigón es alguno de los que se definen en 39.5. No se considerará la resistencia del hormigón a tracción.

El diagrama de cálculo tensión-deformación del acero de las armaduras pasivas es el que se define en 38.4.

El diagrama de cálculo tensión-deformación del acero de las armaduras activas es el que se define en 38.7.

e) Se aplicarán a las resultantes de tensiones en la sección las ecuaciones generales de equilibrio de fuerzas y momentos. De esta forma podrá calcularse la capacidad resistente última mediante la integración de las tensiones en el hormigón y en las armaduras activas y pasivas.

42.1.3. Dominios de deformación

Las deformaciones límite de las secciones, según la naturaleza de la solicitación, conducen a admitir los siguientes dominios (Figura 42.1.3):

Dominio 1: Tracción simple o compuesta en donde toda la sección está en tracción. Las rectas de deformación giran alrededor del punto A correspondiente a un alargamiento de la armadura más traccionada del 10‰.

Dominio 2: Flexión simple o compuesta en donde el hormigón no alcanza la deformación de rotura por flexión. Las rectas de deformación giran alrededor del punto A.

Dominio 3: Flexión simple o compuesta en donde las rectas de deformación giran alrededor del punto B correspondiente a la deformación de rotura por flexión del hormigón ε_{cu} definida en el apartado 39.5. El alargamiento de la armadura más traccionada está comprendido entre el 10‰ y ε_y, siendo ε_y, el alargamiento correspondiente al límite elástico del acero.

Dominio 4: Flexión simple o compuesta en donde las rectas de deformación giran alrededor del punto B. El alargamiento de la armadura más traccionada está comprendido entre ε_y y 0.

Dominio 4a: Flexión compuesta en donde todas las armaduras están comprimidas y existe una pequeña zona de hormigón en tracción. Las rectas de deformación giran alrededor del punto B.

Dominio 5: Compresión simple o compuesta en donde ambos materiales trabajan a compresión. Las rectas de deformación giran alrededor del punto C definido por la recta correspondiente a la deformación de rotura del hormigón por compresión, ε_{c0} definido en el apartado 39.5.

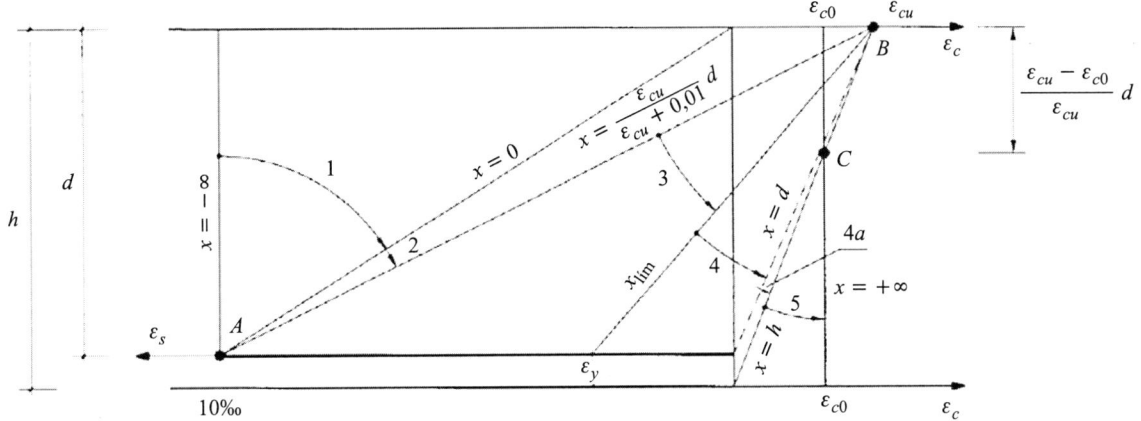

Figura 42.1.3

42.1.4. Dimensionamiento o comprobación de secciones

A partir de las hipótesis básicas definidas en 42.1.2, es posible plantear las ecuaciones de equilibrio de la sección, que constituyen un sistema de ecuaciones no lineales.

En el caso de dimensionamiento, se conocen la forma y dimensiones de la sección de hormigón, la posición de la armadura, las características de los materiales y los esfuerzos de cálculo y son incógnitas el plano de deformación de agotamiento y la cuantía de armadura.

En el caso de comprobación, se conocen la forma y dimensiones de la sección de hormigón, la posición y cuantía de la armadura y las características de los materiales y son incógnitas el plano de deformación de agotamiento y los esfuerzos resistentes de la sección.

42.2. Casos particulares

42.2.1. Excentricidad mínima

En soportes y elementos de función análoga, toda sección sometida a una solicitación normal exterior de compresión N_d debe ser capaz de resistir dicha compresión con una excentricidad mínima, debida a la incertidumbre en la posición del punto de aplicación del esfuerzo normal, igual al mayor de los valores:

$$h/20 \quad y \quad 2 \text{ cm}$$

Dicha excentricidad debe ser contada a partir del centro de gravedad de la sección bruta y en la dirección más desfavorable de las direcciones principales y sólo en una de ellas.

42.2.2. Efecto de confinamiento del hormigón

El hormigón confinado en compresión mejora sus condiciones de resistencia y ductilidad, aspecto este último muy importante para garantizar un comportamiento estructural que permita aprovechar, de forma óptima, toda la capacidad resistente adicional de un elemento hiperestático.

El confinamiento de la zona comprimida de hormigón puede conseguirse con una adecuada cuantía de armadura transversal, convenientemente dispuesta y anclada, de acuerdo con lo establecido en el punto 40.3.4.

42.2.3. Armaduras activas no adherentes

El incremento de tensión en las armaduras activas no adherentes depende del incremento de longitud del tendón entre los anclajes que, a su vez, depende de la deformación global de la estructura en Estado Límite Último.

42.3. Disposiciones relativas a las armaduras

42.3.1. Generalidades

Si existen armaduras pasivas en compresión, para poder tenerlas en cuenta en el cálculo será preciso que vayan sujetas por cercos o estribos, cuya separación s_t y diámetro ϕ_t sean:

$s_t \leqslant 15 \; \phi_{min}$ (ϕ_{min} diámetro de la barra comprimida más delgada).

$\phi_t \geqslant 1/4 \; \phi_{max}$ (ϕ_{max} diámetro de la armadura comprimida más gruesa).

Para piezas comprimidas, en cualquier caso, s_t debe ser inferior que la dimensión menor del elemento y no mayor que 30 cm.

La armadura pasiva longitudinal resistente, o la de piel, habrá de quedar distribuida convenientemente para evitar que queden zonas de hormigón sin armaduras, de forma que la distancia entre dos barras longitudinales consecutivas (s) cumpla las siguientes limitaciones:

$s \leqslant 30$ cm.

$s \leqslant$ tres veces el espesor bruto de la parte de la sección del elemento, alma o alas, en las que vayan situadas.

En zonas de solapo o de doblado de las barras puede ser necesario aumentar la armadura transversal.

42.3.2. Flexión simple o compuesta

En todos aquellos casos en los que el agotamiento de una sección se produzca por flexión simple o compuesta, la armadura resistente longitudinal traccionada deberá cumplir la siguiente limitación:

$$A_p f_{pd} \frac{d_p}{d_s} + A_s f_{yd} \geqslant \frac{W_1}{z} f_{ct,m,fl} + \frac{P}{z} \left(\frac{W_1}{A} + e \right)$$

donde:

A_p = Área de la armadura activa adherente.

A_s = Área de la armadura pasiva.

f_{pd} = Resistencia de cálculo del acero de la armadura activa adherente en tracción.

f_{yd} = Resistencia de cálculo del acero de la armadura pasiva en tracción.

$f_{ct,m,fl}$ = Resistencia media a flexotracción del hormigón.

W_1 = Módulo resistente de la sección bruta relativo a la fibra más traccionada.

d_p = Profundidad de la armadura activa desde la fibra más comprimida de la sección.

d_s = Profundidad de la armadura pasiva desde la fibra más comprimida de la sección.

P = Fuerza de pretensado descontadas las pérdidas instantáneas.

A = Área de la sección bruta de hormigón.

e = Excentricidad del pretensado respecto del centro de gravedad de la sección bruta.

z = Brazo mecánico de la sección. A falta de cálculos más precisos puede adoptarse $z = 0{,}8\,h$.

En caso de que solo exista armadura activa en la sección de cálculo, se considerará $\dfrac{d_p}{d_s} = 1$ en la expresión anterior.

Salvo en el caso de forjados unidireccionales con elementos prefabricados, deberá continuarse hasta los apoyos al menos un tercio de la armadura necesaria para resistir el máximo momento positivo, en el caso de apoyos extremos de vigas; y al menos un cuarto en los intermedios. Esta armadura se prolongará a partir del eje del apoyo en una magnitud igual a la correspondiente longitud neta de anclaje (punto 69.5.1).

En forjados de viguetas armadas, la armadura longitudinal inferior se compondrá, al menos, de dos barras.

42.3.3. Compresión simple o compuesta

En las secciones sometidas a compresión simple o compuesta, las armaduras, principales en compresión A'_{s1} y A'_{s2} (ver Figura 42.3.3) deberán cumplir las limitaciones siguientes:

$$A'_{s1} f_{yc,d} \geqslant 0{,}05\,N_d \qquad A'_{s1} f_{yc,d} \leqslant 0{,}5 f_{cd} A_c$$
$$A'_{s2} f_{yc,d} \geqslant 0{,}05\,N_d \qquad A'_{s2} f_{yc,d} \leqslant 0{,}5 f_{cd} A_c$$

donde:

$f_{yc,d}$ = Resistencia de cálculo del acero a compresión $f_{yc,d} = f_{yd} \ngtr 400\ \mathrm{N/mm}^2$.

N_d = Esfuerzo actuante normal mayorado de compresión.

f_{cd} = Resistencia de cálculo del hormigón en compresión.

A_c = Área de la sección total de hormigón.

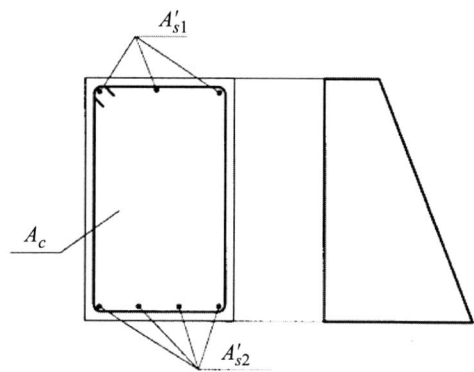

Figura 42.3.3

42.3.4. Tracción simple o compuesta

En el caso de secciones de hormigón sometidas a tracción simple o compuesta, provistas de dos armaduras principales, deberán cumplirse las siguientes limitaciones:

$$A_p f_{pd} + A_s f_{yd} \geqslant P + A_c f_{ct,m}$$

donde P es la fuerza de pretensado descontando las pérdidas instantáneas.

42.3.5. Cuantías geométricas mínimas

En la Tabla 42.3.5 se indican los valores de las cuantías geométricas mínimas que, en cualquier caso, deben disponerse en los diferentes tipos de elementos estructurales, en función del acero utilizado, siempre que dichos valores resulten más exigentes que los señalados en 42.3.2, 42.3.3 y 42.3.4.

Tabla 42.3.5. Cuantías geométricas mínimas, en tanto por 1.000, referidas a la sección total de homigón[6]

Tipo de elemento estructural		Tipo de acero	
		Aceros con $f_y = 400$ N/mm²	Aceros con $f_y = 500$ N/mm²
Pilares		4,0	4,0
Losas[1]		2,0	1,8
Forjados unidireccionales	Nervios[2]	4,0	3,0
	Armadura de reparto perpendicular a los nervios[3]	1,4	1,1
	Armadura de reparto paralela a los nervios[3]	0,7	0,6

Tabla 42.3.5. *(Continuación)*

Tipo de elemento estructural		Tipo de acero	
		Aceros con $f_y = 400$ N/mm²	Aceros con $f_y = 500$ N/mm²
Vigas[4]		3,3	2,8
Muros[5]	Armadura horizontal	4,0	3,2
	Armadura vertical	1,2	0,9

[1] Cuantía mínima de cada una de las armaduras, longitudinal y transversal repartida en las dos caras. Para losas de cimentación y zapatas armadas, se adoptará la mitad de estos valores en cada dirección dispuestos en la cara inferior.

[2] Cuantía mínima referida a una sección rectangular de ancho b_w y canto el del forjado de acuerdo con la Figura 42.3.5. Esta cuantía se aplica estrictamente en los nervios y no en las zonas macizadas. Todas las viguetas deben tener en la cabeza inferior, al menos, dos armaduras activas o pasivas longitudinales simétricas respecto al plano medio vertical.

[3] Cuantía mínima referida al espesor de la capa de compresión hormigonada in situ.

[4] Cuantía mínima correspondiente a la cara de tracción. Se recomienda disponer en la cara opuesta una armadura mínima igual al 30% de la consignada.

[5] La cuantía mínima vertical es la correspondiente a la cara de tracción. Se recomienda disponer en la cara opuesta una armadura mínima igual al 30% de la consignada.

A partir de los 2,5 m de altura del fuste del muro y siempre que esta distancia no sea menor que la mitad de la altura del muro podrá reducirse la cuantía horizontal a un 2‰. En el caso en que se dispongan juntas verticales de contracción a distancias no superiores a 7,5 m, con la armadura horizontal interrumpida, las cuantías geométricas horizontales mínimas pueden reducirse al 2‰. La armadura mínima horizontal deberá repartirse en ambas caras. Para muros vistos por ambas caras debe disponerse el 50% en cada cara. En el caso de muros con espesores superiores a 50 cm, se considerará un área efectiva de espesor máximo 50 cm distribuidos en 25 cm a cada cara, ignorando la zona central que queda entre estas capas superficiales.

[6] En el caso de elementos pretensados, la armadura activa podrá tenerse en cuenta en relación con el cumplimiento de las cuantías geométricas mínimas sólo en el caso de las armaduras pretensas que actúen antes de que se desarrolle cualquier tipo de deformación térmica o reológica.

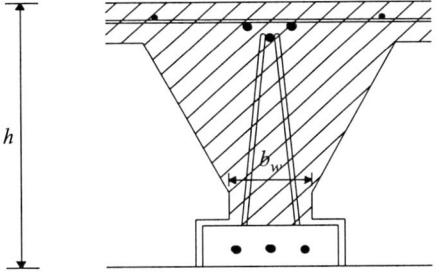

Figura 42.3.5. Detalle del nervio.

Artículo 43.º Estado Límite de Inestabilidad

43.1. Generalidades

43.1.1. Definiciones

A los efectos de aplicación de este artículo 43º se denominan:

— *Estructuras intraslacionales* aquellas cuyos nudos, bajo solicitaciones de cálculo, presentan desplazamientos transversales cuyos efectos pueden ser despreciados desde el punto de vista de la estabilidad del conjunto.

— *Estructuras traslacionales* aquellas cuyos nudos, bajo solicitaciones de cálculo, presentan desplazamientos transversales cuyos efectos no pueden ser despreciados desde el punto de vista de la estabilidad del conjunto.

— *Soportes aislados*, los soportes isostáticos, o los de pórticos en los que puede suponerse que la posición de los puntos donde se anula el momento de segundo orden no varía con el valor de la carga.

— *Esbeltez mecánica* de un soporte de sección constante, el cociente entre la longitud de pandeo I_o del soporte (distancia entre puntos de inflexión de la deformada) y el radio de giro i de la sección bruta de hormigón en la dirección considerada.

— *Esbeltez geométrica* de un soporte de sección constante, el cociente entre la longitud de pandeo I_o del soporte y la dimensión (b o h) de la sección que es paralela al plano de pandeo.

Pueden considerarse como claramente intraslacionales las estructuras aporticadas provistas de muros o núcleos de contraviento, dispuestos de forma que aseguren la rigidez torsional de la estructura, que cumplan la condición:

$$N_d \leqslant k_1 \frac{n}{n + 1,6} \frac{\sum EI}{h^2}$$

donde:

N_d = Carga vertical de cálculo que llega a la cimentación con la estructura totalmente cargada.

n = Número de plantas.

h = Altura total de la estructura, desde la cara superior de cimientos.

$\sum EI$ = Suma de rigideces a flexión de los elementos de contraviento en la dirección considerada, tomando para el cálculo de I, la inercia de la sección bruta.

k_1 = Constante de valor 0,62. Esta constante se debe disminuir a 0,31 si los elementos de arriostramiento han fisurado en Estado Límite Último.

43.1.2. Campo de aplicación

Este artículo concierne a la comprobación de soportes aislados, estructuras aporticadas y estructuras reticulares en general, en los que los efectos de segundo orden no pueden ser despreciados.

La aplicación de este artículo está limitada a los casos en que pueden despreciarse los efectos de torsión.

Esta Instrucción no cubre los casos en que la esbeltez mecánica de los soportes es superior a 200.

En soportes aislados, los efectos de segundo orden pueden despreciarse si la esbeltez mecánica es inferior a una esbeltez límite asociada a una perdida de capacidad portante del soporte del 10% respecto de un soporte no esbelto. La esbeltez límite inferior λ_{inf} puede aproximarse por la siguiente expresión:

$$\lambda_{\text{inf}} = 35 \sqrt{\frac{C}{v}\left[1 + \frac{0,24}{e_2/h} + 3,4\left(\frac{e_1}{e_2 - 1}\right)^2\right]} \not> 100$$

donde:

v = Axil adimensional o reducido de cálculo que solicita el soporte.

$$v = N_d/(A_c \cdot f_{cd})$$

e_2 = Excentricidad de primer orden en el extremo del soporte con mayor momento, considerada positiva.

e_1 = Excentricidad de primer orden en el extremo del soporte con menor momento, positiva si tiene el mismo signo que e_2.

En estructuras traslacionales se tomará e_1/e_2 igual a 1,0.

h = Canto de la sección en el plano de flexión considerado.

C = Coeficiente que depende de la disposición de armaduras cuyos valores son:

        0,24 para armadura simétrica en dos caras opuestas en el plano de flexión.

        0,20 para armadura igual en las cuatro caras.

        0,16 para armadura simétrica en las caras laterales.

43.2. Método general

La comprobación general de una estructura, teniendo en cuenta las no linealidades geométrica y mecánica, puede realizarse de acuerdo con los principios generales indicados en 19.2. Con esta comprobación se justifica que la estructura, para las distintas combinaciones de acciones posibles, no presenta condiciones de inestabilidad global ni local, a nivel de sus elementos constitutivos, ni resulta sobrepasada la capacidad resistente de las distintas secciones de dichos elementos.

Deben considerarse en el cálculo las incertidumbres asociadas a la predicción de los efectos de segundo orden y, en particular, los errores de dimensión e incertidumbres en la posición y línea de acción de las cargas axiles.

43.3. Comprobación de estructuras intraslacionales

En las estructuras intraslacionales, el cálculo global de esfuerzos podrá hacerse según la teoría de primer orden. A partir de los esfuerzos así obtenidos, se efectuará una comprobación de los efectos de segundo orden de cada soporte considerado aisladamente, de acuerdo con 43.5.

43.4. Comprobación de estructuras traslacionales

Las estructuras traslacionales serán objeto de una comprobación de estabilidad de acuerdo con las bases generales de 43.2.

Para las estructuras usuales de edificación de menos de 15 plantas, en las que el desplazamiento máximo en cabeza bajo cargas horizontales características, calculado mediante la teoría de primer orden y con las rigideces correspondientes a las secciones brutas, no supere 1/750 de la altura total, basta comprobar cada soporte aisladamente con los esfuerzos obtenidos aplicando la teoría de primer orden y con la longitud de pandeo de acuerdo con lo indicado a continuación.

$$\alpha = \sqrt{\frac{7{,}5 + 4(\psi_A + \psi_B) + 1{,}6\psi_A \cdot \psi_B}{7{,}5 + (\psi_A + \psi_B)}}$$

donde:

ψ = representa la relación de rigideces $\sum \dfrac{EI}{L}$ de los soportes a $\sum \dfrac{EI}{L}$ de las vigas, en cada extremo A y B del soporte considerado. Como valor de I se tomará la inercia bruta de la sección, y

α = es el factor de longitud de pandeo, que adopta, según los casos, los siguientes valores:

    Soporte biempotrado $(I_o = 0{,}5\,l)$

    Soporte biarticulado $(I_o = 1)$

    Soporte articulado-empotrado $(I_o = 0{,}7\,l)$

    Soporte en ménsula $(I_o = 2)$

    Soporte biempotrado con extremos desplazables $(I_o = 1)$

43.5. Comprobación de soportes aislados

Para soportes con esbeltez mecánica comprendida entre λ_{inf} y 100 puede aplicarse el método aproximado de 43.5.1 o 43.5.2.

Para soportes con esbeltez mecánica comprendida entre 100 y 200 se aplicará el método general establecido en 43.2.

43.5.1. Método aproximado. Flexión compuesta recta

Para soportes de sección y armadura constante deberá dimensionarse la sección para una excentricidad total igual a la que se indica:

$$e_{tot} = e_e + e_a \geqslant e_2$$

$$e_a = (1 + 0,12\beta)(\varepsilon_y + 0,0035)\frac{h + 20e_e}{h + 10e_e}\frac{l_0^2}{50i_c}$$

donde:

e_a = Excentricidad ficticia utilizada para representar los efectos de segundo orden.

e_e = Excentricidad de cálculo de primer orden equivalente.

$e_e = 0,6e_2 + 0,4e_1 \geqslant 0,4e_2$ para soportes intraslacionales;

$e_e = e_2$ para soportes traslacionales.

e_1, e_2 = Excentricidades del axil en los extremos de la pieza definidas en 43.1.2.

l_0 = Longitud de pandeo.

i_c = Radio de giro de la sección de hormigón en la dirección considerada.

h = Canto total de la sección de hormigón.

ε_y = Deformación del acero para la tensión de cálculo f_{yd}, es decir,

$$\varepsilon_y = \frac{f_{yd}}{E_s}$$

β = Factor de armado, dado por

$$\beta = \frac{(d - d')^2}{4i_s^2}$$

siendo i_s el radio de giro de las armaduras. Los valores de β y de i_s se recogen en la Tabla 43.5.1 para las disposiciones de armaduras más frecuentes.

43.5.2. Método aproximado. Flexión compuesta esviada

Para elementos de sección rectangular y armadura constante se podrá realizar una comprobación separada, según los dos planos principales de simetría, si la excentricidad del axil se sitúa en la zona rayada de la Figura 43.5.2.a. Esta situación se produce si se cumple alguna de las dos condiciones indicadas en la Figura 43.5.2.a, donde e_x y e_y son las excentricidades de cálculo en la dirección de los ejes x e y, respectivamente.

Cuando no se cumplen las condiciones anteriores, se considera que el soporte se encuentra en buenas condiciones respecto al pandeo, si se cumple la siguiente condición:

$$\frac{M_{xd}}{M_{xu}} + \frac{M_{yd}}{M_{yu}} \leqslant 1$$

Tabla 43.5.1.

Disposición de armadura	i_s^2	β
$\dfrac{A_s}{2}$ $\dfrac{A_s}{2}$	$\dfrac{1}{4}(d-d')^2$	1,0
$\dfrac{A_s}{2}$	$\dfrac{1}{12}(d-d')^2$	3,0
4 $\dfrac{A_s}{4}$ A	$\dfrac{1}{6}(d-d')^2$	1,5
A_s	$\dfrac{1}{8}(d-d')^2$	2,0

donde:

M_{xd} = Momento de cálculo, en la dirección x, en la sección crítica de comprobación, considerando los efectos de segundo orden.

M_{dy} = Momento de cálculo, en la dirección y, en la sección crítica de comprobación, considerando los efectos de segundo orden.

M_{xu} = Momento máximo, en la dirección x, resistido por la sección crítica.

M_{yu} = Momento máximo, en la dirección y, resistido por la sección crítica.

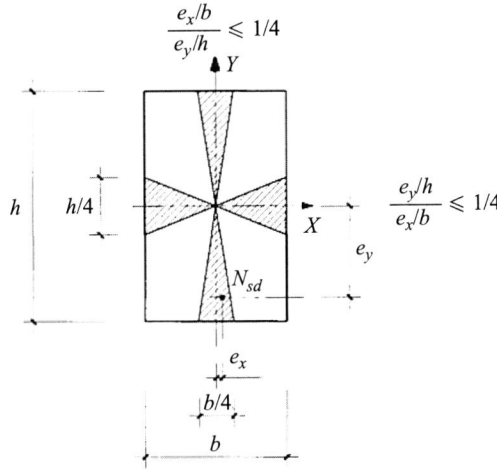

Figura 43.5.2.a

Artículo 44.º Estado Límite de Agotamiento frente a cortante

44.1. Consideraciones generales

Para el análisis de la capacidad resistente de las estructuras de hormigón frente a esfuerzos cortantes, se establece como método general de cálculo el de Bielas y Tirantes (artículos 24º y 40º), que deberá utilizarse en todos aquellos elementos estructurales o partes de los mismos que, presentando estados planos de tensión o asimilables a tales, estén sometidos a solicitaciones tangentes según un plano conocido y no correspondan a los casos particulares tratados de forma explícita en esta Instrucción, tales como elementos lineales, placas, losas y forjados unidireccionales o asimilables (44.2).

44.2. Resistencia a esfuerzo cortante de elementos lineales, placas, losas y forjados unidireccionales o asimilables

Las prescripciones incluidas en los diferentes subapartados son de aplicación exclusivamente a elementos lineales sometidos a esfuerzos combinados de flexión, cortante y axil (compresión o tracción) y a placas, losas o forjados trabajando fundamentalmente en una dirección.

A los efectos de este artículo se consideran elementos lineales aquellos cuya distancia entre puntos de momento nulo es igual o superior a dos veces su canto total y cuya anchura es igual o inferior a cinco veces dicho canto, pudiendo ser su directriz recta o curva. Se denominan placas o losas a los elementos superficiales planos, de sección llena o aligerada, cargados normalmente a su plano medio.

44.2.1. Definición de la sección de cálculo

Para los cálculos correspondientes al Estado Límite de Agotamiento por esfuerzo cortante, las secciones se considerarán con sus dimensiones reales en la fase analizada. Excepto en los casos en que se indique lo contrario, la sección resistente del hormigón se obtiene a partir de las dimensiones reales de la pieza, cumpliendo los criterios indicados en 40.3.5.

Si en la sección considerada la anchura del alma no es constante, se adoptará cómo b_0 el menor ancho que presente la sección en una altura igual a los tres cuartos del canto útil contados a partir de la armadura de tracción (Figura 44.2.1.a).

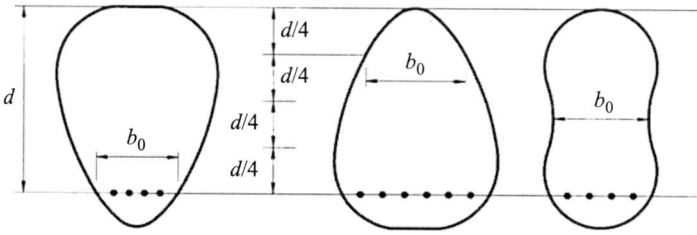

Figura 44.2.1.a

44.2.2. Esfuerzo cortante efectivo

Las comprobaciones relativas al Estado Límite de Agotamiento por esfuerzo cortante pueden llevarse a cabo a partir del esfuerzo cortante efectivo V_{rd} dado por la siguiente expresión:

$$V_{rd} = V_d + V_{pd} + V_{cd}$$

donde:

V_d = Valor de cálculo del esfuerzo cortante producido por las acciones exteriores.

V_{pd} = Valor de cálculo de la componente de la fuerza de pretensado paralela a la sección en estudio.

V_{ed} = Valor de cálculo de la componente paralela a la sección de la resultante de tensiones normales, tanto de compresión como de tracción en la armadura pasiva, sobre las fibras longitudinales de hormigón, en piezas de sección variable.

44.2.3. Comprobaciones que hay que realizar

El Estado Límite de Agotamiento por esfuerzo cortante se puede alcanzar, ya sea por agotarse la resistencia a compresión del alma, o por agotarse su resistencia a tracción. En consecuencia, es necesario comprobar que se cumple simultáneamente:

$$V_{rd} \leqslant V_{u1}$$
$$V_{rd} \leqslant V_{u2}$$

donde:

V_{rd} = Esfuerzo cortante efectivo de cálculo definido en 44.2.2.

V_{u1} = Esfuerzo cortante de agotamiento por compresión oblicua en el alma.

V_{u2} = Esfuerzo cortante de agotamiento por tracción en el alma.

La comprobación del agotamiento por compresión oblicua en el alma $V_{rd} \leqslant V_{u1}$ se realizará en el borde del apoyo y no en su eje.

En piezas sin armadura de cortante no resulta necesaria la comprobación de agotamiento por compresión oblicua en el alma.

La comprobación correspondiente al agotamiento por tracción en el alma $V_{rd} \leqslant V_{u2}$ se efectúa para una sección situada a una distancia de un canto útil del borde del apoyo, excepto en el caso de piezas sin armaduras de cortante en regiones no fisuradas a flexión, para las que se seguirá lo indicado en 44.2.3.2.1.1

44.2.3.1. Obtención de V_{u1}

El esfuerzo cortante de agotamiento por compresión oblicua del alma se deduce de la siguiente expresión:

$$V_{u1} = K f_{1cd} b_0 d \, \frac{\cotg \theta + \cotg \alpha}{1 + \cotg^2 \theta}$$

donde:

f_{1cd} = Resistencia a compresión del hormigón.

$$f_{1cd} = 0{,}60 f_{cd} \qquad\qquad \text{para} \quad f_{ck} \leqslant 60 \ \text{N/mm}^2$$
$$f_{1cd} = (0{,}90 - f_{ck}/200) f_{cd} \geqslant 0{,}50 f_{cd} \quad \text{para} \quad f_{ck} > 60 \ \text{N/mm}^2$$

b_0 = Anchura neta mínima del elemento, definida de acuerdo con 40.3.5.

K = Coeficiente que depende del esfuerzo axil.

$K = 1,00$ para estructuras sin pretensado o sin esfuerzo axil de compresión

$K = 1 + \dfrac{\sigma'_{cd}}{f_{cd}}$ para $0 < \sigma'_{cd} \leqslant 0,25 f_{cd}$

$K = 1,25$ para $0,25\, f_{cd} < \sigma'_{cd} \leqslant 0,50 f_{cd}$

$K = 2,5\left(1 - \dfrac{\sigma'_{cd}}{f_{cd}}\right)$ para $0,50 f_{cd} < \sigma'_{cd} \leqslant 1,00 f_{cd}$

donde:

σ'_{cd} = Tensión axil efectiva en el hormigón (compresión positiva) que, en pilares, debe calcularse teniendo en cuenta la compresión absorbida por la armaduras comprimidas.

$$\sigma'_{cd} = \frac{N_d - A_{s'} f_{yd}}{A_c}$$

N_d = Esfuerzo axil de cálculo (compresión positiva) incluyendo el pretensado con su valor de cálculo.

A_c = Área total de la sección de hormigón.

$A_{s'}$ = Área total de armadura comprimida En compresión compuesta puede suponerse que toda la armadura está sometida a la tensión f_{yd}.

f_{yd} = Resistencia de cálculo de la armadura $A_{s'}$ (apartado 40.2).

    — Para armaduras pasivas: $f_{yd} = \sigma_{sd}$

    — Para armaduras activas: $f_{yd} = \sigma_{pd}$

α = Ángulo de las armaduras con el eje de la picza (Figura 44.2.3.1).

θ = Ángulo entre las bielas de compresión de hormigón y el eje de la pieza (Figura 44.2.3.1).

Se adoptará un valor que cumpla:

$$0,5 \leqslant \cotg \theta \leqslant 2,0$$

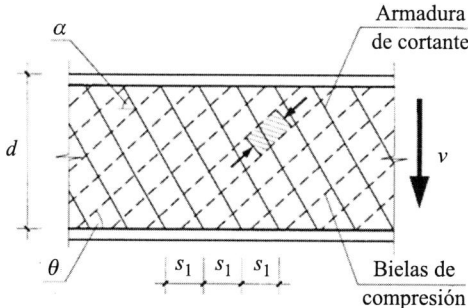

Figura 44.2.3.1

44.2.3.2. Obtención de V_{u2}

44.2.3.2.1. Piezas sin armadura de cortante

44.2.3.2.1.1. Piezas sin armadura de cortante en regiones no fisuradas ($M_d \leqslant M_{fis,d}$)

En piezas con zonas no fisuradas y con el alma comprimida, la resistencia a cortante debe limitarse según la resistencia a tracción del hormigón, y vale:

$$V_{u2} = \frac{I \cdot b_0}{S} \sqrt{(f_{cd,d})^2 + \alpha_l \sigma'_{cd} f_{ct,d}}$$

donde:

M_d = Momento de cálculo de la sección.

$M_{fis,d}$ = Momento de fisuración de la sección calculado con $f_{ct,d} = f_{ct,k}/\gamma_c$.

I = Momento de inercia de la sección transversal.

b_0 = Ancho del alma según punto 44.2.1.

S = Momento estático de la sección transversal.

$f_{ct,d}$ = Resistencia de cálculo a tracción del hormigón.

σ'_{cd} = Tensión media de compresión en el hormigón debido a la fuerza de pretensado.

$\alpha_l = I_x/(1{,}2 \cdot I_{bd}) \leqslant 1$ para tendones pretensados.

$= 1$ para otros tipos de pretensado anclados por adherencia.

I_x = Distancia, en mm, de la sección considerada al inicio de la longitud de transferencia.

I_{bpt} = Longitud de transferencia de la armadura activa de pretensado, en mm, que puede tomarse según punto 70.2.3.

$$I_{bpt} = \phi \sigma_p/21$$

donde:

σ_p = Tensión de pretensado, después de las pérdidas, en N/mm^2.

ϕ = Diámetro de la armadura activa, en mm.

Esta comprobación se realizará en una sección situada a una distancia del borde del apoyo que se corresponde con la intersección del eje longitudinal que pasa por el centro de gravedad de la sección con una línea a 45° que parte del borde del apoyo.

En piezas compuestas por elementos prefabricados y hormigón vertido *in situ*, para determinar si la sección está fisurada o no a flexión (cálculo de M_d y $M_{fis,d}$) se deberá tener en cuenta las diferentes fases constructivas, considerando en cada una de ellas las cargas actuantes, las secciones resistentes y superponiendo las tensiones correspondientes a cada fase.

En forjados unidireccionales compuestos por vigueta prefabricada pretensada y hormigón *in situ* formando el resto del nervio y la cabeza de compresión, el cortante último resistido será el mayor de los obtenidos mediante el presente artículo, considerando la vigueta pretensada sola, o aplicando la comprobación a cortante según el punto 44.2.3.2.1.2.

44.2.3.2.1.2. Piezas sin armadura de cortante en regiones fisuradas a flexión ($M_d > M_{fis,d}$)

El esfuerzo cortante de agotamiento por tracción en el alma para piezas de hormigón convencional y de alta resistencia vale:

$$V_{u2} = \left[\frac{0{,}18}{\gamma_c} \xi (100 \rho_1 f_{cv})^{1/3} + 0{,}15 \sigma'_{cd} \right] b_0 d$$

con un valor mínimo de:

$$V_{u2} = \left[\frac{0{,}075}{\gamma_c}\,\xi^{3/2}f_{cv}^{1/2} + 0{,}15\sigma'_{cd}\right]b_0 d$$

donde:

f_{cv} = Resistencia efectiva del hormigón a cortante en N/mm² de valor $f_{cv} = f_{ck}$ con f_{cv} no mayor que 15 N/mm² en el caso de control indirecto de la resistencia del hormigón, siendo f_{ck} la resistencia a compresión del hormigón, que a efecto de este apartado no se considerará superior a 60 N/mm².

$$\xi = \left(1 + \sqrt{\frac{200}{d}}\right) \leqslant 2{,}0 \quad \text{con } d \text{ en mm.}$$

d = Canto útil de la sección referido a la armadura longitudinal de flexión siempre que ésta sea capaz de resistir el incremento de tracción producido por la interacción cortante-flexión (punto 44.2.3.4.2).

σ'_{cd} = Tensión axial media en el alma de la sección (compresión positiva).

$$\sigma'_{cd} = \frac{N_d}{A_c} < 0{,}30\,f_{cd} \not> 12 \text{ MPa}$$

Esta limitación no aplica al apartado 44.2.3.2.1.1 «Piezas sin armadura de cortante en regiones no fisuradas ($M_d \leqslant M_{fis,d}$)».

N_d = Axil de cálculo incluyendo la fuerza de pretensado existente en la sección en estudio. En el caso de piezas con armaduras pretesas se podrá considerar una variación lineal de la fuerza de pretensado desde el extremo de la pieza hasta una distancia igual a 1,2 veces la longitud de transferencia, I_{bpt} (ver 44.2.3.2.1.1). En apoyos interiores de estructuras continuas con armadura activa pasante, no se considerará la contribución del axil de pretensado en el cálculo de N_d.

ρ_l = Cuantía geométrica de la armadura longitudinal principal de tracción, pasiva y activa adherente, anclada a una distancia igual o mayor que d a partir de la sección de estudio

$$\rho_l = \frac{A_s + A_p}{b_0 d} \leqslant 0{,}02$$

En el caso de forjados con vigueta pretensada prefabricada, el cortante de agotamiento por tracción en el alma será el menor de los valores obtenidos considerando por una parte el ancho mínimo del nervio pretensado y por otra el menor ancho del hormigón vertido en obra por encima de la vigueta, teniendo en cuenta que el cortante V_{u2} resistido deberá ser mayor que el valor mínimo establecido en este artículo.

En el primer caso, se considerará como valor de cálculo de la resistencia a compresión del hormigón el correspondiente a la vigueta pretensada, como tensión σ'_{cd} la referida al área de la vigueta y como cuantía geométrica de armadura la referida a una sección de referencia de ancho b_0, y canto d, siendo b_0 el ancho mínimo del nervio y d el canto útil del forjado.

En el segundo caso se considerará como resistencia a compresión del hormigón la del hormigón vertido *in situ*, se considerará nula la tensión σ'_{cd} y la cuantía geométrica de armadura se referirá a una sección de ancho b_0 y canto d, siendo b_0 el ancho mínimo del nervio en la zona del hormigón vertido in situ por encima de la vigueta.

En los forjados unidireccionales con armadura básica en celosía, puede considerarse la colaboración de la celosía (de acuerdo con el punto 44.2.3.2.2.) para la comprobación a esfuerzo cortante tomando como ancho del nervio el menor por debajo de la fibra correspondiente a una profundidad mayor o igual que 20 mm por debajo del redondo superior de la celosía. Asimismo deberá comprobarse el nervio sin la colaboración de la celosía con el menor ancho del nervio, entre 20 mm por debajo del redondo superior de la celosía y la cara superior del forjado (Figura 44.2.1.b).

44.2.3.2.2. *Piezas con armadura de cortante*

El esfuerzo cortante de agotamiento por tracción en el alma vale:

$$V_{u2} = V_{cu} + V_{su}$$

donde:

V_{su} = Contribución de la armadura transversal de alma a la resistencia a esfuerzo cortante.

$$V_{su} = z \operatorname{sen} \alpha (\cotg \alpha + \cotg \theta) \Sigma A_\alpha f_{y\alpha, d}$$

donde:

A_α = Área por unidad de longitud de cada grupo de armaduras que forman un ángulo α con la directriz de la pieza (Figura 44.2.3.1).

$f_{y\alpha, d}$ = Resistencia de cálculo de la armadura A_α (apartado 40.2).

— Para armaduras pasivas: $f_{yd} = \sigma_{sd}$

— Para armaduras activas: $f_{pyd} = \sigma_{pd}$

θ = Ángulo entre las bielas de compresión de hormigón y el eje de la pieza (Figura 44.2.3.1). Se adoptará el mismo valor que para la comprobación del cortante de agotamiento por compresión oblicua del alma (punto 44.2.3.1). Debe cumplir:

$$0,5 \leqslant \cotg \theta \leqslant 2,0$$

α = Ángulo de las armaduras con el eje de la pieza (Figura 44.2.3.1).

z = Brazo mecánico. En flexión simple, y a falta de cálculos más precisos, puede adoptarse el valor aproximado $z = 0,9\,d$. En el caso de secciones circulares solicitadas a flexión, d puede considerarse igual a $0,8 \cdot h$. En caso de flexocompresión, z puede aproximarse como:

$$z = \frac{M_d + N_d z_0 - U'_s(d - d')}{N_d + U_s - U'_s} \begin{cases} > 0 \\ \ngtr 0,9d' \end{cases}$$

donde:

z_0 = Distancia desde la armadura traccionada hasta el punto de aplicación del axil.

d, d' = Distancia desde la fibra más comprimida de hormigón hasta el centro de gravedad de la armadura traccionada y comprimida, respectivamente.

$U_s = A_s f_{yd}$ = Capacidad mecánica de la armadura de tracción.

$U'_s = A'_s f_{yd}$ = Capacidad mecánica de la armadura de compresión.

Para flexotracción, puede adoptarse $Z = 0,9\,d$.

En el caso de piezas armadas con cercos circulares, el valor de V_{su} se multiplicará por un factor 0,85 para tener en cuenta la pérdida de eficacia de la armadura de cortante, debido a la inclinación transversal de las ramas que la conforman.

V_{cu} = Contribución del hormigón a la resistencia a esfuerzo cortante,

$$V_{cu} = \left[\frac{0,15}{\gamma_C} \xi (100 \rho_l f_{cv})^{1/3} + 0,15\alpha_l \sigma'_{cd} \right] \beta b_0 d$$

con un valor mínimo de:

$$V_{u2} = \left[\frac{0,075}{\gamma_C} \xi^{3/2} \cdot f^{1/2} + 0,15\sigma'_{cd}\right] b_0 d$$

donde:

f_{cv} = Resistencia efectiva del hormigón a cortante en N/mm^2 de valor $f_{cv} = f_{ck}$ con f_{cv} no mayor que 15 N/mm^2 en el caso de control indirecto del hormigón.

f_{ck} = Resistencia a compresión del hormigón en N/mm^2. Se adoptaran valores de f_{ck} de hasta 100 N/mm^2.

σ'_{cd} = Tensión axial media en el alma de la sección, según lo indicado en 44.2.3.2.1.2.

y donde

$$\beta = \frac{2\cotg\theta - 1}{2\cotg\theta_e - 1} \quad \text{si} \quad 0,5 \leqslant \cotg\theta < \cotg\theta_e$$

$$\beta = \frac{\cotg\theta - 2}{\cotg\theta_e - 2} \quad \text{si} \quad \cotg\theta_e \leqslant \cotg\theta \leqslant 2,0$$

θ_e = Ángulo de referencia de inclinación de las fisuras, para el cual puede adoptarse cualquiera de los dos valores siguientes:

a) Método simplificado. θ_e es el ángulo correspondiente a la inclinación de las fisuras en el alma de la pieza en el momento de la fisuración, deducido de la expresión:

$$\cotg\theta_e = \frac{\sqrt{f_{ct,m}^2 - f_{ct,m}(\sigma_{xd} + \sigma_{yd}) + \sigma_{xd}\sigma_{yd}}}{f_{ct,m} - \sigma_{yd}} \left\{ \begin{array}{l} \geqslant 0,5 \\ \leqslant 2,0 \end{array} \right.$$

$f_{ct,m}$ = Resistencia media a tracción del hormigón (apartado 39.1).

$\sigma_{xd}\,\sigma_{yd}$ = Tensiones normales de cálculo, a nivel del centro de gravedad de la sección, paralelas a la directriz de la pieza y al esfuerzo cortante V_d respectivamente. Las tensiones σ_{xd} y σ_{yd} se obtendrán a partir de las acciones de cálculo, incluido el pretensado, de acuerdo con la Teoría de la Elasticidad y en el supuesto de hormigón no fisurado y considerando positivas las tensiones de tracción.

b) Método general. El ángulo θ_e, en grados sexagesimales, puede obtenerse considerando la interacción con otros esfuerzos en Estado Límite Último cuyo valor en grados puede obtenerse por la expresión siguiente:

$$\theta_e = 29 + 7\varepsilon_x$$

donde:

ε_x = Deformación longitudinal en el alma (Figura 44.2.3.2.2), expresada en tanto por mil, y obtenida mediante la siguiente ecuación:

$$\varepsilon_x \approx \frac{\dfrac{M_d}{z} + V_{rd} - 0,5N_d - A_p\sigma_{p0}}{2(E_s A_s + E_p A_p)} \cdot 1.000 \not> 0$$

σ_{p0} = Tensión en los tendones de pretensado cuando la deformación del hormigón que la envuelve es igual a 0.

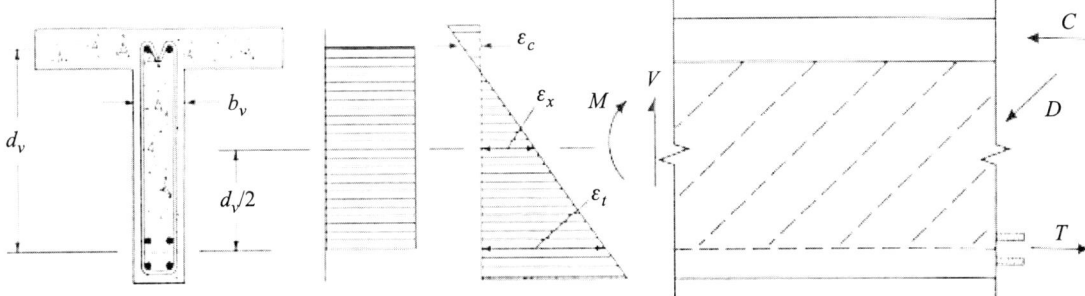

Figura 440.2.3.2.2

Para evaluar el valor de la deformación longitudinal del alma, *ex*, deben tenerse en cuenta las siguientes consideraciones:

a) V_{rd} y M_d deben ser tomados como positivos y M_d no se tomará menor que $z \cdot V_{rd}$.

b) N_d se considera positivo de compresión.

c) Los valores de A_s y A_p son los de la armadura anclada en la sección de estudio. En caso contrario, se reducirá en proporción a su falta de longitud de anclaje.

d) Si la tensión de tracción puede producir la fisuración de la cabeza comprimida, se doblará el valor de ε_x obtenido en la ecuación.

44.2.3.3. Casos especiales de carga

Cuando se somete una viga a una carga colgada, aplicada a un nivel tal que quede fuera de la cabeza de compresión de la viga, se dispondrán las oportunas armaduras transversales, armaduras de suspensión, convenientemente ancladas, para transferir el esfuerzo correspondiente a aquella cabeza de compresión.

Por otra parte, en las zonas extremas de las piezas pretensadas, y en especial en los casos de armaduras activas pretesas ancladas por adherencia, será necesario estudiar el efecto de la introducción progresiva de la fuerza de pretensado en la pieza, valorando esta fuerza en cada sección.

44.2.3.4. Disposiciones relativas a las armaduras

44.2.3.4.1. Armaduras transversales

La separación longitudinal St entre armaduras transversales (Figura 44.2.3.1) deberá cumplir las condiciones siguientes para asegurar un adecuado confinamiento del hormigón sometido a compresión oblicua:

$$s_t \leqslant 0{,}75d(1 + \cotg \alpha) \leqslant 600 \text{ mm} \qquad \text{si} \quad V_{rd} \leqslant \frac{1}{5} V_{u1}$$

$$s_t \leqslant 0{,}60d(1 + \cotg \alpha) \leqslant 450 \text{ mm} \qquad \text{si} \quad \frac{1}{5} V_{u1} < V_{rd} \leqslant \frac{2}{3} V_{u1}$$

$$s_t \leqslant 0{,}30d(1 + \cotg \alpha) \leqslant 300 \text{ mm} \qquad \text{si} \quad V_{rd} > \frac{2}{3} V_{ul}$$

Para barras levantadas esta separación no superará nunca el valor $0{,}60d(1 + \text{cotg } \alpha)$.

La separación transversal $S_{t,\,\text{trans}}$ entre ramas de armaduras transversales deberá cumplir la condición siguiente:

$$S_{t,\,\text{trans}} \leqslant d \leqslant 500 \text{ mm}$$

Si existe armadura de compresión y se tiene en cuenta en el cálculo, los cercos o estribos cumplirán, además, las prescripciones del artículo 42º.

En general, los elementos lineales dispondrán de armadura transversal de forma efectiva.

En todos los casos, se prolongará la colocación de cercos o estribos en una longitud igual a medio canto de la pieza, más allá de la sección en la que teóricamente dejen de ser necesarios. En el caso de apoyos, los cercos o estribos se dispondrán hasta el borde de los mismos.

Las armaduras de cortante deben formar con el eje de la viga un ángulo comprendido entre 45º y 90º, inclinadas en el mismo sentido que la tensión principal de tracción producida por las cargas exteriores, al nivel del centro de gravedad de la sección de la viga supuesta no fisurada.

Las barras que constituyen la armadura transversal pueden ser activas o pasivas, pudiendo disponerse ambos tipos de forma aislada o en combinación.

La cuantía mínima de tales armaduras debe ser tal que se cumpla la relación:

$$\sum \frac{A_\alpha f_{y\alpha,\,d}}{\text{sen } \alpha} \geqslant \frac{f_{ct,\,m}}{7{,}5} b_0$$

Al menos un tercio de la armadura necesaria por cortante, y en todo caso la cuantía mínima indicada, se dispondrá en forma de estribos que formen un ángulo de 90º con el eje de la viga. No obstante, en forjados unidireccionales nervados de canto no superior a 40 cm, puede utilizarse armadura básica en celosía como armadura de cortante tanto si se utiliza una zapatilla prefabricada como si el nervio es totalmente hormigonado *in situ*.

44.2.3.4.2. *Armaduras longitudinales*

Las armaduras longitudinales de flexión deberán ser capaces de soportar un incremento de tracción respecto a la producida por M_d, igual a:

$$\Delta T = V_{rd}\,\text{cotg } \theta - \frac{V_{su}}{2}\,(\text{cotg } \theta + \text{cotg } \alpha)$$

Esta prescripción se cumple de forma automática decalando la ley de momentos de cálculo M_d una magnitud igual a:

$$s_d = z\!\left(\text{cotg } \theta - \frac{1}{2}\frac{V_{su}}{V_{rd}}(\text{cotg } \theta + \text{cotg } \alpha)\right)$$

en el sentido más desfavorable (Figura 44.2.3.4.2).

En el caso de no existir armadura de cortante, se tomará $V_{su} = 0$ en las expresiones anteriores.

44.2.3.5. **Rasante entre alas y alma de una viga**

Para el cálculo de la armadura de unión entre alas y alma de las cabezas de vigas en T, en I, en cajón o similares, se empleará en general el método de Bielas y Tirantes (artículo 40º).

Para la determinación del esfuerzo rasante puede suponerse una redistribución plástica en una zona de la viga de longitud a_r (Figura 44.2.3.5.a).

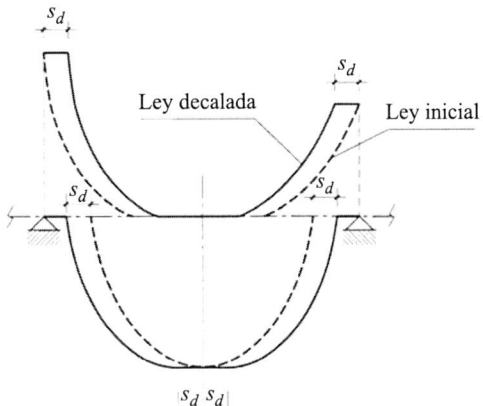

Figura 44.2.3.4.2

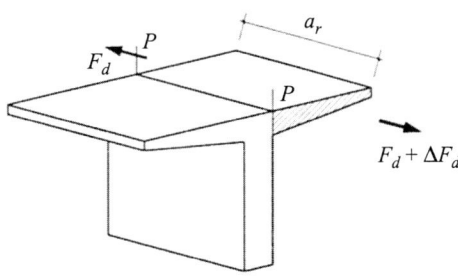

Figura 44.2.3.5.a

El esfuerzo rasante medio por unidad de longitud que debe ser resistido será:

$$S_d = \frac{\Delta F_d}{a_r}$$

donde:

a_r = Longitud de redistribución plástica considerada. La ley de momentos en la longitud a_r debe presentar variación monótona creciente o decreciente. Al menos los puntos de cambio de signo de momento deben adoptarse siempre como límites de zona a_r.

ΔF_d = Variación en la distancia a_r de la fuerza longitudinal actuante en la sección del ala exterior al plano P.

En ausencia de cálculos más rigurosos deberá cumplirse:

$$S_d \leqslant S_{u1}$$
$$S_d \leqslant S_{u2}$$

donde:

S_{u1} = Esfuerzo rasante de agotamiento por compresión oblicua en el plano P.

$$S_{u1} = 0{,}5 f_{1\,cd} h_0$$

donde:

$f_{1\,cd}$ = Resistencia a compresión del hormigón (punto 40.3.2), de valor:

— para alas comprimidas

$$f_{1\,cd} = 0{,}60 f_{cd} \qquad \text{para} \quad f_{ck} \leqslant 60 \text{ N/mm}^2$$
$$f_{1\,cd} = (0{,}90 - f_{ck}/200) f_{cd} \qquad \text{para} \quad f_{ck} > 60 \text{ N/mm}^2$$

— para alas traccionadas

$$f_{1ed} = 0,40 f_{cd} \qquad \text{para alas traccionadas.}$$

h_0 = Espesor del ala de acuerdo con 40.3.5.

S_{u2} = Esfuerzo rasante de agotamiento por tracción en el plano P.

$$S_{u2} = S_{su}$$

donde:

S_{su} = Contribución de la armadura perpendicular al plano P a la resistencia a esfuerzo rasante.

$$S_{su} = A_P f_{yP,d}$$

A_p = Armadura por unidad de longitud perpendicular al plano P (Figuras 44.2.3.5.b y c).

$f_{yP,d}$ = Resistencia de cálculo de la armadura A_p:

$f_{yP,d} = \sigma_{sd}$ para armaduras pasivas

$f_{yP,d} = \sigma_{pd}$ para armaduras activas.

En el caso de rasante entre alas y alma combinado con flexión transversal, se calcularán las armaduras necesarias por ambos conceptos y se dispondrá la suma de ambas, pudiéndose reducir la armadura de rasante, teniendo en cuenta la compresión debida a la flexión transversal. De forma simplificada, podrá disponerse la armadura de tracción debida a la flexión transversal, complementada por la armadura suficiente para cubrir la necesaria por esfuerzo rasante.

44.2.3.6. Cortante vertical en las juntas entre placas alveolares

El esfuerzo cortante vertical por unidad de longitud en las juntas longitudinales en forjados compuestos por placas alveolares y hormigón vertido *in situ*, V_d (Figura 44.2.3.6), no será mayor que el esfuerzo cortante resistido V_u calculado como el menor de los valores siguientes:

$$V_u = 0,25 \left(f_{bt,d} \cdot \sum h_f + f_{ct,d} \cdot h_t \right)$$
$$V_u = 0,15 f_{ct,d}(h + h_t)$$

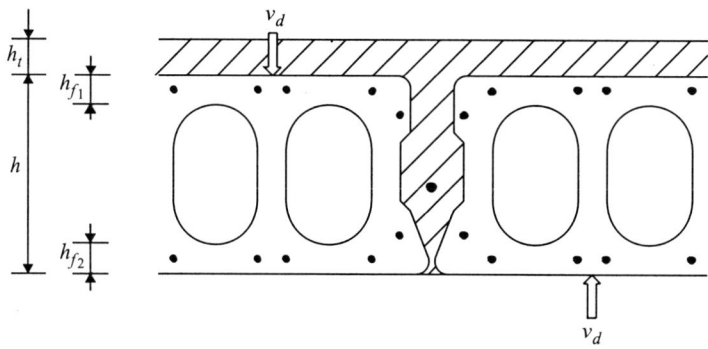

Figura 44.2.3.6. Esfuerzo cortante en las juntas de losas alveolares pretensadas

donde:

$f_{bt,d}$ = Resistencia de cálculo a tracción del hormigón de la losa prefabricada.

$f_{ct,d}$ = Resistencia de cálculo a tracción del hormigón vertido en obra.

Σh_f = Suma de los menores espesores del ala superior y del ala inferior de la losa prefabricada (Figura 44.2.3.6).

h = Altura neta de la junta.

h_t = Espesor del hormigón de la losa superior hormigonada en obra.

44.2.3.7. Punzonamiento en forjados unidireccionales

Si existen cargas concentradas importantes debe comprobarse la resistencia a punzonamiento del forjado.

Los forjados sometidos a cargas concentradas importantes, deberán disponer de losa superior hormigonada en obra y serán objeto de un estudio especial.

En las losas alveolares pretensadas sin losa superior hormigonada en obra, la carga puntual sobre la losa alveolar prefabricada no será mayor que:

$$V_d = b_w h (f_{ctd} + 0{,}3 \cdot \alpha \cdot \sigma_{cpm})$$

siendo:

b_w = Ancho efectivo, obtenido como suma de las almas afectadas de acuerdo con la Figura 44.2.3.7.

h = Altura total de la losa.

$f_{ct,d}$ = Resistencia de cálculo a tracción del hormigón de la losa prefabricada.

σ_{cpm} = Tensión media en el hormigón debida a la fuerza de pretensado.

α = Coeficiente igual a $[x/(1{,}2 \cdot I_{bpt})] \leqslant 1$.

donde:

x = Distancia desde la sección al extremo.

I_{bpt} = Longitud de transferencia de la armadura activa de pretensado (punto 70.2.3).

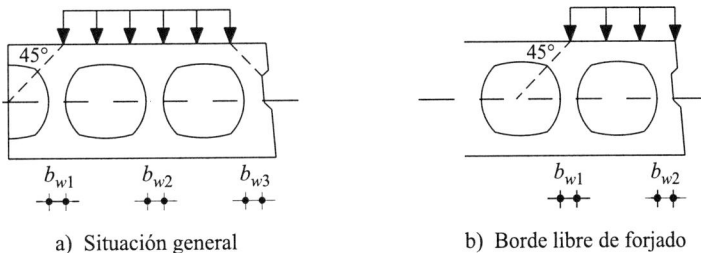

a) Situación general   b) Borde libre de forjado

Figura 44.2.3.7. Ancho efectivo en losas alveolares pretensadas

Para cargas concentradas de las cuales más del 50% esté actuando sobre un borde libre del forjado con un ancho de b_w (véase Figura 44.2.3.7.b), la resistencia resultante de la fórmula es aplicable sólo si se disponen, al menos, un alambre o cordón en el alma exterior y un refuerzo pasivo transversal. Si no se cumple alguna de estas dos condiciones, la resistencia debe dividirse por el factor 2.

Como refuerzo pasivo transversal deben disponerse chapas o barras en la parte superior del elemento con una longitud de al menos 1,20 m, perfectamente ancladas y calculadas para resistir una fuerza de tracción igual al total de la carga concentrada.

Si sobre algún alveolo existiese una carga de ancho menor que la mitad del ancho del alveolo, se calculará un segundo valor de resistencia con la fórmula anterior, pero sustituyendo h por el menor espesor del ala superior y b_w por el ancho de la zona cargada. Para la comprobación debe tomarse el menor de los valores de resistencia anteriormente calculados.

Artículo 45.° Estado Límite de Agotamiento por torsión en elementos lineales

45.1. Consideraciones generales

Las prescripciones incluidas en este artículo son de aplicación exclusivamente a elementos lineales sometidos a torsión pura o a esfuerzos combinados de torsión y flexión, cortante y axil.

A los efectos de este artículo se consideran elementos lineales aquellos cuya distancia entre puntos de momento nulo es igual o superior a dos veces y media su canto total y cuya anchura es igual o inferior a cuatro veces dicho canto, pudiendo ser su directriz recta o curva.

Los estados de flexión bidimensional (m_x, m_y y m_{xy}) en losas o placas se dimensionarán de acuerdo con el artículo 42°, teniendo en cuenta las direcciones principales de los esfuerzos y las direcciones en que se disponga la armadura.

Cuando el equilibrio estático de una estructura dependa de la resistencia a torsión de uno o varios de los elementos de la misma, éstos deberán ser dimensionados y comprobados de acuerdo con el presente artículo. Cuando el equilibrio estático de la estructura no depende de la resistencia a torsión de uno o varios de los elementos de la misma sólo será necesario comprobar este Estado Límite en aquellos elementos cuya rigidez a torsión haya sido considerada en el cálculo de esfuerzos.

45.2. Torsión pura

45.2.1. Definición de la sección de cálculo

La resistencia a torsión de las secciones se calcula utilizando una sección cerrada de pared delgada. Así, las secciones macizas se sustituyen por secciones equivalentes de pared delgada. Las secciones de forma compleja, como secciones en T, se dividen en varias subsecciones, cada una de las cuales se modeliza como una sección equivalente de pared delgada y la resistencia total a torsión se calcula como la suma de las capacidades de las diferentes piezas. La división de la sección debe ser tal que maximice la rigidez calculada. En zonas cercanas a los apoyos no podrán considerarse como colaborantes a la rigidez a torsión de la sección aquellos elementos de la misma cuya trasmisión de esfuerzos a los elementos de apoyo no pueda realizarse de forma directa.

El espesor eficaz h_e de la pared de la sección de cálculo (Figura 45.2.1) será:

$$h_e \leqslant \frac{A}{u} \begin{cases} \leqslant h_o \\ \geqslant 2c \end{cases}$$

donde:

A = Área de la sección transversal inscrita en el perímetro exterior incluyendo las áreas huecas interiores.

u = Perímetro exterior de la sección transversal.

h_o = Espesor real de la pared en caso de secciones huecas.

c = Recubrimiento de las armaduras longitudinales.

Puede utilizarse un valor de *he* inferior a *Alu*, siempre que cumpla con las condiciones mínimas expresadas y que permita satisfacer las exigencias de compresión del hormigón establecidas en 45.2.2.1.

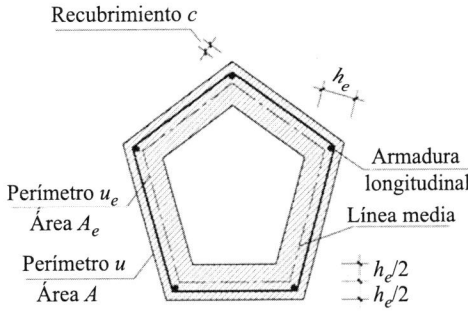

Figura 45.2.1

45.2.2. Comprobaciones que hay que realizar

El Estado Límite de Agotamiento por torsión puede alcanzarse, ya sea por agotarse la resistencia a compresión del hormigón o por agotarse la resistencia a tracción de las armaduras dispuestas. En consecuencia, es necesario comprobar que se cumple simultáneamente:

$$T_d \leqslant T_{u1}$$
$$T_d \leqslant T_{u2}$$
$$T_d \leqslant T_{u3}$$

donde:

T_d = Momento torsor de cálculo en la sección.

T_{u1} = Máximo momento torsor que pueden resistir las bielas comprimidas de hormigón.

T_{u2} = Máximo momento torsor que pueden resistir las armaduras transversales.

T_{u3} = Máximo momento torsor que pueden resistir las armaduras longitudinales.

Las armaduras de torsión se suponen constituidas por una armadura transversal formada por cercos cerrados situados en planos normales a la directriz de la pieza. La armadura longitudinal estará constituida por armadura pasiva o activa paralela a la directriz de la pieza, distribuida uniformemente con separaciones no superiores a 30 cm en el contorno exterior de la sección hueca eficaz o en una doble capa en el contorno exterior y en el interior de la sección hueca eficaz o real. Al menos se situará una barra longitudinal en cada esquina de la sección real para asegurar la transmisión a la armadura transversal de las fuerzas longitudinales ejercidas por las bielas de compresión.

45.2.2.1. Obtención de T_{u1}

El esfuerzo torsor de agotamiento que pueden resistir las bielas comprimidas se deduce de la siguiente expresión:

$$T_{u1} = 2K\alpha f_{1\,cd} A_e h_e \frac{\cotg \theta}{1 + \cotg^2 \theta}$$

donde:

$f_{1\,cd}$ = Resistencia a compresión del hormigón.

$$f_{1\,cd} = 0{,}60 f_{cd} \qquad\qquad \text{para} \quad f_{ck} \leqslant 60 \text{ N/mm}^2$$
$$f_{1\,cd} = (0{,}90 - f_{ck}/200) f_{cd} \geqslant 0{,}50 f_{cd} \quad \text{para} \quad f_{ck} > 60 \text{ N/mm}^2$$

K = Coeficiente que depende del esfuerzo axil definido en el punto 44.2.3.1.

α = 0,60   si hay estribos únicamente a lo largo del perímetro exterior de la pieza;

      0,75   si se colocan estribos cerrados en ambas caras de la pared de la sección hueca equivalente o de la sección hueca real.

θ = Ángulo entre las bielas de compresión de hormigón y el eje de la pieza. Para su obtención pueden utilizarse las expresiones del artículo 44°. En cualquier caso, se adoptará un valor coherente con el adoptado para la comprobación frente a ELU de agotamiento frente a cortante, que cumpla:

$$0{,}50 \leqslant \cotg \theta \leqslant 2{,}00$$

A_e = Área encerrada por la línea media de la sección hueca eficaz de cálculo (Figura 45.2.1).

45.2.2.2. Obtención de T_{u2}

El esfuerzo torsor que pueden resistir las armaduras transversales viene dado por:

$$T_{u2} = \frac{2A_e A_t}{s_t} f_{yt,d} \cotg \theta$$

donde:

A_t = Área de las armaduras utilizadas como cercos o armadura transversal.

s_t = Separación longitudinal entre cercos o barras de la armadura transversal.

$f_{yt,d}$ = Resistencia de cálculo del acero de la armadura At (apartado 40.2).

    — Para armaduras pasivas: $f_{yt,d} = \sigma_{sd}$

    — Para armaduras activas: $f_{yt,d} = \sigma_{pd}$

45.2.2.3. Obtención de T_{u3}

El esfuerzo torsor que pueden resistir las armaduras longitudinales se puede calcular mediante:

$$T_{u3} = \frac{2A_e}{u_e} A_l f_{yl,d} \tg \theta$$

donde:

A_l = Área de las armaduras longitudinales.

$f_{yl,d}$ = Resistencia de cálculo del acero de la armadura longitudinal A_l (apartado 40.2).

    — Para armaduras pasivas: $f_{yl,d} = \sigma_{sd}$

    — Para armaduras activas: $f_{yl,d} = \sigma_{pd}$

u_e = Perímetro de la línea media de la sección hueca eficaz de cálculo A_e (Figura 45.2.1).

45.2.2.4. Alabeo producido por la torsión

En general pueden ignorarse en el cálculo de las piezas lineales de hormigón las tensiones producidas por la coacción del alabeo torsional.

45.2.3. Disposiciones relativas a las armaduras

La separación longitudinal entre cercos de torsión s_t no excederá de

$$s_t \leqslant \frac{u_e}{8}$$

y deberá cumplir las condiciones siguientes para asegurar un adecuado confinamiento del hormigón sometido a compresión oblícua:

$$s_t \leqslant 0,75a(1 + \cotg \alpha) \leqslant a \ngtr 600 \text{ mm} \qquad \text{si} \quad T_d \leqslant \frac{1}{5} T_{u1}$$

$$s_t \leqslant 0,60a(1 + \cotg \alpha) \leqslant a \ngtr 450 \text{ mm} \qquad \text{si} \quad \frac{1}{5} T_{u1} < T_d \leqslant \frac{2}{3} T_{u1}$$

$$s_t \leqslant 0,30a(1 + \cotg \alpha) \leqslant a \ngtr 300 \text{ mm} \qquad \text{si} \quad T_d > \frac{2}{3} T_{u1}$$

siendo a la menor dimensión de los lados que conforman el perímetro u_e.

45.3. Interacción entre torsión y otros esfuerzos

45.3.1. Método general

Se utilizará el mismo procedimiento que en torsión pura (45.2.1) para definir una sección hueca eficaz de cálculo. Las tensiones normales y tangenciales producidas por los esfuerzos actuantes sobre esta sección se calculan a través de los métodos elásticos o plásticos convencionales.

Una vez halladas las tensiones, las armaduras necesarias en cualquier pared de la sección hueca eficaz de cálculo pueden determinarse mediante las fórmulas de distribución de tensión plana. También puede determinarse la tensión principal de compresión en el hormigón. Si las armaduras deducidas de este modo no fueran factibles o convenientes, pueden cambiarse en alguna zona las tensiones deducidas por un sistema de fuerzas estáticamente equivalentes y emplear éstas en el armado. Deberán, en este caso, comprobarse las consecuencias que dicho cambio provoca en las zonas singulares como huecos o extremos de las vigas.

Las tensiones principales de compresión σ_{cd} deducidas en el hormigón, en las distintas paredes de la sección hueca eficaz de cálculo, deben cumplir:

$$\sigma_{cd} \leqslant 2\alpha f_{1cd}$$

donde α y f_{1cd} son los definidos en 45.2.2.1 y 40.3, respectivamente.

45.3.2. Métodos simplificados

45.3.2.1. Torsión combinada con flexión y axil

Las armaduras longitudinales necesarias para torsión y flexocompresión o flexotracción se calcularán por separado suponiendo la actuación de ambos tipos de esfuerzo de forma independiente. Las armaduras así calculadas se combinarán de acuerdo con las siguientes reglas:

a) En la zona traccionada debida a la flexión compuesta, las armaduras longitudinales por torsión se sumarán a las necesarias por flexión y esfuerzo axil.

b) En la zona comprimida debido a la flexión compuesta, cuando la tracción generada exclusivamente por el esfuerzo torsor sea mayor que el esfuerzo de compresión que actúa en esta zona debido a la flexión compuesta, se dispondrá una armadura longitudinal capaz de resistir esta diferencia. En caso contrario, debe verificarse si es necesario disponer una armadura longitudinal comprimida cuya cuantía se puede determinar mediante la siguiente expresión

$$\rho_l \cdot f_{yd} = \sigma_{md} - \alpha \cdot f_{cd} \cdot \left[0,5 + \sqrt{0,25 - \left(\frac{\tau}{\alpha \cdot f_{cd}} \right)^2} \right] \geqslant 0$$

en la que:

ρ_l = Cuantía de armadura longitudinal por unidad de longitud a añadir en la zona de compresión de la sección hueca eficaz por efecto del momento torsor:

$$\rho_l = \frac{\Delta A_s'}{s\,h_e}$$

σ_{md} = Tensión de compresión media del hormigón que existe en la zona comprimida de la sección hueca eficaz debido a la actuación de los esfuerzos de flexión y axil de cálculo (M_d, N_d) concomitantes con el esfuerzo torsor de cálculo (T_d).

τ = Tensión tangencial debida al torsor:

$$\tau = \frac{T}{2 \cdot A_e \cdot h_e}$$

Se adoptará para la resistencia de cálculo del acero un valor no superior a 400 N/mm^2.

En cualquier caso, se verificará que $T_d \leqslant T_{u1}$ conforme al punto 45.2.2.1.

45.3.2.2. Torsión combinada con cortante

Los esfuerzos torsores y cortantes de cálculo concomitantes deberán satisfacer la siguiente condición para asegurar que no se producen compresiones excesivas en el hormigón:

$$\left(\frac{T_d}{T_{u1}}\right)^\beta + \left(\frac{V_{rd}}{V_{u1}}\right)^\beta \leqslant 1$$

donde:

$$\beta = 2\left(1 - \frac{h_e}{b}\right)$$

b = Anchura del elemento, igual a la anchura total para sección maciza y a la suma de las anchuras de las almas para sección cajón.

Los cálculos para el dimensionamiento de los estribos se realizarán de forma independiente, para la torsión de acuerdo con 45.2.2.2 y para el cortante con 44.2.3.2.2. En ambos cálculos se utilizará el mismo ángulo θ para las bielas de compresión. Las armaduras así calculadas se sumarán teniendo en cuenta que las de torsión deben disponerse en el perímetro exterior de la sección, lo cual no es preceptivo con las de cortante.

En el caso de un forjado unidireccional constituido por losas alveolares pretensadas, si la sección está sujeta a esfuerzos cortantes y torsores concomitantes, la capacidad a cortante V_{u2n} debe calcularse a partir de:

$$V_{u2n} = V_{u2} - V_{Td}$$

con

$$V_{Td} = \frac{T_d}{2b_w} \cdot \frac{\Sigma\, b_w}{b - b_w}$$

siendo:

V_{u2n} = Valor neto de la resistencia a cortante.

V_{u2} = Resistencia a cortante según el punto 44.2.3.2.

V_{Td} = Incremento de cortante producido por el momento torsor.

T_d = Momento torsor de cálculo en la sección analizada.

b_w = Ancho del alma exterior al nivel del centro de gravedad (véase Figura 45.3.2.2).

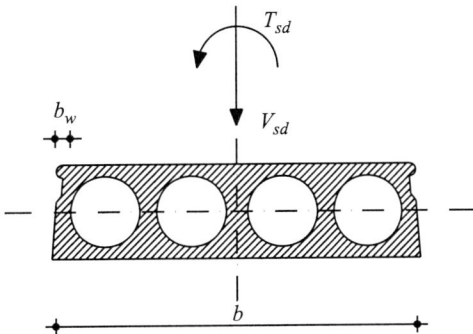

Figura 45.3.2.2. Esfuerzo cortante y torsor o cortante excénctrico

Artículo 46.° Estado Límite de Agotamiento frente a punzonamiento

46.1. Consideraciones generales

La resistencia frente a los efectos transversales producidos por cargas o reacciones concentradas actuando en losas sin armadura transversal se comprueba utilizando una tensión tangencial nominal en una superficie crítica concéntrica a la zona cargada.

46.2. Superficie crítica de punzonamiento

La superficie o área crítica se define a una distancia igual a $2d$ desde el perímetro del área cargada o del soporte, siendo d el canto útil de la losa, calculado como la semisuma de los cantos útiles correspondientes a las armaduras en dos direcciones ortogonales

El área crítica se calcula como producto del perímetro crítico u_1 por el canto útil d. La determinación del perímetro crítico u_1 se realiza según las Figuras 46.2.a, 46.2.b y 46.2.c para soportes interiores, de borde o de esquina respectivamente.

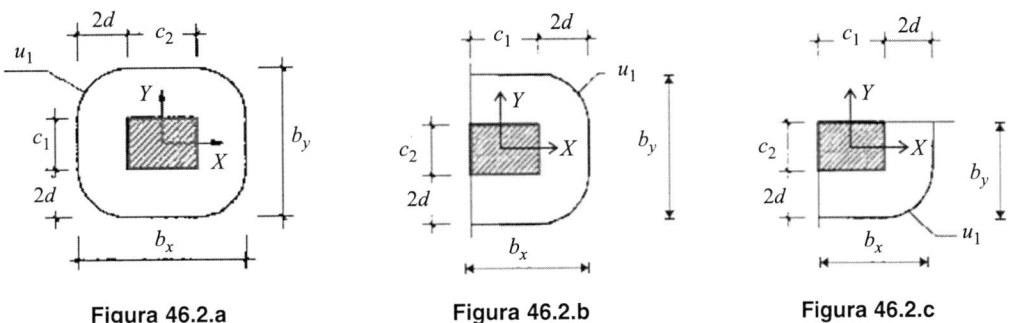

Figura 46.2.a   **Figura 46.2.b**   **Figura 46.2.c**

En otros soportes o áreas cargadas el perímetro crítico se determina a partir de su línea envolvente, según la Figura 46.2.d. En el caso de que existan en la placa aberturas, huecos o aligeramientos (tales como bovedillas o casetones) situados a una distancia menor que $6d$, se eliminará de u_1 la zona comprendida entre las tangentes al hueco trazadas desde el centro de gravedad del pilar o área cargada, según la Figura 46.2.e.

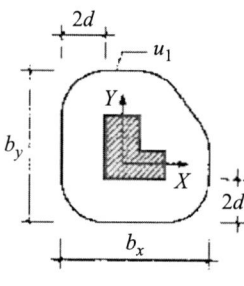

Figura 46.2.d   **Figura 46.2.e**

46.3. Losas sin armadura de punzonamiento

No será necesaria armadura de punzonamiento si se verifica la siguiente condición:

$$\tau_{sd} \leqslant \tau_{rd}$$

donde:

τ_{sd} = Tensión tangencial nominal de cálculo en el perímetro crítico.

$$\tau_{sd} = \frac{F_{sd, ef}}{u_1 d}$$

$F_{sd, ef}$ = Esfuerzo efectivo de punzonamiento de cálculo, teniendo en cuenta el efecto del momento transferido entre losa y soporte.

$$F_{sd, ef} = \beta F_{sd}$$

β = Coeficiente que tiene en cuenta los efectos de excentricidad de la carga. Cuando no existen momentos transferidos entre losa y soporte toma el valor 1,00. Simplificadamente, cuando existen momentos transferidos entre losa y soporte, β puede tomarse igual a 1,15 en soportes interiores, 1,40 en soportes de borde y 1,50 en soportes de esquina.

F_{sd} = Esfuerzo de punzonamiento de cálculo. Se obtendrá como la reacción del soporte, pudiendo descontarse las cargas exteriores y las fuerzas equivalentes de pretensado de sentido opuesto a dicha reacción, que actúan dentro del perímetro situado a una distancia $h/2$ de la sección del soporte o área cargada.

u_1 = Perímetro crítico definido en las Figuras 46.2.a, 46.2.b, 46.2.c, 46.2.d, 46.2.e.

d = Canto útil de la losa.

τ_{rd} = Tensión máxima resistente en el perímetro crítico:

$$\tau_{rd} = \frac{0{,}18}{\gamma_c} \, \xi (100 \rho_\ell f_{cv})^{1/3} + 0{,}1 \cdot \sigma'_{cd}$$

con un valor mínimo de

$$\tau_{rd} = \frac{0{,}075}{\gamma_c} \, \xi^{3/2} f_{cv}^{3/2} + 0{,}1 \cdot \sigma'_{cd}$$

f_{cv} = Resistencia efectiva del hormigón a cortante en N/mm^2 de valor $f_{cv} = f_{ck}$ con f_{cv} no mayor que 15 N/mm^2 en el caso de control indirecto del hormigón, siendo f_{ck} la resistencia a compresión del hormigón, que a efecto de este apartado no se considerará superior a 60 N/mm^2.

ρ_ℓ = Cuantía geométrica de armadura longitudinal principal de tracción de la losa, incluida la armadura activa si es adherente, calculada mediante:

$$\rho_\ell = \sqrt{\rho_x \rho_y} \leqslant 0{,}02$$

siendo ρ_x y ρ_y las cuantías en dos direcciones perpendiculares. En cada dirección la cuantía a considerar es la existente en un ancho igual a la dimensión del soporte más $3d$ a cada lado del soporte o hasta el borde de la losa, si se trata de un soporte de borde o esquina.

$$\xi = 1 + \sqrt{\frac{200}{d}} \leqslant 2{,}0 \qquad \text{con} \quad d \text{ en mm}$$

σ'_{cd} = Tensión axial media en la superficie crítica de comprobación (compresión positiva). Se calculará como media de las tensiones en las dos direcciones σ'_{cdx} y σ'_{cdy}.

$$\sigma'_{cd} = \frac{(\sigma'_{cdx} + \sigma'_{cdy})}{2} < 0{,}30 \cdot f_{cd} \not> 12 \text{ N/mm}^2$$

$$\sigma'_{cdx} = \frac{N_{d,x}}{A_x} \quad ; \quad \sigma'_{cdy} = \frac{N_{d,y}}{A_y}$$

Cuando σ'_{cd} procede del pretensado, ésta deberá evaluarse teniendo en cuenta la fuerza de pretensado que realmente llega al perímetro crítico, considerando las coacciones introducidas a la deformación de la losa por los elementos verticales.

$N_{d,x}$, N_{dy} = Fuerzas longitudinales en la superficie crítica, procedentes de una carga o del pretensado.

A_x, A_y = Superficies definidas por los lados b_x y b_y de acuerdo al apartado 46.2.

$$A_x = b_x \cdot h \qquad \text{y} \qquad A_y = b_y \cdot h$$

46.4. Losas con armadura de punzonamiento

Cuando resulta necesaria armadura de punzonamiento deben realizarse tres comprobaciones: en la zona con armadura transversal, según 46.4.1, en la zona exterior a la armadura de punzonamiento, según 46.4.2, y en la zona adyacente al soporte o carga, según 46.4.3.

46.4.1. Zona con armadura transversal de punzonamiento

En la zona con armadura de punzonamiento se dispondrán estribos verticales o barras levantadas un ángulo α, que se calcularán de forma que se satisfaga la ecuación siguiente:

$$\tau_{sd} \leqslant 0{,}75\tau_{rd} + 1{,}5 \cdot \frac{A_{sw} f_{y\alpha,d} \operatorname{sen} \alpha}{s \cdot u_1}$$

donde:

τ_{sd} = Tensión tangencial nominal de cálculo según 46.3.

τ_{rd} = Tensión máxima resistente en el perímetro crítico obtenida con la expresión de 46.3, pero considerando el valor real de f_{ck}.

A_{sw} = Área total de armadura de punzonamiento en un perímetro concéntrico al soporte o área cargada, en mm^2.

s = Distancia en dirección radial entre dos perímetros concéntricos de armadura. (Figura 46.5.a), en mm o entre el perímetro y la cara del soporte, si sólo hay uno.

$f_{y\alpha,d}$ = Resistencia de cálculo de la armadura A_α en N/mm^2, no mayor que $400 \ N/mm^2$.

46.4.2. Zona exterior a la armadura de punzonamiento

En la zona exterior a la armadura de punzonamiento es necesario comprobar que no se requiere dicha armadura.

$$F_{sd,ef} \leqslant \left(\frac{0,18}{\gamma_c} \xi (100 \rho_\ell f_{cv})^{1/3} + 0,1\sigma'_{cd} \right) u_{n,ef} \cdot d$$

donde:

$u_{n,ef}$ = Perímetro definido en la Figura 46.5.1.

ρ_ℓ = Cuantía geométrica de armadura longitudinal que atraviesa el perímetro $u_{n,ef}$ calculada como se indica en 46.3.

f_{cv} = Resistencia efectiva del hormigón a cortante, según 46.3.

σ'_{cd} = Tensión axial media en el perímetro $u_{n,ef}$, calculada de la misma forma que en 46.3, adoptando para $N_{d,x}$, $N_{d,y}$ el valor de las fuerzas longitudinales en dicho perímetro procedentes de una carga o del pretensado.

A_x, A_y = Superficies definidas por los lados b_x y b_y de acuerdo a la Figura 46.5.a:

$$A_x = b_x \cdot h \qquad \text{y} \qquad A_y = b_y \cdot h$$

A la distancia en la que se comprueba esta condición se supone que el efecto del momento transferido entre soporte y losa por tensiones tangenciales ha desaparecido, por lo que $F_{sd,ef}$ se computará con $\beta = 1$ según el apartado 46.3.

46.4.3. Zona adyacente al soporte o carga

Debe comprobarse que el esfuerzo máximo de punzonamiento cumple la limitación:

$$\frac{F_{sd,ef}}{u_0 d} \leqslant 0,5 f_{1cd}$$

donde:

f_{1cd} = Resistencia a compresión del hormigón

$$f_{1cd} = 0,60 f_{cd} \qquad\qquad\qquad \text{para} \quad f_{ck} \leqslant 60 \ N/mm^2$$
$$f_{1cd} = (0,90 - f_{ck}/200) f_{cd} \geqslant 0,50 f_{cd} \qquad \text{para} \quad f_{ck} > 60 \ N/mm^2$$

u_0 = Perímetro de comprobación que, para soportes rectangulares, se tomará como:

a) En soportes interiores, u_0 es el perímetro de la sección transversal del soporte.

b) En soportes de borde:

$$u_0 \leqslant c_1 + 2c_2$$

donde c_1 y c_2 son las dimensiones del soporte en la dirección del borde y en perpendicular a las mismas, respectivamente.

c) Para soportes de esquina:

$$u_0 \leqslant c_1 + c_2$$

donde c_1 y c_2 son las dimensiones del soporte en la dirección del borde y en perpendicular a las mismas, respectivamente.

Para el cálculo de $F_{sd,ef}$ a partir de F_{sd}, se adoptarán los valores de β establecidos en 46.3.

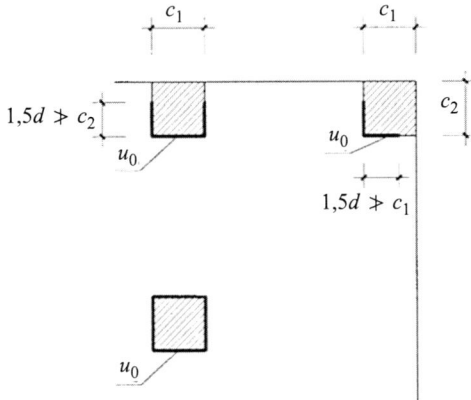

Figura 46.4.3. Perímetro crítico u_0

46.5. Disposiciones relativas a las armaduras

La armadura de punzonamiento debe definirse de acuerdo con los siguientes criterios:

— La armadura de punzonamiento estará constituida por cercos, horquillas verticales o barras dobladas.
— Las disposiciones constructivas en planta deberán cumplir las especificaciones de la Figura 46.5.a.

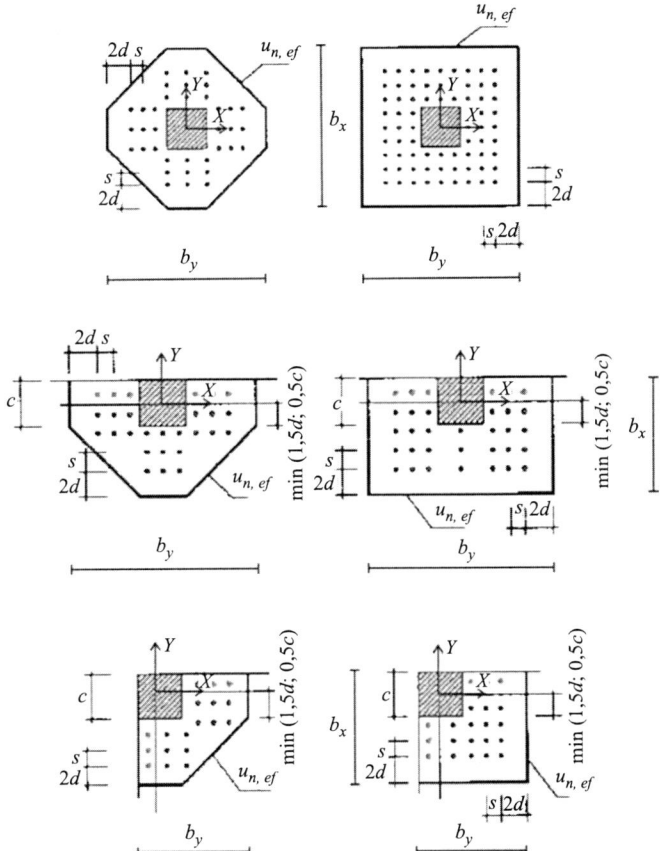

Figura 46.5 a. Planta de tipos de armado de punzonamiento. Armadura necesaria y armadura adicional

— Las disposiciones constructivas en alzado deberán cumplir las especificaciones de la Figura 46.5.b.

— La armadura de punzonamiento debe anclarse a partir del centro de gravedad del bloque comprimido y por debajo de la armadura longitudinal de tracción. El anclaje de la armadura de punzonamiento debe estudiarse cuidadosamente, sobre todo en losas de poco espesor.

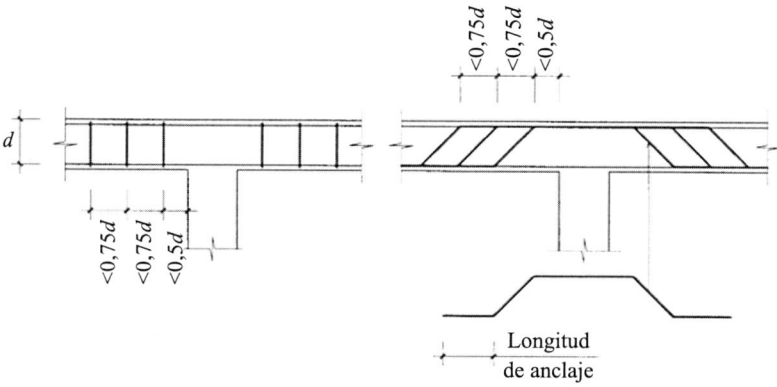

Figura 46.5.b. Alzado de tipos de armado de punzonamiento

Artículo 47.º Estado Límite de Agotamiento por esfuerzo rasante en juntas entre hormigones

47.1. Generalidades

El Estado Límite que se trata en este artículo es el debido al esfuerzo rasante producido por la solicitación tangencial a la que se ve sometida una junta entre hormigones.

La tensión rasante de cálculo $\tau_{r,d}$ será evaluada en base a la variación de la resultante de los bloques de tensiones normales a lo largo de la pieza, en tracción ΔT o en compresión ΔC. Se calculará esta variación a lo largo de la pieza en tramos de longitud correspondientes a un canto útil, a la altura de la superficie de contacto. Para obtener la tensión rasante de cálculo la variación de la resultante de los bloques (ΔC o ΔT) se distribuirá uniformemente en la superficie de contacto correspondiente al perímetro p y a una longitud igual al canto útil de la pieza d:

$$\tau_{r,d} = \frac{\Delta C \text{ o } \Delta T}{p\,d}$$

donde:

p = Superficie de contacto por unidad de longitud.

En piezas pretensadas se tomará como longitud de cálculo el mayor valor entre d y $0{,}8 \cdot h$.

47.2. Resistencia a esfuerzo rasante en juntas entre hormigones

La comprobación del estado límite último a esfuerzo rasante se realizará comprobando que:

$$\tau_{r,d} \leqslant \tau_{r,u}$$

siendo:

$\tau_{r,u}$ = Tensión rasante de agotamiento correspondiente al estado límite último de resistencia a esfuerzo rasante según se indica a continuación, supuesto que el espesor medio mínimo del hormigón a cada lado de la junta de 50 mm, medido normalmente al plano de la junta, pudiéndose llegar localmente a un espesor mínimo de 30 mm.

47.2.1. Secciones sin armadura transversal

La tensión rasante de agotamiento $\tau_{r,u}$ tiene como valor

$$\tau_{r,u} = \beta\left(1,30 - 0,30\,\frac{f_{ck}}{25}\right)f_{ctd} \not< 0,70\,\beta f_{ctd}$$

donde:

β = Factor que adopta los siguientes valores:

0,80   en superficies de contacto rugosas de secciones compuestas en las que existe una imbricación tal que se impide el cabalgamiento de una de las partes de la sección compuesta sobre la otra, tales como las configuraciones en cola de milano, y siempre que la superficie quede abierta y rugosa tal y como se obtiene en la fabricación de viguetas con máquina ponedora.

0,40   en superficies intencionadamente rugosas, con rugosidad alta.

0,20   en superficies no intencionadamente rugosas, con rugosidad baja.

f_{ck} = Resistencia característica a compresión del hormigón más débil de la junta.

$f_{ct,d}$ = Resistencia de cálculo a tracción del hormigón más débil de la junta.

Bajo solicitaciones de fatiga o de tipo dinámico los valores correspondientes a la contribución por cohesión entre hormigones $\beta(1,30 - 0,30\,f_{ck}/25)f_{ct,d}$ se reducirán en un 50%.

Cuando existan tracciones normales a la superficie de contacto (por ejemplo, cargas colgadas en la cara inferior de una viga compuesta) la contribución por cohesión entre hormigones se considerará nula ($\beta f_{ct,d} = 0$).

47.2.2. Secciones con armadura transversal

47.2.2.1. Secciones con $\tau_{r,d} \leqslant 2{,}5\,\beta\left(1{,}30 - 0{,}30\,\dfrac{f_{ck}}{25}\right)f_{ctd}$

La tensión rasante de agotamiento $\tau_{r,u}$ tiene como valor

$$\tau_{r,u} = \beta\left(1,30 - 0,30\,\frac{f_{ck}}{25}\right)f_{ct,d} + \left(\frac{A_{st}}{sp}\,f_{y\alpha,d}(\mu\,\mathrm{sen}\,\alpha + \cos\alpha) + \mu\sigma_{cd}\right) \leqslant 0,25\,f_{cd}$$

donde:

f_{ck} = Resistencia característica a compresión del hormigón más débil de la junta.

$f_{ct,d}$ = Resistencia de cálculo a tracción del hormigón más débil de la junta.

A_{st} = Sección de las barras de acero, eficazmente ancladas, que cosen la junta.

s = Separación de las barras de cosido según el plano de la junta.

p = Superficie de contacto por unidad de longitud. No se extenderá a zonas donde el ancho de paso sea inferior a 20 mm o al diámetro máximo del árido, o con un recubrimiento inferior a 30 mm.

$f_{y\alpha,d}$ = Resistencia de cálculo de las armaduras transversales en N/mm^2 ($\not> 400$ N/mm^2).

α = Ángulo formado por las barras de cosido con el plano de la junta. No se dispondrán armaduras con $\alpha > 135°$ o $\alpha < 45°$.

σ_{cd} = Tensión externa de cálculo normal al plano de la junta.

$\sigma_{cd} > 0$ para tensiones de compresión. (Si $\sigma_{cd} < 0$, $\beta f_{ctd} = 0$).

Los valores de β y μ se definen en la Tabla 47.2.2.2.

Bajo solicitaciones de fatiga o de tipo dinámico los valores correspondientes a la contribución por cohesión entre hormigones $\beta(1{,}30 - 0{,}30 f_{ck}/25) f_{ct,d}$ se reducirán en un 50%.

Cuando existan tracciones normales a la superficie de contacto (por ejemplo, cargas colgadas en la cara inferior de una viga compuesta) la contribución por cohesión entre hormigones se considerará nula ($\beta f_{ct,d} = 0$).

47.2.2.2. Secciones con $\tau_{r,d} > 2{,}5\,\beta\left(1{,}30 - 0{,}30\,\dfrac{f_{ck}}{25}\right)f_{ctd}$

La tensión rasante de agotamiento $\tau_{r,u}$ tiene como valor

$$\tau_{r,u} = \left(\frac{A_{st}}{sp}\,f_{y\alpha,d}(\mu\,\text{sen }\alpha + \cos\alpha) + \mu\sigma_{cd}\right) \leqslant 0{,}25 f_{cd}$$

Tabla 47.2.2.2. Valores de los coeficientes β y μ en función del tipo de superficie

		Tipo de superficie	
		Rugosidad baja	Rugosidad alta
β		0,2	0,8
μ	$\tau_{r,d} \leqslant 2{,}5\beta\left(1{,}30 - 0{,}30\dfrac{f_{ck}}{25}\right)f_{ctd}$	0,3	0,6
	$\tau_{r,d} > 2{,}5\beta\left(1{,}30 - 0{,}30\dfrac{f_{ck}}{25}\right)f_{ctd}$	0,6	0,9

La contribución de la armadura de cosido a la resistencia a rasante de la junta, en la sección de estudio, sólo será contabilizada si la cuantía geométrica de armadura transversal cumple:

$$\frac{A_{st}}{sp} \geqslant 0{,}001$$

47.3. Disposiciones relativas a las armaduras

Se define junta frágil como aquella cuya cuantía geométrica de armadura de cosido es inferior al valor dado en apartado 47.2 para poder contabilizar la contribución de la armadura de cosido, y junta dúctil como aquella en la que la cuantía de armadura de cosido es superior a este valor.

En las juntas frágiles la distribución de la armadura de cosido debe hacerse proporcional a la ley de esfuerzos cortantes. En las juntas dúctiles se puede asumir la hipótesis de redistribución de tensiones a lo largo de la junta, aunque se aconseja también distribuir la armadura de cosido proporcionalmente a la ley de esfuerzos cortantes.

En el caso de piezas solicitadas a cargas dinámicas significativas, se dispondrá siempre armadura transversal de cosido en los voladizos y en los cuartos extremos de la luz.

La separación entre armaduras transversales que cosen la superficie de contacto no será superior al menor de los valores siguientes:

— Canto de la sección compuesta.
— Cuatro veces la menor dimensión de las piezas que une la junta.
— 60 cm.

Las armaduras de cosido de la superficie de contacto deben quedar adecuadamente ancladas por ambos lados a partir de la junta.

Artículo 48.º Estado Límite de Fatiga

48.1. Principios

En los elementos estructurales sometidos a acciones variables repetidas significativas puede ser necesario comprobar que el efecto de dichas acciones no compromete su seguridad durante el período de servicio previsto.

La seguridad de un elemento o detalle estructural frente a la fatiga queda asegurada si se cumple la condición general establecida en 8.1.2. La comprobación debe ser efectuada por separado para el hormigón y el acero.

En estructuras normales generalmente no suele ser necesaria la comprobación de este Estado Límite.

48.2. Comprobaciones a realizar

48.2.1. Hormigón

A los efectos de fatiga se limitarán los valores máximos de tensión de compresión, producidos, tanto por tensiones normales como por tensiones tangenciales (bielas comprimidas), debidas a las cargas permanentes y sobrecargas que producen fatiga.

Para elementos sometidos a cortante sin armadura transversal, se limitará asimismo la capacidad resistente debida al efecto de la fatiga.

Los valores máximos de tensiones de compresión y de capacidad resistente a cortante se definirán de acuerdo con la experimentación existente o, en su caso, con los criterios contrastados planteados en la bibliografía técnica.

48.2.2. Armaduras activas y pasivas

En ausencia de criterios más rigurosos, basados, por ejemplo, en la teoría de mecánica de fractura, la máxima variación de tensión, $\Delta\sigma_{sf}$, debida a las sobrecargas que producen fatiga (13.2), deberá ser inferior que el límite de fatiga, $\Delta\sigma_d$, definido en 38.10.

$$\Delta\sigma_{sf} \leqslant \Delta\sigma_d$$

capítulo XI
Cálculos relativos a los Estados Límite de Servicio

Artículo 49.º Estado Límite de Fisuración

49.1. Consideraciones generales

Para las comprobaciones relativas al Estado Límite de Fisuración, los efectos de las acciones están constituidos por tensiones en las secciones (σ) o las aberturas de fisura (w) que aquéllas ocasionan, en su caso.

En general, tanto σ como w se deducen a partir de las acciones de cálculo y las combinaciones indicadas en el Capítulo III para los Estados Límite de Servicio.

Las solicitaciones se obtendrán a partir de las acciones, según lo expuesto en el Capítulo V. Las tensiones, aberturas de fisuras u otros criterios de comprobación se evaluarán según las prescripciones que se indican en los apartados siguientes.

49.2. Fisuración por solicitaciones normales

49.2.1. Aparición de fisuras por compresión

En todas las situaciones persistentes y en las situaciones transitorias bajo la combinación más desfavorable de acciones correspondiente a la fase en estudio, las tensiones de compresión en el hormigón deben cumplir:

$$\sigma_c \leqslant 0{,}60 f_{ck,j}$$

donde:

σ_c = Tensión de compresión del hormigón en la situación de comprobación.

$f_{ck,j}$ = Valor supuesto en el proyecto para la resistencia característica a j días (edad del hormigón en la fase considerada).

49.2.2. Estado Límite de Descompresión

Los cálculos relativos al Estado Límite de Descompresión consisten en la comprobación de que, bajo la combinación de acciones correspondiente a la fase en estudio, no se alcanza la descompresión del hormigón en ninguna fibra de la sección.

49.2.3. Fisuración por tracción. Criterios de comprobación

La comprobación general del Estado Límite de Fisuración por tracción consiste en satisfacer la siguiente inecuación:

$$w_k \leqslant w_{\max}$$

donde:

w_k = Abertura característica de fisura.

$w_{\max}$ = Abertura máxima de fisura definida en la Tabla 5.1.1.2.

Esta comprobación sólo debe realizarse cuando la tensión en la fibra más traccionada supere la resistencia media a flexotracción $f_{ctm,fl}$ de acuerdo con 39.1.

49.2.4. Método general de cálculo de la abertura de fisura

La abertura característica de fisura se calculará mediante la siguiente expresión:

$$w_k = \beta s_m \varepsilon_{sm}$$

donde:

β = Coeficiente que relaciona la abertura media de fisura con el valor característico y vale 1,3 para fisuración producida por acciones indirectas solamente y 1,7 para el resto de los casos.

S_m = Separación media de fisuras, expresada en mm.

$$s_m = 2c + 0{,}2s + 0{,}4k_1 \frac{\phi A_{c,\,\text{eficaz}}}{A_s}$$

ε_{sm} = Alargamiento medio de las armaduras, teniendo en cuenta la colaboración del hormigón entre fisuras.

$$\varepsilon_{sm} = \frac{\sigma_s}{E_s}\left[1 - k_2\left(\frac{\sigma_{sr}}{\sigma_s}\right)^2\right] \geqslant 0{,}4\frac{\sigma_s}{E_s}$$

c = Recubrimiento de las armaduras traccionadas.

s = Distancia entre barras longitudinales. Si $s > 15\varnothing$ se tomará $s = 15\varnothing$.
En el caso de vigas armadas con n barras, se tomará $s = b/n$ siendo b el ancho de la viga.

k_1 = Coeficiente que representa la influencia del diagrama de tracciones en la sección, de valor

$$k_1 = \frac{\varepsilon_1 + \varepsilon_2}{8\varepsilon_1}$$

donde ε_1 y ε_2 son las deformaciones máxima y mínima calculadas en sección fisurada, en los límites de la zona traccionada (Figura 49.2.4.a).

$\varnothing$ = Diámetro de la barra traccionada más gruesa o diámetro equivalente en el caso de grupo de barras.

$A_{c,\,\text{eficaz}}$ = Área de hormigón de la zona de recubrimiento, definida en la Figura 49.2.4.b, en donde las barras a tracción influyen de forma efectiva en la abertura de las fisuras.

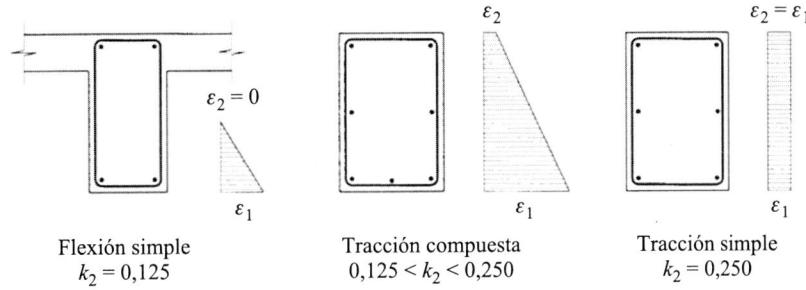

| Flexión simple $k_2 = 0,125$ | Tracción compuesta $0,125 < k_2 < 0,250$ | Tracción simple $k_2 = 0,250$ |

Figura 49.2.4.a

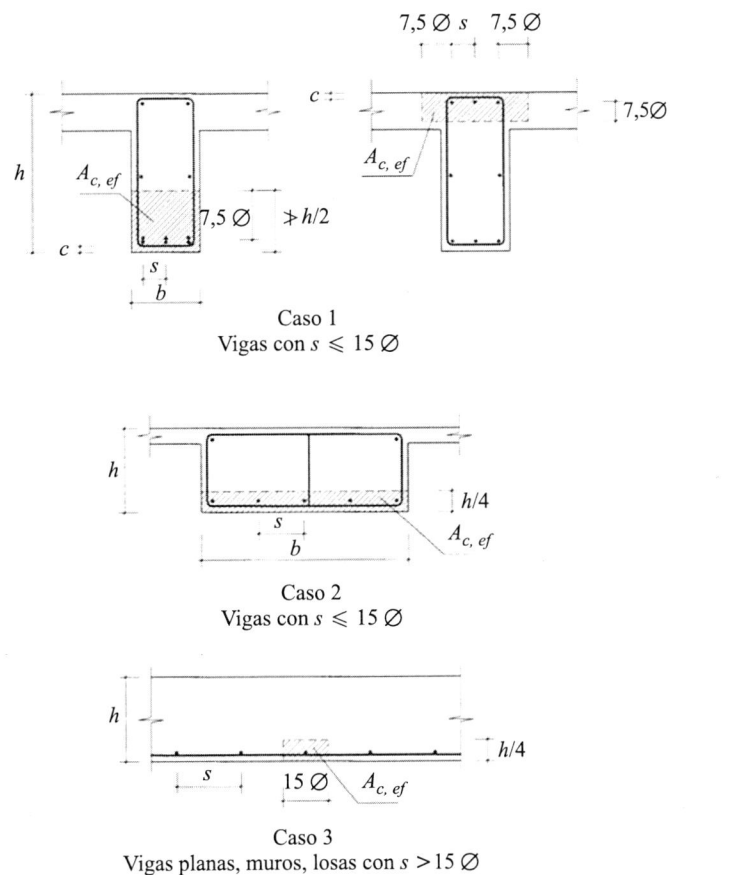

Caso 1
Vigas con $s \leqslant 15\,\varnothing$

Caso 2
Vigas con $s \leqslant 15\,\varnothing$

Caso 3
Vigas planas, muros, losas con $s > 15\,\varnothing$

Figura 49.2.4.b

A_s = Sección total de las armaduras situadas en el área $A_{c,\,eficaz}$.

σ_s = Tensión de servicio de la armadura pasiva en la hipótesis de sección fisurada.

E_s = Módulo de deformación longitudinal del acero.

k_2 = Coeficiente de valor 1,0 para los casos de carga instantánea no repetida y 0,5 para los restantes.

σ_{sr} = Tensión de la armadura en la sección fisurada en el instante en que se fisura el hormigón, lo cual se supone que ocurre cuando la tensión de tracción en la fibra más traccionada de hormigón alcanza el valor $f_{ctm,\,fl}$ (apartado 39.1).

Para el caso de piezas hormigonadas contra el terreno, podrá adoptarse para el cálculo del ancho de fisura, el recubrimiento nominal correspondiente a la clase de exposición, de acuerdo con la Tabla 37.2.4.1.a, b y c.

49.3. Limitación de la fisuración por esfuerzo cortante

En general, si se cumplen las indicaciones del artículo 44° Estado Límite Último frente a Cortante, el control de la fisuración en servicio está asegurado sin comprobaciones adicionales.

49.4. Limitación de la fisuración por torsión

En general, si se cumplen las indicaciones del artículo 45°. Estado Límite de Agotamiento por torsión en elementos lineales, el control de la fisuración en servicio está asegurado sin comprobaciones adicionales.

Artículo 50.° Estado Límite de Deformación

50.1. Consideraciones generales

El Estado Límite de Deformación se satisface si los movimientos (flechas o giros) en la estructura o elemento estructural son menores que unos valores límites máximos.

La comprobación del Estado Límite de Deformación tendrá que realizarse en los casos en que las deformaciones puedan ocasionar la puesta fuera de servicio de la estructura o elemento estructural por razones funcionales, estéticas u otras.

El estudio de las deformaciones debe realizarse para las condiciones de servicio que correspondan, en función del problema a tratar, de acuerdo con los criterios de combinaciones expuestos en 13.3.

La deformación total producida en un elemento de hormigón es suma de diferentes deformaciones parciales que se producen a lo largo del tiempo por efecto de las cargas que se introducen, de la fluencia y retracción del hormigón y de la relajación de las armaduras activas.

Las flechas deberán mantenerse dentro de los límites establecidos por la reglamentación específica vigente o, en su defecto, los valores acordados por la Propiedad y el Autor del proyecto. A tal fin, el proyectista deberá dimensionar la estructura con la rigidez suficiente y, en casos extremos, exigir que se lleve a cabo un proceso constructivo que minimice la parte de la flecha total que puede dañar a los elementos no estructurales.

50.2. Elementos solicitados a flexión simple o compuesta

50.2.1. Método general

El procedimiento más general de cálculo de flechas consiste en un análisis estructural paso a paso en el tiempo, de acuerdo con los criterios del artículo 25°, en el que, para cada instante, las deformaciones se obtienen mediante doble integración de las curvaturas a lo largo de la pieza.

50.2.2. Método simplificado

Este método es aplicable a vigas, losas de hormigón armado y forjados unidireccionales. La flecha se considera compuesta por la suma de una flecha instantánea y una flecha diferida, debida a las cargas permanentes.

50.2.2.1. Cantos mínimos

En vigas y losas de edificación, no será necesaria la comprobación de flechas cuando la relación luz/canto útil del elemento estudiado sea igual o inferior al valor indicado en la Tabla 50.2.2.1.a. Para vigas o losas aligeradas con sección en T, en que la relación entre la anchura del ala y del alma sea superior a 3, las esbelteces L/d deben multiplicarse por 0,8.

Tabla 50.2.2.1.a. Relaciones L/d en vigas y losas de hormigón armado sometidos a flexión simple.

SISTEMA ESTRUCTURAL L/d	K	Elementos fuertemente armados: $\rho = 1,5\%$	Elementos débilmente armados: $\rho = 0,5\%$
Viga simplemente apoyada. Losa uni o bidireccional simplemente apoyada.	1,00	14	20
Viga continua[1] en un extremo. Losa unidireccional continua[1], [2] en un solo lado.	1,30	18	26
Viga continua[1] en ambos extremos. Losa unidireccional o bidireccional continua[1], [2].	1,50	20	30
Recuadros exteriores y de esquina en losas sin vigas sobre apoyos aislados[3].	1,15	16	23
Recuadros interiores en losas sin vigas sobre apoyos aislados[3].	1,20	17	24
Voladizo.	0,40	6	8

[1] Un extremo se considera continuo si el momento correspondiente es igual o superior al 85% del momento de empotramiento perfecto.
[2] En losas unidireccionales, las esbelteces dadas se refieren a la luz menor.
[3] En losas sobre apoyos aislados (pilares), las esbelteces dadas se refieren a la luz mayor.

En el caso particular de forjados de viguetas con luces menores que 7 m y de forjados de losas alveolares pretensadas con luces menores que 12 m, y sobrecargas no mayores que 4 kN/m², no es preciso comprobar si la flecha cumple con las limitaciones de 50.1, si el canto total h es mayor que el mínimo h_{min} dado por:

$$h_{min} = \delta_1 \delta_2 L/C$$

siendo:

δ_1 = Factor que depende de la carga total y que tiene el valor de $\sqrt{q/7}$, siendo q la carga total, en kN/m².

δ_2 = Factor que tiene el valor de $(L/6)^{1/4}$.

L = La luz de cálculo del forjado, en m.

C = Coeficiente cuyo valor se toma de la Tabla 50.2.2.1.b:

Tabla 50.2.2.1.b.

Coeficientes *C*				
Tipo de forjado	Tipo de carga	Tipo de tramo		
		Aislado	Extremo	Interior
Viguetas armadas	Con tabiques o muros Cubiertas	17 20	21 24	24 27
Viguetas pretensadas	Con tabiques o muros Cubiertas	19 22	23 26	26 29
Losas alveolares pretensadas(*)	Con tabiques o muros Cubiertas	36 45	— 	—

(*) Piezas pretensadas proyectadas de forma que, para la combinación poco frecuente no llegue a superarse el momento de fisuración.

50.2.2.2. Cálculo de la flecha instantánea

Para el cálculo de flechas instantáneas en elementos fisurados de sección constante, y a falta de métodos más rigurosos, se podrá usar, en cada etapa de la construcción, el siguiente método simplificado:

1. Se define como momento de inercia equivalente de una sección el valor I_e dado por:

$$I_e = \left(\frac{M_f}{M_a}\right)^3 I_b + \left[1 - \left(\frac{M_f}{M_a}\right)^3\right]I_f \leqslant I_b$$

donde:

M_a = Momento flector máximo aplicado, para la combinación característica, a la sección hasta el instante en que se evalúa la flecha.

M_f = Momento nominal de fisuración de la sección, que se calcula mediante la expresión:

$$M_f = f_{ctm,fl} W_b$$

$f_{ctm,fl}$ = Resistencia media a flexotracción del hormigón, según 39.1

W_b = Módulo resistente de la sección bruta respecto a la fibra extrema en tracción.

I_b = Momento de inercia de la sección bruta.

I_f = Momento de inercia de la sección fisurada en flexión simple, que se obtiene despreciando la zona de hormigón en tracción y homogeneizando las áreas de las armaduras activas y pasivas multiplicándolas por el coeficiente de equivalencia.

2. La flecha máxima de un elemento puede obtenerse mediante las fórmulas de Resistencia de Materiales, adoptando como módulo de deformación longitudinal del hormigón el definido en 39.6 y como momento de inercia constante para toda la pieza el que corresponde a la sección de referencia que se define a continuación:

a) En elementos simplemente apoyados la sección central.

b) En elementos en voladizo, la sección de arranque.

c) En vanos internos de elementos continuos

$$I_e = 0{,}50\,I_{ec} + 0{,}25 I_{ee1} + 0{,}25 I_{ee2}$$

donde:

I_{ec} = Inercia equivalente *de* la sección de centro de vano.

I_{ee} = Inercia equivalente de la sección de apoyos.

d) En vanos extremos, con continuidad solo en uno de los apoyos,

$$I_e = 0{,}75 I_{ec} + 0{,}25 I_{ee}$$

Para el cálculo de flechas instantáneas en elementos no fisurados de sección constante se utilizará la inercia bruta de la sección.

50.2.2.3. Cálculo de la flecha diferida

Las flechas adicionales diferidas, producidas por cargas de larga duración, resultantes de las deformaciones por fluencia y retracción, se pueden estimar, salvo justificación más precisa, multiplicando la flecha instantánea correspondiente por el factor λ.

$$\lambda = \frac{\xi}{1 + 50 \rho'}$$

donde:

ρ' = Cuantía geométrica de la armadura de compresión $A_{s'}$ referida al área de la sección útil, $b_0 d$, en la sección de referencia.

$$\rho' = \frac{A_s'}{b_0 d}$$

ξ = Coeficiente función de la duración de la carga que se toma de los valores indicados seguidamente:

5 o más años	2,0
1 año	1,4
6 meses	1,2
3 meses	1,0
1 mes	0,7
2 semanas	0,5

Para edad j de carga y t de cálculo de la flecha, el valor de ξ a tomar en cuenta para el cálculo de λ es $\xi_{(t)} - \xi_{(j)}$.

En el caso de que la carga se aplique por fracciones P_1, P_2, ..., P_n, se puede adoptar como valor de ξ el dado por:

$$\xi = (\xi_1 P_1 + \xi_2 P_2 + \cdots + \xi_n P_n)/(P_1 + P_2 + \cdots + P_n)$$

50.3. Elementos solicitados a torsión

El giro de las piezas o elementos lineales sometidos a torsión podrá deducirse por integración simple de los giros por unidad de longitud deducidos de la expresión:

$$\theta = \frac{T}{0{,}3 E_c I_j} \qquad \text{para secciones no fisuradas}$$

$$\theta = \frac{T}{0{,}1 E_c I_j} \qquad \text{para secciones fisuradas}$$

donde:

T = Torsor de servicio.

E_c = Módulo de deformación longitudinal secante definido en 39.6.

I_j = Momento de inercia a torsión de la sección bruta de hormigón.

50.4. Elementos solicitados a tracción pura

Las deformaciones en elementos sometidos a tracción pura pueden calcularse multiplicando el alargamiento medio unitario de las armaduras ε_{sm}, obtenido de acuerdo con 49.2.4, por la longitud del elemento.

Artículo 51.º Estado Límite de Vibraciones

51.1. Consideraciones generales

Las vibraciones pueden afectar al comportamiento en servicio de las estructuras por razones funcionales. Las vibraciones pueden causar incomodidad en sus ocupantes o usuarios, pueden afectar al funcionamiento de equipos sensibles a este tipo de fenómenos, entre otros efectos.

51.2. Comportamiento dinámico

En general, para cumplir el Estado Límite de Vibraciones debe proyectarse la estructura para que las frecuencias naturales de vibración se aparten suficientemente de ciertos valores críticos.

capítulo XII

Elementos estructurales

Artículo 52.º **Elementos estructurales de hormigón en masa**

52.1. Ámbito de aplicación

Se considerarán elementos estructurales de hormigón en masa los construidos con hormigón sin armaduras y los que tienen armaduras sólo para reducir los efectos de la fisuración, generalmente en forma de mallas junto a los paramentos.

No es aplicable este capítulo, salvo con carácter subsidiario, a aquellos elementos estructurales de hormigón en masa que tengan su normativa específica.

52.2. Hormigones utilizables

Para elementos de hormigón en masa se podrán utilizar los hormigones definidos en 39.2.

52.3. Acciones de cálculo

Las acciones de cálculo combinadas aplicables en los Estados Límite Últimos son las indicadas en el artículo 13º.

52.4. Cálculo de secciones a compresión

En una sección de un elemento de hormigón en masa en la que actúa solamente un esfuerzo normal de compresión, con valor de cálculo N_d (positivo), aplicado en un punto G, con excentricidad de componentes (e_x, e_y), respecto a un sistema de ejes cobaricéntricos (caso a; Figura 52.4.a), se considerará N_d aplicado en el punto virtual $G_1(e_{1x}, e_{1y})$, que será el que resulte más desfavorable de los dos siguientes:

$$G_{1x}(e_x + e_{xa}, e_y) \quad o \quad G_{1y}(e_x, e_y + e_{ya})$$

donde:

h_x y h_y = Dimensiones máximas en dichas direcciones.

$e_{xa} = 0{,}05 h_x \geqslant 2$ cm.

$e_{ya} = 0{,}05 h_y \geqslant 2$ cm.

La tensión resultante σ_d se calcula admitiendo una distribución uniforme de tensiones en una parte de la sección, denominada sección eficaz, de área A_e (caso b; Figura 52.4.a), delimitada por una recta secante y cuyo baricentro coincide con el punto de aplicación virtual G_1 del esfuerzo normal y considerando inactiva el resto de la sección.

La condición de seguridad es:

$$\frac{N_d}{A_e} \leqslant 0{,}85 f_{cd}$$

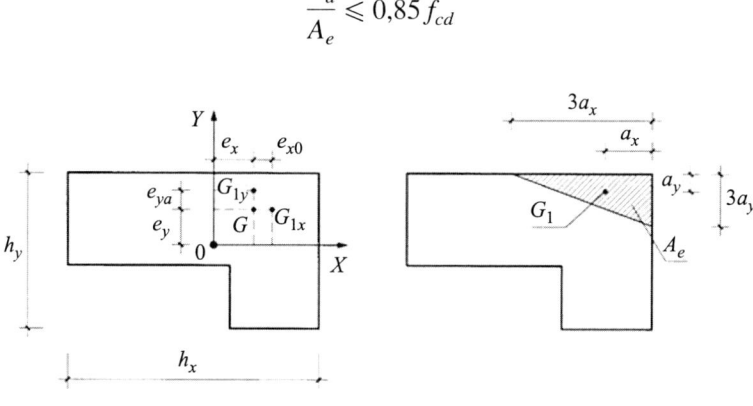

a) Puntos de aplicación virtuales   b) Sección eficaz

Figura 52.4.a

52.5. Cálculo de secciones a compresión y esfuerzo cortante

En una sección de un elemento de hormigón en masa en la que actúa un esfuerzo oblicuo de compresión, con componentes en valor de cálculo N_d y Vd (positivas) aplicado en el punto G, se determina el punto de aplicación virtual G_1, y el área eficaz A_e, como en 52.4. Las condiciones de seguridad son:

$$\frac{N_d}{A_e} \leqslant 0{,}85 f_{cd} \qquad \frac{V_d}{A_e} \leqslant f_{ct,d}$$

52.6. Consideración de la esbeltez

En un elemento de hormigón en masa sometido a compresión, con o sin esfuerzo cortante, los efectos de primer orden que produce N_d se incrementan con efectos de segundo orden a causa de su esbeltez (52.6.3). Para tenerlos en cuenta se considerará N_d actuando en un punto G_2 que resulta de desplazar G_1 (52.4) una excentricidad ficticia definida en 52.6.4.

52.6.1. Anchura virtual

Como anchura virtual b_v, de la sección de un elemento se tomará: $b_v = 2c$, siendo c la mínima distancia del baricentro de la sección (Figura 52.6.1) a una recta rasante a su perímetro.

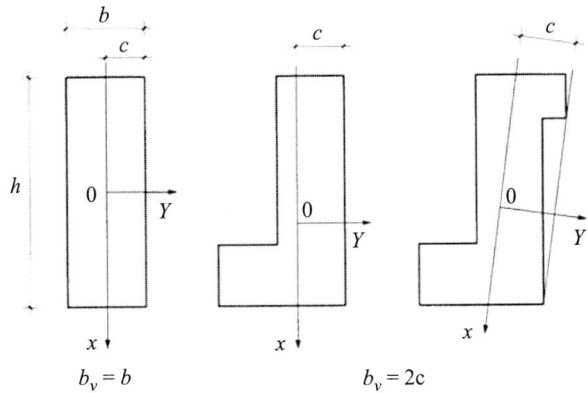

Figura 52.6.1

52.6.2. Longitud de pandeo

Como longitud de pandeo I_o de un elemento se toma: $I_o = \beta I$, siendo I la altura del elemento entre base y coronación, y $\beta = \beta_o \zeta$ el factor de esbeltez, con $\beta_o = 1$ en elementos con coronación arriostrada horizontalmente y $\beta_o = 2$ en elementos con coronación sin arriostrar. El factor̃ tiene en cuenta el efecto del arriostramiento por muros transversales, siendo:

$$\zeta = \sqrt{\frac{s}{4l}} \leqslant 1$$

donde:

s = Separación entre muros de arriostramiento.

En pilares u otros elementos exentos se toma $\zeta = 1$.

52.6.3. Esbeltez

La esbeltez λ de un elemento de hormigón en masa se determina por la expresión:

$$\lambda = \frac{l_o}{b_v}$$

52.6.4. Excentricidad ficticia

El efecto de pandeo de un elemento con esbeltez λ se considera equivalente al que se produce por la adición de una excentricidad ficticia e_a en dirección del eje y paralelo a la anchura virtual b_v de la sección de valor:

$$e_a = \frac{15}{E_c}(b_v + e_1)\lambda^2$$

donde:

E_c = Módulo instantáneo de deformación secante del hormigón en N/mm^2 a la edad de 28 días (39.6).

e_1 = Excentricidad determinante (Figura 52.6.4), que vale:

— Elementos con coronación arriostrada horizontalmente: el máximo valor de e_{1y} en la abscisa z_0.

$$\frac{l}{3} \leqslant z_o \leqslant \frac{2l}{3}$$

— Elementos con coronación no arriostrada: el valor de e_{1y} en la base.

El elemento se calcula en la abscisa z_o con excentricidad de componentes $(e_{1x}, e_1 + e_a)$ y en cada extremo con su correspondiente excentricidad (e_{1x}, e_{1y}).

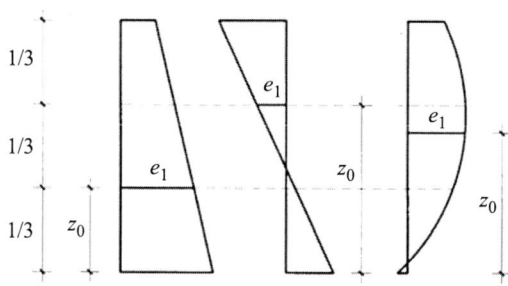

Figura 52.6.4

Artículo 53.° Vigas

Las vigas sometidas a flexión se calcularán de acuerdo con el artículo 42° o las fórmulas simplificadas del Anejo 7, a partir de los valores de cálculo de las resistencias de los materiales (artículo 15°) y de los valores mayorados de las acciones combinadas (artículo 13°). Si la flexión está combinada con esfuerzo cortante, se calculará la pieza frente a este último esfuerzo con arreglo al artículo 44° y con arreglo al artículo 45° si existe, además, torsión. Para piezas compuestas se comprobará el Estado Límite de Rasante (artículo 47°).

Asimismo se comprobarán los Estados Límite de Fisuración, Deformación y Vibraciones, cuando sea necesario, según los artículos 49°, 50° y 51°, respectivamente.

Cuando se trate de vigas en T o de formas especiales, se tendrá presente el punto 18.2.1.

La disposición de armaduras se ajustará a lo prescrito en los artículos 69°, para las armaduras pasivas, y 70°, para las armaduras activas.

Artículo 54.° Soportes

Los soportes se calcularán, frente a solicitaciones normales, de acuerdo con el artículo 42° o las fórmulas simplificadas del Anejo 7, a partir de los valores de cálculo de las resistencias de los materiales (artículo 15°) y de los valores mayorados de las acciones combinadas (artículo 13°). Cuando la esbeltez del soporte sea apreciable, se comprobará el Estado Límite de Inestabilidad (artículo 43°). Si existe esfuerzo cortante, se calculará la pieza frente a dicho esfuerzo con arreglo al artículo 44° y con arreglo al artículo 45° si existe, además, torsión.

Cuando sea necesario se comprobará el Estado Límite de Fisuración de acuerdo con el artículo 49°.

Los soportes ejecutados en obra deberán tener su dimensión mínima mayor o igual a 25 cm.

La disposición de armaduras se ajustará a lo prescrito en los artículos 69°, para las armaduras pasivas, y 70°, para las armaduras activas.

La armadura principal estará formada, al menos, por cuatro barras, en el caso de secciones rectangulares y por seis barras en el caso de secciones circulares siendo la separación entre dos consecutivas de 35 cm como máximo. El diámetro de la barra comprimida más delgada no será inferior a 12 mm. Además, tales barras irán sujetas por cercos o estribos con las separaciones máximas y diámetros mínimos de la armadura transversal que se indican en 42.3.1.

En soportes circulares los estribos podrán ser circulares o adoptar una distribución helicoidal.

Artículo 55.º Placas, losas y forjados bidireccionales

55.1. Placas, losas y forjados bidireccionales sobre apoyos continuos

Este artículo se refiere a placas, losas planas y forjados bidireccionales de hormigón armado y pretensado sustentados sobre apoyos continuos.

Salvo justificación en contrario, el canto total de la placa, losa o forjado no será inferior a $l/40$ u 8 cm, siendo l la luz correspondiente al vano más pequeño.

Para el análisis estructural deben seguirse las indicaciones del artículo 22º.

Para la comprobación de los distintos Estados Límite se estudiarán las diferentes combinaciones de acciones de cálculo, de acuerdo con los criterios expuestos en el artículo 13º.

Se comprobará el Estado Límite Último de Agotamiento por tensiones normales de acuerdo con el artículo 42º, considerando un esfuerzo de flexión equivalente que tenga en cuenta el efecto producido por los momentos flectores y torsores existentes en cada punto de la losa.

Se comprobará el Estado Límite de Cortante de acuerdo con las indicaciones del artículo 44º.

Asimismo, siempre que sea necesario, se comprobarán los Estados Límite de Fisuración, Deformación y Vibraciones, de acuerdo con los artículos 49º, 50º y 51º, respectivamente.

La disposición de armaduras se ajustará a lo prescrito en los artículos 69º, para las armaduras pasivas, y 70º, para las armaduras activas.

Para losas rectangulares apoyadas en dos bordes se dispondrá, en cualquier caso, una armadura transversal paralela a la dirección de los apoyos calculada para resistir un momento igual al 25% del momento principal.

55.2. Placas, losas y forjados bidireccionales sobre apoyos aislados

Este artículo se refiere a las estructuras constituidas por placas macizas o aligeradas con nervios en dos direcciones perpendiculares, de hormigón armado, que no poseen, en general, vigas para transmitir las cargas a los apoyos y descansan directamente sobre soportes con o sin capitel.

Salvo justificación especial, en el caso de placas de hormigón armado, el canto total de la placa no será inferior a los valores siguientes:

— Placas macizas de espesor constante, $L/32$.
— Placas aligeradas de espesor constante, $L/28$.

siendo L la mayor dimensión del recuadro.

La separación entre ejes de nervios no superará los 100 cm y el espesor de la capa superior no será inferior a 5 cm y deberá disponerse en la misma una armadura de reparto en malla.

Para el análisis estructural deben seguirse las indicaciones del artículo 22º.

Para la comprobación de los distintos Estados Límite se estudiarán las diferentes combinaciones de acciones ponderadas, de acuerdo con los criterios expuestos en el artículo 13º.

Se comprobará el Estado Límite Último de Agotamiento frente a tensiones normales de acuerdo con el artículo 42º, considerando un esfuerzo de flexión equivalente que tenga en cuenta el efecto producido por los momentos flectores y torsores existentes en cada punto de la losa.

Se comprobará el Estado Límite de Agotamiento frente a cortante de acuerdo con las indicaciones del artículo 44º. En particular, deberán ser comprobados los nervios en su entrega al ábaco y los elementos de borde, vigas o zunchos.

Se comprobará el Estado Límite de Agotamiento por torsión en vigas y zunchos de borde de acuerdo con las indicaciones del artículo 45º.

Se comprobará el Estado Límite de Punzonamiento de acuerdo con las indicaciones del artículo 46º.

Asimismo, siempre que sea necesario, se comprobarán los Estados Límite de Fisuración, Deformación y Vibraciones, de acuerdo con los artículos 49º, 50º y 51º, respectivamente.

La disposición de armaduras se ajustará a lo prescrito en el artículo 69º, para armaduras pasivas.

Artículo 56.º Láminas

Salvo justificación en contrario, no se construirán láminas con espesores de hormigón menores que los siguientes:

— Láminas plegadas: 9 cm.
— Láminas de simple curvatura: 7 cm.
— Láminas de doble curvatura: 5 cm.

Salvo justificación especial, se cumplirán las siguientes disposiciones:

a) Las armaduras de la lámina se colocarán en posición rigurosamente simétrica, respecto a la superficie media de la misma.

b) La cuantía mecánica en cualquier sección de la lámina cumplirá la limitación:

$$\omega \leqslant 0{,}30 + \frac{5}{f_{cd}}$$

en la que f_{cd} es la resistencia de cálculo del hormigón a compresión, expresada en N/mm^2.

c) La distancia entre armaduras principales no será superior a:

— Tres veces el espesor de la lámina, si se dispone una malla en la superficie media.
— Cinco veces el espesor de la lámina, si se disponen mallas junto a los dos paramentos.

d) Los recubrimientos de las armaduras cumplirán las condiciones generales exigidas en 37.2.4.

Para el análisis estructural de láminas deben seguirse las indicaciones del artículo 23º. Para la comprobación de los distintos Estados Límite se estudiarán las diferentes
combinaciones de acciones ponderadas de acuerdo con los criterios expuestos en el artículo 13º.

Se comprobará el Estado Límite Último de tensiones normales de acuerdo con el artículo 42º, teniendo en cuenta los esfuerzos axiles y un esfuerzo de flexión biaxial, en cada punto de la lámina.

Se comprobará el Estado Límite de Cortante de acuerdo con las indicaciones del artículo 44º.

Se comprobará el Estado Límite de Punzonamiento de acuerdo con las indicaciones del artículo 46º.

Asimismo, siempre que sea necesario, se comprobará el Estado Límite de Fisuración de acuerdo con el artículo 49º.

La disposición de armaduras se ajustará a lo prescrito en los artículos 69º, para las armaduras pasivas, y 70º, para las armaduras activas.

Artículo 57.º Muros

Los muros sometidos a flexión se calcularán de acuerdo con el artículo 42º o las fórmulas simplificadas del Anejo 7, a partir de los valores de cálculo de la resistencia de los materiales y los valores de cálculo de las acciones combinadas (artículo 13º). Si la flexión está combinada con esfuerzo cortante, se calculará la pieza frente a este esfuerzo con arreglo al artículo 44º.

Asimismo se comprobará el Estado Límite de Fisuración de acuerdo con el artículo 49º. La disposición de armaduras se ajustará a lo prescrito en los artículos 69º, para las armaduras pasivas, y 70º, para las armaduras activas.

Artículo 58.º Elementos de cimentación

58.1. Generalidades

Las disposiciones del presente artículo son de aplicación directa en el caso de zapatas y encepados que cimentan soportes aislados o lineales, aunque su filosofía general puede ser aplicada a elementos combinados de cimentación.

El presente artículo recoge también el caso de elementos de cimentación continuos para varios soportes (losas de cimentación).

Por último se incluyen también las vigas de atado, pilotes y zapatas de hormigón en masa.

58.2. Clasificación de las cimentaciones de hormigón estructural

Los encepados y zapatas de cimentación pueden clasificarse en rígidos y flexibles.

58.2.1. Cimentaciones rígidas

Dentro del grupo de cimentaciones rígidas se encuentran:

— Los encepados cuyo vuelo v en la dirección principal de mayor vuelo es menor que $2h$ (Figura 58.2.1.a).
— Las zapatas cuyo vuelo v en la dirección principal de mayor vuelo es menor que $2h$ (Figura 58.2.1.b).
— Los pozos de cimentación.
— Los elementos masivos de cimentación: contrapesos, muros masivos de gravedad, etc.

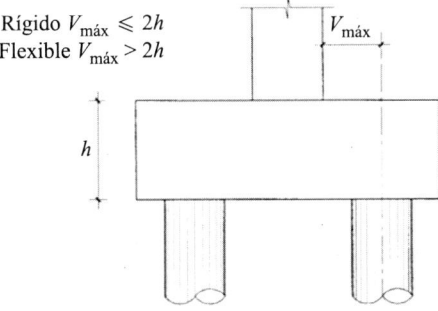

Rígido $V_{máx} \leqslant 2h$
Flexible $V_{máx} > 2h$

Figura 58.2.1.a

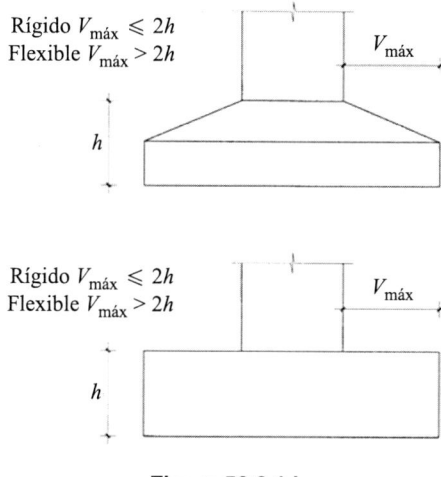

Figura 58.2.1.b

En las cimentaciones de tipo rígido, la distribución de deformaciones es no lineal a nivel de sección, y, por tanto, el método general de análisis más adecuado es el de bielas y tirantes, indicado en los artículos 24º y 40º.

58.2.2. Cimentaciones flexibles

Dentro del grupo de cimentaciones flexibles se encuentran:

— Los encepados cuyo vuelo v en la dirección principal de mayor vuelo es mayor que $2h$ (Figura 58.2.1.a).
— Las zapatas cuyo vuelo v en la dirección principal de mayor vuelo es mayor que $2h$ (Figura 58.2.1.b).
— Las losas de cimentación.

En las cimentaciones de tipo flexible la distribución de deformaciones a nivel de sección puede considerarse lineal, y es de aplicación la teoría general de flexión.

58.3. Criterios generales de proyecto

Los elementos de cimentación se dimensionarán para resistir las cargas actuantes y las reacciones inducidas. Para ello será preciso que las solicitaciones actuantes sobre el elemento de cimentación se transmitan íntegramente al terreno o a los pilotes en que se apoya.

Para la definición de las dimensiones de la cimentación y la comprobación de las tensiones del terreno o las reacciones de los pilotes, se considerarán las combinaciones pésimas transmitidas por la estructura, teniendo en cuenta los efectos de segundo orden en el caso de soportes esbeltos, el peso propio del elemento de cimentación y el del terreno que gravita sobre él, todos ellos con sus valores característicos.

Para la comprobación de los distintos Estados Límite Últimos del elemento de cimentación, se considerarán los efectos de las tensiones del terreno o reacciones de los pilotes, obtenidos para los esfuerzos transmitidos por la estructura para las combinaciones pésimas de cálculo, teniendo en cuenta los efectos de segundo orden en el caso de soportes esbeltos, y la acción de cálculo del peso propio de la cimentación, cuando sea necesario, y el del terreno que gravita sobre ésta.

58.4. Comprobación de elementos y dimensionamiento de la armadura

58.4.1. Cimentaciones rígidas

En este tipo de elementos no es aplicable la teoría general de flexión y es necesario definir un modelo de bielas y tirantes, de acuerdo con los criterios indicados en el artículo 24°, y dimensionar la armadura y comprobar las condiciones en el hormigón, de acuerdo con los requisitos establecidos en el artículo 40°.

Para cada caso debe plantearse un modelo que permita establecer el equilibrio entre las acciones exteriores que transmite la estructura, las debidas al peso de tierra existente sobre las zapatas, encepados, etc; y las tensiones del terreno o reacciones de los pilotes.

58.4.1.1. Zapatas rígidas

Para zapatas rectangulares sometidas a flexocompresión recta, siempre que se pueda despreciar el efecto del peso de la zapata y de las tierras situadas sobre ésta, el modelo a utilizar es el representado en la Figura 58.4.1.1.a.

La armadura principal se obtendrá para resistir la tracción Td indicada en el modelo, que resulta:

$$T_d = \frac{R_{1d}x_1}{0{,}85d} = A_s f_{yd}$$

con $f_{yd} \leqslant 400$ N/mm^2 (40.2), donde R_{1d} es la resultante de las tensiones del trapecio sombreado en el ancho de la zapata, y x_1, la distancia del centro de gravedad del trapecio a la línea de carga de N_{1d} y siendo el significado del resto de las variables el representado en la Figura 58.4.1.1.a y las tensiones σ_{1d} y σ_{2d} las obtenidas teniendo en cuenta sólo las cargas transmitidas por la estructura. Esta armadura se dispondrá, sin reducción de sección, en toda la longitud de la zapata y se anclará según los criterios establecidos en el artículo 69°. El anclaje mediante barras transversales soldadas es especialmente recomendable en este caso.

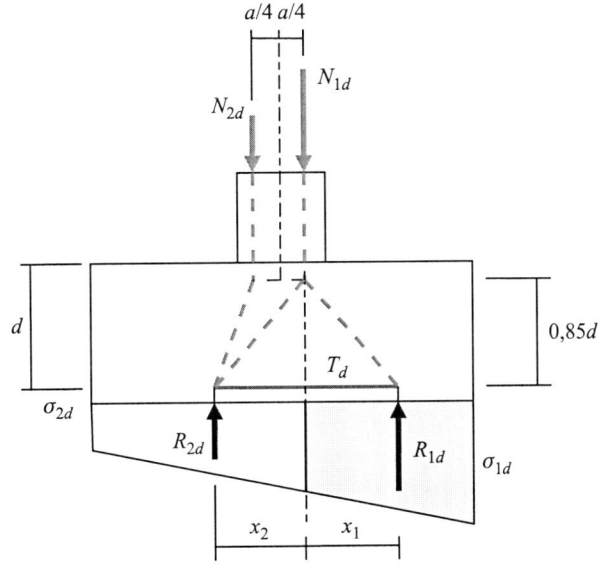

Figura 58.4.1.1.a

La comprobación de la resistencia de los nudos del modelo debe realizarse según lo indicado en el apartado 40.4.

Por otra parte, la comprobación de los nudos supone implícitamente la comprobación de las bielas.

58.4.1.2. Encepados rígidos

La armadura necesaria se determinará a partir de las tracciones de los tirantes del modelo adoptado para cada encepado. Para los casos más frecuentes, en los apartados siguientes, se indican distintos modelos y las expresiones que permiten determinar las armaduras.

La comprobación de la resistencia del hormigón en nudos debe realizarse según lo indicado en el apartado 40.4.

Por otra parte, la comprobación de los nudos supone implícitamente la comprobación de las bielas.

58.4.1.2.1. Encepados sobre dos pilotes

58.4.1.2.1.1. Armadura principal

La armadura se proyectará para resistir la tracción de cálculo T_d de la Figura 58.4.1.2.1.1.a, que puede tomarse como:

$$T_d = \frac{N_d(v + 0{,}25a)}{0{,}85d} = A_s f_{yd}$$

con $f_{yd} \leqslant 400$ N/mm² (40.2) y donde N_d corresponde al axil de cálculo del pilote más cargado.

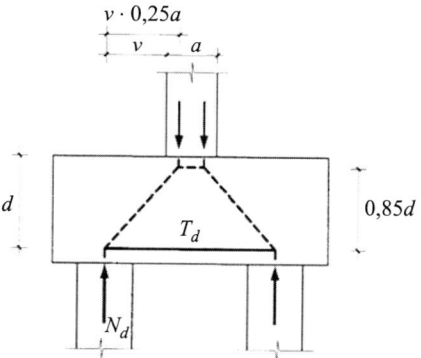

Figura 58.4.1.2.1.1.a

La armadura inferior se colocará, sin reducir su sección, en toda la longitud del encepado. Esta armadura se anclará, por prolongación recta o en ángulo recto, o mediante barras transversales soldadas, a partir de planos verticales que pasen por el eje de cada pilote (Figura 58.4.1.2.1.1.b).

58.4.1.2.1.2. Armadura secundaria

En los encepados sobre dos pilotes la armadura secundaria consistirá en:

— Una armadura longitudinal dispuesta en la cara superior del encepado y extendida, sin escalonar, en toda la longitud del mismo. Su capacidad mecánica no será inferior a 1/10 de la capacidad mecánica de la armadura inferior.

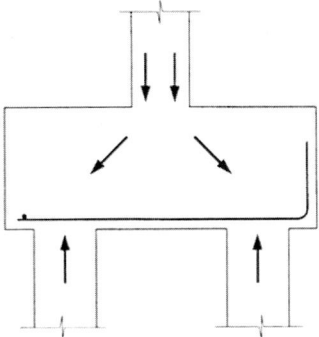

Figura 58.4.1.2.1.1.b

— Una armadura horizontal y vertical dispuesta en retícula en las caras laterales. La armadura vertical consistirá en cercos cerrados que aten a la armadura longitudinal superior e inferior. La armadura horizontal consistirá en cercos cerrados que aten a la armadura vertical antes descrita (Figura 58.4.1.2.1.2.a). La cuantía de estas armaduras, referida al área de la sección de hormigón perpendicular a su dirección, será, como mínimo, del 4‰. Si el ancho supera a la mitad del canto, la sección de referencia se toma con un ancho igual a la mitad del canto.

Con una concentración elevada de armadura es conveniente aproximar más, en la zona de anclaje de la armadura principal, los cercos verticales que se describen en este apartado, a fin de garantizar el zunchado de la armadura principal en la zona de anclaje (Figura 58.4.1.2.1.2.b).

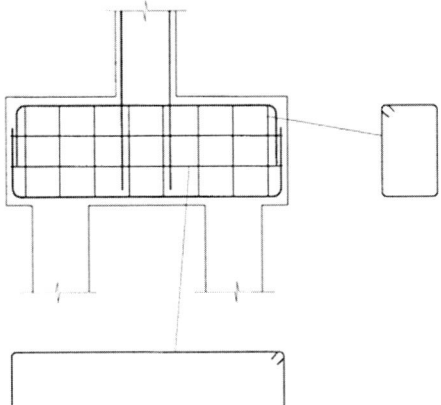

Figura 58.4.1.2.1.2.a

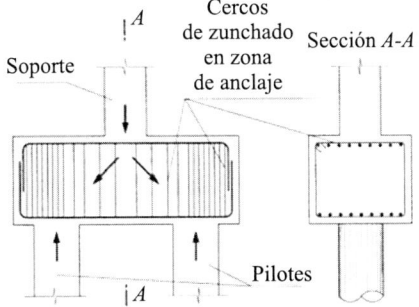

Figura 58.4.1.2.1.2.b

58.4.1.2.2. *Encepados sobre varios pilotes*

La armadura correspondiente a encepados sobre varios pilotes puede clasificarse en:

— Armadura principal

Se sitúa en bandas sobre los pilotes (Figura 58.4.1.2.2.a). Se define como banda o faja una zona cuyo eje es la línea que une los centros de los pilotes, y cuyo ancho es igual al diámetro del pilote más dos veces la distancia entre la cara superior del pilote y el centro de gravedad de la armadura del tirante (Figura 58.4.1.2.2.b).

— Armadura secundaria:

Se sitúa entre las bandas (Figura 58.4.1.2.2.1.a).

— Armadura secundaria vertical:

Se sitúa a modo de cercos, atando la armadura principal de bandas (Figura 58.4.1.2.2.b).

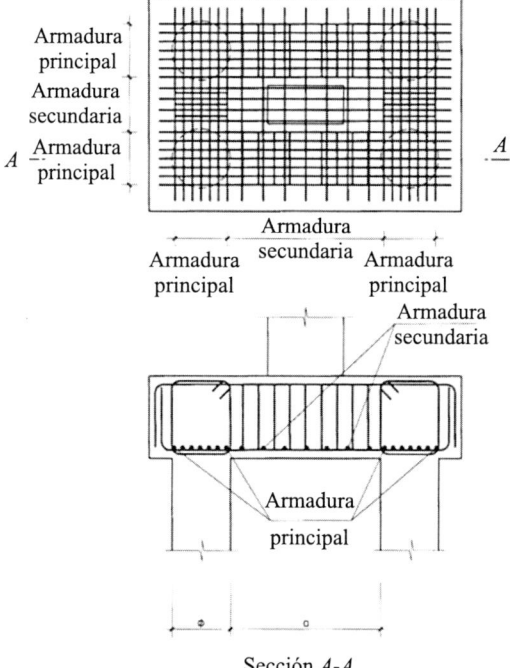

Sección *A-A*

Figura 58.4.1.2.2.a

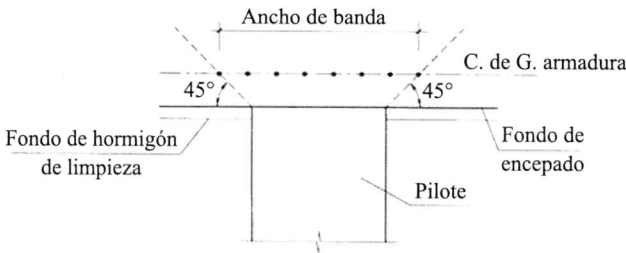

Figura 58.4.1.2.2.b

58.4.1.2.2.1. *Armadura principal y secundaria horizontal*

La armadura principal inferior se colocará en bandas o fajas sobre los pilotes. Esta armadura se dispondrá de tal forma que se consiga un anclaje de la misma a partir de un plano vertical que pase por el eje de cada pilote.

Se dispondrá, además, una armadura secundaria en retícula cuya capacidad mecánica en cada sentido no será inferior a 1/4 de la capacidad mecánica de las bandas o fajas.

En el caso de encepados sobre tres pilotes colocados según los vértices de un triángulo equilátero, con el pilar situado en el baricentro del triángulo, la armadura principal entre cada pareja de pilotes puede obtenerse a partir de la tracción T_d dada por la expresión:

$$T_d = 0{,}68 \, \frac{N_d}{d} \, (0{,}581 - 0{,}25a) = A_s f_{yd}$$

con $f_{yd} \leqslant 400 \text{ N/mm}^2$ (40.2) y donde:

N_d = Axil de cálculo del pilote más cargado (Figura 58.4.1.2.2.1.a).
d = Canto útil del encepado (Figura 58.4.1.2.2.1.a).

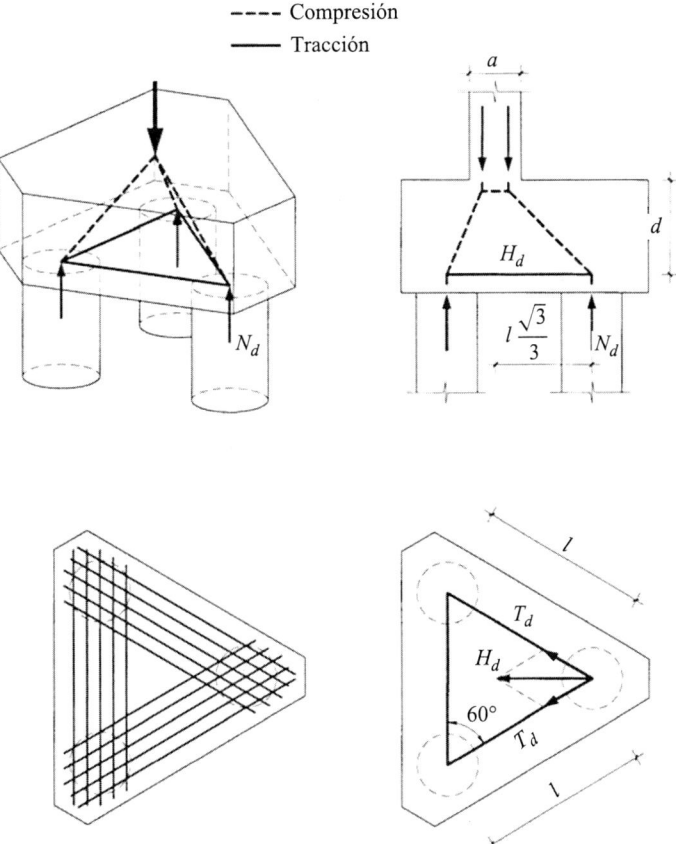

Figura 58.4.1.2.2.1.a

En el caso de encepados de cuatro pilotes con el pilar situado en el centro del rectángulo o cuadrado, la tracción correspondiente a cada banda puede obtenerse a partir de las expresiones siguientes:

$$T_{1d} = \frac{N_d}{0{,}85d} \, (0{,}50l_1 - 0{,}25a_1) = A_s f_{yd}$$

$$T_{2d} = \frac{N_d}{0{,}85d} \, (0{,}50l_2 - 0{,}25a_2) = A_s f_{yd}$$

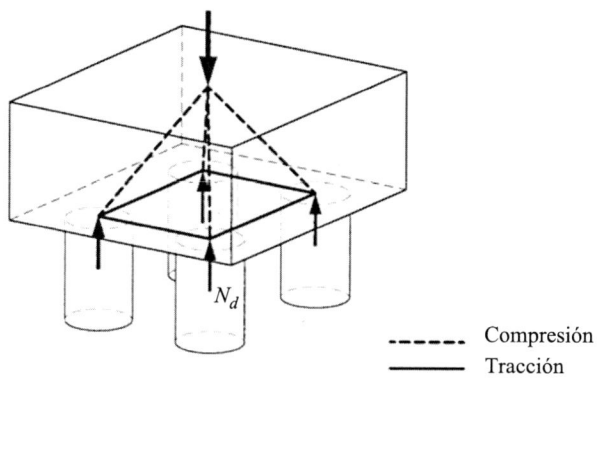

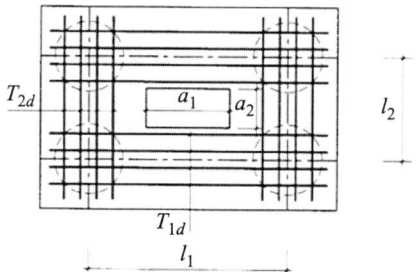

Figura 58.4.1.2.2.1.b

con $f_{yd} \leqslant 400 \text{ N/mm}^2$ y donde:

N_d = Axil de cálculo del pilote más cargado (Figura 58.4.1.2.2.1.b).

d = Canto útil del encepado (Figura 58.4.1.2.2.1.b).

En el caso de cimentaciones continuas sobre un encepado lineal, la armadura principal se situará perpendicularmente al muro, calculada con la expresión del punto 58.4.1.2.1, mientras que en la dirección paralela al muro, el encepado y el muro se calcularán como viga (que en general será de gran canto) soportada por los pilotes (Figura 58.4.1.2.2.1.c).

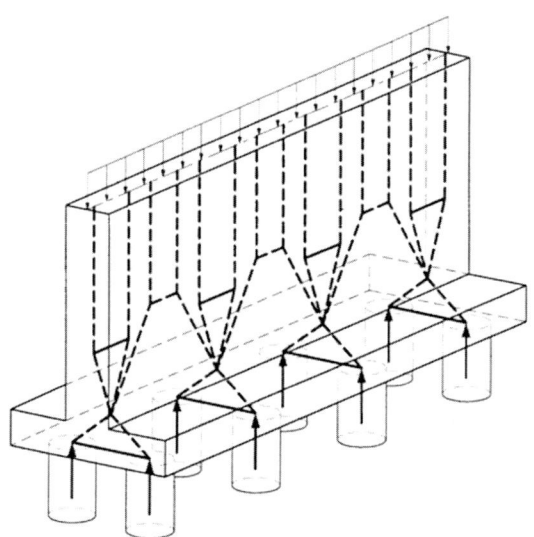

Figura 58.4.1.2.2.1.c

58.4.1.2.2.2. *Armadura secundaria vertical*

Para resistir las tracciones debidas a la dispersión del campo de compresiones se dispondrá una armadura secundaria vertical, Figura 58.4.1.2.2.2, que tendrá una capacidad mecánica total no inferior al valor $N_d/1,5n$, con $n \geqslant 3$, siendo:

N_d = Axil de cálculo del soporte.

n = Número de pilotes.

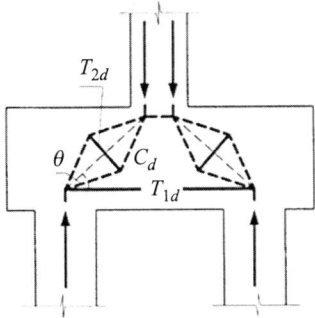

Figura 58.4.1.2.2.2

58.4.2. Cimentaciones flexibles

En este tipo de cimentaciones es de aplicación la teoría general de flexión.

58.4.2.1. Zapatas y encepados flexibles

Salvo que se realice un estudio preciso de interacción suelo-cimiento, se podrán utilizar los criterios simplificados que se describen a continuación.

58.4.2.1.1. *Cálculo a flexión*

La sección de referencia que se considerará para el cálculo a flexión, se define como se indica a continuación: es plana, perpendicular a la base de la zapata o encepado y tiene en cuenta la sección total de la zapata o encepado. Es paralela a la cara del soporte o del muro y está situada detrás de dicha cara a una distancia igual a 0,15a, siendo a la dimensión del soporte o del muro medida ortogonalmente a la sección que se considera.

El canto útil de esta sección de referencia se tomará igual al canto útil de la sección paralela a la sección S_1 situada en la cara del soporte o del muro (Figura 58.4.2.1.1.a).

En todo lo anterior se supone que el soporte o el muro son elementos de hormigón. Si no fuera así, la magnitud 0,15a se sustituirá por:

— 0,25a, cuando se trate de muros de ladrillo o mampostería.

— La mitad de la distancia entre la cara del soporte y el borde de la placa de acero, cuando se trate de soportes metálicos sobre placas de reparto de acero.

El momento máximo que se considerará en el cálculo de las zapatas y encepados flexibles, es el que se produce en la sección de referencia S1 definida en el apartado anterior (Figura 58.4.2.1.1.b).

La armadura necesaria en la sección de referencia se hallará con un cálculo hecho a flexión simple, de acuerdo con los principios generales de cálculo de secciones sometidas a solicitaciones normales que se indican en el artículo 42°.

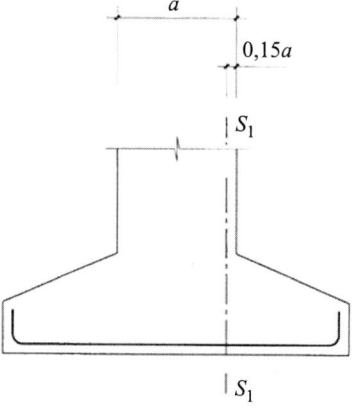

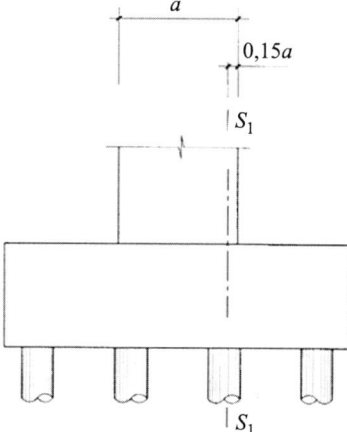

Figura 58.4.2.1.1.a

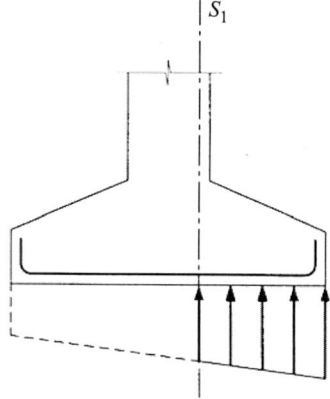

Figura 58.4.2.1.1.b

En zapatas y encepados flexibles, corridos y trabajando en una sola dirección, y en elementos de cimentación cuadrados y trabajando en dos direcciones, la armadura se podrá distribuir uniformemente en todo el ancho de la cimentación.

En elementos de cimentación rectangulares, trabajando en dos direcciones, la armadura paralela al lado mayor de la cimentación, de longitud a', se podrá distribuir uniformemente en todo el ancho b' de la base de la cimentación. La armadura paralela aliado menor b' se deberá colocar de tal forma que una fracción del área total A_s igual a $2b'/(a' + b')$ se coloque uniformemente distribuida en una banda central, coaxial con el soporte, de anchura igual a b'. El resto de la armadura se repartirá uniformemente en las dos bandas laterales resultantes.

Este ancho de la banda b' no será inferior a $a + 2h$, donde:

a = Lado del soporte o del muro paralelo aliado mayor de la base de la cimentación.

h = Canto total de la cimentación.

Si b' fuese menor que $a + 2h$, se sustituirá b' por $a + 2h$ (Figura 58.4.2.1.1.c).

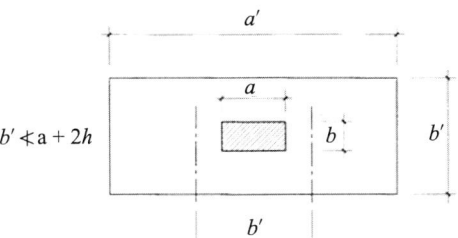

Figura 58.4.2.1.1.c

La armadura calculada deberá estar anclada según el más desfavorable de los dos criterios siguientes:

— La armadura estará anclada según las condiciones del artículo 69º desde una sección S_2 situada a un canto útil de la sección de referencia S_1.
— La armadura se anclará a partir de la sección S_3 (Figura 58.4.2.1.1.d) para una fuerza:

$$T_d = R_d \frac{v + 0,15a - 0,25h}{0,85h}$$

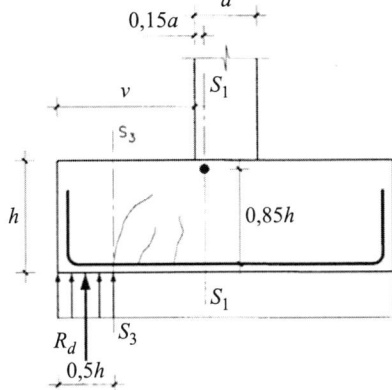

Figura 58.4.2.1.1.d

58.4.2.1.2. *Cálculo a tensiones tangenciales*

La resistencia a tensiones tangenciales en las zapatas y encepados flexibles, en la proximidad de cargas o reacciones concentradas (soportes y pilotes), se comprobará a cortante como elemento lineal y a punzonamiento.

La zapata o encepado se debe comprobar a cortante de acuerdo con lo establecido en el artículo 44°, en la sección de referencia S_2.

La sección de referencia S_2 se situará a una distancia igual al canto útil, contado a partir de la cara del soporte, muro, pedestal o a partir del punto medio de la cara del soporte y el borde de la placa de acero, cuando se trata de soportes metálicos sobre placas de reparto de acero. Esta sección de referencia es plana, perpendicular a la base de la zapata o encepado y tiene en cuenta la sección total de dicho elemento de cimentación.

Se comprobará el Estado Límite de punzonamiento según el artículo 46°.

58.4.2.1.3. *Comprobación a fisuración*

Siempre que sea necesario, se comprobará el Estado Límite de Fisuración de acuerdo con el artículo 49°.

58.4.2.2. Losas de cimentación

Este apartado se refiere a elementos superficiales (losas) de hormigón armado o pretensado para la cimentación de varios soportes.

Para la obtención de esfuerzos pueden utilizarse los modelos que se describen en el artículo 22°.

Para la comprobación de los distintos Estados Límite se estudiarán las diferentes combinaciones de acciones ponderadas de acuerdo con los criterios expuestos en el artículo 13°.

Se comprobará el Estado Límite Último de tensiones normales de acuerdo con el artículo 42°, considerando un esfuerzo de flexión equivalente que tenga en cuenta el efecto producido por los momentos flectores y torsores existentes en cada punto de la losa.

Se comprobará el Estado Límite de Agotamiento frente a cortante de acuerdo con las indicaciones del artículo 44°.

Se comprobará el Estado Límite de Punzonamiento de acuerdo con las indicaciones del artículo 46°.

Asimismo, siempre que sea necesario, se comprobará el Estado Límite de Fisuración, de acuerdo con el artículo 49°.

La disposición de armaduras se ajustará a lo prescrito en los artículos 69°, para las armaduras pasivas, y 70°, para las armaduras activas.

58.5. Vigas de centrado y atado

Las vigas centradoras son elementos lineales que pueden utilizarse para resistir excentricidades de construcción o momentos en cabeza de los pilotes, en el caso de encepados de uno o dos pilotes, cuando éstos no tengan capacidad resistente específica para estas acciones, o en zapatas excéntricas.

Las vigas de atado son elementos lineales de unión de cimentaciones superficiales o profundas, necesarias especialmente para cimentaciones en zonas sísmicas.

En general estos elementos cumplirán los requisitos indicados para vigas en el artículo 53°.

58.6. Pilotes

La comprobación de un pilote es análoga a la de un soporte, artículo 54°, en que el terreno impide, al menos parcialmente, el pandeo.

Se considerará, en cualquier caso, una excentricidad mínima definida de acuerdo con las tolerancias.

Para el dimensionamiento de los pilotes hormigonados *in situ*, sin camisa de chapa, se utilizará un diámetro de cálculo d_{cal} igual a 0,95 veces el diámetro nominal del pilote, d_{nom} cumpliendo con las siguientes condiciones:

$$d_{nom} - 50 \text{ mm} \leqslant d_{cal} = 0{,}95 d_{nom} \leqslant d_{nom} - 20 \text{ mm}$$

58.7. Zapatas de hormigón en masa

El canto y el ancho de una zapata de hormigón en masa, apoyada sobre el terreno, vendrán determinados de forma que no se sobrepasen los valores de las resistencias virtuales de cálculo del hormigón a tracción y a esfuerzo cortante.

La sección de referencia S_1, que se considerará para el cálculo a flexión, se define como a continuación se indica:

Es plana, perpendicular a la base de la zapata y tiene en cuenta la sección total de la zapata. Es paralela a la cara del soporte o del muro y está situada detrás de dicha cara a una distancia igual a $0{,}15a$, siendo a la dimensión del soporte o del muro medido ortogonalmente a la sección que se considera. El canto total h de esta sección de referencia se tomará igual al canto total de la sección paralela a la sección S_1 situada en la cara del soporte o del muro. En todo lo anterior se supone que el soporte o el muro es un elemento de hormigón; si no fuera así la magnitud O, 15a se sustituirá por:

— $0{,}25a$, cuando se trate de muros de mampostería.
— La mitad de la distancia entre la cara de la columna y el borde de la placa de acero, cuando se trate de soportes metálicos sobre placas de apoyo de acero.

La sección de referencia que se considerará para el cálculo a cortante, se situará a una distancia igual al canto contada a partir de la cara del soporte, muro, pedestal o a partir del punto medio entre la cara de la columna y el borde de la placa de acero, cuando se trate de soportes metálicos sobre placas de reparto de acero. Esta sección de referencia es plana, perpendicular a la base de la zapata y tiene en cuenta la sección total de dicha zapata.

La sección de referencia que se considerará para el cálculo a punzonamiento será perpendicular a la base de la zapata y estará definida de forma que su perímetro sea mínimo y no esté situada más cerca que la mitad del canto total de la zapata, del perímetro del soporte, muro o pedestal.

El momento flector mayorado y el esfuerzo cortante mayorado, en la correspondiente sección de referencia, han de producir unas tensiones de tracción por flexión y unas tensiones tangenciales medias cuyo valor ha de ser inferior a la resistencia virtual de cálculo del hormigón a flexotracción y a esfuerzo cortante.

El cálculo a flexión se hará en la hipótesis de un estado de tensión y deformación plana y en el supuesto de integridad total de la sección, es decir, en un hormigón sin fisurar.

Se comprobará la zapata a esfuerzo cortante y a punzonamiento, en las secciones de referencia antes definidas, estando regida la resistencia a cortante por la condición más restrictiva.

Se tomará como resistencia de cálculo del hormigón a tracción y a esfuerzo cortante el valor $f_{ct,d}$ dado en el artículo 52°.

A efectos de la comprobación a punzonamiento se tomará el valor $2 f_{ct,d}$.

58.8. Dimensiones y armaduras mínimas de zapatas, encepados y losas de cimentación

5.8.1. Cantos y dimensiones mínimos

El canto mínimo en el borde de las zapatas de hormigón en masa no será inferior a 35 cm.

El canto total mínimo en el borde de los elementos de cimentación de hormigón armado no será inferior a 25 cm si se apoyan sobre el terreno, ni a 40 cm si se trata de encepados sobre pilotes. Además, en este último caso el espesor no será, en ningún punto, inferior al diámetro del pilote.

La distancia existente entre cualquier punto del perímetro del pilote y el contorno exterior de la base del encepado no será inferior a 25 cm.

58.8.2. Disposición de armadura

La armadura longitudinal debe satisfacer lo establecido en el artículo 42°. La cuantía mínima se refiere a la suma de la armadura de la cara inferior, de la cara superior y de las paredes laterales, en la dirección considerada.

La armadura dispuesta en las caras superior, inferior y laterales no distará más de 30 cm.

58.8.3. Armadura mínima vertical

En las zapatas y encepados flexibles no será preciso disponer armadura transversal, siempre que no sea necesaria por el cálculo y se ejecuten sin discontinuidad en el hormigonado.

Si la zapata o el encepado se comporta esencialmente como una viga ancha y se calcula como elemento lineal, de acuerdo con 58.4.2.1.2.1, la armadura transversal deberá cumplir con lo establecido en el artículo 44°.

Si la zapata o el encepado se comporta esencialmente actuando en dos direcciones y se calcula a punzonamiento, de acuerdo con 58.4.2.1.2.2, la armadura transversal deberá cumplir con lo establecido en el artículo 46°.

Artículo 59.° Estructuras construidas con elementos prefabricados

59.1. Aspectos aplicables a estructuras construidas con elementos prefabricados en general

59.1.1. Generalidades

Este artículo recoge algunos aspectos específicos de aplicación a las estructuras construidas parcial o totalmente con elementos prefabricados de hormigón.

En el proyecto de estructuras y elementos prefabricados, dado el carácter evolutivo de su construcción, deben considerarse, tanto en el análisis de esfuerzos como en las comprobaciones de Estados Límite: (1) las situaciones transitorias, (2) los apoyos provisionales y definitivos y (3) las conexiones entre distintas piezas.

Se consideran situaciones transitorias en la construcción de estructuras prefabricadas el desmoldeo de los elementos, su manipulación y transporte hasta el acopio, su acopio, su transporte hasta la obra, colocación y, finalmente, su conexión.

En caso que durante alguna de las situaciones transitorias se produzcan acciones dinámicas, éstas deberán tenerse en cuenta.

59.1.2. Análisis estructural

En el análisis deberá considerarse:

— La evolución de la geometría, las condiciones de apoyo de cada pieza y las propiedades de los materiales en cada etapa y la interacción de cada pieza con otros elementos.
— La influencia en el sistema estructural del comportamiento entre conexiones de los elementos, y en especial su resistencia y deformación.
— Las incertidumbres en las condiciones de transmisión de esfuerzos entre elementos debidas a las imperfecciones geométricas en las piezas, en su posicionamiento y en sus apoyos.

En zonas no sísmicas podrá tenerse en cuenta el efecto beneficioso de la deformación horizontal impedida causada por la fricción entre la pieza y su elemento de soporte; siempre y cuando

— La estabilidad global de la estructura no dependa exclusivamente de dicha fricción.
— El sistema de apoyos impida la acumulación de deslizamientos irreversibles causados por comportamientos asimétricos bajo acciones cíclicas, como puede ser el caso de los ciclos térmicos en los extremos de vigas biapoyadas.
— No exista la posibilidad de una carga de impacto.

Los efectos de los movimientos horizontales deben ser tenidos en cuenta en el diseño resistente de la estructura y de la integridad de las conexiones.

59.1.3. Conexión y apoyo de elementos prefabricados

59.1.3.1. Materiales

Los materiales para conexión y soporte de elementos deben ser:

— Estables y durables en toda la vida útil de la estructura.
— Física y químicamente compatibles.
— Protegidos contra posibles agresiones de naturaleza física o química.
— Resistentes al fuego para garantizar la resistencia al fuego del conjunto de la estructura.

Los aparatos de apoyo deben tener unas propiedades resistentes y deformacionales acordes con las previstas en proyecto.

Los conectores metálicos deberán resistir la corrosión o estar protegidos contra ella, salvo que su exposición ambiental sea no agresiva. Si su inspección es posible podrá utilizarse el empleo de películas protectoras.

59.1.3.2. Diseño de conexiones

Las conexiones tienen que poder resistir los efectos debidos a las acciones consideradas en el proyecto y ser capaces de acomodarse a los movimientos y deformaciones previstos para garantizar un buen comportamiento resistente de la estructura.

Deben evitarse posibles daños en el hormigón en los extremos de los elementos, como el salto del recubrimiento, la fisuración por hendimiento, etc. Para ello deberá tenerse en cuenta los siguientes aspectos:

— Movimientos relativos entre elementos.
— Imperfecciones.
— Solicitaciones y tipo de unión.
— Facilidad de ejecución.
— Facilidad de inspección.

La verificación de la resistencia y la rigidez de las conexiones debe basarse en el análisis asistido, si existen dudas, por ensayos.

59.1.3.3. Conexiones a compresión

En uniones a compresión se puede despreciar el esfuerzo cortante si éste es inferior al 10% de la fuerza de compresión.

En general, se dispondrán materiales de apoyo, tales como mortero, hormigón o polímeros, entre las caras de los elementos en contacto. En tal caso debe impedirse el movimiento relativo entre las superficies de apoyo durante su endurecimiento. Excepcionalmente se podrán ejecutar apoyos a hueso (sin materiales interpuestos), siempre y cuando esté garantizada la calidad y perfección de las superficies y las tensiones medias en las superficies de contacto no superen $0,3 f_{cd}$.

En los apoyos a compresión deberán considerarse los efectos de las cargas concentradas (Figura 59.1.3.1.a) y de la expansión de los materiales blandos (Figura 59.1.3.1.b) que generan tensiones transversales de tracción en el hormigón que deben resistirse mediante armaduras dispuestas *ad hoc*. Para el primero de estos fenómenos se cumplirán las prescripciones del artículo 61º, mientras que para el segundo, las necesidades de armadura de refuerzo pueden evaluarse mediante la expresión:

$$A_s = 0,25(t/h)N_d/f_{yd}$$

donde:

A_s = Sección de la armadura a disponer en cada superficie.

t = Espesor del aparato de apoyo de material blando.

h = Dimensión del aparto de apoyo en la dirección del refuerzo.

N_d = Esfuerzo axil de compresión en el apoyo.

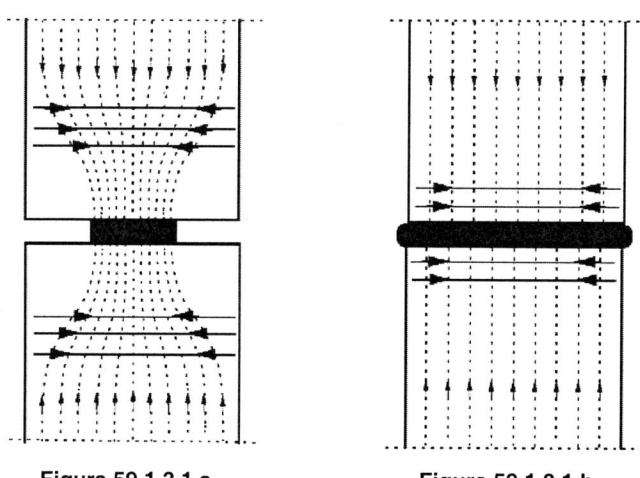

Figura 59.1.3.1.a   **Figura 59.1.3.1.b**

59.1.3.4. Conexiones de cortante

Para transferir el cortante en una interfaz entre dos hormigones, como el de un elemento prefabricado con hormigón *in situ*, se aplicará lo prescrito en el artículo 47º.

59.1.3.5. Conexiones a flexión y a tracción

La armadura debe ser continua a través de la conexión y debe estar anclada en el elemento adyacente. Esta continuidad puede conseguirse a través de:

— Solapo de barras.
— Inyección de mortero de las vainas donde se insertan las armaduras de continuidad.

— Soldeo de barras o de placas.
— Pretensado.
— Otros dispositivos mecánicos como tornillería.

59.1.3.6. Juntas a media madera

Para el proyecto y comprobación de este tipo de elementos deberá tenerse en cuanta lo indicado en el apartado 64.2.

59.1.3.7. Anclaje de las armaduras en los apoyos

La disposición de armadura en los elementos de apoyo y en los apoyados debe garantizar el anclaje, teniendo en cuenta las desviaciones geométricas, tal como indica la Figura 59.1.3.8.2.b.

59.1.3.8. Consideraciones para el apoyo de piezas prefabricadas

59.1.3.8.1. Generalidades

Deberá asegurarse el correcto funcionamiento de los aparatos de apoyo mediante el adecuado armado de los elementos adyacentes, la limitación de las presiones de apoyo y la adopción de medidas orientadas a permitir o restringir los movimientos.

En el cálculo de elementos en contacto con apoyos que no permiten deslizamientos o rotaciones sin una coacción significativa, deberá tenerse en cuenta las acciones debidas a la fluencia, retracción, temperatura, desalineaciones y desplomes. Los efectos de estas acciones pueden requerir la disposición de armadura transversal en los elementos de soporte y soportados, o bien, armadura de continuidad para el atado de estos elementos. Además, estas acciones pueden influir en el cálculo de la armadura principal de estos elementos.

Los aparatos de apoyo deberán calcularse y proyectarse para asegurar su correcto posicionamiento teniendo en cuenta posibles desviaciones o tolerancias en la producción y ensamblaje.

59.1.3.8.2. Apoyos para elementos conectados entre sí (no aislados)

La longitud equivalente de un apoyo simple como el de la Figura 59.1.3.8.2.a puede calcularse como:

$$a = a_1 + a_2 + a_3 + \sqrt{\Delta a_2^2 + \Delta a_3^2}$$

donde:

a_1 = Longitud neta del aparato de apoyo no menor que el valor mínimo de la Tabla 59.1.3.8.2.1, que da lugar a una presión de apoyo σ_{Ed}.

$$\sigma_{Ed} = \frac{N_d}{b_1 \cdot a_1} \leqslant f_{Rd}$$

donde:

N_d = Valor de cálculo de la fuerza a resistir en el apoyo.

b_1 = Anchura neta del apoyo (*Figura* 59.1.3.8.2.*a*).

f_{Rd} = Resistencia de cálculo del apoyo. A falta de especificaciones más precisas puede adoptarse para la resistencia del apoyo el valor 0,4 *fcd* en el caso de apoyos en seco (sin material de nivelación) o la resistencia del mortero o elemento de nivelación intermedio, nunca superior al 85% de la menor de las resistencias de cálculo del hormigón de los elementos en contacto. En el caso de apoyos lineales de elementos superficiales, como losas alveolares, se estará a lo dispuesto en 59.2.3.3.

a_2 = Distancia considerada no efectiva que se encuentra entre el borde exterior del elemento de apoyo y el borde del elemento, de acuerdo con la Figura 59.1.3.8.2.a y la Tabla 59.1.3.8.2.2.

a_3 = Distancia equivalente a a_2 en el elemento soportado, de acuerdo con la Figura 59.1.3.8.2.a y la Tabla 59.1.3.8.2.3.

Δa_2 = Tolerancia en las desviaciones de la distancia entre los elementos de soporte, de acuerdo con la Tabla 59.1.3.8.2.4.

Δa_3 = Tolerancia en las desviaciones de la longitud del elemento soportado, $\Delta a_3 = l_n/2.500$.

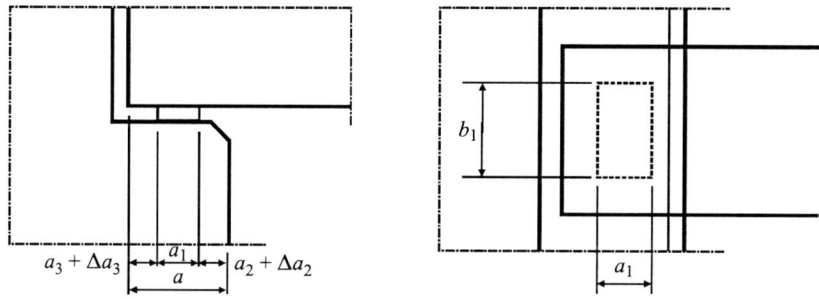

Figura 59.1.3.8.2.a

Tabla 59.1.3.8.2.1. Valores mínimos de a_1 en mm

Tipo de apoyo	Tensión relativa en el apoyo σ_{Ed}/f_{cd}		
	$\leqslant 0,15$	0,15-0,4	$>0,4$
Apoyos en línea (forjados, cubiertas)	25	30	40
Forjados nervados, viguetas y correas	55	70	80
Apoyos concentrados (vigas)	90	110	140

Tabla 59.1.3.8.2.2. Valores de la distancia de a_2, en mm, que se asume como no efectiva desde el paramento exterior del elemento de apoyo

Material y tipo de apoyo		Tensión relativa en el apoyo σ_{Ed}/f_{cd}		
		$\leqslant 0,15$	0,15-0,4	$>0,4$
Acero	lineal	0	0	10
	concentrado	5	10	15
Hormigón armado $f_{ck} \geqslant 30$ N/mm²	lineal	5	10	15
	concentrado	10	15	25
Hormigón en masa o armado $f_{ck} < 30$ N/mm²	lineal	10	15	25
	concentrado	20	25	35

Tabla 59.1.3.8.2.3. Valores de la distancia de a_3, en mm, que se asume como no efectiva desde el paramento exterior del elemento de apoyo

Disposición de armado	Apoyo	
	Lineal	Concentrado
Barras continuas sobre el apoyo	0	0
Barras rectas, doblado horizontal, cercanos al extremo del elemento	5	15, pero no menor que el recubrimiento
Tendones o barras rectas, expuestas en el extremo del elemento	5	15
Doblado vertical de las barras	15	Recubrimiento + radio interior de doblado

Tabla 59.1.3.8.2.4. Tolerancia Δa_2 en la geometría de la luz libre entre los paramentos de apoyo. L = luz en mm

Material de apoyo	Δa_2
Acero y hormigón prefabricado	$10 \leqslant L/1.200 \leqslant 30$ mm
Hormigón *in situ*	$15 \leqslant L/1.200 + 5 \leqslant 40$ mm

La longitud neta del aparato de apoyo a_1 está condicionada por las distancias al mismo desde los extremos del elemento de apoyo y del elemento soportado, respectivamente, que deben cumplir las condiciones siguientes:

$$d_i \geqslant c_i + \Delta a_i \qquad \text{con barras ancladas mediante doblado horizontal}$$

$$d_i \geqslant c_i + \Delta a_i + r_i \qquad \text{barras ancladas mediante doblado vertical}$$

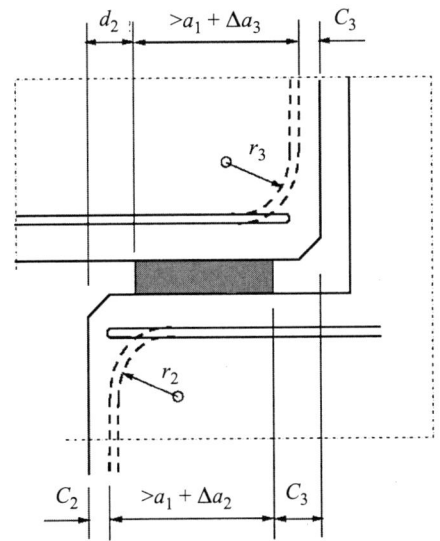

Figura 59.1.3.8.2.b. Ejemplo de detalle de armado en un apoyo

donde:

c_i = Recubrimiento nominal de la armadura.

Δa_i = Tolerancia para la imperfección

r_i = Radio de doblado.

59.1.3.8.3. *Apoyos para elementos aislados*

La longitud equivalente debe ser 20 mm mayor que la que correspondería al elemento no aislado.

59.1.4. Cálices

59.1.4.1. Generalidades

Los cálices deben ser capaces de transferir los esfuerzos axiles, cortantes y momentos flectores del pilar a la cimentación.

59.1.4.2. Cálices con llaves en su superficie

Aquellos cálices que presentan llaves pueden considerarse que actúan monolíticamente con el pilar.

En caso que las llaves sean capaces de resistir la transferencia de tensiones tangenciales entre el pilar y la cimentación, la comprobación a punzonamiento se realizará de igual manera que si el pilar y la cimentación fueran monolitícos, de acuerdo con el artículo 46° y tal como se presenta en la Figura 59.1.4.2.

59.1.4.3. Cálices con superficies lisas

En este caso se supone que el axil y los momentos de solicitación se transmiten del pilar a la cimentación mediante el sistema de fuerzas F_1, F_2 y F_3 y las correspondientes fuerzas de rozamiento a través del hormigón de relleno tal como se presenta en la Figura 59.1.4.3.

En estas uniones se exige que el empotramiento del pilar dentro del cáliz sea mayor que 1,2 veces el canto del pilar $(I \geqslant 1,2h)$.

El coeficiente de rozamiento no puede ser mayor que $\mu = 0,3$.

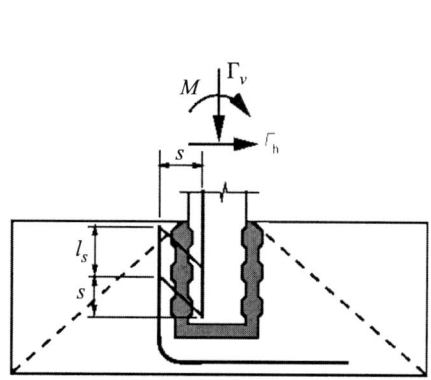

Figura 59.1.4.2

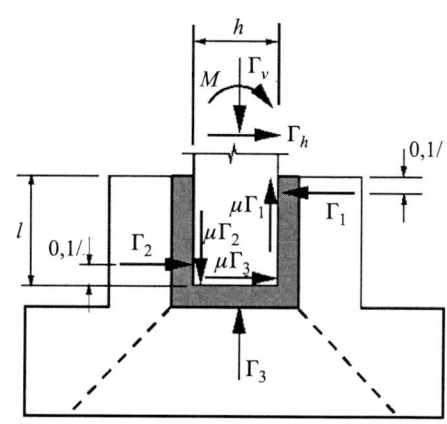

Figura 59.1.4.3

59.1.5. Sistemas de atado

En elementos planos cargados en su plano como son las paredes y los forjados actuando como diafragmas, la interacción entre los distintos elementos que los componen puede obtenerse atando los elementos mediante zunchos perimetrales y/o vigas interiores de atado.

59.2. Forjados unidireccionales con viguetas o losas alveolares

Este artículo se refiere a los forjados unidireccionales constituidos por viguetas o losas alveolares prefabricados y en su caso, con piezas de entrevigado, hormigón vertido *in situ* y armadura colocada en obra, sometidos a flexión esencialmente.

Para la comprobación de los distintos Estados Límite se estudiarán las diferentes combinaciones de acciones ponderadas, de acuerdo con los criterios expuestos en el artículo 13°. Se comprobará el Estado Límite Último de Agotamiento por tensiones normales de acuerdo con lo el artículo 42°. Si la flexión está combinada con esfuerzo cortante, se comprobará el Estado Límite Último de Cortante de acuerdo con las indicaciones del artículo 44°. En el caso de existir momento torsor se comprobará el Estado Límite Último de Agotamiento por torsión de elementos lineales de acuerdo con el artículo 45°.

En forjados de losas alveolares sin losa superior hormigonada en obra, si existen cargas concentradas se verificará el Estado Límite de Punzonamiento según artículo 46°. Tanto en forjados con viguetas armadas o pretensadas como en los forjados de losas alveolares con losa superior hormigonada en obra debe verificarse el Estado Límite de Rasante con arreglo al artículo 47°.

Se comprobarán los Estados Límite de Fisuración, Deformación y Vibraciones, cuando sea necesario, según los artículos 49°, 50° y 51°, respectivamente.

La separación máxima entre sopandas, en su caso, se determinará teniendo en cuenta que, durante la fase de hormigonado en obra, la acción característica de ejecución sobre las viguetas o losas es el peso propio total del forjado y una sobrecarga de ejecución no menor que 1 kN/m²; Las solicitaciones podrán obtenerse mediante un cálculo lineal, en la hipótesis de rigidez constante de la vigueta o losa, tomando como luz de cálculo de cada tramo L_a la distancia entre los apoyos extremos de las viguetas y los ejes de sopandas (Figura 59.2).

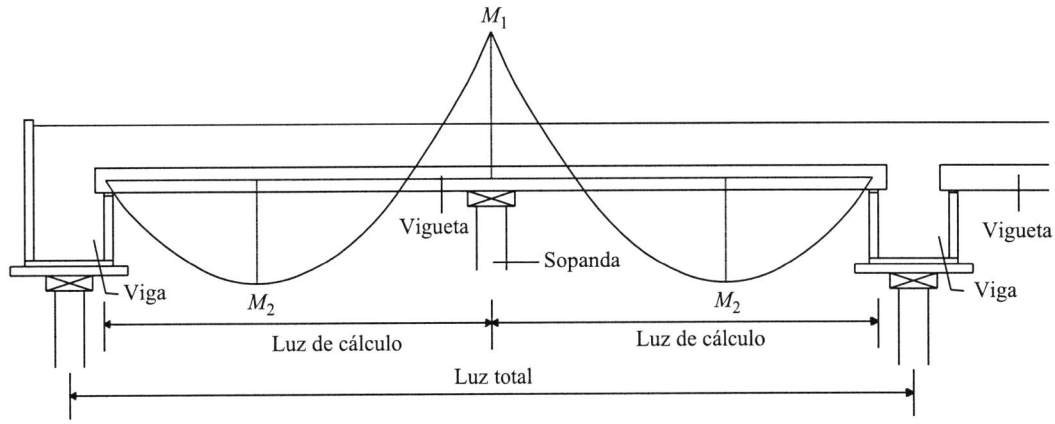

Figura 20.2.2.1.1

Además, en las viguetas de hormigón pretensado y losas alveolares pretensadas se cumplirán que bajo la acción de las cargas de ejecución de cálculo y bajo el efecto del pretensado después de la transferencia, deducidas todas las pérdidas hasta la fecha de ejecución del forjado, (adoptando los coeficientes de seguridad correspondientes a los Estados Limite de Servicio correspondientes a una situación transitoria, de acuerdo con 12.2), no se superarán las siguientes limitaciones de tensiones:

a) sobre las sopandas, la tensión de compresión máxima en la fibra inferior de la vigueta o placa alveolar no superará el 60% de la resistencia característica a compresión del hormigón y en la fibra superior no se superará la resistencia a flexotracción, definida en 39.1.

b) en los vanos, la tensión de compresión máxima en la fibra superior de la vigueta o placa alveolar no superará el 60% de la resistencia característica a compresión del hormigón y en la fibra inferior no se superará el estado de descompresión (tensión de tracción nula).

La disposición de armaduras se ajustará a lo prescrito en el artículo 69°, para las armaduras pasivas y en el artículo 70° para las armaduras activas.

En el Anejo 12 se contemplan disposiciones de armaduras, aspectos constructivos y de cálculo específicos de este tipo de forjados.

59.2.1. Condiciones geométricas

La sección transversal del forjado cumplirá los requisitos siguientes (Figura 59.2.1):

a) Disponer de una losa superior hormigonada en obra, cuyo espesor mínimo ho, será de 40 mm sobre viguetas, piezas de entrevigado cerámicas o de hormigón y losas alveolares pretensadas y 50 mm sobre piezas de entrevigado de otro tipo o sobre cualquier tipo de pieza de entrevigado en el caso de zonas con aceleración sísmica de cálculo mayor que 0,16 g.

En forjados de losas alveolares pretensadas, excepto cuando existan acciones laterales importantes o cargas concentradas importantes, puede prescindirse de la losa superior hormigonada en obra siempre que se justifique adecuadamente el cumplimiento de los Estados Límite Últimos y de Servicio. En este caso, para asegurar el trabajo conjunto de las losas y la transmisión transversal de cargas (sobre todo cuando existan cargas puntuales o lineales), se dispondrá un atado en la zona de unión de las losas a las vigas principales o muros.

b) El perfil de la pieza de entrevigado será tal que a cualquier distancia c de su eje vertical de simetría, el espesor de hormigón de la losa superior hormigonada en obra no será menor que $c/8$ en el caso de piezas de entrevigado colaborante y $c/6$ en el caso de piezas de entrevigado aligerantes.

c) En el caso de forjados de viguetas sin armaduras transversales de conexión con el hormigón vertido en obra, el perfil de la pieza de entrevigado dejará a ambos lados de la cara superior de la vigueta un paso de 30 mm, como mínimo.

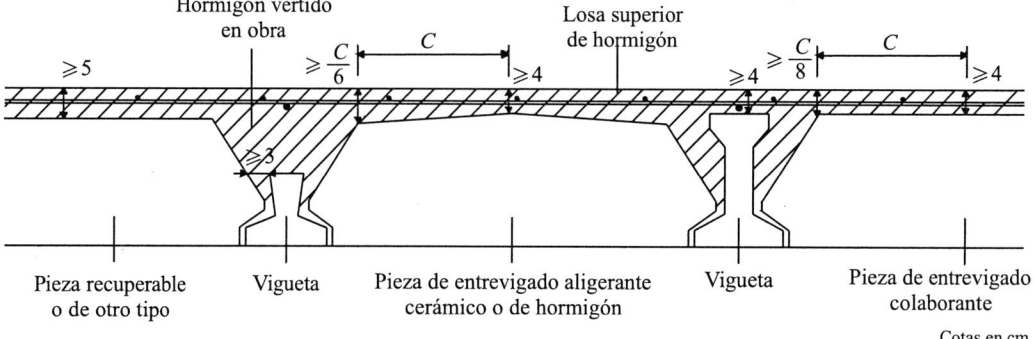

Figura 59.2.1. Condiciones geométricas de los forjados

d) En el caso de losas alveolares pretensadas, el espesor mínimo de las almas, del ala superior y del ala inferior, debe ser mayor que cualquiera de los valores siguientes:

- $\sqrt{2h}$, siendo h el canto total de la pieza prefabricada, en mm.
- 20 mm.
- Resultado de sumar 10 mm al tamaño máximo del árido.

e) En forjados de losas alveolares pretensadas, la forma de la junta entre las mismas será la adecuada para permitir el paso de hormigón de relleno, con el fin de crear un núcleo capaz de transmitir el esfuerzo cortante entre losas colaterales y para, en el caso de situar en ella armaduras, facilitar su colocación y asegurar una buena adherencia. El ancho de la junta en su parte superior no será menor que 30 mm y si en el interior de la misma se disponen barras de atado longitudinales, el ancho de la junta al nivel de la barra debe ser mayor o igual que el mayor de los dos siguientes valores:

- $\phi + 20$ mm
- $\phi + 2D$
- con D y ϕ expresados en mm.

Cuando la junta longitudinal deba resistir un esfuerzo cortante vertical, la superficie debe estar provista de, al menos, una ranura de tamaño adecuado con respecto a la resistencia del hormigón de relleno. En cualquier caso, la altura de la ranura debe ser mayor o igual a 35 mm, su profundidad (o ancho máximo) será mayor o igual a 10 mm y la distancia entre la parte superior de la ranura y la superficie superior de la losa alveolar pretensada será mayor o igual a 30 mm.

59.2.2. Armadura de reparto

En la losa superior de hormigón vertido en obra, se dispondrá una armadura de reparto, con separaciones entre elementos longitudinales y transversales no mayores que 350 mm, de al menos 4 mm de diámetro en dos direcciones, perpendicular y paralela a los nervios, y cuya cuantía será como mínimo la establecida en la Tabla 42.3.5.

El diámetro mínimo de la armadura de reparto será 5 mm si ésta se tiene en cuenta a efectos de comprobación de los Estados Límite Últimos.

En el caso de losas alveolares pretensadas sin losa superior hormigonada en obra, para asegurar el trabajo conjunto de las losas y la transmisión transversal de cargas (sobre todo cuando existan cargas puntuales o lineales), se dispondrá un atado en la zona de unión de las losas a las vigas principales o muros.

59.2.3. Enlaces y apoyos

59.2.3.1. Generalidades

En todo apoyo debe comprobarse que la capacidad a tracción de la armadura introducida en el apoyo es mayor que los esfuerzos producidos en la hipótesis de formación de una fisura arrancando de la cara del apoyo con inclinación de 45°.

59.2.3.2. Apoyos de forjados de viguetas

Los nervios de un forjado pueden enlazarse a la cadena de atado de un muro o a una viga de canto netamente mayor que el del forjado, denominándose apoyo directo, o a una viga plana, cabeza de viga mixta, brochal, del mismo canto que el forjado denominándose apoyo indirecto.

En el Anejo 12 se muestran esquemas de apoyos frecuentes así como valores de las longitudes de entrega de elementos y longitudes de solapo de armaduras salientes para garantizar el correcto funcionamiento del enlace.

59.2.3.3. Apoyos de forjado de losas alveolares pretensadas

Los apoyos pueden ser directos e indirectos.

a) Los apoyos directos de las losas alveolares pretensadas en vigas o muros deben hacerse sobre una capa de mortero fresco de al menos 15 mm de espesor, sobre bandas de material elastomérico o sobre apoyos individuales situados bajo cada nervio de la losa (Figura 59.2.3.3.a). No se permite apoyar directamente las losas alveolares pretensadas sobre ladrillo, debiendo realizarse zunchos de hormigón armado para el apoyo.

Debe comprobarse que en ningún caso, el valor de cálculo de la presión de apoyo, supuesta una entrega igual a la nominal menos 20 mm, supera 0,4 f_{cd} del menor de los dos hormigones en contacto, en caso de apoyo con mortero, o el menor valor de 0,85 f_{cd} y la resistencia de cálculo del material elastomérico, en caso de disponer este elemento.

b) Los apoyos indirectos pueden realizarse con o sin apuntalado de la losa alveolar pretensada.

En el Anejo 12 se incluyen valores de la entrega mínima nominal de las losas alveolares, en función del tipo de apoyo (directo e indirecto) y de las condiciones del mismo, que permiten garantizar el correcto funcionamiento del enlace.

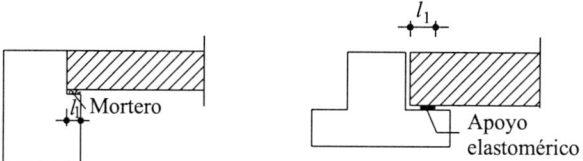

Figura 59.2.3.3.a.   Apoyos directos de losas alveolares

59.2.4. Disposición de las armaduras en los forjados

En las viguetas armadas, la armadura básica se dispondrá en toda su longitud de acuerdo con el punto 42.3.2. La armadura complementaria inferior podrá disponerse solamente en parte de su longitud. Dicha armadura complementaria deberá disponerse de forma simétrica respecto al punto medio de la vigueta.

La armadura activa situada en la zona inferior de una vigueta pretensada estará constituida, al menos, por dos armaduras dispuestas en el mismo plazo horizontal y en posición simétrica respecto al plano vertical medio. En losas alveolares pretensadas la distancia entre las armaduras será menor que 400 mm y que dos veces el canto de la pieza.

En cuanto al armado superior a colocar en obra, en los apoyos de los forjados de viguetas se colocará, como armadura para los momentos negativos, al menos una barra sobre cada vigueta. En el caso de que haya que colocar más de dos por nervio, se distribuirán sobre la línea de apoyo para facilitar que el hormigón rellene bien el nervio, anclándose adecuadamente en ambos lados del mismo.

En los apoyos exteriores de vano extremo se dispondrá una armadura superior capaz de resistir un momento flector, al menos igual a la cuarta parte del momento máximo del vano. Tal armadura se extenderá desde la cara exterior del apoyo en una longitud no menor que el décimo de la luz más el ancho del apoyo. En el extremo exterior la armadura se prolongará en patilla con la longitud de anclaje necesaria.

En los forjados de losas alveolares pretensadas sin losa superior hormigonada en obra se dispondrá, cuando sea necesaria, la armadura superior en los alvéolos que habrán sido preparados adecuadamente eliminando el hormigón de la parte superior en una longitud igual o mayor que la de las barras y posteriormente rellenos (Figura 59.2.4.a).

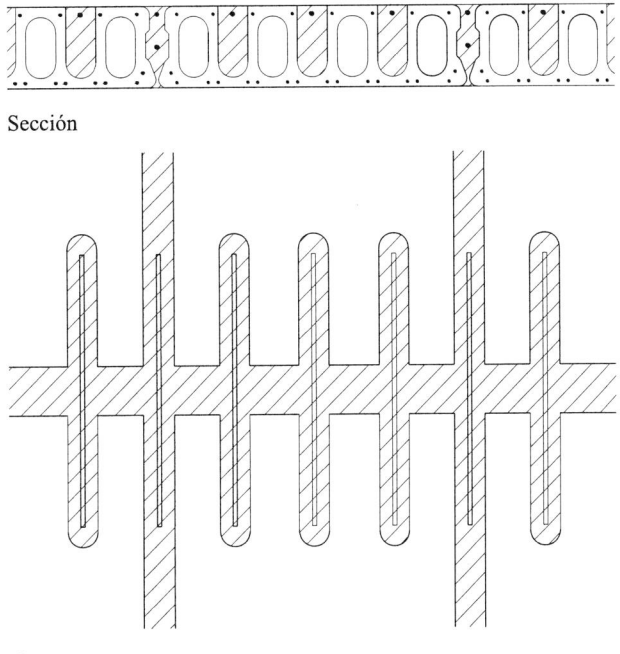

Sección

Planta

Figura 5.9.2.4.a. Armadura superior en losas alveolares pretensadas

59.3. Otros tipos de forjados construidos con elementos prefabricados

En el caso de forjados construidos con elementos prefabricados diferentes de los contemplados en el apartado 59.2, tales como piezas en sección en π, en artesa o con prelosas prefabricadas, se prestará especial atención al análisis estructural, que deberá tener en cuenta el esquema estructural, las cargas, los apoyos, y las características de los materiales en las sucesivas fases constructivas, durante la manipulación, el transporte y el montaje, y demás aspectos contemplados en el apartado 59.1 de esta Instrucción.

Artículo 60.° Elementos estructurales para puentes

60.1. Tableros

60.1.1. Consideraciones generales

Este artículo es aplicable a los tableros de puentes de hormigón estructural más habituales, como son los tableros constituidos por vigas prefabricadas, los tableros losa, los tableros nervados y los tableros de sección cajón.

Las acciones a considerar para el cálculo de los tableros, así como sus valores característicos, representativos y de cálculo, y las combinaciones a realizar para la comprobación de los diversos

Estados Límite Últimos y de Servicio, serán las establecidas por la reglamentación específica vigente o en su defecto las indicadas en esta Instrucción.

Para la determinación de los efectos de dichas acciones, se modelizará la estructura y se realizarán los análisis necesarios, de acuerdo con lo indicado en el Capítulo V.

Las características geométricas y de los materiales que se han de considerar para la comprobación de los Estados Límite Últimos serán las indicadas en el Capítulo IV y en el Capítulo VIII.

Deberá garantizarse la resistencia y estabilidad de la estructura en todas las fases intermedias de construcción, así como en el estado definitivo de servicio de la misma. Para obtener esta garantía, deberán realizarse las comprobaciones de los Estados Límite Últimos y de Servicio relevantes, en cada una de las fases de comprobación adoptadas. En el caso de elementos pretensados, se realizarán las comprobaciones que correspondan tanto en la fase de transferencia del pretensado como el instante inicial de puesta en servicio y a largo plazo.

En estructuras evolutivas deberá evaluarse la importancia de la redistribución de esfuerzos y de tensiones a lo largo del tiempo, debido a fenómenos reológicos. En aquellos casos en que este tipo de fenómenos resulte significativo deberá realizarse su análisis de acuerdo con el artículo 25º.

Las comprobaciones correspondientes al Estado Límite Último de Agotamiento frente a Solicitaciones Normales del tablero se realizarán de acuerdo con el artículo 42º o con las fórmulas simplificadas del Anejo 7, cuando sean aplicables. Para la comprobación y el dimensionamiento de los distintos elementos frente al Estado Límite Último de Agotamiento por Esfuerzo Cortante, se seguirán las indicaciones del artículo 44º. En los elementos lineales en los que las torsiones puedan ser significativas, deberá realizarse la comprobación del Estado Límite Último de Agotamiento por Torsión según lo indicado en el artículo 45º.

Las comprobaciones de los Estados Límite de Servicio de fisuración, deformaciones y vibraciones se realizarán, cuando sea necesario, de acuerdo con los artículos 49º, 50º y 51º.

El dimensionamiento de las zonas de introducción del pretensado se realizará de acuerdo con las indicaciones del artículo 61º.

60.1.2. Tableros constituidos por vigas prefabricadas

Deberán tenerse en cuenta en la comprobación o en el dimensionamiento de los elementos del tablero las distintas fases de construcción del mismo, considerando adecuadamente tanto las cargas actuantes como la configuración estructural, el sistema de apoyos y las secciones resistentes en cada fase constructiva.

En el caso de vigas en doble T, artesa o similares, deberán tenerse en cuenta las indicaciones del artículo 18º, a efectos de determinación de los anchos eficaces del ala a considerar en cada situación.

La unión entre las vigas prefabricadas y la losa-forjado deberá realizarse de acuerdo con las prescripciones del artículo 47º.

En la losa-forjado deberán realizarse las comprobaciones de punzonamiento frente a la actuación de las cargas concentradas del vehículo pesado de acuerdo con el artículo 46º.

En el caso de tableros isostáticos, dada su discontinuidad en la zona de apoyos, deben comprobarse, de forma especialmente cuidadosa, las deformaciones del tablero de acuerdo con el artículo 50º, para evitar un quiebro en la plataforma debido al giro relativo entre los dos tableros en la zona de apoyos. Deberán tenerse en cuenta las deformaciones instantáneas y diferidas que se producen a lo largo de la historia de las vigas y, en particular, durante los plazos transcurridos entre la fabricación de las mismas y su incorporación a la estructura.

Cuando por razones de comodidad de rodadura se desee minimizar el numero de juntas transversales de la calzada, ello podrá conseguirse bien mediante una losa de continuidad entre tableros, bien disponiendo una articulación entre las losas de compresión de los tableros con pasadores. En el primero de los casos se dará continuidad a la losaforjado sobre los extremos de las vigas prefabricadas debiendo desconectarse aquélla de éstas en una determinada longitud L_d (Figura 60.1.2). A efectos del dimensionamiento de dicha zona, deberán tenerse en cuenta no sólo las acciones locales, sino también los esfuerzos inducidos por las deformaciones impuestas al elemento por el giro relativo entre los extremos de ambos tableros.

En el caso de disponerse rótula de continuidad con armadura pasante, esta armadura deberá ser de acero inoxidable corrugado, por razones de durabilidad.

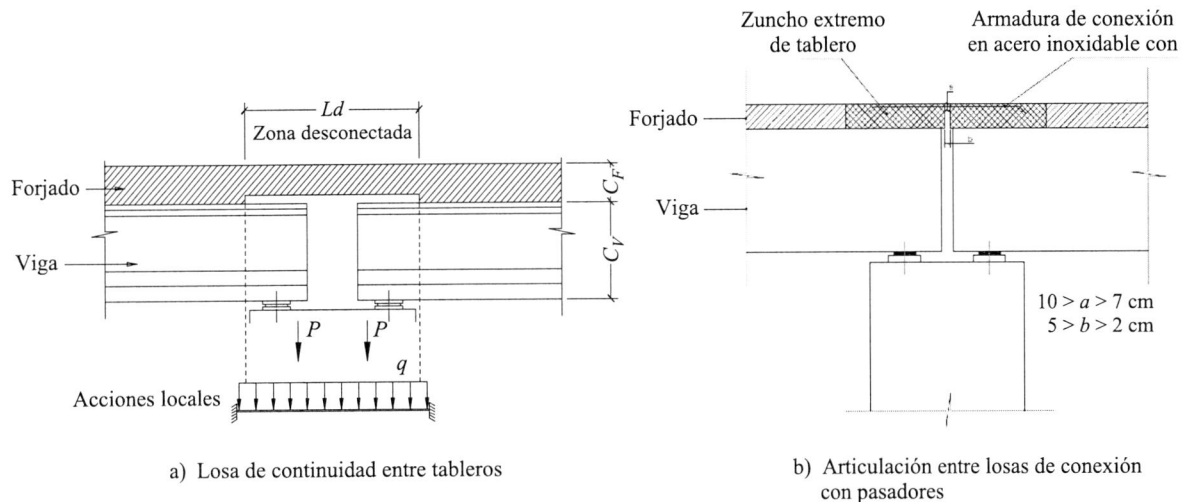

a) Losa de continuidad entre tableros

b) Articulación entre losas de conexión con pasadores

Figura 60.1.2

En el caso de disponer apoyos a media madera en los elementos prefabricados, dichas regiones tipo D deberán ser comprobadas y dimensionadas utilizando los modelos de bielas y tirantes indicados en el artículo 59°. El dimensionamiento de las zonas de introducción del pretensado se realizará de acuerdo con las indicaciones del artículo 62°.

En el caso de secciones en artesa o similares, que dispongan de diafragmas, éstos se dimensionarán de acuerdo con el apartado 60.5.

60.1.3. Tableros losa

Aquellos tableros en los que la relación entre el ancho del núcleo y la luz sea inferior a 0,25, podrán considerarse como elementos lineales a efectos de cálculo de esfuerzos y de comprobación de los Estados Límite. En caso contrario deberá considerarse el trabajo bidimensional del tablero como losa.

La unión entre el núcleo de la losa y los voladizos, si éstos existen, deberá dimensionarse de acuerdo con las prescripciones del punto 44.2.3.5.

En los voladizos y en las zonas sobre los aligeramientos, en el caso de que existan, deberán realizarse las comprobaciones de punzonamiento frente a la actuación de las ruedas del vehículo pesado de acuerdo con el artículo 46°.

En el caso de losas pretensadas, el dimensionamiento de las zonas de introducción del pretensado se realizará de acuerdo con las indicaciones del artículo 62°.

60.1.4. Tableros nervados

Deberán tenerse en cuenta las indicaciones del artículo 18°, a efectos de determinación de los anchos eficaces del ala a considerar en cada situación.

La unión entre los nervios y la losa superior deberá realizarse de acuerdo con las prescripciones del punto 44.2.3.5, tanto en las secciones horizontales de unión como en las verticales.

En la losa superior deberán realizarse las comprobaciones de punzonamiento frente a la actuación de las cargas concentradas del vehículo pesado de acuerdo con el artículo 46º.

El dimensionamiento de las zonas de introducción del pretensado se realizará de acuerdo con las indicaciones del artículo 62º. En el caso de que se dispongan diafragmas en las secciones de apoyo, éstos se dimensionarán de acuerdo con el apartado 60.5.

60.1.5. Tableros de sección cajón

Deberán tenerse en cuenta las indicaciones del artículo 18º, a efectos de determinación de los anchos eficaces del ala a considerar en cada situación.

La unión entre las diversas losas que forman el cajón deberá realizarse de acuerdo con las prescripciones del punto 44.2.3.5, tanto en las secciones horizontales de unión como en las verticales.

En la losa superior y en los voladizos deberán realizarse las comprobaciones de punzonamiento frente a la actuación de las cargas concentradas del vehículo pesado de acuerdo con el artículo 46º.

El dimensionamiento de las zonas extremas de introducción del pretensado se realizará de acuerdo con las indicaciones del artículo 62º. Los diafragmas de apoyo se comprobarán y dimensionarán utilizando los modelos incluidos en el apartado 60.5.

60.2. Pilas

Este artículo se refiere a pilas compuestas, para cada línea de apoyo, por uno o varios fustes de sección transversal maciza o hueca, con o sin un cabecero superior para apoyo del tablero y cuya cimentación puede realizarse mediante zapatas o encepados individuales para cada fuste o únicos para todos los fustes de la línea de apoyo.

En el caso de fustes con sección transversal en cajón, formados por una serie de tabiques planos, el espesor de los mismos no será inferior a 1/30 de la dimensión transversal de cada tabique. En estos casos, deberán tenerse en cuenta en el cálculo de los tabiques, las flexiones transversales inducidas por los posibles empujes diferenciales entre el interior y el exterior debidos al terreno, agua, etc.

Para el dimensionamiento de las regiones D, correspondientes a las zonas de apoyo, se seguirán las indicaciones contenidas en el artículo 61º.

Para el dimensionamiento y comprobación de los fustes deberá determinarse la longitud de pandeo y, a partir de ella, la esbeltez mecánica de cada fuste considerando sus vinculaciones reales con el tablero.

Aquellas pilas cuyos fustes presenten una esbeltez mecánica λ, inferior a 100, pueden considerarse como elementos aislados y dimensionarse frente al Estado Límite Último de Inestabilidad, de acuerdo con el procedimiento indicado en 43.5.

El cálculo de las cargas horizontales que actúan en la cabeza de cada pila, originadas por deformaciones y cargas procedentes del tablero, puede hacerse suponiendo un comportamiento lineal de la globalidad de la estructura, sin considerar los efectos de segundo orden.

En pilas de gran esbeltez ($\lambda > 100$), una vez realizado el reparto entre pilas de las cargas transmitidas por el tablero por métodos lineales, debe obtenerse los esfuerzos mediante análisis no lineal, geométrica y mecánicamente, de acuerdo con el artículo 21º. En general será suficiente analizar la pila como elemento aislado, considerando sus vinculaciones reales al tablero. Sin embargo, en casos muy especiales puede ser conveniente realizar un cálculo de la estructura completa.

Para la comprobación y dimensionamiento de las cimentaciones se seguirán las prescripciones contenidas en el artículo 58º.

60.3. Estribos

Este artículo se refiere a estribos cerrados, estribos abiertos y sillas-cargadero. Los estribos deben resistir las acciones transmitidas por el tablero y sostener las tierras de los terraplenes de acceso a la estructura. El contacto con el terreno es un condicionante importante de la durabilidad de este tipo de elementos, por lo que deberán tenerse en cuenta, de forma especialmente cuidadosa, las prescripciones del Capítulo VII (artículo 37º).

En la comprobación o dimensionamiento de los elementos de un estribo deberán considerarse las distintas fases de construcción del mismo.

En general, salvo que se adopten medidas especiales que lo garanticen, no podrá contarse en el dimensionamiento de los diversos elementos de un estribo con la colaboración del empuje pasivo o al reposo de los posibles rellenos exteriores al mismo.

Para la comprobación y dimensionamiento de las cimentaciones, se seguirán las prescripciones contenidas en el artículo 58º.

Los dinteles o cargaderos de un estribo abierto, en general, podrán considerarse como estructuras planas. Para la comprobación y dimensionamiento de las cimentaciones se seguirán las indicaciones del artículo 58º.

Los estribos de tipo silla-cargadero pueden considerarse, a efectos de cálculo y dimensionamiento, como una cimentación directa de las cargas transmitidas por el tablero a través de los apoyos. Para su comprobación y dimensionamiento se seguirán las prescripciones contenidas en el artículo 58º.

60.4. Zonas de anclaje

Las zonas de anclaje del pretensado deberán proyectarse de acuerdo con el artículo 62º.

60.5. Diafragmas en tableros

La función de los diafragmas objeto de este artículo es la de transferir las cargas desde el tablero a las pilas o estribos.

Las características geométricas de los diafragmas han de ser tales que aseguren el flujo de fuerzas desde el tablero hasta los apoyos situados en esa sección transversal.

Los diafragmas del tablero situados en las secciones transversales coincidentes con el apoyo en pilas o estribos, se diseñarán para transmitir, además de los cortantes de eje vertical, el cortante de eje horizontal y, en su caso, el efecto de la torsión a las pilas o estribos (si el tablero está apoyado en esa sección mediante más de un aparato de apoyo).

El diseño de los diafragmas tendrá en cuenta la posible excentricidad de las reacciones y la consecuente flexión en el diafragma, cuando en alguna situación el plano central del diafragma no coincida con el eje de apoyos.

Los diafragmas se proyectarán tanto para las situaciones de apoyo definitivas como para las situaciones provisionales, durante la construcción o para las operaciones de sustitución de apoyos.

En general, los diafragmas constituyen regiones D generalizadas donde es de aplicación el método de bielas y tirantes. Además de las armaduras obtenidas del modelo general de bielas y tirantes, será necesario disponer la armadura de carga concentrada en la zona situada sobre los apoyos.

Para el control de la fisuración se dispondrán en cada cara del diafragma una malla de armadura con separación igual o inferior a 0,30 m y en una cuantía geométrica mínima del 0,15% en cada cara y dirección.

Los diafragmas en los que el apoyo de las almas del tablero se realiza directamente sobre los aparatos de apoyo en pilas, tendrán un espesor mínimo de 0,50 m.

Los diafragmas para apoyo no directo de almas del tablero en los aparatos de apoyo, tendrán un espesor mínimo igual a dos veces el ancho de las almas que apoyan en él.

En el caso de uniones monolíticas pila-tablero mediante diafragmas, el espesor de éstos será como mínimo igual al espesor de las caras de las pilas situadas en su prolongación.

Artículo 61.º Cargas concentradas sobre macizos

61.1. Generalidades

Una carga concentrada aplicada sobre un macizo constituye una región D.

Por tratarse de una región D, el método general de análisis es el indicado en el artículo 24º. Las comprobaciones de bielas, tirantes y nudos así como las propiedades de los materiales a considerar serán las indicadas en el artículo 40º.

El modelo de celosía equivalente, en el caso de carga centrada de la Figura 61.1.a, es el indicado en la Figura 61.1.b.

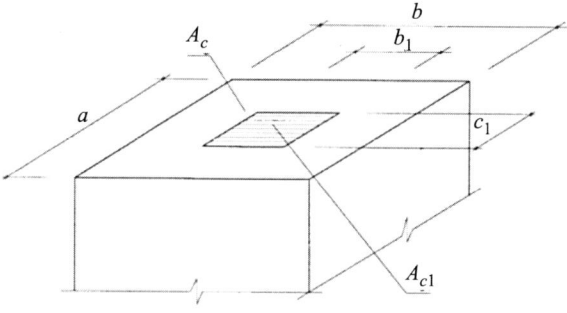

Figura 61.1.a

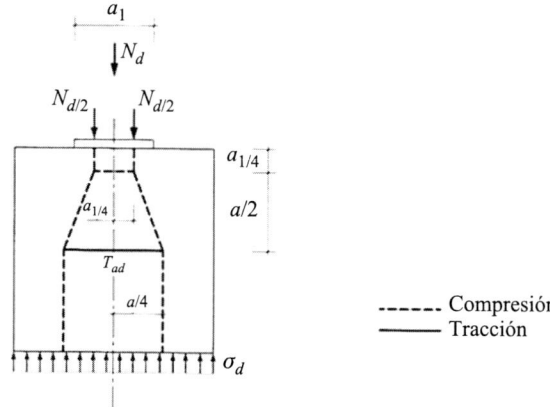

Figura 61.1.b

61.2. Comprobación de nudos y bielas

La fuerza máxima de compresión que puede actuar en Estado Límite Último sobre una superficie restringida, Figura 61.1.a, de área A_{c1}, situada concéntrica y homotéticamente sobre otra área A_c, supuesta plana, puede ser calculada por la fórmula:

$$N_d \leqslant A_{c1} f_{3cd}$$

$$f_{3cd} = \sqrt{\frac{A_c}{A_{c1}}}\, f_{cd} \leqslant 3{,}3 f_{cd}$$

siempre y cuando el elemento sobre el que actúe la carga no presente huecos internos y que su espesor h sea $h \geqslant 2A_c/u$, siendo u el perímetro de A_c.

Si las dos superficies A_c y A_{c1} no tienen el mismo centro de gravedad, se sustituirá el contorno de A_c por un contorno interior, homotético de A_{c1} y limitando un área A'_c que tenga su centro de gravedad en el punto de aplicación del esfuerzo N, aplicando a las áreas A_{c1} y A'_c las fórmulas arriba indicadas.

61.3. Armaduras transversales

Los tirantes T_d indicados en la Figura 61.1.b se dimensionarán para la tracción de cálculo indicada en las siguientes expresiones.

$$T_{ad} = 0{,}25N_d\left(\frac{a - a_1}{a}\right) = A_s f_{yd} \quad \text{en sentido paralelo a } a,\ \text{y}$$

$$T_{bd} = 0{,}25N_d\left(\frac{b - b_1}{b}\right) = A_s f_{yd} \quad \text{en sentido paralelo a } b,\ \text{con } f_{yd} \leqslant 400 \text{ N/mm}^2 \text{ (apartado 40.2)}$$

61.4. Criterios de disposición de armadura

Las armaduras correspondientes deberán disponerse en una distancia comprendida entre $0{,}1a$ y a y $0{,}1b$ y b, respectivamente. Estas distancias se medirán perpendicularmente a la superficie A_c.

Será preferible el empleo de cercos que mejoren el confinamiento del hormigón.

Artículo 62.° Zonas de anclaje

El anclaje de las armaduras activas constituye una región D en la que la distribución de deformaciones es no lineal a nivel sección. Es, por tanto, de aplicación para su estudio el método general de los artículos 24° y 40° o el resultado de estudios experimentales.

Si se trata de piezas, tales como vigas, en cuyos extremos pueden combinarse los esfuerzos debidos a los anclajes y los producidos por las reacciones de apoyo y esfuerzo cortante, es necesario considerar dicha combinación teniendo en cuenta además que, en el caso de armaduras pretesas, el pretensado produce el efecto total solamente a partir de la longitud de transmisión.

Artículo 63.º Vigas de gran canto

63.1. Generalidades

Se consideran como vigas de gran canto las vigas rectas generalmente de sección constante y cuya relación entre la luz, l, y el canto total h, es inferior a 2, en vigas simplemente apoyadas, o a 2,5 en vigas continuas.

En las vigas de gran canto, se considerará como luz de un vano:

— La distancia entre ejes de apoyos, si esta distancia no sobrepasa en más de un 15% a la distancia libre entre paramentos de apoyos.
— 1,15 veces la luz libre en caso contrario.

En este tipo de elementos no son de aplicación las hipótesis de Bernouilli-Navier, debiendo utilizarse para su proyecto el método indicado por los artículos 24º y 40º.

63.2. Anchura mínima

La anchura mínima está limitada por el valor máximo de la compresión de los nudos y bielas según los criterios expresados en el artículo 40º. El posible pandeo fuera de su plano de los campos de compresiones deberá analizarse, cuando sea necesario, según el artículo 43º.

63.3. Vigas de gran canto simplemente apoyadas

63.3.1. Dimensionamiento de la armadura

En el caso de carga uniformemente distrbuida aplicada en la cara superior, el modelo es el indicado en la Figura 63.3.1.a y la armadura principal se calculará tomando como posición del brazo mecánico $z \leqslant 0,6l$ y $z \leqslant 0,67h$, y para una fuerza de tracción igual a:

$$T_d = \frac{R_d \cdot l}{4z} = A_s f_{yd}$$

con $f_{yd} \leqslant 400 \text{ N/mm}^2$ (40.2).

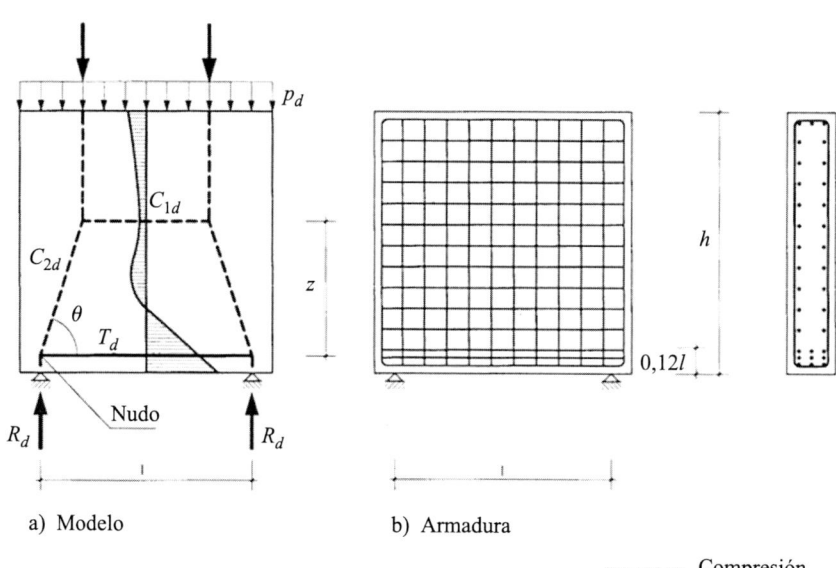

a) Modelo   b) Armadura

- - - - - Compresión
———— Tracción

Figura 63.3.1.a

La comprobación del nudo de apoyo se realizará de acuerdo con el modelo de la Figura 63.3.1.a.

Además de la armadura principal correspondiente a T_d, se dispondrá una armadura mínima de 0,1% de cuantía en cada dirección y cada cara del elemento.

Se prestará especial atención al anclaje de la armadura principal (ver Figura 63.3.1.c), que deberá tener una longitud de anclaje desde el eje del apoyo hacia el extremo de la pieza.

Si fuese necesario, se dispondrá una armadura adicional en apoyos según el artículo 61°.

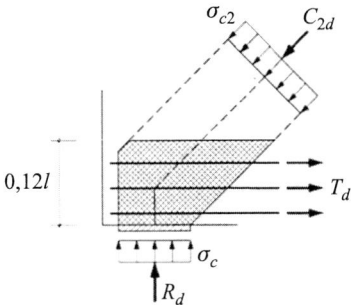

Figura 63.3.1.b

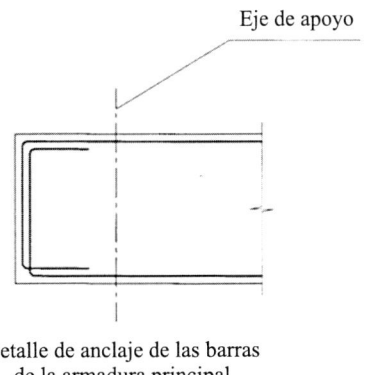

Eje de apoyo

Detalle de anclaje de las barras
de la armadura principal

Figura 63.3.1.c

63.3.2. Comprobación de nudos y bielas

Para realizar la comprobación de nudos y bielas, basta con comprobar que la tensión en el hormigón en el nudo de apoyo sea:

$$\frac{R_d}{ab} \leqslant f_{2cd}$$

donde:

σ_c y σ_{c2} = Compresiones a la entrada del nudo (Figura 63.3.1.b).

f_{2cd} = Resistencia a compresión del hormigón.

$$f_{2cd} = 0,70 f_{cd}$$

63.4. Vigas de gran canto continuas

En el caso de vigas continuas de vanos de igual longitud con carga uniformemente distribuida aplicada en la cara superior, el modelo es el indicado en las Figuras 63.4.a y b.

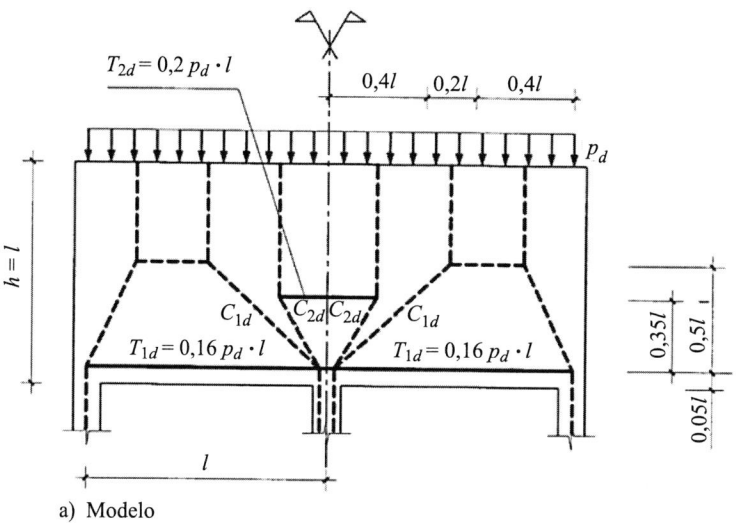

a) Modelo

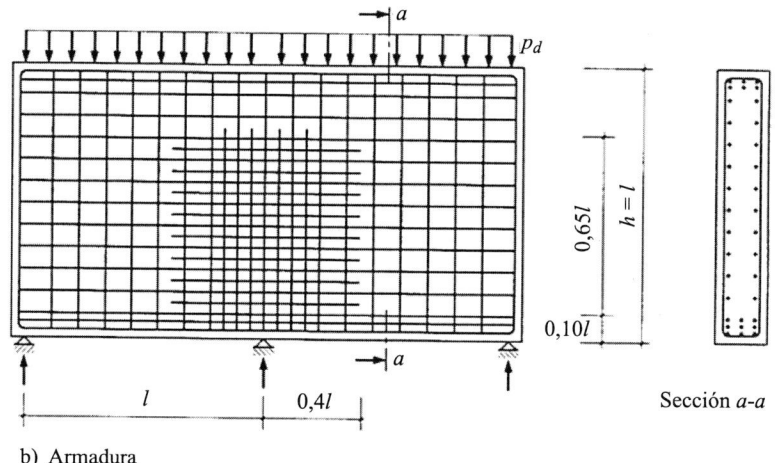

b) Armadura

Figura 63.4.a

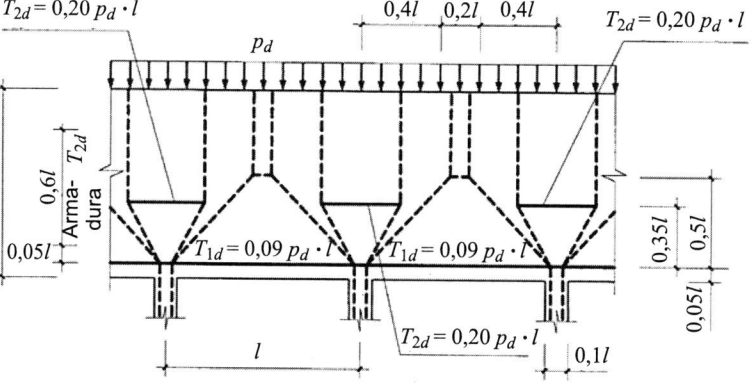

Figura 63.4.b

63.4.1. Dimensionamiento de la armadura

Según los modelos anteriores para vigas continuas de vanos iguales, la armadura en la zona de apoyos intermedios se proyectará para una fuerza de tracción:

$$T_{2d} = 0{,}20\, p_d l = A_s f_{yd}$$

con $f_{yd} \leqslant 400$ N/mm^2 (40.2).

La armadura inferior de vanos extremos se proyectará para una fuerza igual a:

$$T_{1d} = 0{,}16\, p_d l = A_s f_{yd}$$

con $f_{yd} \leqslant 400$ N/mm^2 (40.2).

La armadura inferior de vanos intermedios se proyectará para una fuerza igual a:

$$T_{1d} = 0{,}09\, p_d l = A_s f_{yd}$$

con $f_{yd} \leqslant 400$ N/mm^2 (40.2).

Además de la armadura principal indicada en el párrafo anterior, se dispondrá una armadura mínima de 0,1% de cuantía en cada dirección y cada cara del elemento.

En los apoyos extremos se prestará especial cuidado al anclaje de la armadura (ver Figura 63.3.1.c), que deberá tener una longitud de anclaje desde el eje de apoyo hacia el extremo de la pieza.

Si fuese necesario se dispondrá una armadura adicional en apoyo según el artículo 61°.

63.4.2. Comprobación de nudos y bielas

La comprobación de nudos y bielas se satisface si se comprueba la compresión localizada en apoyos.

$$\frac{R_{ed}}{a_e b_e} \leqslant f_{2cd} \qquad \frac{R_{id}}{a_i b_i} \leqslant f_{2cd}$$

donde:

R_{ed} = Reacción de cálculo en apoyo extremo.

R_{id} = Reacción de cálculo en apoyo interior.

a_e, b_e = Dimensiones del apoyo extremo (Figura 63.3.1.b).

a_i, b_i = Dimensiones del apoyo interior (Figura 63.4.2).

f_{2cd} = Resistencia a compresión del hormigón.

$$f_{2cd} = 0{,}70\, f_{cd}$$

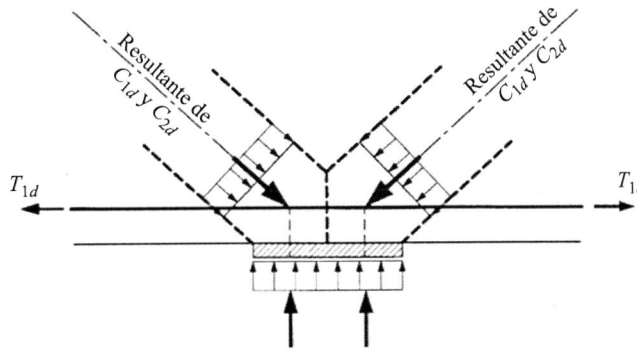

Figura 63.4.2

Artículo 64.º Ménsulas cortas y apoyos a media madera

64.1. Ménsulas cortas

64.1.1. Definición

Se definen como ménsulas cortas aquellas ménsulas cuya distancia a, entre la línea de acción de la carga vertical principal y la sección adyacente al soporte, es menor o igual que el canto útil d, en dicha sección (Figura 64.1.1).

El canto útil d_1 medido en el borde exterior del área donde se aplica la carga, será igual o mayor que $0{,}5d$.

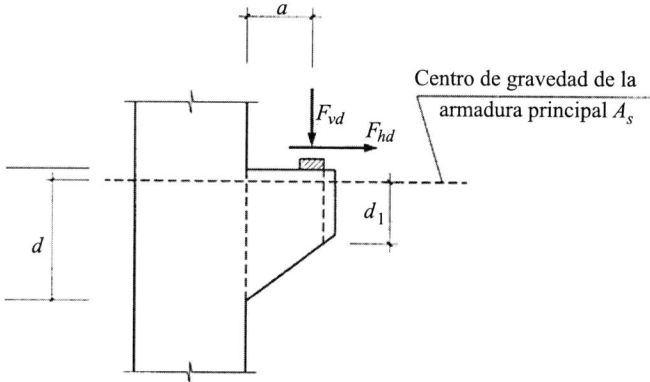

Figura 64.1.1

64.1.2. Comprobación del elemento y dimensionamiento de las armaduras

Por tratarse de una región D, el método general de análisis será el indicado en el artículo 24º.

Las comprobaciones de bielas, tirantes y nudos y las propiedades de los materiales a considerar serán las indicadas en el artículo 40º.

64.1.2.1. Comprobación de nudos y bielas y diseño de la armadura

El modelo de celosía equivalente podrá ser el indicado en la Figura 64.1.2.

El ángulo θ de inclinación de las compresiones oblicuas (bielas), podrá, de acuerdo con las condiciones geométricas y de ejecución, adoptar los siguientes valores:

$\cotg \theta = 1{,}4$ si se hormigona la ménsula monolíticamente con el pilar. Podrá adoptarse valores distintos de cotg 8 y nunca superiores a 2,0 previa justificación mediante estudios teóricos o experimentales adecuados.

$\cotg \theta = 1{,}0$ si se hormigona la ménsula sobre el hormigón del pilar endurecido.

$\cotg \theta = 0{,}6$ para el caso anterior, pero con rugosidad débil de la superficie del hormigón endurecido.

El canto útil d de la ménsula (Figuras 64.1.1 y 64.1.2) cumplirá la condición siguiente:

$$d \geqslant \frac{a}{0{,}85} \cotg \theta$$

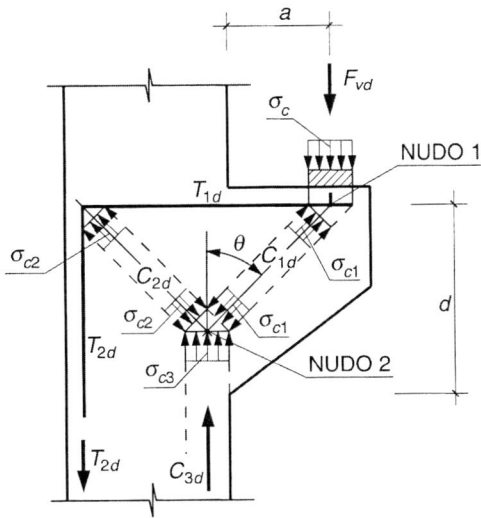

Figura 64.1.2.

64.1.2.1.1. *Dimensionamiento de la armadura*

La armadura principal A_s (Figura 64.1.2.1.1) se dimensionará para una tracción de cálculo:

$$T_{1d} = F_{vd}\,\mathrm{tg}\,\theta + F_{hd} = A_s f_{yd}$$

con $f_{yd} \leqslant 400$ N/mm² (40.2).

Se dispondrán cercos horizontales (A_{se}) uniformemente distribuidos para absorber una tracción total.

$$T_{2d} = 0{,}20 F_{vd} = A_{se} f_{yd}$$

con $f_{yd} \leqslant 400$ N/mm² (40.2).

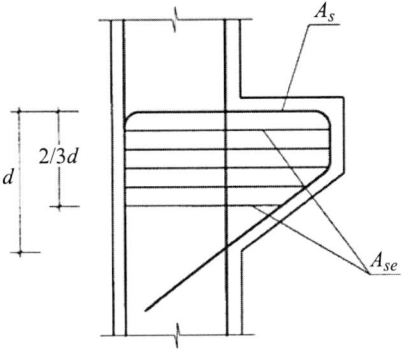

Figura 64.1.2.1.1

64.1.2.1.2. *Comprobación de nudos y bielas*

Cumpliendo las condiciones geométricas de 64.1.2.1 basta con comprobar la compresión localizada en el apoyo (nudo 1, Figura 64.1.2).

$$\sigma_c \leqslant f_{1cd}$$
$$\sigma_{c1} \leqslant f_{1cd}$$

donde:

σ_c, σ_{c1} = Compresiones en el hormigón según Figura 64.1.2.

$\quad f_{1cd}$ = Resistencia a compresión del hormigón.

$$f_{1cd} = 0{,}70 f_{cd}$$

64.1.2.1.3. Anclaje de las armaduras

Tanto la armadura principal como las armaduras secundarias deberán estar convenientemente ancladas en el extremo de la ménsula.

64.1.3. Cargas colgadas

Si una ménsula corta está sometida a una carga colgada por medio de una viga (Figura 64.1.3.a) deberán estudiarse distintos sistemas de biela-tirante según los artículos 24° y 40°.

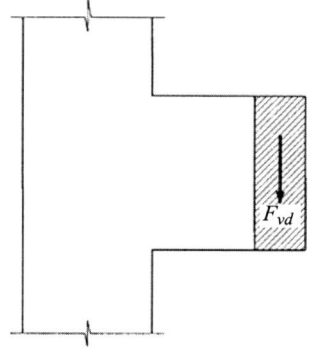

Figura 64.1.3.a

En cualquier caso, deberá disponerse una armadura horizontal próxima a la cara superior de la ménsula.

64.2. Apoyos a media madera

Las soluciones de apoyo de este tipo son, en general, puntos conflictivos en donde se concentran problemas de fisuración y degradación del hormigón, por lo que se evitará su empleo siempre que sea posible.

En el caso de que se utilicen soluciones de este tipo, se deberá tener cuenta la necesaria sustitución de apoyos y, consecuentemente, esta situación de carga.

Los apoyos de vigas a media madera constituyen una región tipo D, tanto por la existencia de una discontinuidad geométrica asociada a un cambio brusco de sección, como por la presencia de la carga concentrada del apoyo por lo que resulta de aplicación el método de bielas y tirantes. En el caso de elementos pretensados la complejidad del sistema aumenta debido a la presencia de fuerzas en los anclajes de pretensado.

Artículo 65.º Elementos con empuje al vacío

En aquellos elementos en los que se produce un cambio en la dirección de las fuerzas debido a la geometría del elemento, pueden aparecer tracciones transversales que es necesario absorber con armadura para evitar la rotura del recubrimiento (ver Figura 65).

El diseño de la armadura de atado puede realizarse, en términos generales, a partir de las indicaciones de los artículos 24º y 40º.

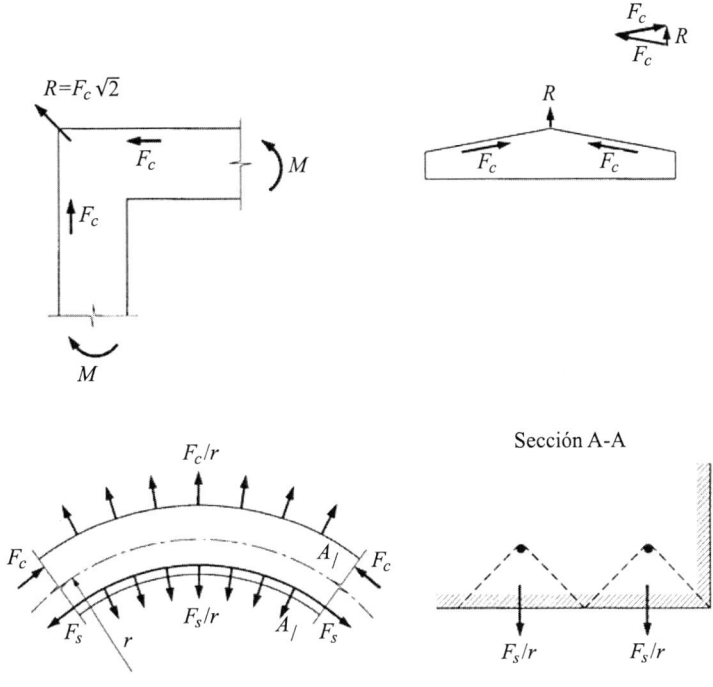

Figura 65

capítulo XIII

Ejecución

Artículo 66.º Criterios generales para la ejecución de la estructura

66.1. Adecuación del proceso constructivo al proyecto

La ejecución de una estructura de hormigón comprende una serie de procesos que deberán realizarse conforme a lo establecido en el proyecto o, en su defecto, en esta Instrucción. En particular, se prestará especial atención a la adecuación de los procedimientos y las secuencias de ejecución de la obra respecto al proceso constructivo contemplado en el proyecto.

Cualquier modificación de los procesos de ejecución respecto a lo previsto en el proyecto, deberá ser previamente aprobada por la Dirección Facultativa.

66.1.1. Acciones del proceso durante la ejecución

Los procesos para la construcción de cada nuevo elemento durante la obra, pueden modificar las acciones actuantes y el comportamiento mecánico de la parte de estructura ya construida.

Además, algunos procesos, como el descimbrado, el pretensado, etc., pueden introducir acciones que deberán haber sido contempladas en el proyecto, de acuerdo con lo indicado en el Capítulo 111 de esta Instrucción.

66.2. Gestión de los acopios de materiales en la obra

El Constructor deberá disponer de un sistema de gestión de los materiales, productos y elementos que se vayan a colocar en la obra, de manera que se asegure la trazabilidad de los mismos. Dicho sistema de gestión deberá presentar, al menos, las siguientes características:

— disponer de un registro de suministradores de la obra, con identificación completa de los mismos y de los materiales y productos suministrados,

— disponer de un sistema de almacenamiento de los acopios en la obra que permita mantener, en su caso, la trazabilidad de cada una de las partidas o remesas que llegan a la obra,

— disponer de un sistema de registro y seguimiento de las unidades ejecutadas que relacione éstas con las partidas de productos utilizados y, en su caso, con las remesas empleadas en las mismas, de manera que se pueda mantener la trazabilidad durante la ejecución de la obra, de acuerdo con el nivel de control de la ejecución definido en el proyecto.

66.3. Consideraciones de carácter medioambiental y de contribución a la sostenibilidad

Sin perjuicio del cumplimiento de la legislación de protección ambiental vigente, la Propiedad podrá establecer que la ejecución de la estructura tenga en cuenta una serie de consideraciones de carácter medioambiental, al objeto de minimizar los potenciales impactos derivados de dicha actividad. En su caso, dicha exigencia debería incluirse en un Anejo de evaluación ambiental de la estructura, que formará parte del proyecto. En caso de que el proyecto no contemplara este tipo de exigencias para la fase de ejecución, la Propiedad podrá obligar a su cumplimiento mediante la introducción de las cláusulas correspondientes en el contrato con el Constructor.

En particular, el sistema de gestión medioambiental de la ejecución deberá contemplar, al menos, los aspectos contemplados en el artículo 77º e identificar las correspondientes buenas prácticas medioambientales a seguir durante la ejecución de la obra. En el caso de que el proyecto haya establecido exigencias relativas a la contribución de la estructura a la sostenibilidad, de acuerdo con el Anejo 13 de esta Instrucción, la ejecución deberá ser coherente con dichas exigencias.

En el caso de que algunas de las unidades de obra sean subcontratadas, el Constructor, entendido éste como el contratista principal, deberá velar para que se observe el cumplimiento de las consideraciones medioambientales en la totalidad de la obra.

Artículo 67.º Actuaciones previas al comienzo de la ejecución

Antes del inicio de la ejecución de la estructura, la Dirección Facultativa velará para que el Constructor efectúe las actuaciones siguientes:

— depósito en las instalaciones de la obra del correspondiente libro de órdenes, facilitado por la Dirección Facultativa;

— identificación de suministradores inicialmente previsto, así como del resto de agentes involucrados en la obra, reflejando sus datos en el correspondiente directorio que deberá estar permanentemente actualizado hasta la recepción de la obra;

— comprobación de la existencia de la documentación que avale la idoneidad técnica de los equipos previstos para su empleo durante la obra como, por ejemplo, los certificados de calibración o la definición de los parámetros óptimos de soldeo de los equipos de soldadura;

— en caso de que se pretenda realizar soldaduras para la elaboración de las armaduras en la obra, se comprobará la existencia de personal soldador con la cualificación u homologación suficiente, conforme a las exigencias de esta Instrucción.

Además, el Constructor deberá comprobar la conformidad de la documentación previa de cada uno de los productos antes de su utilización, de acuerdo con los criterios establecidos por esta Instrucción.

Asimismo, con carácter previo al inicio de la ejecución, el Constructor deberá comprobar que no hay constancia documental de modificaciones sustanciales que puedan conllevar alteraciones respecto a la estructura de hormigón proyectada inicialmente como, por ejemplo, como consecuencia de la ubicación de nuevas instalaciones.

Al objeto de conseguir la trazabilidad de los materiales y productos empleados en la obra, el Constructor deberá definir e implantar un sistema de gestión de las partidas y remesas recibidas en la obra, así como de los correspondientes acopios en obra.

Artículo 68.° Procesos previos a la colocación de las armaduras

68.1. Replanteo de la estructura

A medida que se desarrolla el proceso de ejecución de la estructura, el Constructor velará para que los ejes de los elementos, las cotas y la geometría de las secciones de cada uno de elementos estructurales, sean conformes con lo establecido en el proyecto, teniendo para ello en cuenta las tolerancias establecidas en el mismo o, en su defecto, en el Anejo 11 de esta Instrucción.

68.2. Cimbras y apuntalamientos

Antes de su empleo en la obra, el Constructor deberá disponer de un proyecto de la cimbra en el que, al menos, se contemplen los siguientes aspectos:

— justifique su seguridad, así como limite las deformaciones de la misma antes y después del hormigonado,

— contenga unos planos que definan completamente la cimbra y sus elementos, y

— contenga un pliego de prescripciones que indique las características que deben cumplir, en su caso, los perfiles metálicos, los tubos, las grapas, los elementos auxiliares y cualquier otro elemento que forme parte de la cimbra.

Además, el Constructor deberá disponer de un procedimiento escrito para el montaje y desmontaje de la cimbra o apuntalamiento, en el que se especifiquen los requisitos para su manipulación, ajuste, contraflechas, carga, desenclavamiento y desmantelamiento. Se comprobará también que, en el que caso que fuera preciso, existe un procedimiento escrito para la colocación del hormigón, de forma que se logre limitar las flechas y los asentamientos.

Además, la Dirección Facultativa dispondrá de un certificado, facilitado por el Constructor y firmado por persona física, en el que se garantice que los elementos empleados realmente en la construcción de la cimbra cumplen las especificaciones definidas en el correspondiente pliego de prescripciones técnicas particulares de su proyecto.

En el caso de hormigón pretensado, las cimbras deberán resistir adecuadamente la redistribución de cargas que se origina durante el tesado de las armaduras coma consecuencia de la transferencia de los esfuerzos de pretensado al hormigón.

En el caso de estructuras de edificación, las cimbras se realizarán preferentemente, de acuerdo con lo indicado en EN 12812. Se dispondrán durmientes de reparto para el apoyo de los puntales, cuando se transmita carga al terreno o a forjados aligerados y en el caso de dichos durmientes descansen directamente sobre el terreno, habrá que cerciorase de que na puedan asentar en él. Las cimbras deberán estabilizarse en las dos direcciones para que el apuntalado sea capaz de resistir los esfuerzos horizontales que pueden producirse durante la ejecución de los forjados, para lo que podrán emplearse cualquiera de los siguientes procedimientos:

— arriostramiento de los puntales en ambas direcciones, por ejemplo con tubos o abrazaderas, de forma que el apuntalado sea capaz de resistir los mencionados esfuerzos horizonta-

les y, al menos, el 2% de las cargas verticales soportadas contando entre ellas la sobrecarga de construcción,
— transmisión de los esfuerzos a pilares o muros, en cuyo caso deberá comprobarse que dichos elementos tienen la capacidad resistente y rigidez suficiente, o
— disposición de torres de cimbra en ambas direcciones a las distancias adecuadas.

Cuando los forjados tengan un peso propio mayor que 5 kN/m^2 o cuando la altura de los puntales sea mayor que 3,5 m, se realizará un estudio detallado de los apuntalados, que deberá figurar en el proyecto de la estructura.

Para los forjados, las sopandas se colocarán a las distancias indicadas en los planos de ejecución del forjado de acuerdo con lo indicado en el apartado 59.2.

En los forjados de viguetas armadas se colocarán los apuntalados nivelados con los apoyos y sobre ellos se colocarán las viguetas. En los forjados de viguetas pretensadas se colocarán las viguetas ajustando a continuación los apuntalados. Los puntales deberán poder transmitir la fuerza que reciban y, finalmente, permitir el desapuntalado con facilidad.

En el caso de puentes, deberá asegurarse que las deformaciones de la cimbra durante el proceso de hormigonado no afecten de forma negativa a otras partes de la estructura ejecutadas previamente. Además, el Anejo 24 recoge unas recomendaciones relativas a elementos auxiliares de obra para la construcción de este tipo de estructuras.

68.3. Encofrados y moldes

Los encofrados y moldes deben ser capaces de resistir las acciones a las que van a estar sometidos durante el proceso de construcción y deberán tener la rigidez suficiente para asegurar que se van a satisfacer las tolerancias especificadas en el proyecto. Además, deberán poder retirarse sin causar sacudidas anormales, ni daños en el hormigón.

Con carácter general, deberán presentar al menos las siguientes características:

— estanqueidad de las juntas entre los paneles de encofrado o en los moldes, previendo posibles fugas de agua o lechada por las mismas.
— resistencia adecuada a las presiones del hormigón fresco y a los efectos del método de compactación,
— alineación y en su caso, verticalidad de los paneles de encofrado, prestando especial interés a la continuidad en la verticalidad de los pilares en su cruce con los forjados en el caso de estructuras de edificación,
— mantenimiento de la geometría de los paneles de moldes y encofrados, con ausencia de abolladuras fuera de las tolerancias establecidas en el proyecto o, en su defecto, por esta Instrucción
— limpieza de la cara interior de los moldes, evitándose la existencia de cualquier tipo de residuo propio de las labores de montaje de las armaduras, tales como restos de alambre, recortes, casquilllos, etc.
— mantenimiento, en su caso, de las características que permitan texturas específicas en el acabado del hormigón, como por ejemplo, bajorrelieves, impresiones, etc.

Cuando sea necesario el uso de encofrados dobles o encofrados contra el terreno natural, como por ejemplo, en tableros de puente de sección cajón, cubiertas laminares, etc. deberá garantizarse la operatividad de las ventanas por las que esté previsto efectuar las operaciones posteriores de vertido y compactación del hormigón.

En el caso de elementos pretensados, los encofrados y moldes deberán permitir el correcto emplazamiento y alojamiento de las armaduras activas, sin merma de la necesaria estanqueidad.

En elementos de gran longitud, se adoptarán medidas específicas para evitar movimientos indeseados durante la fase de puesta en obra del hormigón.

En los encofrados susceptibles de movimiento durante la ejecución, como por ejemplo, en encofrados trepantes o encofrados deslizantes, la Dirección Facultativa podrá exigir que el Constructor realice una prueba en obra sobre un prototipo, previa a su empleo real en la estructura, que permita evaluar el comportamiento durante la fase de ejecución. Dicho prototipo, a juicio de la Dirección Facultativa, podrá formar parte de una unidad de obra.

Los encofrados y moldes podrán ser de cualquier material que no perjudique a las propiedades del hormigón. Cuando sean de madera, deberán humedecerse previamente para evitar que absorban el agua contenida en el hormigón. Por otra parte, las piezas de madera se dispondrán de manera que se permita su libre entumecimiento, sin peligro de que se originen esfuerzos o deformaciones anormales. No podrán emplearse encofrados de aluminio, salvo que pueda facilitarse a la Dirección Facultativa un certificado, elaborado por una entidad de control, de que los paneles empleados han sido sometidos con anterioridad a un tratamiento de protección superficial que evite la reacción con los álcalis del cemento.

68.4. Productos desencofrantes

El Constructor podrá seleccionar los productos empleados para facilitar el desencofrado o desmoldeo, salvo indicación expresa de la Dirección Facultativa. Los productos serán de la naturaleza adecuada y deberán elegirse y aplicarse de manera que no sean perjudiciales para las propiedades o el aspecto del hormigón, que no afecten a las armaduras o los encofrados, y que no produzcan efectos perjudiciales para el medioambiente.

No se permitirá la aplicación de gasóleo, grasa corriente o cualquier otro producto análogo.

Además, no deberán impedir la posterior aplicación de revestimientos superficiales, ni la posible ejecución de juntas de hormigonado.

Previamente a su aplicación, el Constructor facilitará a la Dirección Facultativa un certificado, firmado por persona física, que refleje las características del producto desencofrante que se pretende emplear, así como sus posibles efectos sobre el hormigón.

Se aplicarán en capas continuas y uniformes sobre la superficie interna del encofrado o molde, debiéndose verter el hormigón dentro del período de tiempo en el que el producto sea efectivo según el certificado al que se refiere el párrafo anterior.

Artículo 69.° Procesos de elaboración, armado y montaje de las armaduras

A los efectos de esta Instrucción se define como:

— **Ferralla:** conjunto de los procesos de transformación del acero corrugado, suministrado en barras o rollos, según el caso, que tienen por finalidad la elaboración de armaduras pasivas y que, por lo tanto, incluyen las operaciones de corte, doblado, soldadura, enderezado, etc.

— **Armado:** proceso por el que se proporciona la disposición geométrica definitiva a la ferralla, a partir de armaduras elaboradas o de mallas electrosoldadas.

— **Montaje:** proceso de colocación de la ferralla armada en el encofrado, conformando la armadura pasiva, para lo que deberá prestarse especial atención a la disposición de separadores y cumplimiento de las exigencias de recubrimientos del proyecto, así como lo establecido al efecto en esta instrucción.

La ferralla armada, conforme con 33.2, podrá ser realizada, mediante la aplicación de los procesos a los que se refiere el apartado 69.3, tanto en una instalación de ferralla industrializada ajena a la obra, como directamente por el Constructor en la propia obra.

Los productos de acero que se empleen para la elaboración de las armaduras pasivas deberán cumplir las exigencias establecidas para los mismos en el artículo 32°. Asimismo, podrán también fabricarse armaduras, a partir de la transformación de mallas electrosoldadas, para lo que éstas deberán ser conformes con lo establecido para las mismas en esta Instrucción.

69.1. Suministro de productos de acero para armaduras pasivas

69.1.1. Suministro del acero

Cada partida de acero se suministrará acompañado de la correspondiente hoja de suministro, que deberán incluir su designación y cuyo contenido mínimo deberá ser conforme con lo indicado en el Anejo 21.

Cuando esté en vigor el marcado CE, la identificación del acero incluido en cada partida, se efectuará de conformidad con lo contemplado para la misma en la correspondiente versión de UNE-EN 10080. Mientras no esté en vigor el marcado CE para los productos de acero, cada partida de acero deberá acompañarse de una declaración del sistema de identificación que haya empleado el fabricante, de entre los que permite la UNE-EN 10.080 que, preferiblemente, estará inscrito en la Oficina de Armonización del Mercado Interior, de conformidad con el Reglamento 40/94 del Consejo de la Unión Europea, de 20 de diciembre de 1993, sobre la marca comunitaria (http://oami.europa.eu).

La clase técnica se especificará por cualquiera de los métodos incluidos en el apartado 10 de la UNE-EN 10080 (como por ejemplo, mediante un código de identificación del tipo de acero mediante engrosamientos u omisiones de corrugas o grafilas). Además, las barras corrugadas o los alambres, en su caso, deberán llevar grabadas las marcas de identificación establecidas en el referido apartado y que incluyen información sobre el país de origen y el fabricante.

En el caso de que el producto de acero corrugado sea suministrado en rollo o proceda de operaciones de enderezado previas a su suministro, deberá indicarse explícitamente en la correspondiente hoja de suministro.

En el caso de barras corrugadas en las que, dadas las características del acero, se precise de procedimientos especiales para el proceso de soldadura, adicionales o alternativos a los contemplados en esta Instrucción, el fabricante deberá indicarlos.

69.1.2. Suministro de las mallas electrosoldadas y armaduras básicas electrosoldadas en celosía

Cada paquete de mallas electrosoldadas o armaduras básicas electrosoldadas en celosía debe llegar al punto de suministro (obra, taller de ferralla o almacén) con una hoja de suministro que incorpore, al menos, la información a la que se refiere el Anejo 21.

Así mismo, cada partida deberá acompañarse, mientras no esté en vigor el marcado CE para los productos de acero, de una declaración del sistema de identificación que haya empleado el fabricante, de entre los que permite la UNE-EN 10.080, que, preferiblemente, estará inscrito en la Oficina de Armonización del Mercado Interior, de conformidad con el Reglamento 40/94 del Consejo de la Unión Europea, de 20 de diciembre de 1993, sobre la marca comunitaria (http://oami.europa.eu).

Además, a partir de la entrada en vigor del marcado CE y según lo establecido en la Directiva 89/106/CEE, deberán suministrarse acompañados de la correspondiente documentación relativa al citado marcado CE, conforme con lo establecido en el Anejo ZA de UNE-EN 10080.

Las clases técnicas se especificarán según el apartado 10 de UNE-EN 10080 Y consistirán en códigos de identificación de los tipos de acero empleados en la malla mediante los correspondientes engrosamientos u omisiones de corrugas o grafilas. Además, las barras corrugadas o los alambres, en su caso, deberán llevar grabadas las marcas de identificación establecidas en el referido apartado y que incluyen información sobre el país de origen y el fabricante.

69.2. Instalaciones de ferralla

69.2.1. Generalidades

La elaboración de armaduras mediante procesos de ferralla requiere disponer de unas instalaciones que permitan desarrollar, al menos, las siguientes actividades:

— almacenamiento de los productos de acero empleados,
— proceso de enderezado, en el caso de emplearse acero corrugado suministrado en rollo,
— procesos de corte, doblado, soldadura y armado, según el caso.

Al objeto de garantizar la trazabilidad de los productos de acero empleados en las instalaciones industriales de ferralla ajenas a la obra, la Dirección Facultativa podrá recabar evidencias sobre la misma.

Además, la instalación de ferralla deberá tener implantado un sistema de control de la producción que incluya ensayos e inspecciones sobre las armaduras elaboradas y ferralla armada, de acuerdo con 69.2.4, para lo que deberá disponer de un laboratorio de autocontrol, propio o contratado.

En el caso de instalaciones de ferralla en obra, la recepción de los productos de acero será responsabilidad de la Dirección Facultativa y los ensayos correspondientes se efectuarán por el laboratorio de control de la obra.

69.2.2. Maquinaria

En el caso de acero corrugado suministrado en rollo, el enderezado se efectuará con máquinas específicamente fabricadas para ello, y que permitan el desarrollo de procedimientos de enderezado de forma que no se alteren las características mecánicas y geométricas del material hasta provocar el incumplimiento de las exigencias establecidas por esta Instrucción. No podrán emplearse máquinas dobladoras para efectuar el enderezado.

Las operaciones de corte podrán realizarse mediante cizallas manuales o máquinas automáticas de corte. En este último caso, debe ser posible la programación de la máquina para adaptarse a las dimensiones establecidas en el correspondiente proyecto. No podrán utilizarse otros equipos que puedan provocar alteración relevante de las propiedades físicometalúrgicas del material como por ejemplo, el corte con sopletes.

El doblado se efectuará mediante máquinas dobladoras manuales o automatizadas, que tengan la suficiente versatilidad para emplear los mandriles que permitan cumplir los radios de doblado que establece esta Instrucción en función del diámetro de la armadura.

La soldadura se efectuará con cualquier equipo que permita la realización de la misma por arco manual, por arco con gas de protección o mediante soldadura eléctrica por puntos, de acuerdo con UNE 36832.

También se podrán emplear otras máquinas auxiliares para la elaboración de las armaduras como, por ejemplo, para la disposición automática de estribos.

69.2.3. Almacenamiento y gestión de los acopios

Las instalaciones de ferralla dispondrán de áreas específicas para el almacenamiento de las partidas de productos de acero recibidos y de las remesas de armadura o ferralla fabricadas, a fin de evitar posibles deterioros o contaminaciones de las mismas, preferiblemente en zonas protegidas de la intemperie.

Se dispondrá de un sistema, preferentemente informatizado, para la gestión de los acopios que permita, en cualquier caso, conseguir la trazabilidad hasta el fabricante del acero empleado, para cualquiera de los procesos desarrollados en la instalación de ferralla.

No deberá emplearse cualquier acero que presente picaduras o un nivel de oxidación excesivo que pueda afectar a sus condiciones de adherencia. Se entiende que se cumplen dichas circunstancias cuando la sección afectada es inferior al uno por ciento de la sección inicial.

69.2.4. Control de producción

Las instalaciones industriales de ferralla ajenas a la obra deberán tener implantado un sistema de control de producción que contemple la totalidad de los procesos que se lleven a cabo. Dicho control de producción incluirá, al menos, los siguientes aspectos:

a) control interno de cada uno de los procesos de ferralla,

b) ensayos e inspecciones para el autocontrol de las armaduras elaboradas o, en su caso, de la ferralla armada,

c) documento de autocontrol, en el que se recojan por escrito los tipos de comprobaciones, frecuencias de realización y los criterios de aceptación de la producción, y

d) registro en el que se archiven y documenten todas las comprobaciones efectuadas en el control de producción.

El autocontrol de los procesos, al que se refiere el punto b), incluirá como mínimo las siguientes comprobaciones:

— Validación del proceso de enderezado, mediante la realización de ensayos de tracción para cada máquina enderezadora. Para un diámetro de cada una de las series (fina, media o gruesa), según UNE-EN 10080, con las que trabaja la máquina, se efectuará dos ensayos bimestrales por cada máquina, sobre muestras tomadas antes y después del proceso. En el caso de emplearse únicamente acero en posesión de un distintivo de calidad oficialmente reconocido, se hará un único ensayo mensual, independientemente del número de series y máquinas utilizadas. Se irán alternando consecutivamente los diámetros hasta ensayar la totalidad de los diámetros utilizados pcr cada máquina, debiéndose cumplir las especificaciones indicadas en 69.3.2.

— Validación del proceso de corte, mediante la realización de determinaciones dimensionales sobre armaduras una vez cortadas. Se efectuarán al menos cinco medidas semanales correspondientes a cada máquina, en el caso de tratarse de corte automático o para cada operador, en el caso de corte manual. Las medidas obtenidas deberán estar dentro de las tolerancias establecidas por el proyecto o, en su defecto, por esta Instrucción.

— Validación del proceso de doblado, con periodicidad semanal sobre cada máquina, mediante la aplicación de plantillas de doblado sobre, al menos, cinco armaduras correspondientes a cada máquina.

— Validación del proceso de soldadura, ya sea resistente o no resistente, mediante la realización con carácter trimestral de las comprobaciones establecidas en el apartado 7.1 de la UNE 36832.

En el caso de que las armaduras se elaboren en la obra, el Constructor deberá efectuar un autocontrol equivalente al definido anteriormente para las instalaciones industriales ajenas a la obra.

69.3. Criterios generales para los procesos de ferralla

69.3.1. Despiece

En el caso de las armaduras elaboradas o, en su caso, de la ferralla armada conforme a lo indicado en 33.2, se prepararán unas planillas de despiece de armaduras de acuerdo con los planos del proyecto, firmadas por una persona física responsable del mismo en la instalación de ferralla, deberán reflejar la geometría y características específicas de cada una de las diferentes formas, con indicación de la cantidad total de armaduras iguales a fabricar, así como la identificación de los elementos a los que están destinadas.

En ningún caso, las formas de despiece podrán suponer una disminución de las secciones de armadura establecidas en el proyecto.

En el caso de que el proyecto defina una distribución de formas específica, el despiece desarrollado en la instalación de ferralla deberá respetarla, salvo que la Dirección Facultativa o, en su caso la entidad de control de calidad, autorice por escrito otra disposición alternativa de formas de armado.

En otros casos, la instalación de ferralla podrá definir el despiece que considere más adecuado, cumpliendo lo establecido en el proyecto. El despiece será presentado previamente a la Dirección Facultativa que, en su caso, podrá modificarlo en un plazo que se acordará al inicio de la obra y que se recomienda que no sea superior a una semana.

Debe evitarse el empleo simultáneo de aceros con diferente designación. No obstante, cuando no exista peligro de confusión, podrán utilizarse en un mismo elemento dos tipos diferentes de acero para las armaduras pasivas: uno para la armadura principal y otro para los estribos. En aquellos casos excepcionales en los que no sea posible evitar que en la misma sección, se coloquen para la misma función estructural dos aceros que tengan diferente límite, se estará a lo dispuesto en 38.3.

En el caso de vigas y elementos análogos sometidos a flexión, las barras que se doblen deberán ir convenientemente envueltas por cercos o estribos en la zona del codo. Esta disposición es siempre recomendable, cualquiera que sea el elemento de que se trate. En estas zonas, cuando se doblen simultáneamente muchas barras, resulta aconsejable aumentar el diámetro de los estribos o disminuir su separación.

69.3.2. Enderezado

Cuando se utilicen productos de acero suministrados en rollo, deberá procederse a su enderezado al objeto de proporcionarle una alineación recta. Para ello, se emplearán máquinas fabricadas específicamente para este propósito y que cumplan lo indicado en 69.2.2.

Como consecuencia del proceso de enderezado, la máxima variación que se produzca para la deformación bajo carga máxima deberá ser inferior al 2,5%. Considerando que los resultados pueden verse afectados por el método de preparación de la muestra para su ensayo, que deberá hacerse conforme a lo indicado en el Anejo 23, pueden aceptarse procesos que presenten variaciones de Cmáx que sean superiores al valor indicado en un 0,5%, siempre que se cumplan los valores de especificación de la armadura recogidos en el artículo 33°. Además, la variación de altura de corruga deberá ser inferior a 0,10 mm, en el caso de diámetros superiores a 20 mm e inferiores a 0,05 mm en el resto de los casos.

69.3.3. Corte

Las barras, alambres y mallas empleados para la elaboración de las armaduras se cortarán ajustándose a los planos e instrucciones del proyecto, mediante procedimientos manuales (cizalla, etc.) o maquinaria específica de corte automático.

El proceso de corte no deberá alterar las características geométricas o mecánicas de los productos de acero empleados.

69.3.4. Doblado

Las armaduras pasivas se doblarán previamente a su colocación en los encofrados y ajustándose a los planos e instrucciones del proyecto. Esta operación se realizará a temperatura ambiente, mediante dobladoras mecánicas, con velocidad constante, y con la ayuda de mandriles, de modo que la curvatura sea constante en toda la zona. Excepcionalmente, en el caso de barras parcialmente hormigonadas, podrá admitirse el doblado en obra por procedimientos manuales.

No se admitirá el enderezamiento de codos, incluidos los de suministro, salvo cuando esta operación pueda realizarse sin daño, inmediato o futuro, para la barra correspondiente. Asimismo, no debe doblarse un número elevado de barras en una misma sección de la pieza, con objeto de no crear una concentración de tensiones en el hormigón que pudiera llegar a ser peligrosa.

Si resultase imprescindible realizar desdoblados en obra, como por ejemplo en el caso de algunas armaduras en espera, éstos se realizarán de acuerdo con procesos o criterios de ejecución contrastados, debiéndose comprobar que no se han producido fisuras o fracturas en las mismas. En caso contrario, se procederá a la sustitución de los elementos dañados. Si la operación de desdoblado se realizase en caliente, deberán adoptarse las medidas adecuadas para no dañar el hormigón con las altas temperaturas.

El diámetro mínimo de doblado de una barra ha de ser tal que evite compresiones excesivas y hendimiento del hormigón en la zona de curvatura de la barra, debiendo evitarse fracturas en la misma originadas por dicha curvatura. Para ello, salvo indicación en contrario del proyecto, se realizará con mandriles de diámetro no inferior a los indicados en la Tabla 69.3.4.

Tabla 69.3.4. Diámetro mínimo de los mandriles

Acero	Ganchos, patillas y gancho en U (ver Figura 69.5.1.1)		Barras dobladas y otras barras curvadas	
	Diámetro de la barra en mm		Diámetro de la barra en mm	
	Ø < 20	Ø ⩾ 20	Ø ⩽ 25	Ø > 25
B 400 S B400SD	4 Ø	7 Ø	10 Ø	12 Ø
B 500 S B 500 SD	4 Ø	7 Ø	12 Ø	14 Ø

Los cercos o estribos de diámetro igual o inferior a 12 mm podrán doblarse con diámetros inferiores a los anteriormente indicados con tal de que ello no origine en dichos elementos un principio de fisuración. Para evitar esta fisuración, el diámetro empleado no deberá ser inferior a 3 veces el diámetro de la barra, ni a 3 centímetros.

En el caso de las mallas electrosoldadas rigen también las limitaciones anteriores siempre que el doblado se efectúe a una distancia igual o superior a cuatro diámetros contados a partir del nudo, o soldadura, más próximo. En caso contrario el diámetro mínimo de doblado no podrá ser inferior a 20 veces el diámetro de la armadura.

69.4. Armado de la ferralla

69.4.1. Distancia entre barras de armaduras pasivas

El armado de la ferrralla será conforme a las geometrías definidas para la misma en el proyecto, disponiendo armaduras que permitan un correcto hormigonado de la pieza de manera que todas las barras o grupos de barras queden perfectamente envueltas por el hormigón, y teniendo en cuenta, en su caso, las limitaciones que pueda imponer el empleo de vibradores internos.

Cuando las barras se coloquen en capas horizontales separadas, las barras de cada capa deberán situarse verticalmente una sobre otra, de manera que el espacio entre las columnas de barras resultantes permita el paso de un vibrador interno.

Las prescripciones que siguen son aplicables a las obras ordinarias hormigonadas in situ. Cuando se trate de obras provisionales, o en los casos especiales de ejecución (por ejemplo, elementos prefabricados), se podrá valorar, en función de las circunstancias que concurran en cada caso, la disminución de las distancias mínimas que se indican en los apartados siguientes previa justificación especial.

69.4.1.1. Barras aisladas

La distancia libre, horizontal y vertical, entre dos barras aisladas consecutivas, salvo lo indicado en 69.4.1, será igual o superior al mayor de los tres valores siguientes:

— 20 milímetros salvo en viguetas y losas alveolares pretensadas donde se tomarán 15 mm;
— el diámetro de la mayor;
— 1,25 veces el tamaño máximo del árido (ver 28.3).

69.4.1.2. Grupos de barras

Se llama grupo de barras a dos o más barras corrugadas puestas en contacto longitudinalmente.

Como norma general, se podrán colocar grupos de hasta tres barras como armadura principal. Cuando se trate de piezas comprimidas, hormigonadas en posición vertical, y cuyas dimensiones sean tales que no hagan necesario disponer empalmes en las armaduras, podrán colocarse grupos de hasta cuatro barras.

En los grupos de barras, para determinar las magnitudes de los recubrimientos y las distancias libres a las armaduras vecinas, se considerará como diámetro de cada grupo el de la sección circular de área equivalente a la suma de las áreas de las barras que lo constituyan.

Los recubrimientos y distancias libres se medirán a partir del contorno real del grupo.

En los grupos, el número de barras y su diámetro serán tales que el diámetro equivalente del grupo, definido en la forma indicada en el párrafo anterior, no sea mayor que 50 mm, salvo en piezas comprimidas que se hormigonen en posición vertical en las que podrá elevarse a 70 mm la limitación anterior. En las zonas de solapo el número máximo de barras en contacto en la zona del empalme será de cuatro.

69.4.2. Operaciones de pre-armado

En ocasiones, puede ser adecuado el uso de sistemas que faciliten el armado posterior de la ferralla, como por ejemplo, mediante la disposición adicional de barras o alambres auxiliares para posibilitar la disposición automática de estribos. En ningún caso, dicho elementos adicionales (barras, alambres, etc.) podrán tenerse en cuenta como sección de armadura.

Además, dichos elementos adicionales deberán cumplir las especificaciones establecidas en esta Instrucción para los recubrimientos mínimos, al objeto de evitar posteriores problemas de corrosión de los propios elementos auxiliares.

69.4.3. Operaciones de armado

69.4.3.1. Consideraciones generales sobre el armado

El armado de la ferralla puede realizarse en instalación industrial ajena a la obra o como parte del montaje de la armadura en la propia obra y se efectuará mediante procedimientos de atado con alambre o por aplicación de soldadura no resistente.

En cualquier caso, debe garantizarse el mantenimiento del armado durante las operaciones normales de su montaje en los encofrados así como durante el vertido y compactación del hormigón. En el caso de ferralla armada en una instalación ajena a la obra, deberá garantizarse también el mantenimiento de su armado durante su transporte hasta la obra.

El atado se realizará con alambre de acero mediante herramientas manuales o atadoras mecánicas. Tanto la soldadura no resistente, como el atado por alambre podrán efectuarse mediante uniones en cruz o por solape.

Con carácter general, las barras de la armadura principal deben pasar por el interior de la armadura de cortante, pudiendo adoptarse otras disposiciones cuando así se justifique convenientemente durante la fase de proyecto.

La disposición de los puntos de atado cumplirá las siguientes condiciones en función del tipo de elemento:

a) Losas y placas:

— se atarán todos los cruces de barras en el perímetro de la armadura;
— cuando las barras de la armadura principal tengan un diámetro no superior a 12 mm, se atarán en resto del panel los cruces de barras de forma alternativa, al tresbolillo. Cuando dicho diámetro sea superior a 12 mm, los cruces atados no deben distanciarse más de 50 veces el diámetro, disponiéndose uniformemente de forma aleatoria.

b) Pilares y vigas:

— se atarán todos los cruces de esquina de los estribos con la armadura principal;
— cuando se utilice malla electrosoldada doblada formando los estribos o armadura de prearmado para la disposición automática de estribos, la armadura principal debe atarse en las esquinas a una distancia no superior a 50 veces el diámetro de la armadura principal;
— las barras de armadura principal que no estén ubicadas en las esquinas de los estribos, deben atarse a éstos a distancias no superiores a 50 veces el diámetro de la armadura principal;
— en el caso de estribos múltiples formados por otros estribos simples, deberán atarse entre sí.

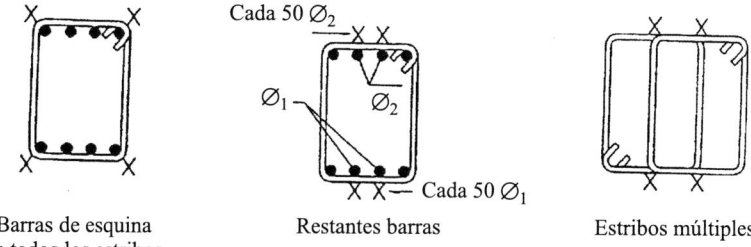

Barras de esquina en todos los estribos   Restantes barras   Estribos múltiples

Figura 69.4.3.1

c) Muros:

— se atarán las barras en sus intersecciones de forma alternativa, al tresbolillo.

69.4.3.2. Consideraciones específicas sobre la soldadura no resistente

La soldadura no resistente podrá efectuarse por alguno de los siguientes procedimientos:

— soldadura por arco manual con electrodo revestido,
— soldadura semiautomática por arco con protección gaseosa,
— soldadura por puntos mediante resistencia eléctrica.

Las características de los electrodos a emplear en los procedimientos a) y b), serán las indicadas en la norma UNE 36832. En cualquier caso, los parámetros del proceso deberán establecerse mediante la realización de ensayos previos.

Además, deben tenerse en cuenta los siguientes criterios:

— las superficies a soldar deberán estar correctamente preparadas y libres de óxido, humedad, grasa o cualquier tipo de suciedad,
— las barras a unir tendrán que encontrarse a una temperatura superior a 0 °C en la zona de soldadura y deben protegerse, en su caso, para evitar enfriamientos rápidos después de la soldadura, y
— no se deben realizar soldaduras bajo condiciones climatológicas adversas tales como lluvia, nieve o con vientos intensos. En caso de necesidad, se podrán utilizar pantallas o elementos de protección similares.

69.5. Criterios específicos para el anclaje y empalme de las armaduras

69.5.1. Anclaje de las armaduras pasivas

69.5.1.1. Generalidades

Las longitudes básicas de anclaje (l_b), definidas en 69.5.1.2, dependen, entre otros factores, de las propiedades de adherencia de las barras y de la posición que éstas ocupan en la pieza de hormigón.

Atendiendo a la posición que ocupa la barra en la pieza, se distinguen los siguientes casos:

— Posición I, de adherencia buena, para las armaduras que durante el hormigonado forman con la horizontal un ángulo comprendido entre 45° y 90° o que en el caso de formar un ángulo inferior a 45°, están situadas en la mitad inferior de la sección o a una distancia igual o mayor a 30 cm de la cara superior de una capa de hormigonado.
— Posición II, de adherencia deficiente, para las armaduras que, durante el hormigonado, no se encuentran en ninguno de los casos anteriores.
— En el caso de que puedan existir efectos dinámicos, las longitudes de anclaje indicadas en 69.5.1.2 se aumentarán en 10 $\oslash$.

La longitud neta de anclaje definida en 69.5.1.2 y 69.5.1.4 no podrá adoptar valores inferiores al mayor de los tres siguientes:

a) 10 $\oslash$;
b) 150 mm;
c) la tercera parte de la longitud básica de anclaje para barras traccionadas y los dos tercios de dicha longitud para barras comprimidas.

Los anclajes extremos de las barras podrán hacerse por los procedimientos normalizados indicados en la Figura 69.5.1.1, o por cualquier otro procedimiento mecánico garantizado mediante ensayos, que sea capaz de asegurar la transmisión de esfuerzos al hormigón sin peligro para éste.

Deberá continuarse hasta los apoyos al menos un tercio de la armadura necesaria para resistir el máximo momento positivo, en el caso de apoyos extremos de vigas; y al menos un cuarto en los intermedios. Esta armadura se prolongará a partir del eje del aparato de apoyo en una magnitud igual a la correspondiente longitud neta de anclaje.

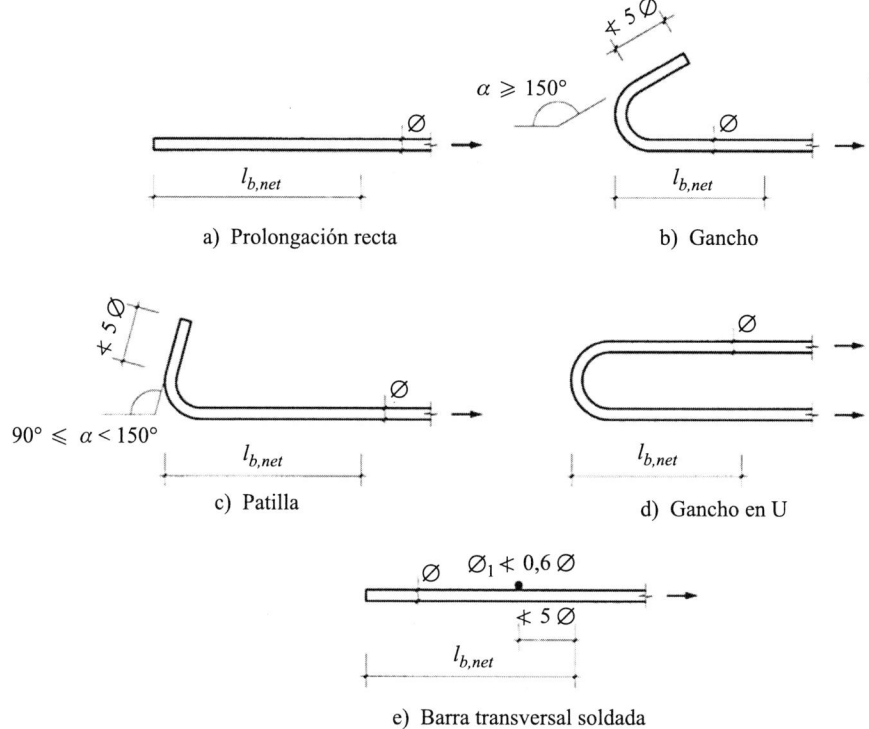

$\alpha \geqslant 150°$

a) Prolongación recta

b) Gancho

$90° \leqslant \alpha < 150°$

c) Patilla

d) Gancho en U

e) Barra transversal soldada

Figura 69.5.1.1

69.5.1.2. Anclaje de barras corrugadas

Este apartado se refiere a las barras corrugadas que cumplan con los requisitos reglamentarios que para ella se establecen en el artículo 32°.

La longitud básica de anclaje en prolongación recta en posición I, es la necesaria para anclar una fuerza $A_s f_{yd}$ de una barra suponiendo una tensión de adherencia constante τ_{bd}, de tal manera que se satisfaga la siguiente ecuación de equilibrio:

$$l_b = \frac{\phi \cdot f_{yd}}{4 \cdot \tau_{bd}}$$

donde τ_{bd} depende de numerosos factores, entre ellos el diámetro de la armadura, las características resistentes del hormigón y de la propia longitud de anclaje.

Si las características de adherencia de la barra están certificadas a partir del ensayo de la viga, descrito en el anejo C de la UNE-EN 10080, el valor de τ_{bd} es el que consta en las expresiones del apartado 32.2 de esta Instrucción, y la longitud básica de anclaje resultante, obtenida de forma simplificada es:

— Para barras en posición I:

$$l_{bI} = m \; \varnothing^2 \nless \frac{f_{yk}}{20} \; \varnothing$$

— Para barras en posición II:

$$l_{bII} = 1,4 \; m \; \varnothing^2 \nless \frac{f_{yk}}{14} \; \varnothing$$

donde:

$\varnothing$ = Diámetro de la barra, en mm.

m = Coeficiente numérico, con los valores indicados en la Tabla 69.5.1.2.a en función del tipo de acero, obtenido a partir de los resultados experimentales realizados con motivo del ensayo de adherencia de las barras.

f_{yk} = Límite elástico garantizado del acero, en N/mm^2.

l_{bI} y l_{bII} = Longitudes básicas de anclaje en posiciones I y II, respectivamente, en mm.

Tabla 69.5.1.2.a.

Resistencia característica del hormigón (N/mm^2)	m	
	B 400 S B400SD	B 500 S B500SD
25	1,2	1,5
30	1,0	1,3
35	0,9	1,2
40	0,8	1,1
45	0,7	1,0
$\geqslant 50$	0,7	1,0

En el caso de que las características de adherencia de las barras se comprueben a partir de la geometría de corrugas conforme a lo establecido en el método general definido en el apartado 7.4 de la UNE-EN 10080, el valor de τ_{bd} es:

$$\tau_{bd} = 2,25\eta_1\eta_2 f_{ctd}$$

donde:

f_{ctd} = Resistencia a tracción de cálculo de acuerdo con el apartado 39.4. A efectos de cálculo no se adoptará un valor superior al asociado a un hormigón de resistencia característica 60 N/mm^2 excepto si se demuestra mediante ensayos que la resistencia media de adherencia puede resultar mayor que la obtenida con esta limitación.

η_1 = Coeficiente relacionado con la calidad de la adherencia y la posición de la barra durante el hormigonado.

η_1 = 1,0 para adherencia buena.

η_1 = 0,7 para cualquier otro caso.

η_2 = Coeficiente relacionado con el diámetro de la barra:

η_2 = 1 para barras de diámetro $\phi \leqslant 32$ mm.

$\eta_2 = \dfrac{132 - \phi}{100}$ para barras de diámetro $\phi > 32$ mm.

La longitud neta de anclaje se define como:

$$l_{b,\text{neta}} = l_b \beta \frac{\sigma_{sd}}{f_{yd}} \cong l_b \beta \frac{A_s}{A_{s,\text{real}}}$$

donde:

β = Factor de reducción definido en la Tabla 69.5.1.2.b.

σ_{sd} = Tensión de trabajo de la armadura que se desea anclar, en la hipótesis de carga más desfavorable, en la sección desde la que se determinará la longitud de anclaje.

A_s = Armadura necesaria por cálculo en la sección a partir de la cual se ancla la armadura.

$A_{s,\text{real.}}$ = Armadura realmente existente en la sección a partir de la cual se ancla la armadura.

Tabla 69.5.1.2.b. Valores de β

Tipo de anclaje	Tracción	Compresión
Prolongación recta	-1	1
Patilla, gancho y gancho en U	0,7(*)	1
Barra transversal soldada	0,7	0,7

(*) Si el recubrimiento de hormigón perpendicular al plano de doblado es superior a $3\varnothing$.
En caso contrario $\beta = 1$.
En cualquier caso, $l_{b,\text{neta}}$ no será inferior al valor indicado en 69.5.1.1.

69.5.1.3. Reglas especiales para el caso de grupos de barras

Siempre que sea posible, los anclajes de las barras de un grupo se harán por prolongación recta.

Cuando todas las barras del grupo dejan de ser necesarias en la misma sección, la longitud de anclaje de las barras será como mínimo:

$1,3\, l_b$ para grupos de 2 barras
$1,4\, l_b$ para grupos de 3 barras
$1,6\, l_b$ para grupos de 4 barras

siendo l_b la longitud de anclaje correspondiente a una barra aislada.

Cuando las barras del grupo dejan de ser necesarias en secciones diferentes, a cada barra se le dará la longitud de anclaje que le corresponda según el siguiente criterio:

— $1,2\, l_b$ si va acompañada de 1 barra en la sección en que deja de ser necesaria;
— $1,3\, l_b$ si va acompañada de 2 barras en la sección en que deja de ser necesaria;
— $1,4\, l_b$ si va acompañada de 3 barras en la sección en que deja de ser necesaria;

teniendo en cuenta que, en ningún caso los extremos finales de las barras pueden distar entre sí menos de la longitud l_b (Figura 69.5.1.3).

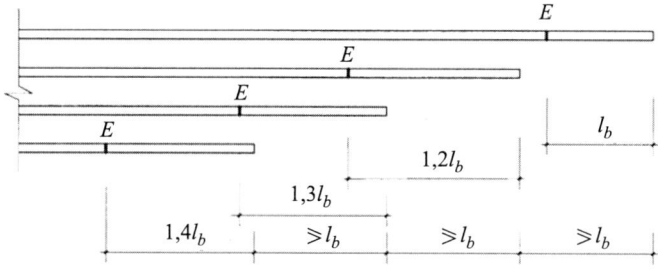

E: sección en que deja de ser necesaria la barra

Figura 69.5.1.3

69.5.1.4. Anclaje de mallas electrosoldadas

La longitud neta de anclaje de las mallas corrugadas se determinará de acuerdo con la fórmula:

$$l_{b,\text{neta}} = l_b\, \beta\, \frac{\sigma_{sd}}{f_{yd}} \cong l_b\, \beta\, \frac{A_s}{A_{s,\text{real}}}$$

siendo l_b el valor indicado en las fórmulas dadas en 69.5.1.2.

Si en la zona de anclaje existe al menos una barra transversal soldada, la longitud neta de anclaje se reducirá en un 30%.

En todo caso, la longitud neta de anclaje no será inferior a los valores mínimos indicados en 69.5.1.2.

69.5.2. Empalme de las armaduras pasivas

69.5.2.1. Generalidades

Los empalmes entre barras deben diseñarse de manera que la transmisión de fuerzas de una barra a la siguiente quede asegurada, sin que se produzcan desconchados o cualquier otro tipo de daño en el hormigón próximo a lua zona de empalme.

No se dispondrán más que aquellos empalmes indicados en los planos y los que autorice el Director de Obra. Se procurará que los empalmes queden alejados de las zonas en las que la armadura trabaje a su máxima carga.

Los empalmes podrán realizarse por solapo o por soldadura. Se admiten también otros tipos de empalme, con tal de que los ensayos con ellos efectuados demuestren que esas uniones poseen permanentemente una resistencia a la rotura no inferiuor a la de la menor de las 2 barras empalmadas, y que el deslizamiento relativo de las armaduras empalmadas no rebase 0,1 mm, para cargas de servicio (situación poco probable).

Como norma general, los empalmes de las distintas barras en tracción de una pieza, se distanciarán unos de otros de tal modo que sus centros queden separados, en la dirección de las armaduras, una longitud igual o mayor a l_b (Figura 69.5.2.1).

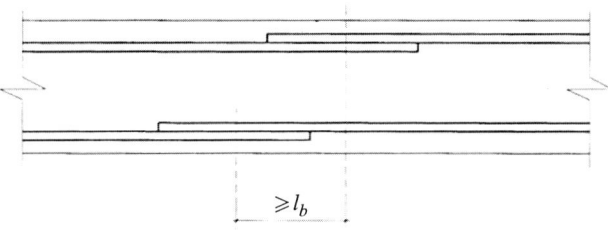

Figura 69.5.2.1

69.5.2.2. Empalmes por solapo

Este tipo de empalmes se realizará colocando las barras una al lado de otra, dejando una separación entre ellas de $4\varnothing$ como máximo. Para armaduras en tracción esta separación no será menor que la prescrita en 69.4.1.

La longitud de solapo será igual a:

$$l_s = \alpha \, l_{b,\text{neta}}$$

siendo $l_{b,\text{neta}}$ el valor de la longitud neta de anclaje definida en 69.5.1.2, y uα el coeficiente definido en la Tabla 69.5.2.2, función del porcentaje de armadura solapada en una sección respecto a la sección total de acero de esa misma sección, de la distancia transversal entre empalmes (según se define en la Figura 69.5.2.2) y del tipo de esfuerzo de la barra.

Figura 69.5.2.2

Tabla 69.5.2.2. Valores de α

Distancia entre los empalmes más próximos (Figura 69.5.2.2.a)	Porcentaje de barras solapadas trabajando a tracción, con relación a la sección total de acero					Barras solapadas trabajando normalmente a compresión en cualquier porcentaje
	20	25	33	50	>50	
$a \leqslant 10\ \varnothing$	1,2	1,4	1,6	1,8	2,0	1,0
$a > 10\ \varnothing$	1,0	1,1	1,2	1,3	1,4	1,0

Para barras de diámetro mayor que 32 mm, sólo se admitirán los empalmes por solapo si, en cada caso y mediante estudios especiales, se justifica satisfactoriamente su correcto comportamiento.

En la zona de solapo deberán disponerse armaduras transversales con sección igual o superior a la sección de la mayor barra solapada.

69.5.2.3. Empalmes por solapo de grupos de barras

Para el empalme por solapo de un grupo de barras, se añadirá una barra suplementaria en toda la zona por los empalmes de diámetro igual al mayor de las que forman el grupo. Cada barra se colocará enfrentada a tope a aquélla que va a empalmar. La separación entre los distintos empalmes y la prolongación de la barra suplementaria será de $1,2\ l_b$ o $1,3\ l_b$ según sean grupos de dos o tres barras (Figura 69.5.2.3).

Se prohibe el empalme por solapo en los grupos de cuatro barras.

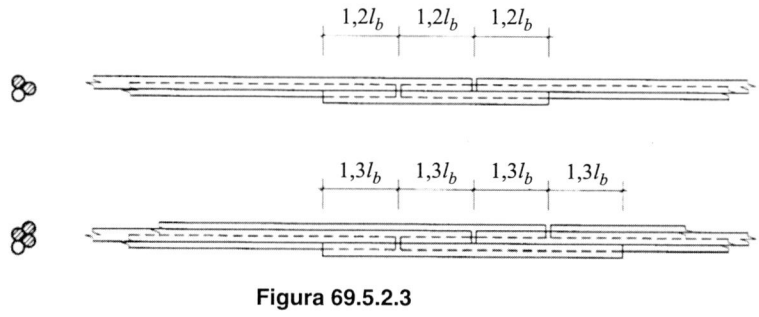

Figura 69.5.2.3

69.5.2.4. Empalmes por solapo de mallas electrosoldadas

Se consideran dos posiciones de solapo, según la disposición de las mallas: acopladas (Figura 69.5.2.4.a) y superpuestas o en capas (Figuras 69.5.2.4.b y 69.5.2.4.c).

A) Solapo de mallas acopladas:

La longitud del solapo será $\alpha\ l_{b,\text{neta}}$, siendo $l_{b,\text{neta}}$ el valor dado en 69.5.1.4 y α el coeficiente indicado en la Tabla 69.5.2.2.

Para cargas predominantemente estáticas, se permite el solapo del 100% de la armadura en la misma sección. Para cargas dinámicas sólo se permite el solapo del 100%, si toda la armadura está dispuesta en una capa; y del 50% en caso contrario. En este último caso, los solapos se distanciarán entre sí la longitud $l_{b,\text{neta}}$.

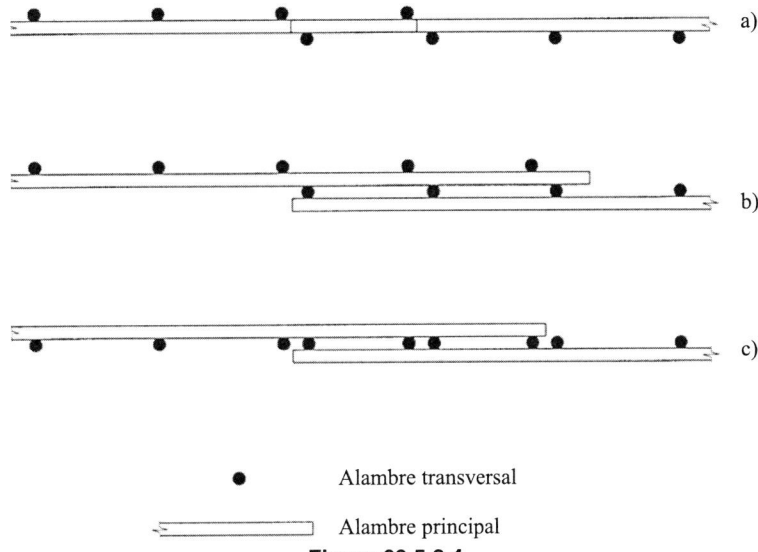

Figura 69.5.2.4

B) Solapo de mallas superpuestas:

La longitud del solapo será de 1,7 l_b cuando la separación entre elementos solapados sea superior a 10 $\varnothing$, aumentando a 2,4 l_b cuando dicha separación sea inferior a 10 $\varnothing$.

En todos los casos, la longitud mínima del solapo no será inferior al mayor de los siguientes valores:

a) 15 $\varnothing$.
b) 200 mm.

Se procurará situar los solapos en zonas donde las tensiones de la armadura no superen el 80% de las máximas posibles. La proporción de elementos que pueden ser solapados será del 100% si se dispone una sola capa de mallas, y del 60% si se disponen varias capas. En este caso, la distancia mínima entre solapos deberá ser de 1,5l_b. Con barras dobles de $\varnothing > 8,5$ mm, sólo se permite solapar, como máximo, el 60% de la armadura.

69.5.2.5. Empalmes por soldadura resistente

Los empalmes por soldadura resistente deberán realizarse de acuerdo con los procedimientos de soldadura descritos en la UNE 36832, y ejecutarse por operarios debidamente cualificados.

Las superficies a soldar deberán encontrarse secas y libres de todo material que pudiera afectar a la calidad de la soldadura y serán también de aplicación general todos los criterios indicados para la soldadura no resistente en el punto 69.4.3.2.

Queda expresamente prohibida la soldadura de armaduras galvanizadas o con recubrimientos epoxídicos.

No podrán disponerse empalmes por soldadura en los tramos de fuerte curvatura del trazado de las armaduras.

Las soldaduras a tope de barras de distinto diámetro podrán realizarse siempre que la diferencia entre diámetros sea inferior a 3 milímetros.

No se podrán realizar soldaduras en períodos de intenso viento, cuando esté lloviendo o nevando, a menos que se adopten las debidas precauciones, tales como la disposición de pantallas o cubiertas protectoras, y se proteja adecuadamente la soldadura para evitar un enfriamiento rápido. Bajo ninguna circunstancia se llevará a cabo una soldadura sobre una superficie que se encuentre a una temperatura igual o inferior a 0 °C inmediatamente antes de soldar.

69.5.2.6. Empalmes mecánicos

Los empalmes realizados mediante dispositivos mecánicos de unión deberán realizarse de acuerdo con las especificaciones del proyecto y los procedimientos indicados por los fabricantes.

Los requisitos exigibles a estos tipos de unión tienen como objetivo garantizar que el comportamiento de la zona de empalme, tanto en servicio como en agotamiento, sea similar a la del que tendría aisladamente cada una de las barras unidas.

A este respecto se exige que los dispositivos de empalme:

— tengan, al menos, la misma capacidad resistente que la menor de las barras que se empalman.
— no presenten un desplazamiento relativo mayor que 0,1 mm bajo la tensión de servicio.
— unan barras del mismo diámetro o, en su defecto, de diámetros consecutivos en la serie de diámetros y siempre que la diferencia entre los diámetros de las barras empalmadas sea menor o igual que 5 mm.
— después de aplicar una tracción en las barras correspondiente al 60% de la carga unitaria de rotura garantizada de la barra más fina, el alargamiento residual del dispositivo de empalme deberá ser menor o igual que 0,1 mm.

En este tipo de uniones no se exige añadir armadura transversal suplementaria ni aumentar los recubrimientos (aunque a estos últimos efectos se tomará como diámetro de la armadura el del empalme o manguito), ya que no se somete al hormigón a solicitaciones adicionales. Por ello, se permite concentrar la totalidad de estos empalmes en una misma sección, siempre que no afecte a la colocación del hormigón.

69.6. Suministro de las armaduras elaboradas y ferralla armada

Las armaduras elaboradas y, en su caso, la ferralla armada, deberán suministrarse exentas de pintura, grasa o cualquier otra sustancia nociva que pueda afectar negativamente al acero, al hormigón o a la adherencia entre ambos.

Se suministrarán a la obra acompañadas de las correspondientes etiquetas que permitan la identificación inequívoca de la trazabilidad del acero, de sus características y de la identificación del elemento al que están destinadas, de acuerdo con el despiece al que hace referencia el punto 69.3.1.

Además, deberán ir acompañadas de la documentación a la que se hace referencia en el Artículo 88º de esta Instrucción.

69.7. Transporte y almacenamiento

Tanto durante su transporte como durante su almacenamiento las armaduras elaboradas, la ferralla armada o, en su caso, las barras o los rollos de acero corrugado, deberán protegerse adecuadamente contra la lluvia, la humedad del suelo y de la eventual agresividad de la atmósfera ambiente. Hasta el momento de su elaboración, armado o montaje se conservarán debidamente clasificadas para garantizar la necesaria trazabilidad.

69.8. Montaje de las armaduras

69.8.1. Generalidades

La ferralla armada se montará en obra exenta de pintura, grasa o cualquier otra sustancia nociva que pueda afectar negativamente al acero, al hormigón o a la adherencia entre ambos.

En el caso de que el acero de las armaduras presente un nivel de oxidación excesivo que pueda afectar a sus condiciones de adherencia, se comprobará que éstas no se han visto significativamente alteradas. Para ello, se procederá a un cepillado mediante cepillo de púas de alambre y se comprobará que la pérdida de peso de la armadura no excede del 1% y que las condiciones de adherencia se encuentra dentro de los límites prescritos en 32.2.

Las armaduras se asegurarán en el interior de los encofrados o moldes contra todo tipo de desplazamiento, comprobándose su posición antes de proceder al hormigonado.

Los cercos de pilares o estribos de las vigas se sujetarán a las barras principales mediante simple atado u otro procedimiento idóneo, prohibiéndose expresamente la fijación mediante puntos de soldadura cuando la ferralla ya esté situada en el interior de los moldes o encofrados.

69.8.2. Disposición de separadores

La posición especificada para las armaduras pasivas y, en especial los recubrimientos nominales indicados en 37.2.4, deberán garantizarse mediante la disposición de los correspondientes elementos (separadores o calzos) colocados en obra. Estos elementos cumplirán lo dispuesto en 37.2.5, debiéndose disponer de acuerdo con las prescripciones de la Tabla 69.8.2.

Tabla 69.8.2. Disposición de separadores

Elemento		Distancia máxima
Elementos superficiales horizontales (losas, forjados, zapatas y losas de cimentación, etc.)	Emparrillado inferior	50 $\varnothing$ ⩽ 100 cm
	Emparrillado superior	50 $\varnothing$ ⩽ 50 cm
Muros	Cada emparrillado	50 $\varnothing$ o 50 cm
	Separación entre emparrillados	100 cm
Vigas[1]		100 cm
Soportes[1]		100 $\varnothing$ ⩽ 200 cm

[1] Se dispondrán, al menos, tres planos de separadores por vano, en el caso de las vigas, y por tramo, en el caso de los soportes, acoplados a los cercos o estribos.

$\varnothing$ Diámetro de la armadura a la que se acople el separador.

Artículo 70.° Procesos de colocación y tesado de las armaduras activas

70.1. Sistemas de aplicación del pretensado

70.1.1. Generalidades

Según su forma de colocación en las piezas, se distinguen tres tipos de armaduras activas:

a) armaduras adherentes;
b) armaduras en vainas o conductos inyectados adherentes;
c) armaduras en vainas o conductos inyectados no adherentes.

A los efectos de esta Instrucción, se entiende por aplicación del pretensado al conjunto de procesos desarrollados durante la ejecución de la estructura con la finalidad de colocar y tesar las armaduras activas, independientemente de que se trate de armaduras pretesas o postesas. Todos los elementos que compongan el sistema, deberá cumplir lo establecido al efecto para los mismos en el Capítulo VI de esta Instrucción.

No podrán utilizarse, en un mismo tendón, aceros de pretensado de diferentes características, a no ser que se demuestre que no existe riesgo alguno de corrosión electrolítica en tales aceros.

En el momento de su puesta en obra, las armaduras activas deberán estar bien limpias, sin trazas de óxido, grasa, aceite, pintura, polvo, tierra o cualquier otra materia perjudicial para su buena conservación o su adherencia. No presentarán indicios de corrosión, defectos superficiales aparentes, puntos de soldadura, pliegues o dobleces.

Se prohíbe el enderezamiento en obra de las armaduras activas.

70.1.2. Equipos para la aplicación del pretensado

En el caso de la aplicación de armaduras activas postesas, los equipos y sistemas para su aplicación deberán disponer de marcado CE, en el ámbito de la Directiva 89/106/CEE, de acuerdo con lo indicado en el correspondiente Documento de Idoneidad Técnica Europeo (DITE) que satisfaga los requisitos de la Guía ETAG 013.

En el caso de armaduras pretesas ancladas por adherencia, el tesado deberá efectuarse en bancos específicos, mediante dispositivos debidamente experimentados y tarados.

70.2. Procesos previos al tesado de las armaduras activas

70.2.1. Suministro y almacenamiento de elementos de pretensado

70.2.1.1. Unidades de pretensado

Los alambres se suministrarán en rollos cuyo diámetro interior no será inferior a 225 veces el del alambre y, al dejarlos libres en una superficie plana, presentarán una flecha no superior a 25 mm en una base de 1 m, en cualquier punto del alambre.

Los rollos suministrados no contendrán soldaduras realizadas después del tratamiento térmico anterior al trefilado.

Las barras se suministrarán en trozos rectos.

Los cordones de 2 o 3 alambres se suministrarán en rollos cuyo diámetro interior será igual o superior a 600 mm.

Los cordones de 7 alambres se suministrarán en rollos, bobinas o carretes que, salvo acuerdo en contrario, contendrán una sola longitud de fabricación de cordón; y el diámetro interior del rollo o del núcleo de la bobina o carrete no será inferior a 750 mm.

Los cordones presentarán una flecha no superior a 20 mm en una base de 1 m, en cualquier punto el cordón, al dejarlos libres en una superficie plana.

Las armaduras activas se suministrarán protegidas de la grasa, humedad, deterioro, contaminación, etc., asegurando que el medio de transporte tiene la caja limpia y el material está cubierto con lona.

Las unidades de pretensado, así como los sistemas para su aplicación deberán suministrarse a la obra acompañados de la documentación a la que hace referencia el punto 90.4.1.

Para eliminar los riesgos de oxidación o corrosión, el almacenamiento de las unidades de pretensado se realizará en locales ventilados y al abrigo de la humedad del suelo y paredes. En el almacén se adoptarán las precauciones precisas para evitar que pueda ensuciarse el material o producirse cualquier deterioro de los aceros debido a ataque químico, operaciones de soldadura realizadas en las proximidades, etc.

Antes de almacenar las armaduras activas, se comprobará que están limpias, sin manchas de grasa, aceite, pintura, polvo, tierra o cualquier otra materia perjudicial para su buena conservación y posterior adherencia. Además, deberán almacenarse cuidadosamente clasificadas según sus tipos, clases y los lotes de que procedan.

El estado de superficie de todos los aceros podrá ser objeto de examen en cualquier momento antes de su uso, especialmente después de un prolongado almacenamiento en obra o taller, con el fin de asegurarse de que no presentan alteraciones perjudiciales.

70.2.1.2. Dispositivos de anclaje y empalme

Los dispositivos de anclaje y empalme se colocarán en las secciones indicada en el proyecto y deberán ser conformes con lo indicado específicamente para cada sistema en la documentación que compaña al Documento de Idoneidad Técnica Europeo (DITE) del sistema.

Los anclajes y los elementos de empalmes deben entregarse convenientemente protegidos para que no sufran daños durante su transporte, manejo en obra y almacenamiento.

El fabricante o suministrador de los anclajes justificará y garantizará sus características, mediante un certificado expedido por un laboratorio especializado e independiente del fabricante, precisando las condiciones en que deben ser utilizados. En el caso de anclajes por cuñas, deberá hacer constar, especialmente, la magnitud del movimiento conjunto de la armadura y la cuña, por ajuste y penetración.

Deberán estar acompañados con la documentación correspondiente que permita identificar el material de procedencia y los tratamientos realizados al mismo.

Deberán guardarse convenientemente clasificados por tamaños y se adoptarán las precauciones necesarias para evitar su corrosión o que puedan ensuciarse o entrar en contacto con grasas, aceites no solubles, pintura o cualquier otra sustancia perjudicial.

Cada partida de dispositivos de anclaje y empalme que se suministren a la obra deberá ir acompañada de la documentación del marcado CE del sistema de pretensado correspondiente.

70.2.1.3. Vainas y accesorios de pretensado

Las características de las vainas y accesorios de pretensado deben ser conformes con con lo indicado específicamente para cada sistema en la documentación que compaña al Documento de Idoneidad Técnica Europeo (DITE) del sistema.

El suministro y almacenamiento de las vainas y sus accesorios se realizará adoptando precauciones análogas a las indicadas para las armaduras. El nivel de corrosión admisible debe ser tal que los coeficientes de rozamiento no se vean alterados. Por lo tanto se adoptarán las medidas adecuadas de protección provisional contra la corrosión.

70.2.1.4. Productos de inyección

El producto debe ser entregado ensacado o en contenedores con la identificación e instrucciones para su uso (tipo de producto, seguridad de manipulación, etc.) elaboradas por su fabricante.

Se debe comprobar la compatibilidad y adecuación cuando se utilicen varios productos diferentes en la misma lechada.

La dosificación empleada en la lechada de inyección deberá estar sancionada por unos ensayos de calificación realizados según los criterios siguientes:

— serán realizados a partir de productos, con métodos de fabricación y en condiciones térmicas idénticos a los empleados para realizar las mezclas en obra, y

— se realizarán sin modificación en la fabricación del cemento y para tipos y trazados de tendón representativos de los de la obra.

Para cables con fuerte desnivel (cables verticales por ejemplo), para caracterizar en tamaño real la exudación, la filtración debida a la forma helicoidal de los cordones, y para validar el procediieno de inyección se recomienda realizar el ensayo de inyección de una muestra de tendón en un tubo de plástico transparente conforme a lo indicado en el párrafo CA.3.3.2.1 del documento ETAG 013.

Para obras de tamaño moderado, se podrá justificar el empleo de una dosificación de lechada mediante ensayos y referencias previas, siempre cuando los materiales no se vean modificados y que las condiciones de empleo sean comparables.

Cuando la inyección se realice mediante un producto no adherente, se deberán adoptar las correctas medidas de transporte e inyección del producto para garantizar la seguridad de las operaciones y asegurar el correcto relleno en fase líquida sin alterar las propiedades físicas y químicas del producto.

70.2.2. Colocación de las armaduras activas

70.2.2.1. Colocación de vainas y tendones

El trazado real de los tendones se ajustará a lo indicado en el proyecto, colocando los puntos de apoyo necesarios para mantener las armaduras y vainas en su posición correcta. Las distancias entre estos puntos serán tales que aseguren el cumplimiento de las tolerancias de regularidad de trazado indicadas en el Artículo 96º.

Los apoyos que se dispongan para mantener este trazado deberán ser de tal naturaleza que no den lugar, una vez endurecido el hormigón, a fisuras ni filtraciones.

Por otra parte, las armaduras activas o sus vainas se sujetarán convenientemente para impedir que se muevan durante el hormigonado y vibrado, quedando expresamente prohibido el empleo de la soldadura con este objeto.

El doblado y colocación de la vaina y su fijación a la armadura pasiva debe garantizar un suave trazado del tendón y al evitar la ondulación seguir el eje teórico del mismo para no aumentar el coeficiente de rozamiento parásito o provocar empujes al vacío imprevistos.

La posición de los tendones dentro de sus vainas o conductos deberá ser la adecuada, recurriendo, si fuese preciso, al empleo de separadores.

Cuando se utilicen armaduras pretesas, conviene aplicarles una pequeña tensión previa y comprobar que, tanto los separadores y placas extremas como los alambres, están bien alineados y que éstos no se han enredado ni enganchado.

Antes de autorizar el hormigonado, y una vez colocadas y, en su caso, tesas las armaduras, se comprobará si su posición, así como la de las vainas, anclajes y demás elementos, concuerda con la indicada en los planos, y si las sujeciones son las adecuadas para garantizar su invariabilidad durante el hormigonado y vibrado. Si fuera preciso, se efectuarán las oportunas rectificaciones.

El aplicador del pretensado deberá comprobar, para cada tipo de tendón, los diámetros de vaina y espesores indicados en el proyecto, así como los radios mínimos de curvatura, para evitar la abolladura, garantizar que no se superan los coeficientes de rozamiento considerados en el cálculo, evitar el desgarro y aplastamiento durante el tesado, especialmente en el caso de vainas de plástico.

70.2.2.2. Colocación de desviadores

Los desviadores utilizados en los sistemas de pretensado exterior tienen que satisfacer los siguientes requisitos:

— soportar las fuerzas longitudinales y transversales que el tendón le transmite y, a su vez, transmitir estas fuerzas a la estructura, y

— asegurar, sin discontinuidades angulares inaceptables, la continuidad entre dos secciones rectas del tendón.

Los desviadores se colocarán siguiendo estrictamente las instrucciones del suministrador.

70.2.2.3. Distancia entre armaduras activas pretesas

La separación de los conductos o de los tendones de pretensado será tal que permita la adecuada colocación y compactación del hormigón, y garantice una correcta adherencia entre los tendones o las vainas y el hormigón.

Las armaduras pretesas deberán colocarse separadas. La separación libre mínima de los tendones individuales, tanto en horizontal como en vertical, será igual o superior al mayor de los valores siguientes (Figura 70.2.2.3):

a) 20 milímetros para la separación horizontal en todos los casos salvo en viguetas y losas alveolares pretensadas donde se tomarán 15 milímetros, y diez milímetros para la separación vertical.

b) El diámetro de la mayor.

c) 1,25 veces el tamaño máximo del árido para la separación horizontal y 0,8 veces para la separación vertical (ver 28.3).

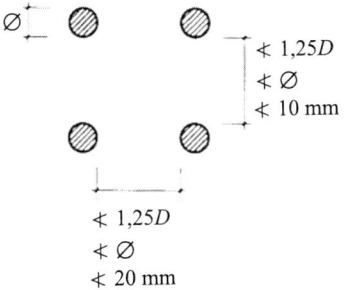

Figura 70.2.2.3

En el caso de forjados unidireccionales se podrán agrupar dos alambres en posición vertical siempre que sean de la misma calidad y diámetro, en cuyo caso, para determinar la magnitud de los recubrimientos y las distancias libres a las armaduras vecinas, se considerará el perímetro real de las armaduras.

70.2.2.4. Distancia entre armaduras activas postesas

Como norma general, se admite colocar en contacto diversas vainas formando grupo, limitándose a dos en horizontal y a no más de cuatro en su conjunto. Para ello, las vainas deberán ser corrugadas y, a cada lado del conjunto, habrá de dejarse espacio suficiente para que pueda introducirse un vibrador normal interno.

Las distancias libres entre vainas o grupos de vainas en contacto, o entre estas vainas y las demás armaduras, deberán ser al menos iguales al mayor de los valores siguientes:

En dirección vertical:

a) El diámetro de la vaina.

b) La dimensión vertical de la vaina, o grupo de vainas.

c) 5 centímetros.

En dirección horizontal:

a) El diámetro de la vaina.
b) La dimensión horizontal de la vaina.
c) 4 centímetros.
d) 1,6 veces la mayor de las dimensiones de las vainas individuales que formen un grupo de vainas.

70.2.3. Adherencia de las armaduras activas al hormigón

Se define la longitud de transmisión de una armadura dada como la necesaria para transferir al hormigón por adherencia la fuerza de pretensado introducida en dicha armadura, y por longitud de anclaje, la necesaria para garantizar la resistencia del anclaje por adherencia, hasta la rotura del acero.

Las longitudes de transmisión y anclaje dependen de la tensión de adherencia entre el acero y el hormigón que, en general, se determinará experimentalmente.

70.2.4. Empalmes de las armaduras activas

Los empalmes se efectuarán en las secciones indicadas en el proyecto y se dispondrán en alojamientos especiales de la longitud suficiente para que puedan moverse libremente durante el tesado.

Cuando el proyecto suponga la utilización de acopladores de pretensado, se situarán distantes de los apoyos intermedios, evitándose su colocación en más de la mitad de los tendones de una misma sección transversal.

70.3. Procesos de tesado de las armaduras activas

70.3.1. Generalidades

El tesado deberá realizarse de acuerdo con un plan previamente establecido, en el cual deberán tenerse en cuenta las recomendaciones del fabricante del sistema utilizado. En paticular, se cuidará de que el gato apoye perpendicularmente y centrado sobre el anclaje. El tesado se efectuará por operarios cualificados que posean la competencia y experiencia necesarias. Esta operación se vigilará y controlará cuidadosamente adoptándose las medidas de seguridad necesarias para evitar cualquier daño a personas.

El tesado, efectuado por uno o los dos extremos del elemento, según el programa establecido, se realizará de forma que las tensiones aumenten lenta y progresivamente hasta alcanzar el valor fijado en el proyecto.

Si durante el tesado se rompe uno o más elementos de los que constituyen la armadura, podrá alcanzarse la fuerza total de pretensado necesaria aumentando la tensión en los restantes, siempre que para ello no sea preciso elevar la tensión en cada elemento individual en más de un 5% del valor inicialmente previsto. La aplicación de tensiones superiores requiere un nuevo estudio del proyecto original; estudio que deberá efectuarse basándose en las características mecánicas de los materiales realmente utilizados. En todos estos casos, será preciso realizar la correspondiente comprobación de la pieza o elemento estructural que se tesa, teniendo en cuenta las nuevas condiciones en que se encuentra.

La pérdida total en la fuerza de pretensado, originada por la rotura de elementos irreemplazables de la armadura, no podrá exceder nunca del 2% de la fuerza total de pretensado indicada en el proyecto.

70.3.2. Programa de tesado

En el programa de tesado deberá hacerse constar expresamente:

A) Armaduras pretesas:

— El orden de tesado de las armaduras; eventualmente, las sucesivas etapas parciales de pretensado.
— La presión o fuerza que no debe sobrepasarse en los gatos.
— El valoer de la carga de tesado en los anclajes.
— Los alargamientos que deben obtenerse teniendo en cuenta, en su caso, los movimientos originados por la penetración de la cuña.
— El modo y secuencia que deberá seguirse para la liberación de los tendones.
— La resistencia requerida al hormigón en el momento de la transferencia.

B) Armaduras postesas:

— El orden de tesado de las armaduras.
— La presión o fuerza que debe desarrollarse en el gato.
— El alargamiento previsto y la máxima penetración de cuña.
— El momento de retirada de las cimbras durante el tesado, en su caso.
— La resistencia requerida al hormigón antes del tesado.
— El número, tipo y localización de los acopladores.
— El módulo de elasticidad supuesto para la armadura activa.
— Los coeficientes de rozamiento teóricos tenidos en cuenta.

El tesado no se iniciará sin la autorización previa de la Dirección de Obra, la cual comprobará la idoneidad del programa de tesado propuesto, así como la resistencia alcanzada por el hormigón, que deberá ser igual o superior a la establecida en proyecto para poder comenzar dicha maniobra.

70.3.3. Tensión máxima inicial admisible en las armaduras

Además de otras limitaciones que pueda establecer el punto 20.2.1, con el fin de disminuir diversos riesgos durante la construcción (rotura de armaduras activas, corrosión bajo tensión, daños corporales, etc.), el valor máximo de la tensión inicial introducida en las armaduras σ_{p0} antes de anclarlas, provocará tensiones que cumplan las condiciones siguientes:

— el 85% de la carga unitaria máxima característica garantizada siempre que, al anclar las armaduras en el hormigón se produzca una reducción de la tensión tal que el valor máximo de la tensión en las armaduras σ_{p0} después de dicha reducción no supere el 75% de la carga unitaria máxima característica garantizada, en el caso de que tanto el acero para armaduras activas, como el aplicador del pretensado estén en posesión de un distintivo de calidad oficialmente reconocido, y
— en el resto de los casos, el 80% de la carga unitaria máxima característica garantizada siempre que, al anclar las armaduras en el hormigón se produzca una reducción de la tensión tal que el valor máximo de la tensión en las armaduras σ_{p0} después de dicha reducción no supere el 70% de la carga unitaria máxima característica garantizada.

70.3.4. Retesado de armaduras postesas

Se entiende por retesado cualquier operación de tesado efectuada sobre un tendón con posterioridad a la de su tesado inicial.

Sólo está justificado cuando se considere preciso para uniformar las tensiones de los diferentes tendones de un mismo elemento, o cuando, de acuerdo con el programa previsto en el proyecto, el tesado se realice en etapas sucesivas.

Debe evitarse el retesado que tenga como único objeto disminuir las pérdidas diferidas de tensión, salvo que circunstancias especiales así lo exijan.

70.4. Procesos posteriores al tesado de las armaduras activas

70.4.1. Inyección de las vainas en armaduras postesas

70.4.1.1. Generalidades

Los principales objetivos de la inyección de los tendones son evitar la corrosión del acero de pretensado y proporcionar una adherencia eficaz entre el hormigón y el acero.

Para conseguirlo es condición básica que todos los huecos de las vainas o conductos y anclajes queden llenos por un material de inyección adecuado (artículo 35º), que posea los requisitos de resistencia y adherencia necesarios.

La inyección debe efectuarse lo más pronto posible después del tesado. Si, por razones constructivas, debiera diferirse, se efectuará una protección provisional de las armaduras, utilizando algún método o material que no impida la ulterior adherencia de los tendones al producto de inyección.

Además, para asegurar que la inyección de los tendones se realiza de forma correcta y segura es preciso disponer de:

— Personal cualificado, entrenado al efecto.
— Un equipo sólido y seguro, adecuadamente revisado, calibrado y puesto a punto.
— Unas instrucciones escritas y una organización previa sobre los materiales a utilizar y el procedimiento de inyección a seguir.
— Adoptar las precauciones de seguridad adecuadas a cada caso.

70.4.1.2. Preparación de la mezcla

Los materiales sólidos utilizados para preparar el producto de inyección deberán dosificarse en peso.

El amasado de dichos materiales se realizará en un aparato mezclador capaz de preparar un producto de inyección de consistencia uniforme y, a ser posible, de carácter coloidal. Se prohíbe el amasado a mano.

El tiempo de amasado depende del tipo de aparato mezclador y debe realizarse de acuerdo con las instrucciones del fabricante. En cualquier caso, no será inferior a 2 minutos ni superior a 4 minutos.

Después del amasado, el producto debe mantenerse en movimiento continuo hasta el momento de la inyección. Es esencial que, en ese momento, el producto se encuentre exento de grumos.

En el caso de vainas o conductos verticales, la relación agua/cemento de la mezcla debe ser algo mayor que en las mezclas destinadas a inyectar vainas horizontales.

70.4.1.3. Programa de inyección

El programa de inyección debe contener, al menos, los siguientes puntos:

— Las características de la lechada a utilizar, incluyendo el tiempo de utilización y el tiempo de endurecimiento.

— Las características del equipo de inyección, incluyendo presiones y velocidad de inyección.
— Limpieza de los conductos.
— Secuencia de las operaciones de inyección y ensayos a realizar sobre la lechada fresca (fluidez, segregación, etc.).
— Fabricación de probetas para ensayo (exudación, retracción, resistencia, etc.).
— Volumen de lechada que debe prepararse.
— Instrucciones sobre actuaciones a adoptar en caso de incidentes (por ejemplo, fallo durante la inyección), o condiciones climáticas perjudiciales (por ejemplo, durante y después de períodos con temperaturas inferiores a 5 °C).

70.4.1.4. Ejecución de la inyección

Antes de proceder a la inyección hay que comprobar que se cumplen las siguientes condiciones previas:

a) El equipo de inyección se encuentra operativo y se dispone de una bomba de inyección auxiliar para evitar interrupciones en caso de mal funcionamiento.
b) Existe un suministro permanente de agua a presión y aire comprimido.
c) Se dispone, en exceso, de materiales para el amasado del producto de inyección.
d) Las vainas están libres de materiales perjudiciales, por ejemplo, agua o hielo.
e) Los orificios de los conductos a inyectar están perfectamente preparados e identificados.
f) Se han preparado los ensayos de control de la lechada.

En el caso de que la aplicación del pretensado esté en posesión de un distintivo de calidad oficialmente reconocido, la Dirección Facultativa podrá prescindir de la condición a la que hace referencia el punto a).

La inyección debe ser continua e ininterrumpida, con una velocidad de avance comprendida entre 5 y 15 metros por minuto. La longitud máxima de inyección y la longitud de las toberas vendrá definida por el correspondiente Documento de Idoneidad Técnica Europea del sistema de pretensado.

Como norma general, para lechadas estándar se inyectará con una velocidad de 5 a 15 metros por minuto, se inyectarán longitudes máximas de 120 m y se colocarán purgas en los puntos altos con una separación máxima de 50 m. Con lechadas especiales. Pueden utilizarse otros parámetros que deberán estar justificados mediante ensayos.

Se prohíbe efectuar la inyección mediante aire comprimido.

Siempre que sea posible, la inyección debe efectuarse desde el anclaje más bajo o desde el tubo de toma inferior del conducto.

La inyección debe prolongarse hasta que la consistencia de la mezcla que rebosa por el extremo libre del conducto sea igual a la del producto inyectado y, una vez terminada, deben adoptarse las medidas necesarias para evitar pérdidas de la mezcla en el conducto.

En el caso de vainas o conductos verticales, debe colocarse un pequeño depósito en la parte superior que debe mantenerse constantemente lleno de pasta para compensar la reducción de volumen que se produce. Es importante que este depósito se sitúe en posición centrada encima del conducto, con el fin de que el agua ascendente por exudación pueda unirse a la mezcla contenida en el depósito y no se quede acumulada en el extremo superior de la vaina, lo que resultaría peligroso para la protección del tendón y del anclaje correspondiente.

En tiempo frío y, especialmente en tiempo de heladas, deben tomarse precauciones especiales, asegurándose que, al iniciar la inyección, no existe hielo en los conductos. Para ello, debe inyectarse agua caliente, pero nunca vapor.

Si se prevé que la temperatura no descenderá por debajo de los 5 °C en las 48 horas siguientes a la inyección, se podrá continuar ésta utilizando un producto poco sensible a las heladas, que contenga del 6 al 10% de aire ocluido y que cumpla las condiciones prescritas en el artículo 35°, o bien calentándose el elemento de la estructura de modo que su temperatura no baje de 5 °C, durante ese tiempo.

Cuando la temperatura ambiente exceda de los 35 °C, es recomendable enfriar el agua de la mezcla.

En todos los casos, una vez terminada la inyección deben obturarse herméticamente los orificios y tubos de purga, de modo que se evite la penetración en los conductos de agua, o de cualquier otro agente corrosivo para las armaduras. Asimismo, debe procederse a la limpieza del equipo lo más rápidamente posible después de finalizada la inyección, procediendo a continuación a un cuidadoso secado de la bomba, mezcladora y tuberías.

Si existiera la posibilidad de que hubiera zonas importantes no inyectadas, deben adoptarse las medidas oportunas para realizar una inyección posterior de las mismas. En caso de duda puede realizarse un control con endoscopio o realizando el vacío.

70.4.1.5. Medidas de seguridad durante la inyección

Durante la inyección de los conductos, los operarios que trabajen en las proximidades deberán ir provistos de gafas protectoras o una pantalla transparente, mascarilla para la boca y nariz y guantes en previsión de posibles escapes de la mezcla inyectada a presión.

No debe mirarse por los tubos utilizados como respiraderos o rebosaderos, para comprobar el paso del producto de inyección.

Cuando la inyección se efectúa en obra, y existe circulación en zonas próximas, se adoptarán las oportunas precauciones para impedir que, si se escapa el producto de inyección, pueda ocasionar daños.

70.4.2. Destesado de armaduras pretesas

El destesado es la operación mediante la cual se transmite el esfuerzo de pretensado de las armaduras al hormigón, en el caso de armaduras pretesas, y se efectúa soltándolas de sus anclajes provisionales extremos.

Antes de proceder al destesado, deberá comprobarse que el hormigón ha alcanzado la resistencia necesaria para poder soportar las tensiones transmitidas por las armaduras, y deberán eliminarse todos los obstáculos capaces de impedir el libre movimiento de las piezas de hormigón.

Si el destesado se realiza elemento por elemento la operación deberá hacerse de acuerdo con un orden preestablecido con el fin de evitar asimetrías, que pueden resultar perjudiciales en el esfuerzo de pretensado.

Deberán preverse los dispositivos adecuados que permitan realizar el destesado de un modo lento, gradual y uniforme, sin sacudidas bruscas.

Una vez sueltas las armaduras de sus amarres extremos y liberadas también las coacciones que puedan existir entre las sucesivas piezas de cada bancada, se procederá a cortar las puntas de las armaduras que sobresalgan de las testas de dichas piezas, si es que éstas van a quedar expuestas y no embebidas en el hormigón.

Artículo 71.° Elaboración y puesta en obra del hormigón
71.1. Prescripciones generales

El hormigón estructural requiere estar fabricado en centrales con instalaciones para:

— el almacenamiento de los materiales componentes,
— la dosificación de los mismos, y
— el amasado.

El hormigón no fabricado en central sólo podrá utilizarse para el caso de usos no estructurales, de acuerdo con lo indicado en el Anejo 18.

Los materiales componentes se almacenarán y transportarán de forma tal que se evite todo tipo de entremezclado, contaminación, deterioro o cualquier otra alteración significativa en sus características. Se tendrá en cuenta lo previsto en los artículos 26°, 27°, 28°, 29° y 30° para estos casos.

La dosificación de cemento, de los áridos, y en su caso, de las adiciones, se realizará en peso. La dosificación de cada material deberá ajustarse a lo especificado para conseguir una adecuada uniformidad entre amasadas.

Los materiales componentes se amasarán de forma tal que se consiga su mezcla íntima y homogénea, debiendo resultar el árido bien recubierto de pasta de cemento. La homogeneidad del hormigón se comprobará de acuerdo al procedimiento establecido en 71.2.4.

71.2. Instalaciones de fabricación del hormigón

71.2.1. Generalidades

Se entenderá como central de fabricación de hormigón, el conjunto de instalaciones y equipos que, cumpliendo con las especificaciones que se contienen en los apartados siguientes, comprende:

— Almacenamiento de materiales componentes.
— Instalaciones de dosificación.
— Equipos de amasado.
— Equipos de transporte, en su caso. Control de producción.

En cada central habrá una persona responsable de la fabricación, con formación y experiencia suficiente, que estará presente durante el proceso de producción y que será distinta del responsable del control de producción.

Las centrales pueden pertenecer o no a las instalaciones propias de la obra.

Para distinguir ambos casos, en el marco de esta Instrucción se denominará hormigón preparado a aquel que se fabrica en una central que no pertenece a las instalaciones propias de la obra y que está inscrita en el Registro Industrial según el Título 4° de la Ley 21/1992, de 16 de julio, de Industria y el Real Decreto 697/1995 de 28 de abril, estando dicha inscripción a disposición del peticionario y de las Administraciones competentes

71.2.2. Sistemas de gestión de los acopios

El cemento, los áridos y, en su caso, las adiciones cumplirán lo prescrito en los artículos 26, 28 y 30 respectivamente, debiendo acopiarse de forma que se evite su segregación o contaminación.

En particular, los áridos se almacenarán sobre una base anticontaminante que evite su contacto con el terreno. La mezcla entre los apilamientos de fracciones granulométricas distintas se evitará con tabiques separadores o con espaciamientos amplios entre ellos.

Si existen instalaciones para almacenamiento de agua o aditivos, serán tales que eviten cualquier contaminación.

Los aditivos pulverulentos se almacenarán en las mismas condiciones que los cementos.

Los aditivos líquidos y los pulverulentos diluidos en agua se deben almacenar en depósitos protegidos de la helada y que dispongan de elementos agitadores para mantener los sólidos en suspensión.

71.2.3. Instalaciones de dosificación

Las instalaciones de dosificación dispondrán de silos con compartimientos adecuados y separados para cada una de las fracciones granulométricas necesarias de árido. Cada compartimiento de los silos será diseñado y montado de forma que pueda descargar con eficacia, sin atascos y con una segregación mínima, sobre la tolva de la báscula.

Deberán existir los medios de control necesarios para conseguir que la alimentación de estos materiales a la tolva de la báscula pueda ser cortada con precisión cuando se llega a la cantidad deseada.

Las tolvas de las básculas deberán estar construidas de forma que puedan descargar completamente todo el material que se ha pesado.

Los instrumentos indicadores deberán estar completamente a la vista y lo suficientemente cerca del operador para que pueda leerlos con precisión mientras se está cargando la tolva de la báscula. El operador deberá tener un acceso fácil a todos los instrumentos de control.

Bajo cargas estáticas, las básculas deberán tener una apreciación del 0,5% de la capacidad total de la escala de la báscula. Para comprobarlo deberá disponerse de un conjunto adecuado de pesas patrón.

Se deberán mantener perfectamente limpios todos los puntos de apoyo, las articulaciones y partes análogas de las básculas.

El medidor de agua deberá tener una precisión tal que no se rebase la tolerancia de dosificación establecida en 71.3.2.4.

Los dosificadores para aditivos estarán diseñados y marcados de tal forma que se pueda medir con claridad la cantidad de aditivo correspondiente a 50 kilogramos de cemento. En el caso de centrales que dispongan de sistemas de pesaje electrónico, será suficiente la existencia de una base de datos informatizada en la que, mediante un programa específico, se registren automáticamente los datos correspondientes a las dosificaciones de aditivos de las diferentes amasadas fabricadas.

71.2.4. Equipos de amasado

Los equipos pueden estar constituidos por amasadoras fijas o móviles capaces de mezclar los componentes del hormigón de modo que se obtenga una mezcla homogénea y completamente amasada, capaz de satisfacer los dos requisitos del Grupo A y al menos dos de los del Grupo B, de la Tabla 71.2.4.

Tabla 71.2.4. Comprobación de la homogeneidad del hormigón. Deberán obtenerse resultados satisfactorios en los dos ensayos del grupo A y en al menos dos de los cuatro del grupo B

Ensayos		Diferencia máxima tolerada entre los resultados de los ensayos de dos muestras tomadas de la descarga mdel hormigón (1/4 y 3/4 de la descarga)
Grupo A	1. Consistencia (UNE-EN 12350-2)	
	Si el asiento medio es igual o inferior a 9 cm	3 cm
	Si el asiento medio es superior a 9 cm	4 cm
	2. Resistencia (*)	
	En porcentajes respecto a la media	7,5%
Grupo B	3. Densidad del hormigón (UNE-EN 12350-6)	
	En kg/m³	16 kg/m³
	4. Contenido de aire (UNE-EN 12350-7)	
	En porcentaje respecto al volumen del hormigón	1%
	5. Contenido de árido grueso (UNE 7295)	
	En porcentaje respecto al peso de la muestra tomada	6%
	6. Módulo granulométrico del árido (UNE 7295)	0,5

(*) Por cada muestra, se fabricarán y ensayarán a compresión, a la edad 7 días, dos probetas cilíndricas de 15 cm de diámetro y 30 cm de altura. Estas probetas serán confeccionadas, conservadas y ensayadas según los procedimientos contemplados en el apartado 86.3. Se determinará la medida de cada una de las dos muestras como porcentaje de la media total.

Estos equipos se examinarán con la frecuencia necesaria para detectar la presencia de residuos de hormigón o mortero endurecido, así como desperfectos o desgastes en las paletas o en su superficie interior, procediéndose, en caso necesario, a comprobar el cumplimiento de los requisitos anteriores.

Las amasadoras, tanto fijas como móviles, deberán ostentar, en un lugar destacado, una placa metálica en la que se especifique:

— para las fijas, la velocidad de amasado y la capacidad máxima del tambor, en términos de volumen de hormigón amasado;

— para las móviles, el volumen total del tambor, su capacidad máxima en términos de volumen de hor migón amasado, y las velocidades máxima y mínima de rotación.

71.2.5. Control de producción

Las centrales de hormigón preparado deberán tener implantado un sistema de control de producción que contemple la totalidad de los procesos que se lleven a cabo en las mismas y de acuerdo con lo dispuesto en la reglamentación vigente que sea de aplicación.

En el caso de que el hormigón se fabrique en central de obra, el Constructor deberá efectuar un autocontrol equivalente al definido anteriormente para las centrales de hormigón preparado.

71.3. Fabricación del hormigón

71.3.1. Suministro y almacenamiento de materiales componentes

Cada uno de los materiales componentes empleados para la fabricación del hormigón deberá suministrarse a la central de hormigón acompañada de la documentación de suministro indicada al efecto en el Anejo 21.

71.3.1.1. Áridos

Los áridos deberán almacenarse de tal forma que queden protegidos de una posible contaminación por el ambiente y, especialmente, por el terreno, no debiendo mezclarse de forma incontrolada las distintas fracciones granulométricas.

Deberán también adoptarse las necesarias precauciones para eliminar en lo posible la segregación, tanto durante el almacenamiento como durante el transporte.

71.3.1.2. Cemento

El suministro y almacenamiento del cemento en la central de hormigón se efectuará conforme a lo establecido en la reglamentación específica vigente.

71.3.1.3. Adiciones

Para las cenizas volantes o el humo de sílice suministrados a granel se emplearán equipos similares a los utilizados para el cemento, debiéndose almacenar en recipientes y silos impermeables que los protejan de la humedad y de la contaminación, los cuales estarán perfectamente identificados para evitar posibles errores de dosificación.

71.3.1.4. Aditivos

En el caso de aditivos pulverulentos, se almacenarán en las mismas condiciones que los cementos. Cuando los aditivos sean líquidos, o bien procedan de materiales pulverulentos disueltos en agua, los depósitos para su almacenamiento deberán estar protegidos de la helada, evitar cualquier contaminación y garantizar que no se producen depósitos o residuos de materiales en su fondo, manteniendo la uniformidad de todo el aditivo.

71.3.2. Dosificación de materiales componentes

71.3.2.1. Criterios generales

Se dosificará el hormigón con arreglo a los métodos que se consideren oportunos respetando siempre las limitaciones siguientes:

a) La cantidad mínima de cemento por metro cúbico de hormigón será la establecida en 37.3.2.

b) La cantidad máxima de cemento por metro cúbico de hormigón será de 500 kg. En casos excepcionales, previa justificación experimental y autorización expresa de la Dirección de Obra, se podrá superar dicho límite.

c) No se utilizará una relación agua/cemento mayor que la máxima establecida en 37.3.2.

En dicha dosificación se tendrán en cuenta, no sólo la resistencia mecánica y la consistencia que deban obtenerse, sino también el tipo de ambiente al que va a estar sometido el hormigón, por los posibles riesgos de deterioro de éste o de las armaduras a causa del ataque de agentes exteriores.

Para establecer la dosificación (o dosificaciones, si son varios los tipos de hormigón exigidos), el constructor deberá recurrir, en general, a ensayos previos en laboratorio, con objeto de conseguir que el hormigón resultante satisfaga las condiciones que se le exigen en los artículos 31º y 37º, así como las especificadas en el correspondiente Pliego de Prescripciones Técnicas Particulares.

En los casos en que el constructor pueda justificar documentalmente que, con los materiales, dosificación y proceso de ejecución previstos, es posible conseguir un hormigón que posea las condiciones anteriormente mencionadas y, en particular, la resistencia exigida, podrá prescindirse de los citados ensayos previos.

71.3.2.2. Cemento

El cemento se dosificará en peso, utilizando básculas y escalas distintas de las utilizadas para los áridos. La tolerancia en peso de cemento será del $\pm 3\%$.

71.3.2.3. Áridos

Los áridos se dosificarán en peso, teniendo en cuenta las correcciones por humedad. Para la medición de su humedad superficial, la central dispondrá de elementos que permitan obtener sistemáticamente este dato, mediante un método contrastado y preferentemente de forma automática.

El árido deberá componerse de al menos dos fracciones granulométricas, para tamaños máximos iguales o inferiores a 20 mm, y de tres fracciones granulométricas para tamaños máximos mayores.

Si se utiliza un árido total suministrado, el fabricante del mismo deberá proporcionar la granulometría y tolerancias de fabricación del mismo, a fin de poder definir un huso granulométrico probable que asegure el control de los áridos de la fórmula de trabajo.

La tolerancia en peso de los áridos, tanto si se utilizan básculas distintas para cada fracción de árido, como si la dosificación se realiza acumulada, será del $\pm 3\%$.

71.3.2.4. Agua

El agua de amasado está constituida, fundamentalmente, por la directamente añadida a la amasada, la procedente de la humedad de los áridos y, en su caso, la aportada por aditivos líquidos.

El agua añadida directamente a la amasada se medirá por peso o volumen, con una tolerancia del $\pm 1\%$.

En el caso de amasadoras móviles (camiones hormigonera) se medirá con exactitud cualquier cantidad de agua de lavado retenida en la cuba para su empleo en la siguiente amasada. Si esto es prácticamente imposible, el agua de lavado deberá ser eliminada antes de cargar la siguiente amasada del hormigón.

El agua total se determinará con una tolerancia del $\pm 3\%$ de la cantidad total prefijada.

71.3.2.5. Adiciones

Cuando se utilicen, las adiciones se dosificarán en peso, empleando básculas y escalas distintas de las utilizadas para los áridos. La tolerancia en peso de adiciones será del $\pm 3\%$.

71.3.2.6. Aditivos

Los aditivos pulverulentos deberán ser medidos en peso, y los aditivos en pasta o líquidos, en peso o en volumen.

En ambos casos, la tolerancia será el $\pm 5\%$ del peso o volumen requeridos.

La incorporación de aditivos puede realizarse bien en planta o bien en obra. Sin embargo, en algunas ocasiones, para conseguir hormigones de características especiales puede ser conveniente la combinación de ambas situaciones.

71.3.3. Amasado del hormigón

El amasado del hormigón se realizará mediante uno de los procedimientos siguientes:

— totalmente en amasadora fija;
— iniciado en amasadora fija y terminado en amasadora móvil, antes de su transporte;
— en amasadora móvil, antes de su transporte.

71.3.4. Designación y características

El hormigón fabricado en central podrá designarse por propiedades o, excepcionalmente, por dosificación.

En ambos casos deberá especificarse, como mínimo:

— La consistencia.
— El tamaño máximo del árido.
— El tipo de ambiente al que va a estar expuesto el hormigón.
— La resistencia característica a compresión (véase 39.1), para hormigones designados por propiedades.
— El contenido de cemento, expresado en kilos por metro cúbico (kg/m^3), para hormigones designados por dosificación.
— La indicación de si el hormigón va a ser utilizado en masa, armado o pretensado.

Cuando la designación del hormigón fuese por propiedades, el suministrador establecerá la composición de la mezcla del hormigón, garantizando al peticionario las características especificadas de tamaño máximo del árido, consistencia y resistencia característica, así como las limitaciones derivadas del tipo de ambiente especificado (contenido de cemento y relación agua/cemento).

La designación por propiedades se realizará según lo indicado en 39.2.

Cuando la designación del hormigón fuese por dosificación, el peticionario es responsable de la congruencia de las características especificadas de tamaño máximo del árido, consistencia y contenido en cemento por metro cúbico de hormigón, mientras que el suministrador deberá garantizarlas, al igual que deberá indicar la relación agua/cemento que ha empleado.

Cuando el peticionario solicite hormigón con características especiales u otras además de las citadas anteriormente, las garantías y los datos que el suministrador deba darle serán especificados antes de comenzar el suministro.

Antes de comenzar el suministro, el peticionario podrá pedir al suministrador una demostración satisfactoria de que los materiales componentes que van a emplearse cumplen los requisitos indicados en los artículos 26º, 27º, 28º, 29º y 30º.

En ningún caso se emplearán adiciones, ni aditivos que no estén incluidos en la Tabla 29.2, sin el conocimiento del peticionario, ni la autorización de la Dirección Facultativa.

71.4. Transporte y suministro del hormigón

71.4.1. Transporte del hormigón

Para el transporte del hormigón se utilizarán procedimientos adecuados para conseguir que las masas lleguen al lugar de entrega en las condiciones estipuladas, sin experimentar variación sensible en las características que poseían recién amasadas.

El tiempo transcurrido entre la adición de agua del amasado al cemento y a los áridos y la colocación del hormigón, no debe ser mayor de hora y media, salvo que se utilicen aditivos retardadores de fraguado. Dicho tiempo límite podrá disminuirse, en su caso, cuando el Fabricante del hormigón considere necesario establecer en su hoja de suministro un plazo inferior para su puesta en obra. En tiempo caluroso, o bajo condiciones que contribuyan a un rápido fraguado del hormigón, el tiempo límite deberá ser inferior, a menos que se adopten medidas especiales que, sin perjudicar la calidad del hormigón, aumenten el tiempo de fraguado.

Cuando el hormigón se amasa completamente en central y se transporta en amasadoras móviles, el volumen de hormigón transportado no deberá exceder del 80% del volumen total del tambor. Cuando el hormigón se amasa, o se termina de amasar, en amasadora móvil, el volumen no excederá de los dos tercios del volumen total del tambor.

Los equipos de transporte deberán estar exentos de residuos de hormigón o mortero endurecido, para lo cual se limpiarán cuidadosamente antes de proceder a la carga de una nueva masa fresca de hormigón. Asimismo, no deberán presentar desperfectos o desgastes en las paletas o en su superficie interior que puedan afectar a la homogeneidad del hormigón e impedir que se cumpla lo estipulado en 71.2.4.

El transporte podrá realizarse en amasadoras móviles, a la velocidad de agitación, o en equipos con o sin agitadores, siempre que tales equipos tengan superficies lisas y redondeadas y sean capaces de mantener la homogeneidad del hormigón durante el transporte y la descarga.

El lavado de los elementos de transporte se efectuará en balsas de lavado específicas que permitan el reciclado del agua.

71.4.2. Suministro del hormigón

Cada carga de hormigón fabricado en central, tanto si ésta pertenece o no a las instalaciones de obra, irá acompañada de una hoja de suministro cuyo contenido mínimo se indica en el Anejo 21.

El comienzo de la descarga del hormigón desde el equipo de transporte del suministrador, en el lugar de la entrega, marca el principio del tiempo de entrega y recepción del hormigón, que durará hasta finalizar la descarga de éste.

La Dirección Facultativa, o la persona en quien delegue, es el responsable de que el control de recepción se efectúe tomando las muestras necesarias, realizando los ensayos de control precisos, y siguiendo los procedimientos indicados en el Capítulo XV.

Cualquier rechazo de hormigón basado en los resultados de los ensayos de consistencia (y aire ocluido, en su caso) deberá ser realizado durante la entrega. No se podrá rechazar ningún hormigón por estos conceptos sin la realización de los ensayos oportunos.

Queda expresamente prohibida la adición al hormigón de cualquier cantidad de agua u otras sustancias que puedan alterar la composición original de la masa fresca. No obstante, si el asentamiento es menor que el especificado, según 31.5, el suministrador podrá adicionar aditivo plastificante o superplastificante para aumentarlo hasta alcanzar dicha consistencia, sin que ésta rebase las tolerancias indicadas en el mencionado apartado y siempre que se haga conforme a un procedimiento escrito y específico que previamente haya sido aprobado por el Fabricante del hormigón. Para ello, el elemento de transporte o, en su caso, la central de obra, deberá estar equipado con el correspondiente sistema dosificador de aditivo y reamasar el hormigón hasta dispersar totalmente el aditivo añadido. El tiempo de reamasado será de al menos 1 min/m^3, sin ser en ningún caso inferior a 5 minutos.

La actuación del suministrador termina una vez efectuada la entrega del hormigón y siendo satisfactorios los ensayos de recepción del mismo.

En los acuerdos entre el peticionario y el suministrador deberá tenerse en cuenta el tiempo que, en cada caso, pueda transcurrir entre la fabricación y la puesta en obra del hormigón.

71.5. Puesta en obra del hormigón

Salvo en el caso de que las armaduras elaboradas estén en posesión de un distintivo de calidad oficialmente reconocido y que el control de ejecución sea intenso, no podrá procederse a la puesta en obra del hormigón hasta disponer de los resultados de los correspondientes ensayos para comprobar su conformidad.

71.5.1. Vertido y colocación del hormigón

En ningún caso se tolerará la colocación en obra de masas que acusen un principio de fraguado.

En el vertido y colocación de las masas, incluso cuando estas operaciones se realicen de un modo continuo mediante conducciones apropiadas, se adoptarán las debidas precauciones para evitar la disgregación de la mezcla.

No se colocarán en obra capas o tongadas de hormigón cuyo espesor sea superior al que permita una compactación completa de la masa.

No se efectuará el hormigonado en tanto no se obtenga la conformidad de la Dirección Facultativa, una vez que se hayan revisado las armaduras ya colocadas en su posición definitiva.

El hormigonado de cada elemento se realizará de acuerdo con un plan previamente establecido en el que deberán tenerse en cuenta las deformaciones previsibles de encofrados y cimbras.

71.5.2. Compactación del hormigón

La compactación de los hormigones en obra se realizará mediante procedimientos adecuados a la consistencia de las mezclas y de manera tal que se eliminen los huecos y se obtenga un perfecto cerrado de la masa, sin que llegue a producirse segregación. El proceso de compactación deberá prolongarse hasta que refluya la pasta a la superficie y deje de salir aire.

Cuando se utilicen vibradores de superficie el espesor de la capa después de compactada no será mayor de 20 centímetros.

La utilización de vibradores de molde o encofrado deberá ser objeto de estudio, de forma que la vibración se transmita a través del encofrado sea la adecuada para producir una correcta compactación, evitando la formación de huecos y capas de menor resistencia.

El revibrado del hormigón deberá ser objeto de aprobación por parte de la Dirección Facultativa.

71.5.3. Puesta en obra del hormigón en condiciones climáticas especiales

71.5.3.1. Hormigonado en tiempo frío

La temperatura de la masa de hormigón, en el momento de verterla en el molde o encofrado, no será inferior a 5 °C.

Se prohíbe verter el hormigón sobre elementos (armaduras, moldes, etc.) cuya temperatura sea inferior a cero grados centígrados.

En general, se suspenderá el hormigonado siempre que se prevea que, dentro de las cuarenta y ocho horas siguientes, pueda descender la temperatura ambiente por debajo de los cero grados centígrados.

En los casos en que, por absoluta necesidad, se hormigone en tiempo de heladas, se adoptarán las medidas necesarias para garantizar que, durante el fraguado y primer endurecimiento de hormigón, no se producirán deterioros locales en los elementos correspondientes, ni mermas permanentes apreciables de las características resistentes del material. En el caso de que se produzca algún tipo de daño, deberán realizarse los ensayos de información (véase artículo 86°) necesarios para estimar la resistencia realmente alcanzada, adoptándose, en su caso, las medidas oportunas.

El empleo de aditivos aceleradores de fraguado o aceleradores de endurecimiento o, en general, de cualquier producto anticongelante específico para el hormigón, requerirá una autorización expresa, en cada caso, de la Dirección Facultativa. Nunca podrán utilizarse productos susceptibles de atacar a las armaduras, en especial los que contienen ión cloro.

71.5.3.2. Hormigonado en tiempo caluroso

Cuando el hormigonado se efectúe en tiempo caluroso, se adoptarán las medidas oportunas para evitar la evaporación del agua de amasado, en particular durante el transporte del hormigón y para reducir la temperatura de la masa. Estas medidas deberán acentuarse para hormigones de resistencias altas.

Para ello los materiales constituyentes del hormigón y los encofrados o moldes destinados a recibirlo deberán estar protegidos del soleamiento.

Una vez efectuada la colocación del hormigón se protegerá éste del sol y especialmente del viento, para evitar que se deseque.

Si la temperatura ambiente es superior a 40 °C o hay un viento excesivo, se suspenderá el hormigonado, salvo que, previa autorización expresa de la Dirección Facultativa, se adopten medidas especiales.

71.5.4. Juntas de hormigonado

Las juntas de hormigonado, que deberán, en general, estar previstas en el proyecto, se situarán en dirección lo más normal posible a la de las tensiones de compresión, y allí donde su efecto sea menos perjudicial, alejándolas, con dicho fin, de las zonas en las que la armadura esté sometida a fuertes tracciones. Se les dará la forma apropiada que asegure una unión lo más íntima posible entre el antiguo y el nuevo hormigón.

Cuando haya necesidad de disponer juntas de hormigonado no previstas en el proyecto se dispondrán en los lugares que apruebe la Dirección Facultativa, y preferentemente sobre los puntales de la cimbra. No se reanudará el hormigonado de las mismas sin que hayan sido previamente examinadas y aprobadas, si procede, por el Director Facultativo.

Si el plano de una junta resulta mal orientado, se demolerá la parte de hormigón necesaria para proporcionar a la superficie la dirección apropiada.

Antes de reanudar el hormigonado, se retirará la capa superficial de mortero, dejando los áridos al descubierto y se limpiará la junta de toda suciedad o árido que haya quedado suelto. En cualquier caso, el procedimiento de limpieza utilizado no deberá producir alteraciones apreciables en la adherencia entre la pasta y el árido grueso. Expresamente se prohíbe el empleo de productos corrosivos en la limpieza de juntas.

Se prohíbe hormigonar directamente sobre o contra superficies de hormigón que hayan sufrido los efectos de las heladas. En este caso deberán eliminarse previamente las partes dañadas por el hielo.

El Pliego de Prescripciones Técnicas Particulares podrá autorizar el empleo de otras técnicas para la ejecución de juntas (por ejemplo, impregnación con productos adecuados), siempre que se haya justificado previamente, mediante ensayos de suficiente garantía, que tales técnicas son capaces de proporcionar resultados tan eficaces, al menos, como los obtenidos cuando se utilizan los métodos tradicionales.

71.6. Curado del hormigón

Durante el fraguado y primer período de endurecimiento del hormigón, deberá asegurarse el mantenimiento de la humedad del mismo mediante un adecuado curado. Éste se prolongará durante el plazo necesario en función del tipo y clase del cemento, de la temperatura y grado de humedad del ambiente, etc. El curado podrá realizarse manteniendo húmedas las superficies de los elementos de hormigón, mediante riego directo que no produzca deslavado. El agua empleada en estas operaciones deberá poseer las cualidades exigidas en el artículo 27° de esta Instrucción.

El curado por aportación de humedad podrá sustituirse por la protección de las superficies mediante recubrimientos plásticos, agentes filmógenos u otros tratamientos adecuados, siempre que tales métodos, especialmente en el caso de masas secas, ofrezcan las garantías que se estimen necesarias para lograr, durante el primer período de endurecimiento, la retención de la humedad inicial de la masa, y no contengan sustancias nocivas para el hormigón.

Si el curado se realiza empleando técnicas especiales (curado al vapor, por ejemplo) se procederá con arreglo a las normas de buena práctica propias de dichas técnicas, previa autorización de la Dirección Facultativa.

Artículo 72.° Hormigones especiales

El Autor del Proyecto o la Dirección Facultativa podrán disponer o, en su caso, autorizar a propuesta del Constructor, el empleo de hormigones especiales que pueden requerir de especificaciones adicionales respecto a las indicadas en el articulado o condiciones específicas para su empleo, de forma que permitan satisfacer las exigencias básicas de esta Instrucción.

Cuando se empleen hormigones reciclados u hormigones autocompactantes, el Autor del Proyecto o la Dirección Facultativa podrán disponer la obligatoriedad de cumplir las recomendaciones recogidas al efecto en los Anejos 15 y 17 de esta Instrucción, respectivamente.

El Anejo 14 recoge unas recomendaciones para el proyecto y la ejecución de estructuras de hormigón con fibras, mientras que el Anejo 16 contempla las estructuras de hormigón con árido ligero.

Además, cuando se requiera emplear hormigones en elementos no estructurales, se aplicará lo establecido en el Anejo 18.

Artículo 73.º Desencofrado y desmoldeo

Se pondrá especial atención en retirar oportunamente todo elemento de encofrado o molde que pueda impedir el libre juego de las juntas de retracción, asiento o dilatación, así como de las articulaciones, si las hay.

Se tendrán también en cuenta las condiciones ambientales (por ejemplo, heladas) y la necesidad de adoptar medidas de protección una vez que el encofrado, o los moldes, hayan sido retirados.

Artículo 74.º Descimbrado

Los distintos elementos que constituyen los moldes o los encofrados (costeros, fondos, etc.), los apeos y cimbras, se retirarán sin producir sacudidas ni choques en la estructura, recomendándose, cuando los elementos sean de cierta importancia, el empleo de cuñas, cajas de arena, gatos u otros dispositivos análogos para lograr un descenso uniforme de los apoyos.

Las operaciones anteriores no se realizarán hasta que el hormigón haya alcanzado la resistencia necesaria para soportar, con suficiente seguridad y sin deformaciones excesivas, los esfuerzos a los que va a estar sometido durante y después del desencofrado, desmoldeo o descimbrado.

Cuando se trate de obras de importancia y no se posea experiencia de casos análogos, o cuando los perjuicios que pudieran derivarse de una fisuración prematura fuesen grandes, se realizarán ensayos de información (véase artículo 86º) para estimar la resistencia real del hormigón y poder fijar convenientemente el momento de desencofrado, desmoldeo o descimbrado.

En elementos de hormigón pretensado es fundamental que el descimbrado se efectúe de conformidad con lo dispuesto en el programa previsto a tal efecto al redactar el proyecto de la estructura. Dicho programa deberá estar de acuerdo con el correspondiente al proceso de tesado. En particular, en los puentes pretensados cuyo descimbrado se realice, al menos parcialmente, mediante el tesado de los tendones de pretensado, deberán evaluarse las acciones que la cimbra predeformada introduce sobre la estructura en el proceso de descarga de la misma.

Los plazos de desapuntalado o descimbrado indicados en este artículo solamente podrán modificase si el constructor redacta un plan acorde con los medios materiales disponibles, debidamente justificado y estableciendo los medios de control y seguridad apropiados. Todo ello lo someterá a la aprobación de la Dirección Facultativa.

En forjados unidireccionales el orden de retirada de los puntales será desde el centro del vano hacia los extremos y en el caso de voladizos del vuelo hacia el arranque. No se intersacarán ni retirarán puntales sin la autorización previa de la Dirección Facultativa. No se desapuntalará de forma súbita y se adoptarán precauciones para impedir el impacto de las sopandas y puntales sobre el forjado.

Artículo 75.º Acabado de superficies

Las superficies vistas de las piezas o estructuras, una vez desencofradas o desmoldeadas, no presentarán coqueras o irregularidades que perjudiquen al comportamiento de la obra o a su aspecto exterior.

Cuando se requiera un particular grado o tipo de acabado por razones prácticas o estéticas, el proyecto deberá especificar los requisitos directamente o bien mediante patrones de superficie.

En general, para el recubrimiento o relleno de las cabezas de anclaje, orificios, entalladuras, cajetines, etc., que deba efectuarse una vez terminadas las piezas, se utilizarán morteros fabricados con masas análogas a las empleadas en el hormigonado de dichas piezas, pero retirando de ellas los áridos de tamaño superior a 4 mm. Todas las superficies de mortero se acabarán de forma adecuada.

Artículo 76.° Elementos prefabricados

76.1. Transporte, descarga y manipulación

Además de las exigencias derivadas de la reglamentación vigente en materia de transporte, en el caso de los elementos prefabricados se deberá tener en cuenta, como mínimos, las siguientes condiciones:

— el apoyo sobre las cajas del camión no deberá introducir esfuerzos en los elementos no contemplados en el correspondiente proyecto,
— la carga deberá estar atada para evitar movimientos indeseados de la misma,
— todas las piezas deberán estar separadas mediante los dispositivos adecuados para evitar impactos entre las mismas durante el transporte,
— en el caso de que el transporte se efectúe en edades muy tempranas del elemento, deberá evitarse su desecación durante el mismo.

Para su descarga y manipulación en la obra, el Constructor, o en su caso, el Suministrador del elemento prefabricado, deberá emplear los medios de descarga adecuados a las dimensiones y peso del elemento, cuidando especialmente que no se produzcan pérdidas de alineación o verticalidad que pudieran producir tensiones inadmisibles en el mismo. En cualquier caso, se seguirán las instrucciones indicadas por cada fabricante para la manipulación de los elementos. Si alguno de ellos resultara dañado, pudiendo afectar a su capacidad portante, se procederá a su rechazo.

76.2. Acopio en obra

En su caso, se procurará que las zonas de acopios sean lugares suficientemente grandes para que permita la gestión adecuada de los mismos sin perder la necesaria trazabilidad, a la vez que sean posibles las maniobras de camiones o grúas, en su caso,

Los elementos deberán acopiarse sobre apoyos horizontales que sean lo suficientemente rígidos en función de las características del suelo, de sus dimensiones y del peso. En el caso de viguetas y losas alveolares, se apilarán limpias sobre durmientes que coincidirán en la misma vertical, con vuelos, en su caso, no mayores que 0,50 m, ni alturas de pila superiores a 1,50 m, salvo que el fabricante indique otro mayor.

En su caso, las juntas, fijaciones, etc., deberán ser también acopiadas en un almacén, de manera que no se alteren sus características y se mantenga la necesaria trazabilidad.

76.3. Montaje de elementos prefabricados

El montaje de los elementos prefabricados deberá ser conforme con lo establecido en el proyecto y, en particular, con lo indicado en los planos y detalles de los esquemas de montaje, con la secuencia de operaciones del programa de ejecución así como con las instrucciones de montaje que suministre el fabricante de producto prefabricado.

En función del tipo de elemento prefabricado, puede ser necesario que el montaje sea efectuado por personal especializado y con la debida formación.

76.3.1. Viguetas y losas alveolares

76.3.1.1. Colocación de viguetas y piezas de entrevigado

El apuntalado se efectuará de acuerdo con lo establecido al efecto en el apartado 68.2 de esta Instrucción. Una vez niveladas las sopandas, se procederá a la colocación de las viguetas con el intereje que se indique en los planos, mediante las piezas de entrevigado extremas. Finalizada esta fase, se ajustarán los puntales y se procederá a la colocación de las restantes piezas de entrevigado.

76.3.1.2. Desapuntalado

Los plazos de desapuntalado serán los indicados en el artículo 74º. Para modificar dichos plazos, el Constructor presentará a la Dirección facultativa para su aprobación un plan de desapuntalado acorde con los medios materiales disponibles, debidamente justificado y donde se establezcan los medios de control y seguridad apropiados.

El orden de retirada de los puntales será desde el centro de vano hacia los extremos y en el caso de voladizos, del vuelo hacia el arranque. No se entresacarán ni retirarán puntales sin la autorización previa de la Dirección Facultativa.

No se desapuntalará de forma súbita y se adoptarán las precauciones debidas para impedir el impacto de las sopandas y puntales sobre el forjado.

76.3.1.3. Realización de tabiques divisorios

En la ejecución de los elementos divisorios constituidos por tabiques rígidos, se adoptarán las soluciones constructivas que sean necesarias para minimizar el riesgo de aparición de daños en los tabiques como consecuencia del apoyo del forjado y la transmisión de cargas de los pisos superiores a través de los tabiques.

76.3.2. Otros elementos prefabricados lineales

En el montaje de vigas prefabricadas, se adoptarán las medidas oportunas para evitar que se produzcan corrimientos de los apoyos.

El proyecto deberá incluir, en su caso, un estudio del montaje de los elementos prefabricados que requieran arriostramientos provisionales para evitar posibles problemas de inestabilidad durante el montaje de la estructura.

76.4. Uniones de elementos prefabricados

Las uniones entre las distintas piezas prefabricadas que constituyen una estructura, o entre dichas piezas y los otros elementos estructurales construidos *in situ*, deberán asegurar la correcta transmisión de los esfuerzos entre cada pieza y las adyacentes a ella.

Se construirán de tal forma que puedan absorberse las tolerancias dimensionales normales de prefabricación, sin originar solicitaciones suplementarias o concentración de esfuerzos en los elementos prefabricados.

Las testas de los elementos que vayan a quedar en contacto, no podrán presentar irregularidades tales que impidan que las compresiones se transmitan uniformemente sobre toda la superficie de aquéllas. El límite admisible para estas irregularidades depende del tipo y espesor de la junta; y no se permite intentar corregirlas mediante enfoscado de las testas con mortero de cemento, o cualquier otro material que no garantice la adecuada transmisión de los esfuerzos sin experimentar deformaciones excesivas.

En las uniones por soldadura deberá cuidarse que el calor desprendido no produzca daños en el hormigón o en las armaduras de las piezas.

Las uniones mediante armaduras postesas exigen adoptar precauciones especiales si estas armaduras son de pequeña longitud. Su empleo es recomendable para rigidizar nudos y están especialmente indicadas para estructuras que deban soportar acciones sísmicas.

En las uniones roscadas, se atenderá especialmente tanto a las calibraciones de los equipos dinamométricos utilizados, como a que la tensión de apriete aplicada en cada tornillo se corresponde con la especificada en el proyecto.

Artículo 77.° Aspectos medioambientales básicos y buenas prácticas

77.1. Aspectos medioambientales básicos para la ejecución

77.1.1. Generación de residuos derivados de la actividad constructiva

Cuando la fase de ejecución genere residuos clasificados como peligrosos, de acuerdo con lo establecido en la Orden MAM/304/2002, de 8 de febrero, el Constructor deberá separarlos respecto a los no peligrosos, acopiándolos por separado e identificando claramente el tipo de residuo y su fecha de almacenaje, ya que los residuos peligrosos no podrán ser almacenados más de seis meses en la obra.

Los residuos deberán ser retirados de la obra por gestores autorizados, quienes se encargarán, en su caso, de su valorización, reutilización, vertido controlado, etc.

Se prestará especial atención al derrame o vertido de productos químicos (por ejemplo, líquidos de batería) o aceites usados en la maquinaria de obra. Igualmente, se deberá evitar el derrame de lodos o residuos procedentes del lavado de la maquinaria que, frecuentemente, pueden contener también disolventes, grasas y aceites.

Los residuos se separarán, acopiándolos por separado e identificando claramente el tipo de residuo y su fecha de almacenaje, no pudiendo permanecer los residuos peligrosos en la obra durante más de seis meses.

77.1.2. Emisiones atmosféricas

Especialmente cuando la obra se desarrolle en las proximidades de zonas urbanas, el constructor velará para evitar la generación de polvo en cualquiera de las siguientes circunstancias:

— movimiento de tierras asociado a las excavaciones,
— plantas de machaqueo de áridos o de fabricación de hormigón ubicadas en la obra,
— acopios de materiales.

Para ello, se recurrirá al regado frecuente de las pistas y caminos por los que circula la maquinaria, se limitará su velocidad y, en su caso, se cubrirán los transportes y acopios con lonas adecuadas. En el caso de instalaciones de machaqueo de áridos, se planificará la actividad de forma que se minimice su período de uso, se cubrirán las cintas de transporte de los áridos y se emplearán, siempre que sea posible, elementos captadores de polvo o pulverizadores de agua. En el caso de plantas de hormigón, se deberá disponer un filtro en los silos de cemento que evite la generación de polvo como consecuencia del transporte neumático.

— Se procurará minimizar la generación de gases procedentes de la combustión de combustibles evitando velocidades excesivas de la maquinaria de obra, efectuando un mantenimiento adecuado de la misma y, preferiblemente, mediante el empleo de maquinaria que disponga de catalizadores.

En el caso de los procesos de soldadura se generan gases que, especialmente en el caso realizarse en lugares confinados, pueden ser tóxicos por lo que deberán realizarse análisis periódicos de los mismos. En cualquier caso, debe procurarse que las soldaduras se realicen con ventilación adecuada.

77.1.3. Generación de aguas residuales procedentes de la limpieza de plantas o elementos de transporte de hormigón

En el caso de centrales de obra para la fabricación de hormigón, el agua procedente del lavado de sus instalaciones o de los elementos de transporte del hormigón, se verterá sobre zonas específicas, impermeables y adecuadamente señalizadas. Las aguas así almacenadas podrán reutilizarse como agua de amasado para la fabricación del hormigón, siempre que se cumplan los requisitos establecidos al efecto en el artículo 27º de esta Instrucción.

Como criterio general, se procurará evitar la limpieza de los elementos de transporte del hormigón en la obra. En caso de que fuera inevitable dicha limpieza, se deberán seguir un procedimiento semejante al anteriormente indicado para las centrales de obra.

77.1.4. Generación de ruido

La ejecución de estructuras de hormigón puede provocar la generación de ruido, fundamentalmente como consecuencia de alguno de los siguientes orígenes:

— la maquinaria empleada durante la ejecución,
— operaciones de carga y descarga de materiales,
— operaciones de tratamiento de los áridos o de fabricación del hormigón.

El ruido suele ser un impacto difícilmente evitable en la ejecución de estructuras normales que afecta, tanto al personal de la propia obra, como a las personas que viven o desarrollan actividades en sus proximidades. Por ello, especialmente en el caso de cercanía con núcleos urbanos, el constructor procurará planificar las actividades para minimizar los períodos en los que puedan generarse impactos de ruido y, en su caso, que sean conformes con las correspondientes ordenanzas locales.

77.1.5. Consumo de recursos

El constructor procurará, en su caso, el empleo de materiales reciclados, especialmente en el caso de los áridos para la fabricación del hormigón, conforme a los criterios establecidos en el Anejo nO 15 de esta Instrucción. Asimismo, siempre que sea posible, dispondrá las instalaciones que permitan el empleo de aguas recicladas procedentes del lavado de los elementos de transporte del hormigón, en los términos que se indican en el artículo 27º.

77.1.6. Afección potencial al suelo y acuíferos

Las actividades ligadas a la ejecución de la estructura pueden conllevar algunas situaciones accidentales que provoquen afecciones medioambientales tanto al suelo como a acuíferos próximos. Dichos incidentes pueden consistir, fundamentalmente, en vertidos accidentales de hormigones, de aceites, combustibles, desencofrantes, etc. En el caso de producirse, el constructor deberá sanear el terreno afectado y solicitar la retirada de los correspondientes residuos por un gestor autorizado.

En el caso de producirse un vertido accidental, se vigilará especialmente que éste no alcance acuíferos y cuencas hidrológicas, al mar y a las redes de saneamiento, adoptándose las medidas previas o posteriores necesarias para evitarlo (como por ejemplo, la impermeabilización del suelo de las zonas de mantenimiento y acopio de residuos o la disposición del material absorbente necesario). En caso de producirse el vertido, se gestionará los residuos generados según lo indicado en el punto 77.1.1.

77.2. Empleo de materiales y productos ambientalmente adecuados

Todos los agentes que intervienen en la ejecución (Constructor, Dirección Facultativa, etc.) de la estructura deberán velar por la utilización de materiales y productos que sean ambientalmente adecuados. Algunos criterios para selección de los mismos son los siguientes:

— materiales de la mayor durabilidad posible,
— materiales del menor mantenimiento posible,
— materiales simples, preferiblemente de un único componente,
— materiales fáciles de poner en obra y, en su caso, de reciclar,
— materiales de la máxima eficacia energética posible,
— materiales de la mayor salubridad posible, tanto para el personal durante la ejecución, como para los usuarios,
— materiales procedentes de ubicaciones o almacenes lo más próxima posible a la obra, al objeto de minimizar los impactos derivados del transporte.

77.3. Buenas prácticas medioambientales para la ejecución

Además de los criterios establecidos en los apartados anteriores, pueden identificarse una serie de buenas prácticas de carácter medioambiental, entre las que cabe destacar la siguiente relación:

— se vigilará que la totalidad del personal y subcontratas de la obra cumplan las exigencias medioambientales definidas por el Constructor,
— se incluirán los criterios medioambientales en el contrato con los subcontratistas, definiendo las responsabilidades en las que incurrirán en el caso de incumplimiento,
— se procurará la minimización de residuos, fomentando su reutilización y, en su caso, la gestión de los almacenamientos de residuos,
— se planificará, desde el comienzo de la obra, la contratación de un gestor autorizado para la recogida de residuos al objeto de evitar almacenamientos innecesarios,
— se gestionará adecuadamente el consumo energético de la obra, procurando la contratación inmediata de sistemas de medición de los consumos que permitan conocer estos a la mayor brevedad, evitando además el empleo de grupos electrógenos que provocan un mayor impacto medioambiental,

— en el caso de tener que recurrirse a la demolición de alguna parte de la obra, ésta deberá hacerse empleando criterios de deconstrucción que favorezcan la clasificación de los correspondientes residuos, favoreciendo así su posterior reciclado,

— se procurará minimizar el consumo de combustible mediante la limitación de las velocidades de la maquinaria y elementos de transporte por la obra, realizando un mantenimiento adecuado y mediante el fomento del empleo de vehículos de bajo consumo,

— se evitará el deterioro de los materiales contenidos en sacos de papel, como por ejemplo el cemento, mediante un sistema de almacenamiento bajo cubierta que evite su meteorización y posterior transformación en residuo,

— se gestionará adecuadamente las piezas que componen los encofrados y las cimbras, evitando que posteriores operaciones de la maquinaria de movimiento de tierras, las incorporen finalmente al suelo,

— se dispondrán acopios en la obra de forma que se utilicen lo antes posible y ubicados con la mayor proximidad a las zonas donde se vayan a emplear en la obra,

— se procurará que el montaje de las armaduras se lleve a cabo en zonas específicas para evitar la aparición incontrolada de alambres en los paramentos del elemento de hormigón correspondientes con los fondos de encofrado.

capítulo XIV

Bases generales del control

Artículo 78.º **Criterios generales del control**

La Dirección Facultativa, en representación de la Propiedad, deberá efectuar las comprobaciones de control suficientes que le permitan asumir la conformidad de la estructura en relación con los requisitos básicos para los que ha sido concebida y proyectada.

Cuando la Propiedad decida la realización de un control del proyecto de la estructura, podrá comprobar su conformidad de acuerdo con lo indicado en el artículo 82º.

Durante la ejecución de las obras, la Dirección Facultativa realizará los controles siguientes:

— control de la conformidad de los productos que se suministren a la obra, de acuerdo con el Capítulo XVI,
— control de la ejecución de la estructura, de acuerdo con el artículo 92º, y
— control de la estructura terminada, de acuerdo con el artículo 100º.

Esta Instrucción contempla una serie de comprobaciones que permiten desarrollar los controles anteriores. No obstante, la Dirección Facultativa podrá también optar, por:

— otras alternativas de control siempre que demuestre, bajo su supervisión y responsabilidad, que son equivalentes y no suponen una disminución de las garantías para el usuario.
— un sistema de control equivalente que mejore las garantías mínimas para el usuario establecidas por el articulado, por ejemplo mediante el empleo de materiales, productos y procesos en posesión de distintivos de calidad oficialmente reconocidos conforme lo indicado en el Anejo 19, a los que se les podrá aplicar las consideraciones especiales establecidas para ellos en esta Instrucción.

En cualquier caso, debe entenderse que las decisiones derivadas del control están condicionadas al buen funcionamiento de la obra durante su período de vida útil definido en el proyecto.

Siempre que la legislación aplicable lo permita, el coste del control de recepción incluido en el proyecto deberá considerarse de forma independiente en el presupuesto de la obra.

78.1. Definiciones

A los efectos de las actividades de control contempladas por esta Instrucción, se definen como:

— Partida: cantidad de producto de la misma designación y procedencia contenido en una misma unidad de transporte (contenedor, cuba, camión, etc.) y que se recibe en la obra o en el lugar destinado para su recepción. En el caso del hormigón, las partidas suelen identificarse con las unidades de producto o amasadas.

— Remesa: conjunto de productos de la misma procedencia, identificados individualmente, contenidos en una misma unidad de transporte (contenedor, camión, etc.) y que se reciben en el lugar donde se efectúa la recepción.

— Acopio: cantidad de material o producto, procedente de una o varias partidas o remesas, que se almacena conjuntamente tras su entrada en la obra, hasta su utilización definitiva.

— Lote de material o producto: cantidad de material o producto que se somete a recepción en su conjunto.

— Lote de ejecución: parte de la obra, cuya ejecución se somete a aceptación en su conjunto.

— Unidad de inspección: dimensión o tamaño máximo de un proceso o actividad comprobable, en general, en una visita de inspección a la obra.

78.2. Agentes del control de la calidad

78.2.1. Dirección Facultativa

La Dirección Facultativa, en uso de sus atribuciones y actuando en nombre de la Propiedad, tendrá las siguientes obligaciones respecto al control:

a) aprobar un programa de control de calidad para la obra, que desarrolle el plan de control incluido en el proyecto, y

b) velar por el desarrollo y validar las actividades de control en los siguientes casos:

— control de recepción de los productos que se coloquen en la obra,
— control de la ejecución, y
— en su caso, control de recepción de otros productos que lleguen a la obra para ser transformados en las instalaciones propias de la misma.

La Dirección Facultativa podrá requerir también cualquier justificación adicional de la conformidad de los productos empleados en cualquier instalación industrial que suministre productos a la obra. Asimismo, podrá decidir la realización de comprobaciones, tomas de muestras, ensayos o inspecciones sobre dichos productos antes de ser transformados.

En el ámbito de la edificación, de acuerdo con el artículo 13° de la Ley 38/1999, de 5 de noviembre, de Ordenación de la Edificación, éstas serán obligaciones del Director de la ejecución.

78.2.2. Laboratorios y entidades de control de calidad

La Propiedad encomendará la realización de los ensayos de control a un laboratorio que sea conforme a lo establecido en el apartado 78.2.2.1. Asimismo, podrá encomendar a entidades de control de calidad otras actividades de asistencia técnica relativas al control de proyecto, de los productos o de los procesos de ejecución empleados en la obra, de conformidad con lo indicado en 78.2.2.2. En su caso, la toma de muestras podrá ser encomendada a cualquiera de los agentes a los que se refiere este apartado siempre que disponga de la correspondiente acreditación, salvo que ésta no sea exigible de acuerdo con la reglamentación específica aplicable.

Los laboratorios y entidades de control de calidad deberán poder demostrar su independencia respecto al resto de los agentes involucrados en la obra. Previamente al inicio de la misma, entregarán a la Propiedad una declaración, firmada por persona física, que avale la referida independencia y que deberá ser incorporada por la Dirección Facultativa a la documentación final de la obra.

78.2.2.1. Laboratorios de control

Los ensayos que se efectúen para comprobar la conformidad de los productos a su recepción en la obra en cumplimiento de esta Instrucción, serán encomendados a laboratorios privados o públicos con capacidad suficiente e independientes del resto de los agentes que intervienen en la obra. Esta independencia no será condición necesaria en el caso de laboratorios perteneciente a la Propiedad.

Los laboratorios privados deberán justificar su capacidad mediante su acreditación obtenida conforme al Real Decreto 2200/1995, de 28 de diciembre para los ensayos correspondientes, o bien, mediante la acreditación que otorgan las Administraciones Autonómicas en las áreas de hormigón y su inclusión en el registro general establecido por el Real Decreto 1230/1989, de 13 de octubre.

Podrán emplearse también laboratorios de control con capacidad suficiente y perteneciente a cualquier Centro Directivo de las Administraciones Públicas con competencias en el ámbito de la edificación o de la obra pública.

En el caso de que un laboratorio no pudiese realizar con sus medios alguno de los ensayos establecidos para el control, podrá subcontratarlo a un segundo laboratorio, previa aprobación de la Dirección Facultativa, siempre que éste último pueda demostrar una independencia y una capacidad suficiente de acuerdo con lo indicado en este artículo. En el caso de laboratorios situados en obra, deberán estar ligados a laboratorios que puedan demostrar su capacidad e independencia conforme a lo indicado en los párrafos anteriores de este apartado, que los deberán integrar en sus correspondientes sistemas de calidad.

78.2.2.2. Entidades de control de calidad

El control de recepción de los productos, el control de ejecución y, en su caso, el control de proyecto, podrán ser realizados con la asistencia técnica de entidades de control de calidad con capacidad suficiente e independientes del resto de los agentes que intervienen en la obra. Esta independencia no será condición necesaria en el caso de entidades de control de calidad pertenecientes a la Propiedad.

En el caso de obras de edificación, las entidades de control de calidad serán aquéllas a las que hace referencia el artículo 14º de la Ley 38/1999, de Ordenación de la Edificación. Estas entidades podrán justificar su capacidad mediante la acreditación que otorgan las Administraciones Autonómicas para los ámbitos de control que se establecen en esta Instrucción.

Podrá emplearse también una entidad pública de control de calidad, con capacidad suficiente y perteneciente a cualquier Centro Directivo de las Administraciones Públicas con competencias en el ámbito de la edificación o de la obra pública.

Artículo 79.º Condiciones para la conformidad de la estructura

La ejecución de la estructura se llevará a cabo según el proyecto y las modificaciones autorizadas y documentadas por la Dirección Facultativa. Durante la ejecución de la estructura se elaborará la documentación que reglamentariamente sea exigible y en ella se incluirá, sin perjuicio de lo que establezcan otras reglamentaciones, la documentación a la que hace referencia el Anejo 21 de esta Instrucción.

En todas las actividades ligadas al control de recepción, podrá estar presente un representante del agente responsable de la actividad o producto controlado (Autor del proyecto, Suministrador de hormigón, Suministrador de las armaduras elaboradas, Suministrador de los elementos prefabricados, Constructor, etc.). En el caso de la toma de muestras, cada representante se quedará con copia del correspondiente acta. Cuando se produzca cualquier incidencia en la recepción derivada de resultados de ensayo no conformes, el Suministrador o, en su caso, el Constructor, podrá solicitar una copia del correspondiente informe del laboratorio de control, que le será facilitada por la Propiedad.

79.1. Plan y programa de control

El proyecto de ejecución de cualquier estructura de hormigón deberá incluir en su memoria un anejo con un plan de control que identifique cualquier comprobación que pudiera derivarse del mismo, así como la valoración del coste total del control, que se reflejará como un capítulo independiente en el presupuesto del proyecto.

Antes de iniciar las actividades de control en la obra, la Dirección Facultativa aprobará un programa de control, preparado de acuerdo con el plan de control definido en el proyecto, y considerando el plan de obra del Constructor. El programa de control contemplará, al menos, los siguientes aspectos:

a) la identificación de productos y procesos objeto de control, definiendo los correspondientes lotes de control y unidades de inspección, describiendo para cada caso las comprobaciones a realizar y los criterios a seguir en el caso de no conformidad;

b) la previsión de medios materiales y humanos destinados al control con identificación, en su caso, de las actividades a subcontratar;

c) la programación del control, en función del procedimiento de autocontrol del Constructor y el plan de obra previsto para la ejecución por el mismo;

d) la designación de la persona encargada de las tomas de muestras, en su caso; y

e) el sistema de documentación del control que se empleará durante la obra.

79.2. Conformidad del proyecto

El control del proyecto tiene por objeto comprobar su conformidad con esta Instrucción y con el resto de la reglamentación que le fuera aplicable, así como comprobar su grado de definición, la calidad del mismo y todos los aspectos que puedan incidir en la calidad final de la estructura proyectada.

La Propiedad podrá decidir la realización del control de proyecto con la asistencia técnica de una entidad de control de calidad según el apartado 78.2.2.2.

79.3. Conformidad de los productos

El control de recepción de los productos tiene por objeto comprobar que sus características técnicas cumplen lo exigido en el proyecto.

En el caso de productos que deban disponer del marcado CE según la Directiva 89/106/CEE, podrá comprobarse su conformidad mediante la verificación de que los valores declarados en los documentos que acompañan al citado marcado CE permiten deducir el cumplimiento de las especificaciones indicadas en el proyecto y, en su defecto, en esta Instrucción.

En otros casos, el control de recepción de los productos comprenderá:

a) el control de la documentación de los suministros que llegan a la obra, realizado de acuerdo con 79.3.1,

b) en su caso, el control mediante distintivos de calidad, según el apartado 79.3.2 y,

c) en su caso, el control mediante ensayos, conforme con el apartado 79.3.3.

El Capítulo XVI de esta Instrucción recoge unos criterios para comprobar la conformidad con esta Instrucción de los productos que se reciben en la obra. Análogamente, también recoge los criterios para la comprobación, en su caso, de la conformidad antes de su transformación, de los productos que pueden ser empleados para la elaboración de aquéllos.

La Dirección Facultativa, en uso de sus atribuciones, podrá disponer en cualquier momento la realización de comprobaciones o ensayos adicionales sobre las remesas o las partidas de productos suministrados a la obra o sobre los empleados para la elaboración de los mismos.

En el caso de hormigones con áridos reciclados, hormigones con áridos ligeros u hormigones autocompactantes, la comprobación de la conformidad puede realizarse conforme a los criterios complementarios recogidos en los Anejos 15, 16 y 17, respectivamente.

79.3.1. Control documental de los suministros

Los Suministradores entregarán al Constructor, quien los facilitará a la Dirección Facultativa, cualquier documento de identificación del producto exigido por la reglamentación aplicable o, en su caso, por el proyecto o por la Dirección Facultativa. Sin perjuicio de lo establecido adicionalmente para cada producto en otros artículos de esta Instrucción, se facilitarán, al menos, los siguientes documentos:

a) antes del suministro:
— los documentos de conformidad o autorizaciones administrativas exigidas reglamentariamente, incluida cuando proceda la documentación correspondiente al marcado CE de los productos de construcción, de acuerdo el Real Decreto 1630/1992, de 29 de diciembre, por la que se dictan disposiciones para la libre circulación de los productos de construcción, en aplicación de la Directiva 89/106/CEE,
— en su caso, declaración del Suministrador firmada por persona física con poder de representación suficiente en la que conste que, en la fecha de la misma, el producto está en posesión de un distintivo de calidad oficialmente reconocido,

b) durante el suministro:
— las hojas de suministro de cada partida o remesa, de acuerdo con lo indicado en el Anejo 21,

c) después del suministro:
— el certificado de garantía del producto suministrado al que se refieren, para cada caso, los diferentes apartados del Capítulo XVI de esta Instrucción, firmado por persona física con poder de representación suficiente, de acuerdo con lo indicado en el Anejo 21.

79.3.2. Control de recepción mediante distintivos de calidad

Los Suministradores entregarán al Constructor, quien la facilitará a la Dirección Facultativa, una copia compulsada por persona física de los certificados que avalen que los productos que se suministrarán están en posesión de un distintivo de calidad oficialmente reconocido, de acuerdo con lo establecido en el artículo 81º.

Antes del inicio del suministro, la Dirección Facultativa valorará, en función del nivel de garantía del distintivo y de acuerdo con lo indicado en el proyecto y lo establecido por esta Instrucción, si la documentación aportada es suficiente para la aceptación del producto suministrado o, en su caso, qué comprobaciones deben efectuarse.

79.3.3. Control de recepción mediante ensayos

Para verificar el cumplimiento de las exigencias de esta Instrucción puede ser necesario, en determinados casos, realizar ensayos sobre algunos productos, según lo establecido en esta Instrucción o bien, según lo especificado en el proyecto u ordenado por la Dirección Facultativa.

En el caso de efectuarse ensayos, los laboratorios de control facilitarán sus resultados acompañados de la incertidumbre de medida para un determinado nivel de confianza, así como la información relativa a las fechas, tanto de la entrada de la muestra en el laboratorio como la de realización de los ensayos.

Las entidades y los laboratorios de control de calidad entregarán los resultados de su actividad al agente autor del encargo y, en todo caso, a la Dirección Facultativa.

79.4. Conformidad de los procesos de ejecución

Durante la construcción de la estructura, la Dirección Facultativa controlará la ejecución de cada parte de la misma verificando su replanteo, los productos que se utilicen y la correcta ejecución y disposición de los elementos constructivos. Efectuará cualquier comprobación adicional que estime necesaria para comprobar la conformidad con lo indicado en el proyecto, la reglamentación aplicable y las órdenes de la propia Dirección Facultativa. Comprobará que se han adoptado las medidas necesarias para asegurar la compatibilidad entre los diferentes productos, elementos y sistemas constructivos.

El control de la ejecución comprenderá:

a) la comprobación del control de producción del Constructor, según 79.4.1, y
b) la realización de inspecciones de los procesos durante la ejecución, según 79.4.2.

79.4.1. Control de la ejecución mediante comprobación del control de producción del Constructor

El Constructor tiene la obligación de definir y desarrollar un sistema de seguimiento, que permita comprobar la conformidad de la ejecución. Para ello, elaborará un plan de autocontrol que incluya todas las actividades y procesos de la obra e incorpore, contemplando las particularidades de la misma, el programa previsto para su ejecución y que deberá ser aprobado por la Dirección Facultativa antes del inicio de los trabajos.

Los resultados de todas las comprobaciones realizadas en el autocontrol deberán registrarse en un soporte, físico o electrónico, que deberá estar a disposición de la Dirección Facultativa. Cada registro deberá estar firmado por la persona física que haya sido designada por el Constructor para el autocontrol de cada actividad.

Durante la obra, el Constructor deberá mantener a disposición de la Dirección Facultativa un registro permanentemente actualizado, donde se reflejen las designaciones de las personas responsables de efectuar en cada momento el autocontrol relativo a cada proceso de ejecución. Una vez finalizada la obra, dicho registro se incorporará a la documentación final de la misma.

Además, en función del nivel de control de la ejecución, el Constructor definirá un sistema de gestión de los acopios suficiente para conseguir la trazabilidad requerida de los productos y elementos que se colocan en la obra.

79.4.2. Control de la ejecución mediante inspección de los procesos

La Dirección Facultativa, con la asistencia técnica de una entidad de control, en su caso, comprobará el cumplimiento de las exigencias básicas de esta Instrucción, efectuando las inspecciones puntuales de los procesos de ejecución que sean necesarias, según lo especificado en proyecto, lo establecido por esta Instrucción o lo ordenado por la Dirección Facultativa.

79.5. Comprobación de la conformidad de la estructura terminada

Una vez finalizada la estructura, en su conjunto o alguna de sus fases, la Dirección Facultativa velará para que se realicen las comprobaciones y pruebas de carga exigidas en su caso por la reglamentación vigente que le fuera aplicable, además de las que pueda establecer voluntariamente el proyecto o decidir la propia Dirección Facultativa; determinando la validez, en su caso, de los resultados obtenidos.

Artículo 80.º Documentación y trazabilidad

Todas las actividades relacionadas con el control establecido por esta Instrucción quedarán documentadas en los correspondientes registros, físicos o electrónicos, que permitan disponer de las evidencias documentales de todas las comprobaciones, actas de ensayo y partes de inspección que se hayan llevado a cabo, han de ser incluidas, una vez finalizada la obra, en la documentación final de la misma.

Los registros estarán firmados por la persona física responsable de llevar a cabo la actividad de control y, en el caso de estar presente, por la persona representante del suministrador del producto o de la actividad controlada.

Las hojas de suministro estarán firmadas, en representación del Suministrador, por persona física con capacidad suficiente.

En el caso de procedimientos electrónicos, la firma deberá ajustarse a lo establecido en la Ley 59/2003, de 19 de diciembre.

La conformidad de la estructura con esta Instrucción requiere de la consecución de una trazabilidad adecuada entre los productos que se colocan en la obra con carácter permanente (hormigón, armaduras o elementos prefabricados) y cualquier otro producto que se haya empleado para su elaboración.

Cuando el proyecto establezca un control de ejecución intenso para la estructura, la conformidad con esta Instrucción requiere además la consecución de una trazabilidad de los suministradores y de las partidas o remesas de los productos con cada elemento estructural ejecutado en la obra. En este caso, y a fin de lograr esta trazabilidad, el Constructor deberá introducir en el ámbito de su actividad un sistema de gestión de los acopios, preferiblemente mediante procedimientos electrónicos.

Artículo 81.º Niveles de garantía y distintivos de calidad

La conformidad de los productos y de los procesos de ejecución respecto a las exigencias básicas definidas por esta Instrucción, requiere que satisfagan con un nivel de garantía suficiente un conjunto de especificaciones.

De forma voluntaria, los productos y los procesos pueden disponer de un nivel de garantía superior al mínimo requerido, mediante la incorporación de sistemas (como por ejemplo, los distintivos de calidad) que avalen, mediante las correspondientes auditorias, inspecciones y ensayos, que sus sistemas de calidad y sus controles de producción, cumplen las exigencias requeridas para la concesión de tales sistemas de garantía superior.

A los efectos de esta Instrucción, dichos niveles de garantía adicionales y superiores a los mínimos reglamentarios pueden demostrarse por cualquiera de los siguientes procedimientos:

a) mediante la posesión de un distintivo de calidad oficialmente reconocido, según lo indicado en el Anejo 19 de esta instrucción,

b) en el caso de productos fabricados en la propia obra o de procesos ejecutados en la misma, mediante un sistema equivalente validado y supervisado bajo la responsabilidad de la Dirección Facultativa, que garantice que se cumplen unas garantías equivalentes a las que se exigen en el Anejo 19 para el caso de los distintivos de calidad oficialmente reconocidos.

Esta Instrucción contempla la aplicación de ciertas consideraciones especiales en la recepción para aquellos productos y procesos que presenten un nivel de garantía superior mediante cualquiera de los dos procedimientos mencionados en el párrafo anterior.

El control de recepción puede tener en cuenta las garantías asociadas a la posesión de un distintivo, siempre que éste cumpla unas determinadas condiciones. Así, tanto en el caso de los procesos de ejecución, como en el de los productos que no requieran el marcado CE según la Directiva 89/106/CEE, esta Instrucción permite aplicar unas consideraciones especiales en su recepción, cuando ostenten un distintivo de calidad de carácter voluntario que esté oficialmente reconocido por un Centro Directivo con competencias en el ámbito de la edificación o de la obra pública y perteneciente a la Administración Pública de cualquier Estado miembro de la Unión Europea o de cualquiera de los Estados firmantes del Acuerdo sobre el Espacio Económico Europeo.

Lo dispuesto en el párrafo anterior será también de aplicación a los productos de construcción fabricados o comercializados legalmente en un Estado que tenga un Acuerdo de asociación aduanera con la Unión Europea, cuando ese Acuerdo reconozca a esos productos el mismo tratamiento que a los fabricados o comercializados en un Estado miembro de la Unión Europea. En estos casos el nivel de equivalencia se constatará mediante la aplicación, a estos efectos, de los procedimientos establecidos en la mencionada Directiva.

A los efectos de la conformidad respecto a las exigencias básicas de esta Instrucción, los distintivos de calidad deberán cumplir, para su reconocimiento oficial, las condiciones establecidas en el Anejo 19.

Los distintivos de calidad que hayan sido objeto de reconocimiento o, en su caso, renovación o anulación, podrán inscribirse en el registro específico que se crea en la Secretaría General Técnica del Ministerio de Fomento, Subdirección General de Normativa y Estudios Técnicos y Análisis Económico que resolverá la inclusión, en su caso, en la página WEB de la Comisión Permanente del Hormigón (www.fomento.es/cph), para su difusión y general conocimiento.

capítulo XV
Control de calidad del proyecto

En el ámbito de aplicación de esta Instrucción, podrán utilizarse productos de construcción que estén fabricados o comercializados legalmente en los Estados miembros de la Unión Europea y en los Estados firmantes del Acuerdo sobre el Espacio Económico Europeo, y siempre que dichos productos, cumpliendo la normativa de cualquiera de dichos Estados, aseguren en cuanto a la seguridad y el uso al que están destinados un nivel equivalente al que exige esta Instrucción.

Dicho nivel de equivalencia se acreditará conforme a lo establecido en el artículo 4.2 o, en su caso, en el artículo 16 de la Directiva 89/106/CEE del Consejo, de 21 de diciembre de 1988, relativa a la aproximación de las disposiciones legales, reglamentarias y administrativas de los Estados miembros sobre los productos de construcción.

Lo dispuesto en los párrafos anteriores será también de aplicación a los productos de construcción fabricados o comercializados legalmente en un Estado que tenga un Acuerdo de asociación aduanera con la Unión Europea, cuando ese Acuerdo reconozca a esos productos el mismo tratamiento que a los fabricados o comercializados en un Estado miembro de la Unión Europea. En estos casos el nivel de equivalencia se constatará mediante la aplicación, a estos efectos, de los procedimientos establecidos en la mencionada Directiva.

Artículo 82.º Control de proyecto
82.1 Generalidades

La Propiedad podrá decidir la realización de un control de proyecto a cargo de una entidad de control de calidad de las referidas en el punto 78.2.2 al objeto de comprobar:

— que las obras a las que se refiere el proyecto están suficientemente definidas para su ejecución; y
— que se cumplen las exigencias relativas a la seguridad, funcionalidad, durabilidad y protección del medio ambiente establecidas por la presente Instrucción, así como las establecidas por la reglamentación vigente que les sean aplicables.

En las obras promovidas por las Administraciones Públicas, el control del proyecto se realizará , en su caso, sin perjuicio de lo establecido al respecto por el Real Decreto Legislativo 2/2000, de 16 de junio, por el que se aprueba el texto refundido de la Ley de Contratos de las Administraciones Públicas, así como por la reglamentación que lo desarrolla.

El hecho de que la Propiedad decida realizar el control del proyecto, no supondrá en ningún caso la alteración de las atribuciones y responsabilidades del Autor del proyecto.

82.2. Niveles del control de proyecto

Cuando la Propiedad decida la realización del control de proyecto, elegirá uno de los siguientes niveles:

a)   control a nivel normal
b)   control a nivel intenso

La entidad de control identificará los aspectos que deben comprobarse y desarrollará, según el tipo de obra, una pauta de control como la que, a titulo orientativo, se recoge en el Anejo 20.

La frecuencia de comprobación, según el nivel de control adoptado, no debe ser menor que el indicado en la Tabla 82.2.

Tabla 82.2.

Tipo de elemento	Nivel de control		Observaciones
	Normal	Intenso	
Zapatas	10%	20%	Al menos 3 zapatas
Losas de cimentación	10%	20%	Al menos 3 recuadros
Encepados	10%	20%	Al menos 3 encepados
Pilotes	10%	20%	Al menos 3 pilotes
Muros de contención	10%	20%	Al menos 3 secciones diferentes
Muros de sótano	10%	20%	Al menos 3 secciones diferentes
Estribos	10%	20%	Al menos 1 de cada tipo
Pilares y pilas de puente	15%	30%	Mínimo 3 tramos
Muros portantes	10%	20%	Mínimo 3 tramos
Jácenas	10%	20%	Mínimo 3 jácenas de al menos dos vanos
Zunchos	10%	20%	Mínimo dos zunchos
Tableros	10%	20%	Mínimo dos vanos
Arcos y bóvedas	10%	20%	Mínimo un tramo
Brochales	10%	20%	Mínimo 3 brochales
Escaleras	10%	20%	Al menos dos tramos

Tabla 82.2. (*continuación*)

Tipo de elemento	Nivel de control		Observaciones
	Normal	Intenso	
Losas	15%	30%	Al menos 3 recuadros
Forjados unidireccionales	15%	30%	Al menos 3 paños
Elementos singulares	15%	30%	Al menos 1 por tipo

Nota: No obstante lo anterior, se comprobará el 100% de los elementos sometidos a torsión principal y, en general, los elementos que sean susceptibles de roturas frágiles o que contengan detalles con posibles empujes al vacío, nudos complejos, transiciones complicadas en geometría o armaduras, cabezas de anclaje, etc.

82.3 Documentación del control de proyecto

Cualquiera que sea el nivel de control aplicado, la entidad de control entregará a la Propiedad un informe escrito y firmado por persona física, con indicación de su cualificación y cargo dentro de la entidad, en el que, congruentemente con la pauta de control adoptada, se reflejarán, al menos, los siguientes aspectos:

a) propiedad peticionaria
b) identificación de la entidad de control de calidad u organismo que lo suscribe
c) identificación precisa del proyecto objeto de control
d) identificación del nivel de control adoptado
e) plan de control de acuerdo con las pautas adoptadas
f) comprobaciones realizadas
g) resultados obtenidos
h) relación de no conformidades detectadas, indicando si éstas se refieren a la adecuada definición del proyecto para la ejecución, o si afectasen a la segundad, funcionalidad o durabilidad
i) valoración de las no conformidades
j) conclusiones, y en particular conclusión explícita sobre la existencia de reservas que pudieran provocar incidencias indeseables si se procediese a licitar las obras o a ejecutar las mismas.

La Propiedad, a la vista del informe anterior, tomará las decisiones oportunas y previas a la licitación o, en su caso, a la ejecución de las obras. En el caso de la existencia de no conformidades, antes de la toma de decisiones, la Propiedad comunicará el contenido del informe de control al Autor del proyecto, quien procederá a:

a) subsanar, en su caso, las no conformidades detectadas en el control de proyecto; o
b) presentar un informe escrito, firmado por el Autor del proyecto, en el que se ratifiquen y justifiquen las soluciones y definiciones adoptadas en el mismo, acompañando cualquier documentación complementaria que se estime necesaria.

capítulo XVI
Control de la conformidad de los productos

Artículo 83.º Generalidades

La Dirección Facultativa, en nombre de la Propiedad, tiene la obligación de comprobar la conformidad con lo establecido en el proyecto, de los productos que se reciben en la obra y, en particular, de aquéllos que se incorporan a la misma con carácter permanente.

Las actividades relacionadas con este control deberán reflejarse en el programa de control y serán conformes a lo indicado en 79.1.

Artículo 84.º Criterios generales para la comprobación de la conformidad de los materiales componentes del hormigón y de las armaduras

En el caso de productos que deban disponer del marcado CE según la Directiva 89/106/CEE, será suficiente para comprobar su conformidad la verificación documental de que los valores declarados en los documentos que acompañan al citado marcado CE permiten deducir el cumplimiento de las especificaciones contempladas en el proyecto.

La Dirección Facultativa, en el uso de sus atribuciones, podrá disponer en cualquier momento la realización de comprobaciones o ensayos sobre los materiales que se empleen para la elaboración del hormigón que se suministra a la obra.

En el caso de productos que no dispongan de marcado CE, la comprobación de su conformidad comprenderá:

a) un control documental,
b) en su caso, un control mediante distintivos de calidad o procedimientos que garanticen un nivel de garantía adicional equivalente, conforme con lo indicado en el artículo 81º, y
c) en su caso, un control experimental, mediante la realización de ensayos.

Sin perjuicio de lo establecido al respecto en esta Instrucción, el Pliego de prescripciones técnicas particulares podrá fijar los ensayos que considere pertinentes.

84.1. Control documental

Con carácter general, el suministro de los materiales recogidos en este artículo deberá cumplir las exigencias documentales recogidas en 79.3.1.

Siempre que se produzca un cambio en el suministrador de los materiales recogidos en este artículo, será preceptivo presentar la documentación correspondiente al nuevo producto.

84.2. Inspección de las instalaciones

La Dirección Facultativa valorará la conveniencia de efectuar una visita de inspección a las instalaciones de fabricación de los materiales incluidos en el ámbito de este artículo. Dicha visita se realizará preferiblemente antes del inicio del suministro y tendrá como objeto comprobar la idoneidad para la fabricación y la implantación de un control producción conforme con la legislación vigente y con esta Instrucción.

De igual modo, podrá realizar ensayos a los materiales suministrados, a fin de garantizar la conformidad con las especificaciones requeridas.

84.3. Toma de muestras y realización de los ensayos

En el caso de que fuera necesario la realización de ensayos para la recepción, éstos deberán efectuarse por un laboratorio de control conforme a lo indicado en 78.2.2.1.

Cuando la toma de muestras no se efectúe directamente en la obra o en la instalación donde se recibe el material, deberá hacerse a través de una entidad de control de calidad, o, en su caso, mediante un laboratorio de ensayo conforme 78.2.2.1.

Artículo 85.º Criterios específicos para la comprobación de la conformidad de los materiales componentes del hormigón

A los efectos de este artículo, se entiende por componentes del hormigón todos aquellos materiales para los que esta Instrucción contempla su utilización como materia prima en la fabricación del hormigón.

El control será efectuado por el responsable de la recepción en la instalación industrial de prefabricación y en la central de hormigón, ya sea de hormigón preparado o de obra, salvo en el caso de áridos de autoconsumo en centrales de obra, que se llevará a cabo por la Dirección Facultativa.

85.1. Cementos

La comprobación de la conformidad del cemento se efectuará de acuerdo con la reglamentación específica vigente.

85.2. Áridos

Salvo en el caso al que se refiere el párrafo siguiente, los áridos deberán disponer del marcado CE con un sistema de evaluación de la conformidad 2 +, por lo que su idoneidad se comprobará mediante la verificación documental de que los valores declarados en los documentos que acompañan al citado marcado CE permiten deducir el cumplimiento de las especificaciones contempladas en el proyecto y en el artículo 28° de esta Instrucción.

En el caso de áridos de autoconsumo, el Constructor o, en su caso, el Suministrador de hormigón o de los elementos prefabricados, deberá aportar un certificado de ensayo, con antigüedad inferior a tres meses, realizado por un laboratorio de control según el apartado 78.2.2.1 que demuestre la conformidad del árido respecto a las especificaciones contempladas en el proyecto y en el artículo 28° de esta Instrucción, con un nivel de garantía estadística equivalente que el exigido para los áridos con marcado CE en la norma UNE-EN 12620.

85.3. Aditivos

La conformidad de los aditivos que dispongan de marcado CE, se comprobará mediante la verificación documental de que los valores declarados en los documentos que acompañan al citado marcado CE permiten deducir el cumplimiento de las especificaciones contempladas en el proyecto y en el artículo 29° de esta Instrucción.

En el caso de aditivos que, por no estar incluidos en las normas armonizadas, no dispongan de marcado CE, el Constructor o, en su caso, el Suministrador de hormigón o de los elementos prefabricados, deberá aportar un certificado de ensayo, con antigüedad inferior a seis meses, realizado por un laboratorio de control según el apartado 78.2.2.1 que demuestre la conformidad del aditivo a las especificaciones contempladas en el proyecto y en el artículo 29° de esta Instrucción, con un nivel de garantía estadística equivalente que el exigido para los aditivos con marcado CE en la norma UNE-EN 934-2.

85.4. Adiciones

La conformidad de las adiciones que dispongan de marcado CE, se comprobará mediante la verificación documental de que los valores declarados en los documentos que acompañan al citado marcado CE permiten deducir el cumplimiento de las especificaciones contempladas en el proyecto y en el artículo 30° de esta Instrucción.

85.5. Agua

Se podrá eximir de la realización de los ensayos cuando se utilice agua potable de red de suministro.

En otros casos, la Dirección Facultativa, o el Responsable de la recepción en el caso de centrales de hormigón preparado o de la instalación de prefabricación, dispondrá la realización de los correspondientes ensayos en un laboratorio de los contemplados en el apartado 78.2.2.1, que permitan comprobar el cumplimiento de las especificaciones del artículo 27° con una periodicidad semestral.

Artículo 86.° Control del hormigón

86.1. Criterios generales para el control de la conformidad de un hormigón

La conformidad de un hormigón con lo establecido en el proyecto se comprobará durante su recepción en la obra, e incluirá su comportamiento en relación con la docilidad, la resistencia y la durabilidad, además de cualquier otra característica que, en su caso, establezca el pliego de prescripciones técnicas particulares.

El control de recepción se aplicará tanto al hormigón preparado, como al fabricado en central de obra e incluirá una serie de comprobaciones de carácter documental y experimental, según lo indicado en este artículo.

86.2. Toma de muestras

La toma de muestras se realizará de acuerdo con lo indicado en UNE-EN 12350-1, pudiendo estar presentes en la misma los representantes de la Dirección Facultativa, del Constructor y del Suministrador del hormigón.

Salvo en los ensayos previos, la toma de muestras se realizará en el punto de vertido del hormigón (obra o instalación de prefabricación), a la salida de éste del correspondiente elemento de transporte y entre 1/4 y 3/4 de la descarga.

El representante del laboratorio levantará un acta para cada toma de muestras, que deberá estar suscrita por todas las partes presentes, quedándose cada uno con una copia de la misma. Su redacción obedecerá a un modelo de acta, aprobado por la Dirección Facultativa al comienzo de la obra y cuyo contenido mínimo se recoge en el Anejo 21.

El Constructor o el Suministrador de hormigón podrán requerir la realización, a su costa, de una toma de contraste.

86.3. Realización de los ensayos

En general, la comprobación de las especificaciones de esta Instrucción para el hormigón endurecido, se llevará a cabo mediante ensayos realizados a la edad de 28 días.

Cualquier ensayo del hormigón diferente de los contemplados en este apartado, se efectuará según lo establecido al efecto en el correspondiente pliego de prescripciones técnicas, o de acuerdo con las indicaciones de la Dirección Facultativa.

A los efectos de esta Instrucción, cualquier característica medible de una amasada, vendrá expresada por el valor medio de un número de determinaciones, igual o superior a dos.

86.3.1. Ensayos de docilidad del hormigón

La docilidad del hormigón se comprobará mediante la determinación de la consistencia del hormigón fresco por el método del asentamiento, según UNE-EN 12350-2. En el caso de hormigones autocompactantes, se estará a lo indicado en el Anejo 17.

86.3.2. Ensayos de resistencia del hormigón

La resistencia del hormigón se comprobará mediante ensayos de resistencia a compresión efectuados sobre probetas fabricadas y curadas según UNE-EN 12390-2.

Todos los métodos de cálculo y las especificaciones de esta Instrucción se refieren a características del hormigón endurecido obtenidas mediante ensayos sobre probetas cilíndricas de 15×30 cm. No obstante, para la determinación de la resistencia a compresión, podrán emplearse también:

— probetas cúbicas de 15 cm de arista, o
— probetas cúbicas de 10 cm de arista, en el caso de hormigones con $f_{ck} \geqslant 50$ N/mm^2 y siempre que el tamaño máximo del árido sea inferior a 12 mm.

En cuyo caso los resultados deberán afectarse del correspondiente factor de conversión, de acuerdo con:

$$f_c = \lambda_{\text{cil, cub15}} \cdot f_{c, \text{cúbica}}$$

donde:

f_c = Resistencia a compresión, en N/mm², referida a probeta cilíndrica de 15 × 30 cm.

$f_{c, \text{cúbica}}$ = Resistencia a compresión, en N/mm², obtenida a partir de ensayos realizados en probetas cúbicas de 15 cm de arista.

$\lambda_{\text{cil, cub15}}$ = Coeficiente de conversión, obtenido de la Tabla 86.3.2.a.

Tabla 86.3.2.a. Coeficiente de conversión

Resistencia en probeta cúbica, f_c (N/mm²)	$\lambda_{\text{cil, cub 15}}$
$f_c < 60$	0,90
$60 \leqslant f_c < 80$	0,95
$f_c \geqslant 80$	1,00

La determinación de la resistencia a compresión se efectuará según UNE-EN 12390-3.

En el caso de probetas cilíndricas, sólo será necesario refrentar aquellas caras cuyas irregularidades superficiales sean superiores a 0,1 mm o que presenten desviaciones respecto al eje de la probeta que sean mayores de 0,5°, por lo que, generalmente será suficiente refrentar sólo la cara de acabado.

Una vez fabricadas las probetas, se mantendrán en el molde, convenientemente protegidas, durante al menos 16 horas y nunca más de tres días. Durante su permanencia en la obra no deberán ser golpeadas ni movidas de su posición y se mantendrán a resguardo del viento y del asoleo directo. En este período, la temperatura del aire alrededor de las probetas deberá estar comprendida entre los límites de la Tabla 86.3.2.b En el caso de que puedan producirse en obra otras condiciones ambientales, el Constructor deberá habilitar un recinto en el que puedan mantenerse las referidas condiciones.

Tabla 86.3.2.b.

Rango de temperatura	f_{ck} (N/mm²)	Período máximo de permanencia de las probetas en la obra
15 °C-30 °C	< 35	72 horas
	≥ 35	24 horas
15 °C-35 °C	Cualquiera	24 horas

Para su consideración al aplicar los criterios de aceptación para la resistencia del hormigón, del apartado 86.5.3, el recorrido relativo de un grupo de tres probetas obtenido mediante la diferencia entre el mayor resultado y el menor, dividida por el valor medio de las tres, tomadas de la misma amasada, no podrá exceder el 20%. En el caso de dos probetas, el recorrido relativo no podrá exceder el 13%.

86.3.3. Ensayos de penetración de agua en el hormigón

La comprobación, en su caso, de la profundidad de penetración de agua bajo presión en el hormigón, se ensayará según UNE-EN 12390-8. Antes de iniciar el ensayo, se someterá a las probetas a un período de secado previo de 72 horas en una estufa de tiro forzado a una temperatura de 50 + 5 °C.

86.4. Control previo al suministro

Las comprobaciones previas al suministro del hormigón tienen por objeto verificar la conformidad de la dosificación e instalaciones que se pretenden emplear para su fabricación.

86.4.1. Comprobación documental previa al suministro

Además de la documentación general a la que hace referencia el apartado 79.3.1, que sea aplicable al hormigón, en el caso de hormigones que no estén en posesión de un distintivo de calidad oficialmente reconocido según el Anejo 19, el Suministrador, o en su caso el Constructor, deberá presentar a la Dirección Facultativa una copia compulsada por persona física con representación suficiente del certificado de dosificación al que hace referencia el Anejo 22, así como del resto de los ensayos previos y característicos, en su caso que sea emitido por un laboratorio de control de los contemplados en 78.2.2, con una antigüedad máxima de seis meses.

En el caso de cambio de suministrador de hormigón durante la obra, será preceptivo volver a presentar a la Dirección Facultativa la documentación correspondiente al nuevo hormigón.

86.4.2. Comprobación de las instalaciones

La Dirección Facultativa valorará la conveniencia de efectuar, directamente o a través de una entidad de control de calidad, y preferiblemente antes del inicio del suministro, una visita de inspección a la central de hormigón al objeto de comprobar su idoneidad para fabricar el hormigón que se requiere para la obra. En particular, se atenderá al cumplimiento de las exigencias establecidas en el artículo 71°.

En su caso, se comprobará que se ha implantado un control de producción conforme con la reglamentación vigente que sea de aplicación y que está correctamente documentado, mediante el registro de sus comprobaciones y resultados de ensayo en los correspondientes documentos de autocontrol.

La inspección comprobará también que la central de hormigón dispone de un sistema de gestión de los acopios de materiales componentes, según lo establecido en 71.2.2, que permita establecer la trazabilidad entre los suministros de hormigón y los materiales empleados para su fabricación.

86.4.3. Comprobaciones experimentales previas al suministro

Las comprobaciones experimentales previas al suministro consistirán, en su caso, en la realización de ensayos previos y de ensayos característicos, de conformidad con lo indicado en el Anejo 22.

Los ensayos previos tienen como objeto comprobar la idoneidad de los materiales componentes y las dosificaciones a emplear mediante la determinación de la resistencia a compresión de hormigones fabricados en laboratorio.

Los ensayos característicos tienen la finalidad de comprobar la idoneidad de los materiales componentes, las dosificaciones y las instalaciones a emplear en la fabricación del hormigón, en relación con su capacidad mecánica y su durabilidad. Para ello, se efectuarán ensayos de resistencia a compresión y, en su caso, de profundidad de penetración de agua bajo presión de hormigones fabricados en las mismas condiciones de la central y con los mismos medios de transporte con los que se hará el suministro a la obra.

86.4.3.1. Posible exención de ensayos

No serán necesarios los ensayos previos, ni los característicos de resistencia, en el caso de un hormigón preparado para el que se tengan documentadas experiencias anteriores de su empleo en otras obras, siempre que sean fabricados con materiales componentes de la misma naturaleza y origen, y se utilicen las mismas instalaciones y procesos de fabricación.

Además, la Dirección Facultativa podrá eximir también de la realización de los ensayos característicos de dosificación a los que se refiere el Anejo 22 cuando se dé alguna de las siguientes circunstancias:

a) el hormigón que se va a suministrar está en posesión de un distintivo de calidad oficialmente reconocido,

b) se disponga de un certificado de dosificación, de acuerdo con lo indicado en el Anejo 22, con una antigüedad máxima de seis meses.

86.5. Control durante el suministro

86.5.1. Control documental durante el suministro

Cada partida de hormigón empleada en la obra deberá ir acompañada de una hoja de suministro, cuyo contenido mínimo se establece en el Anejo 21.

La Dirección Facultativa aceptará la documentación de la partida de hormigón, tras comprobar que los valores reflejados en la hoja de suministro son conformes con las especificaciones de esta Instrucción y no evidencian discrepancias con el certificado de dosificación aportado previamente.

86.5.2. Control de la conformidad de la docilidad del hormigón durante el suministro

86.5.2.1. Realización de los ensayos

Los ensayos de consistencia del hormigón fresco se realizarán, de acuerdo con lo indicado en el apartado 86.3.1, cuando se produzca alguna de las siguientes circunstancias:

a) cuando se fabriquen probetas para controlar la resistencia,

b) en todas las amasadas que se coloquen en obra con un control indirecto de la resistencia, según lo establecido en el apartado 86.5.6, y

c) siempre que lo indique la Dirección Facultativa o lo establezca el Pliego de prescripciones técnicas particulares.

La especificación para la consistencia será la recogida, de acuerdo con 31.5, en el Pliego de prescripciones técnicas particulares o, en su caso, la indicada por la Dirección de Obra. Se considerará conforme cuando el asentamiento obtenido en los ensayos se encuentren dentro de los límites definidos en la Tabla 86.5.2.1.

En el caso de hormigones autocompactantes, la conformidad del hormigón en relación con su docilidad se determinará de acuerdo con lo establecido en el Anejo 17.

Tabla 86.5.2.1. Tolerancias para la consistencia del hormigón

Consistencia definida por su tipo		
Tipo de consistencia	**Tolerancia en cm**	**Intervalo resultante**
Seca	0	0-2
Plástica	±1	2-6
Blanda	±1	5-10
Fluida	±2	8-17
Líquida	±2	14-22
Consistencia definida por su asiento		
Asiento en cm	**Tolerancia en cm**	**Intervalo resultante**
Entre 0-2	±1	A ± 1
Entre 3-7	±2	A ± 2
Entre 8-12	±3	A ± 3
Entre 13-18	±3	A ± 3

86.5.2.2. Criterios de aceptación o rechazo

Cuando la consistencia se haya definido por su tipo, de acuerdo con 31.5, se aceptará el hormigón cuando la media aritmética de los dos valores obtenidos esté comprendida dentro del intervalo correspondiente.

Si la consistencia se hubiera definido por su asiento, se aceptará el hormigón cuando la media de los dos valores esté comprendida dentro de la tolerancia, definida en 31.5.

El incumplimiento de los criterios de aceptación, implicará el rechazo de la amasada.

86.5.3. Modalidades de control de la conformidad de la resistencia del hormigón durante el suministro

El control de la resistencia del hormigón tiene la finalidad de comprobar que la resistencia del hormigón realmente suministrado a la obra es conforme a la resistencia característica especificada en el proyecto, de acuerdo con los criterios de seguridad y garantía para el usuario definidos por esta Instrucción.

Los ensayos de resistencia a compresión se realizarán de acuerdo con el apartado 86.3.2. Su frecuencia y los criterios de aceptación aplicables serán función de:

a) en su caso, la posesión de un distintivo de calidad y el nivel de garantía para el que se haya efectuado el reconocimiento oficial del mismo, y

b) la modalidad de control que se adopte en el proyecto, y que podrán ser:

— Modalidad 1. Control estadístico, según 86.5.4,
— Modalidad 2. Control al 100%, según 86.5.5, y
— Modalidad 3. Control indirecto, según 86.5.6.

86.5.4. Control estadístico de la resistencia del hormigón durante el suministro

Esta modalidad de control es la de aplicación general a todas las obras de hormigón estructural.

86.5.4.1. Lotes de control de la resistencia

Para el control de su resistencia, el hormigón de la obra se dividirá en lotes, previamente al inicio de su suministro, de acuerdo con lo indicado en la Tabla 86.5.4.1, salvo excepción justificada bajo la responsabilidad de la Dirección Facultativa. El número de lotes no será inferior a tres. Correspondiendo en dicho caso, si es posible, cada lote a elementos incluidos en cada columna de la Tabla 86.5.4.1.

Todas las amasadas de un lote procederán del mismo suministrador, estarán elaboradas con los mismos materiales componentes y tendrán la misma dosificación nominal. Además, no se mezclarán en un lote hormigones que pertenezcan a columnas distintas de la Tabla 86.5.4.1.

Tabla 86.5.4.1. Tamaño máximo de los lotes de control de la resistencia, para hormigones sin distintivo de calidad oficialmente reconocido

Límite superior	Tipo de elementos estructurales		
	Elementos o grupos de elementos que funcionan fundamentalmente a compresión (pilares, pilas, muros portantes, pilotes, etc.)	Elementos o grupos de elementos que funcionan fundamentalmente a flexión (vigas, forjados de hormigón, tableros de puente, muros de contención, etc.)	Macizos (zapatas, estribos de puente, bloques, etc.)
Volumen de hormigón	100 m³	100 m³	100 m³
Timpo de hormigonado	2 semanas	2 semanas	1 semana
Superficie construida	500 m²	1.000 m²	—
Número de plantas	2	2	—

Cuando un lote esté constituido por amasadas de hormigones en posesión de un distintivo oficialmente reconocido, podrá aumentarse su tamaño multiplicando los valores de la tabla 86.5.4.1 por cinco o por dos, en función de que el nivel de garantía para el que se ha efectuado el reconocimiento sea conforme con el apartado 5.1 o con el apartado 6 del Anejo 19, respectivamente. En estos casos de tamaño ampliado del lote, el número mínimo de lotes será de tres correspondiendo, si es posible, cada lote a elementos incluidos en cada columna de la Tabla 86.5.4.1. En ningún caso, un lote podrá estar formado por amasadas suministradas a la obra durante un período de tiempo superior a seis semanas.

En el caso de que se produjera un incumplimiento al aplicar el criterio de aceptación correspondiente, la Dirección Facultativa no aplicará el aumento del tamaño mencionado en el párrafo anterior para los siguientes seis lotes. A partir del séptimo lote siguiente, si en los seis anteriores se han cumplido las exigencias del distintivo, la Dirección Facultativa volverá a aplicar el tamaño del lote definido originalmente. Si por el contrario, se produjera algún nuevo incumplimiento, la comprobación de la conformidad durante el resto del suministro se efectuará como si el hormigón no estuviera en posesión del distintivo de calidad.

86.5.4.2. Realización de los ensayos

Antes de iniciar el suministro del hormigón, la Dirección Facultativa comunicará al Constructor, y éste al Suministrador, el criterio de aceptación aplicable.

La conformidad del lote en relación con la resistencia se comprobará a partir de los valores medios de los resultados obtenidos sobre dos probetas tomadas para cada una de las N amasadas controladas, de acuerdo con la Tabla 86.5.4.2.

Tabla 86.5.4.2.

Resistencia característica especificada en proyecto f_{ck} (N/mm²)	Hormigones con distintivos de calidad oficialmente reconocido con nivel de garantía conforme con el apartado 5.1 del Anejo 19	Otros casos
$f_{ck} \leqslant 30$	$N \geqslant 1$	$N \geqslant 3$
$35 \leqslant f_{ck} \leqslant 50$	$N \geqslant 1$	$N \geqslant 4$
$f_{ck} > 50$	$N \geqslant 2$	$N \geqslant 6$

Las tomas de muestras se realizarán aleatoriamente entre las amasadas de la obra sometida a control. Cuando el lote abarque hormigones procedentes de más de una planta, la Dirección Facultativa optará por una de siguientes alternativas:

a) subdividir el lote en sublotes a los que se deberán aplicar de forma independiente los criterios de aceptación que procedan,

b) considerar el lote conjuntamente, procurando que las amasadas controladas se correspondan con las de diferentes orígenes y aplicando las consideraciones de control que correspondan en el caso más desfavorable.

Una vez efectuados los ensayos, se ordenarán los valores medios, x_i, de las determinaciones de resistencia obtenidas para cada una de las N amasadas controladas:

$$x_1 \leqslant x_2 \leqslant \cdots \leqslant x_N$$

86.5.4.3. Criterios de aceptación o rechazo de la resistencia del hormigón

Los criterios de aceptación de la resistencia del hormigón para esta modalidad de control, se definen a partir de la siguiente casuística:

Caso 1: hormigones en posesión de un distintivo de calidad oficialmente reconocido con un nivel de garantía conforme al apartado 5.1 del Anejo 19 de esta Instrucción,

Caso 2: hormigones sin distintivo,

Caso 3: hormigones sin distintivo, fabricados de forma continua en central de obra o suministrados de forma continua por la misma central de hormigón preparado, en los que se controlan en la obra más de treinta y seis amasadas del mismo tipo de hormigón.

Para cada caso, se procederá a la aceptación del lote cuando se cumplan los criterios establecidos en la Tabla 86.5.4.3.a.

Tabla 86.5.4.3.a.

Caso de control estadístico	Criterio de aceptación	Observaciones
\multicolumn{3}{c}{**Control de identificación**}		
1	$x_i \geqslant f_{ck}$	
\multicolumn{3}{c}{**Control de recepción**}		
2	$f(\bar{x}) = \bar{x} - K_2\, r_N \geqslant f_{ck}$	
3	$f(x_{(1)}) = x_{(1)} - K_3\, s^*_{35} \geqslant f_{ck}$	A partir de la amasada 37ª $3 \leqslant N \leqslant 6$. A las amasadas anteriores a la 37ª, se les aplicará el criterio n.º 2.

donde

$f(\bar{X})$; $f(X_i)$: Funciones de aceptación.

x_i Cada uno de los valores medios obtenidos en las determinaciones de resistencia para cada una de las amasadas.

$\bar{x}$ Valor medio de los resultados obtenidos en las N amasadas ensayadas.

σ Valor de la desviación típica correspondiente a la producción del tipo de hormigón suministrado, en N/mm², y certificado en su caso por el distintivo de calidad.

δ Valor del coeficiente de variación de la producción del tipo de hormigón suministrado y certificado en su caso por el distintivo de calidad.

f_{ck} Valor de la resistencia característica especificada en el proyecto.

K_2 y K_3 Coeficientes que toman los valores reflejados en la Tabla 86.5.4.3.b.

$x_{(1)}$ Valor mínimo de los resultados obtenidos en las últimas N amasadas.

$x_{(N)}$ Valor máximo de los resultados obtenidos en las últimas N amasadas.

r_N Valor recorrido muestral definido como

$$r_N = x_{(N)} - x_{(1)}$$

s Valor de la desviación típica poblacional, definida como

$$s_N = \sqrt{\frac{1}{N-1} \sum_{i=1}^{N} (x_i - \bar{x})^2}$$

s^*_{35} Valor de la desviación típica muestral, correspondiente a las últimas 35 amasadas.

Tabla 86.5.4.3.b.

Coeficiente	Número de amasadas controladas (N)			
	3	**4**	**5**	**6**
K_2	1,02	0,82	0,72	0,66
K_3	0,85	0,67	0,55	0,43

Transitoriamente, hasta el 31 de diciembre de 2010, podrá considerarse el caso de hormigones en posesión de un distintivo de calidad oficialmente reconocido con un nivel de garantía conforme al apartado 6 del Anejo 19 de esta Instrucción. En dicho caso, el criterio de aceptación a emplear será

$$f(\bar{x}) = \bar{x} - 1{,}645\,\sigma \geqslant f_{ck}$$

donde:

$\bar{x}$ = Valor medio de los resultados obtenidos en las N amasadas ensayadas.

σ = Valor de la desviación típica correspondiente a la producción del tipo de hormigón suministrado, en N/mm², y certificado por el distintivo de calidad.

86.5.5. Control de la resistencia del hormigón al 100%

86.5.5.1. Realización de los ensayos

Esta modalidad de control es de aplicación a cualquier estructura, siempre que se adopte antes del inicio del suministro del hormigón.

La conformidad de la resistencia del hormigón se comprueba determinando la misma en todas las amasadas sometidas a control y calculando, a partir de sus resultados, el valor de la recsistencia característica real, $f_{c,\text{real}}$, según 39.1.

86.5.5.2. Criterios de aceptación o rechazo

Para elementos fabricados con N amasadas, el valor de $f_{c,\text{real}}$ corresponde a la resistencia de la amasada que, una vez ordenadas las N determinaciones de menor a mayor, ocupa el lugar $n = 0,05\,N$, redondeándose n por exceso.

Cuando el número de amasadas que se vayan a controlar sea igual o menor que 20, $f_{c,\text{reacl}}$ será el valor de la resistencia de la amasada más baja encontrada en la serie.

El criterio de aceptación para esta modalidad de control se define por la siguiente expresión:

$$f_{c,\text{real}} \geqslant f_{ck}$$

86.5.6. Control indirecto de la resistencia del hormigón

En el caso de elementos de hormigón estructural, esta modalidad de control sólo podrá aplicarse para hormigones en posesión de un distintivo de calidad oficialmente reconocido, que se empleen en uno de los siguientes casos:

— elementos de edificios de viviendas de una o dos plantas, con luces inferiores a 6,00 metros, o
— elementos de edificios de viviendas de hasta cuatro plantas, que trabajen a flexión, con luces inferiores a 6,00 metros.

Además, será necesario que se cumplan las dos condiciones siguientes:

a) que el ambiente en el que está ubicado el elemento sea I o II según lo indicado en el apartado 8.2,

b) que en el proyecto se haya adoptado una resistencia de cálculo a compresión f_{cd} no superior a 10 N/mm².

Esta modalidad de control también se aplicará para el caso de hormigones no estructurales en el sentido expuesto en el Anejo 18.

86.5.6.1. Realización de los ensayos

Se realizarán, al menos, cuatro determinaciones de la consistencia espaciadas a lo largo de cada jornada de suministro, además de cuanto así lo indique la Dirección Facultativa o lo exija el Pliego de prescripciones técnicas particulares.

Para la realización de estos ensayos será suficiente que se efectúen bajo la supervisión de la Dirección Facultativa, archivándose en obra los correspondientes registros, que incluirán tanto los valores obtenidos como las decisiones adoptadas en cada caso.

86.5.6.2. Criterios de aceptación o rechazo

Se aceptará el cihormigón suministrado si se cumplen simultáneamente las tres condiciones siguientes:

a) los resultados cde los ensayos de consistencia cumplen lo indicado en 86.5.2.

b) se mantiene, en su caso, la vigencia del distintivo de calidad para el hormigón empleado durante la totalidad del período de suministro a la obra.

c) se mantiene, en su caso, la vigencia del reconocimiento oficial del distintivo de calidad.

86.6. Certificado del hormigón suministrado

Al finalizar el suministro de un hormigón a la obra, el Constructor facilitará a la Dirección Facultativa un certicficado de los hormigones suministrados, con indicación de los tipos y cantidades de los mismos, elaborado por el Fabricante y firmado por persona física con representación suficiente, cuyo contenido será conforme a lo establecido enci el Anejo 21 de esta Instrucción.

86.7. Decisiones derivadas del control

La decisión de aceptación de un hormigón estará condicionada a la comprobación de su conformidad, aplicando los criterios establecidos para ello en esta Insctrucción o, en su caso, mediante las conclusiones extraídas de los estudios especiales que proceda efectuar, de conformidad con lo indicado en este apartado en el caso de incumplimiento en los referidos criterios.

86.7.1. Decisiones derivadas del control previo al suministro

Para aceptar que se inicie el suministro de un hormigón a la obra, se comprobará previamente que se cumplen las siguienctes condiciones:

a) el contenido de la documentación del hormigón, a la que se refiere el apartado 86.4.1, permite asumir que el hormigón a suministrar cumplirá las exigencias del proyecto, así como las de esta Instrucción.

b) en su caso, los ensayos previos y los ensayos característicos, tanto de resistencia como de dosificación, son conformes con lo exigido en 86.4.3.

86.7.2. Decisiones derivadas del control previas a su puesta en obra

La Dirección Facultativa, o en quién ésta delegue, aceptará la puesta en obra de una amasada de hormigón, tras comprobar que:

a) el contenido de la hoja de suministro que la acompaña es conforme con lo establecido en esta Instrucción y

b) en su caso, tras comprobar que su consistencia es conforme según los criterios del apartado 86.5.3.

86.7.3. Decisiones derivadas del control experimental tras su puesta en obra

86.7.3.1. Decisiones derivadas del control de la resistencia

La Dirección Facultativa aceptará el lote en lo relativo a su resistencia, cuando se cumpla el criterio de aceptación que se haya seleccionado entre los definidos en los apartados 86.5.4, 86.5.5 u 86.5.6, según la modalidad de control adoptada.

Así mismo, en el caso de un hormigón en posesión de un distintivo de calidad con nivel de garantía conforme con el apartado 5.1 del Anejo 19 de esta Instrucción, que no cumpla el criterio de aceptación definido en la Tacbla 86.5.4.3.a para el control de identificación, la Dirección Facultativa aceptará el lote cuando los valores individuales obtenidos en dichos ensayos sean superiores a $0,90 \cdot f_{ck}$ y siempre que, además, tras revisar los resultados de control de producción correspondientes al período más próximo a la fecha de suministro del mismo, se cumpla:

$$\bar{x} - 1,645 \cdot \sigma \geqslant 0,90 \cdot f_{ck}$$

donde:

$\bar{x}$ = Valor medio del conjunto de valores que resulta al incorporar el resultadoc no conforme a los catorce resultados del control de producción que sean temporalmente más próximos al mismo, y

σ = Valor de la desviación típica correspondiente a la producción del tipo de hormigón suministrado, en N/mm^2, y certificado en su caso por el distintivo de calidad.

En otros casos, la Dirección Facultativa, sin perjuicio de las sanciones que fueran contractualmente acplicables y conforme a lo previsto en el correspondiente pliego de prescripciones técnicas particulares, valorará la aceptación, refuerzo o demolición de los elementos construidos con el hormigón del lote a partir de la información obtenida mediante la aplicación gradual de los siguientes procedimientos:

a) en primer lugar, por iniciativa propia o a petición de cualquiera de las partes, la Dirección Facultativa dispondrá la realización de ensayos de informaciónc complementaria, conforme a lo dispuesto en el apartado 86.8, al objeto de comprobar si la resistencia característica del hormigón real de la estructura, se corresponde con la especificada en el proyecto. Dichos ensayos serán realizados por un laboratorio acordado por las partes y conforme con el apartado 78.2.2,

b) en el caso de que los ensayos de información confirmen los resultados obtenidos en el control, por iniciativa propia o a petición de cualquiera de las partes, la Dicrección Facultativa encargará la realiczación de un estudio específico de la seguridad de los elementos afectados por el hormigón del lote sometido a aceptación, en el que se compruebe que es admisible el nivel de seguridad que se obtiene con los valores de resistencia del hormigón realmente colocado en la obra. Para ello, deberá estimarse la resistencia característica del hormigón a partir de los resultados del control, en su caso, a partir de ensayos de información complementaria,

c) en su caso, la Direccicón Facultativa podrá ordenar el ensayo del comportamiento estructural del elemento realmente construido, mediante la realización de pruebas de carga, de acuerdo con el artículo 79°.

La Dirección Facultativa podrá también considerar, en su caso, los resultados obtenidos en ensayos realizados sobre probetas adicionales de las que se dispusiera, siempre que se hubieran fabricado en la misma toma de muestras que las probetas de control y procedan de las mismas amasadas que las que se están analizando.

En el caso de que se efectúe un control indirecto de la resistencia del hormigón y se obtengan resultados no conformes de acuerdo con lo indicado en 86.5.6, la Dirección Facultativa, sin perjuicio de las penalizaciones económicas y de cualquier otra índole que fueran contractualmente aplicables y conforme a lo previsto en el correspondiente pliego de prescripciones técnicas particulares, valorará la aceptación de los elementos construidos con el hormigón del lote a partir de la información del control de producción del hormigón, facilitada por el Suministrador.

86.7.3.2. Decisiones derivadas del control de la durabilidad

En el caso de que se detectase que un hormigón colocado en la obra presenta cualquier incumplimiento de las exigencias de durabilidad que contempla esta Instrucción, la Dirección Facultativa valorará la realización de comprobaciones experimentales específicas y, en su caso, la adopción de medidas de protección superficial para compensar los posibles efectos potencialmente desfavorables del incumplimiento.

En particular, la Dirección Facultativa valorará cuidadosamente las desviaciones que aparezcan entre los resultados de los ensayos efectuados en el control de recepción respecto de los valores reflejados en el certificado de dosificación, por si pudieran deducirse posibles alteraciones en la dosificación.

86.8. Ensayos de información complementaria del hormigón

Estos ensayos sólo son preceptivos en los casos previstos por esta Instrucción en el apartado 86.7, cuando lo contemple el Pliego de Prescripciones Técnicas Particulares o cuando así lo exija la Dirección Facultativa. Su objeto es estimar la resistencia del hormigón de una parte determinada de la obra, a una cierta edad o tras un curado en condiciones análogas a las de la obra.

Asimismo, la Dirección Facultativa decidirá su empleo en alguna de las siguientes circunstancias:

— cuando se haya producido un incumplimiento al aplicar los criterios de aceptación en el caso de control estadístico del hormigón, o
— por solicitud de cualquiera de las partes, cuando existan dudas justificadas sobre la representatividad de los resultados obtenidos en el control experimental a partir de probetas de hormigón fresco.

Los ensayos de información del hormigón pueden consistir en:

a) La fabricación y rotura de probetas, en forma análoga a la indicada para los ensayos de control, pero conservando las probetas no en condiciones normalizadas, sino en las que sean lo más parecidas posible a aquéllas en las que se encuentra el hormigón cuya resistencia se pretende estimar.

b) La rotura de probetas testigo extraídas del hormigón endurecido, conforme a UNE-EN 12390-3. Este ensayo no deberá realizarse cuando la extracción pueda afectar de un modo sensible a la capacidad resistente del elemento en estudio, hasta el punto de resultar un riesgo inaceptable. En estos casos puede estudiarse la posibilidad de realizar el apeo del elemento, previamente a la extracción.

c) El empleo de métodos no destructivos fiables, como complemento de los anteriormente descritos y debidamente correlacionados con los mismos.

La Dirección facultativa juzgará en cada caso los resultados, teniendo en cuenta que para la obtención de resultados fiables la realización, siempre delicada de estos ensayos, deberá estar a cargo de personal especializado.

86.9. Control del hormigón para la fabricación de elementos prefabricados

En el caso de elementos prefabricados que tengan marcado CE, su control del hormigón deberá realizarse conforme a los correspondientes criterios establecidos en la correspondiente norma europea armonizada.

En el caso de productos para los que no esté en vigor el marcado CE o para aquéllos en los que el Prefabricador desee que, de acuerdo con 91.1, le sea aplicado un coeficiente de ponderación de 1,50 para el hormigón, deberá seguirse lo indicado en este apartado.

Esta modalidad de control es de aplicación general a los hormigones de autoconsumo fabricados en centrales fijas ubicadas en instalaciones destinadas a la fabricación industrial de elementos prefabricados estructurales.

Son de aplicación los criterios específicos establecidos para los materiales en el artículo 85º y los ensayos indicados en el apartado 86.3.

El control descrito en los apartados siguientes deberá ser realizado por el fabricante de los elementos en su propia planta, pudiendo la Dirección Facultativa disponer la comprobación de la conformidad de dicho control, de acuerdo con lo indicado en el artículo 91º.

86.9.1. Control de la conformidad en la docilidad del hormigón

86.9.1.1. Realización de los ensayos

Los ensayos de consistencia del hormigón fresco se realizarán, de acuerdo con lo indicado en el apartado 86.3.1, cuando se fabriquen probetas para controlar la resistencia.

En el caso de hormigones autocompactantes, la conformidad del hormigón en relación con su docilidad se determinará de acuerdo con lo establecido en el Anejo 17.

86.9.1.2. Criterio de aceptación

Cuando el valor obtenido esté dentro de las tolerancias marcadas en 31.5 se aceptará.

La desviación de estos criterios implicará la evaluación y su justificación.

86.9.2. Control estadístico de la resistencia

Para el control de la resistencia, de acuerdo al Artículo 91.5.2 se considera como lote el conjunto del mismo tipo de hormigón con el que se ha fabricado la totalidad de elementos prefabricados de una misma tipología, siempre que no hayan sido fabricados en un período de tiempo superior a un mes.

Todas las amasadas del mismo lote estarán elaboradas con los mismos materiales componentes y tendrán la misma dosificación nominal, no permitiéndose mezclar en el mismo lote elementos pertenecientes a distintas columnas de la Tabla 86.9.2.

El control estadístico de la resistencia deberá obtenerse a partir de los resultados de los ensayos acumulados del mismo tipo de hormigón en la misma planta durante un mes, con independencia de que los elementos prefabricados con las amasadas de ese lote pertenezcan a más de una obra.

Tabla 86.9.2. Límites máximos de los lotes de control de la resistencia para hormigones empleados en la fabricación de elementos prefabricados

Límites máximos	Pretensado	Armado
Período de fabricación	Mensual	Mensual
Frecuencia de ensayo (hasta 300 m³ por tipo)(*)	Diaria	Diaria
N.º de ensayos mínimos	16	16

(*) En producciones superiores a 300 m³ por tipo y día, se incrementará en una toma diaria más.

86.9.2.1. Realización de los ensayos

El proyecto o, en su caso, el Prefabricador identificará la resistencia característica que debe cumplir cada tipo de hormigón que utilice en la realización de los elementos prefabricados estructurales que fabrique.

La conformidad de la resistencia del hormigón de cada lote se comprobará determinando la misma en todas las amasadas sometidas a control a partir de sus resultados, mediante la aplicación de los criterios de conformidad establecidos en 86.9.2.

Las tomas de muestras se realizarán aleatoriamente entre las amasadas del mismo tipo de hormigón dentro del período considerado.

Se realizará un control de contraste externo de la resistencia del hormigón con una frecuencia nunca inferior a 2 determinaciones al mes para el total de la producción, procurando un muestreo equitativo de los hormigones.

86.9.2.2. Criterios de aceptación o rechazo de la resistencia del hormigón

El criterio de aceptación de la resistencia del hormigón fabricado en central y destinado a elementos prefabricados estructurales se define según la expresión siguiente:

$$f(\bar{x}) = \bar{x} - 1{,}645\sigma \geqslant f_{tk}$$

donde:

$\bar{x}$ = Valor medio de los resultados obtenidos en las N amasadas ensayadas.

σ = Valor de la desviación típica correspondiente a la producción del tipo de hormigón suministrado en N/mm^2, obtenida a partir de los 35 últimos resultados.

f_{ck} = Valor de la resistencia característica especificada por el fabricante para el tipo de hormigón utilizado.

En casos excepcionales, cuando no exista producción continua de un tipo de hormigón, dando lugar a que las tomas mensuales sean inferiores a las 16 establecidas para el lote en la Tabla 86.9.2, se estimarán los lotes con periodicidad semanal mediante la fórmula siguiente:

$$f(\bar{x}) = \bar{x} - K_2\, r_n \geqslant f_{ck}$$

donde:

$\bar{x}$ = Valor medio de los resultados obtenidos en la N amasadas ensayadas.

K_2 = Valor del coeficiente reflejado en la Tabla 89.9.2.3 según el número de amasadas N.

r_n = Valor del recorrido muestral definido como

$$r_n = x_N - x_1$$

f_{tk} = Valor de la resistencia característica especificada por el fabricante para el tipo de hormigón utilizado.

Tabla 89.9.2.3.

Coeficiente	Número de amasadas ensayadas				
	2	3	4	5	6
K_2	1,66	1,02	0,82	0,73	0,66

86.9.2.3. Decisiones derivadas del control de la resistencia del hormigón

En el caso de producirse un no conformidad del hormigón el Prefabricador deberá comunicarlo a las correspondientes Direcciones Facultativas, que valorarán la oportunidad de aplicar los criterios establecidos para el hormigón fabricado en central, de acuerdo con 86.7.3.

Artículo 87.° Control del acero

La conformidad del acero cuando éste disponga de marcado CE, se comprobará mediante la verificación documental de que los valores declarados en los documentos que acompañan al citado marcado CE permiten deducir el cumplimiento de las especificaciones contempladas en el proyecto y en el artículo 32° de esta Instrucción.

Mientras no esté vigente el marcado CE para los aceros corrugados destinados a la elaboración de armaduras para hormigón armado, deberán ser conformes con esta Instrucción, así como con EN 10.080. La demostración de dicha conformidad, de acuerdo con lo indicado en 88.5.2, se podrá efectuar mediante:

a) la posesión de un distintivo de calidad con un reconocimiento oficial en vigor, conforme se establece en el Anejo 19 de esta Instrucción,

b) la realización de ensayos de comprobación durante la recepción. En dicho caso, según la cantidad de acero suministrado, se diferenciará entre:

— suministros de menos de 300 t:

Se procederá a la división del suministro en lotes, correspondientes cada uno a un mismo suministrador, fabricante, designación y serie, siendo su cantidad máxima de 40 toneladas.

Para cada lote, se tomarán dos probetas sobre las que se efectuarán los siguientes ensayos:

• Comprobar que la sección equivalente cumple lo especificado en 32.1

• Comprobar que las características geométricas están comprendidas entre los límites admisibles establecidos en el certificado específico de adherencia según 32.2, o alternativamente, que cumplen el correspondiente índice de corruga.

• Realizar el ensayo de doblado-desdoblado o, alternativamente, el ensayo de doblado simple indicado en 32.2, comprobando la ausencia de grietas después del ensayo.

Además, se comprobará, al menos en una probeta de cada diámetro, tipo de acero empleado y fabricante, que el límite elástico, la carga de rotura, la relación entre ambos, el alargamiento de rotura y el alargamiento bajo carga máxima, cumplen las especificaciones del artículo 32° de la presente Instrucción.

— suministros iguales o superiores a 300 t:

En este caso, será de aplicación general lo indicado anteriormente para suministros más pequeños ampliando a cuatro probetas la comprobación de las características mecánicas a las que hace referencia el último párrafo.

Alternativamente, el Suministrador podrá optar por facilitar un certificado de trazabilidad, firmado por persona física, en el que se declaren los fabricantes y coladas correspondientes a cada parte del suministro. Además, el Suministrador facilitará una copia del certificado del control de producción del fabricante en el que se recojan los resultados de los ensayos mecánicos y químicos obtenidos para cada colada. En dicho caso, se efectuarán ensayos de contraste de la trazabilidad de la colada, mediante la determinación de las características químicas sobre uno de cada cuatro lotes, con un mínimo de cinco ensayos, que se entenderá que son aceptables cuando su composición química presente unas variaciones, respecto de los valores del certificado de control de producción, que sean conformes con los siguientes criterios:

$$\%C_{\text{ensayo}} = \%C_{\text{certificado}} \pm 0,03$$

$$\%C_{eq\,\text{ensayo}} = \%C_{eq\,\text{certificado}} \pm 0,03$$

$$\%P_{\text{ensayo}} = \%P_{\text{certificado}} \pm 0,008$$

$$\%S_{\text{ensayo}} = \%S_{\text{certificado}} \pm 0,008$$

$$\%N_{\text{ensayo}} = \%N_{\text{certificado}} \pm 0,002$$

Una vez comprobada la trazabilidad de las coladas y su conformidad respecto a las características químicas, se procederá a la división en lotes, correspondientes a cada colada, serie y fabricante, cuyo número no podrá ser en ningún caso inferior a 15. Para cada lote, se tomarán dos probetas sobre las que se efectuarán los siguientes ensayos:

- Comprobar que la sección equivalente cumple lo especificado en 32.1
- Comprobar que las características geométricas de sus resaltos están comprendidas entre los límites admisibles establecidos en el certificado específico de adherencia según 32.2, o alternativamente, que cumplen el correspondiente índice de corruga.
- Realizar el ensayo de doblado-desdoblado o, alternativamente, el ensayo de doblado indicado en 32.2, comprobando la ausencia de grietas después del ensayo.
- Comprobar que el límite elástico, la carga de rotura, la relación entre ambos y alargamiento en rotura cumplen las especificaciones de esta Instrucción.

Se aceptará el lote en el caso de no detectarse ningún incumplimiento de las especificaciones indicadas en el Artículo 32º en los ensayos o comprobaciones citadas en este punto. En caso contrario, si únicamente se detectaran no conformidades sobre una única muestra, se tomará un serie adicional de cinco probetas correspondientes al mismo lote, sobre las se realizará una nueva serie de ensayos o comprobaciones en relación con las propiedades sobre la que se haya detectado la no conformidad. En el caso de aparecer algún nuevo incumplimiento, se procederá a rechazar el lote.

c) en el caso de estructuras sometidas a fatiga, el comportamiento de los productos de acero para hormigón armado frente a la fatiga podrá demostrarse mediante la presentación de un informe de ensayos que garanticen las exigencias del apartado 38.10, con una antigüedad no superior a un año y realizado por un laboratorio de los recogidos en el apartado 78.2.2.1. de esta Instrucción.

d) en el caso de estructuras situadas en zona sísmica, el comportamiento frente a cargas cíclicas con deformaciones alternativas podrá demostrarse, salvo indicación contraria de la Dirección Facultativa, mediante la presentación de un informe de ensayos que garanticen las exigencias al respecto del Artículo 32º, con una antigüedad no superior a un año y realizado por un laboratorio de los recogidos en el apartado 78.2.2.1 de esta Instrucción.

Artículo 88.º Control de las armaduras pasivas

Este artículo tiene por objeto definir los procedimientos para comprobar la conformidad, antes de su montaje en la obra, de las mallas electrosoldadas, las armaduras básicas electrosoldadas en celosía, las armaduras elaboradas o, en su caso, la ferralla armada.

Las consideraciones de este artículo son de aplicación tanto en el caso en el que se hayan suministrado desde una instalación industrial ajena a la obra, como en el caso de que se hayan preparado en las propias instalaciones de la misma.

88.1. Criterios generales para el control de las armaduras

La conformidad de las armaduras con lo establecido en el proyecto incluirá su comportamiento en relación con las características mecánicas, las de adherencia, las relativas a su geometría y cualquier otra característica que establezca el pliego de prescripciones técnicas particulares o decida la Dirección Facultativa.

De acuerdo con lo indicado en 79.3, en el caso de armaduras normalizadas (mallas electrosoldadas y armaduras básicas electrosoldadas en celosía), que se encuentren en posesión del marcado CE, según lo establecido en la Directiva 89/106/CEE, su conformidad podrá ser suficientemente comprobada mediante la verificación de que las categorías o valores declarados en la documentación que acompaña al citado marcado CE, permiten deducir el cumplimiento de las especificaciones del proyecto y, en su defecto, las de esta Instrucción.

Mientras las armaduras normalizadas no dispongan de marcado CE, se comprobará su conformidad mediante la aplicación de los mismos criterios que los establecidos para el acero en el Artículo 87º. Además, deberán realizarse dos ensayos por lote para comprobar la conformidad respecto a la carga de despegue a la que hacen referencia los apartados 33.1.1. y 33.1.2, así como la comprobación de la geometría sobre cuatro elementos por cada lote definido en el Artículo 87º, mediante la aplicación de los criterios indicados en el apartado 7.3.5 de la UNE-EN 10080. Cuando las armaduras normalizadas estén en posesión de un distintivo de calidad según 81.1, la Dirección Facultativa podrá eximir de estas comprobaciones experimentales. La documentación se comprobará de acuerdo con lo indicado en 88.4.1, 88.5.2 y 88.6. Además, la Dirección Facultativa rechazará el empleo de armaduras normalizadas que presenten un grado de oxidación que pueda afectar a sus condiciones de adherencia. A estos efectos, se entenderá como excesivo el grado de oxidación cuando, una vez procedido al cepillado mediante cepillo de púas de alambre, se compruebe que la pérdida de peso de la probeta de barra es superior al uno por ciento. Asimismo, se deberá comprobar también que, una vez eliminado el óxido, la altura de corruga cumple los límites establecidos para la adherencia con el hormigón, según el Artículo 32º de esta Instrucción.

En el caso de armaduras elaboradas y de ferralla armada según lo indicado en 33.2, la Dirección Facultativa o, en su caso, el Constructor, deberá comunicar por escrito al Elaborador de la ferralla el plan de obra, marcando pedidos de las armaduras y fechas límite para su recepción en obra, tras lo que el Elaborador de las mismas deberá comunicar por escrito a la Dirección Facultativa su programa de fabricación, al objeto de posibilitar la realización de toma de muestras y actividades de comprobación que, preferiblemente, deben efectuarse en la instalación de ferralla.

El control de recepción se aplicará también tanto a las armaduras que se reciban en la obra procedente de una instalación industrial ajena a la misma, así como a cualquier armadura elaborada directamente por el Constructor en la propia obra.

88.2. Toma de muestras de las armaduras

La Dirección Facultativa, por sí misma, a través de una entidad de control o un laboratorio de control, efectuará la toma de muestras sobre los acopios destinados a la obra. Podrán estar presentes durante la misma, representantes del Constructor y del Elaborador de la armadura. En el caso de armaduras elaboradas o de ferralla armada, la toma de muestras se efectuará en la propia instalación donde se estén fabricando y sólo en casos excepcionales, la Dirección Facultativa efectuará la toma de muestras en la propia obra.

La entidad o el laboratorio de control de calidad velará por la representatividad de la muestra no aceptando en ningún caso, que se tome sobre armaduras que no se correspondan al despiece del proyecto, ni sobre armaduras específicamente destinadas a la realización de ensayos salvo que sean fabricadas en su presencia y bajo su directo control. Una vez extraídas las muestras, se procederá, en su caso, al reemplazamiento de las armaduras que hubieran sido alteradas durante la toma.

La entidad o el laboratorio de control de calidad redactará un acta para cada toma de muestras, que deberá ser suscrita por todas las partes presentes, quedándose con una copia de la misma. Su redacción obedecerá a un modelo de acta, aprobado por la Dirección Facultativa al comienzo de la obra y cuyo contenido mínimo se recoge en el Anejo 21.

Se podrán tomar muestras de control, preventivas y de contraste. Las muestras de contraste se tomarán en los casos en que el representante del Suministrador de la armadura o del Constructor, en su caso, así lo requiera.

El tamaño de las muestras deberá ser suficiente para la realización de la totalidad de las comprobaciones y ensayos contemplados en esta Instrucción. Todas las muestras se enviarán para su ensayo al laboratorio de control tras ser correctamente precintadas e identificadas.

88.3. Realización de los ensayos

Cualquier ensayo sobre las armaduras, diferente de los contemplados en este apartado, se efectuará según lo establecido al efecto en el correspondiente pliego de prescripciones técnicas, o de acuerdo con las indicaciones de la Dirección Facultativa.

88.3.1. Ensayos para la comprobación de la conformidad de las características mecánicas de las armaduras

En general, las características mecánicas de la armadura se determinarán de acuerdo con lo establecido en UNE-EN ISO 15630-1. En el caso de que fuera necesario la determinación de las características mecánicas sobre armaduras normalizadas, se efectuará de acuerdo con UNE-EN ISO 15630-2 y con el Anejo B de UNE-EN 10080, para las mallas electrosoldadas o las armaduras básicas electrosoldadas en celosía, respectivamente.

Los ensayos de doblado-desdoblado y de doblado simple se efectuarán según la UNE-EN ISO 15630 correspondiente, sobre los mandriles indicados en la UNE-EN 10080.

88.3.2. Ensayos para la comprobación de la conformidad de las características de adherencia de las armaduras

Las características de la geometría de las armaduras relacionadas con su adherencia se comprobarán mediante la aplicación de los métodos contemplados al efecto en UNE-EN ISO 15630-1.

88.3.3. Ensayos para la comprobación de la conformidad de la geometría de las armaduras

La conformidad de las características geométricas de la armadura se comprobará mediante:

— la determinación de sus dimensiones longitudinales, con una resolución de medida no inferior a 1,0 mm.

— la determinación de sus diámetros reales de doblado mediante la aplicación de las correspondientes plantillas de doblado.

— la determinación de sus alineaciones geométricas, con una resolución de las mismas no inferior a 1°

88.4. Control previo al suministro de las armaduras

Las comprobaciones previas al suministro de las armaduras tienen por objeto verificar la conformidad de los procesos y de las instalaciones que se pretenden emplear.

88.4.1. Comprobación documental previa al suministro

En el caso de armaduras elaboradas o de ferralla armada, además de la documentación general a la que hace referencia el apartado 79.3.1 que sea aplicable a las armaduras que se pretende suministrar a la obra, el Suministrador o, en su caso, el Constructor, deberá presentar a la Dirección Facultativa una copia compulsada por persona física de la siguiente documentación:

a) en su caso, documento que acredite que la armadura se encuentra en posesión de un distintivo de calidad oficialmente reconocido,

b) en el caso de que se trate de ferralla armada mediante soldadura no resistente, certificados de cualificación del personal que realiza dicha soldadura, que avale su formación específica para dicho procedimiento.

c) en el caso de que se pretenda emplear procesos de soldadura resistente, certificados de homologación de soldadores, según UNE-EN 287-1 y del proceso de soldadura, según UNE-EN ISO 15614-1.

d) en el caso de que el proyecto haya dispuesto unas longitudes de anclaje y solape que, de acuerdo con 69.5, exijan el empleo de acero con un certificado de adherencia, éste deberá incorporarse a la correspondiente documentación previa al suministro. Mientras no esté en vigor el marcado CE para el acero corrugado, dicho certificado deberá presentar una antigüedad inferior a 36 meses, desde la fecha de fabricación del acero.

En el caso de armaduras normalizadas, el Suministrador o, en su caso, el Constructor, deberá presentar a la Dirección Facultativa, en su caso, una copia compulsada por persona física de los documentos a) y d).

En el caso de que la armadura esté en posesión de un distintivo de calidad oficialmente reconocido, la Dirección facultativa podrá eximir de la documentación a la que se refieren los apartados b, c y d.

Además, previamente al inicio del suministro de las armaduras según proyecto, la Dirección Facultativa podrá revisar las planillas de despiece que se hayan preparado específicamente para la obra. Esta revisión será obligatoria en los casos indicados en 69.3.1.

Cuando se produzca un cambio de Suministrador de la armadura, será preceptivo presentar nuevamente la documentación correspondiente.

88.4.2. Comprobación de las instalaciones de ferralla

La Dirección Facultativa valorará la conveniencia de efectuar, directamente o a través de una entidad de control de calidad, y preferiblemente antes del inicio del suministro, una visita de inspección a la instalación de ferralla donde se elaboran las armaduras, al objeto de comprobar su idoneidad para fabricar las armaduras que se requieren para la obra. En particular, se atenderá al cumplimiento de las exigencias establecidas en el apartado 69.2.

Estas inspecciones serán preceptivas en el caso de instalaciones que pertenezcan a la obra, en las que se comprobará que se ha delimitado un espacio mínimo para las labores del proceso de ferralla con espacio predeterminado para el acopio de materia prima, espacio fijo para la maquinaria y procesos de elaboración y montaje, así como recintos específicos para acopiar las armaduras elaboradas y, en su caso, la ferralla armada.

La Dirección Facultativa podrá recabar del suministrador de las armaduras normalizadas, en su caso, del Elaborador de la ferralla o del Constructor, la información que demuestre la existencia de un control de producción, conforme con lo indicado en 69.2.4 y correctamente documentado, mediante el registro de sus comprobaciones y resultados de ensayo en los correspondientes documentos de autocontrol, que incluirán al menos todas las características especificadas por esta Instrucción.

88.5. Control durante el suministro

88.5.1. Comprobación de la recepción del acero para armaduras pasivas

En el caso de armaduras elaboradas en la propia obra, la Dirección Facultativa comprobará la conformidad de los productos de acero empleados, de acuerdo con lo establecido en el Artículo 87°

88.5.2. Control documental de las armaduras durante el suministro o su fabricación en obra

La Dirección Facultativa deberá comprobar que cada remesa de armaduras que se suministre a la obra va acompañada de la correspondiente hoja de suministro, de acuerdo con lo indicado en 79.3.1.

Asimismo, deberá comprobar que el suministro de las armaduras se corresponde con la identificación del acero declarada por el fabricante y facilitada por el Suministrador de la armadura, de acuerdo con lo indicado en 69.1.1. En caso de detectarse algún problema de trazabilidad, se procederá al rechazo de las armaduras afectadas por el mismo.

Para armaduras elaboradas en las instalaciones de la obra, se comprobará que el Constructor mantiene un registro de fabricación en el que se recoge, para cada partida de elementos fabricados, la misma información que en las hojas de suministro a las que hace referencia este apartado.

La Dirección Facultativa aceptará la documentación de la remesa de armaduras, tras comprobar que es conforme con lo especificado en el proyecto.

88.5.3. Comprobaciones experimentales de las armaduras elaboradas o de la ferralla armada durante el suministro o su fabricación en obra

El control experimental de las armaduras elaboradas comprenderá la comprobación de sus características mecánicas, la de sus características de adherencia y la de de sus dimensiones geométricas, así como la de otras características adicionales cuando se utilicen procesos de soldadura resistente.

En el caso de que las armaduras elaboradas o la ferralla armada esté en posesión de un distintivo de calidad oficialmente reconocido con nivel de garantía según el Anejo 19, la Dirección Facultativa podrá eximir de la totalidad de las comprobaciones experimentales a las que hace referencia este apartado.

A los efectos del control experimental de las armaduras, se define como lote al conjunto de las mismas que cumplen las siguientes condiciones:

— el tamaño del lote no será superior a 30 toneladas
— en el caso de armaduras fabricadas en una instalación industrial fija ajena a la obra, deberán haber sido suministradas en remesas consecutivas desde la misma instalación de ferralla,
— en el caso de armaduras fabricadas en instalaciones de la obra, las producidas en períodos de un mes,
— estar fabricadas con el mismo tipo de acero y forma de producto (barra recta o rollo enderezado),

Con carácter general, como indica el apartado 78.2.2, los ensayos deben ser efectuados por laboratorios de control que cumplan lo establecido en el articulado. Sin embargo, en el caso de armaduras elaboradas o ferralla armada mediante procesos que estén en posesión de un distintivo de calidad oficialmente reconocido, se permite que la determinación de la geometría de la corruga pueda ser efectuada directamente por la entidad de control de calidad, con el objeto de acelerar los plazos para el suministro y la puesta en obra de unos elementos cuyo control de producción está supervisado por la entidad de certificación y reconocido oficialmente por la Administración.

88.5.3.1. Comprobación de la conformidad de las características mecánicas de las armaduras elaboradas y de la ferralla armada

Las características mecánicas de las armaduras elaboradas serán objeto de comprobación de su conformidad por parte de la Dirección Facultativa.

En el caso de armaduras fabricadas sin procesos de soldadura, su caracterización mecánica se efectuará mediante el ensayo a tracción de dos probetas por cada muestra correspondiente a un diámetro de cada serie (fina, media y gruesa) de las definidas en la UNE-EN 10080. En el caso de que el acero corrugado con el que se han elaborado las armaduras esté en posesión de un distintivo de calidad oficialmente reconocido conforme lo establecido en el Anejo 19, la Dirección Facultativa podrá efectuar los ensayos sobre una única probeta de cada muestra. En el caso de que no se hayan empleado procesos de enderezado, podrá eximir de la realización de estos ensayos.

En el caso de armaduras fabricadas con procesos de soldadura, resistente o no resistente, se tomarán además cuatro muestras por lote, correspondientes a las combinaciones de diámetros más representativos del proceso de soldadura a juicio de la Dirección Facultativa o, en su caso, de la entidad de control, efectuándose las siguientes comprobaciones:

a) ensayos de tracción sobre dos probetas por muestra correspondientes a los diámetros menores de cada muestra, y
b) ensayos de doblado simple, o en su caso, doblado-desdoblado, sobre dos probetas por muestras correspondientes a los aceros de mayor diámetro de cada muestra.

En el caso de que el acero corrugado con el que se han elaborado las armaduras esté en posesión de un distintivo de calidad oficialmente reconocido, la Dirección Facultativa podrá efectuar los anteriores ensayos sobre una única probeta de cada muestra

Se aceptará el lote siempre que cumpla que:

a) en el caso de enderezado, las características mecánicas de la armadura presentan resultados conformes con los márgenes definidos para dicho proceso de enderezado en esta Instrucción y aplicados sobre la especificación correspondiente al tipo de acero, según el apartado 32.2,
b) en el caso de otros procesos, las características mecánicas tras los ensayos de tracción y doblado contemplados en este apartado, cumplen las especificaciones establecidas para el acero en el Artículo 32º.

En el caso de no cumplirse alguna especificación, se efectuará una nueva toma de muestras en el mismo lote. Si volviera a producirse un incumplimiento de alguna especificación, se procederá a rechazar el lote.

88.5.3.2. Comprobación de la conformidad de las características de adherencia de las armaduras elaboradas y de la ferralla armada

La comprobación de la conformidad de las características de adherencia de las armaduras elaboradas es preceptiva siempre que su elaboración incluya algún proceso de enderezado.

Para la caracterización de la adherencia, se tomarán una muestra de dos probetas por cada uno de los diámetros que formen parte del lote del acero enderezado y se determinarán sus características geométricas. En el caso de que se trate de un acero con certificado de las características de adherencia según el Anejo C de la UNE-EN 10080, será suficiente con determinar su altura de corruga.

Se aceptará el lote si se cumplen las especificaciones definidas en el Artículo 32º para el caso de acero suministrado en barra. En caso contrario, se efectuará una nueva toma de muestras en el mismo lote. Si volviera a producirse un incumplimiento de alguna especificación, se procederá a rechazar el lote.

Además, la Dirección Facultativa rechazará el empleo de armaduras que presenten un grado de oxidación que pueda afectar a sus condiciones de adherencia. Se entenderá como excesivo el grado de oxidación cuando, una vez procedido al cepillado mediante cepillo de púas de alambre, se compruebe que la pérdida de peso de la probeta de barra es superior al uno por ciento. Asimismo, se deberá comprobar también que, una vez eliminado el óxido, la altura de corruga cumple los límites establecidos para la adherencia con el hormigón, según el Artículo 32º de esta Instrucción.

88.5.3.3. Comprobación de la conformidad de las características geométricas de las armaduras elaboradas y de la ferralla armada

El control de las características geométricas de un lote de armaduras formado por remesas suministradas consecutivamente hasta un total de 30 toneladas, se efectuará sobre una muestra formada por un mínimo de quince unidades de armadura, preferiblemente pertenecientes a diferentes formas y tipologías, a criterio de la Dirección Facultativa.

Las comprobaciones a realizar en cada unidad serán, como mínimo, las siguientes:

a) la correspondencia de los diámetros de las armaduras y del tipo de acero con lo indicado en el proyecto y en las hojas de suministro,

b) la alineación de sus elementos rectos, sus dimensiones y, en su caso, sus diámetros de doblado, comprobándose que no se aprecian desviaciones observables a simple vista en sus tramos rectos y que los diámetros de doblado y las desviaciones geométricas respecto a las formas del despiece del proyecto son conformes con las tolerancias establecidas en el mismo o, en su caso, en el Anejo 11 de esta Instrucción.

Además, en el caso de ferralla armada, se deberá comprobar:

a) la correspondencia del número de elementos de armadura (barras, estribos, etc.) indicado en el proyecto, las planillas y las hojas de suministro, y

b) la conformidad de las distancias entre barras.

En el caso de que se produjera un incumplimiento, se desechará la armadura sobre la que se ha obtenido el mismo y se procederá a una revisión de toda la remesa. De resultar satisfactorias las comprobaciones, se aceptará la remesa, previa sustitución de la armadura defectuosa. En caso contrario, se rechazará toda la remesa.

88.5.3.4. Comprobaciones adicionales en el caso de procesos de elaboración con soldadura resistente

En el caso de que se emplee soldadura resistente para la elaboración de una armadura en una instalación industrial ajena a la obra, la Dirección Facultativa deberá recabar las evidencias documentales de que el proceso está en posesión de un distintivo de calidad oficialmente reconocido. En el caso de armaduras elaboradas directamente en la obra, la Dirección facultativa permitirá la realización de soldadura resistente sólo en el caso de control de ejecución intenso

Además, la Dirección Facultativa deberá disponer la realización de una serie de comprobaciones experimentales de la conformidad del proceso, en función del tipo de soldadura, de acuerdo con lo indicado en el apartado 7.2 de UNE 36832.

88.6. Certificado del suministro

El Constructor archivará un certificado firmado por persona física y preparado por el Suministrador de las armaduras, que trasladará a la Dirección Facultativa al final de la obra, en el que se exprese la conformidad con esta Instrucción de la totalidad de las armaduras suministradas, con expresión de las cantidades reales correspondientes a cada tipo, así como su trazabilidad hasta los fabricantes, de acuerdo con la información disponible en la documentación que establece la UNE-EN 10080.

En el caso de que un mismo suministrador efectuara varias remesas durante varios meses, se deberán presentar certificados mensuales. Dentro del mismo mes, se podrá aceptar un único certificado que incluya la totalidad de las partidas suministradas durante el mes de referencia.

Asimismo, cuando entre en vigor el marcado CE para los productos de acero, el Suministrador de la armadura facilitará al Constructor copia del certificado de conformidad incluida en la documentación que acompaña al citado marcado CE.

En el caso de instalaciones en obra, el Constructor elaborará y entregará a la Dirección Facultativa un certificado equivalente al indicado para las instalaciones ajenas a la obra.

Artículo 89.° Control del acero para armaduras activas

Cuando el acero para armaduras activas disponga de marcado CE, su conformidad se comprobará mediante la verificación documental de que los valores declarados en los documentos que acompañan al citado marcado CE permiten deducir el cumplimiento de las especificaciones contempladas en el proyecto yen el Artículo 34° de esta Instrucción.

Mientras el acero para armaduras activas, no disponga de marcado CE, se comprobará su conformidad de acuerdo con los siguientes criterios:

a) en el caso que el acero esté en posesión de un distintivo de calidad oficialmente reconocido, será suficiente comprobar que sigue en vigor el reconocimiento oficial del distintivo,

b) en otros casos, según la cantidad de acero suministrado, se diferenciará entre:

— suministros de menos de 100 t:

Se procederá a la división del suministro en lotes, correspondientes cada uno a un mismo suministrador, designación y serie, siendo su cantidad máxima de 40 t. Para cada lote, se tomarán dos probetas sobre las que se comprobará que la sección equivalente cumple lo especificado en el Artículo 34° .

Además, se determinarán, como mínimo y al menos en dos ocasiones durante la realización de la obra, el límite elástico, carga de rotura y alargamiento bajo carga máxima.

— suministros de superiores a 100 t:

El Suministrador facilitará un certificado de trazabilidad, firmado por persona física, en la que se declaren los fabricantes y coladas correspondientes a cada parte del suministro. Se procederá a la división en lotes, correspondientes a cada colada y fabricante. Para cada lote, se tomarán dos probetas sobre las que se comprobará que la sección equivalente cumple lo especificado en el Artículo 34°.

Además, se determinarán, como mínimo y al menos en dos ocasiones durante la realización de la obra, el límite elástico, carga de rotura y alargamiento bajo carga máxima.

El Suministrador facilitará copia un certificado del control de producción del fabricante en el que se recojan los resultados de los ensayos mecánicos y químicos obtenidos para cada colada. Se efectuarán ensayos de contraste de la trazabilidad de la colada, mediante la determinación de las características químicas sobre uno de cada cuatro lotes, con un mínimo de cinco ensayos. Además, el Suministrador deberá presentar un certificado de los resultados de ensayo efectuados por un laboratorio oficial o conforme con el apartado 78.2.2, que permita comprobar la conformidad del acero frente a la corrosión bajo tensión, de acuerdo con lo indicado en el Artículo 34° de esta Instrucción.

Además, en caso de que el acero para armaduras activas esté en posesión de un distintivo de calidad oficialmente reconocido, se comprobará que:

a) sigue en vigor la concesión al producto del distintivo de calidad por parte del organismo certificador, y

b) sigue en vigor el reconocimiento oficial del distintivo.

Artículo 90.° Control de los elementos y sistemas de pretensado

90.1. Criterios generales para el control

La conformidad de los elementos de pretensado con lo establecido en el proyecto se comprobará durante su recepción en la obra, e incluirá todos aquellos componentes que fueran necesarios para materializar la fuerza de pretensado sobre la estructura. Por lo tanto, el control control de recepción en relación con los elementos de pretensado podrá incluir, según el caso:

— el acero de pretensar,
— las unidades de pretensado, cualquiera que sea su tipología (alambres, cordones, barras, etc.)
— los dispositivos de anclaje, en su caso
— los dispositivos de empalme, en su caso las vainas, en su caso
— los productos de inyección, en su caso, y
— los sistemas para aplicar la fuerza de pretensado.

De acuerdo con lo indicado en 79.3, en el caso de elementos o sistemas de pretensado que disponga del marcado CE, según lo establecido en la Directiva 89/106/CEE, su conformidad podrá ser suficientemente comprobada, mediante la verificación de que las categorías o valores declarados en la documentación que acompaña al citado marcado CE, permiten deducir el cumplimiento de las especificaciones del proyecto.

90.2. Toma de muestras

En su caso, la toma de muestras de acero de pretensado se realizará en la propia obra, de acuerdo con lo indicado en UNE-EN ISO 377, pudiendo estar presentes en la misma los representantes de la Dirección Facultativa, del Constructor, del Aplicador del pretensado y del Fabricante de acero de pretensado.

La Dirección Facultativa velará por la representatividad de la muestra no aceptando, en ningún caso, que se tomen muestras sobre elementos que hubieran sido suministradas específicamente para la realización de ensayos.

El representante del laboratorio de controlo, en su caso, el de la entidad de control de calidad, redactará un acta para cada toma de muestras, que suscribirán todas las partes presentes, quedándose con una copia de la misma. Su redacción obedecerá a un modelo de acta, aprobado por la Dirección Facultativa al comienzo de la obra y cuyo contenido mínimo se recoge en el Anejo 21.

El tamaño de las muestras deberá ser suficiente para la realización de la totalidad de las comprobaciones y ensayos contemplados en esta Instrucción. Todas las muestras se enviarán para su ensayo al laboratorio de control tras ser correctamente precintadas e identificadas.

90.3. Realización de ensayos

En el caso que la Dirección Facultativa decida la realización de ensayos para la caracterización mecánica de cualquier unidad de pretensado (alambre, barra o cordón), se efectuarán conforme a lo indicado en UNE-EN ISO 15630-3.

90.4. Control previo a la aplicación del pretensado

Las comprobaciones previas a la aplicación del pretensado tienen por objeto verificar la conformidad documental de los materiales, sistemas y procesos empleados para la aplicación de la fuerza de pretensado.

90.4.1. Comprobación documental

Además de la documentación general a la que hace referencia el apartado 79.3.1, que sea aplicable a los materiales o sistemas para la aplicación del pretensado que se pretenden suministrar a la obra, deberá presentarse a la Dirección Facultativa una copia compulsada por persona física de la siguiente documentación:

a) aquélla que avale que los elementos de pretensado que se van a suministrar están legalmente comercializados y, en su caso, el certificado de conformidad del marcado CE,

b) en su caso, certificado de que el sistema de aplicación del pretensado está en posesión de un distintivo de calidad oficialmente reconocido,

Cuando se produzca un cambio de suministrador durante la obra, será preceptivo presentar nuevamente la documentación correspondiente.

90.4.2. Comprobación de los sistemas de pretensado

La Dirección Facultativa valorará la conveniencia de efectuar, directamente o a través de una entidad de control de calidad, antes del inicio del suministro, una inspección del sistema de aplicación del pretensado, al objeto de comprobar que mantiene las condiciones de idoneidad para aplicarse en la obra. En particular, se atenderá al cumplimiento de las exigencias establecidas en el Artículo 70°.

90.5. Control durante la aplicación del pretensado

90.5.1. Comprobación documental durante el suministro

Cada partida de unidades de pretensado (alambres, barras o cordones), de dispositivos de anclaje o de empalme, de vainas, de productos de inyección o cualquier otro accesorio de pretensado, deberá ir acompañada de una hoja de suministro, cuyo contenido sea conforme al Anejo 21 de esta Instrucción.

En el caso de que el sistema de aplicación del pretensado esté en posesión del marcado CE, deberá suministrarse a la Dirección Facultativa el procedimiento de aplicación amparado por el mismo.

90.5.2. Control experimental

90.5.2.1. Posible exención del control experimental

La Dirección Facultativa podrá eximir de la realización de las comprobaciones que contempla esta Instrucción para la recepción de los diferentes elementos de pretensado, cuando el sistema de aplicación del mismo se encuentre en posesión de un distintivo de calidad oficialmente reconocido.

90.5.2.2. Control experimental de la conformidad de las unidades de pretensado

La Dirección Facultativa comprobará, en su caso, la conformidad de las unidades de pretensado suministradas a la obra, según lo indicado en el correspondiente Pliego de prescripciones técnicas particulares del proyecto.

90.5.2.3. Control experimental de la conformidad de los dispositivos de anclaje y empalme

El control experimental durante el suministro se limitará a la comprobación de las características aparentes, tales como dimensiones e intercambiabilidad de las piezas, ausencia de fisuras o rebabas que supongan defectos en el proceso de fabricación, etc. De forma especial debe observarse el estado de las superficies que cumplan la función de retención de los tendones (dentado, rosca, etc.), y de las que deben deslizar entre sí durante el proceso de penetración de la cuña.

El número de elementos sometidos a control será, como mínimo:

a) seis por cada partida recibida en obra.

b) el 5% de los que hayan de cumplir una función similar en el pretensado de cada pieza o parte de obra.

Cuando las circunstancias hagan prever que la duración o condiciones de almacenamiento puedan haber afectado al estado de las superficies antes indicadas, deberá comprobarse nuevamente su estado antes de su utilización.

90.5.2.4. Control de las vainas y accesorios de pretensado

En el caso de las vainas, el control experimental se limitará a la comprobación de sus características aparentes, tales como dimensiones, rigidez al aplastamiento de las vainas, ausencia de abolladuras, ausencia de fisuras o perforaciones que puedan comprometer su estanquidad, etc.

En particular, deberá comprobarse que la curvatura de las vainas, de acuerdo con los radios con que vayan a utilizarse en obra, no producen deformaciones locales apreciables, ni roturas que puedan afectar a la estanquidad de las vainas.

Se deberá comprobar también la estanquidad y resistencia al aplastamiento y golpes de las piezas de unión, boquillas de inyección, trompetas de empalme, etc., en función de las condiciones en que hayan de ser utilizadas.

Se comprobará asimismo que los separadores, en su caso, no producen acodalamientos de las armaduras o dificultad importante al paso de la inyección.

Cuando, por cualquier causa, se haya producido un almacenamiento prolongado o en malas condiciones, deberá evaluarse minuciosamente si la oxidación, en su caso, de los elementos metálicos pudiera producir daños para la estanquidad o de cualquier otro tipo.

90.5.2.5. Control de los productos de inyección

Cuando los materiales empleados para la preparación de la lechada de inyección (cemento, agua y, en su caso, aditivos), sean de distinto tipo o categoría que los empleados en la fabricación del hormigón de la obra, se aplicarán para su recepción los criterios establecidos para los mismos en esta Instrucción.

La Dirección Facultativa podrá solicitar los resultados de control de producción de los aditivos empleados, en su caso, que avalen mediante los oportunos ensayos de laboratorio, el efecto que los mismos pueden producir las características de la lechada o mortero. Además, deberán tenerse en cuenta, en su caso, las condiciones particulares de temperatura de la obra para prevenir, si fuese necesario, la necesidad de que el aditivo tenga propiedades aireantes.

90.6. Certificado del suministro

Al finalizar el suministro a la obra de cualquiera de los elementos de pretensado, el Constructor facilitará a la Dirección Facultativa un certificado, elaborado por el Suministrador y firmado por persona física, cuyo contenido será conforme a lo establecido en el Anejo 21 de esta Instrucción. En el caso de sistemas de pretensado con marcado CE, el certificado será aquél que forma parte de la documentación del marcado CE relativo a los elementos de pretensado suministrados a la obra.

Artículo 91.º Control de los elementos prefabricados

91.1. Criterios generales para el control de la conformidad de los elementos prefabricados

La conformidad de los elementos prefabricados con lo establecido en el proyecto se comprobará durante su recepción en obra e incluirá la comprobación de la conformidad de su comportamiento tanto en lo relativo al hormigón, como a las armaduras, así como al comportamiento del propio elemento prefabricado.

De acuerdo con lo indicado en 79.3, en el caso de elementos prefabricados que dispongan del marcado CE, según lo establecido en la Directiva 89/106/CEE, su conformidad podrá ser suficientemente comprobada, mediante la verificación de que las categorías o valores declarados en la documentación que acompaña al citado marcado CE, permiten deducir el cumplimiento de las especificaciones del proyecto, no siendo aplicable en este caso lo dispuesto en el Real Decreto 1630/1980, de 18 de julio.

En el caso de sistemas de forjados que incluyan elementos prefabricados de hormigón que no deban disponer de marcado CE, se estará a lo dispuesto en el Real Decreto 1630/1980, de 18 de julio, sobre fabricación y empleo de elementos resistentes para pisos y cubiertas.

La Dirección Facultativa velará especialmente porque se mantengan los criterios suficientes para garantizar la trazabilidad entre los elementos colocados con carácter permanente en la obra y los materiales y productos empleados.

A los efectos de su control, la prefabricación de elementos estructurales de hormigón incluye, al menos, los siguientes procesos:

— elaboración de las armaduras, armado de la ferralla,
— montaje de la armadura pasiva,
— operaciones de pretensado, en su caso,
— fabricación del hormigón, y
— vertido, compactación y curado del hormigón.

El control de recepción de los elementos prefabricados podrá incluir comprobaciones tanto sobre los procesos de prefabricación, como sobre los productos empleados (hormigón, armaduras elaboradas y acero de pretensado), así como sobre la geometría final del elemento.

El control de recepción debe efectuarse tanto sobre los elementos prefabricados en una instalación industrial ajena a la obra como sobre aquéllos prefabricados directamente por el Constructor en la propia obra. Además, los criterios de esta instrucción deberán aplicarse tanto a los elementos normalizados y prefabricados en serie, como aquéllos que sean prefabricados específicamente para una obra, de acuerdo con un proyecto concreto.

El Suministrador o, en su caso, el Constructor, deberá incluir en su sistema de control de producción un sistema para el seguimiento de cada uno de los procesos aplicados durante su actividad, y definirá unos criterios de comprobación que permitan verificar a la Dirección Facultativa que los citados procesos se desarrollan según lo establecido en esta Instrucción.

Para ello, reflejará en los correspondientes registros de autocontrol los resultados de todas las comprobaciones realizadas para cada una de las actividades que le sean de aplicación, de entre las contempladas por esta Instrucción.

La Dirección Facultativa podrá requerir del Suministrador o, en su caso, del Constructor, las evidencias documentales sobre cualquiera de los procesos relacionados con la prefabricación que se contemplan en esta Instrucción y, en particular, la información que demuestre la existencia de un control de producción, que incluya todas las características especificadas por esta Instrucción y cuyos resultados deberán estar registrados en documentos de autocontrol. Además podrá efectuar, cuando proceda, las oportunas inspecciones en las propias instalaciones de prefabricación y, en su caso, las tomas de muestras para su posterior ensayo.

En el caso general de elementos prefabricados elaborados con hormigón conforme a la EN 206-1:2000, se empleará en el proyecto del elemento prefabricado un coeficiente de ponderación, en situación persistente o transitoria, de 1,70 para el hormigón y 1,15 para el acero. Dichos coeficientes podrán disminuirse hasta 1,35 y 1,10, respectivamente, en el caso de que elemento prefabricado esté en posesión de un distintivo de calidad con un nivel de garantía conforme al apartado 5.3 del Anejo 19 de esta Instrucción. Además, cuando pueda presentar voluntariamente un certificado del control de producción en fábrica, elaborado por un organismo de controlo una entidad de certificación, en cualquier caso acreditados en el ámbito del Real Decreto 2200/1995, de 28 de diciembre, que demuestre que el hormigón se fabrica de conformidad con los criterios establecidos en esta Instrucción, podrá aplicarse un coeficiente de ponderación de 1,50 para el hormigón.

91.2. Toma de muestras

En el caso de que así lo decidiera la Dirección Facultativa, ésta efectuará, a través de una entidad de control de calidad, la toma de muestras en la propia instalación donde se esté prefabricando el elemento sobre las remesas destinadas a la obra. En el caso de elementos normalizados y prefabricados en serie, la toma de muestras se efectuará sobre materiales, productos y elementos como los de las partidas suministradas a la obra. Sólo en casos excepcionales, la Dirección Facultativa efectuará la toma de muestras en la propia obra.

Podrán estar presentes durante la toma los representantes de la Dirección Facultativa, del Constructor y del Suministrador de los elementos prefabricados.

La entidad de control velará por la representatividad de la muestra, no aceptando, en ningún caso, que se tomen muestras sobre materiales o armaduras que no se correspondan a lo indicado en el proyecto. Una vez extraídas las muestras, se actuará de la misma forma que se indica al efecto en los Artículos 86º y 88º, para el hormigón y las armaduras, respectivamente.

La entidad de control de calidad redactará un acta para cada toma de muestras, que suscribirán todas las partes presentes, quedándose con una copia de la misma. Su redacción obedecerá a un modelo de acta, aprobado por la Dirección Facultativa al comienzo de la obra y cuyo contenido mínimo se recoge en el Anejo 21.

El tamaño de las muestras deberá ser suficiente para la realización de la totalidad de las comprobaciones y ensayos que se pretendan realizar. Todas las muestras se trasladarán para su ensayo al laboratorio de control tras ser debidamente precintadas e identificadas.

91.3. Realización de los ensayos

Cualquier ensayo sobre los elementos prefabricados o sus componentes, diferente de los contemplados en este apartado, se efectuará según lo establecido al efecto en el correspondiente pliego de prescripciones técnicas, o de acuerdo con las indicaciones de la Dirección Facultativa.

91.3.1. Comprobación de la conformidad de los procesos de prefabricación

La comprobación de la conformidad por parte de la Dirección Facultativa de los procesos de prefabricación incluirá, al menos, la elaboración de la armadura pasiva, su montaje en los moldes, la fabricación del hormigón, así como su vertido, compactación y curado y, en su caso, las operaciones de aplicación del pretensado.

La comprobación de la conformidad de cada proceso se efectuará mediante la aplicación de los mismos procedimientos que se establecen en el articulado de esta Instrucción para el caso general de ejecución de la estructura en la propia obra.

91.3.2. Ensayos para la comprobación de la conformidad de los productos empleados para la prefabricación de los elementos estructurales

Los ensayos para la comprobación de las características exigibles, de acuerdo con esta Instrucción, para el hormigón, las armaduras elaboradas y los elementos de pretensado empleados en la prefabricación de elementos estructurales serán los mismos que los definidos, con carácter general, en los Artículos 86º, 88º y 90º de esta Instrucción.

91.3.3. Ensayos para la comprobación de la conformidad de la geometría de los elementos prefabricados

La geometría de los elementos prefabricados se comprobará mediante la determinación de sus características dimensionales, mediante cinta métrica con una apreciación no superior a 1,0 mm.

91.3.4. Comprobación de la conformidad del recubrimiento de la armadura

La conformidad de los recubrimientos respecto a lo indicado en el proyecto, se comprobará en la propia instalación, revisando la disposición adecuada de los separadores.

91.3.5. Otros ensayos

Cualquier ensayo o comprobación, diferente de los contemplados en esta Instrucción, se efectuará según lo establecido al efecto en el correspondiente pliego de prescripciones técnicas o de acuerdo con las indicaciones de la Dirección Facultativa.

91.4. Control previo al suministro

El control previo al suministro tiene por objeto verificar la conformidad de las condiciones administrativas, así como de las instalaciones de prefabricación, mediante las correspondientes inspecciones y comprobaciones de carácter documental.

91.4.1. Comprobación documental

Además de la documentación general a la que hace referencia el apartado 79.3.1, que sea aplicable a los elementos prefabricados, el Suministrador de los elementos prefabricados o el Constructor deberán presentar a la Dirección Facultativa una copia compulsada por persona física de la siguiente documentación:

a) en su caso, copia, compulsada por persona física, del certificado que avala que los elementos prefabricados que serán objeto de suministro a la obra están en posesión de un distintivo de calidad oficialmente reconocido,

b) en su caso, certificados de cualificación del personal que realiza la soldadura no resistente de las armaduras pasivas, que avale su formación específica para dicho procedimiento,

c) en su caso, certificados de homologación de soldadores, según UNE-EN 287-1 y del proceso de soldadura, según UNE-EN ISO 15614-1, en caso de realizarse soldadura resistente de armaduras pasivas,

d) en su caso, certificados de que el acero para armaduras pasivas, el acero para armaduras activas o la ferralla armada están en posesión de un distintivo de calidad oficialmente reconocido.

En el caso de elementos prefabricados según proyecto en los que se prevea la modificación del despiece original incluido en el proyecto, el Suministrador, o en su caso, el Constructor remitirá el nuevo despiece para su aceptación por escrito por parte de la Dirección Facultativa. En cualquier caso, previamente al inicio del suministro de elementos prefabricados según proyecto, la Dirección Facultativa directamente, o mediante la entidad de control de calidad, podrá revisar las plantillas de despiece que se hayan preparado específicamente para los elementos de la obra.

En el caso de que se produjera un cambio del Suministrador, será preceptivo presentar nuevamente la documentación correspondiente.

91.4.2. Comprobación de las instalaciones

La Dirección Facultativa valorará la conveniencia de efectuar, directamente o a través de una entidad de control de calidad, una visita de inspección a la instalación donde se elaboran los elementos prefabricados al objeto de comprobar:

— que las instalaciones cumplen todos los requisitos exigidos por esta Instrucción, y en particular lo establecido en el Artículo 76º de esta Instrucción,
— que los procesos de prefabricación se desarrollan correctamente, y
— que existe un sistema de gestión de acopios de materiales que permiten conseguir la necesaria trazabilidad.

Estas inspecciones serán preceptivas en el caso de instalaciones de prefabricación que pertenezca a la obra.

El Prefabricador deberá poder demostrar que su gestión de acopios y el control de sus procesos garantizan la trazabilidad hasta su entrega a la obra incluyendo, en su caso, el transporte.

El Prefabricador o, en su caso, el Constructor deberá demostrar que su central de hormigón y sus instalaciones y equipos para la elaboración de la armadura y aplicación del pretensado cumplen todas las exigencias técnicas establecidas para las mismas, con carácter general, por esta Instrucción.

91.4.3. Posible exención de comprobaciones previas

En el caso de que los elementos prefabricados estén en posesión de un distintivo de calidad oficialmente reconocido, la Dirección Facultativa podrá eximir de las comprobaciones documentales a las que se refieren los puntos b) y c) del apartado 91.4.1.

91.5. Control durante el suministro

91.5.1. Control documental durante el suministro

La Dirección Facultativa deberá comprobar que cada remesa de elementos prefabricados que se suministre a la obra va acompañada de la correspondiente hoja de suministro a la que hace referencia el apartado 79.3.1.

La Dirección Facultativa comprobará que la documentación aportada por el Suministrador de los elementos prefabricados o, en su caso, por el Constructor, es conforme con los coeficientes de seguridad de los materiales que hayan sido adoptados en el proyecto.

La Dirección Facultativa aceptará la documentación de la partida de elementos prefabricados, tras comprobar que es conforme con esta Instrucción, así como con lo especificado en el proyecto.

91.5.2. Comprobación de la conformidad de los materiales empleados

La Dirección Facultativa comprobará que el Prefabricador o, en su caso, el Constructor ha controlado la conformidad de los productos directamente empleados para la prefabricación del elemento estructural y, en particular, la del hormigón, la de las armaduras elaboradas y la de los elementos de pretensado.

El control del hormigón se efectuará aplicando los criterios del Artículo 86º de esta Instrucción y considerando como lote al conjunto del mismo tipo de hormigón con el que se ha fabricado la totalidad de elementos de una misma tipología, siempre que no hayan sido fabricados en un período de tiempo superior a tres meses.

El control de las armaduras elaboradas se efectuará aplicando los criterios del Artículo 88º de esta Instrucción.

Para realizar las citadas comprobaciones, la Dirección Facultativa, podrá emplear cualquiera de los siguientes procedimientos:

— la revisión de los registros documentales en los que la persona responsable en la instalación de prefabricación debe reflejar los controles efectuados para la recepción, así como sus resultados,

— la comprobación de los procedimientos de recepción, mediante su inspección en la propia instalación industrial,

— en el caso de elementos prefabricados que no estén en posesión de un distintivo oficialmente reconocido, mediante la realización de ensayos sobre muestras tomadas en la propia instalación de prefabricación,

— todo ello sin perjuicio de los ensayos cuya realización disponga la Dirección facultativa.

91.5.3. Comprobaciones experimentales durante el suministro

El control experimental de los elementos prefabricados incluirá la comprobación de la conformidad de los productos empleados, la de los propios procesos de prefabricación y la de sus dimensiones geométricas.

Además, se comprobará que los elementos llevan un código o marca de identificación que, junto con la documentación de suministro, permite conocer el fabricante, el lote y la fecha de fabricación de forma que se pueda, en su caso, comprobar la trazabilidad de los materiales empleados para la prefabricación de cada elemento.

91.5.3.1. Posible exención de las comprobaciones experimentales

En el caso de elementos normalizados y prefabricados en serie que disponga del marcado CE, según lo establecido en la Directiva 89/106/CEE, la Dirección Facultativa podrá aceptar su conformidad, sin efectuar comprobaciones experimentales adicionales, mediante la verificación de que la documentación que acompaña al citado marcado CE refleja las categorías o valores declarados que permitan deducir el cumplimiento de las especificaciones establecidas por esta Instrucción, así como las que pudieran haberse definido específicamente en el proyecto. En este caso, está especialmente recomendado que la Dirección Facultativa, directamente o mediante la entidad de control efectúe una inspección de las instalaciones de prefabricación, a las que se refiere el apartado 88.4.2.

En el caso de elementos normalizados prefabricados en serie y destinados a formar parte de una sección compuesta, junto con otras partes ejecutadas in situ, su conformidad podrá comprobarse de acuerdo con lo indicado en el párrafo anteriores cuando se haya empleado el método 1 de los definidos en el apartado 3.3 de la Guía L para la aplicación de la Directiva 89/106/CEE, elaborada por los servicios de la Comisión Europea (documento CONSTRUCT 03/629.Rev.1, de fecha 27 de noviembre de 2003).

Conforme a lo indicado en el apartado 3.2. de la Guía L para la aplicación de la Directiva 89/106/CEE, elaborada por los servicios de la Comisión Europea (documento CONSTRUCT 03/629.Rev.1, de fecha 27 de noviembre de 2003), sólo podrá aceptarse la conformidad de los elementos a los que se refieren los párrafos anteriores, cuando la documentación que acompañe al marcado CE garantice el cumplimiento de los parámetros, clases y niveles específicamente definidos por la Administración Española en los correspondientes Anejos Nacionales de las normas de la serie UNE-EN 1990 que fueran de aplicación al correspondiente elemento prefabricado.

Cuando se haya empleado el método 3 de los definidos en el apartado 3.3. de la Guía L anteriormente citada, la conformidad de los elementos prefabricados podrá comprobarse de acuerdo con lo indicado en el primer párrafo de este apartado mediante la verificación de que la documentación que acompaña al citado marcado CE refleja el empleo de los materiales conformes con lo indicado en el proyecto y que éste es conforme con las especificaciones de esta Instrucción.

En el caso de elementos prefabricados para los que no esté en vigor el marcado CE y estuvieran en posesión de un distintivo de calidad oficialmente reconocido, la Dirección Facultativa podrá eximir de la realización de cualquier comprobación experimental de las referidas en el apartado 91.5.3.3. y 91.5.3.4.

91.5.3.2. Lotes para la comprobación de la conformidad de los elementos prefabricados

En el caso de elementos normalizados prefabricados en serie, se define como lote la cantidad de elementos de la misma tipología, que forma parte de la misma remesa y procedentes del mismo fabricante, siempre que sus fechas de fabricación no difieran más de tres meses.

En el caso elementos prefabricados específicamente para la obra según un proyecto concreto, se define como lote la totalidad de los elementos de la misma remesa y procedentes del mismo fabricante.

91.5.3.3. Comprobación experimental de los procesos de prefabricación

Esta comprobación se efectuará, al menos, una vez durante la obra y comprenderá tanto la revisión del control de producción del Prefabricador como la realización de comprobaciones específicas sobre cada proceso, llevadas a cabo por una entidad de control de calidad.

En el caso de elementos normalizados prefabricados en serie, la Dirección Facultativa podrá limitar esta comprobación a la revisión del control de producción, que deberá efectuarse sobre los registros de autocontrol correspondientes al período de tiempo durante el que se hayan fabricado los elementos suministrados a la obra.

La comprobación experimental de los procesos se efectuará de acuerdo con los siguientes criterios:

a) Proceso de elaboración de las armaduras pasivas:

Se efectuarán comprobaciones de la conformidad de las armaduras con el proyecto, de acuerdo con los criterios establecidos en el Artículo 88^0 de esta Instrucción.

b) Proceso de montaje de las armaduras pasivas:

Antes de su colocación en el molde, se comprobará que las armaduras elaboradas, una vez armadas, se corresponden con lo indicado en el proyecto, tanto en lo relativo a sus dimensiones geométricas, secciones de acero y longitudes de solape. Una vez colocadas sobre el molde, se comprobará que han dispuesto separadores de acuerdo con lo indicado en el apartado 69.8.2 que sus dimensiones permiten garantizar los correspondientes recubrimientos mínimos establecidos en el apartado 37.2.4.

Se efectuarán comprobaciones sobre una muestra de, al menos, cinco conjuntos de armadura y se aceptará la conformidad del proceso cuando en la totalidad de las muestras se obtengan diámetros de acero que se correspondan con lo establecido en el proyecto y, además, del resto de las comprobaciones se obtengan desviaciones respecto de los valores nominales menores que las tolerancias establecidas en el Anejo 11 para la clase correspondiente al coeficiente de seguridad empleado en el proyecto.

c) Proceso de aplicación del pretensado:

El proceso de aplicación del pretensado se comprobará, al menos una vez, aplicando los criterios establecidos en el Artículo 89° de esta Instrucción. Se efectuarán las correspondientes comprobaciones antes del tesado, antes del hormigonado y, en caso, antes de la inyección.

Se aceptará la conformidad del proceso cuando no se advierta ninguna desviación respecto a los criterios establecidos en el Artículo 90°.

d) Procesos de fabricación del hormigón, vertido, compactación y curado:

En el caso de que el hormigón sea fabricado por el Prefabricador, sus procesos de fabricación deberán cumplir los mismos criterios técnicos que los exigidos para las centrales de hormigón por esta Instrucción salvo en los requisitos referentes al transporte. Además, su vertido, compactación y curado deberán ser conformes con los criterios establecidos, con carácter general, por esta Instrucción.

Para ello, se efectuará, al menos una vez durante la obra, una inspección para comprobar la conformidad con la que se desarrollan dichos procesos.

91.5.3.4. Comprobación experimental de la geometría de los elementos prefabricados

En el caso de elementos prefabricados con marcado CE de conformidad con una norma europea armonizada específica, la comprobación de la geometría se efectuará mediante la comprobación de la documentación del marcado CE, ya que sus tolerancias deberán ser conformes con las indicadas en las correspondientes normas.

En el resto de los casos no incluidos en el párrafo anterior, para cada lote definido en 91.5.3.2, se seleccionará una muestra formada por un número suficientemente representativo de elementos, de acuerdo con la Tabla 91.5.3.4. Se comprobará que las dimensiones geométricas de cada elemento presentan unas variaciones dimensionales respecto a las dimensiones nominales de proyecto, conformes con las tolerancias definidas en el Anejo 11 de esta Instrucción para la clase correspondiente al coeficiente de seguridad empleado en el proyecto.

Tabla 91.5.3.4.

Tipo de elemento suministrado	Número mínimo de elementos controlados en cada partida
Elementos tipo pilotes, viguetas, bloques, ...	10
Elementos tipo losas, paneles, pilares, jácenas, ...	3
Elementos de grandes dimensiones tipo artesas, cajones, ...	1

En el caso de que se produjera un incumplimiento se desechará el elemento sobre el que se ha obtenido el mismo y se procederá a una nueva toma de muestras que, si resultara positiva, permitirá la aceptación del lote. En caso contrario, la Dirección Facultativa requerirá del Suministrador una justificación técnica de que la pieza cumple los requisitos exigibles, conforme a esta instrucción. de acuerdo con lo expuesto en el punto 4.h) del Anejo 11 de esta Instrucción.

91.5.3.5. Certificado del suministro

Al finalizar el suministro de los elementos prefabricados, el Constructor facilitará a la Dirección Facultativa un certificado de los mismos, elaborado por el Suministrador de los elementos prefabricados y firmado por persona física, cuyo contenido será conforme a lo establecido en el Anejo 21 de esta Instrucción. En el caso de elementos prefabricados que tengan que disponer del marcado CE, dicho certificado será el que acompaña al referido marcado CE.

En el caso de que un mismo Suministrador de elementos prefabricados efectuara varios suministros durante el mismo mes, se podrá aceptar un único certificado que incluya la totalidad de los elementos suministrados durante el mes de referencia.

capítulo XVII

Control de la ejecución

Artículo 92.º Criterios generales para el control de ejecución

92.1. Organización del control

El control de la ejecución, establecido como preceptivo por esta Instrucción, tiene por objeto comprobar que los procesos realizados durante la construcción de la estructura, se organizan y desarrollan de forma que la Dirección Facultativa pueda asumir su conformidad respecto al proyecto, de acuerdo con lo indicado en esta Instrucción.

El Constructor elaborará el Plan de obra y el procedimiento de autocontrol de la ejecución de la estructura. Este último, contemplará las particularidades concretas de la obra, relativas a medios, procesos y actividades y se desarrollará el seguimiento de la ejecución de manera que permita a la Dirección Facultativa comprobar la conformidad con las especificaciones del proyecto y lo establecido en esta Instrucción. Para ello, los resultados de todas las comprobaciones realizadas serán documentados por el Constructor, en los registros de autocontrol. Además, efectuará una gestión de los acopios que le permita mantener y justificar la trazabilidad de las partidas y remesas recibidas en la obra, de acuerdo con el nivel de control establecido por el proyecto para la estructura.

La Dirección Facultativa, en representación de la Propiedad, tiene la obligación de efectuar el control de la ejecución, comprobando los registros del autocontrol del constructor y efectuando una serie de inspecciones puntuales, de acuerdo con lo establecido en esta Instrucción. Para ello, la Dirección Facultativa podrá contar con la asistencia técnica de una entidad de control de calidad, de acuerdo con el punto 78.2.2.

En su caso, la Dirección Facultativa podrá eximir de la realización de las inspecciones externas, para aquéllos procesos de la ejecución de la estructura que se encuentren en posesión de un distintivo de calidad oficialmente reconocido.

92.2. Programación del control de ejecución

Antes de iniciar la ejecución de la estructura, la Dirección Facultativa, deberá aprobar el Programa de control, que desarrolla el Plan de control definido en el proyecto, teniendo en cuenta el

Plan de obra presentado por el Constructor para la ejecución de la estructura, así como, en su caso, los procedimientos de autocontrol de éste, conforme a lo indicado en el apartado 79.1 de esta Instrucción

La programación del control de la ejecución identificará, entre otros aspectos, los siguientes:

— niveles de control
— lotes de ejecución
— unidades de inspección
— frecuencias de comprobación.

92.3. Niveles de control de la ejecución

A los efectos de esta Instrucción, se contemplan dos niveles de control:

a) Control de ejecución a nivel normal
b) Control de ejecución a nivel intenso

El control a nivel intenso sólo será aplicable cuando el Constructor esté en posesión de un sistema de la calidad certificado conforme a la UNE-EN ISO 9001.

92.4. Lotes de ejecución

El Programa de control aprobado por la Dirección Facultativa contemplará una división de la obra en lotes de ejecución, coherentes con el desarrollo previsto en el Plan de obra para la ejecución de la misma y conformes con los siguientes criterios:

a) se corresponderán con partes sucesivas en el proceso de ejecución de la obra,

Tabla 92.4.

Tipo de obra	Elementos de cimentación	Elementos horizontales	Otros elementos
Edificios	– Zapatas, pilotes y encepados correspondientes a 250 m^2 de superficie. – 50 m de pantallas.	– Vigas y forjados correspondientes a 250 m^2 de planta.	– Vigas y pilares correspondientes a 500 m^2 de superficie, sin rebasar las dos plantas. – Muros de contención correspondientes a 50 ml, sin superar ocho puestas. – Pilares *in situ* correspondientes a 250 m^2 de forjado.
Puentes	– Zapatas, pilotes y encepados correspondientes a 500 m^2 de superficie, sin rebasar tres cimentaciones. – 50 m de pantallas.	– 500 m^3 de tablero sin rebasar los 30 m lineales, ni un tramo o una dovela.	– 200 m^3 de pilas, sin rebasar los 10 m de longitud de pila. – Dos estribos.
Chimeneas, torres, depósitos	– Zapatas, pilotes y encepados correspondientes a 250 m^2 de superficie. – 50 m de pantallas.	– Elementos horizontales correspondientes a 250 m^2	– Alzados correspondientes a 500 m^2 de superficie o a 10 m de altura.

b) no se mezclarán elementos de tipología estructural distinta, que pertenezcan a columnas diferentes en la Tabla 92.4,

c) el tamaño del lote no será superior al indicado, en función del tipo de elementos, en la Tabla 92.4.

92.5. Unidades de inspección

Para cada lote de ejecución, se identificará la totalidad de los procesos y actividades susceptibles de ser inspeccionadas, de acuerdo con lo previsto en esta Instrucción.

A los efectos de esta Instrucción, se entiende por unidad de inspección la dimensión o tamaño máximo de un proceso o actividad comprobable, en general, en una visita de inspección a la obra. En función de los desarrollos de procesos y actividades previstos en el Plan de obra, en cada inspección a la obra de la Dirección Facultativa o de la entidad de control, podrá comprobarse un determinado número de unidades de inspección, las cuales, pueden corresponder a uno o más lotes de ejecución.

Para cada proceso o actividad, se definirán las unidades de inspección correspondientes cuya dimensión o tamaño será conforme al indicado en la Tabla 92.5.

En el caso de obras de ingeniería de pequeña importancia, así como en obras de edificación sin especial complejidad estructural (formadas por vigas, pilares y forjados convencionales no pretensados, con luces de hasta 6,00 metros y un número de niveles de forjado no superior a siete), la Dirección Facultativa podrá optar por aumentar al doble los tamaños máximos de la unidad de inspección indicados en la Tabla 92.5.

Tabla 92.5.

Procesos y actividades de ejecución	Tamaño máximo de la unidad de inspección
Control de la gestión de acopios	– Acopio ordenado por material, forma de suministro, fabricante y partida suministrada, en su caso.
Operaciones previas a la ejecución. Replanteos	– Nivel o planta a ejecutar.
Cimbras	– 3.000 m³ de cimbra.
Encofrados y moldes	– 1 nivel de apuntalamiento. – 1 nivel de encofrado de soportes. – 1 nivel de apuntalamiento por planta de edificación. – 1 vano, en el caso de puentes.
Despiece de planos de armaduras diseñadas según proyecto	– Planillas correspondientes a una remesa de armaduras.
Montaje de las armaduras, mediante atado	– Conjunto de armaduras elaboradas cada jornada.
Montaje de las armaduras, mediante soldadura	– Conjunto de armaduras elaboradas cada jornada.
Geometría de las armaduras elaboradas	– Conjunto de armaduras elaboradas cada jornada.
Colocación de armaduras en los encofrados	– 1 nivel de soportes (planta) en edificación. – 1 nivel de forjados (planta) en edificación. – 1 vano, en el caso de puentes.
Operaciones de aplicación del pretensado	– Pretensado dispuesto en la misma placa de anclaje, en el caso de postesado. – Totalidad del pretensado total, en el caso de arma duras pretesas.

Tabla 92.5. *(Continuación)*

Procesos y actividades de ejecución	Tamaño máximo de la unidad de inspección
Vertido y puesta en obra del hormigón	– Una jornada. – 120 m³. – 20 amasadas.
Operaciones de acabado del hormigón	– 300 m³ de volumen de hormigón. – 150 m² de superficie de hormigón.
Ejecución de juntas de hormigonado	– Juntas ejecutadas en la misma jornada.
Curado del hormigón	– 300 m³ de volumen de hormigón. – 150 m² de superficie de hormigón.
Desencofrado y desmoldeo	– 1 nivel de apuntalamiento. – 1 nivel de encofrado de soportes. – 1 nivel de apuntalamiento por planta de edificación. – 1 vano, en el caso de puentes.
Descimbrado	– 3.000 m³ de cimbra.
Uniones de los prefabricados	– Uniones ejecutadas en la misma jornada. – Planta de forjado.

92.6. Frecuencias de comprobación

La Dirección Facultativa llevará a cabo el control de la ejecución, mediante:

— la revisión del autocontrol del Constructor para cada unidad de inspección,
— el control externo de la ejecución de cada lote de ejecución, mediante la realización de inspecciones puntuales de los procesos o actividades correspondientes a algunas de las unidades de inspección de cada lote, según lo indicado en este artículo.

Para cada proceso o actividad incluida en un lote, el Constructor desarrollará su autocontrol y la Dirección Facultativa procederá a su control externo, mediante la realización de un número de inspecciones que varía en función del nivel de control definido en el Programa de control y de acuerdo con lo indicado en la Tabla 92.6.

Artículo 93.º Comprobaciones previas al comienzo de la ejecución

Antes del inicio de la ejecución de cada parte de la obra, la Dirección facultativa deberá constatar que existe un programa de control de recepción, tanto para los productos como para la ejecución, que haya sido redactado específicamente para la obra, conforme a lo indicado por el proyecto y lo establecido en esta instrucción.

Cualquier incumplimiento de los requisitos previos establecidos, provocará el aplazamiento del inicio de la obra hasta que la Dirección Facultativa constate documentalmente que se ha subsanado la causa que dio origen al citado incumplimiento.

Tabla 92.6.

Procesos y actividades de ejecución	Número mínimo de unidades de inspección controladas por lote de ejecución			
	Control normal		Control intenso	
	Autocontrol del constructor	Control externo	Autocontrol del constructor	Control externo
Cimbras	1	1	Totalidad	50%
Encofrados y moldes	1	1	3	1
Despiece de planos de armaduras diseñadas según proyecto	1	1	1	1
Montaje de armaduras, mediante atado	15	3	25	5
Montaje de armaduras, mediante soldadura	10	2	20	4
Geometría de las armaduras elaboradas	3	1	5	2
Colocación de armaduras en los encofrados	3	1	5	2
Operaciones de pretensado	Totalidad	Totalidad	Totalidad	Totalidad
Vertido y puesta en obra del hormigón	3	1	5	2
Operaciones de acabado del hormigón	2	1	3	2
Ejecución de juntas de hormigonado	1	1	3	2
Curado del hormigón	3	1	5	2
Desencofrado y desmoldeo	3	1	5	2
Descimbrado	1	1	3	2
Uniones de los prefabricados	3	1	5	2

Artículo 94.° Control de los procesos de ejecución previos a la colocación de la armadura

94.1 Control del replanteo de la estructura

Se comprobará que los ejes de los elementos, las cotas y la geometría de las secciones presentan unas posiciones y magnitudes dimensionales cuyas desviaciones respecto al proyecto son conformes con las tolerancias indicadas en el Anejo 11, para los coeficientes de seguridad de los materiales adoptados en el cálculo de la estructura.

94.2. Control de las cimentaciones

En función de tipo de cimentación, deberán efectuarse al menos las siguientes comprobaciones:

a) En el caso de cimentaciones superficiales:
— comprobar que en el caso de zapatas colindantes a medianerías, se han adoptado las precauciones adecuadas para evitar daños a las estructuras existentes,
— comprobar que la compactación del terreno sobre el que apoyará la zapata, es conforme con lo establecido en el proyecto,
— comprobar, en su caso, que se han adoptado las medidas oportunas para la eliminación del agua,
— comprobar, en su caso, que se ha vertido el hormigón de limpieza para que su espesor sea el definido en el proyecto.

b) En el caso de cimentaciones profundas:
— comprobar las dimensiones de las perforaciones, en el caso de pilotes ejecutados en obra, y
— comprobar que el descabezado, en su caso, del hormigón de los pilotes no provoca daños ni en el pilote, ni en las armaduras de anclaje cuyas longitudes deberán ser conformes con lo indicado en el proyecto.

94.3. Control de las cimbras y apuntalamientos

Durante la ejecución de la cimbra, deberá comprobarse la correspondencia de la misma con los planos de su proyecto, con especial atención a los elementos de arriostramiento ya los sistemas de apoyo. Se efectuará también sendas revisiones del montaje y desmontaje, comprobando que se cumple lo establecido en el correspondiente procedimiento escrito.

En general, se comprobará que la totalidad de los procesos de montaje y desmontaje, y en su caso el de recimbrado o reapuntalamiento, se efectúan conforme a lo establecido en el correspondiente proyecto.

94.4. Control de los encofrados y moldes

Previamente al vertido del hormigón, se comprobará que la geometría de las secciones es conforme con lo establecido en el proyecto, aceptando la misma siempre que se encuentre dentro de las tolerancias establecidas en el proyecto o, en su defecto, por el Anejo 11 de esta Instrucción. Además se comprobarán también los aspectos indicados en el apartado 68.3 de esta Instrucción.

En el caso de encofrados o moldes en los que se dispongan elementos de vibración exterior, se comprobará previamente su ubicación y funcionamiento, aceptándose cuando no sea previsible la aparición de problemas una vez vertido el hormigón.

Previamente al hormigonado, deberá comprobarse que las superficies interiores de los moldes y encofrados están limpias y que se ha aplicado, en su caso, el correspondiente producto desencofrante.

Artículo 95.° Control del proceso de montaje de las armaduras pasivas

Antes del montaje de las armaduras, se deberá efectuar las inspecciones adecuadas para constatar que el proceso de armado las mismas, mediante atado por alambre o por soldadura no resistente, se ha efectuado conforme a lo indicado en el artículo 69° de esta Instrucción. Se comprobará también que las longitudes de anclaje y solapo se corresponden con lo indicado en el proyecto.

Se controlará especialmente las soldaduras efectuadas en las propias instalaciones de la obra y en el caso de empleo de dispositivos para el empalme mecánico, se recabará del Constructor el correspondiente certificado, firmado por persona física, en el que se garantice su comportamiento mecánico.

Preferiblemente antes de colocación en los moldes o encofrados y, en cualquier caso, antes del vertido del hormigón, se comprobará la geometría real de la armadura montada y su correspondencia con los planos de proyecto. Así mismo, se comprobará la disposición de los separadores, la distancia entre los mismos y sus dimensiones, de manera que garanticen que en ningún punto de la estructura existan recubrimientos reales inferiores a los mínimos establecidos por esta Instrucción.

En el caso de que para el facilitar el armado de la ferralla, por ejemplo, para garantizar la separación entre estribos, se hubieran empleado cualquier tipo de elemento auxiliar de acero, se comprobará que éstos presentan también un recubrimiento no inferior al mínimo.

En ningún caso se aceptará la colocación de armaduras que presenten menos sección de acero que las previstas en el proyecto, ni aun cuando ello sea como consecuencia de la acumulación de tolerancias con el mismo signo.

Artículo 96.° Control de las operaciones de pretensado

96.1. Control del tesado de las armaduras activas

Antes de iniciarse el tesado deberá comprobarse:

— en el caso de armaduras postesas, que los tendones deslizan libremente en sus conductos o vainas.
— que la resistencia del hormigón ha alcanzado, como mínimo, el valor indicado en el proyecto para la transferencia de la fuerza de pretensado al hormigón. Para ello se efectuarán los ensayos de control de la resistencia del hormigón indicados en el artículo 86° que le sean aplicables.

El control de la magnitud de la fuerza de pretensado introducida se realizará, de acuerdo con lo prescrito en el apartado 70.3, midiendo simultáneamente el esfuerzo ejercido por el gato y el correspondiente alargamiento experimentado por la armadura.

Para dejar constancia de este control, los valores de las lecturas registradas con los oportunos aparatos de medida utilizados se anotarán en la correspondiente tabla de tesado.

En las primeras diez operaciones de tesado que se realicen en cada obra y con cada equipo o sistema de pretensado, se harán las mediciones precisas para conocer, cuando corresponda, la magnitud de los movimientos originados por la penetración de cuñas u otros fenómenos, con el objeto de poder efectuar las adecuadas correcciones en los valores de los esfuerzos o alargamientos que deben anotarse.

96.2. Control de la ejecución de la inyección

Las condiciones que habrá de cumplir la ejecución de la operación de inyección serán las indicadas en el apartado 70.4.

Se controlará el plazo de tiempo transcurrido entre la terminación de la primera etapa de tesado y la realización de la inyección.

Se harán, con frecuencia diaria, los siguientes controles:

— del tiempo de amasado.
— de la relación agua/cemento.
— de la cantidad de aditivo utilizada.
— de la viscosidad, con el cono Marsch, en el momento de iniciar la inyección. de la viscosidad a la salida de la lechada por el último tubo de purga.
— de que ha salido todo el aire del interior de la vaina antes de cerrar sucesivamente los distintos tubos de purga.

— de la presión de inyección.

— de fugas.

— del registro de temperatura ambiente máxima y mínima los días que se realicen inyecciones y en los dos días sucesivos, especialmente en tiempo frío.

Cada diez días en que se efectúen operaciones de inyección y no menos de una vez, se realizarán los siguientes ensayos:

— de la resistencia de la lechada o mortero mediante la toma de 3 probetas para romper a 28 días.

— de la exudación y reducción de volumen, de acuerdo con 35.4.2.2.

En el caso de sistemas de pretensado en posesión de un distintivo de calidad oficialmente reconocido, la Dirección Facultativa podrá eximir de cualquier comprobación experimental del control de la inyección.

Artículo 97.º Control de los procesos de hormigonado

La Dirección Facultativa comprobará, antes del inicio del suministro del hormigón, que se dan las circunstancias para efectuar correctamente su vertido de acuerdo con lo indicado en esta Instrucción. Asimismo, se comprobará que se dispone de los medios adecuados para la puesta en obra, compactación y curado del hormigón.

En el caso de temperaturas extremas, según 71.5.3, se comprobará que se han tomado las precauciones recogidas en los referidos apartados.

Se comprobará que no se formas junta frías entre diferentes tongadas y que se evita la segregación durante la colocación del hormigón.

La Dirección Facultativa comprobará que el curado se desarrolla adecuadamente durante, al menos el período de tiempo indicado en el proyecto o, en su defecto, el indicado en esta Instrucción.

Artículo 98.º Control de procesos posteriores al hormigonado

Una vez desencofrado el hormigón, se comprobará la ausencia de defectos significativos en la superficie del hormigón. Si se detectaran coqueras, nidos de grava u otros defectos que, por sus características pudieran considerarse inadmisibles en relación con lo exigido, en su caso, por el proyecto, la Dirección Facultativa valorará la conveniencia de proceder a la reparación de los defectos y, en su caso, el revestimiento de las superficies.

En el caso de que el proyecto hubiera establecido alguna prescripción específica sobre el aspecto del hormigón y sus acabados (color, textura, etc.), estas características deberán ser sometidas al control, una vez desencofrado o desmoldado el elemento y en las condiciones que establezca el correspondiente pliego de prescripciones técnicas particulares del proyecto.

Además, la Dirección Facultativa comprobará que el descimbrado se efectúa de acuerdo con el plan previsto en el proyecto y verificando que se han alcanzado, en su caso, las condiciones mecánicas que pudieran haberse establecido para el hormigón.

Artículo 99.º Control del montaje y uniones de elementos prefabricados

Antes del inicio del montaje de los elementos prefabricados, la Dirección Facultativa efectuar las siguientes comprobaciones:

a) los elementos prefabricados son conformes con las especificaciones del proyecto y se encuentran, en su caso, adecuadamente acopiados, sin presentar daños aparentes,

b) se dispone de unos planos que definen suficientemente el proceso de montaje de los elementos prefabricados, así como las posibles medidas adicionales (arriostramientos provisionales, etc.).

c) se dispone de un programa de ejecución que define con claridad la secuencia de montaje de los elementos prefabricados, y

d) se dispone, en su caso, de los medios humanos y materiales requeridos para el montaje.

Durante el montaje, se comprobará que se cumple la totalidad de las indicaciones del proyecto. Se prestará especial atención al mantenimiento de las dimensiones y condiciones de ejecución de los apoyos, enlaces y uniones.

Artículo 100.° Control del elemento construido

Una vez finalizada la ejecución de cada fase de la estructura, se efectuará una inspección del mismo, al objeto de comprobar que se cumplen las especificaciones dimensionales del proyecto. En el caso de que el proyecto adopte en el cálculo unos coeficientes de ponderación de los materiales reducidos, de acuerdo con lo indicado en el apartado 15.3, se deberá comprobar que se cumplen específicamente las tolerancias geométricas establecidas en el proyecto o, en su defecto, las indicadas al efecto en el Anejo 11 de esta Instrucción.

Artículo 101.° Controles de la estructura mediante ensayos de información complementaria

101.2. Generalidades

De las estructuras proyectadas y construidas con arreglo a la presente Instrucción, en las que los materiales y la ejecución hayan alcanzado la calidad prevista, comprobada mediante los controles preceptivos, sólo necesitan someterse a ensayos de información y en particular a pruebas de carga, las incluidas en los supuestos que se relacionan a continuación:

a) cuando así lo dispongan las Instrucciones, reglamentos específicos de un tipo de estructura o el pliego de prescripciones técnicas particulares.

b) cuando debido al carácter particular de la estructura convenga comprobar que la misma reúne ciertas condiciones específicas. En este caso el pliego de prescripciones técnicas particulares establecerá los ensayos oportunos que deben realizar, indicando con toda precisión la forma de realizarlos y el modo de interpretar los resultados.

c) cuando a juicio de la Dirección Facultativa existan dudas razonables sobre la seguridad, funcionalidad o durabilidad de la estructura.

101.2. Pruebas de carga

Existen muchas situaciones que pueden aconsejar la realización de pruebas de carga de estructuras. En general, las pruebas de carga pueden agruparse de acuerdo con su finalidad en:

a) Pruebas de carga reglamentarias.

Son todas aquellas fijadas por el Pliego de Prescripciones Técnicas Particulares o Instrucciones o Reglamentos, y que tratan de realizar un ensayo que constate el comportamiento de la estructura ante situaciones representativas de sus acciones de servicio. Las reglamentaciones de puentes de carretera y puentes de ferrocarril fijan, en todos los casos, la necesidad de realizar ensayos de puesta en carga previamente a la recepción de la obra. Estas pruebas tienen por objeto el comprobar la adecuada concepción y la buena ejecución de las obras frente a las cargas normales de explotación, comprobando si la obra se comporta según los supuestos de proyecto, garantizando con ello su funcionalidad.

Hay que añadir, además, que en las pruebas de carga se pueden obtener valiosos datos de investigación que deben confirmar las teorías de proyecto (reparto de cargas, giros de apoyos, flechas máximas) y utilizarse en futuros proyectos.

Estas pruebas no deben realizarse antes de que el hormigón haya alcanzado la resistencia de proyecto. Pueden contemplar diversos sistemas de carga, tanto estáticos como dinámicos.

Las pruebas dinámicas son preceptivas en puentes de ferrocarril y en puentes de carretera y estructuras en las que se prevea un considerable efecto de vibración, de acuerdo con las Instrucciones de acciones correspondientes. En particular, este último punto afecta a los puentes con luces superiores a los 60 m o diseño inusual, utilización de nuevos materiales y pasarelas y zonas de tránsito en las que, por su esbeltez, se prevé la aparición de vibraciones que puedan llegar a ocasionar molestias a los usuarios. El proyecto y realización de este tipo de ensayos deberá estar encomendado a equipos técnicos con experiencia en este tipo de pruebas.

La evaluación de las pruebas de carga reglamentarias requiere la previa preparación de un proyecto de Prueba de carga, que debe contemplar la diferencia de actuación de acciones (dinámica o estática) en cada caso. De forma general, y salvo justificación especial, se considerará el resultado satisfactorio cuando se cumplan las siguientes condiciones:

— En el transcurso del ensayo no se producen fisuras que no se correspondan con lo previsto en el proyecto y que puedan comprometer la durabilidad y seguridad de la estructura.
— Las flechas medidas no exceden los valores establecidos en proyecto como máximos compatibles con la correcta utilización de la estructura.
— Las medidas experimentales determinadas en las pruebas (giros, flechas, frecuencias de vibración) no superan las máximas calculadas en el proyecto de prueba de carga en más de un 15% en caso de hormigón armado y en 10% en caso de hormigón pretensado.
— La flecha residual después de retirada la carga, habida cuenta del tiempo en que esta última se ha mantenido, es lo suficientemente pequeña como para estimar que la estructura presenta un comportamiento esencialmente elástico. Esta condición deberá satisfacerse tras un primer ciclo carga-descarga, y en caso de no cumplirse, se admite que se cumplan los criterios tras un segundo ciclo.

b) Pruebas de carga como información complementaria

En ocasiones es conveniente realizar pruebas de carga como ensayos para obtener información complementaria, en el caso de haberse producido cambios o problemas durante la construcción. Salvo que lo que se cuestione sea la seguridad de la estructura, en este tipo de ensayos no deben sobrepasarse las acciones de servicio, siguiendo unos criterios en cuanto a la realización, análisis e interpretación semejantes a los descritos en el caso anterior.

c) Pruebas de carga para evaluar la capacidad resistente

En algunos casos las pruebas de carga pueden utilizarse como medio para evaluar la seguridad de estructuras. En estos casos la carga a materializar deberá ser una fracción de la carga de cálculo superior a la carga de servicio. Estas pruebas requieren siempre la redacción de un Plan de Ensayos que evalúe la viabilidad de la prueba, la realización de la misma por una organización con experiencia en este tipo de trabajos, y ser dirigida por un técnico competente.

El Plan de Prueba recogerá, entre otros, los siguientes aspectos:

— Viabilidad y finalidad de la prueba.
— Magnitudes que deben medirse y localización de los puntos de medida.
— Procedimientos de medida.

— Escalones de carga y descarga.
— Medidas de seguridad.

Este último punto es muy importante, dado que por su propia naturaleza en este tipo de pruebas se puede producir algún fallo o rotura parcial o total del elemento ensayado.

Estos ensayos tienen su aplicación fundamental en elementos sometidos a flexión. Para su realización deberán seguirse los siguientes criterios:

— Los elementos estructurales que sean objeto de ensayo deberán tener al menos 56 días de edad, o haberse comprobado que la resistencia real del hormigón de la estructura ha alcanzado los valores nominales previstos en proyecto.
— Siempre que sea posible, y si el elemento a probar va a estar sometido a cargas permanentes aún no materializadas, 48 horas antes del ensayo deberían disponerse las correspondientes cargas sustitutorias que gravitarán durante toda la prueba sobre el elemento ensayado.
— Las lecturas iniciales deberán efectuarse inmediatamente antes de disponer la carga de ensayo.
— La zona de estructura objeto de ensayo deberá someterse a una carga total, incluyendo las cargas permanentes que ya actúen, equivalente a $0,85 \, (1,35 \, G + 1,5 \, Q)$, siendo G la carga permanente que se ha determinado actúa sobre la estructura y Q las sobrecargas previstas.
— Las cargas de ensayo se dispondrán en al menos cuatro etapas aproximadamente iguales, evitando impactos sobre la estructura y la formación de arcos de descarga en los materiales empleados para materializar la carga.
— 24 horas después de que se haya colocado la carga total de ensayo, se realizarán las lecturas en los puntos de medida previstos. Inmediatamente después de registrar dichas lecturas se iniciará la descarga, registrándose las lecturas existentes hasta 24 horas después de haber retirado la totalidad de las cargas.
— Se realizará un registro continuo de las condiciones de temperatura y humedad existentes durante el ensayo con objeto de realizar las oportunas correcciones si fuera pertinente.
— Durante las pruebas de carga deberán adoptarse las medidas de seguridad adecuadas para evitar un posible accidente en el transcurso de la prueba. Las medidas de seguridad no interferirán la prueba de carga ni afectarán a los resultados.

El resultado del ensayo podrá considerarse satisfactorio cuando se cumplan las condiciones siguientes:

— Ninguno de los elementos de la zona de estructura ensayada presenta fisuras no previstas y que comprometan la durabilidad o seguridad de la estructura.
— La flecha máxima obtenida es inferior de $l^2/20.000 \, h$, siendo l la luz de cálculo y h el canto del elemento. En el caso de que el elemento ensayado sea un voladizo, l será dos veces la distancia entre el apoyo y el extremo.
— Si la flecha máxima supera $l^2/20.000 \, h$, la flecha residual una vez retirada la carga, y transcurridas 24 horas, deberá ser inferior al 25% de la máxima en elementos de hormigón armado e inferior al 20% de la máxima en elementos de hormigón pretensado. Esta condición deberá satisfacerse tras el primer ciclo de cargadescarga. Si esto no se cumple, se permite realizar un segundo ciclo de cargadescarga después de transcurridas 72 horas de la finalización del primer ciclo. En tal caso, el resultado se considerará satisfactorio si la flecha residual obtenida es inferior al 20% de la flecha máxima registrada en ese ciclo de carga, para todo tipo de estructuras.

101.3. Otros ensayos no destructivos

Este tipo de ensayos se empleará para estimar en la estructura otras características del hormigón diferentes de su resistencia, o de las armaduras que pueden afectar a su seguridad o durabilidad.

Artículo 102.º Control de aspectos medioambientales

La Dirección Facultativa velará para que se observen las condiciones específicas de carácter medioambiental que, en su caso, haya definido el proyecto para la ejecución de la estructura.

En el caso de que la Propiedad hubiera establecido exigencias relativas a la contribución de la estructura a la sostenibilidad, de conformidad con el Anejo 13 de esta Instrucción, la Dirección Facultativa deberá comprobar durante la fase de ejecución que, con los medios y procedimientos reales empleados en la misma, se satisface el mismo nivel (A, B, C, D o E) que el definido en el proyecto para el índice ICES.

capítulo XVIII

Mantenimiento

Artículo 103.º Mantenimiento

103.1. Definición

Se entiende por mantenimiento de una estructura el conjunto de actividades necesarias para que el nivel de prestaciones para el que ha sido proyectada, con arreglo a los criterios de la presente Instrucción, no disminuya durante su vida útil de proyecto por debajo de un cierto umbral, vinculado a las características de resistencia mecánica, durabilidad, funcionalidad y, en su caso, estéticas. Para ello, a partir de la entrada en servicio de la estructura, la Propiedad deberá programar y efectuar las actividades de mantenimiento que se indican en este Artículo de forma coherente con los criterios adoptados en el proyecto.

Cuando, en función de las características de la obra, exista reglamentación específica para su mantenimiento, ésta se aplicará conjuntamente con lo indicado en esta Instrucción.

El mantenimiento es una actividad de carácter preventivo, que evita o retrasa la aparición de problemas que, de lo contrario, tendrían una resolución más complicada y una cuantía económica muy superior.

103.2. Estrategia de mantenimiento

Las actividades relacionadas con el mantenimiento de la estructura se incardinan en un contexto general más amplio que puede denominarse «sistema de gestión de la estructura». Las actividades de mantenimiento son de gran responsabilidad y requieren ser realizadas por personal con la formación y los medios adecuados.

En la gestión de dicho patrimonio se contemplan, desde un punto de vista operativo, los siguientes conceptos:

— Archivo documental completo de la estructura. Compete a la Propiedad conservar el Proyecto de Construcción completo, así como los proyectos que, eventualmente, le sucedan en virtud de reparaciones, refuerzos, ampliaciones, etc., así como las memorias o informes vinculados a la historia de la estructura.

— Inspecciones rutinarias. Compete asimismo a la Propiedad realizar inspecciones rutinarias que permitan asegurar el correcto funcionamiento de los elementos vinculados a la operación y durabilidad de la estructura. En este sentido, a título de ejemplo, deben efectuarse periódicamente actuaciones de limpieza de elementos de desagüe, de reparación de elementos de impermeabilización, juntas, etc., en general, elementos auxiliares, no estructurales, de vida útil inferior a la de la estructura y cuya degradación pueda afectar negativamente a la de ésta. La frecuencia de estas inspecciones deberá ser establecida por el Autor del Proyecto, en función de las condiciones operativas, estacionales, etc.

— Inspecciones principales, realizadas a instancia de la Propiedad, por técnicos cualificados y con experiencia en este tipo de trabajos, como se indica en 103.3.

— Inspecciones especiales y pruebas de carga, que requieren de la auscultación específica de la estructura y su valoración analítica posterior para la formulación de diagnósticos.

Es responsabilidad de la Propiedad organizar las tareas de mantenimiento en torno a los ejes de actuación señalados con el fin de disponer, en todo momento, de una información cercana en el tiempo con relación al nivel de prestaciones de la estructura.

103.3. Plan de mantenimiento

En el proyecto de todo tipo de estructuras, en el marco de esta Instrucción, será obligatorio incluir un Plan de Inspección y Mantenimiento, que defina las actuaciones a desarrollar durante toda la vida útil.

El Plan de Inspección y Mantenimiento deberá contener la definición precisa de, al menos, los siguientes puntos:

— Descripción de la estructura y de las clases de exposición de sus elementos.
— Vida útil considerada.
— Puntos críticos de la estructura, precisados de especial atención a efectos de inspección y mantenimiento.
— Periodicidad de las inspecciones.
— Medios auxiliares para el acceso a las distintas zonas de la estructura, en su caso.
— Técnicas y criterios de inspección recomendados.
— Identificación y descripción, con el nivel adecuado de detalle, de la técnica de mantenimiento recomendada, donde se prevea dicha necesidad.

Se define la inspección principal de una estructura como el conjunto de actividades técnicas, realizadas de acuerdo con un plan previo, que permite detectar, en su caso, los daños que exhibe la estructura, sus condiciones de funcionalidad, durabilidad y seguridad del usuario e, incluso, permite estimar su comportamiento futuro.

Esta tarea, de gran trascendencia, requiere del concurso de técnicos con formación, medios y experiencia acreditados.

El proceso se inicia con la realización de una primera inspección principal, inicial o de «estado 0» que será el resultado del control sobre el elemento construido (Artículo 79°). A partir de entonces, con diversa periodicidad, se efectuarán sucesivas inspecciones principales que irán dando cuenta de la evolución del estado de la estructura.

Valorado el estado de la estructura y, en su caso, su velocidad de deterioro por comparación con las inspecciones previas, deberá especificarse si ha de emprenderse una inspección especial o si, por el contrario, puede esperarse a la siguiente inspección principal programada de acuerdo con el protocolo establecido por el Autor del Proyecto o, en su caso, por la Propiedad.

La frecuencia de realización de inspecciones principales será definida por el Autor del Proyecto en el correspondiente Plan de Inspección y mantenimiento y no será inferior a la establecida por la Propiedad, en su caso.

anejos

anejos anejos anejos anejos

anejo 1
Notación y unidades

1. Notación

En el presente Anejo sólo se incluyen los símbolos más frecuentemente utilizados en esta Instrucción.

1.1. Mayúsculas romanas

A	Área. Contenido de agua en el hormigón. Alargamiento de rotura.
A_c	Área de la sección del hormigón.
A_{ct}	Área de la zona de la sección del hormigón sometida a tracción.
A_e	Área eficaz.
$A_{e,k}$	Valor característico de la acción sísmica.
A_i	Sección recta inicial.
A_k	Valor característico de la acción accidental.
A_l	Área de las armaduras longitudinales.
A_p	Sección total de las armaduras activas.
A'_p	Sección total de las armaduras activas en zona de compresión.
A_s	Área de la sección de la armadura en tracción (simplificación: A).
A_{sc}	Sección de la armadura de la biela.
A'_s	Área de la sección de la armadura en compresión (simplificación: A').
A_{s1}	Área de la sección de la armadura en tracción, o menos comprimida (simplificación: A_1).
A_{s2}	Área de la sección de la armadura en compresión o más comprimida (simplificación: A_2).
$A_{s,nec}$	Sección necesaria del acero.
$A_{s,real}$	Sección real del acero.
A_{st}	Área de la sección de la armadura transversal (simplificación: A_t).
A_{sw}	Área total de armadura de punzonamiento en un perímetro concéntrico al soporte o área cargada.
C	Momento de inercia de torsión. Contenido de cemento en el hormigón.
C_d	Valor límite admisible para el Estado Límite a comprobar.

C_s	Concentración de cloruros en la superficie del hormigón.
C_{th}	Concentración crítica de cloruros.
D	Coeficiente de difusión efectivo de cloruros.
D_0	Parámetro básico de curado.
D_1	Parámetro de curado función del tipo de cemento.
E	Módulo de deformación.
E_c	Módulo de deformación del hormigón.
E_d	Valor de cálculo del efecto de las acciones.
$E_{d,\,estab}$	Valor de cálculo de los efectos de las acciones estabilizadoras.
$E_{d,\,desestab}$	Valor de cálculo de los efectos de las acciones desestabilizadoras.
E_{oj}	Módulo de deformación longitudinal inicial del hormigón a la edad de j días.
E_j	Módulo instantáneo de deformación longitudinal secante del hormigón a la edad de j días.
E_p	Módulo de deformación longitudinal de la armadura activa.
E_s	Módulo de elasticidad del acero.
F	Acción. Contenido de cenizas volantes en el hormigón.
F_d	Valor de cálculo de una acción.
F_{eq}	Valor de la acción sísmica.
F_k	Valor característico de una acción.
F_m	Valor medio de una acción.
F_{sd}	Esfuerzo de punzonamiento de cálculo.
$F_{sd,\,ef}$	Esfuerzo efectivo de punzonamiento de cálculo.
G	Carga permanente. Módulo de elasticidad transversal.
G_k	Valor característico de la carga permanente.
G_{kj}	Valor característico de las acciones permanentes.
G_{kj}^*	Valor característico de las acciones permanentes de valor no constante.
I	Momento de inercia.
I_c	Momento de inercia de la sección de hormigón.
I_e	Momento de inercia equivalente.
$ICES$	Índice de contribución de la estructura a la sostenibilidad
$ISMA$	Índice de sensibilidad medioambiental
K	Cualquier coeficiente.
K_c	Rigidez del soporte. Coeficiente de carbonatación.
K_{Cl}	Coeficiente de penetración de cloruros
K_{ec}	Rigidez equivalente del soporte.
K_n	Coeficiente estimador para control de la resistencia del hormigón
K_t	Rigidez del atado torsional.
L	Longitud. Coeficiente de ponderación térmica.
M	Momento flector.
M_a	Momento flector total.
M_d	Momento flector de cálculo.
M_f	Momento de fisuración en flexión simple.
M_g	Momento debido a las cargas permanentes.
M_{ref}	Momento flector de referencia asociado a una profundidad x/d dada.
M_u	Momento flector último.
N	Esfuerzo normal.
N_d	Esfuerzo normal de cálculo.
N_k	Esfuerzo axil que solicita la pieza.
N_u	Esfuerzo normal último.

P	Fuerza de pretensado, carga de rotura.
P_k	Valor característico de la fuerza de pretensado.
P_{kf}	Valor característico final de la fuerza de pretensado.
P_{ki}	Valor característico inicial de la fuerza de pretensado.
P_o	Fuerza de tesado.
Q	Carga variable.
Q_k	Valor característico de Q.
R_d	Valor de cálculo de la respuesta estructural.
R_F	Valor de cálculo de la resistencia a fatiga.
S	Solicitación. Momento de primer orden de un área.
S_d	Valor de cálculo de las acciones.
S_F	Valor de cálculo del efecto de las acciones de fatiga.
S_{u1}	Esfuerzo rasante de agotamiento por compresión.
S_{u2}	Esfuerzo rasante de agotamiento por tracción.
S_{su}	Contribución de la armadura perpendicular al plano P a la resistencia a esfuerzo cortante.
T	Momento torsor. Temperatura.
T_a	Temperatura media del ambiente durante la fabricación.
T_c	Temperatura máxima de curado durante la fabricación.
T_d	Momento torsor de cálculo
T_u	Momento torsor último.
U_c	Capacidad mecánica del hormigón.
U_s	Capacidad mecánica del acero (simplificación: U).
V	Esfuerzo cortante. Volumen.
V_{cu}	Contribución del hormigón a esfuerzo cortante en el estado límite último.
V_{cd}	Valor de cálculo de la componente paralela a la sección, de la resultante de tensiones normales.
V_{corr}	Velocidad de corrosión
V_d	Esfuerzo cortante de cálculo.
V_{pd}	Valor de cálculo de la componente de la fuerza de pretensado paralela a la sección en estudio.
V_{rd}	Esfuerzo cortante de cálculo efectivo.
V_{su}	Contribución del acero a esfuerzo cortante en el Estado Límite Último.
V_u	Esfuerzo cortante último.
W	Carga de viento. Módulo resistente.
W_c	Volumen de hormigón confinado.
W_{sc}	Volumen de horquillas y estribos de confinamiento.
X	Reacción o fuerza en general, paralela al eje x.
Y	Reacción o fuerza en general, paralela al eje y.
Z	Reacción o fuerza en general, paralela al eje z.
Z_m	Valor medio de las profundidades máximas de penetración de agua en el hormigón

1.2. Minúsculas romanas

a	Distancia. Flecha.
a_r	Longitud de redistribución.
b	Anchura; anchura de una sección rectangular.
b_e	Anchura eficaz de la cabeza de una sección en T.

b_w	Anchura del alma o nervio de una sección en T.
c	Recubrimiento.
c_{air}	Coeficiente de aireantes
c_{env}	Coeficiente de ambiente
c_h	Recubrimiento horizontal o lateral.
c_v	Recubrimiento vertical.
d	Canto útil. Diámetro. Profundidad
d'	Distancia de la fibra más comprimida del hormigón al centro de gravedad de la armadura de compresión ($d' = d_2$).
e	Excentricidad. Espesor ficticio.
e_e	Excentricidad equivalente.
f	Resistencia. Flecha. Frecuencia en el ensayo de fatiga
f_{1cd}	Resistencia máxima del hormigón comprimido.
f_{2cd}	Resistencia del hormigón para estados biaxiales de compresión.
f_{3cd}	Resistencia del hormigón para estados triaxiales de compresión.
f_c	Resistencia del hormigón a compresión.
f_{cc}	Resistencia a compresión del hormigón confinado.
f_{cd}	Resistencia de cálculo del hormigón a compresión.
f_{cf}	Resistencia del hormigón a flexotracción.
f_{cj}	Resistencia del hormigón a compresión, a los j días de edad.
f_{ck}	Resistencia de proyecto del hormigón a compresión.
$f_{ck,j}$	Resistencia característica a compresión del hormigón a j días de edad.
f_{cm}	Resistencia media del hormigón a compresión.
$f_{c,\,real}$	Resistencia característica real del hormigón.
f_{ct}	Resistencia del hormigón a tracción.
$f_{ct,\,d}$	Resistencia de cálculo del hormigón a tracción.
$f_{ct,\,k}$	Resistencia característica del hormigón a tracción.
$f_{ct,\,fl}$	Resistencia del hormigón a flexotracción.
$f_{ct,\,m}$	Resistencia media del hormigón a tracción.
f_{cv}	Resistencia virtual de cálculo del hormigón a esfuerzo cortante.
$f_{c,\,est}$	Resistencia característica estimada.
f_{max}	Carga unitaria máxima a tracción.
$f_{max,k}$	Carga unitaria de rotura del acero de las armaduras activas.
f_{pd}	Resistencia de cálculo de las armaduras activas.
f_{pk}	Límite elástico característico de las armaduras activas.
f_{py}	Límite elástico aparente de las armaduras activas.
f_s	Carga unitaria de rotura del acero.
f_{td}	Resistencia de cálculo en tracción del acero de los cercos o estribos.
f_y	Límite elástico del 0,2%.
$f_{yc,\,d}$	Resistencia de cálculo del acero a compresión.
f_{yd}	Límite elástico de cálculo de un acero.
f_{yk}	Límite elástico de proyecto de las armaduras pasivas.
$f_{yl\,d}$	Resistencia de cálculo del acero de la armadura longitudinal.
$f_{yp,\,d}$	Resistencia de cálculo de la armadura A_p.
$f_{yt,\,d}$	Resistencia de cálculo del acero de la armadura A_t.
g	Carga permanente repartida. Aceleración debida a la gravedad.
g_d	Carga permanente de cálculo.

h	Canto total o diámetro de una sección. Espesor. Horas.
h_e	Espesor eficaz.
h_f	Espesor de la placa de una sección en T.
h_o	Espesor real de la pared en caso de secciones huecas.
i	Radio de giro.
$i^2 s$	Radio de giro del conjunto de las armaduras, respecto del eje.
j	Número de días.
k	Cualquier coeficiente con dimensiones.
l	Longitud; luz.
l_b	Longitud de anclaje.
l_e	Longitud de pandeo.
l_o	Distancia entre puntos de momento nulo.
m	Momento flector por unidad de longitud o de anchura.
n	Número de objetos considerados. Coeficiente de equivalencia.
p_f	Probabilidad global de fallo.
q	Carga variable repartida.
q_d	Sobrecarga de cálculo
r	Radio.
$r_{\min}$	Recubrimiento mínimo
r_{nom}	Recubrimiento nominal
s	Espaciamiento. Desviación típica.
s_m	Separación media.
s_t	Separación entre planos de armaduras transversales.
s_l	Separación entre armaduras longitudinales en una sección.
t	Tiempo. Edad teórica.
t_d	Vida útil de cálculo
t_g	Vida útil de proyecto
t_i	Tiempo de inicio de la corrosión.
t_L	Vida útil estimada
t_p	Tiempo de propagación de la corrosión.
t_s	Edad del hormigón al comienzo de la retracción.
u	Perímetro.
V_{corr}	Velocidad de corrosión
W	Abertura de fisura.
W_k	Abertura característica de fisura.
$W_{\max}$	Abertura máxima de fisura.
x	Coordenada. Profundidad del eje neutro.
y	Coordenada. Profundidad del diagrama rectangular de tensiones.
z	Coordenada. Brazo de palanca.

1.3. Minúsculas griegas

Alfa	α	Ángulo. Coeficiente adimensional.
Beta	β	Ángulo. Coeficiente adimensional. Índice de fiabilidad.
Gamma	γ	Coeficiente de ponderación o seguridad. Peso específico.
	γ_a	Coeficiente parcial de seguridad de la acción accidental.

	γ_m	Coeficiente de minoración de la resistencia de los materiales.
	γ_c	Coeficiente de seguridad o minoración de la resistencia del hormigón.
	γ_s	Coeficiente de seguridad o minoración del límite elástico del acero.
	γ_f	Coeficiente de seguridad o ponderación de las acciones o solicitaciones.
	γ_g	Coeficiente parcial de seguridad de la acción permanente.
	γ_g^*	Coeficiente parcial de seguridad de la acción permanente de valor no constante.
	γ_p	Coeficiente parcial de seguridad de la acción de pretensado.
	γ_q	Coeficiente parcial de seguridad variable.
	$\gamma_{fq}(\text{o } \gamma_q)$	Coeficiente de ponderación de la carga variable.
	$\gamma_{fq}(\text{o } \gamma_q)$	Coeficiente de ponderación de la carga del viento.
	γ_n	Coeficiente de seguridad o ponderación complementario de las acciones o solicitaciones.
	γ_r	Coeficiente de seguridad a la fisuración.
	γ_t	Coeficiente de seguridad de vida útil.
Delta	δ	Coeficiente de variación.
Epsilon	ε	Deformación relativa.
	ε_c	Deformación relativa del hormigón.
	ε_{cc}	Deformación relativa de fluencia.
	ε_{c0}	Promedio de la deformación, máxima inicial del hormigón en compresión.
	ε_{cp}	Deformación del hormigón bajo la acción del pretensado total.
	ε_{cs}	Deformación relativa de retracción.
	ε_{cs0}	Coeficiente básico de retracción.
	$\varepsilon_{c\sigma}$	Deformación del hormigón dependiente de la tensión.
	ε_{sm}	Alargamiento medio de las armaduras.
	ε_{cu}	Deformación de rotura por flexión del hormigón.
	ε_{max}	Alargamiento bajo carga máxima.
	ε_p	Deformación de las armaduras activas.
	ε_{p0}	Deformación de la armadura activa adherente bajo la acción del pretensado total.
	ε_{rf}	Valor final de la retracción del hormigón a partir de la introducción del pretensado.
	ε_s	Deformación relativa del acero.
	ε_{s1}	Deformación relativa de la armadura más traccionada o menos comprimida (ε_1).
	ε_{s2}	Deformación relativa de la armadura más comprimida o menos traccionada (ε_2).
	ε_u	Alargamiento remanente concentrado de rotura.
	ε_{u5}	Alargamiento remanente concentrado de rotura determinado sobre base de cinco veces el diámetro.
	ε_y	Alargamiento correspondiente al límite elástico del acero.
Eta	η	Coeficiente de reducción relativo al esfuerzo cortante, Estricción.
Theta	θ	Ángulo.
Lamda	λ	Coeficiente adimensional.
	λ_{ij}	Coeficiente de valor
Mu	μ	Momento flector reducido o relativo. Coeficiente de rozamiento en curva.
Nu	v	Esfuerzo normal reducido o relativo.
Xi	ξ	Coeficiente sin dimensiones.
Rho	ρ	Cuantía geométrica $\rho = A_s/A_c$. Relajación del acero.
	ρ_f	Valor final de la relajación del acero.
	ρ_e	Cuantía de armadura longitudinal de la losa.
Sigma	σ	Tensión normal. Desviación típica

	σ_c	Tensión en el hormigón.
	σ_{cd}	Tensión de cálculo del hormigón.
	σ_{cgp}	Tensión de compresión, a nivel del centro de gravedad de las armaduras activas.
	$\sigma_{c,RF}$	Tensión máxima para la combinación de fatiga.
	σ_p	Tensión en las armaduras activas.
	σ_{pi}	Tensión inicial en las armaduras activas.
	σ_{p,P_0}	Tensión de la armadura activa debida al valor característico del pretensado en el momento en que se realiza la comprobación del tirante.
	σ_s	Tensión en el acero.
	σ_{sd}	Tensión de cálculo de armaduras pasivas.
	$\sigma_{sd,c}$	Resistencia de cálculo del acero a compresión.
	σ_{sp}	Tensión de cálculo de armaduras activas.
	σ_{s1}	Tensión de la armadura más traccionada o menos comprimida (σ_1).
	σ_{s2}	Tensión de la armadura más comprimida, o menos traccionada (σ_2).
	σ_I	Tensión principal de tracción.
	σ_{II}	Tensión principal de compresión.
Tau	τ	Tensión tangencial.
	τ_b	Tensión de adherencia.
	τ_{bm}	Tensión media de adherencia.
	τ_{bu}	Tensión de rotura de adherencia.
	$\tau_{c,RF}$	Tensión de cortante máxima para la combinación de fatiga.
	τ_{md}	Valor medio de la tensión rasante.
	τ_{rd}	Valor de cálculo de la resistencia a cortante del hormigón.
	τ_{sd}	Tensión tangencial nominal de cálculo.
	τ_{td}	Valor de cálculo de la tensión tangente de torsión.
	τ_{tu}	Valor último de la tensión tangente de torsión.
	τ_w	Tensión tangente del alma.
	τ_{wd}	Valor de cálculo de τ_w.
	τ_{wu}	Valor último de la tensión tangente de alma.
Phi	φ	Coeficiente adimensional.
	φ_t	Coeficiente de evolución de la fluencia en un tiempo t.
Psi	Ψ	Coeficiente adimensional.
	$\Psi_{o,i\,Qki}$	Valor representativo de combinación de las acciones variables concomitantes.
	$\Psi_{1,1\,Qk1}$	Valor representativo frecuente de la acción variable determinante.
	$\Psi_{2,i\,Qki}$	Valores representativos cuasi permanentes de las acciones variables con la acción determinante o con la acción accidental.
Omega	ω	Cuantía mecánica: $\omega = A_s f_{yd}/A_c f_{cd}$.
	ω_w	Cuantía mecánica volumétrica de confinamiento.

1.4. Símbolos matemáticos y especiales

Σ	Suma.
Δ	Diferencia; incremento.
$\varnothing$	Diámetro de una barra.
$\not>$	No mayor que.
$\not<$	No menor que.

ΔP_i	Pérdidas instantáneas de fuerza.
ΔP_{dif}	Pérdidas diferidas de fuerza.
$\Delta \sigma_{pd}$	Incremento de tensión debido a las cargas exteriores.
$\Delta \sigma_{pr}$	Pérdida por relajación a longitud constante.
ΔP_1	Pérdidas de fuerza por rozamiento.
ΔP_2	Pérdidas de fuerza por penetración de cuñas.
ΔP_3	Pérdidas de fuerza por acortamiento elástico del hormigón.
ΔP_{4f}	Pérdidas finales por retracción del hormigón.
ΔP_{5f}	Pérdidas finales por fluencia del hormigón.
ΔP_{6f}	Pérdidas finales por relajación del acero.

2. Unidades y convención de signos

Las unidades adoptadas en la presente Instrucción corresponden a las del Sistema Internacional de Unidades de Medidas, S.I.

La convención de signos y notación utilizados se adaptan, en general, a las normas generales establecidas al efecto por la FIB (Fédération Internationale du Béton).

El sistema de unidades mencionado en el artículo, es el Sistema Internacional de Unidades de Medida, S.I. declarado de uso legal en España.

Las unidades prácticas en el sistema S.I. son las siguientes:

para resistencias y tensiones:	$N/mm^2 = MN/m^2 = MPa$
para fuerzas:	kN
para fuerzas por unidad de longitud:	kN/m
para fuerzas por unidad de superficie:	kN/m^2
para fuerzas por unidad de volumen:	kN/m^3
para momentos:	$m\ kN$

La correspondencia entre las unidades del Sistema Internacional S.I. y las del sistema Metro-Kilopondio-Segundo es la siguiente:

a) Newton-kilopondio
   $1\ N = 0{,}102\ kp \approx 0{,}1\ kp$
   e inversamente
   $1\ kp = 9{,}8\ N \approx 10\ N$

b) Newton por milímetro cuadrado-kilopondio por centímetro cuadrado
   $1\ N/mm^2 = 10{,}2\ kp/cm^2 \approx 10\ kp/cm^2$
   e inversamente
   $1\ kp/cm^2 = 0{,}098\ N/mm^2 \approx 0{,}1\ N/mm^2$

anejo 2
Relación de normas UNE

Relación de normas UNE

El articulado de esta Instrucción establece una serie de comprobaciones de la conformidad de los productos y los procesos incluidos en su ámbito que, en muchos casos, están referidos a normativa UNE, UNE-EN o UNE-EN ISO.

La relación de las versiones correspondientes a las normas aplicables en cada caso, con referencia a su fecha de aprobación, es la que se indica a continuación.

1. Normas UNE

UNE 7130:1958.	Determinación del contenido total de sustancias solubles en aguas para amasado de hormigones.
UNE 7131:1958	Determinación del contenido total de sulfatos en aguas de amasado para morteros y hormigones.
UNE 7132:1958	Determinación cualitativa de hidratos de carbono en aguas de amasado para morteros y hormigones.
UNE 7133:1958	Determinación de terrones de arcilla en áridos para la fabricación de morteros y hormigones.
UNE 7134:1958	Determinación de partículas blandas en áridos gruesos para hormigones.
UNE 7178:1960.	Determinación de los cloruros contenidos en el agua utilizada para la fabricación de morteros y hormigones.
UNE 7234:1971	Determinación de la acidez de aguas destinadas al amasado de morteros y hormigones, expresada por su pH.
UNE 7235:1971	Determinación de los aceites y grasas contenidos en el agua de amasado de morteros y hormigones.
UNE 7236:1971	Toma de muestras para análisis químico de las aguas destinadas al amasado de morteros y hormigones.
UNE 7295:1976	Determinación del contenido, tamaño máximo característico y módulo granulométrico del árido grueso en el hormigón fresco.

UNE 7244:1971	Determinación de partículas de bajo peso específico que puede contener el árido utilizado en hormigones.
UNE 23093:1981	Ensayo de la resistencia al fuego de las estructuras y elementos de construcción.
UNE 23727:1990	Ensayos de reacción al fuego de los materiales de construcción. Clasificación de los materiales utilizados en la construcción.
UNE 36065:2000 EX	Barras corrugadas de acero soldable con características especiales de ductilidad para armaduras de hormigón armado.
UNE 36067:1994	Alambres corrugados de acero inoxidable austenítico para armaduras de hormigón armado.
UNE 36094:1997	Alambres y cordones de acero para armaduras de hormigón pretensado.
UNE 36831:1997	Armaduras pasivas de acero para hormigón estructural. Corte, doblado y colocación de barras y mallas. Tolerancias. Formas preferentes de armado.
UNE 36832:1997	Especificación para la ejecución de uniones soldadas de barras para hormigón estructural.
UNE 41184:1990	Sistemas de pretensado para armaduras postensas. Definiciones, características y ensayos.
UNE 53981:1998	Plásticos. Bovedillas de poliestireno expandido (EPS) para forjados unidireccionales con viguetas prefabricadas.
UNE 67036:1999	Productos cerámicos de arcilla cocida. Ensayo de expansión por humedad.
UNE 67037:1999	Bovedillas cerámicas de arcilla cocida. Ensayo de resistencia a flexión.
UNE 80303-2:2001	Cementos con características adicionales. Parte 2: Cementos resistentes al agua de mar.
UNE 83001/1 M:2004	Hormigón fabricado en central, «Hormigón preparado» y «hormigón fabricado en las instalaciones propias de la obra». Definiciones, especificaciones, fabricación, transporte y control de producción.
UNE 80305:2001	Cementos blancos.
UNE 80307:2001	Cementos para usos especiales.
UNE 83115:1989 EX	Áridos para hormigones. Medida del coeficiente de friabilidad de las arenas.
UNE 83414:1990 EX	Adiciones del hormigón. Ceniza volante. Recomendaciones generales para la adición de cenizas volantes a los hormigones fabricados con cemento tipo I.
UNE 83361:2007	Hormigón autocompactante. Caracterización de la fluidez. Ensayo del escurrimiento.
UNE 83362:2007	Hormigón autocompactante. Caracterización de la fluidez en presencia de barras. Ensayo del escurrimiento con el anillo japonés.
UNE 83363:2007	Hormigón autocompactante. Caracterización de la fluidez en presencia de barras. Método de la caja en L.
UNE 83364:2007	Hormigón autocompactante. Determinación del tiempo de flujo. Ensayo del embudo en V.
UNE 83460-2:2005	Adiciones al hormigón Humo de sílice. Parte 2. Recomendaciones generales para la utilización del humo de sílice.
UNE 83500-1:1989	Hormigones con fibras de acero y/o propileno. Clasificación y definiciones. Fibras de acero para el refuerzo de hormigones.
UNE 83500-2:1989	Hormigones con fibras de acero y/o propileno. Clasificación y definiciones. Fibras de propileno para el refuerzo de hormigones.
UNE 83503:2004	Hormigones con fibras. Medida de la docilidad por medio del cono invertido.
UNE 83510:2004	Hormigones con fibras. Determinación del índice de tenacidad y resistencia a primera fisura.
UNE 83512-1:2005	Hormigones con fibras. Determinación del contenido de fibras de acero.
UNE 83512-2:2005	Hormigones con fibras. Determinación del contenido de fibras de polipropileno.

UNE 83952:2008	Durabilidad del hormigón. Aguas de amasado yaguas agresivas. Determinación del pH. Método potenciométrico.
UNE 83954:2008	Durabilidad del hormigón. Aguas agresivas. Determinación del ion amonio.
UNE 83955:2008	Durabilidad del hormigón. Aguas agresivas. Determinación del contenido en ión magnesio.
UNE 83956:2008	Durabilidad del hormigón. Aguas de amasado yaguas agresivas. Determinación del ión sulfato.
UNE 83957:2008	Durabilidad del hormigón. Aguas de amasado yaguas agresivas. Determinación del residuo seco.
UNE 83962:2008	Durabilidad del hormigón. Suelos agresivos. Determinación del grado de acidez Baumann-Gully.
UNE 83963:2008	Durabilidad del hormigón. Suelos agresivos. Determinación del contenido de ion sulfato.
UNE 112010:1994	Corrosión en armaduras. Determinación de cloruros en hormigones endurecidos y puestos en servicio.
UNE 112011:1994	Corrosión en armaduras. Determinación de la profundidad de carbonatación en hormigones endurecidos y puestos en servicio.
UNE 146507-2:1999 EX	Ensayos de áridos. Determinación de la reactividad potencial de los áridos. Método químico. Parte 2. Determinación de la reactividad alcali-carbonato.
UNE 146508:1999 EX	Ensayo de áridos. Determinación de la reactividad potencial alcali-sílice y alcali-silicato de los áridos. Método acelerado en probetas de mortero.
UNE 146509:1999 EX	Determinación de la reactividad potencial de los áridos con los alcalinos. Método de los prismas de hormigón.
UNE 146901:2002	Áridos designación.

2. Normas UNE-EN

UNE-EN 196-1:2005	Método de ensayo de cementos. Parte 1. Determinación de resistencias mecánicas.
UNE-EN 196-2:2006	Métodos de ensayo de cementos. Parte 2: Análisis químico de cementos.
UNE-EN 196-2:2006	Métodos de ensayos de cemento. Parte 2. Análisis químico de cementos.
UNE-EN 196-3:2005	Método de ensayo de cementos. Parte 3. Determinación del tiempo de fraguado y de la estabilidad de volumen.
UNE-EN 197-1:2000	Cemento. Parte 1: Composición, especificaciones y criterios de conformidad de los cementos comunes.
UNE-EN 197-1-2000/A1:2005.	Cemento. Parte 1. Composición, especificaciones y criterios de conformidad de los cementos comunes.
UNE-EN 197-4:2005	Cemento. Parte 4. Composición, especificaciones y criterios de conformidad de los cementos de escorias de horno alto de baja resistencia.
UNE-EN 206-1:2000	Hormigón. Parte 1: Especificaciones, prestaciones, producción y conformidad.
UNE-EN 287-1:2004	Cualificación de soldadores. Soldeo por fusión. Parte 1. Aceros.
UNE-EN 445:1996	Lechadas para tendones de pretensado: Métodos de ensayo.
UNE-EN 447:1996	Lechadas para tendones de pretensasdo. Especificaciones para lechadas corrientes.
UNE-EN 450:1995	Cenizas volantes como adición al hormigón. Definiciones, especificaciones y control de calidad.
UNE-EN 450-1:2006	Cenizas volantes para hormigón. Parte 1. Definiciones, especificaciones y criterios de conformidad.
UNE-EN 451-1:2006	Método de ensayo de cenizas volantes. Parte 1. Determinación del contenido de oxido de calcio libre.

UNE-EN 451-2:1995	Método de ensayo de cenizas volantes. Parte 2. Determinación de la finura por tamizado en húmedo.
UNE-EN 523:2005	Vainas de fleje de acero para tendones de pretensado. Terminología, requisitos, control de calidad.
UNE-EN 524:1997	Vainas de fleje de acero para tendones de pretensado. Métodos de ensayo.
UNE-EN 933-1:1998	Ensayo para determinar las propiedades geométricas de los áridos. Parte 1. Determinación de la granulometría de las partículas. Métodos del tamizado.
UNE-EN 933-2:1996	Ensayo para determinar las propiedades geométricas de los áridos. Parte 2: Determinación de la granulometría de las partículas. Tamices de ensayo, Tamaño nominal de las aberturas.
	Tamaño normal de las aberturas.
UNE-EN 933-3:1997	Ensayo para determinar las propiedades geométricas de los áridos. Parte 3. Determinación de la forma de las partículas. índice de lajas.
UNE-EN 933-4:2000	Ensayos para determinar las propiedades geométricas de los áridos. Parte 4. Determinación de la forma de las partículas. Coeficiente de forma.
UNE-EN 933-8:2000	Ensayo para determinar las propiedades geométricas de los áridos. Parte 8. Evaluación de los finos. Ensayo del equivalente de arena.
UNE-EN 933-9:1999	Ensayos para determinar las propiedades geométricas de los áridos. Parte 9. Evaluación de los finos. Ensayo de azul de metileno.
UNE-EN 934-2:2002	Aditivos para hormigones, morteros y pastas. Parte 2: Aditivos para hormigones. Definiciones, requisitos, conformidad, marcado y etiquetado.
UNE-EN 934-6:2002	Aditivos para hormigones, morteros y pastas. Parte 6. Toma de muestras, control y evaluación de la conformidad.
UNE-EN 934-2:2002	Aditivos para hormigones, morteros y pastas. Parte 2. Aditivos para hormigones. Definiciones, requisitos, conformidad. marcado y etiquetado.
UNE-EN 934-2/A 1:2005	Aditivos para hormigones, morteros y pastas. Parte 2. Aditivos para hormigones. Definiciones, requisitos, conformidad. marcado y etiquetado.
UNE-EN 934-2/A2:2006	Aditivos para hormigones, morteros y pastas. Parte 2. Aditivos para hormigones. Definiciones, requisitos, conformidad. marcado y etiquetado.
UNE-EN 1015-11:2000	Métodos de ensayo de los morteros para la albañilería. Parte 11: Determinación de la resistencia a flexión y a compresión del mortero endurecido.
UNE-EN 1097-2:1999	Ensayos para determinar las propiedades mecánicas y físicas de los áridos. Parte 2. Métodos para la determinación de la resistencia a la fragmentación.
UNE-EN 1097-6:2001	Ensayos para determinar las propiedades mecánicas y físicas de los áridos. Parte 6. Determinación de la densidad de partículas y la absorción de agua.
UNE-EN 1363-1:2000	Ensayos de resistencia al fuego. Parte 1: Requisitos generales.
UNE-EN 1363-2:2000	Ensayos de resistencia al fuego. Parte 2: Procedimientos alternativos y adicionales.
UNE-EN 1367-2:1999	Ensayos para determinar las propiedades térmicas y de alteración de los áridos. Parte 2: Ensayo de sulfato de magnesio.
UNE-EN 1504-1:2005	Productos y sistemas para la protección y reparación de estructuras de hormigón. Definiciones, requisitos, control de calidad y evaluación de conformidad. Parte 1: Definiciones.
UNE-EN 1504-2:2005	Productos y sistemas para la protección y reparación de estructuras de hormigón. Definiciones, requisitos, control de calidad y evaluación de conformidad. Parte 2: Sistemas de protección superficial para el hormigón.
UNE-EN 1504-8:2005	Productos y sistemas para la protección y reparación de estructuras de hormigón. Definiciones, requisitos, control de calidad y evaluación de conformidad. Parte 8: Control de calidad y evaluación de la conformidad.

UNE-EN 1504-10:2006	Productos y sistemas para la protección y reparación de estructuras de hormigón. Definiciones, requisitos, control de calidad y evaluación de conformidad. Parte 10: Aplicación «in situ» de los productos y sistemas y control de calidad de los trabajos.
UNE-EN 1520:2003	Componentes prefabricados de hormigón armado de áridos ligeros con estructura abierta.
UNE-EN 1542:2000	Productos y sistemas para la protección y preparación de estructuras de hormigón. Métodos de ensayos. Determinación de la adhesión por tracción directa.
UNE-EN 1744-1:1999	Ensayo para determinar las propiedades químicas de los áridos. Parte 1. Análisis químico.
UNE-EN 1770:1999	Productos y sistemas para la protección y reparación de estructuras de hormigón Métodos de ensayos. Determinación del coeficiente de dilatación térmica.
UNE-EN 1990:2003	Eurocódigos. Bases de cálculo de estructuras.
UNE-EN 1991-1-2:2004	Eurocódigo 1. Acciones en estructuras. Parte 1-2. Acciones Generales. Acciones en estructuras expuestas al fuego.
UNE-EN 10002-1:2002	Materiales metálicos. Ensayos de tracción. Parte 1. Método de ensayo a temperatura ambiente.
UNE-EN 10080:2006	Acero para el armado del hormigón. Acero soldable para armaduras de hormigón armado. Generalidades.
UNE-EN 12350-1:2006	Ensayos de hormigón fresco. Parte 1. Toma de muestras.
UNE-EN 12350-2:2006	Ensayos de hormigón fresco. Parte 2. Ensayo de asentamiento.
UNE-EN 12350-3:2006	Ensayos de hormigón fresco. Parte 3. Ensayo Vebe.
UNE-EN 12350-6:2006	Ensayos de hormigón fresco. Parte 6: Determinación de la densidad.
UNE-EN 12350-7:2001	Ensayos de hormigón fresco. Parte 7. Determinación del contenido del aire. Métodos de presión.
UNE-EN 12390-1:2001	Ensayos de hormigón endurecido. Parte 1: Forma, medidas y otras características de las probetas y moldes.
UNE-EN 12390-2:2001	Ensayos de hormigón endurecido. Parte 2: Fabricación y curado de probetas para ensayos de resistencia.
UNE-EN 12390-3:2003	Ensayos de hormigón endurecido. Parte 3. Determinación de la resistencia a compresión de probetas.
UNE-EN 12390-5:2001	Ensayos de hormigón endurecido. Parte 5. Resistencia a flexión de probetas.
UNE-EN 12390-6:2001	Ensayos de hormigón endurecido. Parte 6. Resistencia a tracción indirecta de probetas.
UNE-EN 12390-8:2001	Ensayos de hormigón endurecido. Parte 8. Profundidad de penetración de agua bajo presión.
UNE-EN 12504-1:2001	Ensayos de hormigón en estructuras. Parte 1. Testigos. Extracción,examen y ensayo a compresión.
UNE-EN 12504-2:2002	Ensayos de hormigón en estructuras. Parte 2. Ensayos no destructivos. Determinación del índice de rebote.
UNE-EN 12504-4:2006	Ensayos de hormigón en estructuras. Parte 4. Determinación de la velocidad de los impulsos ultrasónicos.
UNE-EN 12620:2003	Áridos para hormigón.
UNE-EN 12620/AC:2004	Áridos para hormigón.
UNE-EN 12696:2001	Protección catódica del acero en el hormigón.
UNE-EN 12794:2006	Productos prefabricados de hormigón. Pilotes de cimentación.
UNE-EN 13055-1:2003	Áridos ligeros. Parte 1: Áridos ligeros para hormigón, mortero e inyectado.
UNE-EN 13224:2005	Productos prefabricados de hormigón. Elementos para forjados nervados.
UNE-EN 13225:2005	Productos prefabricados de hormigón. Elementos estructurales lineales.

UNE-EN 13263-1:2006	Humo de sílice para hormigón. Parte 1. Definiciones, requisitos y criterios de conformidad.
UNE-ENV 13381-3:2004	Ensayos para determinar la contribución a la resistencia al fuego de los elementos estructurales. Parte 3. Protección aplicada a elementos de hormigón.
UNE-EN 13501-1:2002	Clasificación en función del comportamiento frente al fuego de los productos de construcción y elementos para la edificación. Parte 1: Clasificación a partir de datos obtenidos en ensayos de reacción al fuego.
UNE-EN 13577:2008	Ataque químico al hormigón. Determinación del contenido de dióxido de carbono agresivo en el agua.
UNE-EN 13693:2005	Productos prefabricados de hormigón. Elementos especiales para cubiertas.
UNE-EN 14216:2005	Cemento. Composición, especificaciones y criterios de conformidad de los cementos especiales de muy bajo calor de hidratación.
UNE-EN 14647:2006	Cemento de aluminato cálcico. Composición, especificaciones y criterios de conformidad.
UNE-EN 14651:2007	Método de ensayo para hormigón con fibras metálicas. Determinación de la resistencia a la tracción por flexión (límite de proporcionalidad (LOP), resistencia residual).
UNE-EN 14721:2006	Métodos de ensayo para hormigón con fibras metálicas. Determinación del contenido de fibras en el hormigón fresco y en el endurecido.
UNE-EN 45011:1998	Requisitos generales para entidades que realizan la certificación del producto. (Guía ISO/CEI 65:1996).

3. Normas UNE-EN ISO

UNE-EN ISO 377:1998	Acero y productos de acero. Localización y preparación de muestras y probetas para ensayos mecánicos. (ISO 377: 1997).
UNE-EN ISO 9001:2000	Sistemas de gestión de la calidad. Requisitos. (ISO 9001:2000).
UNE-EN ISO 14001:2004	Sistemas de gestión ambiental. Requisitos con orientación para su uso. (ISO 14001:2004).
UNE-EN ISO 15614-1:2005	Especificación y cualificación de los procedimientos de soldeo para los materiales metálicos. Ensayo de procedimiento de soldeo. Parte 1: Soldeo por arco y con gas de aceros y soldeo por arco de níquel y sus aleaciones. (ISO 15614-1:2004).
UNE-EN ISO 15630-1:2003	Acero para el armado y el pretensado del hormigón. Métodos de ensayo. Parte 1. Barras, alambres y alambrón para hormigón armado. (ISO 15630-1:2002).
UNE-EN ISO 15630-2:2003	Acero para el armado y el pretensado del hormigón. Métodos de ensayo. Parte 2. Mallas soldadas. (ISO 15630-2:2002).
UNE-EN ISO 15630-3:2003	Acero para el armado y el pretensado del hormigón. Métodos de ensayo. Parte 3. Acero para pretensar. (ISO 15630-3:2002).

4. Normas UNE-EN ISO/IEC

UNE-EN ISO/IEC 17021:2006	Evaluación de la conformidad. Requisitos para los organismos que realizan la auditoría y la certificación de sistemas de gestión (ISO/IEC 17021:2006).
UNE-EN ISO/IEC 17025:2005	Evaluación de la conformidad. Requisitos generales para la competencia de los laboratorios de ensayo y de calibración.

anejo 3

Prescripciones para la utilización del cemento de aluminato de calcio

1. Características del cemento de aluminato de calcio

Mientras los cementos portland deben sus propiedades hidráulicas fundamentalmente a los silicatos de calcio y al aluminato tricálcico, el cemento de aluminato de calcio las debe al aluminato monocálcico. El contenido de Al_2O_3 de este último cemento, según UNE-EN 14647 debe estar comprendido entre el 36 y el 55%, si bien los valores habituales del mismo están entre el 40 y el 42%.

El cemento de aluminato de calcio presenta una serie de características especiales.

Así, mientras tiene un tiempo de fraguado prácticamente análogo al del cemento portland, su endurecimiento es mucho más rápido, por lo cual, sus morteros y hormigones presentan al cabo de pocas horas una resistencia del mismo orden que la obtenida a 28 días con cemento portland.

Con el tiempo sus resistencias disminuyen al tener lugar el proceso de conversión, ya que la hidratación del cemento de aluminato de calcio a temperatura ambiente ($<25\,°C$) produce aluminatos de calcio hidratados hexagonales que son metaestables y por ello sufren inevitablemente una transformación (conversión) hacia la forma cúbica de aluminato de calcio hidratado, único compuesto termodinámicamente estable.

Esta conversión ocasiona al hormigón de cemento de aluminato de calcio un aumento de porosidad y por tanto una disminución de resistencia. La conversión puede transcurrir en pocos minutos o necesitar años, ya que la velocidad de transformación depende de diversos factores, y principalmente de la temperatura.

Esta disminución de resistencias puede ser de distinta cuantía. Si se siguen las recomendaciones de su correcto empleo y se utiliza una dosificación de cemento elevada y una relación agua/cemento baja, sus hormigones retienen una resistencia suficientemente elevada. Al contrario, las resistencias pueden descender hasta valores excesivamente bajos en el caso de no seguir las recomendaciones antes citadas.

La resistencia final alcanzada después de la conversión puede evaluarse mediante el ensayo descrito en UNE-EN 14647.

El cemento de aluminato de calcio resiste notablemente mejor que los cementos portland la acción de aguas puras, agua de mar, aguas sulfatadas y terrenos yesíferos, así como la acción de sales de magnesio y ácidos diluidos. Sin embargo sus hormigones son menos resistentes a la acción de los hidróxidos alcalinos.

Para la correcta utilización del cemento de aluminato de calcio en sus distintas aplicaciones se tendrán en cuenta las normas generales válidas para la confección de morteros y hormigones de cemento portland. Asimismo se deberán seguir las instrucciones específicas que se señalan a continuación.

2. Materiales

El cemento de aluminato de calcio deberá cumplir las prescripciones exigidas en la reglamentación específica vigente, para poder ser utilizado en aquellos casos en los que su empleo está contemplado en el apartado 8 de Aplicaciones de este Anejo.

Los áridos cumplirán con las especificaciones generales que estipula esta Instrucción.

No se deberán utilizar áridos que contengan álcalis liberables y particularmente se debe evitar el empleo de los graníticos, esquistosos, micáceos y feldespáticos.

Se utilizarán áridos finos con un equivalente de arena superior al 85%, según UNE-EN 933-8 o, en caso contrario, que contengan menos del 5%, en peso, de partículas inferiores a 0,125 mm.

El comportamiento de los aditivos con el cemento de aluminato de calcio es notoriamente diferente del que presentan con el cemento portland. Son, pues, obligados los ensayos previos para establecer la compatibilidad y dosificación apropiada de cada tipo de aditivo.

3. Proyecto

Como resistencia de proyecto de los hormigones de cemento de aluminato de calcio, se tomará la resistencia mínima residual alcanzable después de que el cemento haya llegado a su conversión total, teniendo en cuenta las consideraciones expuestas en el punto 1. Su valor se determinará según el procedimiento experimental descrito en el apartado A.7 del Anexo Informativo A de UNE-EN 14647. En cualquier caso, la resistencia de proyecto no superará nunca los 40 N/mm^2.

Debido al pH más bajo y la menor reserva alcalina, las armaduras embebidas en los hormigones fabricados con cemento de aluminato de calcio pueden estar más expuestas a la corrosión. Por ello, y por razones de durabilidad en general, los recubrimientos mínimos que se deben utilizar son:
— En la clase de exposición no agresiva (1): 20 mm.
— En la clase de exposición normal (11): 30 o 40 mm en función del diámetro de la armadura y las tensiones del elemento.
— En la clase de exposición marina (111), cloruros no marinos (IV) y química agresiva (Q): 40 mm.

El recubrimiento mínimo se incrementará en el margen de recubrimiento Δr prescrito en 37.2.4 de esta Instrucción, para obtener el recubrimiento nominal definido en dicho apartado.

4. Dosificación

Se respetará estrictamente el cumplimiento de las siguientes prescripciones:
— El contenido mínimo de cemento será de 400 kg/m^3.
— No se utilizarán relaciones agua/cemento superiores a 0,4. Para el cálculo del agua de amasado se tendrá en cuenta el agua aportada por los áridos.

5. Equipos y útiles de trabajo

Se evitará cualquier posible contacto o contaminación accidental del cemento de aluminato de calcio con otros cementos a base de clinker portland, o con cales o con yesos.

6. Puesta en obra del hormigón

Se utilizará el vibrado para la puesta en obra del hormigón.

En el hormigonado en tiempo caluroso, los áridos y el agua no deben estar expuestos directamente al sol.

En el hormigonado en tiempo frío se tendrán en cuenta las siguientes precauciones:

— No se utilizarán áridos congelados.
— Se asegurará que la temperatura del hormigón recién elaborado sea la suficiente para que éste pueda permanecer por encima de los 0 °C hasta que se haya iniciado el fraguado y, con él, las reacciones exotérmicas de hidratación del cemento.

7. Curado

En el caso de pavimentos o losas se deberá aplicar inmediatamente un curado inicial del hormigón con productos de curado o protegerlo con arpilleras húmedas. En otros casos de estructuras o elementos de menor superficie, el curado se iniciará, una vez finalizado el fraguado, mediante aspersión o riego en forma continuada, prolongándolo, como mínimo, durante las primeras veinticuatro horas desde la puesta en obra del hormigón.

Es conveniente, al igual que para el cemento portland, evitar la desecación prematura de los elementos de hormigón ya elaborados, especialmente en ambientes calurosos y secos. Una buena recomendación práctica es conservarlos a cubierto, siendo aconsejable regarlos periódicamente durante los primeros días.

Salvo estudio especial, no se debe utilizar el curado térmico.

8. Aplicaciones

De acuerdo con el artículo 26°, el empleo de cemento de aluminato de calcio en hormigones deberá ser objeto, en cada caso, de estudio especial, exponiendo las razones que aconsejan su uso y observándose estrictamente las especificaciones contenidas en el presente Anejo.

El cemento de aluminato de calcio resulta muy adecuado para:

— Hormigón refractario.
— Reparaciones rápidas de urgencia.
— Basamentos y bancadas con carácter temporal.

Cuando su uso sea justificable, se puede utilizar en:

— Obras y elementos prefabricados, de hormigón en masa o armado no estructural.
— Determinados casos de cimentaciones de hormigón en masa.
— Hormigón proyectado

El cemento de aluminato de calcio no resulta indicado para:

— Hormigón armado estructural.
— Hormigón en masa o armado de grandes volúmenes.
— Bases tratadas con cemento para carreteras.
— Estabilización de suelos.

El cemento de aluminato de calcio está prohibido para:

— Hormigón pretensado en todos los casos, según el artículo 26° de esta Instrucción.

Por lo que respecta a las clases de exposición, los hormigones fabricados de acuerdo con las especificaciones del presente Anejo, se comportan adecuadamente en:

— Ambiente no agresivo   *I*
— Ambiente marino   *III*
— Ambiente químicamente agresivo débil Q_a
— Ambiente químicamente agresivo medio Q_b

anejo 4

Recomendaciones para la selección del tipo de cemento a emplear en hormigones estructurales

1. Introducción

La Instrucción para la recepción de cementos vigente regula, con carácter general, las condiciones que debe cumplir el cemento para su empleo. Este Anejo de recomendaciones se incluye únicamente con la finalidad de facilitar la selección del tipo de cemento a emplear en cada caso por parte del Autor del proyecto o de la Dirección Facultativa.

La selección del tipo de cemento deberá efectuarse considerando, al menos, los siguientes criterios:

a) la aplicación del hormigón, de acuerdo con el apartado 2 de este Anejo,

b) las circunstancias de hormigonado, de acuerdo con el apartado 4 de este Anejo,

c) las condiciones de agresividad ambiental a las que va a estar sometido el elemento de hormigón, de acuerdo con el apartado 5 de este Anejo.

2. Selección del tipo de cemento en función de la aplicación del hormigón

Los cementos recomendados, en función de su aplicación, son los indicados en la Tabla A.4.2.

3. Selección del tipo de cemento en función de aplicaciones estructurales específicas

3.1. Cementos recomendados para cimentaciones

En la Tabla A4.3.1 se recogen los cementos recomendados para su uso en la fabricación de hormigones destinados cimentaciones.

Tabla A.4.2. Tipos de cementos en función de la aplicación del hormigón

Aplicación	Cementos recomendados
Hormigón en masa	Todos los cementos comunes, excepto los tipos CEM II/A-Q, CEM II/B-Q, CEM II/A-W, CEM II/B-W, CEM II/A-T, CEM II/B-T y CEM III/C. Cementos para usos especiales ESP VI-1(*).
Hormigón armado	Todos los cementos comunes excepto los tipos CEM II/A-Q, CEM II/B-Q, CEM II/A-W, CEM II/B-W, CEM II/A-T, CEM II/B-T, CEM III/C, CEM V/B.
Hormigón pretensado incluidos los prefabricados estructurales	Cementos comunes(**) de los tipos CEM I, CEM II/A-D, CEM II/A-V, CEM II/A-P y CEM II/A-M (V-P)(***).
Elementos estructurales prefabricados de hormigón armado	Resultan muy adecuados los cementos comunes(**) de los tipos CEM I, CEM II/A y adecuado el cemento común tipo CEM IV/A cuando así se deduzca de un estudio experimental específico.
Hormigón en masa y armado en grandes volúmenes	Resultan muy adecuados los cementos comunes CEM III/B y CEM IV/B y adecuados los cementos comunes tipo CEM II/B, CEM III/A, CEM IV/A y CEM V/A Cementos para usos especiales ESP VI-1(*). Es muy recomendable la característica adicional de bajo calor de hidratación (LH) y de muy bajo calor de hidratación (VLH), según los casos.
Hormigón de alta resistencia	Muy adecuados los cementos comunes tipo CEM I y adecuados los cementos comunes tipo CEM II/A-D y CEM II/A 42,5 R. El resto de cementos comunes tipo CEM II/A pueden resultar adecuados cuando así se deduzca de un estudio experimental específico.
Hormigones para reparaciones rápidas de urgencia	Los cementos comunes tipo CEM I, CEM II/A-D, y el cemento de aluminato de calcio (CAC).
Hormigones para desencofrado y descimbrado rápido	Los cementos comunes(**) tipo CEM I, y CEM II.
Hormigón proyectado	Los cementos comunes tipo CEM I, y CEM II/A.
Hormigones con áridos potencialmente reactivos(****)	Resultan muy adecuados los cementos comunes tipo CEM III, CEM IV, CEM V, CEM II/A-D, CEM II/B-S y CEM II/B-V, y adecuados los cementos comunes tipo CEM II/B-P y CEM II/B-M.

(*) En el caso de grandes volúmenes de hormigón en masa.
(**) Dentro de los indicados son preferibles los de alta resistencia inicial.
(***) La inclusión de los cementos CEM II/A-V, CEM II/A-P y CEM II/A-M (V-P) como utilizables para la aplicación de hormigón pretensado, es coherente con la posibilidad, contemplada en el articulado de esta Instrucción, de utilización de adición al hormigón pretensado de cenizas volantes en una cantidad no mayor del 20% del peso de cemento.
(****) Para esta aplicación son recomendables los cementos con bajo contenido en alcalinos o aquellos citados en la tabla.

Tabla A.4.3.1.

Aplicación	Cementos recomendados
Cimentaciones de hormigón en masa	Muy adecuados los cementos comunes tipo CEM IV/B, siendo adecuados el resto de cementos comunes, excepto los CEM II/A-Q, CEM II/B-Q, CEM II/A-W, CEM II/B-W, CEM II/A-T, y CEM II/B-T. En todos los casos es recomendable la característica adicional de bajo calor de hidratación (LH). Es necesario cumplir las prescripciones relativas al empleo de la característica adicional de resistencia a sulfatos (SR) o al agua de mar (MR) cuando corresponda.
Cimentaciones de hormigón armado	Muy adecuados los cementos comunes tipo CEM I y CEM II/A, siendo adecuados el resto de cementos comunes a excepción de los CEM III/B, CEM IV/B, CEM II/A-Q, CEM II/B-Q, CEM II/A-W, CEM II/B-W, CEM II/A-T y CEM II/B-T. Es necesario cumplir las prescripciones relativas al empleo de la característica adicional de resistencia a sulfatos (SR) o al agua de mar (MR) cuando corresponda.

3.2. Cementos recomendados para obras portuarias y marítimas

En la Tabla A4.3.2 se recogen los cementos recomendados para su uso en la fabricación de hormigones destinados a la construcción de estructuras de hormigón en masa, armado o pretensado que formen parte de obras portuarias y marítimas.

Tabla A.4.3.2.

Aplicación	Tipo de hormigón	Cementos recomendados
Obras portuarias y marítimas	En masa	Cementos comunes, excepto los tipos CEM III/C, CEM II/A-Q, CEM II/B-Q, CEM II/A-W, CEM II/B-W, CEM II/A-T, CEM II/B-T.
	Armado	Cementos comunes, excepto los tipos CEM II/A-Q, CEM II/B-Q, CEM II/A-W, CEM II/B-W, CEM II/A-T, CEM II/B-T, CEM III/C y CEM V/B.
	Pretensado	Cementos comunes(*) de los tipos CEM I, CEM II/A-D, CEM II/A-P, CEM II/A-V y CEM II/A-M(V-P).

(*) Dentro de los indicados son preferibles los de alta resistencia inicial.

La utilización de uno u otro tipo de cemento, con característica adicional MR cuando sea preceptiva, dependerá de las exigencias del hormigón y siempre que no haya circunstancias especiales que desaconsejen su uso.

3.3. Cementos recomendados para presas

En la Tabla A4.3.3 se recogen los cementos recomendados para su uso en la fabricación de hormigones destinados a la construcción de presas.

Tabla A.4.3.3.

Aplicación	Cementos recomendados
Presas de hormigón vibrado	Cementos comunes de los tipos CEM II/A, CEM III/A, CEM III/B y CEM IV/A.
Presas de hormigón compactado	Cementos comunes de los tipos CEM III, CEM IV y CEM V. Cementos para usos especiales ESP VI-1. Cementos especiales de muy bajo calor de hidratación VLH III, VLH IV y VLH V. Cementos de escoria de horno alto de baja resistencia inicial L.

También pueden emplearse los cementos tipo CEM I, cuando se añada una adición al hormigón en cantidad suficiente, compatible con las exigencias del proyecto.

Se recomienda que los cementos a utilizar sean de clase resistente baja (32,5), así como tener en cuenta, especialmente, el calor de hidratación, por lo cual, con carácter general, la utilización de cementos con característica adicional de bajo calor de hidratación y de muy bajo calor de hidratación resultan aconsejables.

3.4. Cementos recomendados para obras hidráulicas distintas de las presas

En la Tabla A4.3.4 se recogen los cementos recomendados para su uso en la fabricación de hormigones destinados a la construcción de estructuras para el transporte de agua que no formen parte de los cuerpos de las presas

Tabla A.4.3.4.

Aplicación	Tipo de hormigón	Cementos recomendados
Tubos de hormigón, canales y otras aplicaciones hidráulicas	En masa	Cementos comunes, excepto los tipos CEM II/A-Q, CEM II/B-Q, CEM II/A-W, CEM II/B-W, CEM II/A-T, CEM II/B-T, CEM III/C.
	Armado	Cementos comunes, excepto los tipos CEM II/A-Q, CEM II/B-Q, CEM II/A-W, CEM II/B-W, CEM II/A-T, CEM II/B-T, CEM III/C y CEM V/B.
	Pretensado	Cementos comunes de los tipos CEM I, CEM II/A-D, CEM II/A-V, CEM II/A-P y CEM II/A-M(V-P).

4. Selección del tipo de cemento en función de las circunstancias de hormigonado

Los cementos recomendados, en función de las condiciones de puesta en obra, son los indicados en la Tabla A.4.4.

Tabla A.4.4. Tipos de cementos en función de las circunstancias de hormigonado

Circunstancias de hormigonado	Cementos recomendados
Hormigonado en tiempo frío(*) (**)	Los cementos comunes tipo CEM I, CEM II/A y CEM IV/A.
Hormigonado en ambientes secos y sometidos al viento y, en general, en condiciones que favorecen la desecación del hormigón(**)	Cementos comunes tipo CEM I y CEM II/A.
Insolación fuerte u hormigonado en tiempo caluroso(**)	Los cementos comunes tipo CEM II, CEM III/A, CEM IV/A y CEM V/A.

(*) En estas circunstancias, no conviene emplear la característica adicional de bajo calor de hidratación (LH).
(**) En estas circunstancias, resulta determinante tomar, durante el proceso de ejecución o puesta en obra, las medidas adecuadas especificadas en la reglamentación correspondiente y, en su caso, en esta Instrucción.

5. Selección del tipo de cemento en función de la clase de exposición

Los cementos recomendados, en función de la clase de exposición que componen el ambiente en el que va estar ubicado el elemento estructural, son los indicados en la Tabla A4.5.

Tabla A.4.5. Tipos de cementos en función de las clases de exposición

Clase de exposición	Tipo de proceso (agresividad debida a)	Cementos recomendados
I	Ninguno	Todos los recomendados según la aplicación prevista.
II	Corrosión de las armaduras de origen diferente de los cloruros.	CEM I, cualquier CEM II (preferentemente CEM II/A), CEM III/A, CEM IV/A.
III(*)	Corrosión de las armaduras por cloruros de origen marino	Muy adecuados los cementos CEM II/S, CEM II/V (preferentemente los CEM II/B-V), CEM II/P (preferentemente los CEM II/B-P), CEM II/A-D, CEM III, CEM IV (preferentemente los CEM IV/A) y CEM V/A.
IV	Corrosión de las armaduras por cloruros de origen no marino.	Preferentemente, los CEM I y CEM II/A y, además, los mismos que para la clase de exposición III.
Q(**)	Ataque al hormigón por sulfatos.	Los mismos que para la exposición III.
Q	Lixiviación del hormigón por aguas puras, ácidas, o con CO_2 agresivo.	Los cementos comunes de los tipos CEM II/P, CEM II/V, CEM II/A-D, CEM II/S, CEM III, CEM IV y CEM V.
Q	Reactividad álcali-árido	Cementos de bajo contenido en alcalinos(***) (óxidos de sodio y de potasio) en los que $(Na_2O)eq = Na_2O(\%) + 0,658\,K_2O(\%) < 0,60$.

(*) En esta clase de exposición es necesario cumplir las prescripciones relativas al empleo de la característica adicional de resistencia al agua de mar (MR), tal y como establece la Instrucción de Hormigón Estructural EHE.
(**) En esta clase de exposición es necesario cumplir las prescripciones relativas al empleo de la característica adicional de resistencia a los sulfatos (SR), en el caso de la clase específica Qb o Qc, tal y como establece el articulado de esta Instrucción. En los casos en que el elemento esté en contacto con agua de mar será necesario cumplir las prescripciones relativas al empleo de la característica adicional de resistencia al agua de mar (MR).
(***) También son recomendables los cementos citados en la Tabla A.4.2 para hormigones con áridos potencialmente reactivos (que necesitarían cementos con bajo contenido en alcalinos).

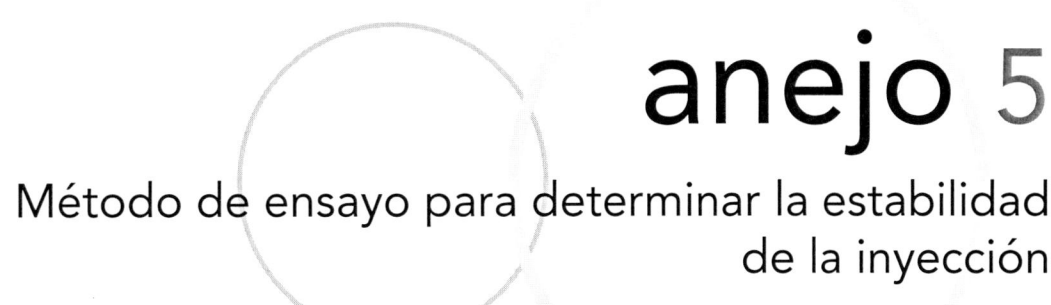

anejo 5
Método de ensayo para determinar la estabilidad de la inyección

1. Definición y aplicaciones

El presente método de ensayo tiene por objeto determinar la exudación y la variación de volumen (expansión o contracción) de la mezcla (lechada o mortero) utilizada como producto de inyección de los conductos en que van alojadas las armaduras de pretensado.

2. Aparato empleado

Se utilizará un recipiente cilíndrico, de vidrio, de 10 cm de altura y 10 cm de diámetro, en el que se marcará una señal para indicar la altura de llenado, a_1 (ver Figura A.5.1).

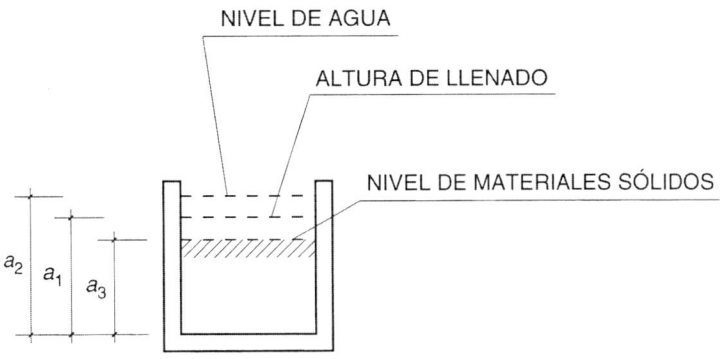

NIVEL DE AGUA

ALTURA DE LLENADO

NIVEL DE MATERIALES SÓLIDOS

Figura A.5.1

3. Procedimiento operatorio

En el recipiente de ensayo se verterá la cantidad necesaria de la mezcla de inyección, hasta enrasar con la señal marcada en el mismo, a_1. Terminado el llenado, se tapará el recipiente para evitar la evaporación y se mantendrá así el tiempo preciso para que se estabilice la decantación de la mezcla. Se medirán entonces el nivel de agua, a_2, y el de los materiales sólidos, a_3.

Estas mediciones deberán hacerse también en una etapa intermedia, para determinar la posible exudación de la mezcla transcurridas 3 horas desde su preparación, de acuerdo con lo exigido en 35.4

4. Obtención y precisión de los resultados

Los valores de la exudación EX, y de la variación de volumen, ΔV, se calcularán de acuerdo con las siguientes expresiones:

$$EX = \frac{a_2 - a_3}{a_1} \, 100$$

$$\Delta V = \frac{a_3 - a_1}{a_1} \, 100$$

Los resultados obtenidos se expresan en tanto por ciento del volumen inicial de la mezcla.

Por lo que respecta a la variación de volumen, si $\Delta V < 0$, significa que hay contracción. Por el contrario, si $\Delta V > 0$, significa que existe expansión.

anejo 6

Recomendaciones para la protección adicional contra el fuego de elementos estructurales

1. Alcance

El contenido de este Anejo constituye un conjunto de recomendaciones de aplicación a estructuras de hormigón estructural que, por razones de seguridad general frente a incendios, deben cumplir las condiciones siguientes cuando están expuestas al fuego:

— Evitar un colapso prematuro de la estructura (función portante).
— Limitar la propagación del fuego (llamas, gases calientes, calor excesivo) fuera de áreas concretas (función separadora).

En este anejo se establecen métodos simplificados y tablas que permiten determinar, del lado de la seguridad, la resistencia de los elementos estructurales de hormigón ante la acción representada por la curva normalizada tiempo-temperatura, según UNE-EN 1363-1. Dichos métodos deben considerarse como condición suficiente para establecer la resistencia al fuego de los elementos estructurales de hormigón, pero no como condición necesaria, pudiéndose utilizar siempre métodos más precisos o avanzados de los aquí propuestos, e incluso métodos experimentales, para determinar la resistencia al fuego de tales elementos, según lo establecido en el apartado 4 de este anejo.

Pueden adoptarse otros modelos de incendio para representar las evolución de la temperatura durante el incendio, tales como las denominadas curvas paramétricas o, para efectos locales los modelos de incendio de una o dos zonas o de fuegos localizados o métodos basados en dinámica de fluidos tales como los que se contemplan en la norma UNE-EN 1991-1-2.

Tanto las estructuras laminares como aquellas con pretensado exterior, contempladas en esta Instrucción, deberán comprobarse mediante métodos específicos y, en particular, no serán de aplicación los métodos simplificados y de comprobaciones por tablas incluidos en este Anejo. Asimismo, para hormigones de resistencia característica superior a 80 N/mm^2, debe recurrirse a bibliografía especializada.

En las estructuras laminares que trabajan fundamentalmente por forma, el principal problema es el efecto de las deformaciones por causas térmicas, aspecto éste no contemplado en los métodos simplificados propuestos, que tienen en cuenta sólo los problemas seccionales derivados de la acción del fuego.

2. Definiciones

Se denomina resistencia al fuego de una estructura o de una parte de ella a su capacidad para mantener durante un periodo de tiempo determinado la función portante que le sea exigible, así como la integridad y/o el aislamiento térmico en los términos especificados en el ensayo normalizado correspondiente (RD 312/2005)

Se denomina, asimismo, resistencia normalizada al fuego de una estructura o parte de ella (usualmente sólo elementos aislados) a su resistencia al fuego normalizado, dado por la curva de tiempo-temperatura UNE-EN 1363-1. El tiempo máximo de exposición hasta que resulte inminente la pérdida de capacidad para satisfacer las funciones requeridas se denomina período de resistencia al fuego normalizado, y se expresa en minutos según una escala que establece la UNE-EN 13501-2.

Los tiempos nominales de resistencia al fuego utilizados en este Anejo pertenecen a la escala que establece la norma UNE-EN 13501-2 y son los siguientes: 30, 60, 90, 120, 180 y 240 minutos.

Para la clasificación del comportamiento frente al fuego, se establecen tres criterios:

— Por capacidad portante de la estructura (criterio R).
— Por estanquidad al paso de llamas y gases calientes (criterio E).
— Por aislamiento térmico en caso de fuego (criterio I).

3. Bases de proyecto

3.1. Combinaciones de acciones

Para la obtención de los esfuerzos debidos a la acción del fuego y otras acciones concomitantes, se adoptará la combinación correspondiente a una situación accidental, de acuerdo con lo expresado en el artículo 13 de esta Instrucción.

Cuando se utilice el método simplificado de la isoterma 500º, expuesto en el apartado 7, podrán adoptarse, simplificadamente, como esfuerzos para la comprobación de la situación accidental de fuego, los obtenidos para la combinación pésima de acciones para temperatura ambiente disminuidos por un factor global η_{fi}.

$$E_{fi,d,t} = \eta_{fi} E_d$$

donde:

$E_{fi,d,t}$ = Valor de los esfuerzos de cálculo a considerar en la comprobación de la situación accidental de fuego.

E_d = Valor de los esfuerzos de cálculo a considerar en la comprobación de situaciones permanentes o transitorias a temperatura ambiente.

η_{fi} = Factor de reducción, que puede obtenerse con la siguiente expresión

$$\eta_{fi} = \frac{G_K + \Psi_{1,1} Q_{K,1}}{y_G G_K + y_{Q,1} Q_{K,1}}$$

Puede adoptarse, de forma simplificada:

$\eta_{fi} = 0{,}6$ para casos normales.

$\eta_{fi} = 0{,}7$ para zonas de almacenamiento.

3.2. Coeficientes parciales de seguridad para los materiales

Los coeficientes parciales de seguridad para los materiales se consideraran iguales a la unidad, $\gamma_c = 1,0$ y $\gamma_s = 1,0$.

4. Métodos de comprobación

En general, se pueden utilizar diferentes métodos de comprobación frente al fuego que dan lugar a diferentes niveles de precisión y, consecuentemente, de complejidad.

El método general consiste en la comprobación de los distintos Estados Límite Últimos, teniendo en cuenta, tanto en la obtención de esfuerzos de cálculo como en el análisis de la respuesta estructural, la influencia de la acción de fuego considerando el comportamiento físico fundamental.

El modelo para el análisis estructural debe representar adecuadamente las propiedades del material en función de la temperatura, incluyendo la rigidez, la distribución de temperatura en los distintos elementos de la estructura y el efecto de las dilataciones y deformaciones térmicas (acciones indirectas debidas al fuego).

Por otra parte, la respuesta estructural debe tener en cuenta las características de los materiales para las distintas temperaturas que pueden producirse en una misma sección transversal o elemento estructural.

Cualquier modo de fallo que no se tenga en cuenta explícitamente en el análisis de esfuerzos o en la respuesta estructural (por ejemplo insuficiente capacidad de giro, expulsión del recubrimiento, pandeo local de la armadura comprimida, fallos de adherencia y esfuerzo cortante, daños en los dispositivos de anclaje) debe evitarse mediante detalles constructivos apropiados.

Pueden emplearse métodos simplificados de comprobación siempre que conduzcan a resultados equivalentes o del lado de la seguridad con respecto a los que se obtendrían con los métodos generales.

En general, los métodos simplificados suponen una comprobación de los distintos Estados Límite Últimos considerando elementos estructurales aislados (se desprecian las acciones indirectas debidas al fuego —dilataciones, deformaciones, etc.), distribuciones de temperatura preestablecidas, generalmente para secciones rectangulares y, como variaciones en las propiedades de los materiales por efecto de la temperatura, modelos asimismo simplificados y sencillos. En el apartado 7 de este Anejo se incluye el denominado método simplificado de la isoterma 500 °C.

El empleo del método de comprobación mediante tablas, que se desarrolla en el apartado 5 de este anejo, consiste en la realización de comprobaciones dimensionales de las secciones transversales y los recubrimientos mecánicos, a partir de hipótesis simplificadas y del lado de la seguridad. Para algunos tipos pueden requerirse otras comprobaciones adicionales y en estos casos pueden obtenerse datos más específicos en la norma del producto correspondiente.

En cualquier caso, también es válido evaluar el comportamiento de una estructura, de parte de ella o de un elemento estructural mediante la realización de los ensayos que establece el Real Decreto 312/2005 de 18 de marzo.

5. Método de comprobación mediante tablas

5.1. Generalidades

Mediante las tablas y apartados siguientes puede obtenerse la resistencia de los elementos estructurales a la acción representada por la curva normalizada tiempo-temperatura de los elementos estructurales, en función de sus dimensiones y de la distancia mínima equivalente al eje de las armaduras.

Para aplicación de las tablas, se define como distancia equivalente al eje a_m, a efectos de resistencia al fuego, al valor:

$$a_m = \frac{\sum[A_{si}f_{yki}(a_{si} + \Delta a_{si})]}{\sum A_{si}f_{yki}}$$

siendo:

A_{si} = Área de cada una de las armaduras i, pasiva o activa.

a_{si} = Distancia del eje de cada una de las armaduras i, al paramento expuesto más próximo, considerando los revestimientos en las condiciones que mas adelante se establecen.

f_{yki} = Resistencia característica del acero de las armaduras i.

Δa_{si} = Corrección debida a las diferentes temperaturas críticas del acero y a las condiciones particulares de exposición al fuego, conforme a los valores de la Tabla A.6.5.1.

Tabla A.6.5.1. Valores ede Δa_{si} (mm)

μ_{fi}	Acero de armar		Acero de pretensar			
	Vigas[1] y losas (forjados)	Resto de los casos	Vigas[1] y losas (forjados)		Resto de los casos	
			Barras	Alambres	Barras	Alambres
≤0,4	+5		−5	−10		
0,5	0	0	−10	−15	−10	−15
0,6	−5		−15	−20		

[1] En el cas de armaduras situadas en las esquinas de vigas con una sola capa de armadura se decrementarán los valores de Δa_{si} en 10 mm, cuando el ancho de las mismas sea inferior a los valores de b_{min} especificados en la columna 3 de la Tabla A.6.5.5.2.

siendo μ_{fi} el coeficiente de sobredimensionado de la sección en estudio, definido como:

$$\mu_{fi} = \frac{E_{fi,d,t}}{R_{fi,d,0}}$$

donde:

$R_{fi,d,0}$ = Resistencia del elemento estructural en situación de incendio en el instante inicial $t = 0$, a temperatura normal.

Las correcciones para valores de μ_{fi} inferiores a 0,5 en vigas, losas y forjados, sólo podrán considerarse cuando dichos elementos estén sometidos a cargas distribuidas de forma sensiblemente uniforme.

Para valores intermedios se puede interpolar linealmente.

De forma simplificada, para situaciones con nivel de control normal, puede adoptarse como valor de μ_{fi}, 0,5 con carácter general y 0,6 en zonas de almacén.

Los valores dados en las tablas son aplicables a hormigones de densidad normal, de resistencia característica $f_{ck} \leq 50$ N/mm^2, confeccionados con áridos de naturaleza silícea.

Cuando se empleen hormigones con áridos de naturaleza caliza, pueden admitirse las reducciones siguientes:

— En vigas y losas, un 10% tanto en las dimensiones mínimas de la sección recta como en la distancia mínima equivalente al eje de las armaduras (a_{min}).

— En muros no resistentes (particiones), un 10% en el espesor mínimo.

— En muros resistentes y pilares, no se admitirá reducción alguna.

Cuando se empleen hormigones de resistencia característica comprendida entre $50 \text{ N/mm}^2 <$ $< f_{ck} \leqslant 80 \text{ N/mm}^2$, con contenido de sílice activa menor del 6% en peso del contenido de cemento, las dimensiones mínimas de la sección establecidas en las tablas, deben incrementarse en:

— En elementos expuestos al fuego por una sola cara: $0,1 \cdot a_{min}$, para hormigones de resistencia característica comprendida entre $50 \text{ N/mm}^2 < f_{ck} \leqslant 60 \text{ N/mm}^2$ y $0,3 \cdot a_{min}$ para hormigones de resistencia característica comprendida entre $60 \text{ N/mm}^2 < f_{ck} \leqslant 80 \text{ N/mm}^2$.

— En el resto de elementos: el doble de los valores definidos para el caso anterior.

Siendo a_{min}, la distancia mínima equivalente al eje especificada en las tablas correspondientes.

En zonas traccionadas con recubrimientos de hormigón mayores de 50 mm debe disponerse una armadura de piel para prevenir el desprendimiento de dicho hormigón durante el período de resistencia al fuego, consistente en una malla con distancias inferiores a 150 mm entre armaduras (en ambas direcciones), anclada regularmente en la masa de hormigón.

5.2. Soportes

Mediante la Tabla A.6.5.2 puede obtenerse la resistencia al fuego de los soportes circulares y rectangulares expuestos por tres o cuatro caras, referida a la distancia mínima equivalente al eje de las armaduras de las caras expuestas.

Tabla A.6.5.2. Soportes

Resistencia al fuego	Dimensión mínima b_{min} / Distancia mínima equivalente al eje a_{min} (mm) (*)
R 30	150(**)/15
R 60	200(**)/20
R 90	250/30
R 120	250/40
R 180	350/45
R 240	400/50

(*) Los recubrimientos por exigencias de durabilidad pueden requerir valores superiores.
(**) La dimensión mínima cumplirá lo indicado en el artículo 54.

Para resistencias al fuego mayores que R 90 y cuando la armadura del soporte sea superior al 2% de la sección de hormigón, dicha armadura se distribuirá en todas sus caras. Esta condición no se refiere a las zonas de solapo de armadura.

5.3. Muros

5.3.1 Muros no portantes

Se recomienda que los muros macizos no portantes, de cerramiento o particiones, dispongan de una esbeltez geométrica, relación entre la altura del muro y su espesor, inferior a 40 y cumplan con las dimensiones mínimas indicadas en la Tabla A.6.5.3.1.

Tabla A.6.5.3.1.

Resistencia al fuego	Espesor mínimo del muro (mm)
EI 30	60
EI 60	80
EI 90	100
EI 120	120
EI 180	150
EI 240	175

5.3.2. Muros portantes

Mediante la Tabla A.6.5.3.2 puede obtenerse la resistencia al fuego de los muros macizos portantes expuestos por una o por ambas caras, referida a la distancia mínima equivalente al eje de las armaduras de las caras expuestas.

Tabla A.6.5.3.2.

Resistencia al fuego	Espesor mínimo b_{min} / Distancia mínima equivalente al eje a_{min} (mm) (*)	
	Muro expuesto por una cara	Muro expuesto por ambas caras
REI 30	100/15	120/15
REI 60	120/15	140/15
REI 90	140/20	160/25
REI 120	160/25	180/35
REI 180	200/40	250/45
REI 240	250/50	300/50

(*) Los recubrimientos por exigencias de durabilidad pueden requerir valores superiores.

5.4. Tirantes. Elementos sometidos a tracción

La dimensión mínima de un tirante y la distancia mínima equivalente al eje de las armaduras no serán inferiores a los recomendados en alguna de las combinaciones indicadas en la Tabla A.6.5.4.

En cualquier caso, el área de la sección transversal de hormigón debe ser mayor o igual que $2b_{min}^2$, siendo b_{min} la dimensión mínima indicada en la Tabla A.6.5.4.

Tabla A.6.5.4.

Resistencia al fuego	Dimensión mínima $b_{mín}$ / Distancia mínima equivalente al eje $a_{mín}$ (mm) (*)
R 30	80/25
R 60	120/40
R 90	150/55
R 120	200/65
R 180	240/80
R 240	280/90

(*) Los recubrimientos por exigencias de durabilidad pueden requerir valores superiores.

Cuando la estructura soportada por el tirante sea sensible a su alargamiento por efecto del calor debido al fuego, se incrementarán los recubrimientos definidos en la Tabla A.6.5.4 en 10 mm.

5.5. Vigas

5.5.1. Generalidades

Para vigas de sección de ancho variable se considera como anchura mínima b la que existe a la altura del centro de gravedad mecánico de la armadura traccionada en la zona expuesta, según se indica en la Figura A.6.5.5.1.

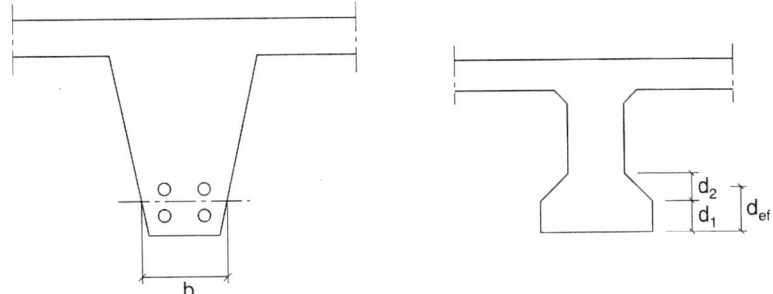

Figura A.5.1. Dimensiones equivalentes en caso de ancho variable en el canto

Para vigas doble T, el canto del ala inferior deberá ser mayor que la dimensión que se establezca como ancho mínimo. Cuando el canto del ala inferior sea variable se considerará, a los efectos de esta comprobación, el indicado en la figura $d_{ef} = d_1 + 0,5d_2$.

5.5.2. Vigas con las tres caras expuestas al fuego

Mediante la Tabla A.6.5.5.2 puede obtenerse la resistencia al fuego de las secciones de vigas sustentadas en los extremos con tres caras expuestas al fuego, referida a la anchura mínima de la sección y a la distancia mínima equivalente al eje de la armadura inferior traccionada.

Tabla A.6.5.5.2.

Resistencia al fuego	Dimensión mínima b_{min} / Distancia mínima equivalente al eje a_{min} (mm)(*)				Ancho mínimo del alma $b_{0,min}$ mm(**)
	Opción 1	Opción 2	Opción 3	Opción 4	
R 30	80/20	120/5	200/10	—	80
R 60	100/30	150/25	200/20	—	100
R 90	150/40	200/35	250/30	400/25	100
R 120	200/50	250/45	300/40	500/35	120
R 180	300/75	350/65	400/60	600/50	140
R 240	400/75	500/70	700/60	—	160

(*) Los recubrimientos por exigencias de durabilidad serán normalmente mayores (ver Tabla 37.2.4).
(**) Debe darse en una longitud igual a dos veces el canto de la viga, a cada lado de los elementos de sustentación de la viga.

Para resistencia al fuego normalizada R90 o superiores, se recomienda que en vigas continuas la armadura de negativos se prolongue hasta el 33% de la longitud del vano con una cuantía no inferior al 25% de la requerida en apoyos.

5.5.3. Vigas expuestas en todas sus caras

En este caso deberá verificarse, además de las condiciones de la Tabla A.6.5.5.2, que el área de la sección transversal de la viga no sea inferior a $2(b_{min})^2$.

5.6. Losas macizas

Mediante la Tabla A.6.5.6 puede obtenerse la resistencia al fuego de las secciones de las losas macizas, referida a la distancia mínima equivalente al eje de la armadura inferior traccionada. Si

Tabla A.6.5.6.

Resistencia al fuego	Espesor mínimo h_{min} (mm)	Distancia mínima equivalente al eje a_{min} (mm)(*)		
		Flexión en una dirección	Flexión en dos direcciones	
			l_y/l_x(**) $\leqslant$ 1,5	1,5 < l_y/l_x(**) $\leqslant$ 22
REI 30	60	10(*)	10(*)	10(*)
REI 60	80	20	10(*)	20
REI 90	100	25	15	25
REI 120	120	35	20	30
REI 180	150	50	30	40
REI 240	175	60	50	50

(*) Los recubrimientos por exigencias de durabilidad pueden requerir valores superiores.
(**) l_x y l_y son las luces de la losa, siendo $l_y > l_x$.

la losa debe cumplir una función de compartimentación de incendios (criterios R, E e I) su espesor deberá ser al menos el que se establece en la tabla, pero cuando se requiera únicamente una función resistente (criterio R) basta con que el espesor será el necesario para cumplir con los requisitos del proyecto a temperatura ambiente. A estos efectos, podrá considerarse como espesor el solado o cualquier otro elemento que mantenga su función aislante durante todo el periodo de resistencia al fuego.

Para losas macizas sobre apoyos lineales y en los casos de resistencia al fuego R 90 o mayor, la armadura de negativos deberá prolongarse un 33% de la longitud del tramo con una cuantía no inferior a un 25% de la requerida en extremos sustentados.

Para losas macizas sobre apoyos puntuales y en los casos de resistencia al fuego R 90 o mayor, el 20% de la armadura superior sobre soportes deberá prolongarse a lo largo de todo el tramo. Esta armadura debe disponerse en la banda de soportes.

Las vigas planas con macizados laterales mayores que 10 cm se pueden asimilar a losas unidireccionales.

5.7. Forjados bidireccionales

Mediante la Tabla A.6.5.7 puede obtenerse la resistencia al fuego de las secciones de los forjados nervados bidireccionales, referida al ancho mínimo de nervio y a la distancia mínima equivalente al eje de la armadura inferior traccionada. Si el forjado debe cumplir una función de compartimentación de incendios (criterios R, E e I) su espesor deberá ser al menos el que se establece en la tabla, pero cuando se requiera únicamente una función resistente (criterio R) basta con que el espesor será el necesario para cumplir con los requisitos del proyecto a temperatura ambiente. A estos efectos, podrá considerarse como espesor el solado o cualquier otro elemento que mantenga su función aislante durante todo el periodo de resistencia al fuego.

Tabla A.6.5.7.

Resistencia al fuego	Anchura de nervio mínimo b_{min} / Distancia mínima equivalente al eje a_m (mm) (*)			Espesor mínimo h_s de la losa superior (mm)
	Opción 1	Opción 2	Opción 3	
REI 30	80/20	120/15	200/10	60
REI 60	100/30	150/25	200/20	80
REI 90	120/40	200/30	250/25	100
REI 120	160/50	250/40	300/25	120
REI 180	200/70	300/60	400/55	150
REI 240	250/90	350/75	500/70	175

(*) Los recubrimientos por exigencias de durabilidad pueden requerir valores superiores.

Si los forjados disponen de elementos de entrevigado cerámicos o de hormigón y revestimiento inferior, para resistencia al fuego R 120 o menor bastará con que se cumpla el valor de la distancia mínima equivalente al eje de las armaduras establecidos para losas macizas en la Tabla A.6.5.6, pudiéndose contabilizar, a efectos de dicha distancia, los espesores equivalentes de hormigón con los criterios y condiciones indicados en el apartado 6.

En losas nervadas sobre apoyos puntuales y en los casos de resistencia al fuego R 90 o mayor, el 20% de la armadura superior sobre soportes se distribuirá en toda la longitud del vano, en la banda de soportes. Si la losa nervada se dispone sobre apoyos lineales, la armadura de negativos se prolongará un 33% de la longitud del vano con una cuantía no inferior a un 25% de la requerida en apoyos.

5.8. Forjados unidireccionales

Si los forjados disponen de elementos de entrevigado cerámicos o de hormigón y revestimiento inferior, para resistencia al fuego R 120 o menor bastará con que se cumpla el valor de la distancia mínima equivalente al eje de las armaduras establecidos para losas macizas en la Tabla A.6.5.6, pudiéndose contabilizar, a efectos de dicha distancia, los espesores equivalentes de hormigón con los criterios y condiciones indicados en el apartado 6. Si el forjado tiene función de compartimentación de incendio deberá cumplir asimismo con el espesor h_{min} establecido en la Tabla A.6.5.6.

Para una resistencia al fuego R 90 o mayor, la armadura de negativos de forjados continuos se debe prolongar hasta el 33% de la longitud del tramo con una cuantía no inferior al 25% de la requerida en los extremos.

Para resistencias al fuego mayores que R 120, o bien cuando los elementos de entrevigado no sean de cerámica o de hormigón, o no se haya dispuesto revestimiento inferior deberán cumplirse las especificaciones establecidas para vigas con las tres caras expuestas al fuego en el apartado 5.5.2. A efectos del espesor de la losa superior de hormigón y de la anchura de nervio se podrán tener en cuenta los espesores del solado y de las piezas de entrevigado que mantengan su función aislante durante el periodo de resistencia al fuego, el cual puede suponerse, en ausencia de datos experimentales, igual a 120 minutos. Las bovedillas cerámicas pueden considerarse como espesores adicionales de hormigón equivalentes a dos veces el espesor real de la bovedilla.

6. Capas protectoras

La resistencia al fuego requerida se puede alcanzar mediante la aplicación de capas protectoras cuya contribución a la resistencia al fuego del elemento estructural protegido se determinará de acuerdo con la norma UNE ENV 13381-3.

Los revestimientos con mortero de yeso pueden considerarse como espesores de hormigón equivalentes a 1,8 veces su espesor real. Cuando estén aplicados en techos, para valores no mayores que R 120 se recomienda que su puesta en obra se realice por proyección y para valores mayores que R 120, su aportación sólo puede justificarse mediante ensayo.

7. Método simplificado de la isoterma 500

7.1. Campo de aplicación

Este método es aplicable a elementos de hormigón armado y pretensado de resistencia característica $f_{ck} \leqslant 50$ N/mm^2, solicitados por esfuerzos de compresión, flexión o flexocompresión. Para hormigones de resistencia característica superior a 50 N/mm^2, deberán tenerse en cuenta disposiciones adicionales de acuerdo con la bibliografía especializada.

Para poder aplicar este método, la dimensión del lado menor de las vigas o soportes expuestos por dicho lado y los contiguos debe ser mayor que la indicada en la Tabla A.6.7.1.

Tabla A.6.7.1. Dimensión mínima de vigas y soportes

Resistencia a fuego normalizado	R 60	R 90	R 120	R 180	R 240
Dimensión mínima de la sección recta (mm)	90	120	160	200	280

7.2. Determinación de la capacidad resistente de cálculo de la sección transversal

La comprobación de la capacidad portante de una sección de hormigón armado se realiza por los métodos establecidos en la presente Instrucción, considerando:

a) una sección reducida de hormigón, obtenida eliminando a efectos de cálculo para determinar la capacidad resistente de la sección transversal, las zonas que hayan alcanzado una temperatura superior a los 500 °C durante el periodo de tiempo considerado;

b) que las características mecánicas del hormigón de la sección reducida no se ven afectadas por la temperatura, conservando sus valores iniciales en cuanto a resistencia y módulo de elasticidad;

c) que las características mecánicas de las armaduras se reducen de acuerdo con la temperatura que haya alcanzado su centro durante el tiempo de resistencia al fuego considerado. Se considerarán todas las armaduras, incluso aquéllas que queden situadas fuera de la sección transversal reducida de hormigón.

La comprobación de vigas o losas sección a sección resulta del lado de la seguridad. Un procedimiento más afinado es comprobar que, en situación de incendio, la capacidad residual a momentos de cada signo, del conjunto de las secciones equilibra la carga.

7.3. Reducción de las características mecánicas

La resistencia de los materiales se reduce, en función de la temperatura que se alcance en cada punto, a la fracción de su valor característico indicada en la Tabla A.6.7.3:

Tabla A.6.7.3. Reducción relativa de la resistencia del acero con la temperatura

Temperatura (°C)		100	200	300	400	500	600	700	800	900	1.000	1.200
Acero de armar	Laminado en caliente	1,00	1,00	1,00	1,00	0,78	0,47	0,23	0,11	0,06	0,04	0,00
	Estirado en frío	1,00	1,00	1,00	0,94	0,67	0,40	0,12	0,11	0,08	0,05	0,00
Acero de pretensar	Estirado en frío	0,99	0,87	0,72	0,46	0,22	0,10	0,08	0,05	0,03	0,00	0,00

7.4. Isotermas

Las temperaturas en una estructura de hormigón expuesta al fuego, pueden obtenerse de forma experimental o analítica.

Las isotermas de las figuras de este apartado pueden utilizarse para determinar las temperaturas en la sección recta con hormigones de áridos silíceos y expuestas a fuego según la curva normalizada hasta el instante de máxima temperatura. Estas isotermas quedan del lado de la seguridad para la mayor parte de tipos de áridos, pero no de forma generalizada para exposiciones a un fuego distinto del normalizado.

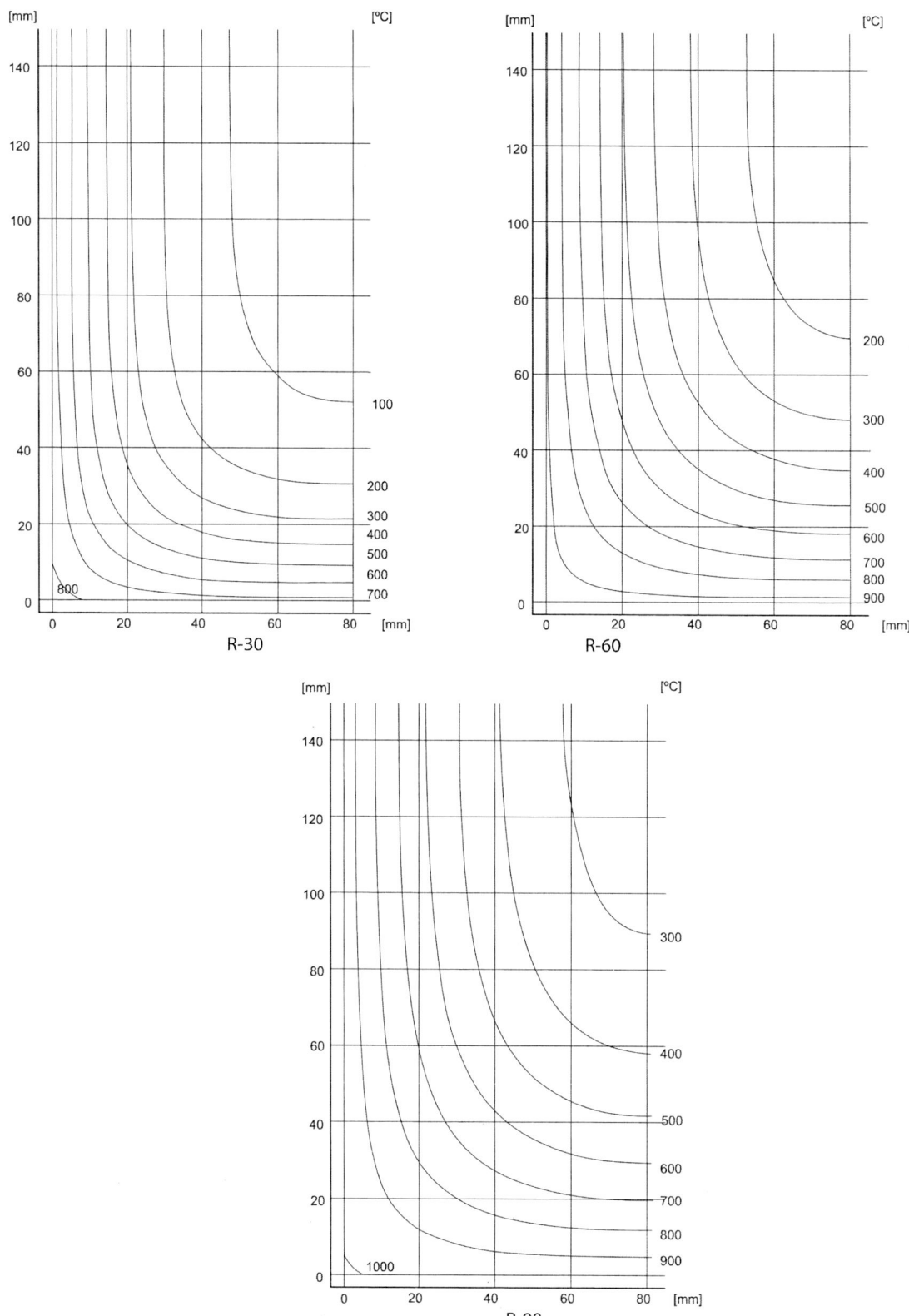

Figura A.6.4.a. Isotermas para cuartos de sección de 300 × 160 mm expuestos por ambas caras

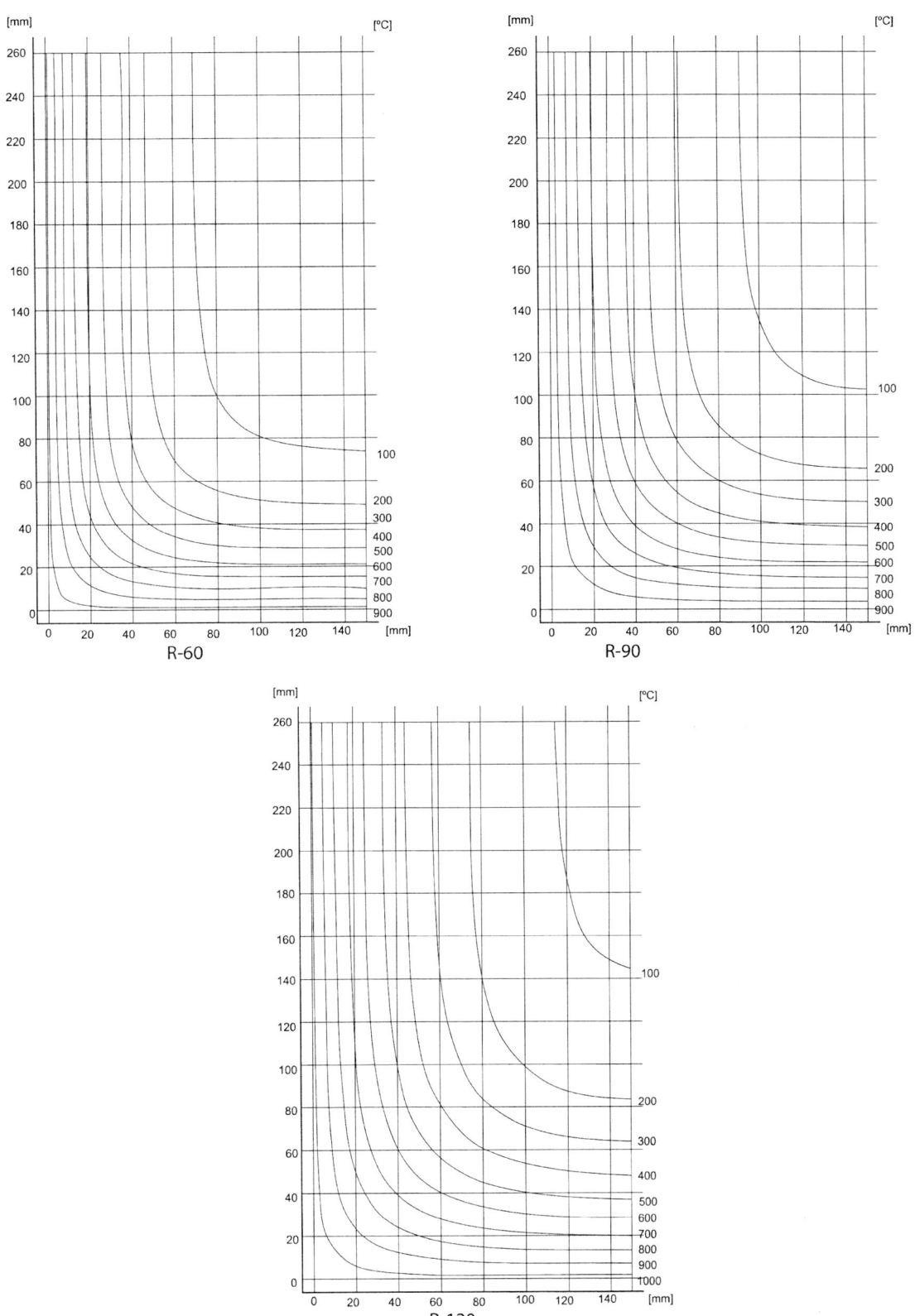

Figura A.6.4.b. Isotermas para cuartos de sección de 600 × 300 mm expuestos por ambas caras

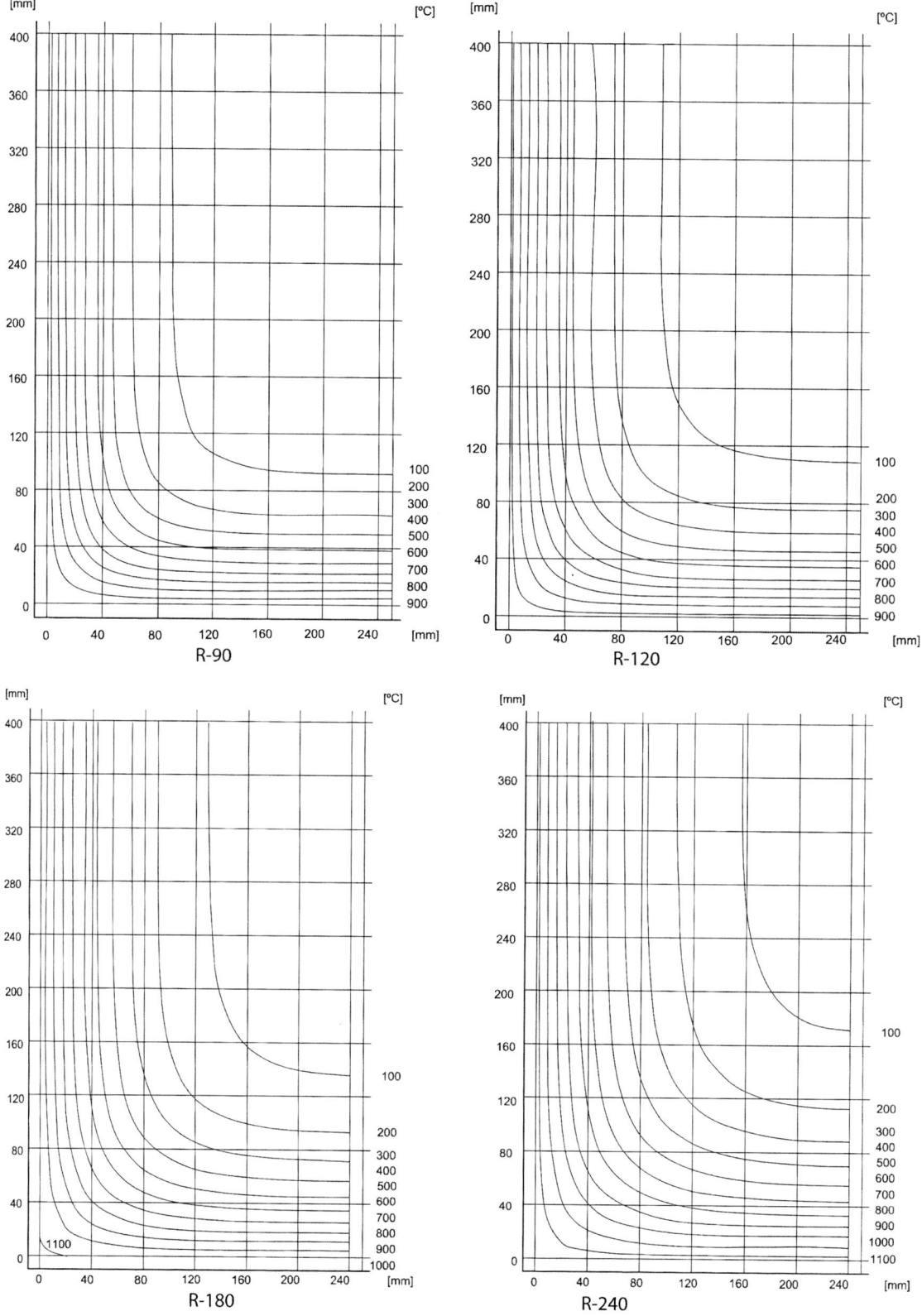

Figura A.6.4.a. Isotermas para cuartos de sección de 800 × 500 mm expuestos por ambas caras

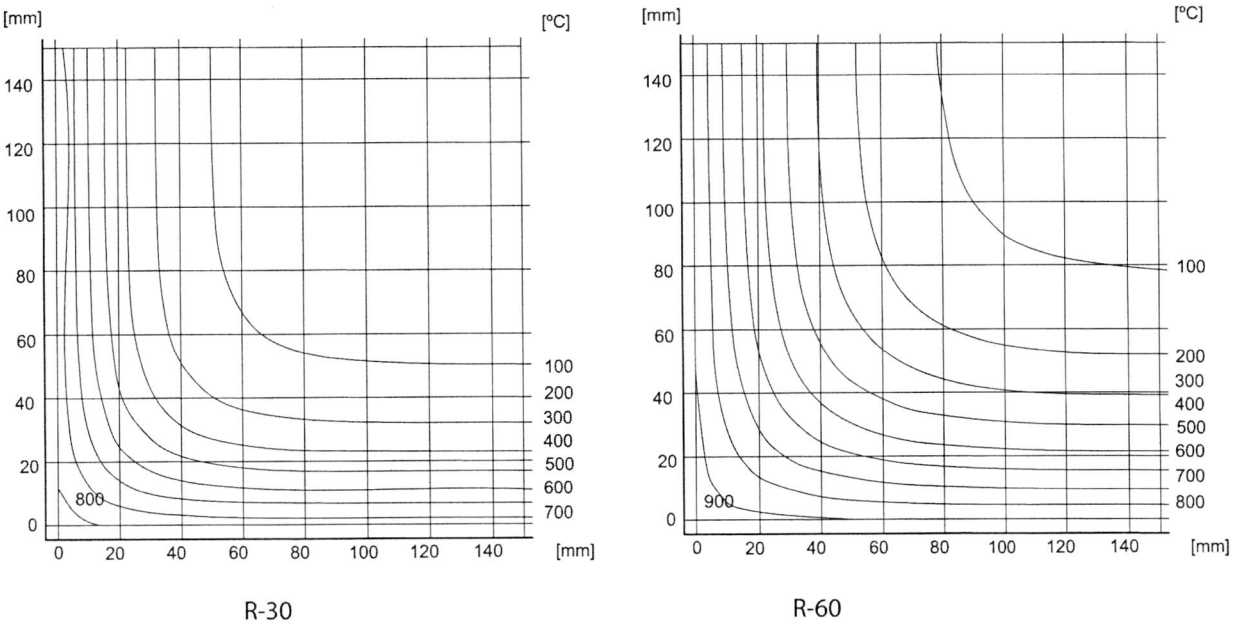

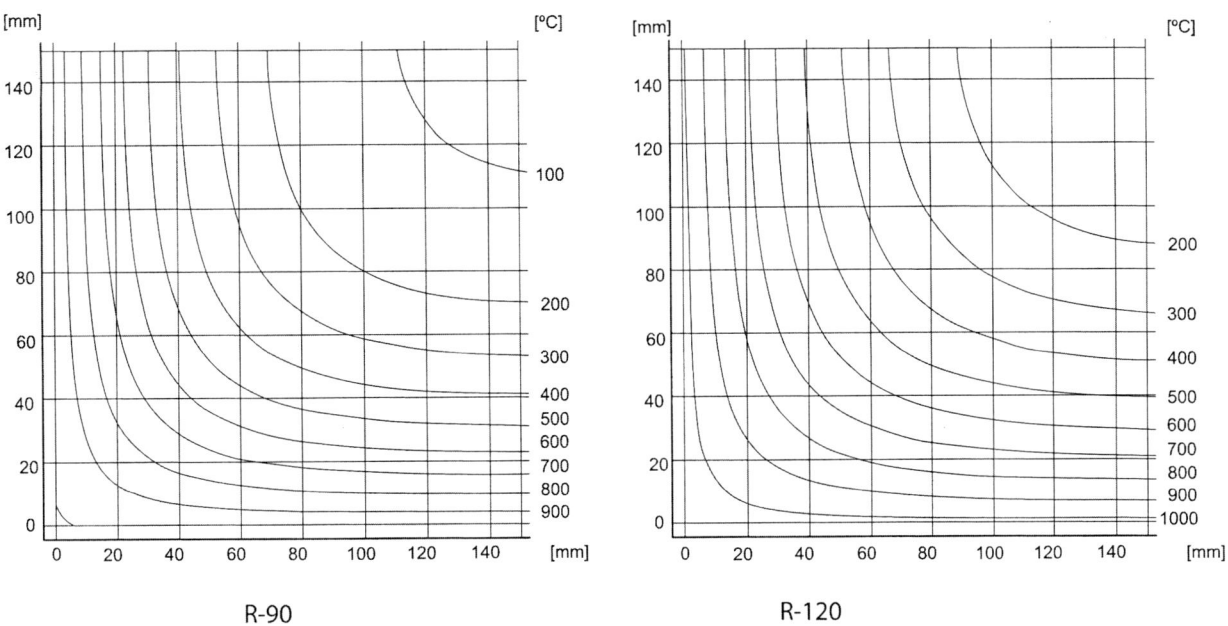

Figura A.6.4.d. Isotermas para cuartos de sección de 300 × 300 mm expuestos por ambas caras

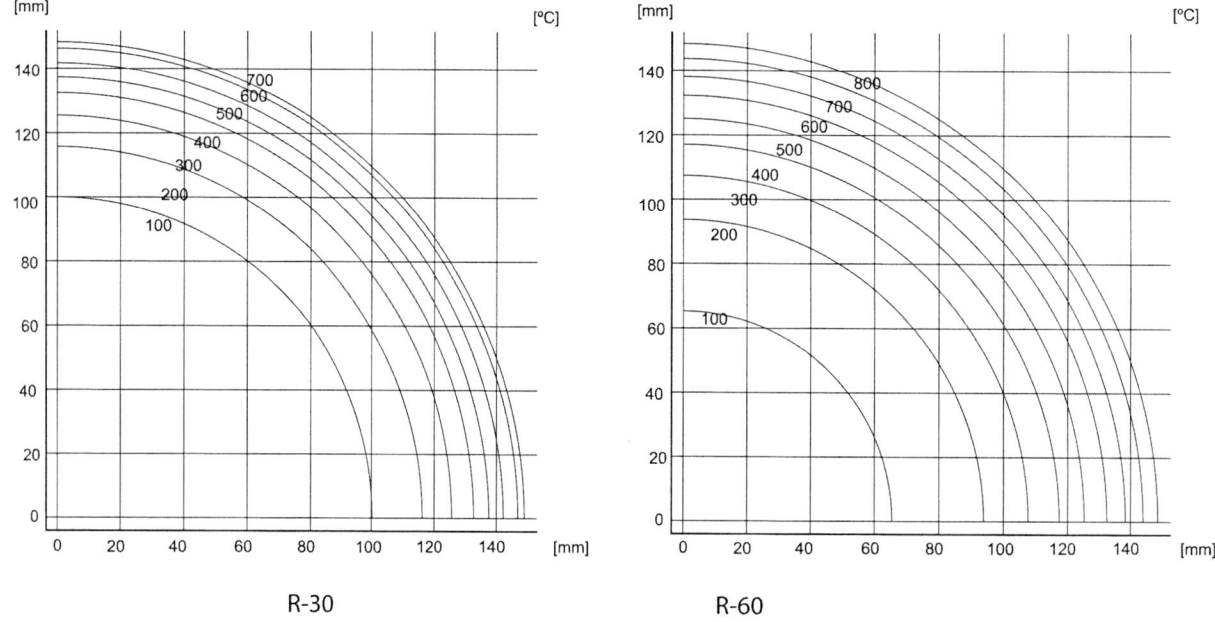

R-30   R-60

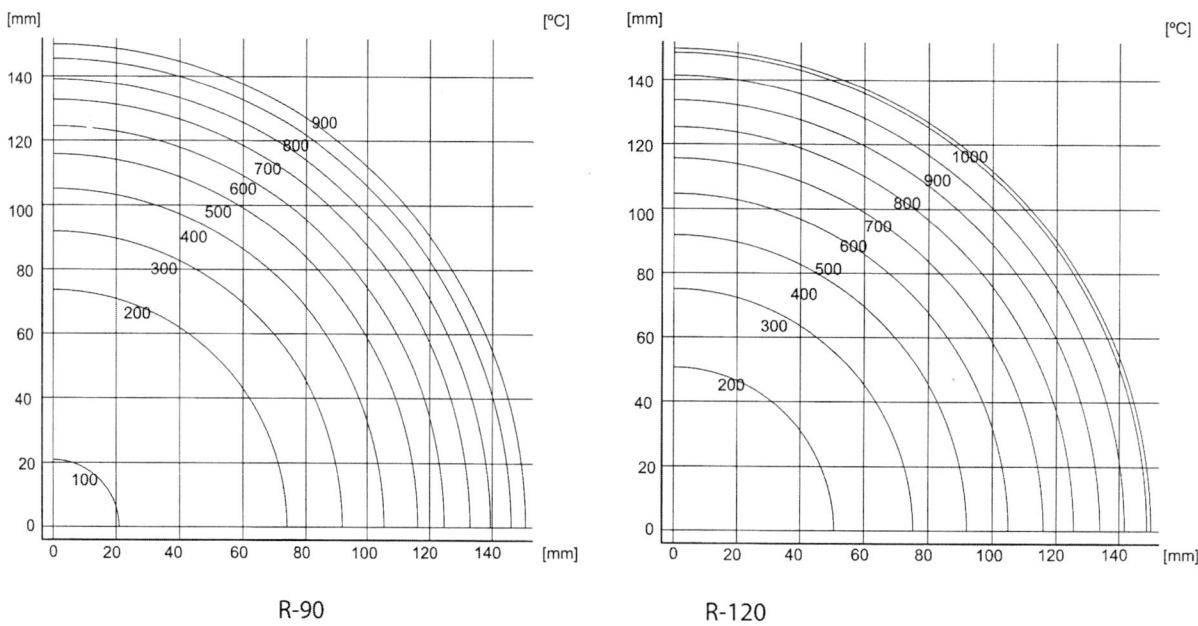

R-90   R-120

Figura A.6.7.4.e. Isotermas de un cuarto de sección circular de 300 mm de diámetro expuesta perimetralmente

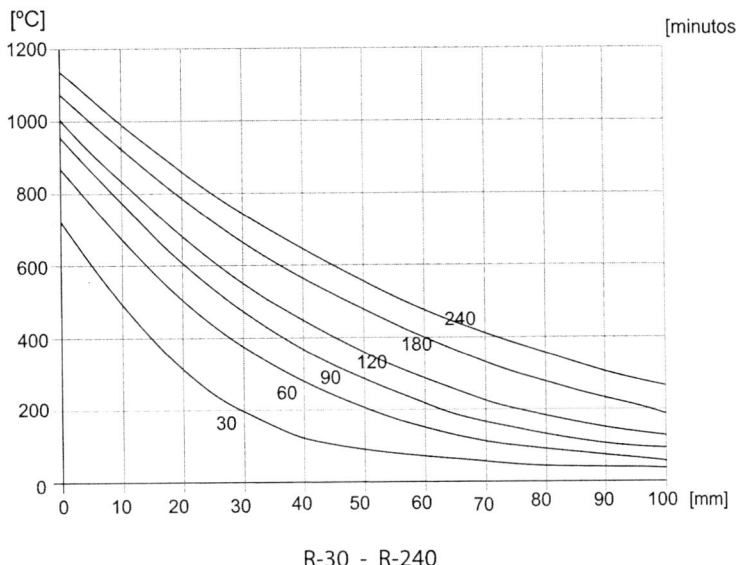

R-30 - R-240

Figura A.6.7.4.f. Distribución de temperaturas en el espesor de secciones planas expuestas por una cara $h \geqslant 200$ mm

anejo 7

Cálculo simplificado de secciones en Estado Límite de Agotamiento frente a solicitaciones normales

1. Alcance

En este anejo se presentan fórmulas simplificadas para el cálculo (dimensionamiento o comprobación) de secciones rectangulares o T sometidas a flexión simple o compuesta recta (ver Figura A.7.1). Asimismo se propone un método simplificado de reducción a flexión compuesta recta de secciones sometidas a flexión esviada simple o compuesta. Las expresiones de este anejo son válidas únicamente para secciones con hormigón de resistencia $f_{ck} \leqslant 50$ N/mm^2.

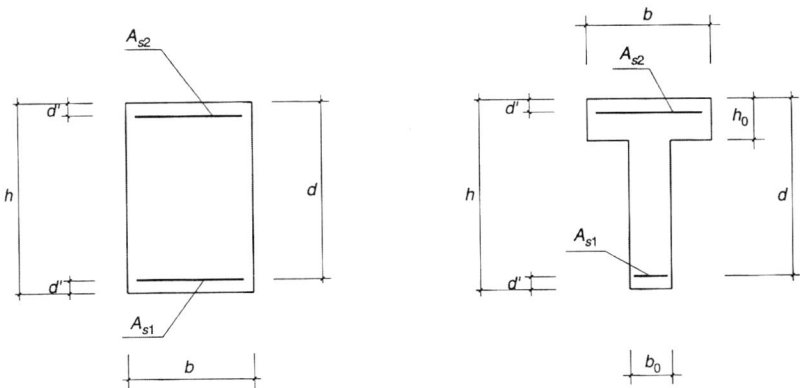

Figura A.7.1

2. Hipótesis básicas y limitaciones

Las fórmulas que se presentan en los apartados siguientes se han deducido a partir de las hipótesis básicas expuestas en 42.1.2 adoptando un diagrama bilineal para el acero de la armadura pasiva y un diagrama parabólico-rectangular para el hormigón comprimido (aproximado para el cálculo de resultantes de tensiones y momentos por un diagrama rectangular, tal como se expone en 39.5).

Asimismo se han tenido en cuenta los dominios de deformación de agotamiento, que identifican el Estado Límite Último de Agotamiento frente a solicitaciones normales, de acuerdo con los criterios expuestos en 42.1.3.

Las fórmulas expuestas son válidas para los distintos tipos de acero para armadura pasiva, permitidos en esta Instrucción, siempre que se cumpla:

$$\frac{d'}{d} \leqslant 0{,}20$$

$$\frac{d}{h} \geqslant 0{,}80$$

A continuación, se define el significado de algunas variables utilizadas en las fórmulas de los siguientes apartados.

$$f_{cd} = \alpha_{cc} \frac{f_{ck}}{\gamma_c}$$

$$U_0 = f_{cd} b d$$

$$U_v = 2U_0 \frac{d'}{d}$$

$$U_a = U_0 \frac{h}{d} = f_{cd} b h$$

Las ecuaciones de equilibrio constituyen un sistema no lineal debido al comportamiento no lineal de los materiales y a la existencia de tres pivotes para la definición de los dominios de agotamiento.

En la Figura A.7.2 se representa, en función de la posición de la fibra neutra x, la evolución de la tensión de las capas de armadura A_{s1} y A_{s2} y la evolución del axil y del momento de la resultante del hormigón comprimido respecto a las fibras en las que se sitúan A_{s1} y A_{s2}. La definición del momento de la resultante del bloque comprimido utiliza una fibra de referencia a profundidad y.

La figura y las fórmulas de este anejo han sido obtenidas considerando que la deformación del límite elástico del acero es $\varepsilon_y = 0{,}002$, que constituye una simplificación razonable y un valor intermedio entre los correspondientes a los aceros disponibles y el coeficiente de minoración del acero definido en 15.3.

Asimismo y con objeto de simplificar las expresiones obtenidas, se ha considerado como deformación del pivote 2, deformación máxima del hormigón comprimido, 0,0033 en lugar de 0,0035. Esta hipótesis tampoco afecta significativamente a los resultados obtenidos.

La expresión analítica de la tensión del acero en la capa A_{s2}, en su evolución entre $-f_{yd}$ y f_{yd}, se ha linealizado. Esta simplificación conlleva la definición de unos delimitadores $-0{,}5d'$ y $2{,}5d'$ que son aproximados y que, asimismo, conducen a resultados de precisión suficiente.

De acuerdo con estas simplificaciones, las expresiones de las distintas variables de la Figura A.7.2 son:

— Para $s_1(x) = \sigma_{s1}(x)/f_{yd}$ resulta:

$$
\begin{array}{ll}
-1 & -\infty < x \leqslant x_1 = 0{,}625d \\[2mm]
\dfrac{5}{3}\dfrac{x-d}{x} & 0{,}625d < x \leqslant h \\[2mm]
\dfrac{x-d}{x-0{,}4h} & h < x
\end{array}
$$

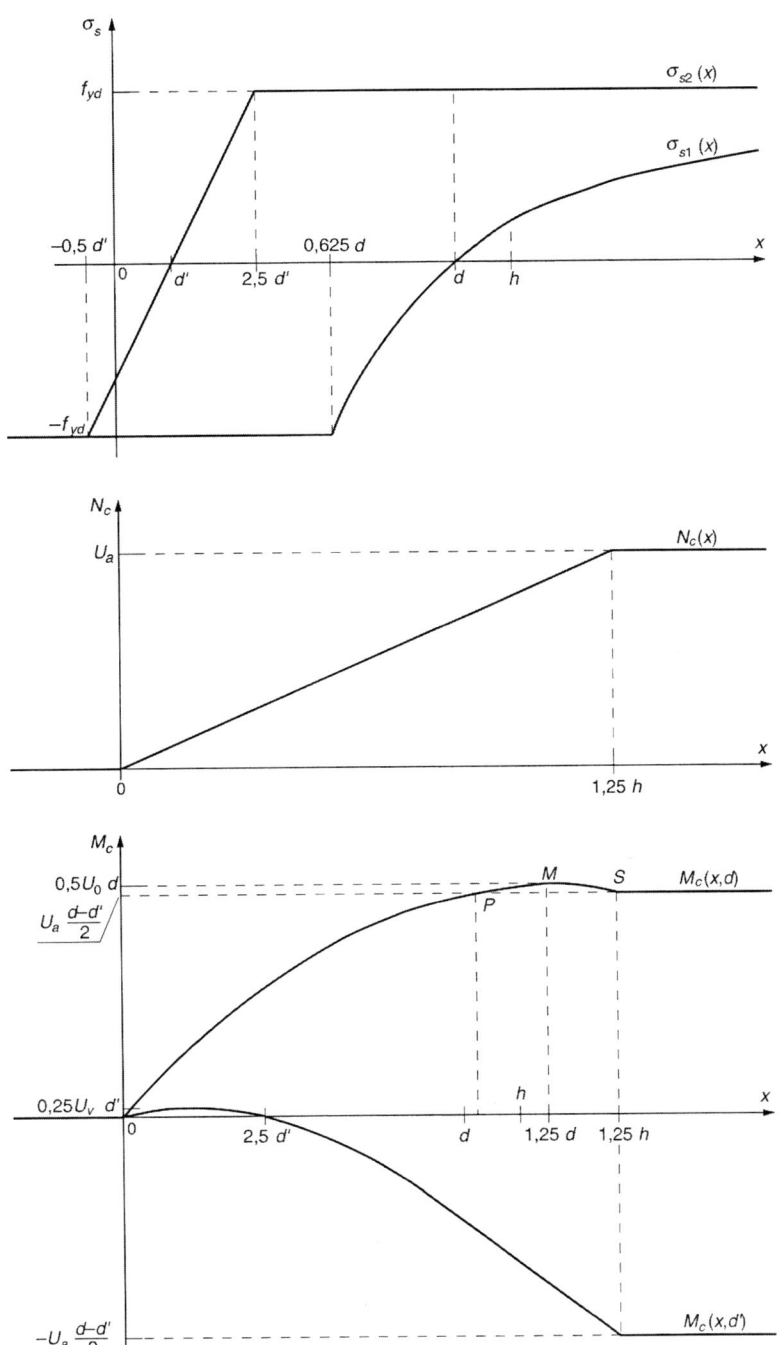

Figura A.7.2

— Para $s_2(x) = \sigma_{s2}(x)/f_{yd}$ resulta:

$$-1 \qquad\qquad -\infty < x \leqslant -0{,}5d'$$

$$\frac{2}{3}\,\frac{x-d'}{d'} \qquad\qquad -0{,}5d' < x \leqslant 2{,}5d'$$

$$1 \qquad\qquad 2{,}5d' < x$$

En sección rectangular, para $N_c(x)$, resultante del bloque comprimido, resulta:

$$N_c(x) = U_a \lambda(x)\eta(x)$$

y para $M_c(x, y)$, momento del bloque comprimido de hormigón respecto de una fibra genérica situada a una profundidad y, resulta:

$$M_c(x, y) = N_c(x)\left[y - \lambda(x) \frac{h}{2} \right]$$

donde:

$$\eta(x) = 1,0 \qquad 0 < x < \infty$$

$$\lambda(x) = \begin{cases} 0,8 \; \dfrac{x}{h} & 0 < x \leqslant h \\[2mm] 1,0 - 0,2 \; \dfrac{h}{x} & h < x \leqslant \infty \end{cases}$$

Las ecuaciones de equilibrio de fuerzas y momentos, de acuerdo con las expresiones precedentes, pueden escribirse como sigue (ver Figura A.7.3):

$$N_c(x) + U_{s1} \frac{\sigma_{s1}(x)}{f_{yd}} + U_{s2} \frac{\sigma_{s2}(x)}{f_{yd}} = N$$

$$M_c(x, d) + U_{s2} \frac{\sigma_{s2}(x)}{f_{yd}} (d - d') = N_{e1}$$

$$M_c(x, d') - U_{s1} \frac{\sigma_{s1}(x)}{f_{yd}} (d - d') = N_{e2}$$

En estas expresiones, los valores de e_1 y e_2 se obtienen de la siguiente manera:

$$e_1 = e_0 - 0,5h + d$$
$$e_2 = e_0 - 0,5h + d'$$

Para el dimensionamiento, $N = N_d$ y son incógnitas x, U_{s1} y U_{s2}. Para la comprobación, $N = N_u$, y son datos U_{s1} y U_{s2} e incógnitas x y N_u.

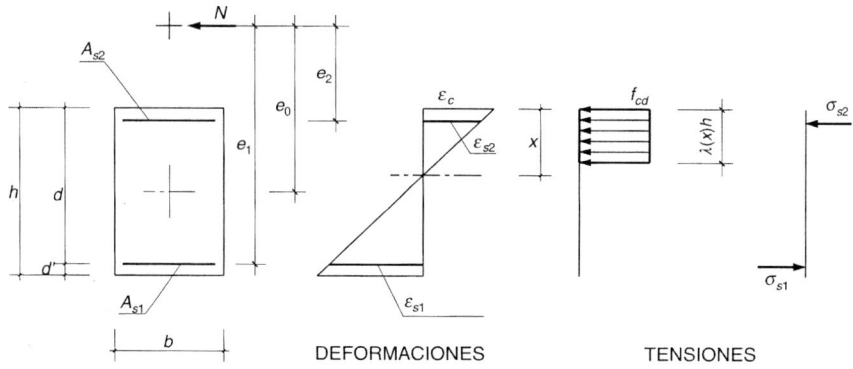

DEFORMACIONES   TENSIONES

Figura A.7.3

3. Flexión simple en sección rectangular

3.1. Dimensionamiento

3.1.1. Fibra neutra acotada por una profundidad prefijada, x_f, igual o menor que la profundidad límite, x_l

Para los hormigones con $f_{ck} \leqslant 50$ N/mm^2 la profundidad límite es $x_l = 0,625d$. El momento frontera es:

$$M_f = 0,8 U_0 x_f \left(1 - 0,4 \frac{x_f}{d} \right)$$

$\boxed{\textbf{1}^{\textbf{o}} \quad M_d \leqslant Mf_f}$

$$U_{s2} = 0$$

$$U_{s1} = U_0 \left(1 - \sqrt{1 - \frac{2M_d}{U_0 d}} \right)$$

$\boxed{\textbf{2}^{\textbf{o}} \quad M_d > M_f}$

$$s_{2f} = \frac{2}{3} \left(\frac{x_f - d'}{d'} \right) \not> 1,0$$

$$U_{s2} = \frac{1}{s_{2f}} \left(\frac{M_d - M_f}{d - d'} \right)$$

$$U_{s1} = 0,8 U_0 \frac{x_f}{d} + \frac{M_d - M_f}{d - d'}$$

Las fórmulas propuestas suponen que la sección sólo dispondrá de armadura en el paramento comprimido si el momento de cálculo M_d es superior al momento frontera, momento del bloque comprimido de hormigón respecto de la fibra donde se sitúa la armadura traccionada, para $x = x_f$.

El caso 1° corresponde a situaciones de dimensionamiento donde $0 < x \leqslant x_f$. En el caso 2° la posición de la fibra neutra, $x = x_f$, se mantiene constante.

La posibilidad de dimensionar fijando la profundidad de la fibra neutra por debajo de la profundidad límite resulta útil en los casos en los que sea necesario dotar a las secciones de mayor ductilidad.

3.1.2. La fibra prefijada está situada a la profundidad límite, x_l

$\boxed{\textbf{1}^{\textbf{o}} \quad M_d \leqslant 0,375 U_0 d}$

$$U_{s2} = 0$$

$$U_{s1} = U_0 \left(1 - \sqrt{1 - \frac{2M_d}{U_0 d}} \right)$$

$$\boxed{\mathbf{2^o} \quad M_d > 0{,}375U_0d}$$

$$U_{s2} = \frac{M_d - 0{,}375U_0d}{d - d'}$$

$$U_{s1} = 0{,}5U_0 + U_{s2}$$

Las fórmulas propuestas suponen que la sección sólo dispondrá de armadura en el paramento comprimido si el momento de cálculo M_d es superior al momento límite $0{,}375U_0d$, momento del bloque comprimido de hormigón respecto de la fibra donde se sitúa la armadura traccionada, para $x = 0{,}625d$, que supone una deformación en la fibra de acero $\varepsilon_y = 0{,}002$.

El caso 1° corresponde a situaciones de dimensionamiento donde $0 < x \leqslant 0{,}625d$. En el caso 2° la posición de la fibra neutra, $x = 0{,}625d$, se mantiene constante.

3.2. Comprobación

$$\boxed{\mathbf{1^o} \quad U_{s1} - U_{s2} < U_v}$$

$$M_u = 0{,}24U_vd' \frac{(U_v - U_{s1} + U_{s2})(1{,}5U_{s1} + U_{s2})}{(0{,}6U_v + U_{s2})^2} + U_{s1}(d - d')$$

$$\boxed{\mathbf{2^o} \quad U_v \leqslant U_{s1} - U_{s2} \leqslant 0{,}5U_0}$$

$$M_u = (U_{s1} - U_{s2})\left(1 - \frac{U_{s1} - U_{s2}}{2U_0}\right)d + U_{s2}(d - d')$$

$$\boxed{\mathbf{3^o} \quad 0{,}5U_0 < U_{s1} - U_{s2}}$$

$$M_u = \frac{4}{3}U_{s1}\left(\frac{\alpha + 1{,}2}{\alpha + \sqrt{\alpha^2 + 1{,}92\dfrac{U_{s1}}{U_0}}} - 0{,}5\right)d + U_{s2}(d - d')$$

donde:

$$\alpha = \frac{U_{s1} + 0{,}6U_{s2}}{U_0}$$

En el caso 1°, la situación de la fibra neutra está comprendida entre $0 < x < 2{,}5d'$. En el caso 2°, la situación de la fibra neutra está comprendida entre $2{,}5d' \leqslant x \leqslant 0{,}625d$. En el caso 3°, la situación de la fibra neutra está comprendida entre $0{,}625d < x < d$.

4. Flexión simple en sección en T

Para sección en T se adoptan las siguientes definiciones:

$$U_{Tc} = f_{cd}bh_0$$

$$U_{Ta} = f_{cd}(b - b_0)h_0$$

Cuando $h_0 > 0{,}8d$, la profundidad de la fibra neutra del bloque rectangular es menor que h_0, y la sección se puede calcular como si fuera rectangular $b \times h$. Por eso sólo es necesario analizar en este epígrafe la casuística que surge cuando $h_0 < 0{,}8d$, limitación que se considera satisfecha para poder usar las expresiones que siguen.

4.1. Dimensionamiento

4.1.1. Fibra neutra acotada por una profundidad prefijada, x_f, igual o menor que la profundidad límite, x_l

$$\boxed{\textbf{1°} \quad h_0 \geqslant 0{,}8x_f}$$

El dimensionamiento se realizará según 3.1, considerando como ancho de la sección el ancho de la cabeza comprimida.

$$\boxed{\textbf{2°} \quad h_0 < 0{,}8x_f}$$

$$\boxed{\textbf{2°A} \quad M_d \leqslant U_{Tc}(d - 0{,}5h_0)}$$

Como en el caso 1°, el dimensionamiento se realiza según 3.1, considerando como ancho de la sección el ancho de la cabeza comprimida.

$$\boxed{\textbf{2°B} \quad M_d \geqslant U_{Tc}(d - 0{,}5h_0)}$$

En este caso el dimensionamiento se realizará según 3.1, empleando un momento de cálculo equivalente, tal como se define seguidamente:

$$M_d^e = M_d - U_{Ta}(d - 0{,}5h_0)$$

considerando el ancho de alma como ancho de la sección y definiendo la capacidad mecánica de la armadura resultante como:

$$U_{s1} = U_{s1}^e - U_{Ta}$$
$$U_{s2} = U_{s2}^e$$

siendo U_{s1} y U_{s2} las capacidades mecánicas resultantes del dimensionamiento, y U_{s1}^e y U_{s2}^e los valores obtenidos según 3.1 para M_d^e.

En el caso 1° la profundidad del bloque comprimido siempre estará en la cabeza de la sección, sin involucrar al alma.

En el caso 2° pueden darse situaciones de dimensionamiento para las que el bloque comprimido también involucre al alma. En el caso 2°A el bloque comprimido se situará sólo en la cabeza de la sección y, por lo tanto, pueden utilizarse las mismas expresiones que para el caso 1°. En el caso 2°B el bloque comprimido involucra a parte del alma de la sección pero la contribución de las alas ya no varía con la posición de la fibra neutra por lo que es posible dimensionar la sección como si se tratase de una sección rectangular de ancho igual al del alma, utilizando un valor de momento y de capacidades mecánicas diferentes para tener en cuenta el efecto de las alas comprimidas.

4.1.2. La fibra prefijada está situada a la profundidad límite, x_l

Se analizará este caso según 4.1.1 con $x_f = x_l$.

4.2. Comprobación

Se definen las siguientes variables adimensionales:

$$s_1 = s_1(1{,}25h_0) = \frac{\sigma_{s1}(1{,}25h_0)}{f_{yd}}$$

$$s_2 = s_2(1{,}25h_0) = \frac{\sigma_{s2}(1{,}25h_0)}{f_{yd}}$$

$$\beta = \frac{d}{2h_0} \not> 1{,}0$$

donde:

$\sigma_{s1}(1{,}25h_0)$ Tensión de la armadura A_{s1} para $x = 1{,}25h_0$

$\sigma_{s2}(1{,}25h_0)$ Tensión de la armadura A_{s2} para $x = 1{,}25h_0$

$$\boxed{1^{\circ} \quad U_{Tc} + U_{s1}s_1 + U_{s2}s_2 \geqslant 0}$$

La comprobación de la sección se realizará según 3.2, considerando como ancho de la sección el ancho de la cabeza comprimida.

$$\boxed{2^{\circ} \quad U_{Tc} + U_{s1}s_1 + U_{s2}s_2 < 0}$$

$$\boxed{2^{\circ}\text{A} \quad U_{s1} - U_{s2} \leqslant 0{,}5f_{cd}b_{0d} + \beta U_{Ta}}$$

La comprobación de la sección se realizará según 3.2, considerando las capacidades mecánicas equivalentes de las armaduras que se definen a continuación:

$$U_{s1}^e = U_{s1} - U_{Ta}$$
$$U_{s2}^e = U_{s2}$$

El momento último resistido por la sección será:

$$M_u = M_u^e - U_{Ta}(d - 0{,}5h_0)$$

siendo M_u^e el momento obtenido según 3.2, considerando como ancho de la sección el ancho del alma y las capacidades mecánicas equivalentes U_{s1}^e y U_{s2}^e.

$$\boxed{2^{\circ}\text{B} \quad U_{s1} - U_{s2} > 0{,}5f_{cd}b_{0d} + \beta U_{Ta}}$$

La comprobación de la sección se realizará según 3.2, considerando como ancho de la sección el ancho del alma y las capacidades mecánicas equivalentes de las armaduras que se definen a continuación:

$$U_{s1}^e = U_{s1}$$
$$U_{s2}^e = U_{s2} + U_{Ta}$$

El momento último resistido por la sección será:

$$M_u = M_u^e - U_{Ta}(0{,}5h_0 - d')$$

siendo M_u^e el momento obtenido según 3.2, considerando como ancho de la sección el ancho del alma y las capacidades mecánicas equivalentes U_{s1}^e y U_{s2}^e.

En el caso 1° la profundidad del bloque comprimido siempre está contenida en la cabeza de la sección, sin involucrar al alma.

En el caso 2° el alma siempre está involucrada en el bloque comprimido.

5. Dimensionamiento y comprobación de secciones rectangulares sometidas a flexión compuesta recta. Armadura simétrica dispuesta en dos capas con recubrimientos iguales

Se desarrolla a continuación un método simplificado de cálculo para secciones rectangulares con dos capas simétricas de armadura.

5.1. Dimensionamiento

CASO 1° $N_d < 0$

$$U_{s1} = U_{s2} = \frac{M_d}{d - d'} - \frac{N_d}{2}$$

CASO 2° $0 \leqslant N_d \leqslant 0{,}5U_0$

$$U_{s1} = U_{s2} = \frac{M_d}{d - d'} + \frac{N_d}{2} - \frac{N_d d}{d - d'}\left(1 - \frac{N_d}{2U_0}\right)$$

CASO 3° $N_d > 0{,}5U_0$

$$U_{s1} = U_{s2} = \frac{M_d}{d - d'} + \frac{N_d}{2} - \alpha\frac{U_0 d}{d - d'}$$

con

$$\alpha = \frac{0{,}480m_1 - 0{,}375m_2}{m_1 - m_2} \not> 0{,}5\left(1 - \left(\frac{d'}{d}\right)^2\right)$$

donde,

$$m_1 = (N_d - 0{,}5U_0)(d - d')$$

$$m_2 = 0{,}5N_d(d - d') - M_d - 0{,}32U_0(d - 2{,}5d')$$

5.2. Comprobación

> **CASO 1°** $e_0 < 0$

$$N_u = \frac{U_{s1}(d - d')}{e_0 - 0{,}5(d - d')}$$

$$M_u = N_u e_0$$

> **CASO 2°** $U_{S1}(d - d') + 0{,}125U_0(d + 2d' - 4e_0) \leqslant 0$

$$N_u = \left[\sqrt{\left(\frac{e_0 - 0{,}5h}{d}\right)^2 + 2\,\frac{U_{s1}(d - d')}{U_0 d}} - \frac{e_0 - 0{,}5h}{d}\right]U_0$$

$$M_u = N_u e_0$$

> **CASO 3°** $U_{S1}(d - d') + 0{,}125U_0(d + 2d' - 4e_0) > 0$

$$N_u = \frac{U_{S1}(d - d') + \alpha U_0 d}{e_0 + 0{,}5(d - d')}$$

$$M_u = N_u e_0$$

con

$$\alpha = \frac{0{,}480m_1 - 0{,}375m_2}{m_1 - m_2} \not> 0{,}5\left(1 - \left(\frac{d'}{d}\right)^2\right)$$

donde,

$$m_1 = -0{,}5U_0 e_0 + (U_{s1} + U_{s2})\frac{d - d'}{2} + 0{,}125U_0(d + 2d')$$

$$m_2 = -(U_{s2} + 0{,}8U_0)e_0 + U_{s2}\frac{d - d'}{2} + 0{,}08U_0(d + 5d')$$

6. Flexión esviada simple o compuesta en sección rectangular

El método que se propone permite el cálculo de secciones rectangulares, con armadura en sus cuatro esquinas y armaduras iguales en las cuatro caras, mediante la reducción del problema a uno de flexión compuesta recta con una excentricidad ficticia, tal como se define seguidamente (Figura A.7.4).

$$e_{y'} = e_y + \beta e_x \frac{h}{b}$$

donde:

$$\frac{e_y}{e_x} \geqslant \frac{h}{b}$$

y β se define en la Tabla A7.6.

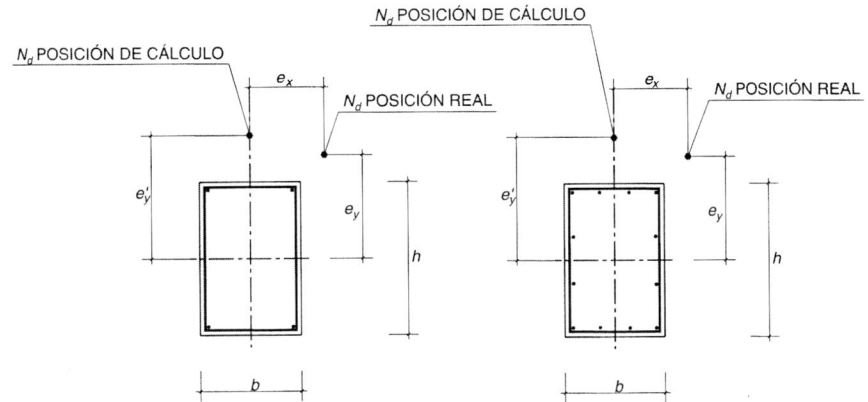

Figura A.7.4

Tabla A.7.6.

$v = N_d / (bhf_{cd})$	0	0,1	0,2	0,3	0,4	0,5	0,6	0,7	$\geqslant 0,8$
β	0,5	0,6	0,7	0,8	0,9	0,8	0,7	0,6	0,5

Para cuantías grandes ($\omega > 0,6$) los valores indicados para β se aumentarán 0,1 y para valores pequeños de cuantía ($\omega < 0,2$) los valores de β se disminuirán en 0,1.

anejo 8

Análisis en situación de servicio de secciones y elementos estructurales sometidos a flexión simple

1. Alcance

En este anejo se definen las expresiones que permiten evaluar los distintos parámetros que rigen el comportamiento seccional, de secciones rectangulares y en T, en régimen lineal fisurado: profundidad de la fibra neutra X, estado de tensiones de las fibras de armadura σ_{s1} y σ_{s2} y del hormigón σ_c, deformaciones de las armaduras ε_{s1} y ε_{s2} y valores de rigidez.

Las expresiones de este anejo permiten determinar las tensiones en la armadura traccionada (σ_s, σ_{sr}) para la comprobación del Estado Límite de Fisuración (artículo 49°) o evaluar la inercia fisurada (I_f) para la comprobación del Estado Límite de Deformaciones (artículo 50°).

Asimismo, se aborda la verificación de los estados límite de servicio (fisuración y deformaciones) en elementos lineales armados o pretensados, compuestos por uno o varios hormigones, en los que es importante tener en cuenta las fases constructivas. Algunas de las expresiones que constan en este anejo son generalizaciones de las del articulado, por ejemplo, la expresión relativa a la Inercia equivalente, que es una generalización de la fórmula de Branson al caso de piezas compuestas y/o pretensazas.

Finalmente, se presentan unas expresiones para el cálculo de flechas diferidas, más apropiadas para hormigones de altas resistencias que las del articulado, útiles en caso de que sea necesario afinar en la determinación de la flecha.

2. Cálculo de secciones en servicio con fisuración

2.1. Hipótesis básicas

Las hipótesis adoptadas, para la determinación de las expresiones que se presentan, son las siguientes:

— El plano de deformaciones se mantiene plano después de la deformación.
— Adherencia perfecta entre el hormigón y el acero.
— Comportamiento lineal para el hormigón comprimido.

$$\sigma_c = E_c \varepsilon_c$$

— Se desprecia la resistencia a tracción del hormigón.

— Comportamiento lineal para los aceros, tanto en tracción como en compresión.

$$\sigma_{s1} = E_s \varepsilon_{s1}$$

$$\sigma_{s2} = E_s \varepsilon_{s2}$$

2.2. Sección rectangular

Para sección rectangular, los valores de los parámetros que definen el comportamiento seccional (Figura A.8.1) son:

— Profundidad relativa de la fibra neutra

$$\frac{X}{d} = n\rho_1\left(1 + \frac{\rho_2}{\rho_1}\right)\left(-1 + \sqrt{1 + \frac{2\left(1 + \frac{\rho_2}{\rho_1}\frac{d'}{d}\right)}{n\rho_1\left(1 + \frac{\rho_2}{\rho_1}\right)^2}}\right)$$

si

$$\rho_2 = 0 \quad \Rightarrow \quad \frac{X}{d} = n\rho_1\left(-1 + \sqrt{1 + \frac{2}{n\rho_1}}\right)$$

— Inercia fisurada

$$I_f = n_{A_{s1}}(d - X)\left(d - \frac{X}{3}\right) + n_{A_{s2}}(X - d')\left(\frac{X}{3} - d'\right)$$

donde:

$$n = \frac{E_s}{E_c}$$

$$\rho_1 = \frac{A_{s1}}{bd}$$

$$\rho_2 = \frac{A_{s2}}{bd}$$

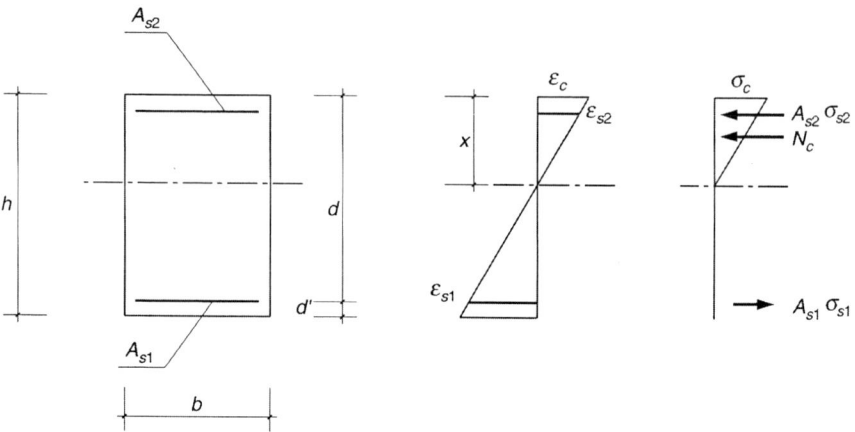

Figura A.8.1

2.3. Sección en T

Para sección en T, los valores de los parámetros que definen el comportamiento seccional (Figura A.8.2) pueden obtenerse con las expresiones que se definen seguidamente.

$$\delta = \frac{h_0}{d}$$

$$\xi = \delta\left(\frac{b}{b_0} - 1\right)$$

$$\rho_1 = \frac{A_{s1}}{bd}$$

$$\rho_2 = \frac{A_{s2}}{bd}$$

$$\beta = \xi + n(\rho_1 + \rho_2)\frac{b}{b_0}$$

$$\alpha = 2n\left(\rho_1 + \rho_2\frac{d'}{d}\right)\frac{b}{b_0} + \xi\delta$$

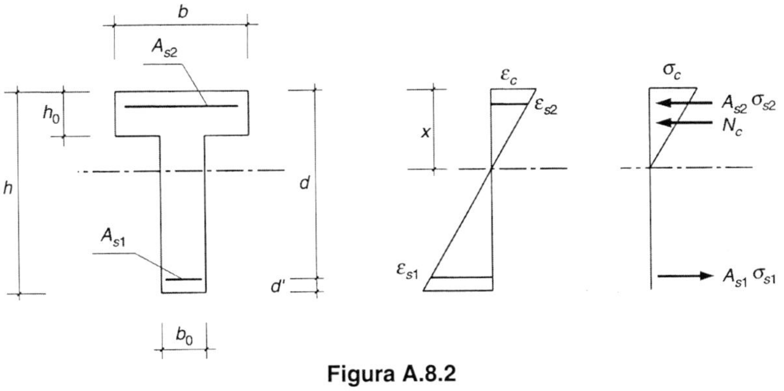

Figura A.8.2

1º) $\quad n\rho_1 \leqslant \dfrac{1}{2}\dfrac{\delta^2 + 2n\rho_2(\delta - d'/d)}{(1 - \delta)}$

Los valores de X/d e I_f se determinarán con las expresiones del apartado 3, correspondientes a la sección rectangular, considerando como ancho de la sección el ancho de la cabeza comprimida.

2º) $\quad n\rho_1 > \dfrac{1}{2}\dfrac{\delta^2 + 2n\rho_2(\delta - d'/d)}{(1 - \delta)}$

— Profundidad relativa de la fibra neutra

$$\frac{X}{d} = \beta\left(-1 + \sqrt{1 + \frac{\alpha}{\beta^2}}\right)$$

— Inercia fisurada

$$I_f = I_c + n_{A_{s1}}(d - X)^2 + n_{A_{s2}}(X - d')^2$$

$$I_c = bh_0\left[\frac{h_0^2}{12} + \left(X - \frac{h_0}{2}\right)^2\right] + \frac{b_0(X - h_0)^3}{3}$$

En el caso 1º, la posición de la fibra neutra de la sección fisurada está incluida en la cabeza de compresión y, consecuentemente, las expresiones para el cálculo de los parámetros que rigen el comportamiento seccional son las correspondientes a sección rectangular.

2.4. Curvatura y tensiones

La curvatura y las tensiones en el hormigón y en las distintas fibras de acero se obtienen con las expresiones siguientes:

— Curvatura

$$\frac{1}{r} = \frac{M}{E_c I_f}$$

— Tensión de compresión en la fibra más comprimida de hormigón

$$\sigma_c = \frac{MX}{I_f}$$

— Tensión en las armaduras

$$\sigma_{s1} = n\sigma_c\,\frac{d - X}{X}$$

$$\sigma_{s2} = n\sigma_c\,\frac{X - d'}{X}$$

3. Comprobación de la fisuración en forjados unidireccionales compuestos por elementos prefabricados y hormigón vertido en obra

En estructuras compuestas por elementos prefabricados y hormigón vertido in situ deberá considerarse, en el cálculo de tensiones, las distintas fases que experimentan estos elementos estructurales tanto en las cargas actuantes como en las condiciones de apoyo y secciones resistentes. Así, se considerará:

— el peso propio del elemento prefabricado, losa alveolar pretensada o vigueta, si es pretensada, calculado como elemento biapoyado sin puntales intermedios, actuando sobre la sección simple;
— el peso propio del resto del forjado actuará sobre viga continua con tantos tramos como puntales intermedios más uno, actuando sobre sección simple;
— el efecto del desapuntalado (aplicación de las reacciones de los puntales intermedios sobre la configuración final) actuando sobre la sección compuesta;
— aplicación de carga permanente y sobrecarga actuando sobre la configuración final y sección compuesta.

En particular, el peso propio de los elementos pretensados, viguetas o losas alveolares, no debe suponerse en continuidad, ni apuntalado, sino que se ha de considerar el momento flector isostático correspondiente a su situación de montaje en obra entre apoyos extremos, sin apuntalados intermedios y actuando sobre el elemento aislado (sección simple).

Si la vigueta es armada no se considera como fase independiente la de su peso propio, incluyéndose sin embargo en la siguiente, como el resto del peso propio del forjado.

El anterior proceso puede comportar una gran complejidad en la determinación de las tensiones. A falta de otros criterios puede seguirse, simplificadamente, el procedimiento que se incluye a continuación.

Las tensiones pueden evaluarse a partir de la Hipótesis de Navier utilizando las secciones: simple, compuesta no fisurada y fisurada correspondientes a cada situación. Para las secciones sometidas a momentos positivos, el momento de comprobación vendrá dado por:

$$M_p = (g_1 + (1 - K_1)g_2)\frac{L^2}{8} + (g_3 + q)\frac{L_0^2}{8}$$

y para momentos negativos:

$$M_n = [K_2 g_2 + g_3 + q]\frac{L_0^2}{8}$$

siendo:

α = Relación entre módulos resistentes (W'_{1h}/W_{1h}).

W_{1h} = Módulo resistente de la sección simple. Figura A.8.3.

W'_{1h} = Módulo resistente de la sección compuesta. Figura A.8.3.

K_1, K_2 = Coeficientes, según Tabla A.8.3.

L = Luz del forjado.

L_0 = Distancia entre puntos de momento nulo, correspondiente a la situación del forjado en continuidad.

g_1 = Variable correspondiente al peso propio del elemento prefabricado, si es pretensado, y que tomará valor nulo en el caso de elementos armados.

g_2 = Variable correspondiente al peso propio de la vigueta si es armada, al peso propio de hormigón vertido en obra y, en su caso, de las piezas de entrevigado.

g_3 = Variable correspondiente a la carga permanente (por ejemplo, el solado).

q = Sobrecargas.

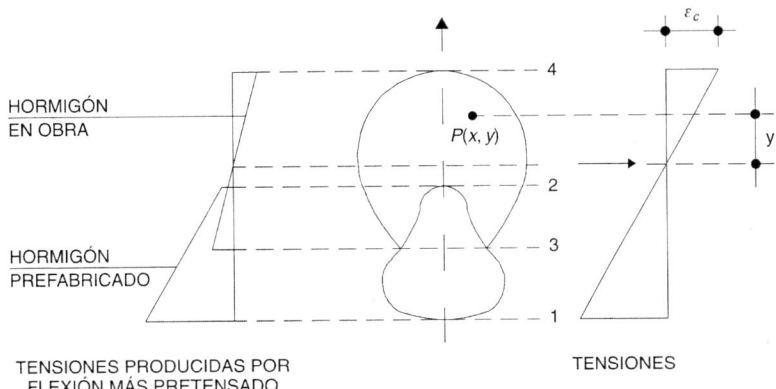

TENSIONES PRODUCIDAS POR
FLEXIÓN MÁS PRETENSADO

TENSIONES

Figura A.8.3. Estados límite de Fisuración

Tabla A.8.3.

Caso		K_1	K_2
△ ———————— △	Sin sopandas	0	0
△ ———|———— △	Una fila de sopandas	$1,25\left[1 - \dfrac{5}{16}\dfrac{(\alpha - 1)\,g_2}{\alpha\,(g_1 + g_2) + g_3 + q}\right]$	1,25
△ ——|———|—— △	Dos filas de sopandas a tercios de la luz	0,98	0,98
△ ——|——|—— △	Dos filas de sopandas a 0,4 L de cada apoyo	1,06	1,06
△ —|——|——|——|— △	Tres o más filas de sopandas	1	1

Se llama la atención sobre la importancia de efectuar un correcto proceso de apuntalado del forjado, sin el cual no tienen validez las fórmulas anteriores. Así, en el caso de elementos armados, se deben disponer puntales nivelados todos a la misma cota. Por el contrario, en el caso de forjados con elementos pretensados, se presentan los puntales contra el borde inferior del elemento prefabricado tras haber sido colocado éste apoyado en sus extremos.

4. Cálculo simplificado de flechas instantáneas en piezas pretensadas o construidas por fases

La fórmula de Branson que consta en el punto 50.2.2 para el cálculo de la flecha instantánea en el caso de vigas de hormigón armado construidos en una sola fase puede generalizarse para el caso de piezas armadas o pretensadas, ejecutadas en una o varias fases, o compuestas por elementos prefabricados y hormigón vertido *in situ*, como son los forjados unidireccionales. La inercia equivalente de la sección considerada se puede obtener mediante la expresión:

$$I_e = \left(\frac{M_f - M_0}{M_a - M_0}\right)^3 I_b + \left(1 - \left(\frac{M_f - M_0}{M_a - M_0}\right)^3\right)I_f \leqslant I_b$$

siendo:

I_b = Momento de inercia de la sección bruta.

I_f = Momento de inercia de la sección fisurada en flexión simple, que se obtiene despreciando la zona de hormigón en tracción y homogeneizando las áreas de las armaduras activas y pasivas multiplicándolas por el coeficiente de equivalencia.

M_a = Momento flector máximo aplicado a la sección hasta el instante en que se evalúa la flecha.

M_f = Momento de fisuración, calculado como sigue:

$$M_f = W(f_{ct,f} + \sigma_{cp}) + M_v\left(1 - \frac{W}{W_v}\right)$$

siendo:

W = Módulo resistente respecto de la fibra más traccionada de la sección, que será:
— el de la pieza prefabricada (W_v), en caso de construcción no apeada, cuando se calcula la flecha bajo el peso propio de la misma o del hormigón vertido en obra.
— el del forjado (W_f), en cualquier etapa de construcción apeada y en servicio.

$f_{ct,m,fl}$ = Resistencia media a flexotracción del hormigón definida en el apartado 39.1.

σ_{cp} = Tensión previa en la fibra inferior de la pieza prefabricada, producida por el pretensado.

M_v = Momento debido a las cargas que actúan sobre la pieza prefabricada antes de trabajar conjuntamente con el hormigón *in situ*, cuyo valor es:
— Para construcción no apeada, el momento debido al peso propio de la pieza prefabricada y al peso del hormigón vertido *in situ*.
— Para construcción apeada, cero si la pieza es armada y el momento debido a su peso propio si es pretensada.
— Cero en las secciones extremas sometidas a momentos negativos.

M_0 = Momento flector asociado a la situación de curvatura nula de la sección, de valor:

$$M_0 = P \cdot e \cdot \beta - M_v \cdot (\beta - 1)$$

siendo:

P = Valor absoluto de la fuerza de pretensado, si existe, que puede tomarse igual al 90% de la fuerza inicial de pretensado.

e = Excentricidad del tendón equivalente de pretensado, en la sección de estudio, en valor absoluto, respecto del centro de gravedad de la vigueta o placa alveolar.

β = Relación entre la inercia bruta de la sección del forjado en la fase constructiva en que se calcula la flecha y la inercia bruta de la sección de la pieza prefabricada, mayor o igual a la unidad. En construcción no apeada, cuando se calcula la flecha bajo el peso propio de la misma o del hormigón vertido en obra, $\beta = 1$.

El valor de la inercia fisurada que figura en la fórmula es la menor que históricamente haya podido alcanzar la sección en estudio durante el proceso de construcción, incluso por aplicación de cargas que luego se retiran, como es el caso del apuntalado de plantas superiores de forjado sobre otra inferior no apuntalada.

El momento M_0 tiene por objeto considerar el efecto del pretensado y la evolución de la sección en el cálculo de la rigidez equivalente en fase fisurada, a fin de partir de una curvatura nula. Puede observarse que cuando solo hay pieza prefabricada, sin hormigón *in situ*, $\beta = 1$ y $M_0 = P \cdot e$.

En la sección de centro de vano de forjados con viguetas o losas alveolares pretensadas, se puede utilizar la siguiente expresión aproximada para el cálculo de la inercia fisurada I_f, que tiene en cuenta la reducción de la rigidez a medida que aumenta la solicitación:

$$I_f = I_{f0} + \alpha \cdot (I_b - I_{f0}) \leqslant I_b$$

siendo:

I_{f0} = Inercia de la sección fisurada en flexión simple, calculada considerando la armadura activa; como si fuese pasiva, esto es considerando fuerza de pretensado nula.

I_b = Inercia de la sección bruta de hormigón de la sección del forjado.

α = Factor de interpolación de inercias, cuyo valor, siempre comprendido entre 0 y 1 es:

$$\alpha = \cfrac{\sigma_{cp}}{\cfrac{M_v}{W_v} + \cfrac{M_a - M_v}{W_f} - f_{ct,f}}$$

W_v, σ_{cp}, M_v y M_a tienen el mismo significado expresado más arriba.

Para el caso de forjados con piezas prefabricadas de hormigón armado, la inercia de la sección fisurada es $I_f = I_{f0}$, dado que $\alpha = 0$.

anejo 9

Consideraciones adicionales sobre durabilidad

1. Cálculos relativos al Estado Límite de durabilidad

Se entiende por Estado Límite de durabilidad el fallo producido al no alcanzarse la vida útil de proyecto de la estructura, como consecuencia de que los procesos de degradación del hormigón o de las armaduras alcancen el grado suficiente como para que impidan que la estructura se comporte de acuerdo a las hipótesis con las que ha sido proyectada.

Para la comprobación del Estado Límite de durabilidad, esta Instrucción contempla un procedimiento de carácter semiprobabilista de forma análoga al adoptado para el resto de los Estados Límite.

En la comprobación del Estado Límite, se debe satisfacer la condición:

$$t_L > t_d$$

donde:

t_L = Valor estimado de la vida útil.

t_d = Valor de cálculo de la vida útil.

Se define la vida útil de cálculo, como el producto de la vida útil de proyecto por un coeficiente de seguridad:

$$t_d = \gamma_t t_g$$

donde:

t_d = Vida útil de cálculo.

γ_t = Coeficiente de seguridad de vida útil, para cuyo valor se adoptará $\gamma_t = 1,10$.

t_g = Vida útil de proyecto.

1.1. Método general

El método general de cálculo comprende las siguientes fases:

1. Elección de la vida útil de proyecto, según 5.1.
2. Elección del coeficiente de seguridad de vida útil.

3. Identificación de las clases de exposición ambiental a las que puede estar sometida la estructura. Para cada clase, identificación del proceso de degradación predominante.
4. Selección del modelo de durabilidad correspondiente a cada proceso de degradación. El apartado 1.2 de este anejo recoge algunos de los modelos aplicables para los procesos de corrosión de las armaduras.
5. Aplicación del modelo y estimación de la vida de servicio de la estructura t_L.
6. Comprobación del Estado Límite para cada uno de los procesos de degradación identifcados relevantes para la durabilidad de la estructura.

1.2. Modelos de durabilidad para los procesos de corrosión

1.2.1. Generalidades

En el caso de la corrosión, tanto por carbonatación como por cloruros, el tiempo total t_L necesario para que el ataque o degradación sean significativos se puede expresar como:

$$t_L = t_i + t_p$$

donde:

t_i = Período de iniciación de la corrosión, entendido como el tiempo que tarda el frente de penetración del agresivo en alcanzar la armadura provocando el inicio de la corrosión.

t_p = Período de propagación (tiempo de propagación de la corrosión hasta que se produzca una degradación significativa del elemento estructural).

Este apartado recoge algunos de los modelos aplicables para la estimación del desarrollo de los procesos de deterioro relacionados con la corrosión de las armaduras. El Autor del proyecto podrá optar por cualquier otro modelo avalado por la bibliografía especializada.

En el caso de comprobación del Estado Límite en el caso de armaduras activas, se considerará un período de propagación, $t_p = 0$.

En el caso de armaduras activas postesas, con trazados que sean conformes con los recubrimientos mínimos establecidos en el articulado, no suele ser necesaria la comprobación de este Estado Límite.

1.2.2. Período de iniciación

Tanto la carbonatación como la penetración de cloruros son procesos de difusión en el hormigón a través de sus poros, que pueden ser modelizados de acuerdo con la siguiente expresión:

$$d = K \cdot \sqrt{t}$$

donde:

d = Profundidad de penetración del agresivo, para una edad t.

K = Coeficiente que depende del tipo de proceso agresivo, de las características del material y de las condiciones ambientales

1.2.2.1. Modelo de carbonatación

El período de tiempo necesario para que se produzca la carbonatación a una distancia d respecto a la superficie del hormigón puede estimarse con la siguiente expresión:

$$t = (d/K_c)^2$$

donde:

d = Profundidad, en mm.

t = Tiempo, en años.

El coeficiente de carbonatación K_c puede obtenerse como:

$$K_c = c_{env} \cdot c_{air} \cdot a \cdot f_{cm}^b$$

donde:

f_{cm} = Resistencia media del hormigón a compresión, en N/mm², que puede estimarse a partir de la resistencia característica especificada (f_{ck}).

$$f_{cm} = f_{ck} + 8$$

c_{env} = Coefiente de ambiente, según Tabla A.9.1.

c_{air} = Coeficiente de aireantes, según Tabla A.9.2.

a, b = Parámetros función del tipo de conglomerante, según Tabla A.9.3.

Tabla A.9.1. Coeficiente c_{env}

Ambiente	c_{env}
Protegido de la lluvia	1
Expuesto a la lluvia	0,5

Tabla A.9.2. Coeficiente c_{air}

Aire ocluido (%)	c_{air}
<4,5%	1
≥4,5%	0,7

Tabla A.9.3. Coeficientes a y b

Conglomerante	Cementos de la Instrucción de cementos vigente	a	b
Cemento Portland	CEM I CEM II/A CEM II/B-S CEM II/B-L CEM II/B-LL CEM II/B-M CEM/V	1.800	− 1,7
Cemento Portland + 28% cenizas volantes	CEM II/B-P CEM II/B-V CEM IV/A CEM IV/B	360	− 1,2
Cemento Portland + 9% humo de sílice	CEM II/A-D	400	− 1,2
Cemento Portland + 65% escorias	CEM III/A CEM III/B	360	− 1,2

1.2.2.2. Modelo de penetración de cloruros

El período de tiempo necesario para que se produzca una concentración de cloruros C_{th} a una distancia d respecto a la superficie del hormigón puede estimarse con la siguiente expresión:

$$t = \left(\frac{d}{K_{Cl}}\right)^2$$

donde:

d = Profundidad, en mm.

t = Tiempo, en años.

El coeficiente de penetración de cloruros K_{Cl} tiene la siguiente expresión:

$$K_{Cl} = \alpha\sqrt{12D(t)}\left(1 - \sqrt{\frac{C_{th} - C_b}{C_s - C_b}}\right)$$

donde:

α = Factor de conversión de unidades que vale 56157.

$D(t)$ = Coeficiente de difusión efectivo de cloruros, para la edad t, expresado en cm^2/s.

C_{th} = Concentración crítica de cloruros, expresada en % en peso de cemento.

C_s = Concentración de cloruros en la superficie del hormigón, expresada en % en peso de cemento. Dado que esta concentración de cloruros suele obtenerse en % en peso de hormigón, su equivalente en peso de cemento se puede calcular a partir del contenido de cemento del hormigón (en kg/m^3) como:

C_s (% peso de cemento) = C_s (% peso de hormigón) $\times$ (2.300/contenido de cemento)

C_b = Contenido de cloruros aportado por las materias primas (áridos, cemento, agua, etc.), en el momento de fabricación del hormigón.

El coeficiente de difusión de cloruros varía con la edad del hormigón de acuerdo con la siguiente expresión:

$$D(t) = D(t_0)\left(\frac{t_0}{t}\right)^n$$

donde $D(t_0)$ es el coeficiente de difusión de cloruros a la edad t_0, $D(t)$ el coeficiente a la edad t, y n es el factor de edad, que puede tomarse, a falta de valores específicos obtenidos mediante ensayos sobre el hormigón de que se trate, igual a 0,5.

Para la utilización del modelo de penetración de cloruros puede emplearse el valor de $D(t_0)$ obtenido mediante ensayos específicos de difusión (en cuyo caso t_0 sería la edad del hormigón a la que se ha realizado el ensayo), o bien emplear los valores de la siguiente tabla (obtenidos para $t_0 = 0,0767$).

Tabla A.9.4. Coeficientes $D(t_0)$ ($\times 10^{-12}$ m^2/s)

Tipo de cemento	a/c = 0,40	a/c = 0,45	a/c = 0,50	a/c = 0,55	a/c = 0,60
CEM I	8,9	10,0	15,8	19,7	25,0
CEM II/A-V	5,6	6,9	9,0	10,9	14,9
CEM III	1,4	1,9	2,8	3,0	3,4

La concentración crítica de cloruros (C_{th}) deberá ser establecida por el Autor del proyecto de acuerdo con las consideraciones específicas de la estructura. En condiciones normales, puede adoptarse un valor del 0,6% del peso de cemento para la comprobación del Estado Límite en relación con la corrosión de las armaduras pasivas. En el caso de armaduras activas pretensas, puede adoptarse un valor límite de C_{th} de 0,3% del peso de cemento.

El valor de C_s depende de las condiciones externas, especialmente de la orografía del terreno y el régimen de vientos predominantes en la zona, en el caso de ambientes próximos a la costa. Además, C_s varía con la edad del hormigón, alcanzando su valor máximo a los 10 años. A falta de valores obtenidos a partir de ensayos en estructuras de hormigón situadas en las proximidades, el Autor del proyecto valorará la posibilidad de adoptar un valor de C_s de acuerdo con Tabla A.9.4, en función de la clase general de exposición, según 8.2.2:

Tabla A.9.4. Concentración de cloruros en la superficie de hormigón

Clase general de exposición	IIIa		IIIb	IIIc	IV
Distancia respecto a la costa	Hasta 500 m	500 m-5.000 m	Cualquiera		—
C_s (% peso de hormigón)	0,14	0,07	0,72	0,50	0,50

En el caso de que $C_{th} - C_b > C_s$, se considerará comprobado el Estado Límite sin necesidad de efectuar ninguna comprobación numérica.

1.2.3. Periodo de propagación

La etapa de propagación se considera concluida cuando se produce una pérdida de sección de la armadura inadmisible o cuando aparecen fisuras en el recubrimiento de hormigón. El período de tiempo para que se produzca puede obtenerse de acuerdo con la siguiente expresión:

$$t_p = \frac{80}{\phi} \frac{d}{v_{corr}}$$

donde

t_p = Tiempo de propagación, en años.

d = Espesor de recubrimiento en mm.

ϕ = Diámetro de la armadura, en mm.

v_{corr} = Velocidad de corrosión, en μm/año.

A falta de datos experimentales específicos para el hormigón y las condiciones ambientales concretas de la obra, la velocidad de corrosión podrá obtenerse de la Tabla A.9.5.

Tabla A.9.5. Velocidad de corrosión V_{corr} según la clase general de exposición

Clase general de exposición			V_{corr} (μm/año)
Normal	Humedad alta	IIa	3
	Humedad media	IIb	2
Marina	Aérea	IIIa	20
	Sumergida	IIIb	4
	En zona de mareas	IIIc	50
Con cloruros de origen diferente del medio marino		IV	20

1.2.4. Estimación de la vida útil debida a la corrosión de las armaduras

Por tanto, el tiempo total, suma del perído de iniciación y el de propagación de la corrosión, será, en el caso de la corrosión por carbonatación:

$$t_L = t_i + t_p = \left(\frac{d}{K_c}\right)^2 + \frac{80}{\phi}\frac{d}{v_{corr}}$$

En el caso de la corrosión por cloruros será:

$$t_L = t_i + t_p = \left(\frac{d}{K}\right)^2 + \frac{80}{\phi}\frac{d}{v_{corr}}$$

2. Contribución de los morteros de revestimiento al recubrimiento de las armaduras

El Articulado permite tener en cuenta la contribución de revestimientos que sean compactos impermeables, definitivos y permanentes. A este respecto, en las clases generales de exposición IIa, IIb y IIIa, sin clase específica de exposición, pueden emplearse diversas alternativas. En el caso de uso de morteros de revestimiento, se define como «factor de equivalencia de recubrimiento (λ)» el valor por el que hay que multiplicar el espesor colocado de mortero para determinar el recubrimiento equivalente que puede sumarse al recubrimiento real de hormigón. Las Tablas A.9.6 y A.9.7 presentan los valores de λ para los ambientes más habituales en el caso de estructuras de edificación. En ningún caso, podrán emplearse espesores de revestimiento superiores a 20 mm.

Tabla A.9.6. Factor de equivalencia de recubrimiento para morteros en ambientes IIa y IIb

Velocidad de carbonatación (mm/día 1/2)	λ
≤2,0	0,5
≤1,0	1,0
≤0,7	1,5
≤0,5	2,0

Tabla A.9.7. Factor de equivalencia de recubrimiento para morteros en ambiente IIIa

Velocidad de penetración de cloruros (mm/día 1/2) (*)	λ
⩽3,4	0,5
⩽1,7	1,0
⩽1,1	1,5
⩽0,9	2,0

(*) Para la determinación de la velocidad de penetración de cloruros, y a falta de una normativa específica, se recomienda seguir las condiciones de ensayo en el Capítulo 3 de la norma AASTHO T259-80, manteniendo las mismas hasta edades no inferiores a 90 días y determinando la velocidad de penetración de cloruros mediante algún procedimiento adecuado (como por ejemplo, mediante la determinación colorimétrica del frente de penetración de cloruros con $AgNO_3$, a diferentes edades intermedias).

Alternativamente, para el ambiente IIIa puede emplearse también el criterio de factor de equivalencia establecido en la Tabla A.9.8.

Tabla A.9.8. Factor de equivalencia de recubrimiento para morteros en ambiente IIIa

Capilaridad (kg/m²h1/2) según Recomendación RILEM CPC 11.2	λ
⩽0,40	0,5
⩽0,20	1,0
⩽0,15	1,5
⩽0,10	2,0

Para que un mortero pueda ser empleado de acuerdo con lo indicado en este artículo, sus componentes (cemento, áridos, aditivos, adiciones, etc.) deberán cumplir, en su caso, lo especificado para cada uno de ellos en la presente Instrucción. Además, independientemente del valor de su factor de equivalencia, deberá cumplir también las especificaciones de la Tabla A.9.9.

Tabla A.9.9. Características del mortero a emplear en revestimientos, para poder ser considerado a los efectos de este Anejo

Característica	Requisito
Resistencia a flexotracción, según UNE-EN 1015-11	⩾2 N/mm²
Módulo de elasticidad, según ASTM C 469	⩽25.000 N/mm²
Retracción de secado, a los 28 días, según ASTM C157	⩽0,04%
Resistencia de adherencia, según UNE-EN 1542	⩾0,8 N/mm²
Coeficiente de dilatación térmica, según UNE-EN 1770	⩽11,7 × 10 − 6 °C − 1

En el caso de empleo de otros revestimientos, o en ambientes distintos de los anteriores, el proyectista debe justificar documentalmente que la protección a las armaduras en el elemento prefabricado es similar a la que proporcionaría el espesor de hormigón sustituido. Para ello el fabricante de productos de revestimientos distinto de los anteriores deberá garantizar documentalmente sus prestaciones y entre ellas, al menos el factor de equivalencia del revestimiento.

Los requisitos del articulado corresponden estrictamente a exigencias de durabilidad del forjado. Otros criterios, como por ejemplo, los estéticos o los de protección contra el fuego, pueden requerir mayores espesores de recubrimiento o la aplicación de otras protecciones específicas.

En el caso de ambientes fuertemente agresivos, el valor de los recubrimientos y las demás disposiciones de proyecto deberán establecerse, previa consulta de la literatura técnica especializada, en función de la naturaleza del ambiente, del tipo de elemento estructural de que se trate, etc.

anejo 10

Requisitos especiales recomendados para estructuras sometidas a acciones sísmicas

1. Alcance

En este anejo se describen los requisitos especiales que se recomiendan para estructuras de hormigón estructural sometidas a acciones sísmicas, complementarios a las disposiciones establecidas en los reglamentos específicos sobre construcción sismorresistente que sean aplicables según el tipo de estructura de que se trate (Norma de Construcción Sismorresistente NCSE-02 Parte general y edificación, NCSP-07. Norma de Construcción Sismorresistente: Puentes o la Instrucción sobre acciones a considerar en puentes de carretera – IAP).

La definición de la acción sísmica debe realizarse como se indique en la reglamentación sismorresistente aplicable; por lo general, esto se hará mediante espectros elásticos de respuesta. Durante un sismo fuerte, se espera que la estructura entre en rango no-lineal pudiendo disipar parte de la energía que introduce el sismo. Así los espectros de respuesta a considerar en el proyecto pueden ser modificados sustancialmente teniendo en cuenta la capacidad de la estructura de comportarse de forma dúctil, es decir, de trabajar en un rango de comportamiento no lineal sin pérdida significativa de resistencia.

La normativa NCSE-02 establece los niveles de ductilidad: Muy alta ($\mu = 4$), Alta ($\mu = 3$), Baja ($\mu = 2$) y Sin ductilidad ($\mu = 1$). A éstos corresponden factores de comportamiento (factores empleados para reducir el espectro elástico) que pueden recibir tratamientos diferentes en las distintas normativas sísmicas, aunque son totalmente equivalente entre ellos.

El nivel de ductilidad de una estructura depende del tipo estructural, materiales, características geométricas, regularidad en planta y alzado de las masas y distribución de elementos resistentes. Por otro lado, es relevante el uso de detalles estructurales y constructivos que garanticen un confinamiento adecuado del hormigón en las zonas en las que se espera la formación de rótulas plásticas, evite el pandeo de las armaduras longitudinales en la zona de compresión y se potencie la rotura dúctil de las secciones críticas. En zonas de sismicidad importante se recomienda el uso de la filosofía de «Proyecto basado en capacidad» mediante el cual se controla el modo de rotura de la estructura potenciando que, en todo caso, la localización de zonas críticas allí donde la rotura dúctil esté garantizada y evitando las mismas en zonas con modos de rotura frágiles (fallos por cortante, torsión, esfuerzos axiles de compresión, etc.). En este anejo se establecen recomendaciones sobre detalles constructivos, disposición de armados y criterios de proyecto de estructuras de hormigón adecuados para zonas sísmicas.

A efectos del comportamiento frente al sismo se recomienda utilizar los tipos estructurales, detalles constructivos, etc., que proporcionen a la estructura la mayor ductilidad posible, especialmente si la aceleración sísmica de cálculo es elevada.

2. Bases de proyecto

2.1. Requisitos fundamentales

Las bases de proyecto para estructuras sometidas a acciones sísmicas son las que se establecen en el Título 1º, Bases de proyecto, de esta Instrucción. En el artículo 13º, Combinación de Acciones, la combinación de la acción sísmica con las restantes acciones se considera como una situación accidental especial definida como situación sísmica.

Como valores representativos cuasipermanentes de las acciones variables, $\psi_{2,i} Q_{k,i}$, se tomarán los indicados en las distintas normas de acciones. A efecto de cálculo de las masas actuantes durante la acción sísmica, se deberá incluir la fracción correspondiente a la sobrecarga indicada en la normativa sísmica aplicable o bien la correspondiente al valor cuasipermanente de la sobrecarga, $\psi_{2,i} Q_{k,i}/g$.

2.2. Definiciones

Ductilidad: Capacidad de los materiales y las estructuras de deformarse en rango no-lineal sin sufrir una degradación sustancial de la capacidad resistente. Desde el punto de vista de estructural se define como la relación entre la deformación última de rotura y la deformación plástica y puede ser referida a cualquier cantidad cinemática como los son la deformación propiamente dicha, a la ductilidad de las secciones, rotaciones o el desplazamiento de una estructura.

Proyecto sísmico basado en capacidad: Filosofía de proyecto sísmico en estados límites últimos que se basa proteger los elementos y regiones frágiles de la estructura dándole una sobrerresistencia adecuada respecto a los elementos dúctiles y potenciando los mecanismos de rotura dúctiles.

Pantallas acopladas: Elemento estructural formado por dos o más pantallas conectadas siguiendo un esquema regular en altura mediante vigas de acoplamiento que tengan rigidez suficiente como para reducir al menos en un 25% la suma de los momentos de empotramiento de todas las pantallas si fueran aisladas.

Rótula plástica: Zona de un elemento estructural donde la armadura a tracción ha plastificado y donde puede disiparse energía mediante deformación plástica de la misma.

Zona crítica: Región de un elemento sísmico primario donde ocurren las combinaciones de carga pésimas y donde se pueda formar una rótula plástica.

2.3. Coeficientes parciales de seguridad de los materiales

Los coeficientes parciales de seguridad de los materiales γ_c y γ_s deben tener en cuenta la posible degradación de los materiales debido a las deformaciones cíclicas. Si no se dispone de información detallada sobre este aspecto, se deben adoptar los valores de γ_c y γ_s correspondientes a la situación persistente o transitoria. Si el efecto de degradación de la resistencia se tiene en cuenta explícitamente, se pueden emplear los valores correspondientes a la situación accidental.

2.4. Elementos primarios y secundarios

Es posible designar ciertos elementos estructurales como secundarios desde el punto de vista del sistema sismorresistente. Dichos elementos no se considerarán como parte del esquema estructural para resistir las acciones sísmicas y por lo tanto no deben satisfacer un detallado especial como el indicado en el apartado 6 de este anejo.

No obstante, estos elementos deben ser dimensionados, según los criterios de proyecto por capacidad, para soportar la carga gravitatoria correspondiente considerando los desplazamientos máximos producidos durante la acción sísmica más desfavorable y teniendo en cuenta los efectos de segundo orden. Cualquier elemento estructural que no sea dimensionado como secundario, debe considerarse como primario y, por lo tanto, debe ser dimensionado para resistir la acción sísmica y debe cumplir los detalles necesarios para el grado de ductilidad elegido.

La rigidez lateral de todos los elementos secundarios no debe exceder el 15% de la de todos los elementos primarios.

A efectos del cálculo sísmico, la rigidez y resistencia de los elementos secundarios debe ser despreciada. No obstante, la masa de los mismos debe ser tenida en cuenta.

3. Materiales

Para garantizar un comportamiento estructural con elevada ductilidad deberá utilizarse aceros soldables de alta ductilidad (SD), cuyas características constan en el apartado 32.2 de esta Instrucción.

No se permite el uso de barras lisas. Las barras deben satisfacer los requerimientos de adherencia, características mecánicas mínimas, de fatiga y a cargas cíclicas de gran amplitud citados en el articulado.

El hormigón empleado debe poseer resistencia a compresión adecuada. La deformación de rotura del hormigón (ε_u) debe superar la deformación bajo tensión máxima (ε_0) con un margen adecuado.

Si se emplean hormigones de alta resistencia, se debe tener en cuenta que éstos presentan valores de deformación última inferiores a los hormigones convencionales. En ese caso, se debe garantizar, en el cálculo, la rotura dúctil de las secciones transversales mediante el uso de armadura de compresión que proporcione el nivel de ductilidad apropiado.

La resistencia y deformación última del hormigón pueden aumentarse disponiendo armadura transversal de confinamiento. La resistencia del hormigón confinado puede obtenerse del artículo 40.3.4, las deformaciones de pico (ε_{cc0}) y última (ε_{ccu}) del hormigón confinado se pueden obtener a partir de las siguientes expresiones:

$$\varepsilon_{cc0} = \varepsilon_{c0}\left[1 + 5\left(\frac{f_{ccd}}{f_{cd}} - 1\right)\right]$$

$$\varepsilon_{ccu} = \varepsilon_{cu} + 0{,}1\alpha\omega_w$$

donde α y ω_w son los parámetros definidos en el punto 40.3.4.

4. Análisis estructural

4.1. Métodos de cálculo

Los métodos de análisis estructural a utilizar para estudiar los efectos de la acción sísmica son:

- Métodos lineales:
  - Análisis modal espectral empleando un espectro de respuesta normalizado.
  - Método estático equivalente.

- Métodos no-lineales:
  - Cálculo dinámico no-lineal en el dominio del tiempo empleando una serie de acelerogramas representativos de la zona.
  - Método estático no-lineal o del empuje incremental.

En principio, todos estos métodos son aplicables a estructuras de hormigón estructural teniendo en cuenta los requisitos y comentarios del Título 2º: Análisis estructural. Los criterios de aplicación específicos de cada método deben ser consultados en la normativa sísmica aplicable.

Cuando se considera un comportamiento dúctil para la estructura, debe comprobarse especialmente el efecto de segundo orden causado por las deformaciones, evaluadas teniendo en cuenta la degradación de rigidez sufrida por la estructura.

Las condiciones de rigidez de una estructura y, consecuentemente, los esfuerzos inducidos por la acción sísmica, pueden variar considerablemente debido a la influencia de elementos no estructurales, tales como tabiques o muros de cerramiento. El modelo utilizado para el análisis de los esfuerzos debe tener en cuenta este efecto, y en proyecto deben definirse todos los detalles necesarios para garantizar que en la estructura se reproduzcan las condiciones de colaboración, o no, de estos elementos, en la capacidad resistente de la estructura, tal como se ha previsto en proyecto.

5. Consideraciones relativas a los estados límite últimos

5.1. Proyecto por capacidad

Durante acciones sísmicas importantes se suele recurrir a la capacidad de disipar energía que poseen las estructuras con comportamiento dúctil para reducir los esfuerzos que deben resistir los elementos. De esta manera se puede evitar, con un coste razonable, el colapso de la estructura y salvaguardar las vidas de los ocupantes de la misma. Debe tenerse presente que esta práctica supone aceptar daños importantes en la estructura y, por lo tanto, una respuesta no-lineal que producirá esfuerzos distintos a los predichos mediante el cálculo elástico.

El criterio de proyecto por capacidad tiene la finalidad de evitar la ocurrencia de modos de rotura frágiles o que puedan impedir el correcto comportamiento de la estructura, como la transformación de la estructura en un mecanismo de forma prematura produciendo un colapso. Entre los efectos a evitar se encuentran:

- Rotura por compresión en secciones de hormigón sin plastificación de las armaduras de tracción.
- Rotura por cortante o torsión primaria.
- Rotura de uniones entre elementos o nudos en pórticos de nudos rígidos. Plastificación de las cimentaciones o cualquier elemento que deba permanecer en rango elástico.
- Fallos por pandeo.
- Concentración de rótulas plásticas en un mismo piso de una estructura en altura (ver Figura A.10.1).
- Etcétera.

Para evitar los modos de fallo no deseables, las acciones de cálculo de los elementos deben determinarse mediante condiciones de equilibrio, aislando el elemento o la zona de la estructura a proteger de la falla prematura. Posteriormente, se asume la formación de las rótulas plásticas previstas en las zonas críticas, considerando los posibles factores de sobrerresistencia de los materia-

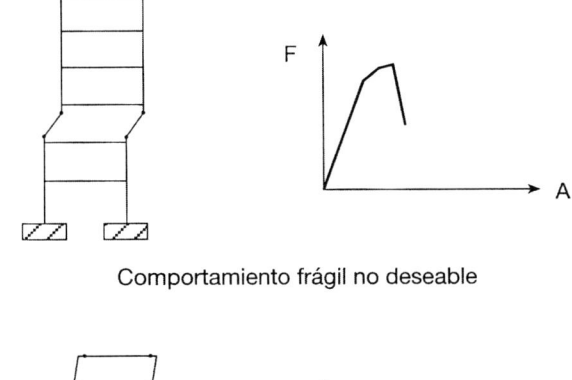

Comportamiento frágil no deseable

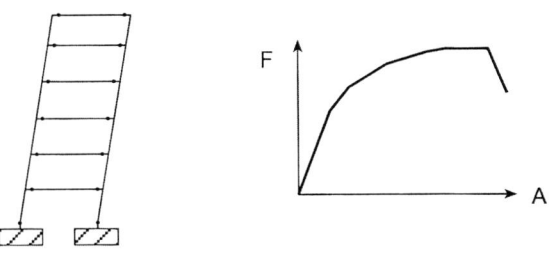

Comportamiento dúctil deseable

Figura A.10.1

les. La zona aislada debe resistir, mediante el criterio de estados límite y empleando los correspondientes coeficientes parciales de seguridad, los esfuerzos derivados de esta situación.

Obsérvese que, mediante este criterio, la región o elemento dimensionado para los esfuerzos así obtenidos es más resistente que las rótulas plásticas formadas supuestamente en sus extremos, que presentan un comportamiento no-lineal dúctil y cuya plastificación bajo un sismo importante es deseada. Así se garantiza que la rótula plástica pueda desarrollarse y deformarse durante la acción sísmica manteniendo la región frágil con un comportamiento esencialmente elástico.

A continuación se dan reglas para determinar los esfuerzos de cálculo en algunos elementos estructurales según el criterio de proyecto por capacidad.

5.1.1. Esfuerzo cortante en vigas

Se debe prevenir la rotura por cortante en vigas que pueda impedir que se desarrolle todo el comportamiento dúctil a flexión del elemento. Para ello los esfuerzos cortantes de cálculo, para vigas soportando una carga gravitatoria distribuida, se deben determinar en base al esquema indicado en la siguiente figura. Se aísla el elemento y se supone que las secciones de los extremos han plastificado, formando rótulas plásticas en las uniones; debe tenerse en cuenta el signo del esfuerzo en cada extremo en función de las posibles direcciones de la acción sísmica (Figura A.10.2).

El esfuerzo cortante de cálculo será el mayor de las siguientes situaciones posibles:

$$V_{d1} = \frac{qL}{2} + \gamma_{SR} \frac{(M_u^{1-} + M_u^{2+}}{L}$$

$$V_{d2} = \frac{qL}{2} + \gamma_{SR} \frac{(M_u^{1+} + M_u^{2-})}{L}$$

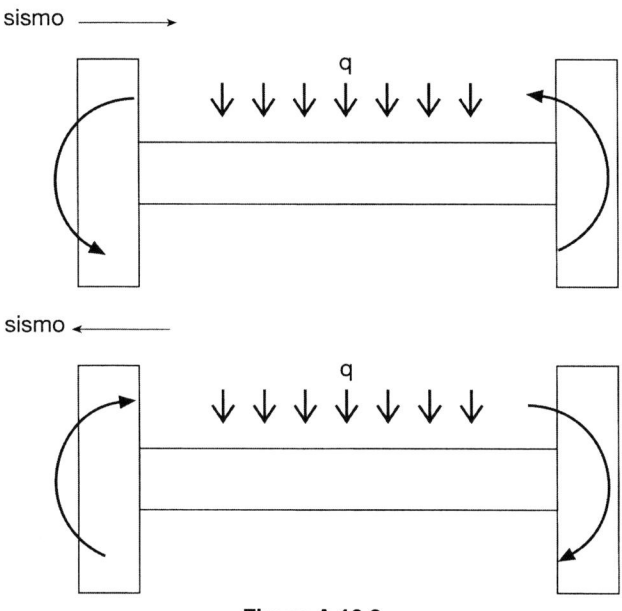

Figura A.10.2

donde:

q = Carga distribuida que debe soportar la viga durante el sismo.

L = Luz libre de la viga.

M_u^{1+}, M_u^{2+} = Momentos resistentes positivos en las secciones extremas de la viga.

M_u^{1-}, M_u^{2-} = Momentos resistentes negativos, en valor absoluto, en las secciones extremas de la viga.

γ_{SR} = Factor de sobrerresistencia para los momentos extremos de valor 1,35. Este parámetro tiene en cuenta la resistencia real del acero considerando el endurecimiento plástico.

5.1.2. Momentos flectores en soportes

Para evitar modos de rotura como los indicados en la Figura A.10.1 en estructuras de varios pisos, en las uniones viga-columna se debe garantizar que las rótulas plásticas se formen en las vigas en lugar de los soportes. Este requisito debe cumplirse en todos los niveles salvo en el último piso.

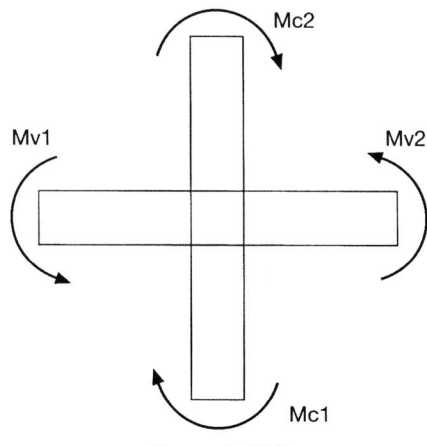

Figura A.10.3

Este requisito se considera satisfecho si, para cada dirección de estudio de la acción sísmica, se verifica que la suma de los momentos últimos en las columnas es superior a la suma de momentos últimos de las vigas:

$$\sum_{columnas} Mu \geqslant \gamma_{SR} \sum_{vigas} Mu$$

donde γ_{SR} es el factor de sobrerresistencia, de valor 1,35.

En la comprobación anterior se deben considerar los valores máximos y mínimos que puede tomar el esfuerzo axil de los soportes bajo la acción sísmica.

5.1.3. Esfuerzo cortante en soportes

Debe evitarse la rotura por cortante en los soportes y garantizarse que, de ocurrir la rotura del mismo, ésta es por flexión. El esfuerzo cortante de cálculo puede obtenerse para estos elementos usando criterios similares al indicado en el punto 5.1.1 teniendo en cuenta que no existe carga distribuida en este elemento y el valor del esfuerzo axil correspondiente. El factor de sobrerresistencia puede tomarse como 1,35 para estructuras de ductilidad alta o 1,2 para otros casos.

5.2. Estado límite de agotamiento por cortante

No se permite proyectar elementos lineales sin armadura de cortante.

La contribución del hormigón a la resistencia a cortante (V_{cu}) se ve disminuida en función del nivel de ductilidad que se le exige a la sección. Así se recomienda modificar la parte independiente del esfuerzo axil de la ecuación correspondiente a V_{cu} del artículo 44.2.3.2.2 de la siguiente forma:

$$V_{cu} = \left[\frac{0,15\kappa}{\gamma_C} \xi(100\rho_l f_{ck})^{1/3} + 0,15\alpha_l\sigma'_{cd} \right] \beta b_0 d$$

donde el coeficiente κ que afecta el término $0,15/\gamma$ toma los siguientes valores:

— Estructuras de ductilidad baja o moderada: 0,8
— Estructuras de ductilidad alta: 0,5
— Estructuras de ductilidad muy alta: 0,2

6. Detalles estructurales de elementos primarios

6.1. Generalidades

En lo que sigue se establecen unos requisitos dimensionales y de disposición de armaduras que aseguran un comportamiento de ductilidad alta para las diferentes magnitudes de la acción sísmica, de acuerdo con la experimentación disponible y el comportamiento real de estructuras sometidas a sismo.

Los requisitos relativos a dimensiones mínimas o a cuantías máximas están, en general, establecidos para evitar una excesiva concentración de armaduras o una inadecuada ejecución de las zonas de mayor responsabilidad estructural.

Los requisitos relativos a armaduras longitudinales, en cuanto a cuantías mínimas en secciones y distribuciones a lo largo del elemento, están establecidos teniendo en cuenta, principalmente, la reversibilidad de momentos y el cambio de las leyes de esfuerzos a lo largo del elemento debido al comportamiento no lineal supuesto.

Los requisitos relativos a armaduras transversales están establecidos, principalmente, con el fin de confinar el hormigón comprimido, evitar el pandeo de la armadura comprimida y aumentar la resistencia a cortante.

Por último, los criterios generales relativos a las condiciones de anclaje se establecen para tener en cuenta el deterioro de estas características resistentes debido a la acción de las cargas cíclicas alternadas.

6.2. Vigas

Este apartado se refiere a elementos que trabajan fundamentalmente a flexión y cumplen las siguientes condiciones:

— El esfuerzo axil de compresión de cálculo reducido, debido a la situación sísmica, cumple:

$$\frac{N_d}{A_c f_{cd}} \leqslant 0,10$$

— La relación ancho/canto no será menor que 0,3.
— La luz del vano no será menor que cuatro veces el canto útil del elemento.
— Si existe una losa superior de hormigón, se tomará un ancho eficaz de la misma como se define más adelante. La armadura de la losa contenida en este ancho forma parte de la armadura superior de la viga y, por lo tanto, se debe tener en cuenta a efectos de la cuantía máxima permitida y del cálculo del esfuerzo cortante por criterios de capacidad.

- En nudos vigas-columna exteriores sin vigas transversales, se tomará como el ancho de la columna.
- En nudos vigas-columna exteriores con vigas transversales, se tomará como el ancho de la columna más dos veces el canto de la losa a cada lado de la viga en el que exista losa.
- En nudos vigas-columna interiores se pueden incrementar los anchos anteriores en dos veces el canto de la losa.

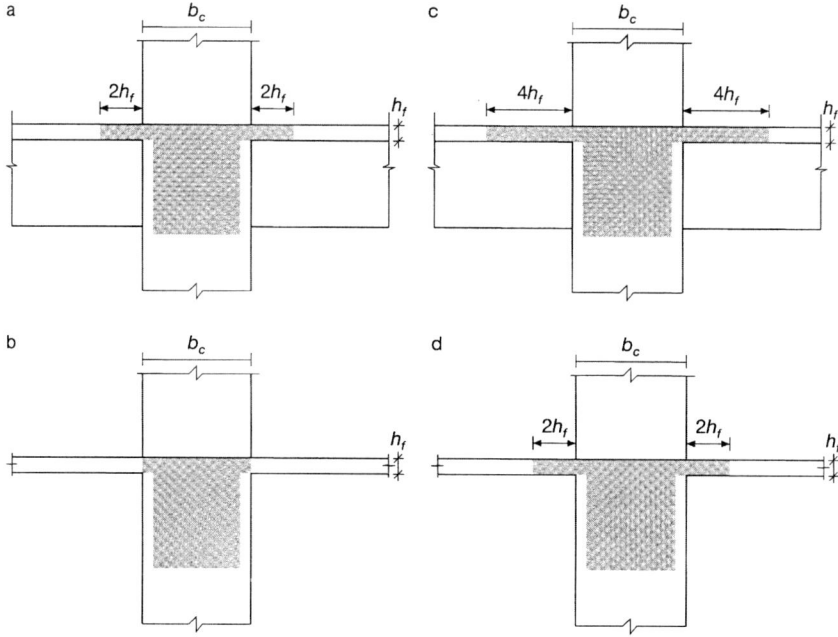

Figura A.10.4

En relación con el anclaje y solapo de las armaduras se cumplirán las siguientes indicaciones:

— Las longitudes de anclaje de las armaduras se aumentarán 100 respecto a las definidas para cargas estáticas tal como se indica en el articulado de esta instrucción para cargas cíclicas.
— Los empalmes de las armaduras se alejarán, en lo posible, de las zonas próximas a los extremos, en una longitud de dos veces el canto de la viga, o de las zonas donde se prevea la formación de rótulas plásticas.

La longitud de las zonas críticas o susceptibles de albergar rótulas plásticas se debe tomar como:

— En pórticos de nudos rígidos, 2 veces el canto de la viga medida desde la cara de los elementos de apoyo hacia la mitad del vano.
— Dos veces el peralte del elemento a ambos lados de una sección donde el acero pueda plastificar bajo situaciones de carga sísmicas.
— En vigas que soporten cargas puntuales importantes, la zona situada directamente bajo la carga y 2 veces el canto de la viga a ambos lados de la misma.

Los esquemas estructurales con pilares discontinuos, apeados en vigas laterales, no son recomendables en zonas de sísmicas. En todo caso, dichas vigas deben dimensionarse con especial cuidado debiendo usarse las reglas de proyecto por capacidad. La componente vertical de las aceleraciones sísmicas incluirse en el análisis estructural.

6.2.1. Ductilidad alta

Disposiciones generales en toda la viga:

— Las vigas deben presentar descuelgue respecto al canto de la losa. Este descuelgue debe ser superior a la profundidad de la fibra neutra en la zona de apoyo bajo el momento negativo de rotura. El ancho del descuelgue debe ser de al menos 200 mm.
— En toda su longitud se debe disponer una armadura longitudinal de al menos $2\phi14$ o 25% de la cuantía máxima de armadura negativa en cualquier sección entre apoyos. En todo caso, se debe respetar la cuantía mínima establecida en el articulado de esta instrucción.
— La cuantía máxima a tracción en cualquier sección de la viga será menor a:

$$\rho_{\max} = \rho' + 72 \frac{f_{cd}}{f_{yd}^2} \text{ [MPa]}$$

— Se dispondrá armadura transversal, de al menos $\phi6$ en forma de cercos cerrados, en toda la longitud de la viga y a una separación no mayor de $h/2$.

Disposiciones a cumplir en las zonas críticas de la viga, susceptibles de albergar una rótula plástica:

— La armadura de compresión será al menos 50% de la armadura de tracción dispuesta en la misma sección.
— La armadura transversal será al menos de $\phi6$ en forma de cercos cerrados. En la zona de apoyos, la primera armadura transversal se debe disponer a 50 mm del apoyo. La separación máxima de dicha armadura debe ser menor que:

- $d/4$.
- 6 veces el menor diámetro de la armadura longitudinal.
- 24 veces el diámetro de la armadura del cerco.
- 200 mm.

6.2.2. Ductilidad muy alta

Disposiciones generales en toda la viga:

— Las vigas deben presentar descuelgue respecto al canto de la losa. Este descuelgue debe ser superior a la profundidad de la fibra neutra en la zona de apoyo bajo el momento negativo de rotura. El ancho del descuelgue debe ser de al menos 250 mm.
— En toda su longitud se debe disponer una armadura longitudinal de al menos $2\phi14$ o 33% de la cuantía máxima de armadura negativa en cualquier sección entre apoyos. En todo caso, se debe respetar la cuantía mínima establecida en el articulado de esta instrucción.
— La cuantía máxima a tracción en cualquier sección de la viga será menor a:

$$\rho_{\max} = \rho' + 50\,\frac{f_{cd}}{f_{yd}^2}\ [\text{N/mm}^2]$$

— Se dispondrá armadura transversal, de al menos $\phi6$ en forma de cercos cerrados, en toda la longitud de la viga y a una separación no menor de $h/2$.

Disposiciones a cumplir en las zonas críticas de la viga, susceptibles de albergar una rótula plástica:

— La armadura de compresión será al menos el 33% de la armadura de tracción dispuesta en la misma sección.
— La armadura transversal será al menos de $\phi6$ en forma de cercos cerrados. En la zona de apoyos, la primera armadura transversal se debe disponer a 50 mm del apoyo. La separación máxima de dicha armadura debe ser menor que el:

- $d/4$.
- 8 veces el menor diámetro de la armadura longitudinal.
- 24 veces el diámetro de la armadura del cerco.
- 200 mm.

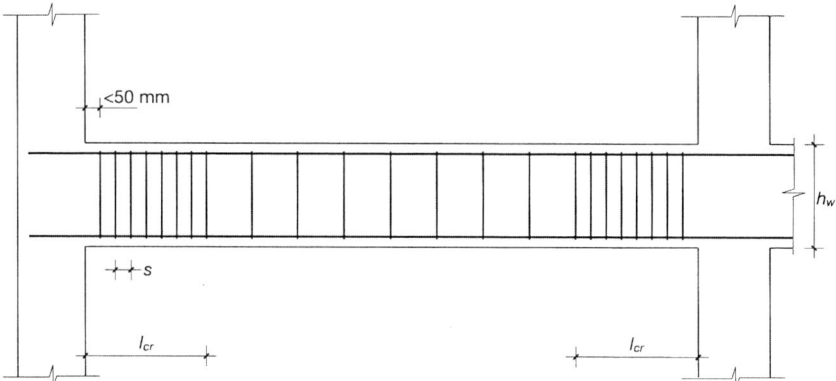

Figura A.10.5

6.3. Soportes

Este apartado se refiere a elementos que trabajan fundamentalmente a compresión compuesta y cumplen las siguientes condiciones:

— El esfuerzo axil de compresión de cálculo reducido, debido a la situación sísmica, es:

$$\frac{N_d}{A_c f_{cd}} \geqslant 0{,}10$$

— Los soportes que forman parte del sistema sismorresistente primario, proyectados con algún nivel de ductilidad diferente al esencialmente elástico, deben cumplir la siguiente condición para el esfuerzo axil de cálculo:

$$\frac{N_d}{A_c f_{cd}} \leqslant 0,65$$

— La relación entre la dimensión mayor y menor del rectángulo en el que se inscribe la sección transversal, no debe exceder 2.5.

En relación con el anclaje y el solapo de las armaduras se cumplirán las siguientes indicaciones:

— Las longitudes de anclaje de las armaduras se aumentarán $10\varnothing$ respecto a las definidas para cargas estáticas tal como se indica en el articulado de esta instrucción para cargas cíclicas.
— Los empalmes de las armaduras se alejarán, en lo posible, de las zonas próximas a los extremos o de las zonas donde se prevea la formación de rótulas plásticas.

Las zonas comprendidas dentro de las longitudes de rótula plástica a ambos extremos de una columna se deben considerar zonas críticas. En ausencia de información más precisa, la longitud de las rótulas plásticas se tomarán como el máximo de los siguientes valores:

— La máxima dimensión de la sección transversal de la columna.
— 1/6 de la longitud libre de la columna.
— 450 mm.

Si la longitud libre de la columna es inferior a 3 veces la mayor dimensión de su sección transversal, toda la columna debe ser considerada como una zona crítica y se deben cumplir los detalles estructurales mínimos correspondientes.

6.3.1. Disposiciones generales

Estas disposiciones son aplicables a cualquier columna que forma parte de un sistema primario de resistencia sísmica proyectado con un tipo de comportamiento superior al esencialmente elástico.

La cuantía de armadura longitudinal no debe ser inferior a 1% ni superior a 6%. Si la sección transversal es simétrica, se debe disponer un armado longitudinal también simétrico.

El armado longitudinal estará compuesto por, al menos, tres barras en cada cara. En caso de secciones circulares, se deben disponer, al menos, seis barras en total.

La armadura transversal estará compuesta por cercos cerrados y, en su caso, flejes adicionales de al menos $\phi 6$. La disposición de las armaduras transversales será tal que proporcione confinamiento efectivo a la sección transversal.

A lo largo de las zonas críticas se debe disponer una cuantía mecánica mínima de armadura transversal de valor:

$$\omega_{W,\min} = 0,08$$

Fuera de las zonas críticas, es necesario disponer armadura transversal de al menos $\phi 6$ a una separación no superior de 15 veces el diámetro de la menor armadura longitudinal ni 150 mm.

En estructuras de ductilidad alta o muy alta se debe cumplir además las disposiciones indicadas más abajo.

6.3.2. Disposiciones para ductilidad alta

La sección mínima de la sección transversal será de 250 mm.
La cuantía máxima de armado longitudinal será de 4%.

La distancia entre armaduras longitudinales no será superior a 200 mm. En toda la longitud de la columna, es preciso suministrar soporte transversal de las armaduras longitudinales mediante cercos o ganchos adicionales, al menos de forma alternativa y en las barras de las esquinas.

En las zonas críticas, susceptibles de albergar una rótula plástica, se debe suministrar una cuantía de armadura transversal igual o superior a:

$$\omega_{W,\,min} = \frac{1}{\alpha}\left(\frac{v_d f_{yd}}{1.333}\frac{b_c}{b_0} - 0{,}035\right)$$

donde:

$$v_d = \frac{N_d}{A_c f_{cd}}$$

b_c = Ancho de la sección transversal.

b_0 = Ancho del núcleo confinado (medido entre las líneas centrales de los cercos confinantes).

α = Factor de efectividad del confinamiento, definido en el punto 40.3.4 de esta Instrucción.

La separación máxima de las armaduras transversales en las zonas críticas será el menor de los siguientes valores: $b_0/3$, 150 mm o 8 veces el diámetro de la menor armadura longitudinal.

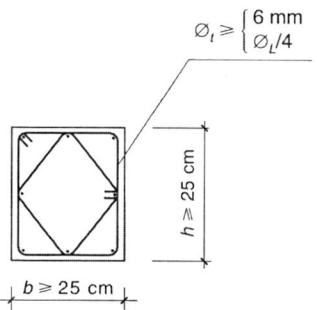

Figura A.10.6

6.3.3. Disposiciones para ductilidad muy alta

La sección mínima de la sección transversal será de 300 mm.

La cuantía máxima de armado longitudinal será de 4%.

El diámetro mínimo de la armadura transversal será $\phi 8$.

La distancia entre armaduras longitudinales no será superior a 150 mm. En toda la longitud de la columna, es preciso suministrar soporte transversal de las armaduras longitudinales mediante cercos o ganchos adicionales, al menos de forma alternativa y en las barras de las esquinas.

En las zonas críticas, susceptibles de albergar una rótula plástica, se debe suministrar una cuantía de armadura transversal igual o superior a:

$$\omega_{W,\,min} = \frac{1}{\alpha}\left(\frac{v_d f_{yd}}{950}\frac{b_c}{b_0} - 0{,}035\right)$$

donde los parámetros de la fórmula toman los mismos significados que en el apartado anterior.

La separación máxima de las armaduras transversales en las zonas críticas será el menor de los siguientes valores: $b_0/4$, 100 mm o 6 veces el diámetro de la menor armadura longitudinal.

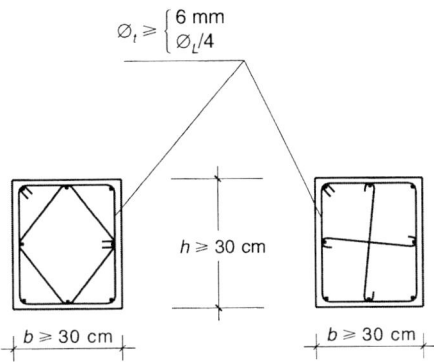

Figura A.10.7

6.4. Nudos

Para la comprobación de las condiciones de los nudos deberá procederse utilizando un modelo de bielas y tirantes, definido de acuerdo con los criterios generales del artículo 24º y estableciendo las comprobaciones de los distintos elementos según las indicaciones del artículo 40º.

Los nudos vigas-columna se dimensionarán para resistir el esfuerzo cortante determinado según criterios de proyecto por capacidad como se indica en el apartado 5 de este anejo. Adicionalmente, se debe disponer armadura transversal con la finalidad de suministrar confinamiento adecuado al hormigón del núcleo. Esta armadura será paralela a la armadura horizontal de las columnas.

En general, la armadura transversal de confinamiento en el nudo no será inferior a la especificada para las zonas críticas de las columnas. Como excepción, si el nudo recibe vigas por sus cuatro caras y el ancho de éstas es de al menos 3/4 de la dimensión paralela de la columna, la separación de los cercos de confinamiento puede ser el doble de la especificada anteriormente, pero nunca mayor a 150 mm.

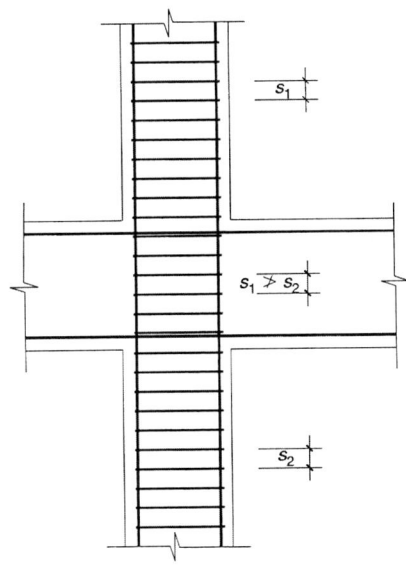

CONTINUIDAD DE CERCOS
EN EL NUDO

Figura A.10.8

6.5. Pantallas

Este apartado se refiere a elementos de gran rigidez cuya función fundamental es la de resistir los esfuerzos horizontales producidos por la acción sísmica y que cumplen las siguientes condiciones:

— El espesor mínimo de la pantalla será de 150 mm y no mayor que el 5% de la altura libre del piso.
— La armadura principal se dispone en ambas caras.
— Las pantallas que forman parte del sistema sismorresistente primario, proyectados con algún nivel de ductilidad diferente al esencialmente elástico, deben cumplir siguiente condición para el esfuerzo axil de cálculo:

$$\frac{N_d}{A_c f_{cd}} \leqslant 0,40$$

— La cuantía geométrica de armado longitudinal será de 4%.
— Las condiciones de rigidez y, por tanto, las dimensiones, no variarán significativamente a lo largo de la altura.
— En el caso de que se presenten huecos, éstos estarán alineados verticalmente.

En relación con el anclaje y solapo de las armaduras, se cumplirán las siguientes indicaciones:

— Las longitudes de anclaje de las armaduras se aumentarán 10ϕ respecto a las definidas para cargas estáticas el articulado de esta instrucción.
— Los grupos de pantallas de sección rectangular conectadas entre sí en planta formando secciones L, T U, doble T o similares, se considerarán como unidades integrales formadas por almas y alas.

El ancho efectivo de las alas se tomará a partir del borde de las almas en una longitud no mayor que la longitud real del ala, la mitad de la distancia entre almas adyacentes o el 25% de la altura total de la pared por encima del nivel considerado. En todo caso, el axil reducido al que se hace referencia en este apartado está normalizado respecto al alma de la sección transversal.

La longitud de la zona crítica, susceptible de albergar una rótula plástica, se tomará como el valor máximo de la longitud horizontal de la pantalla o la altura total de la pared. No obstante, la longitud de la zona crítica no será superior a 2 veces la longitud horizontal de la pantalla, la altura libre de piso para edificios de 6 pisos o menos o 2 veces la altura libre de piso para edificios de más de 6 pisos.

Siempre que el axil reducido de cálculo bajo la acción sísmica sea igual o superior a 0,15 es preciso disponer la siguiente cuantía mecánica de armadura horizontal de confinamiento en la zona crítica:

En elementos primarios de ductilidad alta

$$\omega_{W,\min} = \frac{1}{\alpha}\left[\frac{(v_d + \omega_v)f_{yd}}{1.333}\frac{b_c}{b_0} - 0,035\right]$$

En elementos primarios de ductilidad muy alta

$$\omega_{W,\min} = \frac{1}{\alpha}\left[\frac{(v_d + \omega_v)f_{yd}}{950}\frac{b_c}{b_0} - 0,035\right]$$

donde:

ω_v = Cuantía mecánica de armadura vertical en el alma, normalizada respecto al alma de la pantalla.

Este confinamiento se debe disponer en los extremos de la pantalla, en forma de cercos, en una distancia horizontal (l_c) medida desde el recubrimiento de las armaduras hasta el punto en el que el hormigón no confinado pueda sufrir desprendimiento. Esta distancia se puede obtener como:

$$l_c = x_u \left(1 - \frac{\varepsilon_{cu}}{\varepsilon_{cu,c}} \right)$$

donde:

ε_{cu} = Deformación de aplastamiento del hormigón para la resistencia característica que corresponda.

$\varepsilon_{cu,c}$ = Deformación de aplastamiento del hormigón confinado que se puede obtener como: $\varepsilon_{cu,c} = \varepsilon_{cu} + 0,1\alpha\omega_w$, donde α y ω_w son los parámetros definidos en el punto 40.3.4.

X_u = Profundidad de la fibra neutra en rotura después del desprendimiento del hormigón no confinado. A falta de un cálculo riguroso, ésta se puede estimar como:

$$x_u = (v_d + \omega_v) \frac{h_c b_c}{b_0}$$

siendo b_0 el ancho del núcleo confinado de la pantalla.

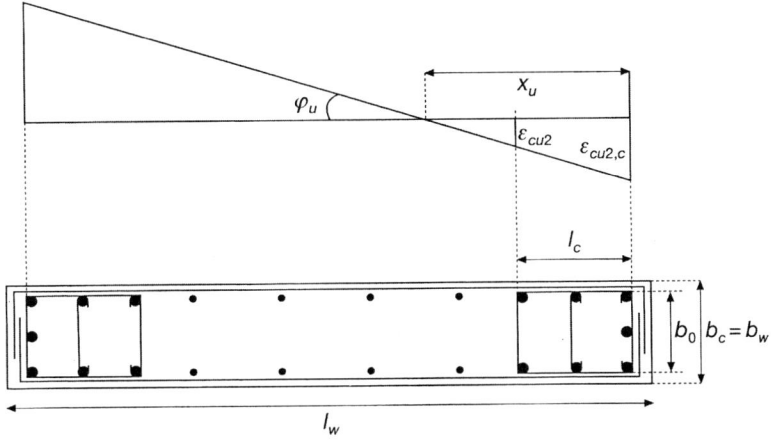

Figura A.10.9

En la zona de borde confinada, la cuantía de armadura vertical no debe ser menor a 0,005. El espesor de la zona de borde confinada no debe ser menor a 200 mm en general.

Si la longitud l_c no excede el doble del ancho de la zona confinada o el 20% de la longitud horizontal del muro, el ancho del la zona confinada será también mayor al 10% de la altura libre del piso.

Si la longitud l_c excede el doble del ancho de la zona confinada o el 20% de la longitud horizontal del muro, el ancho del la zona confinada será también mayor al 15% de la altura libre del piso.

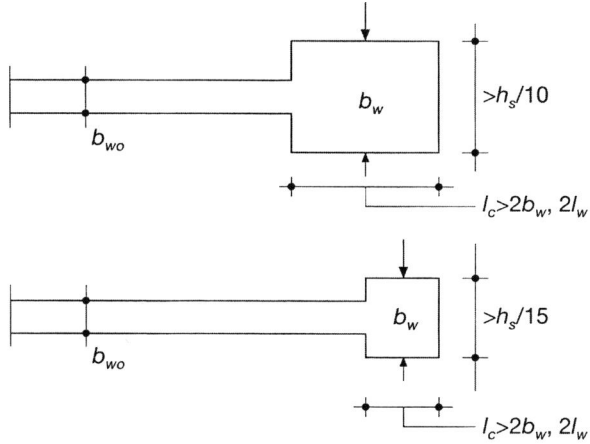

Figura A.10.10

6.6. Elementos de unión entre pantallas acopladas

Este apartado se refiere a elementos tipo dintel o vigas de canto que unen en su plano dos pantallas a distintas alturas. Se entiende que estos elementos son suficientemente rígidos como para acoplar la deformación de las pantallas tanto en sentido de desplazamientos horizontales como de giros. Dichos elementos se deben considerar en el modelo estructural de la pantalla. Las placas o forjados no contenidos dentro del plano de la pantalla no se consideran elementos de acoplamiento.

Estos elementos pueden dimensionarse como vigas si se cumple que la longitud del mismo es mayor a 3 veces su canto o bien cuando la fisuración inclinada bajo la acción sísmica sea poco probable, lo cual se puede considerar satisfecho si se da la condición:

$$V_d \leqslant f_{ctd} bh$$

donde:

V_d = Cortante de cálculo bajo la combinación sísmica.

f_{ctd} = Resistencia a tracción inferior de cálculo del hormigón.

Cuando los criterios anteriores no se cumplan, estos elementos deben dimensionarse de acuerdo a los criterios de bielas y tirantes definidos de acuerdo con los criterios generales del artículo 24º y estableciendo las comprobaciones de los distintos elementos según las indicaciones del artículo 40º.

El armado de estos elementos debe disponerse formando dos diagonales a lo largo de la viga como se muestra en la Figura A.10.11.

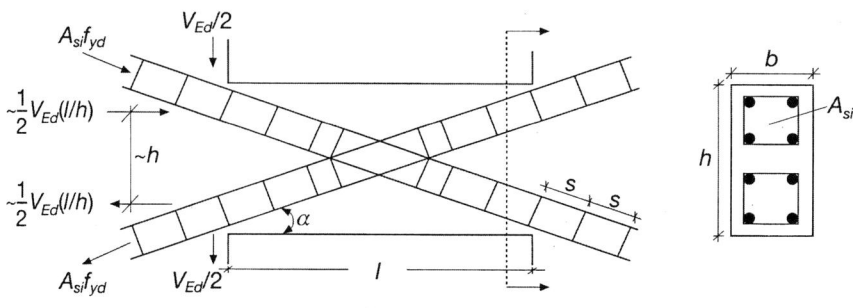

Figura A.10.11

El armado longitudinal en cada diagonal debe satisfacer la condición siguiente:

$$V_d \leqslant 2A_{si}f_{yd}\operatorname{sen}\alpha$$

siendo α la inclinación de las diagonales respecto a la horizontal y A_{si} el área de armado longitudinal en cada diagonal.

Las diagonales deben armarse siguiendo patrones similares a los de las columnas para evitar el pandeo de las mismas. La dimensión de la diagonal en el plano de la viga será al menos 50% del ancho de la viga. La longitud de anclaje de las armaduras se debe aumentar en un 50% respecto a las requeridas en el articulado de esta instrucción para cargas estáticas. Se debe disponer armadura transversal, para evitar el pandeo de las armaduras comprimidas, de acuerdo a lo indicado en el apartado 6.3 de este anejo.

Adicionalmente, se dispondrán armaduras verticales y horizontales en ambas caras tal y como se establece en el articulado de esta instrucción en relación a las vigas de gran canto.

6.7. Diafragmas horizontales

Los diafragmas horizontales pueden estar constituidos por losas de hormigón o por la capa de compresión de los forjados unidireccionales o bidireccionales siempre que su espesor sea mayor o igual que 50 mm, se disponga una armadura de reparto en ambas direcciones y se garantice una adecuada vinculación con los elementos perimetrales (vigas o zunchos).

A efectos de cálculo los diafragmas pueden considerarse como elementos infinitamente rígidos en su plano, siempre que la relación entre la dimensión mayor y la menor del mismo en planta sea igual o menor a 4. Si esta relación no se cumple, en todo el forjado o en alguna región de éste, se necesitará hacer un análisis más detallado sobre la deformabilidad del mismo y sus efectos en el reparto de la acción sísmica a los elementos primarios.

Los diafragmas horizontales deben dimensionarse de acuerdo a los criterios de bielas y tirantes definidos de acuerdo con los criterios generales del artículo 24º y estableciendo las comprobaciones de los distintos elementos según las indicaciones del artículo 40º. Se debe garantizar que el diafragma es capaz de distribuir los esfuerzos sísmicos a los elementos primarios unidos por el ismo, prestando atención a la concentración de esfuerzos que se produce en la zona de huecos y las posibles direcciones de la acción sísmica.

Las bielas deben estar adecuadamente confinadas, siguiendo criterios similares a los usados para columnas de ductilidad alta, a menos que la compresión de las mismas sea inferior a $0,15f_{cd}$ bajo la acción sísmica de cálculo. Si es preciso armado longitudinal en las bielas comprimidas, se deben adoptar medidas apropiadas para evitar el pandeo de las armaduras longitudinal de acuerdo a lo indicado en el apartado 6.3 de este anejo.

En diafragmas formados por placas prefabricadas se debe verificar la capacidad de las juntas longitudinales para transmitir el esfuerzo cortante, que se produce en el plano de las mismas, considerando el diafragma como una viga apoyada en los elementos del sistema primario. Este cortante puede resistirse mediante armadura que atraviese la junta transversalmente y se ancle en los elementos prefabricados (posteriormente la junta debe ser hormigonada) o bien mediante la armadura transversal de la losa superior hormigonada *in situ* (si existe).

En este último caso, la losa superior debe ser de al menos 70 mm de espesor. La superficie de la placa prefabricada sobre la que se hormigona la losa debe ser rugosa y estar limpia o bien deben existir conectadores de cortante.

De igual modo, se debe verificar la capacidad de los diafragmas prefabricados de transmitir los esfuerzos sísmicos a los elementos primarios.

6.8. Elementos de cimentación

Si los esfuerzos de cálculo de la cimentación se determinan mediante los criterios de proyecto por capacidad, no se espera disipación significativa de energía en estos elementos y por lo tanto no requieren un detallado especial para garantizar un nivel de ductilidad. En caso contrario, los elementos de cimentación deben cumplir los mismos requisitos indicados anteriormente.

En todo caso, la solución adoptada para la cimentación debe adaptarse a los siguientes criterios:

— Debe evitarse la coexistencia de distintas soluciones de cimentación en una misma unidad estructural, entendida como la parte de la estructura separada del resto por una junta en toda su altura.
— Si el terreno de apoyo presenta heterogeneidades sustanciales, la cimentación se fraccionará constituyendo unidades estructurales diferentes.
— Si existe probabilidad de licuefacción se evitarán cimentaciones superficiales.
— El extremo de las cimentaciones profundas deben llevarse bajo las capas licuables.
— Se deben disponer de elementos de atado, bajo elementos primarios, en ambas direcciones a base de vigas de atado a la altura de zapata, evitando la formación de pilares cortos. Las dimensiones mínimas de las vigas de atado serán de 250 mm de base y 400 mm de canto, para estructuras de hasta 3 pisos sobre el sótano, o 500 mm de canto, para estructuras de altura mayor. Se debe tener en cuenta el esfuerzo axil que tiene lugar debido a la acción horizontal.
— Si la aceleración de cálculo es inferior a 0,16 g el atado puede ser a base de una losa de cimentación siempre que su canto sea al menos 150 mm o 1/50 la distancia entre pilares.

6.9. Elementos y uniones prefabricadas

Las vigas y soportes prefabricados deben satisfacer los requisitos indicados en el apartado 6.1 y 6.2 de esta recomendación teniendo presente la vinculación real de los elementos en la determinación de las regiones críticas.

En pórticos de nudos rígidos, se debe garantizar la adecuada transmisión de momentos de sentido positivo y negativo a través de las uniones y los apoyos empotrados con una resistencia adecuada. Los esfuerzos de cálculo deben determinarse de acuerdo a los principios de proyecto por capacidad.

Si la unión de los elementos se localiza dentro de una región crítica, ésta debe sobredimensionarse, de acuerdo a los criterios de capacidad, para garantizar que no plastifica a menos que se demuestre que la unión conforma un dispositivo con suficiente ductilidad y capacidad de disipación de energía y ha sido considerada como tal en el proyecto. En todo caso, se debe prevenir, mediante criterios de proyecto por capacidad, el colapso prematuro de la unión.

En pantallas formadas por elementos prefabricados se debe verificar la capacidad de transmitir los esfuerzos cortantes, que se producen en el plano del mismo, siguiendo disposiciones similares a las indicadas para las juntas de diafragmas horizontales en el apartado 6.6 de este anejo.

En los diafragmas horizontales constituidos a partir de elementos prefabricados se deben satisfacer las disposiciones indicadas en el apartado 6.6 de este anejo.

7. Anclaje de armaduras

El anclaje de las armaduras debe realizarse conforme lo indicado en artículo 68° de esta instrucción. Se recuerda que bajo solicitaciones sísmicas, el anclaje de las armaduras debe aumentarse en 10ϕ respecto al valor dado para cargas estáticas.

anejo 11

Tolerancias

1. Especificaciones del Sistema de Tolerancias

El sistema de tolerancias que adopte el Autor del Proyecto debe quedar claramente establecido en el Pliego de Prescripciones Técnicas Particulares, bien por referencia a este Anejo, bien
completado o modificado según se estime oportuno.

2. Terminología

Se indica a continuación la terminología esencial.

a) Alabeo. La desviación de la posición real de una esquina cualquiera de una cara de un
elemento plano, respecto al plano definido por las otras tres esquinas (Figura A.11.2.a).

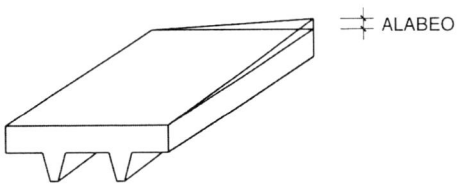

Figura A.11.2.a

b) Arqueo. La desviación de la posición de cualquier punto de la superficie real de un elemento teóricamente plano y la superficie plana básica (Figura A.11.2.b).

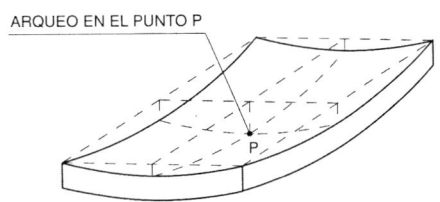

Figura A.11.2.b

c) Ceja. Resalto en la junta entre los bordes de dos piezas contiguas.

d) Desplome. Ver j).

e) Desviación. Diferencia entre la dimensión real o posición real y la dimensión básica o posición básica, respectivamente.

f) Desviación admisible. Límite aceptado para la desviación, con su signo (Figura A.11.2.c).

g) Desviación de nivel. La desviación vertical de la posición real de un punto, recta o plano, respecto a la posición básica de un plano horizontal de referencia.

h) Desviación lateral. La desviación de la posición real de un punto o recta dentro de un plano horizontal, respecto a la posición básica de un punto o recta de referencia, situados en ese plano.

i) Desviación relativa. La desviación entre las posiciones reales de dos elementos en un plano, o entre elementos adyacentes en una construcción, o la distancia de un punto, recta o plano a un elemento de referencia.

j) Desviación de la vertical. La desviación entre la posición de un punto, línea o plano y la posición básica de una línea vertical o plano vertical de referencia. Cuando se aplica a muros o pilares se llama desplome.

k) Dimensión básica o posición básica. Dimensión o posición que sirven de referencia para establecer los límites de desviación (Figura A.11.2.c).

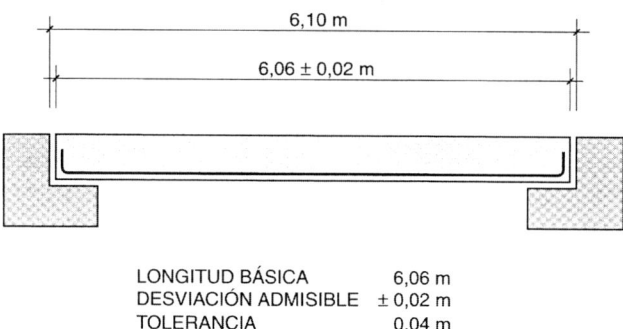

Figura A.11.2.c

l) Planeidad. El grado en que una superficie se aproxima a un plano (Figura A.11.2.d).

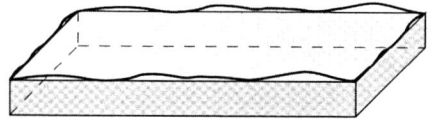

Figura A.11.2.d

m) Rectitud. El grado en que una línea se aproxima a una recta (Figura A.11.2.e).

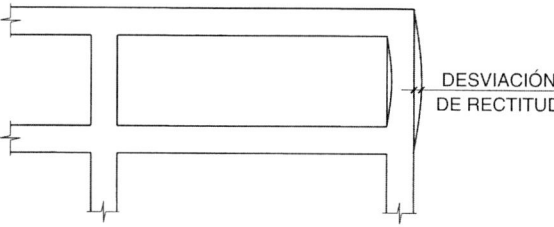

Figura A.11.2.e

n) Superficie no vista. La superficie de un elemento de hormigón destinada a ser revestida con tendidos, enfoscados, aplacados, etc., o que no va a ser observada por el usuario durante la vida útil de la construcción.

ñ) Superficie vista. La superficie de un elemento de hormigón que no va a ser revestida, salvo con pinturas, y que va a ser observada por el usuario durante la vida útil de la construcción.

o) Tolerancia. La diferencia entre los límites admisibles para las desviaciones de una dimensión o posición (Figura A.11.2.c). La tolerancia es un valor absoluto sin signo.

Por ejemplo, para desviaciones admisibles de $+30$ mm y -20 mm, la tolerancia es 50 mm.

3. Selección del sistema de tolerancias

Conviene que las tolerancias adoptadas en un proyecto sean las más amplias compatibles con el funcionamiento adecuado de la construcción. No deben establecerse tolerancias cuya verificación no sea necesaria para dicho funcionamiento.

El sistema que se incluye en este Anejo es adecuado para obras de hormigón de tipo usual. Para algunas desviaciones específicas se indican distintas desviaciones admisibles según tipos de uso o grados de acabado. De todas formas, su adaptación a cada proyecto concreto puede requerir alguna modificación puntual.

4. Principios generales

a) Las tolerancias se aplican a las cotas indicadas en los planos. Deberá evitarse el doble dimensionamiento, pero en principio si a una dimensión o posición le corresponden varias tolerancias en el sistema descrito en este documento, se entiende que rige la más estricta salvo que se indique otra cosa.

b) La construcción no debe en ningún caso traspasar los límites de propiedad, con independencia de las desviaciones que en este Anejo se indican.

c) En caso de dimensiones fraccionadas que forman parte de una dimensión total, las tolerancias deben interpretarse individualmente y no son acumulativas.

d) Las comprobaciones deben realizarse antes de retirar apeos, puntales y cimbras en los elementos en que tal operación pueda producir deformaciones.

e) El Constructor debe mantener las referencias y marcas que permitan la medición de desviaciones durante el tiempo de ejecución de la obra.

f) Los valores para las desviaciones admisibles deben elegirse dentro de la serie preferente 10, 12, 16, 20, 24, 30, 40, 50, 60, 80, 100.

g) Si se han respetado las tolerancias establecidas, la medición y abono de los elementos se hace a partir de las dimensiones básicas indicadas en los planos, es decir sin considerar las desviaciones ocurridas en la ejecución.

h) Si las desviaciones indicadas en este documento son excedidas en la construcción y pudieran causar problemas en su uso, podrán aplicarse las penalizaciones económicas establecidas para ello en el Pliego de Condiciones del Proyecto, pero la aceptación o rechazo de la parte de obra correspondiente debe basarse en el estudio de la trascendencia que tales desviaciones puedan tener sobre la seguridad, funcionalidad, durabilidad y aspecto de la construcción.

5. Desviaciones admisibles

Se indican siempre en mm.

5.1. Armaduras

5.1.1. Armaduras pasivas

a) Para las longitudes de corte y barras dobladas:

$$\text{Para } L \leqslant 6.000 \text{ mm}$$
$$\Delta = -20 \text{ mm y } +50 \text{ mm}$$
$$\text{Para } L > 6.000 \text{ mm}$$
$$\Delta = -30 \text{ mm y } +50 \text{ mm}$$

donde L indica la longitud recta de las barras de la armadura pasiva.

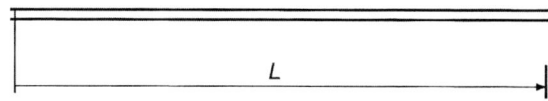

Figura A.11.5.1.1.a1

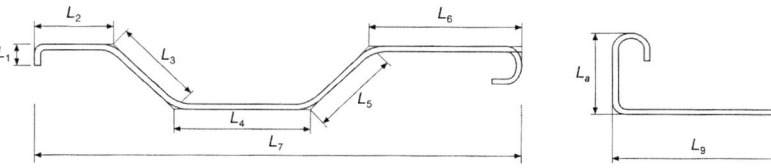

Figura A.11.5.1.1.a2

Así mismo, deberán garantizarse siempre el recubrimiento mínimo de hormigón definido en el proyecto y las longitudes de solape de esta Instrucción, pudiéndose superar la tolerancia de $+50$ mm.

b) Para estribos y cercos:

$$\text{Para } \varnothing \leqslant 25 \text{ mm}$$
$$\Delta L = \pm 16 \text{ mm}$$
$$\text{Para } \varnothing > 25 \text{ mm}$$
$$\Delta L = -24 \text{ mm y } +20 \text{ mm}$$

donde L indica la longitud según la Figura A.11.5.1.1.b.
Así mismo, $|L_1 - L_2| \leqslant 10$ mm.

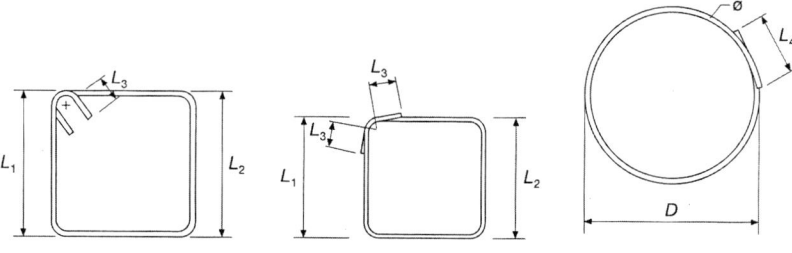

Figura A.11.5.1.1.b1

c) Para la posición básica del eje, en series de barras paralelas, en muros, losas, zapatas, etc.:

$$\Delta = \pm 50 \text{ mm y el número total de barras nunca debe ser inferior al especificado}$$

d) Para la posición básica de estribos y cercos

$$\Delta = \pm b/12 \text{ mm}$$

siendo b el lado menor de la sección rectangular del pilar o el canto o el ancho de la viga.
        Así mismo, nunca podrá disminuirse el número total de estribos y cercos por tramo el elemento estructural al que pertenezcan.

e) Para los ángulos de doblado de ganchos, patillas, ganchos en U y otras barras curvadas

$$\Delta = \pm 5^\circ \text{ respecto al ángulo indicado en el proyecto}$$

Así mismo, siempre deberá garantizarse el recubrimiento mínimo de hormigón definido en el proyecto y las longitudes de solape de esta Instrucción.

5.1.2. Armaduras activas

a) Para la posición de los tendones de pretensado, en comparación con la posición definida en proyecto:

Para $l \leqslant 200$ mm
    Para tendones que sean parte de un cable, tendones simples y cordones:
    $\Delta = \pm 0,025/$

Para $l > 200$ mm
    Para tendones que sean parte de un cable y para tendones simples:
    $\Delta = \pm 0,025l$ o $\Delta = \pm 20$ mm (lo que sea mayor).
    Para cordones: $\Delta = \pm 0,04l$ o $\Delta = \pm 30$ mm (lo que sea mayor).

donde l indica el canto o anchura de la sección transversal.

b) Se pueden utilizar otras tolerancias distintas de las definidas en el párrafo a) si se demuestra que no reducen el nivel requerido de seguridad.

c) Tolerancias para el recubrimiento del hormigón. La desviación del recubrimiento no excederá los valores:

$$\pm 5 \text{ mm en elementos prefabricados}$$
$$\pm 10 \text{ mm en elementos hormigonados } \textit{in situ}$$

5.2. Cimentaciones

a) Variación en planta del centro de gravedad de cimientos aislados (ver f) para pilotes) (Figura A.11.5.2.a).

2% de la dimensión del cimiento en la dirección correspondiente, sin exceder de ± 50 mm.

b) Niveles

Cara superior del hormigón de limpieza
    $+20$ mm
    -50 mm

Cara superior del cimiento (ver g) para pilotes)
  $+20$ mm
  -50 mm
Espesor del hormigón de limpieza
  -30 mm

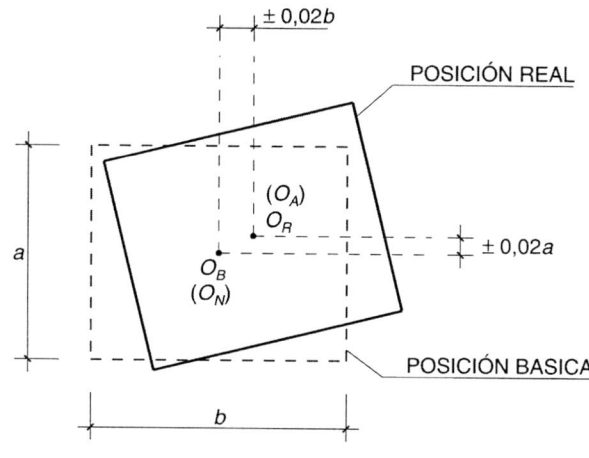

Figura A.11.5.2.a

c) Dimensiones en planta ($a_1 - a$ o $b_1 - b$) (Figura A.11.5.2.b).
 Cimientos encofrados
  $+40$ mm
  -20 mm
 Cimientos hormigonados contra el terreno
  Dimensión no superior a 1 m
  $+80$ mm
  -20 mm
  Dimensión superior a 1 m pero no superior a 2,5 m
  $+120$ mm
  -20 mm
  Dimensión superior a 2,5 m
  $+200$ mm
  -20 mm

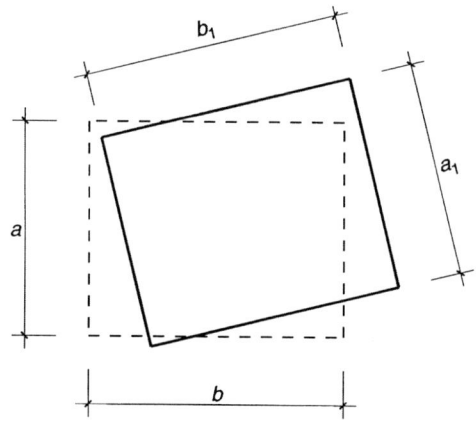

Figura A.11.5.2.b

d) Dimensiones de la sección transversal (como mínimo las establecidas en 5.3.d)

$$+5\% \not> 120 \text{ mm}$$
$$-5\% \not< 20 \text{ mm}$$

e) Planeidad.

Desviaciones medidas después de endurecido y antes de 72 horas desde el vertido del hormigón, con regla de 2 m colocada en cualquier parte de la cara superior del cimiento y apoyada sobre dos puntos cualesquiera (no es aplicable a elementos de dimensión inferior a 2 m).

Del hormigón de limpieza:
$$\pm 16 \text{ mm}$$
De la cara superior del cimiento:
$$\pm 16 \text{ mm}$$
De caras laterales (sólo para cimientos encofrados):
$$\pm 16 \text{ mm}$$

f) Desviación en planta del centro de gravedad de la cara superior de un pilote

Control de ejecución reducido:
$$\pm 150 \text{ mm}$$
Control de ejecución intenso:
$$\pm 50 \text{ mm}$$

g) Desviación en el nivel de la cara superior de un pilote, una vez descabezado

$$-60 \text{ mm}$$
$$+30 \text{ mm}$$

h) Desviación en el diámetro d de la sección del pilote

$$+0,1d \not> +100 \text{ mm}$$
$$-20 \text{ mm}$$

5.3. Elementos de estructuras de edificios construidas *in situ*

a) Desviación de la vertical

Siendo H la altura del punto considerado respecto al plano horizontal que se tome como referencia.

a-1) Líneas y superficies en general (Δ en mm para H en m)

$H \leqslant 6$ m	$\Delta = \pm 24$ mm	
6 m $< H \leqslant 30$ m	$\Delta = \pm 4H$	$\not> \pm 50$ mm
$H \geqslant 30$ m	$\Delta = \pm 5H/3$	$\not> \pm 150$ mm

a-2) Arista exterior de pilares de esquina vistos, y juntas verticales de dilatación vistas (Δ en mm para H en m)

$H \leqslant 6$ m	$\Delta = \pm 12$ mm	
6 m $< H \leqslant 30$ m	$\Delta = \pm 2H$	$\not> \pm 24$ mm
$H \geqslant 30$ m	$\Delta = \pm 4H/5$	$\not> \pm 80$ mm

b) Desviaciones laterales

Piezas en general

$$\Delta = \pm 24 \text{ mm}$$

Huecos en losas y forjados. Desviación del centro para huecos de dimensión en la dirección considerada hasta 30 cm

$$\Delta = \pm 12 \text{ mm}$$

Huecos en losas de forjados. Desviación de los bordes para huecos de dimensiones en la dirección considerada superiores a 30 cm

$$\Delta = \pm 12 \text{ mm}$$

Juntas en general

$$\Delta = \pm 16 \text{ mm}$$

c) Desviaciones de nivel

c-1) Cara superior de losas

c-1.1) Cara superior de losas de pavimento
± 20 mm

c-1.2) Cara superior de losas y forjados, antes de retirar puntales
± 20 mm

c-1.3) Cara inferior encofrada de piezas, antes de retirar puntales
± 20 mm

c-1.4) Dinteles, parapetos y acanaladuras así como resaltos horizontales vistos
± 12 mm

d) Dimensiones de la sección transversal

Escuadría de vigas, pilares, pilas, canto de losas y forjados y espesor de muros (Dimensión D)

$$D \leqslant 30 \text{ cm}$$
$$+10 \text{ mm}$$
$$-8 \text{ mm}$$
$$30 \text{ cm} < D \leqslant 100 \text{ cm}$$
$$+12 \text{ mm}$$
$$-10 \text{ mm}$$
$$100 \text{ cm} < D$$
$$+24 \text{ mm}$$
$$-20 \text{ mm}$$

e) Desviación relativa

e-1) Escaleras (aplicable a escaleras en que el peldañeado se realiza con el propio hormigón, sin material de revestimiento).
Diferencia de altura entre contrahuellas consecutivas:
3 mm
Diferencia de ancho entre huellas consecutivas:
6 mm

e-2) Acanaladuras y resaltos
Ancho básico inferior a 50 mm
± 3 mm
Ancho básico entre 50 y 300 mm
± 6 mm

e-3) Desviaciones de cara encofrada de elementos respecto al plano teórico, en 3 m.

    e-3.1) Desviación de la vertical de aristas exteriores de pilares vistos y juntas en hormigón visto
        ± 6 mm

    e-3.2) Restantes elementos
        ± 10 mm

e-4) Desviación relativa entre paneles consecutivos de encofrados de elementos superficiales (debe seleccionarse la Clase correspondiente en el Proyecto)
    Superficie Clase A
      ± 3 mm
    Superficie Clase B
      ± 6 mm
    Superficie Clase C
      ± 12 mm
    Superficie Clase D
      ± 24 mm

e-5) Planeidad de acabado de losas de pavimentos y losas y forjados de piso. Desviación vertical medida con regla de 3 m colocada en cualquier parte de la losa o forjado y apoyada sobre dos puntos, antes de retirar los puntales, después de endurecido el hormigón y dentro de las primeras 72 h a partir del vertido.
    Acabado superficial:
    Llaneado mecánico (tipo *helicóptero*)
      ± 12 mm
    Maestreado con regla
      ± 8 mm
    Liso
      ± 5 mm
    Muy liso
      ± 3 mm

    En cuanto a la planeidad de acabado, no deben especificarse tolerancias para losas y forjados de piso no cimbrados ya que la retracción y las flechas pueden afectar de forma importante a la medida de las desviaciones.

    El método de la regla es muy imperfecto y hoy va siendo sustituido por la evaluación estadística de medidas de planeidad y de nivelación.

f) Aberturas en elementos

    f-1) Dimensiones de la sección transversal
      $+ 24$ mm
      $- 6$ mm

    f-2) Situación del centro
      ± 12 mm

5.4. Piezas prefabricadas (no aplicable a pilotes prefabricados)

Con carácter general, para los elementos prefabricados que tengan marcado CE, las tolerancias exigibles serán las establecidas en la correspondiente norma europea armonizada producto. Las tolerancias establecidas en los apartados 5.4.1, 5.4.2 y 5.4.3 sólo tienen aplicación en el caso de elementos que no dispongan del marcado CE.

5.4.1. Tolerancias de fabricación de elementos lineales

a) Longitud de pieza, L

$$\pm 0{,}001\, L$$

Con un mínimo de 5 mm para longitudes hasta 1 m y 20 mm para longitudes mayores.

b) Dimensiones transversales, D

$$D \leqslant 150 \text{ mm}$$
$$\pm 3 \text{ mm}$$
$$150 \text{ mm} < D \leqslant 500 \text{ mm}$$
$$\pm 5 \text{ mm}$$
$$500 \text{ mm} < D \leqslant 1.000 \text{ mm}$$
$$\pm 6 \text{ mm}$$
$$D > 1.000 \text{ mm}$$
$$\pm 10 \text{ mm}$$

c) Flecha lateral medida respecto al plano vertical que contiene al eje de la pieza, no será superior a $L/750$. Además, en función de la luz L, deberán cumplir:

$$L \leqslant 6 \text{ m}$$
$$\pm 6 \text{ mm}$$
$$6 \text{ m} < L \leqslant 12 \text{ m}$$
$$\pm 10 \text{ mm}$$
$$L > 12 \text{ m}$$
$$\pm 12 \text{ mm}$$

d) Desviación de la contraflecha respecto al valor básico de proyecto, medida en el momento del montaje

Piezas en general

$$\pm \frac{L}{750} \qquad \text{con un valor límite de 16 mm}$$

Piezas consecutivas en la colocación

$$\pm \frac{L}{1.000} \qquad \text{con un valor límite de 12 mm}$$

donde L es la longitud de la pieza. La segunda condición solo rige si la desviación afecta al aspecto estético.

e) Planeidad de la superficie de la cara superior. Desviación medida con regla de 3 m colocada en dos puntos cualesquiera, en el momento del montaje.

e-1) Si no han de recibir encima losa superior de hormigón *in situ*
$$\pm 6 \text{ mm}$$

e-2) Si han de recibir encima losa superior de hormigón *in situ*
$$\pm 12 \text{ mm}$$

5.4.2. Tolerancias de fabricación de elementos superficiales

a) Longitud, siendo L la dimensión básica

$$L \leqslant 6 \text{ m}$$
$$\pm 8 \text{ mm}$$

$$6 \text{ m} < L \leqslant 12 \text{ m}$$
$$+ 12 \text{ mm}$$
$$- 16 \text{ mm}$$
$$L > 12 \text{ m}$$
$$+ 16 \text{ mm}$$
$$- 20 \text{ mm}$$

b) Desviaciones en las dimensiones de la sección transversal (D)

$$D \leqslant 60 \text{ cm}$$
$$\pm 6 \text{ mm}$$
$$60 \text{ cm} < D \leqslant 100 \text{ cm}$$
$$\pm 8 \text{ mm}$$
$$D > 100 \text{ cm}$$
$$\pm 10 \text{ mm}$$

c) Aberturas en paneles

Dimensiones en la abertura
$$\pm 6 \text{ mm}$$
Posición de las líneas centrales de la abertura
$$\pm 6 \text{ mm}$$

d) Elementos embebidos

Tornillos
$$\pm 6 \text{ mm}$$
Placas soldadas
$$\pm 24 \text{ mm}$$
Anclajes
$$\pm 12 \text{ mm}$$

e) Alabeo medido en el momento del montaje

± 5 mm por metro de distancia a la más próxima de las esquinas adyacentes, pero no más de ± 24 mm.

f) Arqueo (siendo D la longitud de la diagonal de la pieza)

$\pm 0{,}003 D$ con un valor límite de 24 mm

5.4.3. Desviaciones de montaje

a) Desviaciones respecto a la vertical: rige 5.3.a

b) Desviaciones laterales: rige 5.3.b

c) Desviaciones de nivel: rige 5.3.c

d) Desviaciones en muros de paneles.

d-1) Ancho de junta en paneles vistos
$$\pm 6 \text{ mm}$$

d-2) Variación de ancho a lo largo de la junta entre dos paneles vistos:
± 2 mm por metro y como mínimo $\pm 1{,}5$ mm entre dos puntos cualesquiera a lo largo de la junta, sin exceder en ningún caso ± 6 mm.

d-3) Cejas entre dos paneles adyacentes
si $L \leqslant 6$ m ± 6 mm
si 6 m $< L \leqslant 9$ m ± 12 mm
si 9 m $< L \leqslant 12$ m ± 24 mm

e) Desviación de nivel entre bordes de caras superiores de piezas adyacentes

    e-1) Si llevan losa superior
        ± 16 mm

    e-2) Si no llevan losa superior
        ± 6 mm

    e-3) Piezas de cubierta sin losa superior
        ± 16 mm

    e-4) Elementos con funciones de guías o maestras
        ± 2 mm

f) Colocación de viguetas resistentes y semirresistentes en forjados

    f-1) Desviación del apoyo de bovedilla en vigueta, d_1 (Figura A.11.5.4.3.a)
        ± 5 mm con un valor límite de $d_1/3$
    medido respecto a la dimensión básica indicada en la Autorización de Uso o en la documentación técnica del fabricante, en el caso de que no sea exigible aquélla.

        En la práctica es más fácil controlar esta desviación admisible mediante el control de la desviación de la distancia entre ejes de viguetas, limitada a

$$\pm 10 \text{ mm} \not> \pm \frac{2d_1}{3}$$

    f-2) Entregas de viguetas o armaduras salientes en vigas (Figura A.11.5.4.3.b).
        Vigas de borde (Longitud L_1)
        ± 15 mm
        Vigas interiores (Longitud L_2)
        ± 15 mm

    f-3) Espesor de losa superior, medido sumergiendo un clavo en el hormigón fresco, en clave de bovedilla. La posición de la clave se determina tanteando con el clavo.
        -6 mm
        $+10$ mm

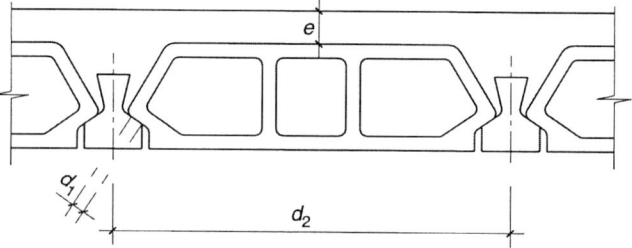

Figura A.11.5.4.3.a

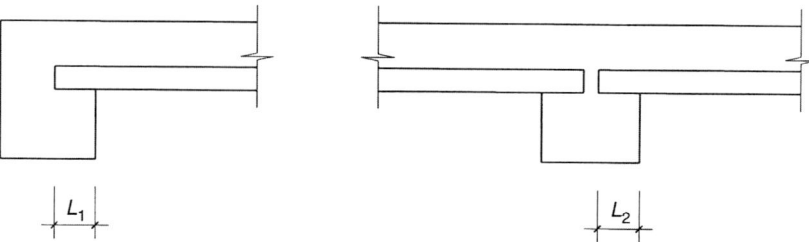

Figura A.11.5.4.3.b

5.5. Pantallas, núcleos, torres, chimeneas, pilas y otros elementos hormigonados con encofrado deslizante

a) Desviación de la vertical. Corrimiento horizontal respecto a la posición básica de cualquier punto de referencia en la base del elemento, en función de la altura H.

$$H \leqslant 30 \text{ m} \qquad \Delta = \pm 1{,}5H \qquad \text{con un valor límite de 12 mm}$$

$$H > 30 \text{ m} \qquad \Delta = \pm \frac{2}{5} H \qquad \text{con un valor límite de 100 mm}$$

donde Δ en mm y H en m.

b) Desviación lateral entre elementos adyacentes

± 50 mm

c) Espesor de muros y paredes.

Espesor no superior a 25 cm
$+12$ mm
-10 mm
Espesor superior a 25 cm
$+16$ mm
-10 mm

d) Desviación relativa de superficies planas encofradas.

Pueden desviarse de la posición plana básica sin exceder ± 6 mm en 3 m.

5.6. Muros de contención y muros de sótano

a) Desviación de la vertical. Corrimiento horizontal de cualquier punto del alzado respecto a la posición básica de cualquier punto de referencia situado en la cara superior del cimiento, en función de la altura H.

$H \leqslant 6$ m
Trasdós
± 30 mm
Intradós
± 20 mm
$H > 6$ m
Trasdós
± 40 mm
Intradós
± 24 mm

b) Espesor e:

$e \leqslant 50$ cm
$+16$ mm
-10 mm
$e > 50$ cm
$+20$ mm
-16 mm

En muros hormigonados contra el terreno, la desviación máxima será de 40 mm.

c) Desviación relativa de las superficies planas de intradós o de trasdós.

Pueden desviarse de la posición plana básica sin exceder ± 6 mm en 3 m.

d) Desviación de nivel de la arista superior del intradós, en muros vistos:

$$\pm 12 \text{ mm}$$

e) Tolerancia de acabado de la cara superior del alzado, en muros vistos:

± 12 mm con regla de 3 m apoyada en dos puntos cualesquiera, una vez endurecido el hormigón.

5.7. Obras hidráulicas y sanitarias

5.7.1. Canales

a) Desviación lateral

Tramos rectos
$$\pm 50 \text{ mm}$$
Tramos curvos
$$\pm 100 \text{ mm}$$

b) Ancho de la sección a cualquier nivel, siendo B el ancho básico:

$$\Delta = \pm (2{,}5B + 24) \text{ mm}$$
con Δ en mm para B en metros

c) Desviación de nivel

c-1) Solera
$$\pm 12 \text{ mm}$$

c-2) Coronación de cajeros siendo H el calado total
$$\Delta = \pm (5H + 24) \text{ mm}$$
con Δ en mm para H en metros

d) Espesor e de soleras y cajeros

$\pm e/10$, siempre que se mantenga el valor básico determinado como media de las medidas en tres puntos cualesquiera distantes entre sí 10 m, a lo largo del canal.

5.7.2. Alcantarillas, sifones, etc.

a) Desviación lateral

a-1) Línea del eje
$$\pm 24 \text{mm}$$

a-2) Posición de puntos de la superficie interior, siendo D la dimensión interior máxima:
$$\Delta = \pm 5D \text{ mm con un valor límite de 12 mm}$$
con Δ en mm para D en m

b) Desviación de nivel

b-1) Soleras o fondos
$$\pm 12 \text{ mm}$$

b-2) Superficies de cajeros
$$\pm 12 \text{ mm}$$

c) Dimensión e del espesor
$$e \leqslant 30 \text{ cm}$$
$$+0{,}05e \not< 12 \text{ mm}$$
$$-8 \text{ mm}$$
$$e > 30 \text{ cm}$$
$$+0{,}05e \not< 16 \text{ mm}$$
$$-0{,}025e \not> -10 \text{ mm}$$

5.8. Puentes y estructuras análogas hormigonadas *in situ* (para pilas deslizadas véase 5.5)

a) Desviación de la vertical

Superficies vistas
$$\pm 20 \text{ mm}$$
Superficies ocultas
$$\pm 40 \text{ mm}$$

b) Desviación lateral
Eje
$$\pm 24 \text{ mm}$$

c) Desviación de nivel
Cara superior de superficies de hormigón y molduras y acanaladuras horizontales
Vistas
$$\pm 20 \text{ mm}$$
Ocultas
$$\pm 40 \text{ mm}$$

d) Planeidad del pavimento
Dirección longitudinal
3 mm con regla de 3 m apoyada sobre dos puntos cualesquiera, una vez endurecido el hormigón y antes de 72 horas de vertido.
Dirección transversal
6 mm con regla de 3 m apoyada sobre dos puntos cualesquiera, una vez endurecido el hormigón y antes de 72 horas de vertido.

e) Aceras y rampas
En cualquier dirección:
6 mm con regla de 3 m apoyada sobre dos puntos cualesquiera, una vez endurecido el hormigón y antes de 72 horas de vertido.

f) Dimensiones de la sección transversal

f-1) Espesor e de la losa superior
$$e \leqslant 25 \text{ cm}$$
$$+10 \text{ mm}$$
$$-8 \text{ mm}$$
$$e > 25 \text{ cm}$$
$$+12 \text{ mm}$$
$$-10 \text{ mm}$$

f-2) Dimensiones transversales, D, de pilas, vigas, muros, estribos, etc.

$D \leqslant 30$ cm

$+ 10$ mm

$- 8$ mm

30 cm $< D \leqslant 100$ cm

$+ 12$ mm

$- 10$ mm

$D > 100$ cm

$+ 16$ mm

$- 12$ mm

f-3) Dimensiones de huecos en elementos de hormigón

± 12 mm

g) Desviación relativa

g-1) Posición de huecos en elementos de hormigón

± 12 mm

g-2) Superficies planas encofradas respecto a la posición básica del plano. Desviaciones en 3 m.

Superficies vistas

± 12 mm

Superficies ocultas

± 24 mm

g-3) Superficies no encofradas, aparte pavimentos y aceras, respecto a la posición básica del plano de referencia. Desviaciones:

En 3 m

± 6 mm

En 6 m

± 10 mm

5.9. Pavimentos y aceras (no aplicable a carreteras)

a) Desviaciones laterales

a-1) Posición de pasadores. Desviación del eje

± 24mm

a-2) Desviación de pasadores respecto al eje del pavimento (corrimiento del extremo del pasador en dirección de la junta)

± 6 mm

b) Desviaciones de planeidad

b-1) En dirección longitudinal:

3 mm con regla de 3 m apoyada sobre dos puntos cualesquiera, una vez endurecido el hormigón y antes de 72 horas de vertido.

b-2) En dirección transversal:

6 mm con regla de 3 m apoyada sobre dos puntos cualesquiera, una vez endurecido el hormigón y antes de 72 horas de vertido.

b-3) Aceras y rampas. En cualquier dirección:

6 mm con regla de 3 m apoyada sobre dos puntos cualesquiera, una vez endurecido el hormigón y antes de 72 horas de vertido.

5.10. Obras civiles de elementos de gran espesor no incluidas en otros apartados

a) Desviación de la vertical

Superficies vistas

± 30 mm

Superficies ocultas

± 50 mm

b) Desviación lateral

Superficies vistas

± 30 mm

Superficies ocultas

± 50 mm

c) Desviación de nivel

Superficies vistas, fratasadas o encofradas

± 12 mm

Superficies ocultas, fratasadas o encofradas

± 24 mm

d) Desviación relativa

d-1) Superficies planas encofradas respecto a la posición básica del plano. Desviaciones en 3 m.

Superficies vistas

± 12 mm

Superficies ocultas

± 24 mm

d-2) Superficies no encofradas, aparte pavimentos y aceras, respecto a la posición básica del plano de referencia. Desviaciones:

En 3 m

± 6 mm

En 6 m

± 10 mm

6. Tolerancias aplicables para reducir los coeficientes parciales de seguridad de los materiales

6.1. Estructuras construidas *in situ*

De acuerdo con los criterios definidos en el punto 15.3.1 del articulado podrá reducirse el coeficiente parcial de seguridad del acero al valor que figura en dicho apartado, siempre que se asegure que la desviación geométrica de la posición de la armadura (Δc) está dentro de los límites de la Tabla A.11.6.1.a.

Tabla A.11.6.1.a. Límite de desviación en la posición de las armaduras

Dimensión h o b (mm)	Posición de la armadura $\pm\Delta c$ (mm)
$\leqslant 150$	5
400	10
$\geqslant 2.500$	20

Nota 1: Los valores intermedios se podrán obtener por interpolación lineal.
Nota 2: Δc se refiere al valor medio obtenido para las armaduras pasivas o para los tendones de pretensado en la sección transversal o en una anchura de 1,0 m para el caso de losas o muros.

Así mismo, de acuerdo con los criterios definidos en el punto 15.3.2 del articulado, podrá reducirse el coeficiente parcial de seguridad del hormigón al valor que figura en el punto 3, siempre que se asegure que las desviaciones geométricas de la sección transversal (Δh, Δb) respecto de las dimensiones nominales están dentro de los límites de las Tabla A.11.6.1.b.

Tabla A.11.6.1.b. Límite de las desviaciones geométricas de la sección resistente

Dimensión h o b (mm)	Sección transversal $\pm\Delta h$, Δb (mm)
$\leqslant 150$	5
400	10
$\geqslant 2.500$	20

Nota 1: Los valores intermedios se podrán obtener por interpolación lineal.

6.2. Elementos prefabricados

Las reglas establecidas en el apartado 6.1 para estructuras construidas in situ son también aplicables para elementos prefabricados según se ha definido con anterioridad.

En el caso particular de elementos prefabricados puede reducirse el coeficiente parcial de seguridad del hormigón tal y como establece el punto 15.3.2 del articulado si el cálculo de la capacidad resistente de la sección se realiza utilizando, o bien los valores reales medidos en la estructura ya terminada, o una sección resistente reducida con unas dimensiones geométricas críticas obtenidas a partir de los valores nominales reducidos por las desviaciones recogidas en el apartado 6.1 de este anejo.

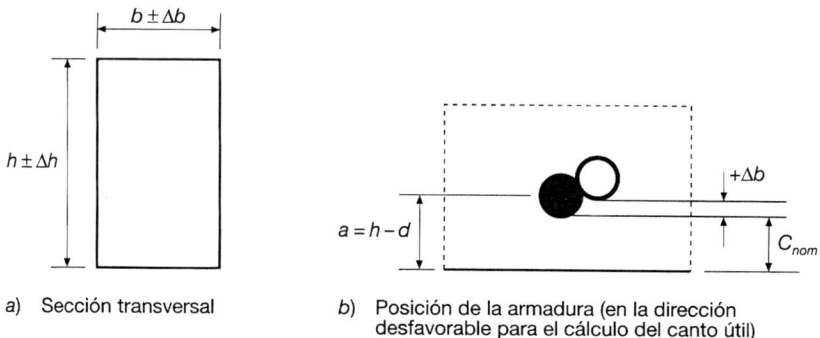

a) Sección transversal

b) Posición de la armadura (en la dirección desfavorable para el cálculo del canto útil)

Figura A.11.6.2. Sección resistente reducida.

anejo 12

Aspectos constructivos y de cálculo específicos de forjados unidireccionales con viguetas y losas alveolares prefabricadas

1. Alcance

Este anejo pretende suministrar reglas complementarias acerca de aspectos constructivos y de cálculo de forjados unidireccionales constituidos por elementos prefabricados y hormigón vertido *in situ*.

2. Definición de los elementos constitutivos de un forjado

— Vigueta: elemento longitudinal resistente, prefabricado en instalación fija exterior a la obra, diseñado para soportar cargas producidas en forjados de pisos o de cubiertas. Pueden ser armadas o pretensadas.

— Losa alveolar pretensada: elemento superficial plano de hormigón pretensado, prefabricado en instalación fija exterior a la obra, aligerado mediante alveolos longitudinales y diseñado para soportar cargas producidas en forjados. Sus juntas laterales están especialmente diseñadas para que, una vez rellenadas de hormigón, puedan transmitir esfuerzos cortantes a las losas adyacentes.

— Pieza de entrevigado: elemento prefabricado de cerámica, hormigón, poliestireno expandido u otros materiales idóneos, con función aligerante o colaborante, destinado a formar parte, junto con las viguetas, la losa superior hormigonada en obra y las armaduras de obra, del conjunto resistente de un forjado.

— Losa superior de hormigón: elemento formado por hormigón vertido en obra y armaduras, destinado a repartir las distintas cargas aplicadas sobre el forjado y otras funciones adicionales que le son requeridas (acción diafragma, arriostramiento y atado, resistencia mediante la formación de sección compuesta entre otras).

3. Tipos de forjado

3.1. Forjado de viguetas

Sistema constructivo constituido por:

a) viguetas prefabricadas de hormigón u hormigón y cerámica, armadas o pretensadas,

b) piezas de entrevigado cuya función puede ser de aligeramiento o también colaborante en la resistencia,

c) armaduras de obra, longitudinales, transversales y de reparto, colocadas previamente al hormigonado, y

d) hormigón vertido en obra para relleno de nervios y formación de la losa superior del forjado.

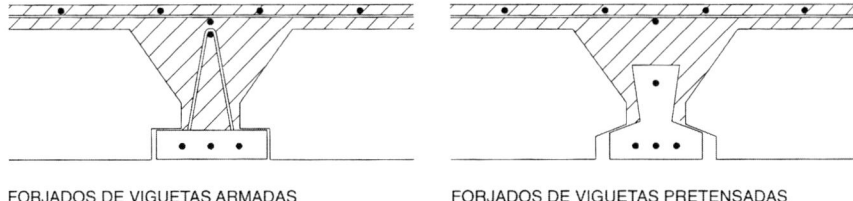

FORJADOS DE VIGUETAS ARMADAS   FORJADOS DE VIGUETAS PRETENSADAS

Figura A.12.3.1.   Tipos usuales de forjados de viguetas.

3.2. Forjado de losas alveolares pretensadas

Sistema constructivo constituido por:

a) losas alveolares prefabricadas de hormigón pretensado,

b) armadura colocada en obra, en su caso, y

c) hormigón vertido en obra para relleno de juntas laterales entre losas y formación de la losa superior, en su caso, de acuerdo el apartado 59.2.1 del articulado.

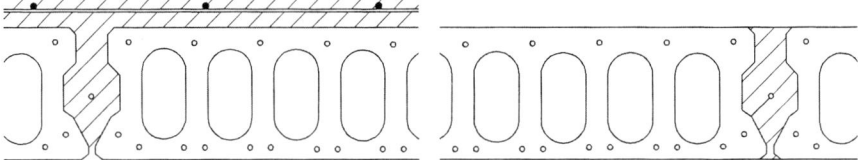

Figura A.12.3.2.   Tipos usuales de forjados de losas alveolares pretensadas.

4. Método simplificado para la redistribución de esfuerzos en forjados

Las solicitaciones con la redistribución máxima admitida para forjados pueden obtenerse por el método simplificado que se expone a continuación. En la gráfica básica del momento flector máximo de cada tramo, Figura A.12.4.a, se calculan los momentos para la carga total de acuerdo con los siguientes criterios:

— en los tramos extremos se tomará un momento igual al de su apoyo interno (M_1 o M_3);

— en los tramos intermedios se tomará un momento igual al de ambos apoyos (M_2);

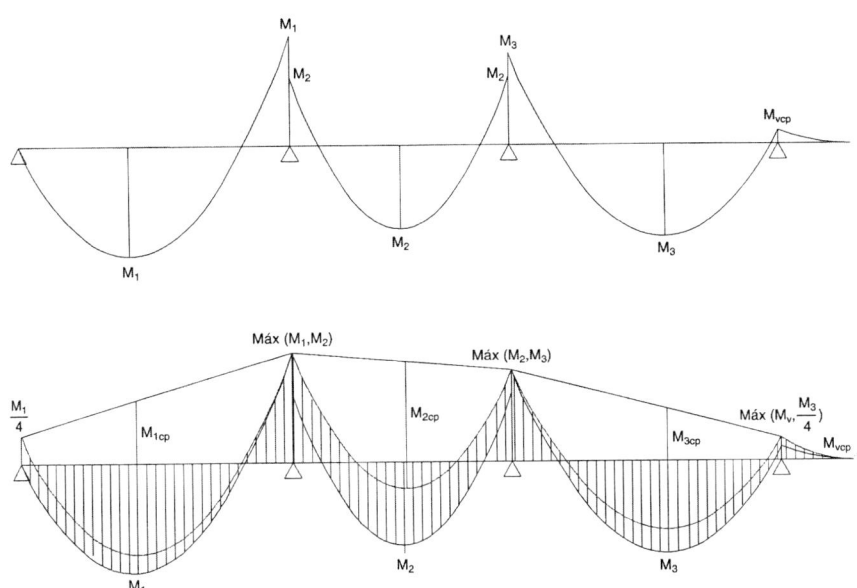

Figura A.12.4.a y b. Gráficas básica y envolvente de momentos flectores.

— en el apoyo exterior se tomará cero si no hay voladizo y si lo hay, el momento debido a las cargas permanentes del mismo (M_{vcp}).

Los valores de los momentos M_1, M_2 y M_3 para cargas uniformemente repartidas obtenidos analíticamente son:

$$M_1 = (1{,}5 - \sqrt{2})p_1 l_1^2$$

$$M_2 = \frac{p_2 l_2^2}{16}$$

$$M_3 = \left(1{,}5 + \frac{M_v}{p_3 l_3^2} - \sqrt{2 + \frac{4M_v}{p_3 l_3^2}}\right)p_3 l_3^2$$

Obtención del momento flector negativo en cada apoyo a partir de la gráfica básica: En los apoyos exteriores, se toma igual a un cuarto del momento positivo del tramo adyacente calculado en la hipótesis de articulación en el extremo o al momento del voladizo debido a la carga total (M_v), si existe y es mayor. En los apoyos interiores se toma el mayor de los momentos positivos de los tramos adyacentes.

La gráfica envolvente de momentos flectores (Figura A.12.4.b) se obtiene superponiendo a la gráfica básica la de los momentos flectores de las cargas permanentes de cada tramo, trazada a partir de los momentos negativos considerados en los correspondientes apoyos.

Como esfuerzos cortantes se toman los correspondientes a los momentos flectores de la Figura A.12.4.b.

El redondeo parabólico del vértice del diagrama de los momentos flectores negativos, en el caso de vigas planas, o cabezas de vigas mixtas de ancho importante, sólo puede hacerse si se considera simultáneamente el efecto de concentración de esfuerzos en las proximidades del soporte; este hecho es especialmente importante cuando la anchura del soporte es mucho menor que la de la viga.

A efectos de lo anterior, se ha de limitar la anchura eficaz de la viga plana al ancho del soporte más 1,5 veces el canto de la viga por cada lado del soporte.

Los forjados sin sopandas y particularmente las losas alveolares pretensadas, bajo el peso propio del forjado, incluida la losa superior de hormigón vertido en obra, en su caso, deben considerarse como elementos biapoyados. Sólo para el resto de las cargas permanentes y la sobrecarga se considerará la continuidad.

5. Reparto transversal de cargas en forjados unidireccionales y en losas alveolares

5.1. Reparto transversal de cargas lineales y puntuales en forjados de viguetas

En los forjados de viguetas habrá que tener en cuenta las cargas superficiales de peso propio del forjado, solado, revestimiento, tabiquería y sobrecarga de uso y, además, si existen, cargas lineales de muros y particiones pesadas (superiores a un tabicón) y, en su caso, cargas puntuales o localizadas.

En los forjados de cubierta habrá que considerar las cargas superficiales de peso propio del forjado, incluyendo rellenos o tableros con tabiques, solado o cobertura, aislamiento, revestimientos, sobrecarga de nieve o de uso si esta es más desfavorable y, en su caso, la sobrecarga de viento. Además, se considerarán las cargas lineales, puntuales o localizadas si existen.

La tabiquería y los solados pueden considerarse como cargas de carácter permanente y por tanto, en general, no es preciso el estudio de su alternancia tramo a tramo.

El reparto de las cargas puntuales situadas sensiblemente en el centro de la longitud de una vigueta interior, o lineales paralelas a las mismas, en ausencia de cálculos más precisos, puede obtenerse de forma simplificada multiplicando la carga por los coeficientes indicados en la Tabla A.12.5.1:

Tabla A.12.5.1. Coeficientes de reparto transversal de cargas puntuales o lineales

Vigueta	1	2	3	4
Coeficiente	0,30	0,25	0,15	0

En este caso la losa superior hormigonada en obra debe armarse para resistir un momento igual a:

$$0,3\,p_d, \qquad \text{para carga lineal;}$$
$$0,125\,P_d, \qquad \text{para carga puntual}$$

siendo:

P_d = Carga puntual de calculo, en kN;

p_d = Carga lineal de calculo, en kN/m, por m de vigueta.

Esta armadura debe extenderse en la dirección de las viguetas hasta una distancia de $L/4$ a partir de la carga puntual y la misma longitud a partir de los extremes de la zona cargada en el case de carga lineal y en la dirección perpendicular a ellas hasta alcanzar la vigueta 4 de la Figura A.12.5.1.

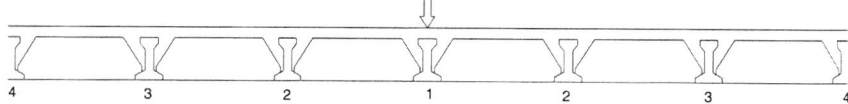

Figura A.12.5.1. Reparto transversal de cargas puntuales o lineales.

5.2. Reparto transversal de cargas lineales y puntuales en forjados de losas alveolares pretensadas

5.2.1. Método de cálculo

Se pueden emplear dos métodos de cálculo, con distribución de la carga según la teoría de la elasticidad y sin distribución de carga.

El primer método solo debe emplearse cuando se limitan los desplazamientos laterales de acuerdo con lo estipulado en el apartado 5.2.3 de este anejo. En caso contrario, el cálculo deberá realizarse según el segundo método.

Las cargas lineales paralelas al vano de los elementos y no mayores de 5 kN/m pueden sustituirse por una carga distribuida uniformemente sobre un ancho igual a un cuarto de la luz de vano a ambos lados de la carga. Si el ancho disponible próximo a la carga es menor que un cuarto de la luz, la carga debería distribuirse sobre un ancho igual al disponible en un lado, más un cuarto de la luz en el otro lado.

5.2.1.1. Distribución de la carga según la teoría de la elasticidad

Los elementos se consideran como losas isótropas o anisótropas y las juntas longitudinales como rótulas (bisagras).

El porcentaje de la carga sobre el elemento directamente cargado, obtenido del cálculo, debe multiplicarse, en Estado Límite Último, por un coeficiente $\gamma = 1,25$; el porcentaje total de la carga trasmitido a través de los elementos adyacentes puede reducirse en la misma cuantía, distribuyéndose entre los distintos elementos en función de sus correspondientes porcentajes de carga.

Como alternativa a la determinación analítica; la distribución transversal de carga puede obtenerse por medio de gráficos basados en la teoría de la elasticidad. En los apartados 5.2.4 y 5.2.5 se suministran gráficos para losas de ancho $b = 1,20$ m.

5.2.1.2. Sin distribución de carga

Cada elemento debe ser proyectado considerando que todas las cargas actúan directamente sobre él, suponiendo cortante nulo en las juntas transversales. En este caso, la distribución de la carga transversal y los momentos torsores asociados pueden ignorarse en Estado Límite Último. Sin embargo, en Estado Límite de Servicio se deben cumplir los requisitos establecidos en los apartados 6.1 y 6.2 de este anejo. El ancho efectivo debe limitarse de acuerdo con el apartado 5.2.2 de este anejo.

5.2.2. Limitación del ancho efectivo

Si el cálculo en Estado Límite Último se basa en el segundo método definido en el apartado 5.2.1.2 (sin distribución de carga), para cargas puntuales, y para cargas lineales con un valor característico mayor que 5 kN/m, el ancho efectivo máximo debe limitarse al ancho de la carga aumentado por:

a) En el caso de cargas en el interior del forjado, el doble de la distancia que haya entre el centro de la carga y el apoyo, pero nunca más de la mitad del ancho del elemento cargado.

b) En el caso de cargas sobre bordes longitudinales libres, una vez la distancia entre el centro de la carga y el apoyo, pero no más de la mitad del ancho del elemento cargado.

5.2.3. Limitación de desplazamientos laterales

Si el proyecto se basa en el método definido en el apartado 5.2.1.1 por distribución de la carga según la teoría de la elasticidad, los desplazamientos laterales deben limitarse mediante:

a) Las partes que rodean la estructura.
b) La fricción en los apoyos.
c) La armadura en las juntas transversales.
d) Los atados perimetrales.

En situaciones sin riesgo sísmico, de acuerdo con lo establecido en la Norma de Construcción Sismorresistente, solo se puede contar con la fricción en los apoyos, si se prueba que es posible desarrollar la fricción suficiente. Al calcular las fuerzas resistentes de fricción, se debe considerar la forma real de apoyo.

La resistencia requerida debe ser igual, al menos, a los esfuerzos cortantes verticales totales que tienen que transmitirse a través de las juntas longitudinales.

5.2.4. Coeficientes de distribución de carga para cargas en centro y bordes

a) En las Figuras A.12.5.2.4.a, A.12.5.2.4.b y A.12.5.2.4.c, se incluyen gráficos con los porcentajes de carga para una carga centrada y de borde. Una carga puede considerarse como carga centrada si la distancia desde la misma al borde del área de forjado es $\geq 2,5$ veces el ancho de losa alveolar pretensada (≥ 3 m). Para cargas entre el borde y el centro, los porcentajes de carga se pueden obtener por interpolación lineal.

b) En las Figuras A.12.5.2.4.b y A.12.5.2.4.c, se incluyen gráficos con los coeficientes de distribución para cargas puntuales en centre de vano ($l/x = 2$). Para cargas próximas al apoyo, $l/x \geq 20$, el porcentaje de carga asignado a la losa directamente cargada debe tomarse igual al 100% y los de las losas no directamente cargadas igual al 0%. Para valores de l/x entre 2 y 20, los porcentajes de carga se pueden obtener por interpolación lineal.

c) Al determinar los porcentajes de carga, las cargas lineales con una longitud mayor de la mitad de la luz se deben considerar como cargas lineales. Las cargas lineales con una longitud menor que la mitad de la luz se deben considerar cargas lineales si el centro de la carga está en la mitad del vano y cargas puntuales en el centro de la carga si el centro de la misma no está en la mitad del vano.

d) En los forjados de losas alveolares pretensadas sin losa superior hormigonada en obra, los porcentajes de la carga, determinados por los gráficos, se deben modificar, en Estado Límite Último, como sigue:

— El porcentaje de la carga sobre el elemento directamente cargado se deberá multiplicar por un coeficiente $\gamma_M = 1,25$;
— Los porcentajes totales de los elementos no cargados directamente pueden reducirse en la misma cantidad según la relación de sus porcentajes de carga.

Los esfuerzos cortantes en las juntas deben calcularse a partir de los porcentajes de carga y se considerarán distribuidos linealmente. Para cargas puntuales no situadas en la mitad del vano y para cargas lineales que, según el punto c), tienen que considerarse come puntuales, la longitud efectiva de la junta que transmita e! esfuerzo cortante se deberá escoger igual al doble de la distancia desde el centro de la carga al apoyo más próximo (véase Figura A.12.5.2.4.d).

e) Los esfuerzos cortantes longitudinales en cada junta se pueden obtener a partir de los porcentajes de carga dados en los gráficos. A partir de estos cortantes se pueden obtener los momentos torsores en cada elemento.

Si los desplazamientos laterales se limitan según el punto 5.2.3, los momentos torsores se pueden dividir por un factor 2.

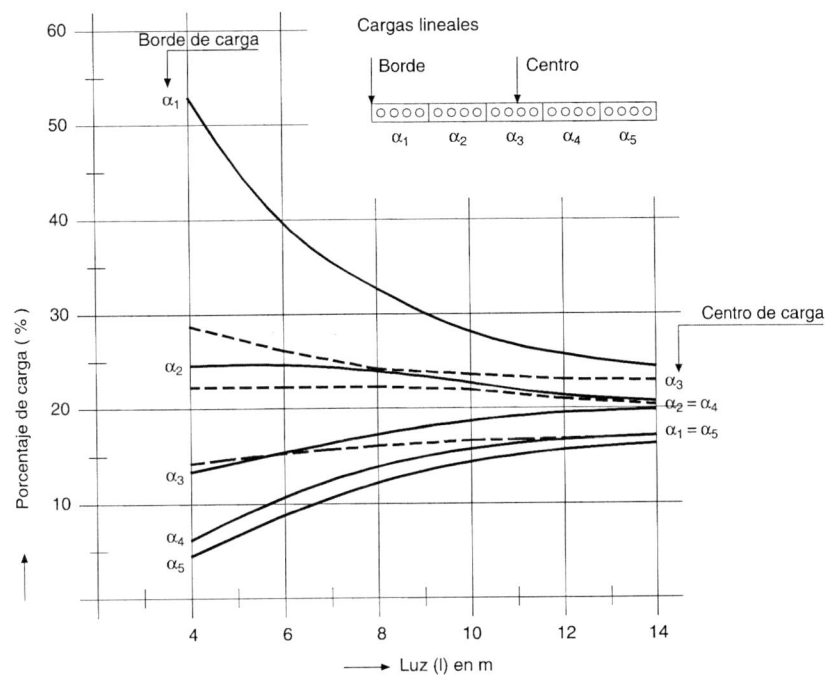

Figura A.12.5.2.4.a.   Factores de distribución de carga para cargas lineales ($b = 1,20$ m).

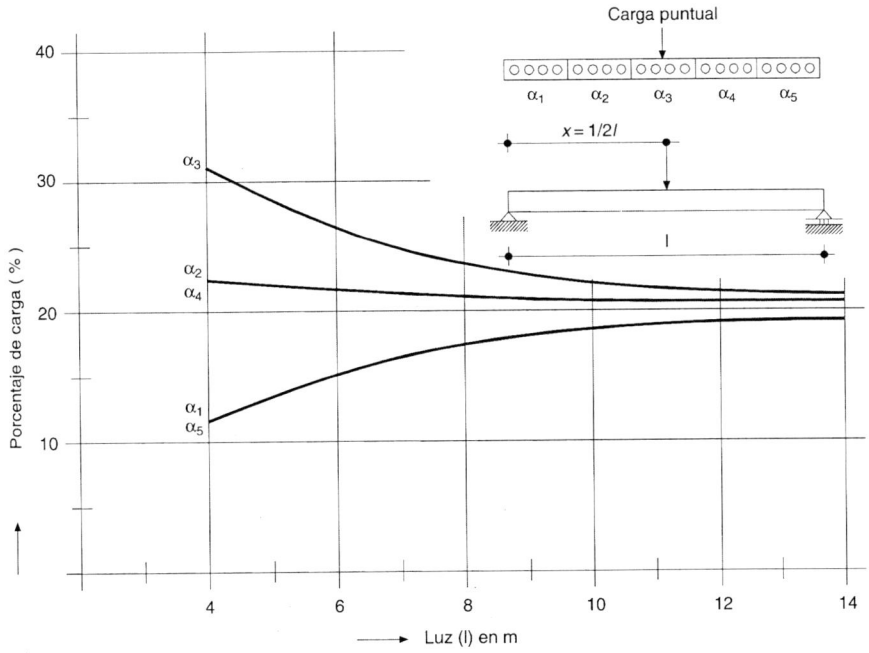

Figura A.12.5.2.4.b.   Factores de distribución de carga para cargas puntuales centradas en el ancho ($b = 1,20$ m).

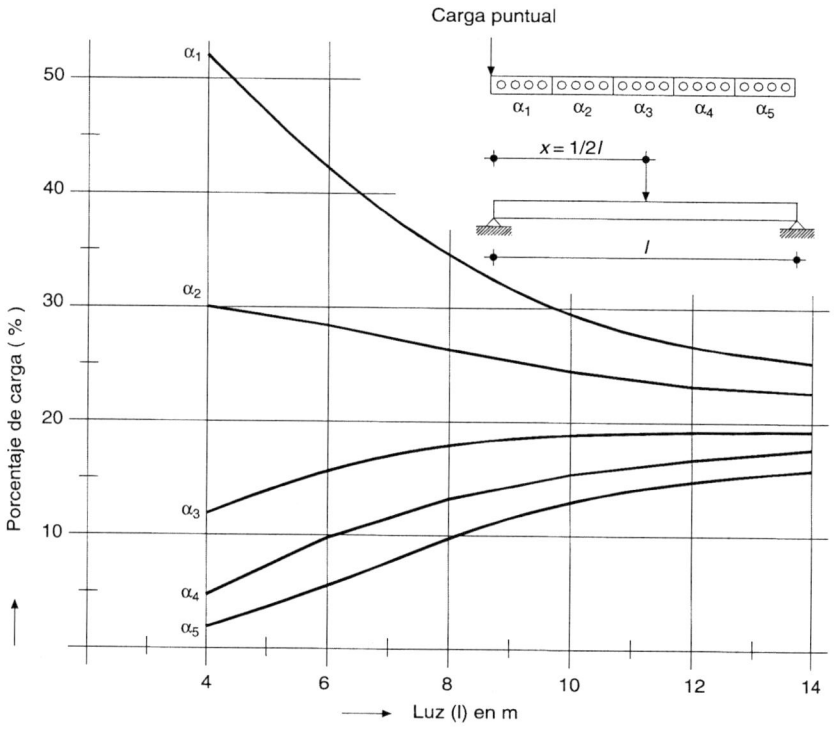

Figura A.12.5.2.4.c. Factores de distribución de carga para cargas puntuales en el borde ($b = 1{,}20$ m).

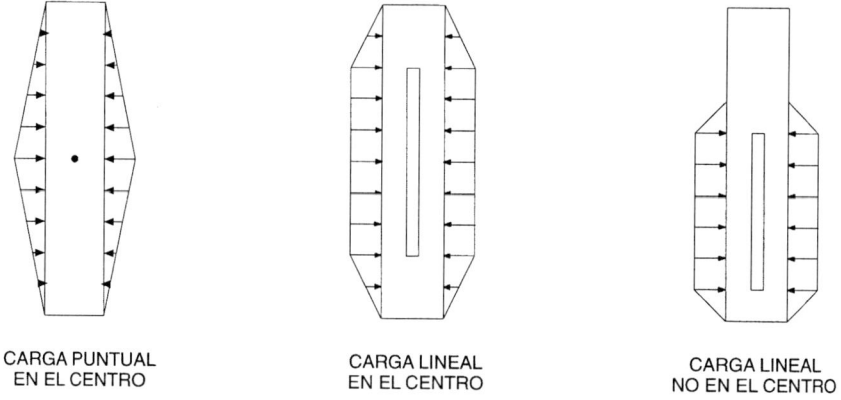

CARGA PUNTUAL
EN EL CENTRO

CARGA LINEAL
EN EL CENTRO

CARGA LINEAL
NO EN EL CENTRO

Figura A.12.5.2.4.d. Formas supuestas de las fuerzas cortantes verticales en las juntas.

5.2.5. Coeficientes de distribución de carga para tres bordes apoyados

a) Para cargas lineales y puntuales, las fuerzas de reacción pueden basarse en las Figuras A.12.5.2.5.a y A.12.5.2.5.b. Si el numero de elementos n es mayor que 5, la fuerza de reacción debe multiplicarse por el factor (véanse Figuras A.12.5.2.5.a y A.12.5.2.5.b):

$$1 - \left(\frac{n-5}{50} \frac{s}{b} \right)$$

siendo s la distancia de la carga desde el apoyo, en mm.

En el caso de cuatro bordes apoyados, la fuerza de reacción del apoyo más próximo a la fuerza debe multiplicarse por el factor:

$$\frac{nb - s}{nb}$$

b) Si la distancia entre la carga y el apoyo longitudinal es mayor que 4,5 veces el ancho de losa (b), la fuerza de reacción puede tomarse igual a cero.

c) Al determinar las fuerzas de reacción, las cargas lineales con una longitud mayor que la mitad de la luz se deben considerar como cargas lineales. Las cargas lineales con una longitud menor que la mitad de la luz se considerarán como cargas lineales si el centro de la carga está en la mitad del vano y como cargas puntuales si el centro de la carga no está en la mitad del vano. La fuerza de reacción de la Figura A.12.5.2.5.a puede multiplicarse por la relación de la longitud de la carga con la longitud del vano.

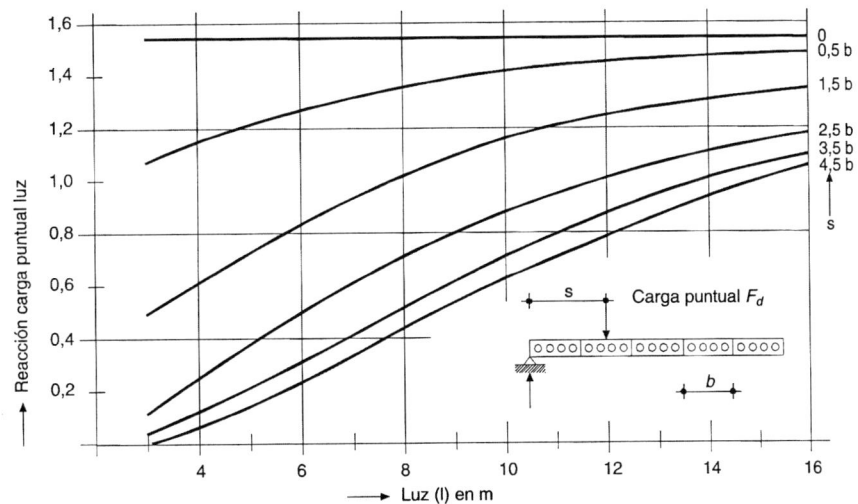

Figura A.12.5.2.5.a. Fuerza de reacción en el apoyo longitudinal debida a una carga lineal ($b = 1{,}20$ m).

d) Para cargas puntuales en la mitad del vano, $\ell/x = 2$ las fuerzas de reacción se pueden obtener de la Figura A.12.5.2.b. Para cargas cerca del apoyo, $\ell/x \geqslant 20$, debe tomarse el valor cero para la fuerza de reacción; para valores de ℓ/x entre 2 y 20 deben calcularse por interpolación lineal. La longitud de la fuerza de reacción debe tomarse igual al doble de la distancia entre el centro de la carga y el apoyo más próximo. La magnitud de la fuerza es el valor de la Figura A.12.5.2.5.b multiplicado por $2x/\ell$.

e) La distribución transversal causada por la fuerza de reacción debe calcularse según el punto 5.4, considerando la fuerza de reacción como una carga en borde (negativa).

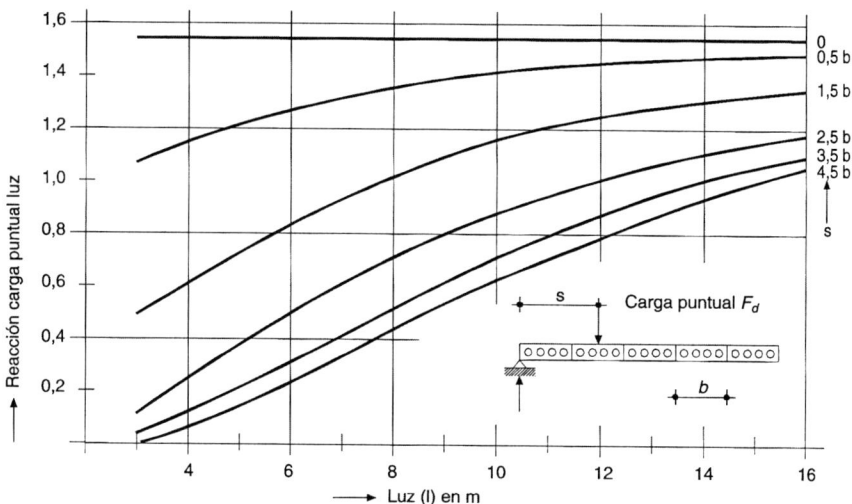

Figura A.12.5.2.5.b. Fuerza de reacción en el apoyo longitudinal debida a una carga puntual en el centro de vano ($b = 1,20$ m).

6. Casos especiales de carga y sustentación

6.1. Flexión transversal debida a cargas concentradas en losas alveolares pretensadas

La acción de cargas concentradas provoca momentos flectores transversales en las losas alveolares pretensadas. Dado que estas losas no disponen de armadura transversal, deben limitarse las tensiones de tracción debidas a estos momentos flectores. El valor límite depende de los supuestos básicos de cálculo sobre la distribución de las cargas.

Si los elementos se proyectan sin tener en cuenta el reparto transversal de las cargas, lo que significa que todas las cargas que actúan sobre un elemento serían resistidas exclusivamente por dicho elemento, el valor límite de la tensión de tracción es $f_{ct,k}$ en el Estado Límite de Servicio.

En este caso, en el Estado Límite de Servicio, la capacidad a cargas concentradas q_k, en N/mm, ya carga puntual F_k, en N, se calcula como sigue:

a) para una carga lineal no situada en borde del forjado:

$$q_k = \frac{20W_{\ell b}\, f_{ct,k}}{\ell + 2b}$$

b) para una carga lineal situada en borde de forjado:

$$q_k = \frac{10W_{\ell t}\, f_{ct,k}}{\ell + 2b}$$

siendo:

ℓ = Luz del vano, en mm.

b = Ancho de la losa, en mm.

c) para una carga puntual situada en cualquier lugar sobre un área de forjado:

$$F_k = 3W_\ell\, f_{ct,k}$$

siendo:

W_ℓ = Menor de los módulos resistentes $W_{\ell b}$ y $W_{\ell t}$ en mm^3/mm.

donde:

$W_{\ell b}$ = Módulo resistente inferior mínimo en dirección transversal por unidad de longitud, en mm^3/mm.

$W_{\ell t}$ = Módulo resistente superior mínimo en dirección transversal por unidad de longitud, en mm^3/mm.

Si los forjados de losas alveolares pretensadas se calculan considerando el reparto transversal de la carga según la teoría elástica, lo cual significa que una parte de las cargas actuantes sobre un elemento se distribuye a los elementos adyacentes, el valor límite de la tensión a tracción será f_{ctd} en Estado Límite Último. Las resistencias a cargas concentradas, en este caso en el Estado Límite Último, pueden derivarse de las mismas fórmulas, pero sustituyendo q_k, F_k y $f_{ct,k}$ por q_d, F_d y $f_{ct,d}$, respectivamente.

6.2. Capacidad de carga de losas alveolares pretensadas apoyadas en tres bordes

La acción de cargas repartidas sobre una losa alveolar pretensada con un borde longitudinal apoyado provoca momentos torsores en la misma. La reacción en los apoyos debida a la torsión debe ignorarse en el cálculo en el Estado Límite Último.

Las tensiones tangenciales debidas a estos momentos torsores se deben limitar a $f_{ct,d}$ en el Estado Límite de Servicio.

La capacidad de carga q_k por unidad de superficie, en N/mm, para la carga total menos la carga debida al peso propio de la losa alveolar pretensada, se calculará, en el Estado Límite de Servicio, como:

$$q_k = \frac{f_{ct,k} W_t}{0{,}06\,\ell^2}$$

con

$$W_t = 2t(h - h_f)(b - b_w)$$

siendo:

W_t = Módulo torsor de la sección de un elemento según la teoría elástica, en mm^3;

t = Menor de los valores de h_f y b_w, en mm.

h_f = Menor valor del espesor del ala superior o inferior, en mm.

b_w = Espesor del alma exterior, en mm.

7. Apoyos

7.1. Apoyos de forjados de viguetas

Apoyos directos son los que se realizan cuando se enlazan los nervios de un forjado a la cadena de atado de un muro o a una viga de canto netamente mayor que el del forjado, mientras que cuando se enlazan a una viga plana, cabeza de viga mixta o brochal se denominan apoyos indirectos. Las Figuras A.12.7.1.a a A.12.7.1.i muestran esquemas usuales de apoyos de forjados de viguetas de ambos tipos.

Las longitudes ℓ_1 y ℓ_2 indicadas en las figuras vienen dadas, en general, por las expresiones:

a) para viguetas armadas:

$$\ell_1 = \frac{V_d}{A_s f_{yd}} \cdot \ell_b \not< 100 \text{ mm} \qquad ; \qquad \ell_2 = \frac{V_d - \dfrac{M_d}{0,9d}}{A_s f_{yd}} \cdot \ell_b \not< 50 \text{ mm}$$

siendo:

h_0 = Espesor mínimo de la losa superior hormigonada en obra sobre las piezas de entrevigado, en mm.

f_{yd} = Resistencia de cálculo del acero, en N/mm^2.

V_d = Esfuerzo cortante máximo de cálculo correspondiente a una vigueta.

A_s = Área de la armadura de tracción realmente dispuesta.

M_d = Momento flector negativo de cálculo en apoyos continuos.

d = Canto útil del forjado.

ℓ_b = Longitud básica de anclaje de las barras de la armadura de momentos positivos de la vigueta que entra en el apoyo.

b) para viguetas pretensadas

$$\ell_1 = 100 \text{ mm} \qquad ; \qquad \ell_2 = 60 \text{ mm}$$

En los casos de las Figuras A.12.7.1.c), A.12.7.1.f) y A.12.7.1.g) ℓ_1 y ℓ_2 corresponden al caso de viguetas armadas y las longitudes de solape con la armadura de la vigueta en los apoyos extremos, ℓ'_1 y en los apoyos interiores ℓ'_2 serán iguales a:

$$\ell'_1 = \frac{V_d}{p T_{rd}} \not< 100 \text{ mm} \qquad ; \qquad \ell'_2 = \frac{V_d - \dfrac{M_d}{0,9d}}{p T_{rd}} \not< 60 \text{ mm}$$

siendo:

p = Perímetro de cortante entre vigueta y hormigón en obra.

T_{rd} = Resistencia de cálculo a rasante.

Si por cualquier error o desviación de ejecución las viguetas o las armaduras salientes quedan cortas y no cumplen con lo indicado en los casos anteriores, se aplicarán las soluciones de las Figuras A.12.7.1.c), A.12.7.1.f) y A.12.7.1.g), respectivamente.

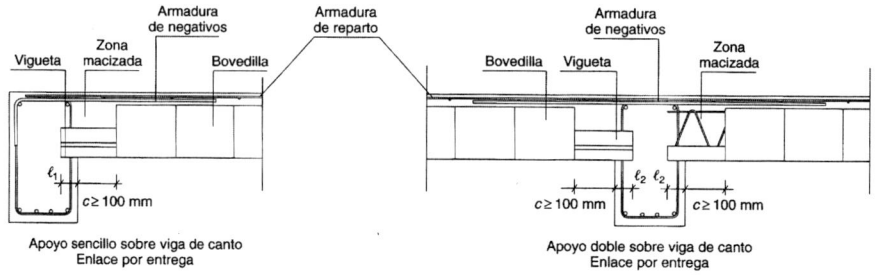

Figura A.12.7.1.a) Detalles de apoyo de forjados de viguetas.

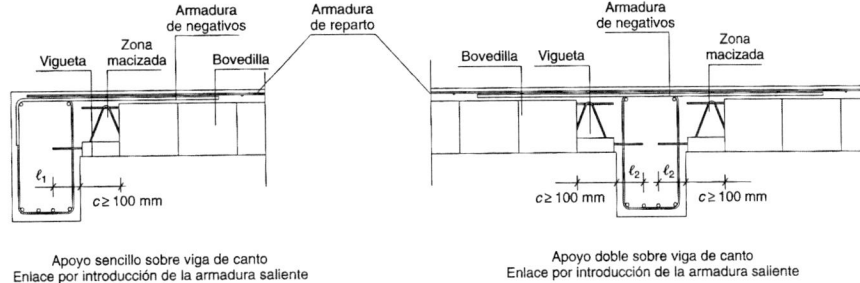

Figura A.12.7.1.b)   Detalles de apoyo de forjados de viguetas.

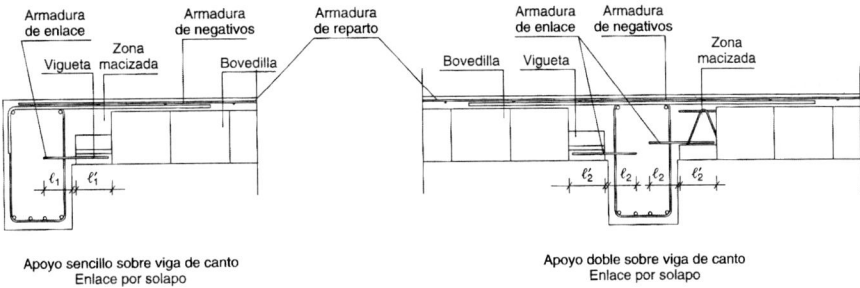

Figura A.12.7.1.c)   Detalles de apoyo de forjados de viguetas.

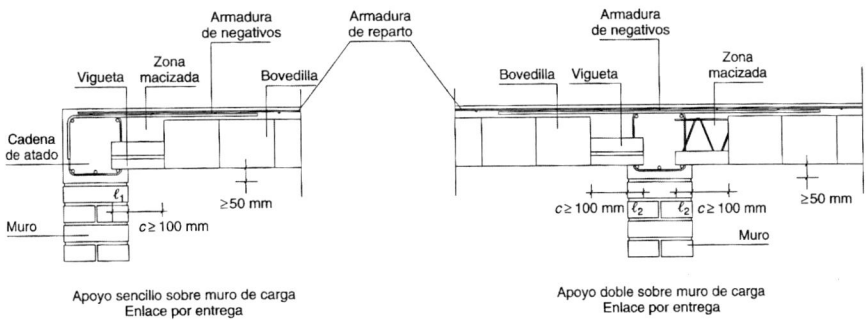

Figura A.12.7.1.d)   Detalles de apoyo de forjados de viguetas.

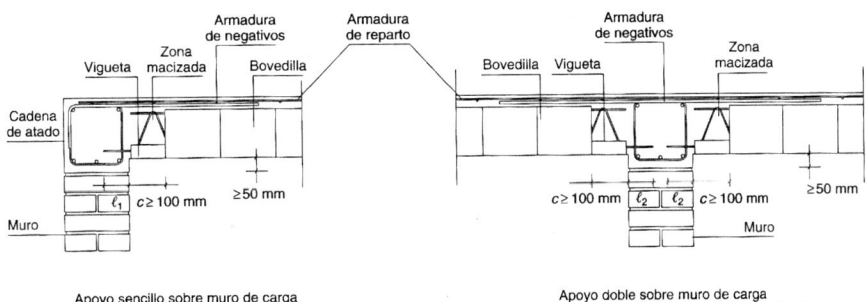

Figura A.12.7.1.e)   Detalles de apoyo de forjados de viguetas.

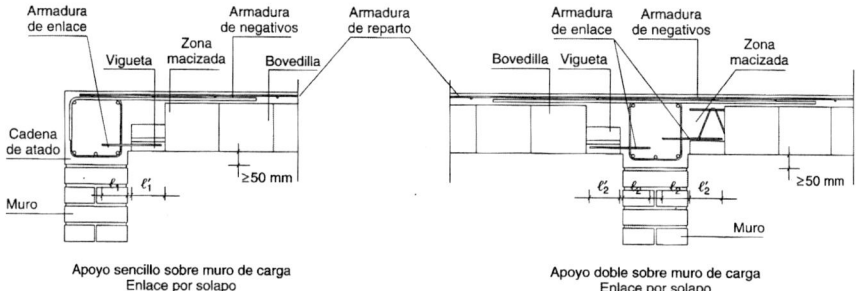

Figura A.12.7.1.f) Detalles de apoyo de forjados de viguetas.

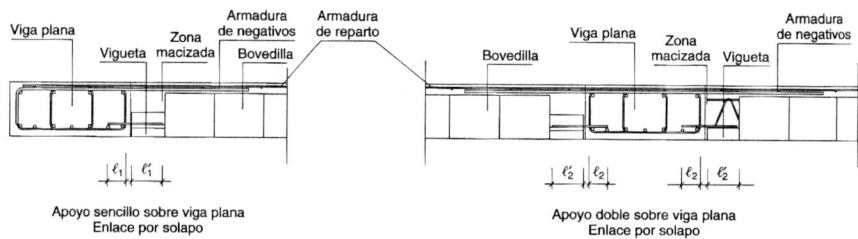

Figura A.12.7.1.g) Detalles de apoyo de forjados de viguetas.

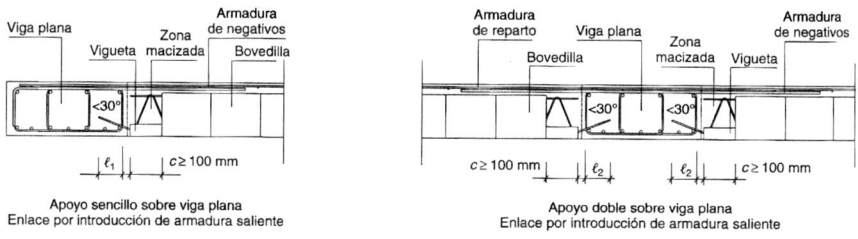

Figura A.12.7.1.h) Detalles de apoyo de forjados de viguetas.

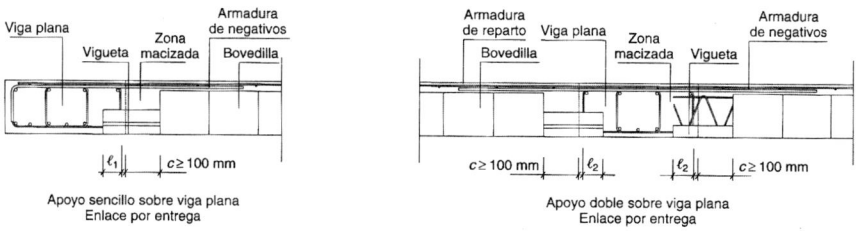

Figura A.12.7.1.i) Detalles de apoyo de forjados de viguetas.

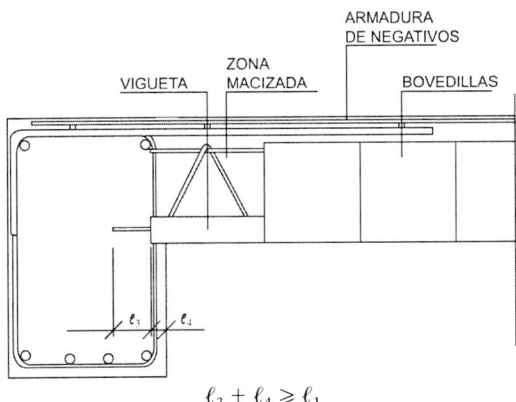

$$\ell_3 + \ell_4 \geqslant \ell_1$$

Figura A.12.7.1.j)   Detalles de apoyo de forjados de viguetas.

7.2. Apoyos de placas alveolares pretensadas

7.2.1. Apoyos directos

En caso de apoyo directo, la entrega ℓ_1 mínima nominal, medida desde el borde de la losa alveolar pretensada hasta el borde interior de apoyo real, se fijará de acuerdo con los siguientes criterios:

a) Si se cumplen simultáneamente todas las condiciones siguientes:

- las cargas de cálculo son repartidas y no existen cargas puntuales significativas ni cargas horizontales importantes incluidas las sísmicas,
- la sobrecarga es igual o menor que 4 kN/m^2,
- el canto de la losa alveolar es igual o menor que 30 cm, y
- el cortante de calculo V_d es menor que la mitad del resistido por la losa alveolar pretensada V_{u2} según el artículo 44.2.3.2

$$V_d \leqslant V_{u2}/2$$

La entrega ℓ_1 mínima nominal será de 50 mm, valor sobre el que se admite una tolerancia de -10 mm, de modo que la entrega real en obra no será nunca menor que 40 mm;

b) Si alguna de las anteriores condiciones no se cumple, el valor mínimo de ℓ_1 deberá además determinarse comprobando que en la sección de borde interior del apoyo la armadura inferior activa, considerando un anclaje parabólico de la misma, es capaz de anclar el cortante de cálculo V_d. Si la capacidad de anclaje de la armadura activa no fuera suficiente se podría suplementar esta armadura con armadura pasiva, correctamente anclada, alojada en las juntas longitudinales entre losas adyacentes o en alveolos macizados, y solapada con la armadura activa de la losa.

Cuando el apoyo se realice sobre mortero se considerará que este material, frente a acciones horizontales es rígido y que su coeficiente de rozamiento es similar al del hormigón, así mismo si la geometría del apoyo directo (geometría del forjado en relación con la geometría del elemento que le sustenta) presenta alguna oposición al movimiento horizontal, el mortero no mejora dicha situación y no tiene capacidad de recentrar la carga en el caso de movimientos horizontales sucesivos de dirección contraria, por lo que los desplazamientos pueden acumularse en perjuicio de la entrega mínima ℓ, exigida.

La misma condición se debe cumplir para disponer el borde interior del apoyo elastomérico con relación a la mencionada esquina, o paramento, del elemento que soporta el forjado.

7.2.2. Apoyos indirectos

Los apoyos indirectos pueden realizarse con o sin apuntalado de la losa alveolar pretensada. Las Figuras A.12.7.2.a) y b) muestran apoyos indirectos sin y con apuntalado.

— sin apuntalado de la losa alveolar pretensada con apoyo en la viga o muro con armadura de conexión (Figura A.12.7.2.b). El valor nominal mínimo de ℓ_1 será 40 mm, sobre el que se acepta una tolerancia, incluida la de longitud de la losa alveolar pretensada, de ± 10 mm de modo que las entregas reales en obra no serán menores que 30 mm.
— con apuntalado de la losa alveolar pretensada (Figura A.12.7.2.a).

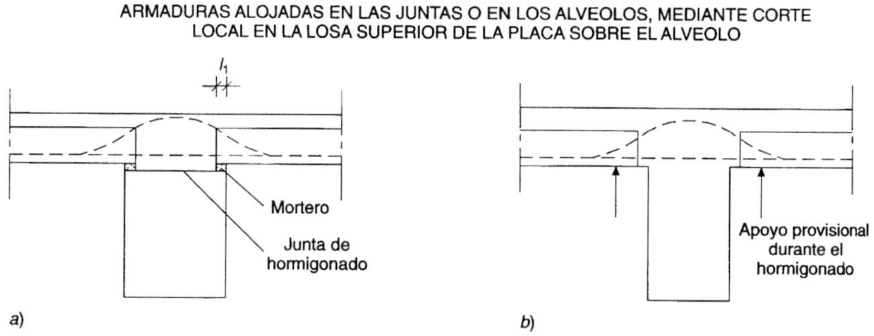

ARMADURAS ALOJADAS EN LAS JUNTAS O EN LOS ALVEOLOS, MEDIANTE CORTE
LOCAL EN LA LOSA SUPERIOR DE LA PLACA SOBRE EL ALVEOLO

Figura A.12.7.2.a) y b)   Apoyos indirectos de losas alveolares: b) sin apuntalado de la losa alveolar pretensada, c) con apuntalado de la losa alveolar pretensada.

Los apoyos indirectos necesitan comprobaciones específicas, se deben calcular de acuerdo con los criterios de la presente Instrucción, o con normas específicas de estos productos.

En general, salvo casos particulares y cualquiera que sea el tipo de apoyo, será necesario hormigonar en todo el canto del forjado las juntas en los extremos de las losas con las losas opuestas, jácenas o muros y disponer armadura pasiva, longitudinal respecto a las losas, que cruce la junta y se ancle a ambos lados.

En este caso y para asegurar el correcto hormigonado de las juntas y, si ha lugar, del macizado de alveolos, se deberán disponer elementos de taponado de los alveolos, de plástico o similar, que garanticen que las dimensiones de juntas o macizados responden a las previstas en proyecto.

Las armaduras pueden alojarse en la losa superior hormigonada en obra; o en las juntas longitudinales entre losas, si las dimensiones de junta y armadura permiten el correcto hormigonado de aquélla; o en alveolos macizados, tras romper en una cierta longitud el techo de los mismos. Si se escoge esta solución se macizará al menos un alveolo en cada losa alveolar pretensada de ancho igual o menor que 60 cm y dos en las de ancho superior.

8. Conexiones

8.1. Enfrentamiento de nervios

Cuando se tenga en cuenta la continuidad de los forjados, los nervios o viguetas se dispondrán enfrentados, pero puede admitirse una desviación menor que la distancia recta entre testas en apoyos interiores, y hasta 5 cm en apoyo de voladizo (Figura A.12.8.1.a).

En los casos en los que un forjado acomete a otro perpendicularmente, su armadura superior se anclará por prolongación recta (Figura A.12.8.1.b). Cuando un voladizo tenga nervios perpendiculares a los del tramo adyacente, su armadura superior se anclará por prolongación recta una

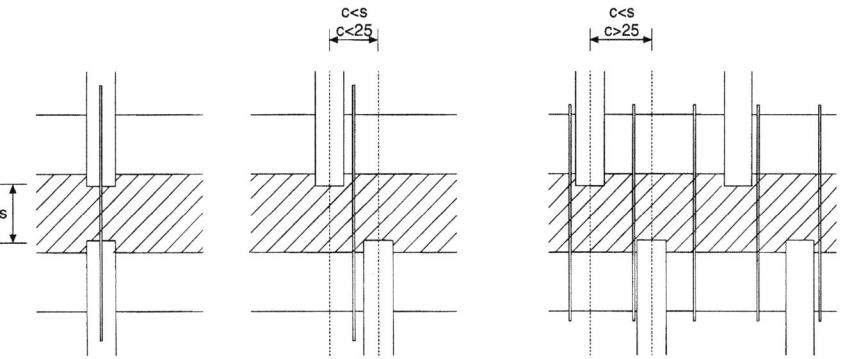

Figura A.12.8.1.a. Enfrentamiento de nervios.

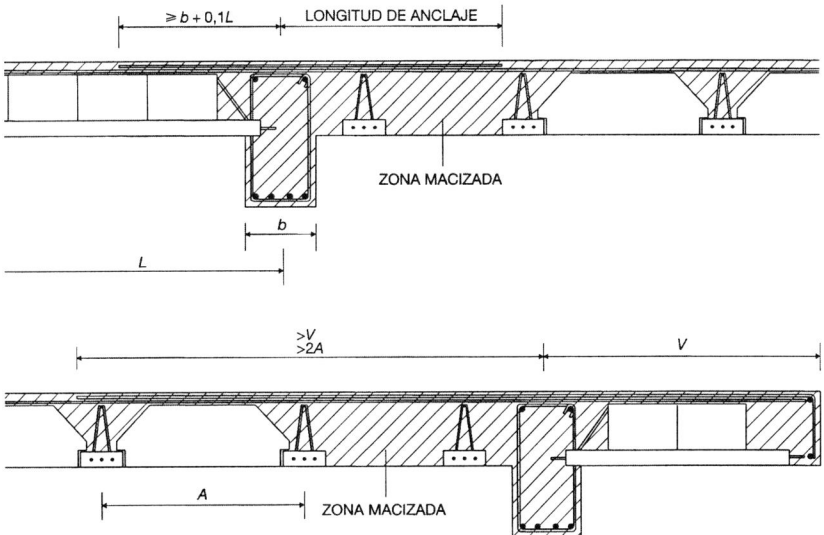

Figura A.12.8.1.b. Encuentro entre forjados perpendiculares.

longitud no menor que la longitud del voladizo ni a dos veces el intereje. Merece citarse la importancia que tiene, en los casos de forjado en voladizo perpendicular al vano adyacente, el cálculo para determinar la longitud del macizado y las cargas sobre la viga de dirección normal al voladizo, máxime si las cargas que actúan en éste son superiores a las del vano del forjado adyacente.

En ambos casos, se garantizará la resistencia a compresión de la parte inferior del forjado macizando las partes necesarias o con disposiciones equivalentes (Figura A.12.8.1.b).

Si las viguetas acometen oblicuamente al apoyo, para ángulos pequeños, por ejemplo menores de 22°, la armadura calculada (teniendo en cuenta que pierde eficacia con el coseno al cuadrado del ángulo) se puede disponer según la bisectriz de ambas direcciones. Si el ángulo fuese mayor resulta aconsejable disponer una cuadrícula, cuya sección, en cualquiera de las dos direcciones, sea igual a la teóricamente necesaria (Figura A.12.8.1.c).

Toda desviación c origina esfuerzos que se superponen a los de la viga, que pueden ser importantes si se rebasan las limitaciones anteriores. Si la desviación c es menor que 25 cm, la armadura superior puede disponerse sobre cada pareja de viguetas enfrentadas en los apoyos, pero siempre respetando los recubrimientos mínimos prescritos en esta Instrucción. En el caso de que c sea mayor que 25 cm, la armadura se distribuirá sobre la línea de apoyo.

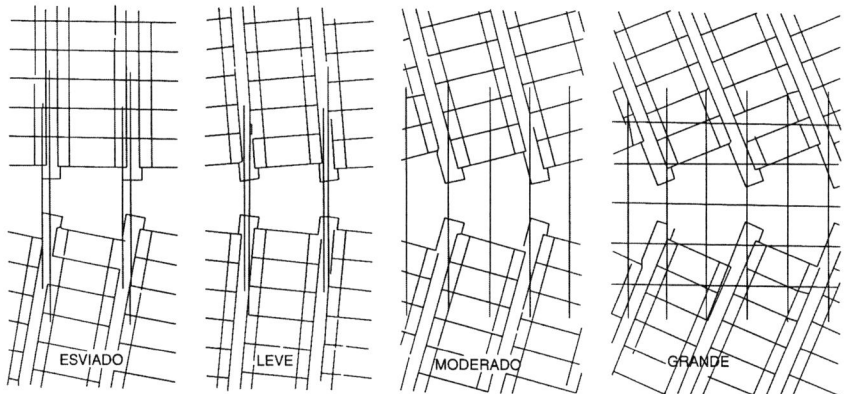

Figura A.12.8.1.c. Encuentro oblicuo de viguetas.

9. Coacciones no deseadas en losas alveolares pretensadas. Armadura mínima en apoyos simples

9.1. Generalidades

En el cálculo de las losas alveolares pretensadas y en el detalle de sus uniones en apoyos deben considerarse las coacciones no deseadas y sus momentos negativos implícitos con el fin de evitar posibles fisuras derivadas de la coacción al giro, que pudieran iniciar un fallo por cortante en las proximidades del apoyo.

Se pueden usar los siguientes métodos para considerar los momentos negativos debidos a coacciones no deseadas:

a) Proyectar la unión de tal manera que esos momentos no se produzcan.

b) Concebir y calcular la unión de modo que las fisuras que se produzcan no den lugar a situaciones peligrosas.

c) Considerar en el cálculo los momentos negativos debidos a las coacciones no deseadas. A continuación se detalla este procedimiento.

9.2. Proyecto mediante cálculo

Se puede adoptar el siguiente procedimiento de cálculo:

a) En los extremos de los apoyos, que se han supuesto apoyos libres, a menos que por la naturaleza del apoyo no se puedan desarrollar momentos de ajuste, debe considerarse un momento flector negativo en el apoyo igual al menor de los valores siguientes:

$$M_{d,f} = \frac{M_{1d}}{3}$$

$$M_{d,f} = \frac{2}{3} N_{d,sup} a + \Delta M$$

con ΔM igual al mayor valor de:

$$\Delta M = f_{ct,d} W \qquad \text{y} \qquad \Delta M = f_{yd} A_{std} + \mu_b N_{d,sup} h$$

Si la distancia entre los bordes extremos de las losas alveolares es menor que 50 mm o si la junta no esta rellena, entonces ΔM se tomará igual al menor de los valores siguientes:

$$\Delta M = \mu_b N_{d,sup} h \qquad y \qquad \Delta M = \mu_0 N_{d,inf} h$$

siendo (véase también Figura A.12.9.2):

M_{1d} = Momento de cálculo máximo en el vano, igual a $\gamma_G (M_G - M_{pp}) + \gamma_Q M_Q$ con:

$\qquad M_G$ = Momento máximo característico en el vano debido a acciones permanentes.

$\qquad M_Q$ = Momento máximo característico en el vano debido a acciones variables.

$\qquad M_{pp}$ = Momento máximo característico en el vano debido al propio peso del forjado.

$\quad a$ = Longitud del apoyo come se muestra en la figura.

$\quad A_s$ = Área de la sección transversal de la armadura de conexión.

$\quad d$ = Distancia desde la fibra inferior de la losa hasta la posición de la armadura de conexión.

$\quad h$ = Canto de la losa.

$\quad f_{yd}$ = Resistencia de cálculo del acero.

$N_{d,sup}$ = Valor de cálculo del esfuerzo normal total en la cara superior del forjado.

$N_{d,inf}$ = Valor de cálculo del esfuerzo normal total en la cara inferior del forjado.

$\quad W$ = Módulo resistente de la sección de hormigón vertido en obra entre los extremos de los elementos.

$\quad \mu_0$ = Coeficiente de fricción en el lado inferior de la losa.

$\quad \mu_b$ = Coeficiente de fricción en el lado superior de la losa.

μ_0 y μ_b = Tomados como:

0,80 para hormigón sobre hormigón.

0,60 para hormigón sobre mortero.

0,25 para hormigón sobre caucho o neopreno.

0,15 para hormigón sobre fieltro de fibras.

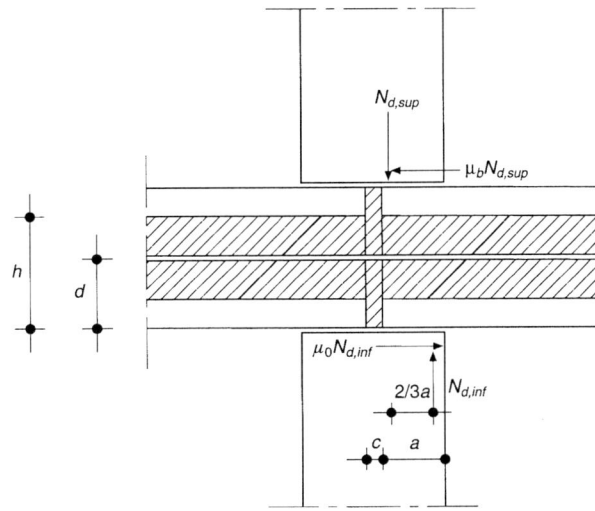

Figura A.12.9.2. Momentos no deseados por deformación impedida.

b) No es necesario disponer armadura para absorber los mementos debidos a la coacción al giro si se cumple:

$$M_{d,f} \leqslant 0{,}5\ (1{,}6 - h)f_{ct,d}Wt$$

siendo:

h = Canto de la losa, en m.

W_t = Módulo resistente de la losa respecto de la fibra superior.

Si no se cumple la condición anterior, los momentos negativos obtenidos $M_{d,f}$, deben ser resistidos: en la junta entre losas opuestas, por armadura pasiva alojada en la losa superior hormigonada en obra o, si ésta no existe, en la junta longitudinal entre losas adyacentes o en alveolos macizados; en las secciones de losa alveolar pretensada se podrá tener en cuenta el efecto de la fuerza de transferencia de pretensado desarrollada por los alambres o cordones superiores.

Si en la sección situada a medio canto del borde libre de apoyo, el efecto del momento negativo $M_{d,f}$, más el pretensado, desarrollado según se establece en el artículo 44°, provoca tracciones mayores que $f_{ct,d}$ en la fibra superior de la losa alveolar pretensada, además de la comprobación con momentos positivos y armaduras inferiores según dicho artículo se realizará, para dicha sección, otra comprobación adicional, según 44.2.3.2.1.b) con momento negativo y armadura superior.

anejo 13

Índice de contribución de la estructura a la sostenibilidad

1. Consideraciones generales

El proyecto, la ejecución y el mantenimiento de las estructuras de hormigón constituyen actividades, enmarcadas en el contexto general de la construcción, que pueden contribuir a la consecución de las condiciones que permitan un adecuado desarrollo sostenible.

La sostenibilidad es un concepto global, no específico de las estructuras de hormigón, que requiere que se satisfagan una serie de criterios medioambientales, así como otros de carácter económico y social. La contribución a la sostenibilidad de las estructuras de hormigón depende, por lo tanto, del cumplimiento de criterios como el uso racional de la energía empleada (tanto para la elaboración de los productos de construcción, como para el desarrollo de la ejecución), el empleo de recursos renovables, el empleo de productos reciclados y la minimización de los impactos sobre la naturaleza como consecuencia de la ejecución y la creación de zonas de trabajo saludables. Además, el proyecto, la ejecución y el mantenimiento de las estructuras de hormigón pueden tener en cuenta otros aspectos como la amortización de los impactos iniciales durante la vida útil de la estructura, la optimización de los costes de mantenimiento, la incorporación de técnicas innovadoras resultado de estrategias empresariales de $I+D+i$, la formación continua del personal que participa en las diversas fases de la estructura, u otros aspectos de carácter económico o social.

Este anejo define un índice de contribución de la estructura a la sostenibilidad (ICES), obtenido a partir del índice de sensibilidad medioambiental de la misma (ISMA), estableciendo procedimientos para estimarlos cuando así lo decida la Propiedad.

Los criterios mencionados en este anejo se refieren exclusivamente a actividades relativas a la estructura de hormigón. Al ser ésta un elemento enmarcado frecuentemente en el conjunto de una obra de mayor envergadura (edificio, carretera, etc.), el Autor del Proyecto y la Dirección Facultativa deberán velar, en su caso, por la coordinación de estos criterios con respecto a los que se adopten para el resto de la obra.

2. Criterios generales aplicados a las estructuras de hormigón

La estimación de indicadores de sostenibilidad o, en su caso, medioambientales contemplados en esta Instrucción, puede tener como finalidad:

— la comparación entre dos soluciones estructurales para una misma obra, o
— el establecimiento de un parámetro cuantitativo de valoración de la calidad de la estructura en relación con estos aspectos.

En general, una estructura tiene mayor valor a efectos de sostenibilidad cuando compatibiliza las exigencias definidas en el artículo 5º de esta Instrucción con:

— la optimización del consumo de materiales, empleando menores cantidades de hormigón y de armaduras,
— la extensión de la vida útil de la estructura, que produce una mayor amortización durante la misma de los posibles impactos producidos en la fase de ejecución,
— el empleo de cementos:

 • que incorporen subproductos industriales, como las adiciones minerales admitidas por la reglamentación vigente,
 • que se obtengan mediante procesos que incorporen materias primas que producen menos emisiones de CO_2 a la atmósfera,
 • que se obtengan mediante procesos que consuman menos energía, especialmente mediante el uso de combustibles alternativos que permitan el ahorro de otros combustibles primarios y la valorización de residuos.

— el empleo de áridos procedentes de procesos de reciclado,
— el uso de agua reciclada en la propia planta de fabricación del hormigón,
— el empleo de aceros:

 • que procedan del reciclado de residuos férricos (chatarra),
 • que se obtengan mediante procesos que produzcan menores emisiones de CO_2 a la atmósfera,
 • que demuestren un aprovechamiento de sus residuos como, por ejemplo, de sus escorias,
 • que provengan de procesos que garanticen el empleo de materias primas férricas no contaminadas radiológicamente,

— la implantación de sistemas voluntarios de certificación medioambiental para los procesos de fabricación de todos los productos empleados en la estructura y, en particular, los de fabricación del hormigón en planta y los de elaboración de las armaduras en la instalación de ferralla, incluyendo su transporte hasta la obra, en su caso,
— el empleo de productos en posesión de distintivos de calidad oficialmente reconocidos que favorezcan la adecuada consecución de las exigencias básicas de las estructuras con el menor grado de incertidumbre posible,
— el cumplimiento de criterios preventivos adicionales a los requisitos establecidos por la reglamentación vigente que sea aplicable en materia de seguridad y salud de las obras,
— la aplicación de criterios innovadores que aumenten la productividad, la competitividad y la eficiencia de las construcciones, así como la accesibilidad del usuario a las mismas,
— la minimización de los impactos potenciales sobre el entorno, derivados de la ejecución de la estructura (ruido, polvo, vibraciones, etc.), y
— en general, el menor empleo posible de recursos naturales.

3. Método general de consideración de criterios de sostenibilidad

La consideración de criterios de sostenibilidad en una estructura de hormigón será decidido por la Propiedad que deberá además:

— comunicarlo al Autor del Proyecto para que incorpore las correspondientes medidas durante la redacción del mismo,
— considerarlo en el encargo de la ejecución,
— controlar el cumplimiento por parte del Constructor de los criterios durante la ejecución, y
— velar porque se transmitan a los usuarios, en su caso, los criterios adecuados de mantenimiento.

La Propiedad, en su caso, deberá comunicar al Autor del Proyecto el criterio de sensibilidad que, de acuerdo con el apartado 5 de este anejo, deberá cumplir la estructura.

Se considera que una estructura de hormigón cumple el criterio definido por la Propiedad cuando, según el caso, se cumplan las siguientes condiciones:

$$ICES_{propiedad} \leqslant ICES_{proyecto} \leqslant ICES_{ejecución}$$

donde:

«propiedad» Indica que el índice ICES es el definido por la Propiedad en el encargo.
«proyecto» Indica que el índice es el establecido por el Autor del Proyecto.
«ejecución» Indica que es el índice que se ha obtenido como consecuencia del control, de acuerdo con el artículo 98º, de las condiciones reales en las que se ha ejecutado la estructura.

4. Índice de sensibilidad medioambiental de la estructura de hormigón (ISMA)

4.1. Definición del índice de sensibilidad medioambiental

Se define como «índice de sensibilidad medioambiental» de una estructura al resultado de aplicar la siguiente expresión:

$$ISMA = \sum_{i=1}^{i=11} \alpha_i \cdot \beta_i \cdot \gamma_i \cdot V_i$$

donde:

α_i, β_i y γ_i = Coeficientes de ponderación de cada requerimiento, criterio, o indicador de acuerdo con la Tabla A.13.4.1.a.

V_i = Coeficientes de valor obtenidos para cada criterio, de acuerdo con la siguiente expresión en función del parámetro representativo en cada caso.

$$V_i = K_i \cdot \left[1 - e^{m_i \left(\frac{P_i}{n_i} \right)^{A_i}} \right]$$

donde:

K_i, m_i, n_i y A_i = Parámetros cuyos valores dependen de cada indicador, de acuerdo con la Tabla A.13.4.1.b.

P_i = Valor que toma la función representativa para cada indicador, de acuerdo con lo señalado en el apartado 4.3 de este anejo.

Tabla A.13.4.1.a. Coeficientes de ponderación

Requerimiento medioambiental	Coeficiente de ponderación		
	α	β	γ
Características medioambientales del hormigón		0,22	0,50
Características medioambientales de las armaduras		0,22	0,50
Optimización del armado de los elementos			0,17
Optimización ambiental del acero	0,60	0,33	0,33
Nivel de control de la ejecución			0,50
Empleo de áridos reciclados			0,33
Optimización del cemento		0,45	0,50
Optimización del hormigón			0,17
Medidas específicas para control de los impactos		0,25	1,00
Medidas específicas para gestionar los residuos	0,40	0,75	0,67
Medidas específicas para gestionar el agua			0,33

Tabla A.13.4.1.b.

Requerimiento medioambiental	K_i	m_i	n_i	A_i
Características medioambientales del hormigón	1,02	−0,50	50	3,00
Características medioambientales de las armaduras	1,02	−0,50	50	3,00
Optimización del armado de los elementos	1,06	−0,45	35	2,50
Optimización medioambiental del acero	10,5	−0,001	1	1,00
Nivel de control de la ejecución	1,05	−1,80	40	1,20
Empleo de áridos reciclados	1,10	−0,20	2	1,10
Optimización del cemento	10,5	−0,001	1	1,00
Optimización del hormigón	10,5	−0,001	1	1,00
Medidas específicas para control de los impactos	10,5	−0,001	1	1,00
Medidas específicas para gestionar los residuos	1,21	−0,40	40	1,60
Medidas específicas para gestionar el agua	1,10	−0,40	50	2,60

4.2. Clasificación medioambiental de las instalaciones

A los efectos de esta Instrucción, se entiende que una instalación presenta un distintivo de carácter medioambiental cuando esté en posesión de un distintivo de calidad conforme a la UNE-EN ISO 14001 o un EMAS.

Aún no estando en posesión de un distintivo de carácter medioambiental, se considera que la instalación tiene compromiso ambiental a los efectos de esta Instrucción cuando cumpla las siguientes circunstancias:

a) en el caso de una central de hormigón preparado

— controlan y registran los procesos de gestión o reciclado de residuos (por ejemplo, mediante uso de contenedores, planes de gestión de residuos, etc.),

— disponen de dispositivos para minimizar los impactos en el entorno, tales como filtros, silenciadores, amortiguadores, pantallas de retención de polvo, etc.,

b) en el caso de una Instalación de ferralla ajena a la obra

— disponen de un distintivo de calidad oficialmente reconocido, de acuerdo con el artículo 81º de esta Instrucción,

— emplean productos de acero en posesión de un distintivo de calidad oficialmente reconocido,

c) en el caso de una instalación de prefabricación

— disponen de dispositivos para minimizar los impactos en el entorno, tales como filtros, silenciadores, amortiguadores, pantallas de retención de polvo, etc.,

— controlan y registran los procesos de gestión o reciclado de residuos (por ejemplo, mediante uso de contenedores, planes de gestión de residuos, etc.),

— contemplan medidas específicas para optimizar las dosificaciones empleadas, utilizan armaduras:

• procedentes de instalaciones de ferralla que estén en posesión de un distintivo de calidad oficialmente reconocido, o

• elaboradas en la propia instalación de prefabricación, con sistemas de gestión de los residuos producidos y medidas específicas para la reducción del ruido producido en los procesos de ferralla.

d) en el caso de una central de hormigón de obra

— incorporan dispositivos para disminuir los impactos en el entorno, tales como silenciadores, barreras antipolvo, tolvas con trompas de goma, etc.,

— aseguran un adecuado control de los residuos generados, mediante contenedores, y

— contemplan medidas específicas para optimizar las dosificaciones empleadas.

e) en el caso de una instalación de ferralla en obra

— analizan el despiece y proponen, en su caso, a la Dirección Facultativa, alternativas que optimicen la cuantía de armadura,

— gestionan el reciclado de la chatarra producida por los despuntes y residuos, y

— adoptan medidas para disminuir la emisión del ruido provocado por los procesos desarrollados para la elaboración de la armadura.

f) en el caso de la empresa constructora, en relación con la puesta en obra del hormigón

— incorporan dispositivos para disminuir el ruido y controlar las vibraciones, como silenciadores, barreras antirruido, amortiguadores de tolva, etc.,

— aseguran la gestión de los rechazos de hormigón, en su caso, no permitiendo vertidos inadecuados, y

— no aseguran la inclusión de pantallas para la retención de polvo, ni el uso de contenedores para el reciclado de materiales, ni el uso de encofrados estancos,

g) en el caso de la empresa constructora, en relación con el montaje de las armaduras

— acumulan los residuos (alambres, despuntes, rechazos, etc.) en contenedores independientes para su reciclaje,

— disponen de zonas delimitadas para el acopio de los productos y armado, en su caso de las armaduras.

h) en el caso de la empresa constructora, en relación con la gestión del agua

— dispone de un procedimiento para evitar vertidos incontrolados de agua y riesgos de contaminación de suelos.

4.3. Criterios medioambientales y funciones representativas

4.3.1. Criterio medioambiental de caracterización del hormigón

Este criterio valora la sensibilidad medioambiental de la central de fabricación del hormigón, así como la de los procedimientos de puesta en obra del mismo. Tiene como objetivos los siguientes:

— disminuir la cantidad de los residuos procedentes de la fabricación del hormigón,
— fomentar un mayor reciclaje de aquellos residuos cuya generación sea inevitable,
— disminuir de los impactos durante la puesta en obra del hormigón.

La función representativa de este criterio viene definida por

$$P_1 = \frac{1}{100} \sum_{i=1}^{i=3} p_{1i} \cdot \lambda_{1i}$$

donde p_{1i} es el porcentaje de utilización en la obra de cada uno de los tipos de hormigón considerados (preparado, en central de obra o prefabricado) y λ_{1i} es la suma de los valores que sean aplicables según las condiciones medioambientales de las instalaciones, para la correspondiente columna de la Tabla A.13.4.3.1.

Los valores de dicha tabla se corresponden con unas distancias máximas de transporte de 45 km y 300 km para el hormigón preparado y para los elementos prefabricados, respectivamente. En el caso de que dicha distancia fuera mayor, el valor del coeficiente λ_{23} correspondiente a la instalación de prefabricación se reducirá en 5 y el correspondiente a la empresa constructora se aumentará en 5, salvo en la fila correspondiente a «Otros casos» que seguirá siendo 0.

4.3.2. Criterio medioambiental de caracterización de las armaduras

Este criterio valora la sensibilidad medioambiental con la que se desarrollan los procesos de ferralla para la elaboración de las armaduras, así como la de los procedimientos de montaje en obra de la misma. Tiene como objetivos los siguientes:

— disminuir la cantidad de los residuos procedentes de la elaboración de las armaduras,

Tabla A.13.4.3.1.

Instalación	Condición medioambiental	Coeficiente de valor (λ_{1i})		
		Caso 1: hormigón preparado (λ_{11})	Caso 2: hormigón de central de obra (λ_{12})	Caso 3: elementos prefabricados (λ_{13})
Central de hormigón preparado	Con distintivo medioambiental	70	—	—
	Con compromiso medioambiental	40	—	—
	Otros casos	15	—	—
Central de hormigón en obra	Con distintivo medioambiental	—	70	—
	Con compromiso medioambiental	—	30	—
	Otros casos		0	—
Instalación de prefabricación	Con distintivo medioambiental	—	—	80
	Con compromiso medioambiental	—	—	50
	Otros casos	—	—	20
Empresa constructora	Con distintivo medioambiental	30	30	20
	Con compromiso medioambiental	15	15	10
	Otros casos	0	0	0

— fomentar la optimización de armaduras y el reciclaje de aquellos residuos cuya generación sea inevitable, y

— disminuir de los impactos durante el montaje en obra de las armaduras.

La función representativa de este criterio viene definida por

$$P_2 = \frac{1}{100} \sum_{i=1}^{i=3} p_{2i} \cdot \lambda_{2i}$$

donde p_{2i} es el porcentaje que representa cada una de las posibles procedencias de las armaduras que se colocan en la obra (instalación de ferralla ajena a la obra, instalación de obra o instalación de prefabricación) y λ_{2i} es la suma de los valores que sean aplicables según las condiciones medioambientales de las instalaciones, para la correspondiente columna de la Tabla A.13.4.3.2.

Los valores de dicha tabla se corresponden con una distancia máxima de transporte de 45 km y 300 km para las armaduras y para los elementos prefabricados, respectivamente. En el caso de que dicha distancia fuera mayor, el valor del coeficiente λ_{23} correspondiente a la Instalación de prefabricación se reducirá en 5 y el correspondiente a la empresa constructora se aumentará en 5, salvo en la fila correspondiente a «Otros casos» que seguirá siendo 0.

Tabla A.13.4.3.2.

Instalación	Condición medioambiental	Coeficiente de valor (λ_{2i})		
		Caso 1: instalación de ferralla ajena a la obra (λ_{21})	Caso 2: instalación de ferralla en obra (λ_{22})	Caso 3: elementos prefabricados (λ_{23})
Instalación de ferralla ajena a la obra	Con distintivo medioambiental	80	—	—
	Con compromiso medioambiental	60	—	—
	Otros casos	30	—	—
Instalación de ferralla en obra	Con distintivo medioambiental	—	70	—
	Con compromiso medioambiental	—	30	—
	Otros casos	—	0	—
Instalación de prefabricación	Con distintivo medioambiental	—	—	80
	Con compromiso medioambiental	—	—	60
	Otros casos	—	—	30
Empresa constructora	Con distintivo medioambiental	20	30	20
	Con compromiso medioambiental	10	15	10
	Otros casos	0	0	0

4.3.3. Criterio medioambiental de optimización del armado

Este criterio valora la contribución medioambiental asociada a la disminución de los recursos consumidos para la elaboración de la armadura, mediante el fomento de soluciones estructurales que optimicen las cuantías de armadura y simplifiquen su montaje en obra.

La función representativa de este criterio viene definida por

$$P_3 = \sum_{i=1}^{i=4} \lambda_{3i}$$

donde λ_{3i} representa los valores obtenidos de la Tabla A.13.4.3.3.

Tabla A.13.4.3.3.

Subcriterio		Caso 1: hormigón pretensado				Caso 2: hormigón armado			
		λ_{31}	λ_{32}	λ_{33}	λ_{34}	λ_{31}	λ_{32}	λ_{33}	λ_{34}
% losas armadas con malla electrosoldada o armadura de mallazo soldado, con tamaño no inferior a 6,00 × 6,00 m²	0	0	—	—	—	0	—	—	—
	20	7	—	—	—	7	—	—	—
	40	14	—	—	—	14	—	—	—
	60	21	—	—	—	21	—	—	—
	80	28	—	—	—	28	—	—	—
	100	34	—	—	—	34	—	—	—
Sistema de unión	Soldadura	—	0	—	—	—	25	—	—
	Atado, mecánico u otros similares	—	16	—	—	—	32	—	—
% de armaduras elaboradas con formas según UNE 36.831	0	—	—	0	—	—	—	0	—
	20	—	—	7	—	—	—	7	—
	40	—	—	14	—	—	—	14	—
	60	—	—	21	—	—	—	21	—
	80	—	—	28	—	—	—	28	—
	100	—	—	34	—	—	—	34	—
¿Tiene armadura activa?	No	—	—	—	—	—	—	—	0
	Si	—	—	—	16	—	—	—	—

4.3.4. Criterio medioambiental de optimización del acero para armaduras

Este criterio valora la contribución medioambiental asociada al reciclado de residuos férricos (chatarra) y la disminución de emisiones de CO_2 en la fabricación del acero, así como el aprovechamiento de los subproductos producidos en el proceso.

La función representativa de este criterio viene definida por

$$P_4 = \frac{1}{100} \frac{A}{100} \sum_{i=1}^{i=5} p_{4i} \lambda_{4i}$$

donde

λ_{4i} = Valores obtenidos de la Tabla A.13.4.3.4.

A = Porcentaje de acero en posesión de un distintivo de calidad oficialmente reconocido.

p_{4i} = Porcentaje de utilización en la obra de cada acero identificado en la Tabla A.13.4.3.4.

Tabla A.13.4.3.4.

Optimización de recursos en la fabricación del acero	De acuerdo con/o mediante	Puntos
Sin certificación	No se aplica la norma ISO 14001 ni el sistema EMAS, o el producto no está certificado mediante una marca voluntaria de calidad con distintivo oficialmente reconocido, o el certificado de producto no acredita que dicho acero está sometido a las exigencias del Protocolo de Kyoto.	$\lambda_{41} = 0$
Con producción sometida a certificación de carácter medioambiental	Norma ISO 14001	$\lambda_{41} = 10$
	Norma ISO 14001 y registro EMAS, o registro EMAS sin norma ISO 14001	$\lambda_{41} = 15$
Con certificación del producto	El acero acredita mediante la posesión de un distintivo de calidad oficialmente reconocido que su producción procede del reciclado de chatarra, al menos en un 80%.	$\lambda_{42} = 30$
	El acero acredita mediante la posesión de un distintivo de calidad oficialmente reconocido que su producción está sometida a las exigencias del Protocolo de Kyoto.	$\lambda_{43} = 20$
	El acero acredita mediante la posesión de un distintivo de calidad oficialmente reconocido que realiza un aprovechamiento de sus escorias superior al 50%.	$\lambda_{44} = 15$
Otros	El acero acredita que, tanto las materias primas férricas utilizadas en la siderurgia como los productos de acero, se han sometido a controles de emisión radiológicos verificables y documentados.	$\lambda_{45} = 20$
Puntuación total máxima		$\sum_{i=1}^{4} \lambda_{4i} \leqslant 100$

4.3.5. Criterio medioambiental de sistemática del control de ejecución

Este criterio valora la contribución medioambiental asociada a la disminución de los recursos consumidos para la elaboración de la armadura, como consecuencia de un nivel de control de ejecución intenso y del empleo de productos en posesión de un distintivo de calidad oficialmente reconocido.

La función representativa de este criterio viene definida por

$$P_5 = \frac{1}{100} \sum_{i=1}^{i=3} p_{5i} \cdot \lambda_{5i}$$

donde p_{5i} es el porcentaje de utilización en la obra de cada uno de los casos que se definen en la Tabla A.13.4.3.5 y λ_{5i} es el coeficiente reflejado en la misma para cada caso.

Tabla A.13.4.3.5.

Subcriterio	Coeficiente de valor
Hormigón preparado o fabricado en central. No se aplica disminución de γ_s, de acuerdo con el apartado 15.3.1.	$\lambda_{51} = 0$
Hormigón preparado o fabricado en central. Se aplica disminución de γ_s, de acuerdo con el apartado 15.3.1.	$\lambda_{52} = 65$
Hormigón prefabricado con distintivo de calidad. Se aplica disminución de γ_s, de acuerdo con el apartado 15.3.1.	$\lambda_{53} = 100$

4.3.6. Criterio medioambiental de reciclado de áridos

Este criterio valora la contribución medioambiental asociada al empleo de áridos reciclados. Su función representativa viene definida por

$$P_6 = \frac{1}{100} \sum_{i=1}^{i=2} p_{6i} \cdot \lambda_{6i}$$

donde p_{61} y p_{62} son los porcentajes de utilización en la obra de elementos de hormigón ejecutado in situ y de elementos de hormigón prefabricado, respectivamente, y donde los coeficientes λ_{61} y λ_{62} son los porcentajes de árido reciclado correspondiente a cada uno de los mencionados tipos de elementos. Cada uno de estos porcentajes (λ_{6i}) está limitado al valor 20.

4.3.7. Criterio medioambiental de optimización del cemento

Este criterio valora la contribución medioambiental asociada al empleo de subproductos industriales y, en particular en el caso de cementos, que los incorporen así como que empleen otras materias primas que minimicen sus emisiones de CO_2 a la atmósfera o se obtengan mediante procesos que consuman menos energía, especialmente mediante el consumo de combustibles alternativos, que permitan ahorrar otros combustibles primarios, y la valorización de residuos.

La función representativa de este criterio viene definida por

$$P_7 = \frac{1}{100} \frac{100 - H}{100} \sum_{i=1}^{i=n} p_{7i} \cdot \lambda_{7i}$$

donde:

H = Porcentaje de hormigón con distintivo de calidad oficialmente reconocido, con adición de cenizas volantes o humo de sílice.

p_{7i} = Porcentaje de utilización en la obra de cada tipo de cemento identificado según la Tabla A.13.4.3.7.

λ_{7i} = Coeficiente obtenido de la Tabla A.13.4.3.7.

n = Representa el número de tipos diferentes de cemento suministrados a la obra, identificados según la Tabla A.13.4.3.7.

Tabla A.13.4.3.7.

Optimización de recursos en la fabricación del cemento	De acuerdo con/o mediante	λ_{7i}
Sin certificación	No se aplica la norma ISO 14001 ni el sistema EMAS, o el producto no está certificado mediante una marca voluntaria de calidad con distintivo oficialmente reconocido, o el certificado de producto no acredita que dicho cemento está sometido a las exigencias del Protocolo de Kyoto.	0
Con producción sometida a certificación de carácter medioambiental	Norma ISO 14001	10
	Norma ISO 14001 y registro EMAS, o registro EMAS sin norma ISO 14001	15
Con certificación del producto	Dentro de los tipos de cemento adecuados al uso correspondiente, se utilizan aquéllos que contienen adiciones de acuerdo con las normas vigentes y en un porcentaje menor o igual al 20%. Además están certificados mediante una marca voluntaria de calidad con distintivo oficialmente reconocido(*).	35
	Dentro de los tipos de cemento adecuados al uso correspondiente, se utilizan aquéllos que contienen adiciones de acuerdo con las normas vigentes y en un porcentaje mayor al 20%. Además están certificados mediante una marca voluntaria de calidad con distintivo oficialmente reconocido.	50
	Dentro de los tipos de cemento adecuados al uso correspondiente, se utilizan aquéllos que están sometidos a las exigencias del Protocolo de Kyoto y así lo acredita el certificado de producto consistente en una marca voluntaria de calidad con distintivo oficialmente reconocido.	20
	Dentro de los tipos de cemento adecuados al uso correspondiente, se utilizan aquéllos en los que se emplean materias primas que producen menos emisiones de CO_2, o se emplean combustibles alternativos (no fósiles), o se valorizan, como combustibles, residuos de cualquier tipo, todo ello acreditado en el certificado de producto consistente en una marca voluntaria de calidad con distintivo oficialmente reconocido.	15
Puntuación total máxima		100

(*) Cuando el cemento más adecuado para el proyecto en cuestión, según esta Instrucción, sea del tipo CEM I o tipo I, se le adjudicará una puntuación mínima de 35 puntos siempre que el producto esté certificado mediante una marca voluntaria de calidad con distintivo oficialmente reconocido, ya que estos tipos de cemento no pueden llevar cantidad de adición alguna.

4.3.8. *Criterio medioambiental de optimización del hormigón*

Este criterio valora la contribución medioambiental asociada al empleo de subproductos industriales que, en forma de adiciones, se incorporen directamente al hormigón, de acuerdo con las especificaciones contenidas en esta Instrucción.

La función representativa de este criterio viene definida por:

$$P_8 = \frac{1}{100} \frac{H}{100} \sum_{i=1}^{i=n} p_{8i} \cdot \lambda_{8i}$$

donde:

H = Porcentaje de hormigón con distintivo de calidad oficialmente reconocido, con adición de cenizas volantes o humo de sílice.

p_{8i} = Porcentaje respecto a la cantidad total de hormigón con adición en central, que corresponde a los hormigones fabricados con cada tipo y proporción de adición según la Tabla A.13.4.3.8.

λ_{8i} = Coeficiente obtenido en la Tabla A.13.4.3.8.

n = Representa el número de tipos diferentes de adición empleados, identificados según en la Tabla A.13.4.3.8.

Tabla A.13.4.3.8.

Casuística	Subcriterios de aplicación		λ_{8i}
Empleo de cemento CEM I o tipo I	De acuerdo a los criterios establecidos en la Tabla A.13.3.2.7		35
Central de hormigón sin certificación ISO 14000	Cualquier porcentaje de adición		0
Central de hormigón con certificación ISO 14001	Cenizas volantes (en % del peso de cemento)	12%	22
		24%	44
		35%	65
	Humo de sílice (en % del peso del cemento)	4%	22
		8%	44
		12%	65

Nota: En la práctica no es usual combinar diversas adiciones, pero en el caso de plantearse se puede obtener la puntuación por interpolación lineal de los pocentajes expresados en la tabla.

4.3.9. Criterio medioambiental de control de los impactos

Este criterio valora la contribución medioambiental asociada a una ejecución de la estructura que minimice los impactos sobre el medio ambiente y en particular, la emisión de partículas y generación de polvo.

La función representativa de este criterio viene definida por

$$P_9 = \sum_{i=1}^{i=5} p_{9i} \cdot \lambda_{9i}$$

donde p_{9i} y λ_{9i} son los parámetros obtenidos de la Tabla A.13.4.3.9.

Tabla A.13.4.3.9.

Subcriterio	p_{9i}	λ_{gi}
Empleo de aspersores en la obra para evitar el polvo.	1	20
Pavimentación de los accesos a la obra o inclusión de sistemas de limpieza de neumáticos.	1	20
Utilización de pantallas u otros dispositivos de retención de polvos.	1	20
Empleo de estabilizantes químicos para reducir la producción de polvo.	1	20
Utilización de toldos y lonas para la cobertura del material expuesto a la intemperie, incluido su transporte.	1	20

4.3.10. Criterio medioambiental de gestión de los residuos

Este criterio valora la contribución medioambiental asociada a una ejecución de la estructura que gestione adecuadamente los residuos generados durante dicho proceso. En particular, se tiene en cuenta la existencia de un plan de gestión de los materiales de excavación, de un plan de gestión de los residuos de construcción y demolición y la disminución de residuos originados por el control del hormigón, como consecuencia del empleo de probetas cúbicas.

La función representativa de este criterio viene definida por

$$P_{10} = \sum_{i=1}^{i=4} \lambda_{10i}$$

donde λ_{10i} son los valores obtenidos de la Tabla A.13.4.3.10.

Tabla A.13.4.3.10.

Subcriterio	Casuística		λ_{101}	λ_{102}	λ_{103}	λ_{104}
Gestión de los productos de excavación	Ninguna actuación controlada		0	—	—	—
	Enviar todo a vertedero		3	—	—	—
	Reciclar un porcentaje, indicado en la columna siguiente, y el resto a vertedero	20%	10	—	—	—
		40%	15	—	—	—
		60%	20	—	—	—
		80%	25	—	—	—
		100%	30	—	—	—
Gestión de los residuos de construcción y demolición (RCD)	Ninguna actuación controlada		—	0	—	—
	Enviar todo a vertedero		—	5	—	—
	Reciclar un porcentaje, indicado en la columna siguiente, y el resto a vertedero	20%	—	12	—	—
		40%	—	21	—	—
		60%	—	30	—	—
		80%	—	39	—	—
		100%	—	50	—	—

Tabla A.13.4.3.10. (*Continuación*)

Subcriterio		Casuística		λ_{101}	λ_{102}	λ_{103}	λ_{104}
Minimización de residuos de azufre por el empleo de probetas cúbicas	Hormigón sin distintivo de calidad oficialmente reconocido, según el apartado 5.1 del Anejo 19.	Todas las probetas cilíndricas		—	—	0	—
		Utilizan probetas cúbicas para el control de algunos hormigones que representan el porcentaje que se indica en la columna siguiente sobre el número total de probetas	20%	—	—	4	—
			40%	—	—	8	—
			60%	—	—	12	—
			80%	—	—	16	—
			100%	—	—	20	—
	Hormigón con distintivo de calidad oficialmente reconocido, según el apartado 5.1 del Anejo 19, del hormigón total colocado, que se indica en la columna siguiente	33%	Cilíndrica (*)	—	—	—	6
			Cúbica (**)	—	—	—	20
		67%	Cilíndrica (*)	—	—	—	12
			Cúbica (**)	—	—	—	20
		100%	Cilíndrica (*)	—	—	—	17
			Cúbica (**)	—	—	—	20

(*) El hormigón sin distintivo de calidad oficialmente reconocido, se controla mediante el uso de probetas cilíndricas.
(**) El hormigón sin distintivo de calidad oficialmente reconocido, se controla mediante el uso de probetas cúbicas.

4.3.11. Criterio medioambiental de gestión del agua

Este criterio valora la contribución medioambiental asociada a una ejecución de la estructura que gestione adecuadamente el agua empleada durante dicho proceso. En particular, se tienen en cuenta la disposición de sistemas eficientes de curado del hormigón, la instalación de dispositivos de ahorro y la recogida y aprovechamiento del agua de lluvia.

La función representativa de este criterio viene definida por

$$P_{11} = \sum_{i=1}^{i=4} \lambda_{11i}$$

donde λ_{11i} son los valores obtenidos de la Tabla A.13.4.3.11.

Tabla A.13.4.3.11.

Condiciones		λ_{11i}
Tipo de empresa	Con compromiso ambiental	20
	Con distintivo medioambiental ISO 9001	40
El proyecto incluye, y justifica en el presupuesto, alguna técnica que permita realizar un curado eficiente con relación al consumo de agua, p. e. introducción de elementos de cobertura para prevenir la evaporación (lonas), riego por aspersión con temporizador, etc.		20
El proyecto propone, y justifica en el presupuesto la utilización de dispositivos de ahorro de agua en los puntos de consumo.		20
El proyecto propone y justifica en el presupuesto la utilización de contenedores para la recogida de agua lluvia y el posterior uso de la misma. Esa agua puede utilizarse posteriormente, en otras aplicaciones sin tener que utilizar recursos de la red de suministros de agua. Este empleo no debe ser perjudicial para otro tipo de características, por ejemplo, durabilidad.		20

5. Índice de contribución de la estructura a la sostenibilidad

Se define como «índice de contribución de la estructura a la sostenibilidad» (ICES) al resultado de aplicar la siguiente expresión:

$$ICES = a + b \cdot ISMA$$

debiendo cumplirse, además, que:

$$ICES \leqslant 1$$
$$ICES \leqslant 2 \cdot ISMA$$

donde:

a = Coeficiente de contribución social, obtenido como suma de los coeficientes indicados en la Tabla A.13.5, según los subcriterios que sean aplicables.

$$a = \sum_{i=1}^{i=5} a_i$$

Tabla A.13.5.

Subcriterio	En proyecto	En ejecución
El Constructor aplica métodos innovadores que sean resultados de proyectos de I + D + i realizados en los últimos 3 años.	$a_1 = 0$	$a_1 = 0,02$
Al menos, el 30% del personal que trabaja en la ejecución de la estructura ha tenido cursos de formación específica en aspectos técnicos, de calidad o medioambientales	$a_2 = 0$	$a_2 = 0,02$
Se adoptan medidas voluntarias de seguridad y salud adicionales a las establecidas reglamentariamente para la ejecución de la estructura.	$a_3 = 0$	$a_3 = 0,04$
Se elabora una página web pública y específica para la obra al objeto de informar al ciudadano, incluyendo sus características y plazos de ejecución, así como sus implicaciones económicas y sociales.	$a_4 = 0,01$	$a_4 = 0,02$
Se trata de una estructura incluida en una obra declarada como de interés general por la Administración Pública competente.	$a_5 = 0,04$	$a_5 = 0,04$

b = Coeficiente de contribución por extensión de la vida útil, obtenido de acuerdo con la siguiente expresión,

$$b = \frac{t_g}{t_{g,min}} \leqslant 1,25$$

donde:

t_g = Vida útil realmente contemplada en el proyecto para la estructura, dentro de los rangos contemplados en el artículo 5 y

$t_{g,min}$ = Valor de la vida útil establecido en el apartado 5.1 de esta Instrucción para el correspondiente tipo de estructura.

A partir del ICES, puede clasificarse la contribución de la estructura a la sostenibilidad, de acuerdo con los siguientes niveles:

Nivel A: $0{,}81 \leqslant ICES \leqslant 1{,}00$
Nivel B: $0{,}61 \leqslant ICES \leqslant 0{,}80$
Nivel C: $0{,}41 \leqslant ICES \leqslant 0{,}60$
Nivel D: $0{,}21 \leqslant ICES \leqslant 0{,}40$
Nivel E: $0{,}00 \leqslant ICES \leqslant 0{,}20$

donde A es el extremo máximo de la escala (máxima contribución a la sostenibilidad) y E es el extremo mínimo de la misma (mínima contribución a la sostenibilidad).

6. Comprobación de los criterios de contribución a la sostenibilidad

6.1. Evaluación del índice de contribución de la estructura a la sostenibilidad en el proyecto

En el caso de que la Propiedad decida aplicar criterios de sostenibilidad para la estructura, el Autor del proyecto deberá definir en el mismo una estrategia para conseguirlos, evaluando el valor de proyecto del índice de contribución de la estructura a la sostenibilidad ($ICES_{proyecto}$) e identificando los criterios, o subcriterios en su caso, que deben cumplirse para la consecución del valor establecido.

Para la evaluación del índice $ICES_{proyecto}$ se adoptarán $a_1 = a_2 = a_3 = 0$.

Además, el Autor del Proyecto deberá reflejar las medidas necesarias a tener en cuenta durante la ejecución de la estructura en los correspondientes documentos y, en particular, en la memoria, en el pliego de prescripciones técnicas particulares y en el presupuesto.

6.2. Evaluación del índice de contribución de la estructura a la sostenibilidad real de la ejecución

En el caso de que la Propiedad haya decidido aplicar criterios de sostenibilidad para la estructura, la Dirección Facultativa deberá controlar, directamente o a través de una entidad de control de calidad, que el valor real del índice de contribución de la estructura a la sostenibilidad ocmo consecuencia de las condiciones reales de su ejecución ($ICES_{ejecución}$) no es inferior al valor del referido índice definido en el proyecto.

Los documentos acreditativos de la valoración final del $ICES_{ejecución}$ formarán parte de la Documentación Final de Obra.

anejo 14

Recomendaciones para la utilización de hormigón con fibras

1. Alcance

Las prescripciones y requisitos incluidos en el articulado de esta Instrucción se refieren a hormigones que no incorporan fibras en su masa. Por ello, se precisa establecer unas recomendaciones específicas y complementarias cuando, para mejorar algunas prestaciones ya sea en estado fresco, en primeras edades o en estado endurecido, se empleen fibras en el hormigón, las cuales pueden modificar algunas de sus propiedades. Quedan expresamente fuera de los objetivos de este anejo:

— Los hormigones con polímeros (impregnados con polímeros, de polímeros o modificados con polímeros).
— Los hormigones fabricados con fibras distintas a las que constan en este anejo, como aceptables para su uso en hormigones.
— Los hormigones en los que la distribución y/o orientación de las fibras es forzada intencionadamente.
— Los hormigones con dosificación en fibras superior al 1,5% en volumen.

A los efectos de este anejo, los hormigones reforzados con fibras (HRF), se definen como aquellos hormigones que incluyen en su composición fibras cortas, discretas y aleatoriamente distribuidas en su masa. El planteamiento es general para todo tipo de fibras, si bien hay que tener presente que la base fundamental del conocimiento de que se dispone es para fibras de acero, lo que se refleja, en cierta medida en el mismo.

La aplicación de estos hormigones puede ser con finalidad estructural o no estructural. El empleo de fibras en el hormigón tiene finalidad estructural cuando se utiliza su contribución en los cálculos relativos a alguno de los estados límite últimos o de servicio y su empleo puede implicar la sustitución parcial o total de armadura en algunas aplicaciones. Se considerará que las fibras no tienen función estructural, cuando se incluyan fibras en el hormigón con otros objetivos como la mejora de la resistencia al fuego o el control de la fisuración.

La adición de fibras es admisible en hormigones en masa, armados o pretensados, y se puede hacer con cualquiera de los diversos sistemas, sancionados por la práctica, de incorporación de las fibras al hormigón y, en el caso de que así no se hiciera, debe explicitarse el sistema utilizado.

En el anejo se presenta una relación de referencias normativas nacionales e internacionales relacionadas con el tema de este anejo y que pueden servir de apoyo o referencia.

En cada plano de la estructura deberá figurar un cuadro de tipificación de los hormigones incluyendo las condiciones adicionales para los hormigones con fibras que se señalan en el apartado 39.2. de la Instrucción.

La tipificación propuesta en este anejo refleja las especificaciones básicas que se exigen cuando las fibras tienen finalidad estructural. Además de las propiedades que quedan implícitas en la tipificación del hormigón según 39.2 de este anejo, el Pliego de Prescripciones Técnicas Particulares deberá incluir aquellas características adicionales exigidas al hormigón con fibras, así como los métodos de ensayo para su verificación y los valores que deban alcanzar dichas características. En todo caso deberá indicarse una propuesta de dosificación con los siguientes datos:

— Dosificación de fibras en kg/m^3.
— Tipo, dimensiones (longitud, diámetro efectivo, esbeltez), forma y resistencia a tracción de la fibra (en N/mm^2), en el caso de fibras con finalidad estructural.

Sin embargo la efectividad de las distintas fibras disponibles en el mercado puede ser muy variable, y las condiciones de disponibilidad del producto o las condiciones de la obra pueden recomendar una modificación de alguna de las características especificadas en el pliego ya sea de tipo, de dimensiones y, por ende, de la dosificación necesaria de fibras para obtener las mismas propiedades. Por ello, cuando la designación del hormigón sea por propiedades, la dosificación indicada en el Pliego de Prescripciones Técnicas Particulares debe entenderse como orientativa. Antes del inicio del hormigonado el suministrador propondrá una dosificación de obra, y realizará los ensayos previos de acuerdo con el Anejo 22. A la vista de los resultados la Dirección facultativa de obra aceptará la dosificación propuesta o exigirá nuevas propuestas.

2. Complementos al texto de esta Instrucción

Seguidamente se indican, por referencia a los Títulos, Capítulos, Artículos y Apartados de esta Instrucción las recomendaciones para el empleo de hormigón con fibras.

TÍTULO 1.º BASES DE PROYECTO

CAPÍTULO III. Acciones

Artículo 10.º Valores característicos de las acciones

10.2. Valores característicos de las acciones permanentes

La densidad y las dosificaciones usuales de las fibras no llevan a modificar los valores del peso específico característico del hormigón con fibras respecto al hormigón sin ellas.

CAPÍTULO IV. Materiales y geometría

Artículo 15.º Materiales

15.3. Coeficientes parciales de seguridad de los materiales

Para los Estados Límite Últimos y para los Estados Límite de Servicio se opta por mantener los mismos coeficientes parciales de seguridad dados en el articulado (Tabla 15.3), ya que se entiende que la incorporación de fibras en condiciones usuales no modifica las incertidumbres que conducen a la estimación de dichos valores.

TÍTULO 2.° ANÁLISIS ESTRUCTURAL

CAPÍTULO V. Análisis estructural

La incorporación de fibras modifica el comportamiento no lineal del hormigón estructural, especialmente en tracción, impidiendo la abertura y propagación de fisuras. Por ello, la aplicación del análisis no lineal puede ser especialmente recomendable en los casos en que las fibras constituyan una parte importante del refuerzo del hormigón.

Así mismo, dada la ductilidad que introduce la presencia de fibras, se consideran válidos los principios para la aplicación del método de análisis lineal con redistribución limitada y de los métodos de cálculo plástico, cuando se comprueben los requisitos para la aplicación de los mismos especificados en el artículo 19°.

Los momentos plásticos o últimos se obtendrán de acuerdo con el apartado 39.5 y, para placas macizas, se considerará que las líneas de rotura tienen suficiente capacidad de rotación si la profundidad de la fibra neutra en ELU de flexión simple es menor que 0,3 d. Las evaluaciones estructurales a estos efectos deben hacerse por medio de ensayos que representen las condiciones reales.

El empleo de fibras estructurales puede aumentar la anchura de las bielas de compresión, lo cual puede ser tenido en cuenta en los modelos de bielas y tirantes. Por consiguiente, la combinación de armadura convencional y fibras puede suponer una alternativa para reducir la cuantía de armadura convencional en regiones D donde se presente una alta densidad de armadura que dificulte el correcto hormigonado del elemento.

TÍTULO 3.° PROPIEDADES TECNOIÓGICAS DE IOS MATERIALES

CAPÍTULO VI. Materiales

Fibras. Definiciones

Las fibras son elementos de corta longitud y pequeña sección que se incorporan a la masa del hormigón a fin de conferirle ciertas propiedades específicas.

De una manera general se pueden clasificar como fibras estructurales, aquellas que proporcionan una mayor energía de rotura al hormigón en masa (en el caso de las fibras estructurales, la contribución de las mismas puede ser considerada en el cálculo de la respuesta de la sección de hormigón), o como fibras no estructurales, a aquellas que sin considerar en el cálculo esta energía suponen una mejora ante determinadas propiedades como por ejemplo el control de la fisuración por retracción, incremento de la resistencia al fuego, abrasión, impacto y otros.

La característica geométricas de las fibras (Longitud (l_f), Diámetro equivalente (d_f), Esbeltez (λ)), se establecerán de acuerdo con UNE 83500-1 y UNE 83500-2. Por otro lado, de acuerdo con su naturaleza las fibras se clasifican en:

— Fibras de acero.
— Fibras poliméricas.
— Otras fibras inorgánicas.

La efectividad de las fibras puede valorarse por medio de la energía de rotura, expresada en Julios (J), que se evaluará para hormigón moldeado mediante la norma UNE 83510. Alternativamente, al objeto de reducir la dispersión y los tiempos de ensayo, la del Autor del proyecto o, en su caso, Dirección Facultativa valorarán, bajo su responsabilidad, el empleo de otros procedimientos, como el ensayo Barcelona de doble punzonamiento, realizado sobre probeta cilíndrica de 15 × 15 cm.

Fibras de acero

Estas fibras deberán ser conformes con UNE 83500-1 y, según el proceso de fabricación se clasifican en: trefiladas (Tipo I), cortadas en láminas (Tipo II), extraídas por rascado en caliente (virutas de acero) (Tipo III) u otras (por ejemplo, fibras de acero fundidas) (Tipo IV). La forma de la fibra tiene una incidencia importante en las características adherentes de la fibra con el hormigón y puede ser muy variada: rectas, onduladas, corrugadas, conformadas en extremos de distintas formas, etc.

La longitud de la fibra (l_f) se recomienda sea, como mínimo, 2 veces el tamaño del árido mayor. Es usual el empleo de longitudes de 2,5 a 3 veces el tamaño máximo de árido. Además, el diámetro de la tubería de bombeo exige que la longitud de la fibra sea inferior a 2/3 del diámetro del tubo. Sin embargo, la longitud de la fibra debe ser suficiente para dar una adherencia necesaria a la matriz y evitar arrancamientos con demasiada facilidad.

A igualdad de longitud, fibras de pequeño diámetro aumentan el número de ellas por unidad de peso y hacen más denso el entramado o red de fibras. El espaciamiento entre fibras se reduce cuando la fibra es más fina, siendo más eficiente y permitiendo una mejor *redistribución* de la carga o de los esfuerzos.

Fibras poliméricas

Las fibras plásticas están formadas por un material polimérico (polipropileno, polietileno de alta densidad, aramida, alcohol de polivinilo, acrílico, nylon, poliéster) extrusionado y posteriormente cortado. Éstas pueden ser adicionadas homogéneamente al hormigón, mortero o pasta. Se rigen por la norma UNE 83500-2 y, según el proceso de fabricación se clasifican en: monofilamentos extruidos (Tipo I), láminas fibriladas (Tipo II).

Sus dimensiones pueden ser variables al igual que su diámetro y su formato:

Micro-fibras: <0,30 mm diámetro
Macro-fibras: ⩾0,30 mm diámetro

Las macro-fibras pueden colaborar estructuralmente, siendo su longitud variable (desde 20 mm a 60 mm), que debe guardar relación con el tamaño máximo del árido (relación de longitud 3:1 fibra: TM).

Las micro-fibras se emplean para reducir la fisuración por retracción plástica del hormigón, especialmente en pavimentos y soleras, pero no pueden asumir ninguna función estructural. También se utilizan para mejorar el comportamiento frente al fuego, siendo conveniente en este caso que el número de fibras por kg sea muy elevado.

Además de por sus características físico-químicas, las micro-fibras se caracterizan por su frecuencia de fibra, que indica el número de fibras presentes en 1 kg, y que depende de la longitud de fibra y muy especialmente de su diámetro.

Otras fibras inorgánicas

De este tipo de fibras, las que se incluyen en este anejo son las fibras de vidrio, que en la actualidad tienen aplicación usual en el campo del hormigón. No se incorporan otras fibras que, aún existiendo, son usadas para otras aplicaciones fuera del campo del hormigón.

Fibras de vidrio

Este tipo de fibras podrán emplearse siempre que se garantice un comportamiento adecuado durante la vida útil del elemento estructural, en relación con los problemas potenciales de deterioro de este tipo de fibras como consecuencia de la alcalinidad del medio.

Dado que los HRF pueden experimentar importantes reducciones de resistencia y tenacidad debido a la exposición al medio ambiente, se deberán tomar las medidas adecuadas tanto sobre la fibra como sobre la matriz cementícea para su protección. En este sentido, las fibras pueden presentarse con una capa protectora superficial de un material epoxídico que reduce la afinidad de las mismas con el hidróxido de calcio, proceso responsable de la fragilización del compuesto.

Artículo 31.º Hormigones

31.1. Composición

Cuando las fibras utilizadas sean metálicas, el ion cloruro total aportado por los componentes no excederá del 0,4% del peso del cemento.

31.2. Condiciones de calidad

Cuando se utilice fibras se incluirá entre las condiciones o características de calidad exigidas al hormigón en el Pliego de Prescripciones Técnicas Particulares la longitud máxima de las fibras.

Cuando las fibras tengan función estructural se incluirá asimismo los valores de resistencia característica residual a tracción por flexión $f_{R,1,k}$ y $f_{R,3,k}$ de acuerdo con lo especificado en el artículo 39.

Cuando se utilice fibras con otras funciones se especificará los métodos para verificar la adecuación de las fibras a tal fin.

31.3. Características mecánicas

La resistencia del hormigón a flexotracción, a los efectos de esta Instrucción, se refiere a la resistencia de la unidad de producto o amasada y se obtiene a partir de los resultados de ensayo de rotura a flexotracción, en número igual o superior a tres, realizados sobre probetas prismáticas de ancho igual a 150 mm, altura igual a 150 mm y largo igual a 600 mm, de 28 días de edad, fabricadas, conservadas y ensayadas de acuerdo con UNE-EN 14651.

Cuando el elemento a diseñar tenga un canto inferior a 12,5 cm, o cuando el hormigón presente endurecimiento a flexión, con resistencia residual a flexotracción $f_{R,1,d}$ superior la resistencia a tracción f_{ctd}, se recomienda que las dimensiones de la probeta, y el método de preparación se adapten para simular el comportamiento real de la estructura, y el ensayo se realice en probetas no entalladas.

Para elementos estructurales que trabajen como placa, pueden utilizarse otros tipos de ensayos alternativos, siempre y cuando vengan contrastados por una campaña experimental concluyente. Cuando la desviación entre los resultados de una misma unidad de producto sobrepase ciertos límites debe realizarse una verificación del proceso seguido a fin de conceder representatividad a los mismos.

Al efecto de asegurar la homogeneidad de una misma unidad de producto, el recorrido relativo de un grupo de tres probetas (diferencia entre el mayor resultado y el menor, dividida por el valor medio de las tres), tomadas de la misma amasada, no podrá exceder el 35%.

Los criterios planteados en la Instrucción para obtener el valor de la resistencia a tracción f_{ct}, a partir de los resultados del ensayo de tracción indirecta son válidos siempre que se refieran al límite de proporcionalidad.

En solicitaciones de compresión, el diagrama tensión-deformación del hormigón con fibras no se modifica respecto al del articulado, ya que se puede considerar que la adición de las fibras no varía de forma significativa el comportamiento del hormigón en compresión.

Del ensayo propuesto en UNE-EN 14651 se obtiene el diagrama carga-abertura de fisura del hormigón (Figura A.14.1). A partir de los valores de carga correspondiente al límite de proporcionalidad (F_L) y a las aberturas de fisura 0,5 mm y 2,5 mm (F_1 y F_3 respectivamente), se obtiene el valor de resistencia a flexotracción ($f_{ct,fl}$) y los valores de resistencia residual a flexotracción correspondientes: $f_{R,1}$ y $f_{R,3}$.

El cálculo de los valores de resistencia a flexotracción y de resistencia residual a flexotracción según la citada norma UNE-EN 14651 se realiza asumiendo una distribución elástico lineal de tensiones en la sección de rotura.

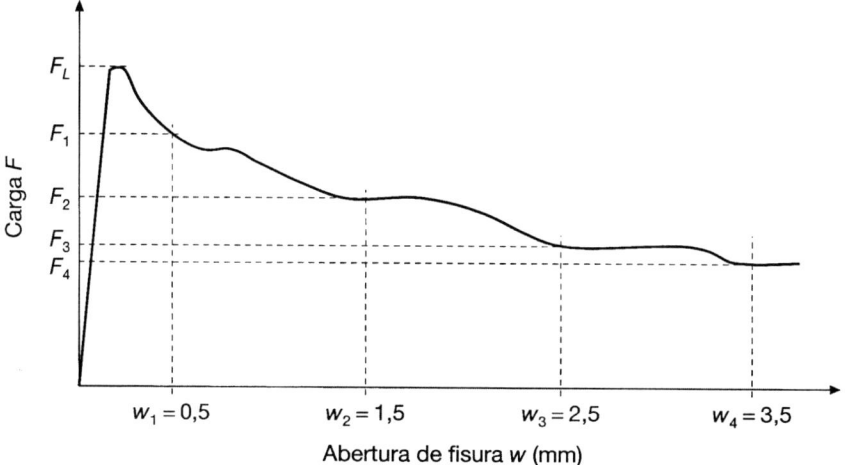

Figura A.14.1. Diagrama tipo carga apertura de fisuras.

A partir de estos valores se determinará el diagrama de cálculo a tracción según lo indicado en el artículo 39. También, se podrán incorporar otros diagramas que definan dichas ecuaciones constitutivas de forma directa siempre y cuando los resultados vengan avalados por campañas concluyentes de tipo experimental y bibliografía especializada.

31.4. Valor mínimo de la resistencia

Para que las fibras puedan ser consideradas con función estructural la resistencia característica residual a tracción por flexión $f_{R,1,k}$ no será inferior al 40% del límite de proporcionalidad y $f_{R,3,k}$ no será inferior al 20% del límite de proporcionalidad (véase 39.1).

31.5. Docilidad del hormigón

El empleo de fibras en hormigón puede provocar una pérdida de docilidad, cuya magnitud será función del tipo y longitud de la fibra empleada así como de la cuantía de fibras dispuesta. Este factor debe considerarse especialmente al solicitar la consistencia del hormigón en el caso de adición de fibras en obra.

En el caso de hormigones con fibras, se recomienda que la consistencia del hormigón no sea inferior a 9 cm de asiento en el cono de Abrams (si bien depende del tipo de aplicación y sistema de puesta en obra). En este caso, el ensayo del cono de Abrams es poco adecuado y se recomienda ensayar la consistencia de acuerdo con los ensayos propuestos en UNE-EN 12350-3 o UNE 83503.

TÍTULO 4.º DURABILIDAD

CAPÍTU LO VII. Durabilidad

Artículo 37.º Durabilidad del hormigón y de las armaduras

37.2.4. Recubrimientos

El empleo de hormigón reforzado con fibras con función estructural hace innecesaria la utilización de la malla de reparto, que exige la Instrucción, a situar en medio de los recubrimientos superiores a 50 mm.

37.2.8. Empleo de hormigón reforzado con fibras (este apartado no se corresponde con ninguno del articulado)

De forma general, se podrá emplear hormigón reforzado con fibras en todas las clases de exposición. En las clases generales de exposición IIIb, IIIc y IV y en la clase específica F, deberá justificarse el uso mediante pruebas experimentales en el caso del empleo de fibras de acero al carbono. Una alternativa viable es el empleo de aceros inoxidables, galvanizados o resistentes a la corrosión.

En caso de clases específicas de exposición por ataques químicos al hormigón —Qa, Qb y Qc—, las fibras de acero y sintéticas podrán emplearse previo estudio justificativo de la no reactividad de los agentes químicos con dichos materiales distintos del hormigón.

37.3.7. Resistencia del hormigón frente a la erosión

En general, el empleo de fibras de acero mejora la resistencia a la erosión.

TÍTULO 5.º CÁLCULO

CAPÍTULO VIII. Datos de los materiales para el proyecto

Artículo 39.º Características del hormigón

39.2. Tipificación de los hormigones

Los hormigones se tipificarán de acuerdo con el siguiente formato (lo que deberá reflejarse en los planos de proyecto y en el Pliego de Prescripciones Técnicas Particulares del proyecto):

$$T - R/f - R_1 - R_3/C/TM - TF/A$$

donde:

T = Indicativo que será HMF en el caso de hormigón en masa, HAF en el caso de hormigón armado y HPF en el caso de hormigón pretensado.

R = Resistencia característica a compresión especificada, en N/mm^2.

f = Indicativo del tipo de fibras que será A en el caso de fibras de acero, P en el caso de fibras poliméricas y V en el caso de fibra de Vidrio.

R_1, R_3 = Resistencia característica residual a flexotracción especificada $f_{R,1,k}$ y $f_{R,3,k}$, en N/mm^2.

C = Letra inicial del tipo de consistencia, tal y como se define en 31.5.

TM = Tamaño máximo del árido en milímetros, definido en 28.2.

TF = Longitud máxima de la fibra, en mm.

A = Designación del ambiente, de acuerdo con 8.2.1.

En cuanto a las resistencias residuales a flexotracción de las características especificadas, se recomienda utilizar la siguiente serie siempre que supere el valor mínimo exigido en 30.5:

$$1,0 - 1,5 - 2,0 - 2,5 - 3,0 - 3,5 - 4,0 - 4,5 - 5,0 - \cdots$$

En la cual las cifras indican las resistencias residuales a flexotracción características especificadas del hormigón a 28 días, expresada en N/mm^2.

Cuando las fibras no tengan función estructural los Indicativos R_1 y R_3 deberán sustituirse por: «CR» en el caso fibras para control de retracción, «RF» en el caso de fibras para mejorar la resistencia al fuego y «O» en otros casos.

En el caso de hormigones designados por dosificación se recomienda el siguiente formato:

$$T - D - G/f/C/TM/A$$

donde G es el contenido de fibra, en kg/m^3 de hormigón, prescrito por el peticionario. El resto de los parámetros tiene el significado que se indica en el Articulado. En este caso deberá garantizarse que el tipo, dimensiones y características de las fibras coincidan con los indicados en el Pliego de Prescripciones Técnicas Particulares.

39.4. Resistencia de cálculo del hormigón

Se considerará como resistencias residuales a flexotracción de cálculo del hormigón $f_{R,1,d}$ y $f_{R,3,d}$ el valor de la resistencia característica de proyecto $f_{R,1,k}$ y $f_{R,3,k}$ correspondiente, dividido por un coeficiente parcial de seguridad γ_c, que adopta los valores indicados en el artículo 15°. Es posible trabajar con resistencias residuales a tracción, siempre que se demuestre la validez experimental del planteamiento, pudiéndose buscar las correlaciones con los resultados en flexión.

39.5. Diagrama tensión-deformación en tracción de cálculo del hormigón con fibras

Para el cálculo de secciones sometidas a solicitaciones normales, en los Estados Límites Últimos se adoptará uno de los diagramas siguientes:

— Diagrama rectangular: De forma general se aplicará el diagrama de la Figura A.14.2.a caracterizado por la resistencia residual a tracción de cálculo $f_{ctR,d}$.
— Diagrama multilineal: Para aplicaciones que exigen un cálculo ajustado, se propone el diagrama tensión (σ) deformación (ε) de la Figura A.14.3, definido por una resistencia a tracción de cálculo f_{ctd} y de las resistencias residuales a tracción de cálculo: $f_{ctR1,d}$, $f_{ctR3,d}$, asociadas a sendas deformaciones ε_1 y ε_2 en el régimen de post-pico:

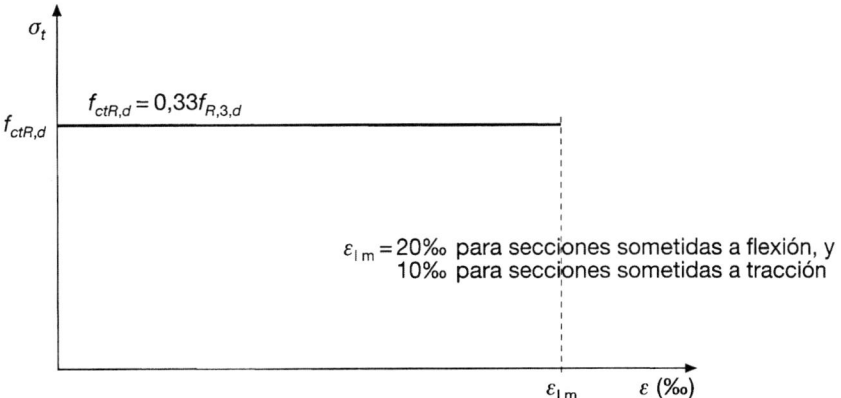

Figura A.14.2. Diagrama de cálculo rectangular.

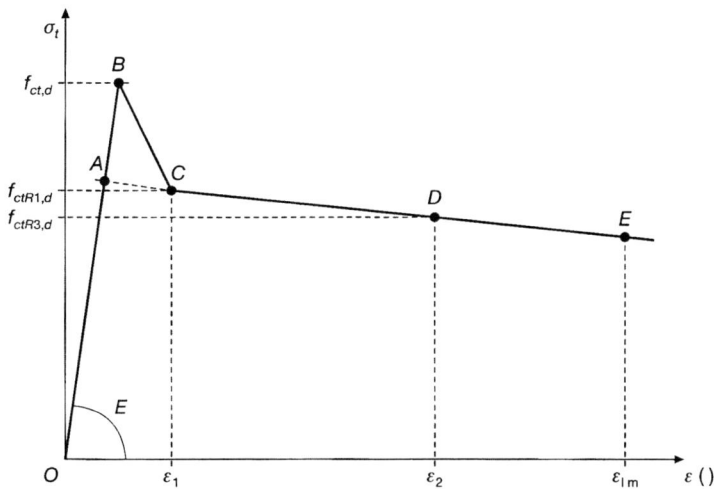

Figura A.14.3. Diagrama de cálculo multilineal.

donde:

f_L = Carga correspondiente al límite de proporcionalidad.

$f_{ct,d} = 0{,}6\ f_{ct,fl,d}$.

$f_{ctR1,d} = 0{,}45\ f_{R,1,d}$.

$f_{ctR3,d} = k_1(0{,}5\ f_{R,3,r} - 0{,}2\ f_{R,1,d})$.

k_1 = 1 para secciones sometidas a flexión y 0,7 para secciones sometidas a tracción.

$\varepsilon_1 = 0{,}1 + 1.000 \cdot f_{ct,d}/E_{c,0}$.

$\varepsilon_2 = 2{,}5/l_{cs}$.

ε_{lim} = 20‰ para secciones sometidas a flexión y 10‰ para secciones sometidas a tracción.

l_{cs} = Longitud crítica (en metros) del elemento calculado que puede determinarse por la expresión

$$l_{cs} = \min(s_m, h - x)$$

siendo:

x = Profundidad del eje neutro.

$h - x$ = Distancia del eje neutro al extremo más traccionado.

s_m = Distancia media entre fisuras. Salvo que se disponga de datos justificados se podrá utilizar para s_m los valores de la Tabla A.14.1.

Tabla A.14.1. Valores de referencia para s_m

Elementos sin armadura tradicional, o poco armados y hormigón de fibras con comportamiento a flexión con ablandamiento ($f_{R,1} < f_L$ y $f_{R,2} < f_L$)	H (canto de la pieza)
Hormigón de fibras armado, con $f_{R,3,d} < 2$ kN/mm²	s_m calculado de acuerdo con 49.2.4
Elementos con hormigón de fibras con comportamiento a flexión con endurecimiento ($f_{R,1} > f_L$ y/o $f_{R,2} > f_L$)	Se determinará de forma experimental según lo indicado en 31.3.
Otros casos	Se consultará la bibliografía especializada.

Nota: De forma simplificada, se considerarán elementos poco armados aquellos cuya cuantía geométrica de armadura tradicional a tracción sea inferior al uno por mil.

El efecto del pico A-B-C puede ser importante cuando se aplique un análisis no lineal, especialmente para pequeñas deformaciones. En otros casos, para el cálculo en rotura puede utilizarse el diagrama bilineal simplificado, formado por las rectas correspondientes al tramo elástico O-A y la prolongación de la recta C-E hasta el punto A, e incluso considerando un comportamiento rígido con $E = \infty$.

Se aceptarán otros diagramas de cálculo siempre que los resultados con ellos obtenidos concuerden de manera satisfactoria con los correspondientes a los del diagrama rectangular indicado en la Figura A.14.2, o queden del lado de la seguridad.

39.8. Fluencia del hormigón

En el empleo de fibras sintéticas para uso estructural, el fabricante deberá aportar el coeficiente de fluencia del hormigón, mediante contrastación experimental de los resultados.

39.9. Coeficiente de Poisson

Las fibras individualmente, o como grupo, deberán tener un coeficiente de Poisson similar al del hormigón si se quiere tener en cuenta el efecto red a nivel estructural.

CAPÍTULO X. Cálculos relativos a los estados límite últimos

Artículo 42.º Estado Límite de Agotamiento frente a solicitaciones normales

42.1.2. Hipótesis básicas

El cálculo de la capacidad resistente última de las secciones en las que las fibras desempeñen función estructural se efectuará considerando como diagrama de cálculo del hormigón a tracción alguno de los que se definen en 39.5.

42.1.3. Dominios de deformación

Se consideran los mismos que para una estructura con hormigón convencional.

42.2.2. Efecto de confinamiento del hormigón

Las fibras con función estructural proporcionan al hormigón un efecto confinamiento similar al de las armaduras transversales. Para cuantificar el efecto del confinamiento producido por las fibras debe consultarse la bibliografía especializada.

42.3.2. *Flexión simple o compuesta*

En aquellos casos en que se utilice fibras con función estructural, solas o en combinación con armadura tradicional, se deberá cumplir la siguiente limitación:

$$A_p f_{pd} \frac{d_p}{d_s} + A_s f_{yd} + \frac{z_f}{z} A_{ct} f_{ctR,d} \geqslant \frac{W_1}{z} f_{ctm} + \frac{P}{z} \left(\frac{W_1}{A} + e \right)$$

donde:

$Z_f A_{ct} f_{ctR,d}$ = Contribución de las fibras.

Z_f = Brazo mecánico de la tracción del hormigón.

A_{ct} = Área traccionada de hormigón.

$f_{ctR,d}$ = Resistencia residual a tracción de cálculo en el diagrama rectangular.

En el caso de secciones rectangulares con o sin armadura pasiva puede emplearse la siguiente relación simplificada, en la que no se precisa determinar el área traccionada de hormigón.

$$A_s f_{yd} + 0{,}4 A_c f_{ctR,d} \geqslant 0{,}04\ A_c f_{cd}$$

Esta limitación se justifica como garantía para evitar la rotura frágil del hormigón. La acción de las armaduras tradicionales y de las fibras es complementaria en este aspecto, y por tanto la limitación constituye una exigencia de contenido mínimo en fibras para elementos sin armaduras tradicionales, y la posibilidad de reducir, e incluso eliminar, la exigencia de armaduras tradicionales mínimas en elementos con contenido suficiente de fibras estructurales. Esta limitación no rige para losas apoyadas en el terreno.

42.3.4. *Tracción simple o compuesta*

En el caso de secciones de hormigón sometidas a tracción simple o compuesta, provistas de dos armaduras principales y fibras, deberá cumplirse la siguiente limitación:

$$A_p f_{pd} + A_s f_{yd} + A_c f_{ctR,d} \geqslant 0{,}20\ A_c f_{cd}$$

42.3.5. *Cuantías geométricas mínimas*

Los valores de la Tabla 42.3.5 relativos a las cuantías geométricas mínimas que, en cualquier caso, deben disponerse en los diferentes tipos de elementos estructurales, en función del acero utilizado, se podrán reducir, en el caso de hormigones con fibras, en una cuantía mecánica equivalente:

$$A_c f_{ctR,d}$$

donde:

A y $f_{ctR,d}$ = Tienen el significado dado anteriormente.

Artículo 44.º Estado Límite de Agotamiento frente a cortante

44.1. *Consideraciones generales*

La contribución de las fibras se deberá tener en cuenta en la capacidad resistente de los tirantes.

44.2.3.2.3. Piezas de hormigón reforzado con fibras sin y con armadura de cortante (este apartado no se corresponde con ninguno del articulado)

Cuando existan barras longitudinales dobladas que sean tenidas en cuenta en el cálculo como armadura de cortante, al menos un tercio de la resistencia a cortante deberá ser provista por la contribución de las fibras de acero o en su caso por la contribución conjunta de las fibras de acero y estribos verticales. En todo caso, la cuantía mínima de la armadura a cortante está establecida y se dispondrá tal como lo marca el punto 44.2.3.4.1 de la presente Instrucción.

El esfuerzo cortante de agotamiento por tracción en el alma vale:

$$V_{u2} = V_{cu} + V_{su} + V_{fu}$$

donde:

V_{cu} = Contribución del hormigón a la resistencia a esfuerzo cortante dado en el punto 44.2.3.2.2.

V_{su} = Contribución de la armadura transversal de alma a la resistencia a esfuerzo cortante. ídem 44.2.3.2.2.

V_{fu} = Contribución de las fibras de acero a la resistencia a esfuerzo cortante

$$V_{fu} = 0{,}7\xi\tau_{fd}b_0 d$$

donde:

$$\xi = 1 + \sqrt{\frac{200}{d}} \ \text{con } d \text{ en (mm) y } \xi \leqslant 2 \text{ (ídem 44.2.3.2.1)}.$$

τ_{fd} = Valor de cálculo del incremento de la resistencia a cortante debido a las fibras, tomando el valor:

$$\tau_{fd} = 0{,}5 f_{ctR,d} \ (\text{N/mm}^2)$$

En el caso de secciones en T, se podría tener en cuenta la contribución de las alas a través de un coeficiente k_f multiplicador en la expresión de V_{fu}. Este coeficiente puede obtenerse mediante la siguiente expresión:

$$k_f = 1 + n \cdot \left[\frac{b_f}{b_0}\right] \cdot \left[\frac{h_f}{d}\right] \quad \text{con} \quad k_f \leqslant 1{,}5$$

donde:

h_f = Altura de las alas en mm.

b_f = Ancho de las alas en mm.

b_0 = Ancho del alma en mm.

$$n = \frac{b_f - b_w}{h_f} \leqslant 3 \quad \text{y} \quad n \leqslant \frac{3 \cdot b_w}{h_f}$$

44.2.3.4.1. Armaduras transversales

La cuantía mínima de refuerzo a cortante, ya sea en forma de Hormigón Reforzado por Fibras de acero y/o estribos verticales se verifica siempre que se cumpla la relación:

$$V_{su} + V_{fu} \geqslant \frac{f_{ct,m}}{7{,}5} b_0 d$$

44.2.3.4.2. Armaduras longitudinales

En el caso de estructuras de hormigón reforzado con fibras con función estructural, en lugar de V_{su} deberá considerarse ($V_{su} + V_{fu}$) en las expresiones del articulado.

44.2.3.5. Rasante entre alas y alma de una viga

Experimentalmente se ha comprobado que las fibras con función estructural pueden contribuir de forma significativa a resistir el esfuerzo rasante ala-alma. La consideración de esta contribución deberá basarse en campañas experimentales concluyentes o en publicaciones científicas avaladas.

Artículo 46.º Estado Límite de Agotamiento frente a punzonamiento

46.6. Losas de hormigón reforzado con fibras (este apartado no se corresponde con ninguno del articulado)

Las fibras pueden mejorar la resistencia a punzonamiento. Una primera aproximación es considerar su contribución a partir de una tensión resistente en la superficie crítica equivalente a:

$$\tau_{fd} = 0{,}5 f_{ctR,d} \ (\text{N/mm}^2)$$

no obstante este valor puede ser significativamente mayor, debiéndose demostrar experimentalmente si se quiere utilizar.

Artículo 47.º Estado Límite de Agotamiento por esfuerzo rasante en juntas entre hormigones

47.3. Disposiciones relativas a las armaduras

Sólo se considerará que las fibras contribuyen a la resistencia al deslizamiento cuando se trate de juntas encastilladas transversalmente donde las dimensiones de las llaves sean comparables a la de la propia fibra.

TÍTULO 7.º EJECUCIÓN

CAPÍTULO XIII. Ejecución

Artículo 69.º Procesos de elaboración, armado y montaje de armaduras

69.5.1. Anclaje de las armaduras pasivas

69.5.1.1. Generalidades

Las fibras mejoran las características de anclaje, en el caso de empleo conjunto con armaduras pasivas y activas, lo cual puede ser utilizado en los cálculos de este artículo siempre que vengan avalados por ensayos experimentales que así lo justifiquen.

Artículo 71.º Elaboración y puesta en obra del hormigón

71.3. Fabricación del hormigón

71.3.2. Dosificación de materiales componentes

71.3.2.4. Agua

El aumento de la consistencia debido al uso de las fibras debe ser compensado siempre con la adición de aditivos reductores de agua, sin modificar la dosificación prevista de agua.

71.3.2.7. Fibras (este apartado no se corresponde con ninguno del articulado)

La efectividad de los distintos tipos de fibras puede variar mucho, por ello se recomienda designar el hormigón por propiedades, y definir el tipo y dosificación de fibras en los ensayos previos. Si bien no se especifica un contenido mínimo en fibras, cuando se utilice fibras de acero con función estructural no es recomendable utilizar dosificaciones inferiores a 20 kg/m^3 de hormigón.

La selección del tipo y dosificación de las fibras dependerá de su efectividad y de su influencia en la consistencia del hormigón. La longitud máxima cumplirá las condiciones estipuladas en este anejo. El aumento de la esbeltez de las fibras y el empleo de altas dosificaciones conlleva un aumento de su eficiencia mecánica, pero puede provocar un descenso de la consistencia y un mayor riesgo de formación de bolas de fibras que se segregan del hormigón (erizos).

El límite superior del contenido en fibras se fija en el 1,5% en volumen del hormigón. El empleo de dosificaciones muy elevadas exige modificar sensiblemente la estructura granular del hormigón. Para estos casos se recomienda la consulta de bibliografía especializada.

Se tendrá en cuenta lo previsto en el capítulo de materiales de este anejo. La dosificación de las fibras se realizará en peso.

Cuando se utilicen, las fibras se dosificarán en peso, empleando básculas y escalas distintas de las utilizadas para los áridos. En el caso de empleo de dosificadores automáticos, los mismos deberán estar tarados con la frecuencia que determine el fabricante. La tolerancia en peso de fibras será del ±3%.

71.2.4. Equipos de amasado

La comprobación de la homogeneidad de la mezcla producida por una amasadora fija o móvil, deberá incluir la verificación de que la diferencia máxima tolerada entre los resultados de contenido en fibras obtenido según norma UNE 83512-1 1 o 83512-2 de dos muestras tomadas de la descarga del hormigón (1/4 y 3/4 de la descarga) sea inferior al 10%.

71.3.3. Amasado del hormigón

El amasado es una fase crítica de los hormigones con fibras por el riesgo de enredo de las fibras formando erizos. Este riesgo se reduce con una buena dosificación con suficiente contenido de árido fino, pero aumenta con un transporte excesivamente largo y especialmente cuando el contenido en fibras es elevado y éstas son muy esbeltas. El orden de llenado también puede ser decisivo. Como norma general las fibras se incorporarán junto con los áridos, preferentemente, el árido grueso al inicio del amasado, desaconsejándose como primer componente de la mezcla.

En el caso de fibras de acero, cuando se prevea un transporte largo puede plantearse la adición de las fibras en obra. Para ello se debe prever un hormigón suficientemente fluido para facilitar el camino de las fibras hasta el fondo de la cuba, y disponer de un sistema de dosificación en obra que garantice la precisión indicada en 71.2.3. El vertido de las fibras se debe realizar lentamente (entre 20 y 60 kg por minuto) con la cuba girando a su máxima velocidad hasta garantizar la distribución homogénea de las fibras en la masa del hormigón.

71.3.4. Designación y características

El hormigón fabricado en central podrá designarse por propiedades o por dosificación. En ambos casos, para el hormigón de fibras, deberá especificarse, como mínimo:

— Material que constituye las fibras, y su longitud máxima.
— En caso de fibras con función estructural, las resistencias residuales a tracción por flexión $f_{R,1,k}$ y $f_{R,3,k}$ características especificadas, en N/mm^2.
— En caso de fibras sin función estructural, las funciones de las fibras o las características de éstas que garantizan su efectividad para ese fin.

71.4.2. Suministro del hormigón

En la hoja de suministro deberán figurar los siguientes datos:

— Especificación del hormigón: Designación de acuerdo con el apartado 39.2.
— Material, tipo, dimensiones (longitud, características de la sección y diámetro equivalente, esbeltez), características de las formas (conformadas en extremos, onduladas, etc.,) de las fibras.
— Contenido de fibras en kilos por metro cúbico (kg/m^3) de hormigón, con una tolerancia de $\pm 3\%$.

La relación de las características de las fibras podrá ser sustituida por una referencia a la designación comercial completa de las mismas, y soportada por una ficha técnica previamente aceptada por la Dirección Facultativa y disponible en el libro de obra.

71.5. Puesta en obra del hormigón

71.5.1. Vertido y colocación del hormigón

El vertido y colocación debe realizarse de modo que no precise transporte adicional del hormigón en obra. Debe evitarse interrupciones del hormigonado ya que éstas podrían ocasionar discontinuidades en la distribución de las fibras.

Cuando la colocación en obra se realiza mediante tolva, el diámetro de la boca de descarga debe ser superior a 30 cm para facilitar el vertido.

71.5.2. Compactación del hormigón

Debido a que el uso de fibras reduce la docilidad del hormigón, se necesitará una mayor energía de compactación. Sin embargo la respuesta a la vibración del hormigón de fibras es mejor que la de un hormigón tradicional por lo que para un mismo asiento en el cono de Abrams se requiere menor tiempo de vibrado.

La compactación origina una orientación preferencial de las fibras. En general éstas tienden a colocarse paralelas a la superficie encofrada, especialmente si se aplica vibradores de superficie. Este efecto es sólo local pero puede ser importante en elementos de poco espesor.

El uso de vibradores internos puede generar zonas con exceso de pasta y pocas fibras en la zona donde se ha dispuesto el vibrador, así como cierta orientación en el sentido tangencial al diámetro externo del vibrador.

TÍTULO 8.º CONTROL

CAPÍTULO XVI. Control de la conformidad de los productos

Artículo 85.º Criterios específicos para la comprobación de la conformidad de los materiales componentes del hormigón

85.6. Otros componentes del hormigón (este apartado no se corresponde con ninguno del articulado)

85.6.1. Especificaciones (este apartado no se corresponde con ninguno del articulado)

Son las de los artículos 29 y 30 más las que pueda contener el Pliego de Prescripciones Técnicas Particulares.

85.6.2. Ensayos (este apartado no se corresponde con ninguno del articulado)

— Antes de comenzar la obra se comprobará el efecto de las fibras mediante los ensayos previos del hormigón citados en el artículo 86. Como consecuencia de lo anterior, se seleccionarán las marcas, tipos y dosificación de fibras admisibles en la obra. La continuidad de la composición y de las características será garantizada por el fabricante correspondiente.
— Durante la ejecución de la obra se vigilará que las fibras utilizadas sean precisamente los aceptados según el párrafo anterior.
— La Dirección Facultativa, cuando lo considere necesario en la ejecución de la obra, podrá requerir la comprobación de las condiciones exigidas a las fibras.

85.6.3. Criterios de aceptación o rechazo

El incumplimiento de alguna de las especificaciones será condición suficiente para calificar las fibras como no aptas para los hormigones.

Cualquier posible modificación de la marca, el tipo o la dosificación de las fibras que se vaya a utilizar, respecto a lo aceptado en los ensayos previos al comienzo de la obra, implicará su no utilización, hasta que tras la realización con dichas modificaciones de los ensayos previstos en 81.4.2 la dirección facultativa autorice su aceptación y empleo en la obra.

Artículo 86.º Control del hormigón

El control de la calidad del hormigón de fibras incluirá, además del control especificado en el articulado, el del tipo y contenido de fibras, y en caso de fibras con función estructural, el de su resistencia residual según el método que establezca el Pliego.

86.1. Criterios generales para el control de la conformidad de un hormigón

Cuando las fibras tengan función estructural los ensayos incluirán, además de los especificados en el articulado, el ensayo de tres probetas por cada amasada utilizada para control de acuerdo con UNE-EN 14651 para determinar los valores de la resistencia residual a flexotracción $f_{R,1,m}$ y $f_{R,3,m}$ a los 28 días de edad. En cada amasada se determinará también el contenido en fibras según UNE 83512-1 o UNE 83512-2.

Cuando de acuerdo con lo especificado en 30.3, se seleccionen otros tipos de ensayos alternativos para el control de la resistencia residual a flexotracción del hormigón, éstos deberán venir contrastados por una campaña experimental concluyente. La Dirección Facultativa fijará previamente los valores de referencia a obtener durante los ensayos y los criterios de aceptación y rechazo.

De acuerdo con lo indicado en la parte de materiales de este anejo, la Dirección Facultativa podrá valorar, bajo su responsabilidad, el empleo de otros procedimientos que faciliten el control, como puede ser el caso del ensayo Barcelona de doble punzonamiento, realizado sobre probeta cilíndrica de 15 × 15 cm.

86.3. *Realización de los ensayos*

En caso de hormigones de fibras de consistencia inferior a 9 cm de asiento en el cono de Abrams se recomienda utilizar como método de control de la consistencia otros métodos como el Consistómetro Vb de acuerdo con EN 12350-3 o el cono invertido de acuerdo con UNE 83503.

86.3.2. *Ensayos de resistencia del hormigón*

Antes del comienzo del hormigonado es necesaria la realización de ensayos previos o ensayos característicos, los cuales se describen en los artículos 86 y 87 respectivamente.

Cuando exista experiencia, bien documentada, y suficiente tanto en materiales, incluido el tipo y marca comercial de las fibras previstas, como en dosificación y medios (por ejemplo las centrales de hormigón preparado), podrán realizarse únicamente los ensayos de control.

86.5.5. *Control de la resistencia del hormigón al 100%*

Los criterios de definición de lotes coincidirán con lo especificado en el articulado.

El control de la resistencia residual a flexotracción según UNE-EN 14651 se realizará sobre 2 amasadas por lote. De estas amasadas se hará el control del contenido en fibras según UNE 83512-1 o UNE 83512-2.

Cuando el resultado del control de contenido en fibras en una amasada del lote fuera inferior en un 10% al valor estipulado, se ampliará el control de resistencia residual a flexotracción a todas las amasadas sobre las que se tome muestras para determinar la resistencia a compresión.

El análisis de resultados y los estimadores a emplear para obtener los valores característicos correspondientes a partir de los resultados de los ensayos serán los mismos que los expuestos en el articulado para la resistencia a compresión.

86.5.6. *Control indirecto de la resistencia del hormigón*

No se permite la aplicación de este tipo de control para los hormigones de fibras con función estructural.

86.7. *Decisiones derivadas del control*

Cuando en un lote de obra sometida a control de resistencia, sea $f_{R,j,est} \geqslant f_{R,j,k}$ tal lote se aceptará.

Si resultase $f_{R,j,est} < f_{R,j,k}$, a falta de una explícita previsión del caso en el Pliego de Prescripciones Técnicas Particulares de la obra y sin perjuicio de las sanciones contractuales previstas (ver 4.4), se procederá como sigue:

— Si $f_{R,j,est} \geqslant 0,9 f_{R,j,k}$, el lote se aceptará.
— Si $f_{R,j,est} < 0,9 f_{R,j,k}$, se procederá a realizar, por decisión de la Dirección Facultativa o a petición de cualquiera de las partes, los estudios o ensayos complementarios pertinentes.

Si se detectará alguna variación en el aspecto, dimensiones o forma de las fibras se deberá volver a realizar los ensayos previos.

86.8. Ensayos de información complementaria del hormigón

La extracción de testigos, realizada de conformidad con lo indicado en el artículo 101, conduce a probetas cilíndricas sobre las que no puede aplicarse los ensayos de referencia para la determinación de las características mecánicas a flexotracción del hormigón de fibras. Dado que esta verificación no podrá realizarse, puede ser sustituidos por otros ensayos que permitan estimar la tenacidad del hormigón como, por ejemplo, el ensayo Barcelona de doble punzonamiento.

CAPÍTULO XVII. Control de la ejecución

Artículo 92.º Criterios generales para el control de la ejecución

En la Tabla 92.5 se incluirán las siguientes unidades de inspección, específicas de los hormigones de fibras:

— Tipos de fibras empleados tras el control de contenido en fibras.
— Condiciones de almacenamiento de las fibras.
— Método de añadir las fibras a la mezcla.

Los tamaños máximos de estas unidades de inspección anteriores se establecerán en el correspondiente proyecto, en función de las características de la obra.

A22. Ensayos previos y característicos del hormigón

A22.1. Ensayos previos

En el caso de hormigones con fibras los ensayos previos toman especial importancia para la definición de las fibras a emplear y de su dosificación.

Cuando las fibras tengan función estructural los ensayos previos incluirán la fabricación de al menos cuatro series de probetas procedentes de amasadas distintas, de seis probetas cada una para ensayo a los 28 días de edad, por cada dosificación que se desee establecer, y se operará de acuerdo con UNE-EN 14651 para determinar los valores medios de la resistencia residual a flexotracción:

$$f_{R,1,m} \quad y \quad f_{R,3,m}$$

Para definir los valores de resistencia a obtener en los ensayos previos, cuando no se conozca el valor del coeficiente de variación de este ensayo, a título meramente informativo, puede suponerse que:

$$f_{R,j,k} = 0,7 f_{R,j,m}$$

A22.2. Ensayos característicos de resistencia

Cuando las fibras tengan función estructural los ensayos incluirán, además de los especificados en el articulado, el ensayo de tres probetas por amasada de acuerdo con UNE-EN 14651 para determinar los valores de la resistencia residual a flexotracción $f_{R,1,m}$ y $f_{R,3,m}$ a los 28 días de edad. En cada amasada de este tipo se determinará también el contenido en fibras según UNE 83512-1 o UNE 83512-2.

El análisis de resultados y los estimadores a emplear para obtener los valores característicos correspondientes a partir de los resultados de los ensayos serán los mismos expuestos en el articulado para la resistencia a compresión.

anejo 15

Recomendaciones para la utilización de hormigones reciclados

1. Alcance

Se define a los efectos de este anejo como hormigón reciclado (HR), el hormigón fabricado con árido grueso reciclado procedente del machaqueo de residuos de hormigón.

Para su aplicación en hormigón estructural, este anejo recomienda limitar el contenido de árido grueso reciclado al 20% en peso sobre el contenido total de árido grueso. Con esta limitación, las propiedades finales del hormigón reciclado apenas se ven afectadas en relación a las que presenta un hormigón convencional, siendo necesaria, para porcentajes superiores, la realización de estudios específicos y experimentación complementaria en cada aplicación. En el anejo se dan indicaciones sobre algunas de las propiedades del hormigón que pueden verse afectadas con sustituciones superiores al límite indicado.

En este documento se desarrollan únicamente aquellas consideraciones que complementan las prescripciones incluidas en los distintos artículos de la Instrucción, o que incluso en algunos casos las sustituyen, manteniéndose vigentes el resto de prescripciones, que no entren en contradicción con las recogidas en el anejo.

El árido reciclado puede emplearse tanto para hormigón en masa como hormigón armado de resistencia característica no superior a 40 N/mm^2, quedando excluido su empleo en hormigón pretensado.

Quedan fuera de los objetivos de este anejo:

— Los hormigones fabricados con árido fino reciclado.
— Los hormigones fabricados con áridos reciclados de naturaleza distinta del hormigón (áridos mayoritariamente cerámicos, asfálticos, etc.).
— Los hormigones fabricados con áridos reciclados procedentes de estructuras de hormigón con patologías que afectan a la calidad del hormigón tales como álcali-árido, ataque por sulfatos, fuego, etc.
— Hormigones fabricados con áridos reciclados procedentes de hormigones especiales tales como aluminoso, con fibras, con polímeros, etc.

2. Complementos al texto de esta Instrucción

Seguidamente se indican, por referencia a los Títulos, Capítulos, Artículos y Apartados de esta Instrucción (con objeto de facilitar su seguimiento), recomendaciones para el empleo de hormigones reciclados.

TÍTULO 1.° BASES DE PROYECTO

CAPÍTULO III. Acciones

Artículo 10.° Valores característicos de las acciones

10.2. Valores característicos de las acciones permanentes

En el caso de hormigones reciclados con un porcentaje de árido reciclado menor o igual al 20%, los valores característicos del peso propio se obtienen a partir de los mismos valores de densidades que establece la Instrucción:

— Hormigón en masa 2.300 kg/m^3.
— Hormigón armado 2.500 kg/m^3.

Para porcentajes de árido grueso reciclado superiores al 20%, la densidad resultante del hormigón reciclado es inferior a la de un hormigón convencional por la menor densidad que presenta el árido reciclado, a causa del mortero que permanece adherido al árido natural. Cuanto mayor es el porcentaje de árido reciclado utilizado menor será la densidad del hormigón. Así, para sustituciones totales del árido grueso, los descensos se sitúan entre el 5-15% de la densidad de un hormigón convencional.

TÍTULO 3.° PROPIEDADES TECNOLÓGICAS DE lOS MATERIALES

CAPÍTULO VI. Materiales

Artículo 26.° Cementos

Los tipos de cemento utilizados en la fabricación de hormigones con áridos reciclados serán los mismos que se emplean en un hormigón convencional para las mismas aplicaciones.

Artículo 28.° Áridos

28.1. Generalidades

La combinación de árido grueso natural y reciclado ha de satisfacer las especificaciones recogidas en el artículo 28° de la Instrucción. En este anejo se establecen los requisitos que deben cumplir los áridos gruesos reciclados, así como aquellas especificaciones que se deben exigir a los áridos naturales para que la mezcla de ambos cumpla los requisitos del artículo 28°.

En general se emplearán para los áridos reciclados los métodos de ensayo incluidos en la Instrucción, aunque en algunos casos pueden ser necesarias modificaciones, tal como se indica en los apartados correspondientes.

En la fabricación de hormigones reciclados se podrán emplear áridos naturales rodados o procedentes de rocas machacadas.

Se considera que los áridos reciclados obtenidos a partir de hormigones estructurales sanos, o bien de hormigones de resistencia elevada, son adecuados para la fabricación de hormigón reciclado estructural, aunque deberá comprobarse que cumplen las especificaciones exigidas en los siguientes apartados.

Las partidas de árido reciclado deben disponer de un documento de identificación de los escombros de origen que incluya los siguientes aspectos:

— naturaleza del material (hormigón en masa, armado, mezcla de hormigón, etc.),
— planta productora del árido y empresa transportista del escombro,
— presencia de impurezas (cerámico, madera, asfalto),
— detalles sobre su procedencia (origen o el tipo de estructura de la que procede),
— cualquier otra información que resulte de interés (causa de la demolición, contaminación de cloruros, hormigón afectado por reacciones álcali-árido, etc.).

Se deberán establecer acopios separados e identificados para los áridos reciclados y los áridos naturales.

Es aconsejable que los áridos reciclados procedentes de hormigones de muy distintas calidades se almacenen separadamente, debido a que la calidad del hormigón de origen influye en la calidad del árido reciclado, obteniéndose áridos con mejores propiedades a partir de hormigones de buena calidad. Una posible distinción puede ser almacenar en acopios separados los escombros procedentes de hormigón estructural o de elevada resistencia y los procedentes de hormigones no estructurales, permitiendo así una mayor uniformidad en las propiedades de los áridos producidos.

28.2. Designación de los áridos

Los áridos reciclados se designarán con el formato que se recoge en el artículo 28 de la Instrucción, y en el apartado «Naturaleza» se denominarán «R».

28.3. Tamaños máximo y mínimo de un árido

El tamaño mínimo permitido de árido reciclado es de 4 mm.

28.4. Granulometría de los áridos

Las plantas productoras de árido reciclado consiguen en general una fracción gruesa con un coeficiente de forma, índice de lajas y una granulometría adecuadas dentro de los usos recomendables para su empleo en hormigón estructural.

Los áridos reciclados deberán presentar un contenido de desclasificados inferiores menor o igual al 10% y un contenido de partículas que pasan por el tamiz de 4 mm no superior al 5%.

El contenido de desclasificados inferiores del árido reciclado suele ser superior al de los áridos naturales, debido a que éstos pueden generarse después del tamizado, durante el almacenamiento y transporte, por su mayor friabilidad. Además, la fracción fina reciclada se caracteriza por presentar un elevado contenido de mortero, lo cual origina unas peores propiedades que afectan negativamente a la calidad del hormigón. Esta es la principal causa de restringir su uso en la aplicación de hormigón estructural.

28.6. Requisitos físico mecánicos

En hormigón reciclado con un contenido no superior al 20% de árido reciclado, el contenido de terrones de arcilla de éste no será superior al 0,6%, y el del árido grueso natural no superior al 0,15%.

Si el hormigón reciclado incorpora cantidades de árido reciclado superiores al 20%, habrá que extremar las precauciones durante su producción para eliminar al máximo las impurezas de tierras que lleve la materia prima, y así facilitar que el árido combinado cumpla la especificación de la Instrucción. En el caso extremo de utilizar un 100% de árido grueso reciclado, éste debe cumplir la especificación máxima del 0,25% de terrones de arcilla.

28.6.1. *Condiciones físico-mecánicas (este apartado no se corresponde con ninguno del articulado)*

En el hormigón reciclado con un contenido de árido reciclado no superior al 20%, éste deberá tener una absorción no superior al 7%. Adicionalmente, el árido grueso natural deberá tener una absorción no superior al 4,5%.

Para la resistencia al desgaste de la grava se mantiene el mismo requisito que para los áridos naturales (coeficiente de Los Ángeles no superior al 40%).

En hormigones reciclados con más del 20% de árido reciclado, la combinación de árido grueso natural y reciclado debería cumplir la especificación que establece la Instrucción, presentando un coeficiente de absorción no superior al 5%.

Como control rápido en la planta de producción, que permita estimar la absorción del árido reciclado, se puede realizar un ensayo de absorción a los 10 minutos, que debería ser inferior a 5,5% para aplicaciones de árido reciclado no superiores al 20%.

En el caso de hormigones sometidos a ambientes de helada, para determinar la pérdida de peso máxima experimentada por los áridos reciclados al ser sometidos a ciclos de tratamiento con soluciones de sulfato magnésico, se deberá realizar una preparación previa de la muestra, que consistirá en un lavado y tamizado enérgico por el tamiz de abertura 10 mm, para eliminar todas las partículas friables, previamente al procedimiento de ensayo descrito en la norma UNE-EN 1367 Parte 2. El límite al resultado del ensayo que establece la Instrucción para los áridos naturales será también de aplicación para los áridos gruesos reciclados.

28.7. *Requisitos químicos*

Se mantienen las especificaciones del Articulado relativas al contenido de cloruros, contenido de sulfatos

Los áridos reciclados pueden incorporar impurezas y contaminantes que influyen negativamente en las propiedades del hormigón. Estos contaminantes pueden ser muy variados, como plástico, madera, yeso, ladrillo, vidrio, materia orgánica, aluminio, asfalto, etc. Estas impurezas producen en todos los casos un descenso de resistencia en el hormigón. Además, y dependiendo del tipo de impureza, se pueden presentar otros problemas como reacciones álcali-árido (vidrio), ataque por sulfatos (yeso), desconchados superficiales (madera o papel), elevada retracción (tierras arcillosas) o mal comportamiento hielo-deshielo (algunos cerámicos).

Se deberá controlar en el árido reciclado el contenido de impurezas, estableciendo los valores máximos recogidos en la Tabla A.15.1:

Tabla A.15.1. Impurezas máximas en el árido reciclado

Elementos	Max. contenido de impurezas % del peso total de la muestra
Material cerámico	5
Partículas ligeras	1
Asfalto	1
Otros materiales (vidrio, plásticos, metales, etc.)	1,0

28.7.1. Cloruros

Los áridos reciclados pueden presentar un contenido apreciable de cloruros, en función de la procedencia del hormigón usado como materia prima, especialmente en hormigones procedentes de obras marítimas, puentes o pavimentos expuestos a las sales para el deshielo. Asimismo, los hormigones en los que se hayan utilizado aditivos acelerantes pueden también contener una elevada cantidad de cloruros.

Se recomienda determinar el contenido de cloruros totales en vez del contenido de cloruros solubles en agua, aplicando el mismo límite que establece la Instrucción para este último. Esto es debido a la posibilidad de que haya ciertos cloruros combinados que en ciertas circunstancias puedan ser reactivos y atacar las armaduras. Para la determinación de los cloruros totales en el árido reciclado puede utilizarse la UNE-EN 196-2.

28.7.4. Materia orgánica Compuestos que alteran la velocidad de fraguado y el endurecimiento del hormigón

El método de ensayo de UNE-EN 1744-1, para la determinación del contenido de partículas ligeras, presenta diversos problemas cuando se utiliza en áridos reciclados, al enturbiarse la solución con partículas de tierra y variar su densidad, debiéndose proceder a un lavado previo de la muestra y posterior desecado antes de la realización del ensayo.

28.7.6. Reactividad álcali-árido

Los áridos reciclados no presentarán reactividad potencial con los alcalinos del hormigón. Para el caso de los áridos reciclados procedentes de un único hormigón de origen controlado, entendiendo como tales hormigones de composición y características conocidas, se deberán realizar las comprobaciones indicadas en el articulado de la Instrucción. En el caso de áridos reciclados procedentes de distintos hormigones de origen, éstos deben considerarse potencialmente reactivos.

Artículo 29.º Aditivos

En hormigones reciclados con sustitución mayor al 20%, la utilización de aditivos que modifiquen la reología es recomendable para la mejora de la trabajabilidad, compensando la mayor absorción de agua del árido reciclado si éste se utiliza en estado seco.

Artículo 30.º Adiciones

Las adiciones podrán utilizarse en los mismos términos indicados en el articulado.

TÍTULO 4.º DURABILIDAD

CAPÍTULO VII. Durabilidad

Artículo 37.º Durabilidad del hormigón y de las armaduras

37.2.4. Recubrimientos

La Instrucción establece unos recubrimientos mínimos de hormigón en función de la resistencia del mismo y de la clase de exposición, que serán de aplicación para los hormigones con un contenido de árido reciclado no superior al 20%.

Para hormigones con mayor contenido de árido reciclado se podrán también mantener los recubrimientos de la Instrucción si las dosificaciones adoptadas de hormigón garantizan, para ambientes agresivos y mediante los estudios pertinentes, una durabilidad similar a la que la Instrucción pide al hormigón convencional en cada ambiente, según se indica en el artículo 37.3.

Sólo en el caso de mantener las mismas dosificaciones que para el hormigón convencional podría ser necesario disponer mayores recubrimientos para compensar el aumento de porosidad del hormigón reciclado, según los estudios específicos que se realicen en cada caso.

37.3. Durabilidad del hormigón

La durabilidad del hormigón reciclado con un porcentaje de árido reciclado no superior al 20% es similar a la que presenta un hormigón convencional, por lo que son de aplicación las prescripciones recogidas en el articulado.

Sin embargo, la mayor porosidad del árido reciclado hace al hormigón reciclado que lo incorpora más susceptible a sufrir los efectos del ambiente, por lo que se deberán tomar medidas especiales cuando se utilice en ambientes agresivos y en porcentajes superiores al 20% de árido reciclado. Este comportamiento deberá tenerse en cuenta en la dosificación de la mezcla, mediante un incremento en el contenido de cemento o una disminución de la relación agua/cemento. Otra posibilidad es aumentar el recubrimiento de las armaduras necesario en determinados ambientes agresivos.

37.3.2. Limitaciones a los contenidos de agua y cemento

En hormigón reciclado con más de un 20% de árido reciclado, los valores recogidos en la Tabla 37.3.2.a pueden ser insuficientes, siendo recomendable ajustar la dosificación de forma que se cumplan los requisitos referentes al resultado del ensayo de penetración de agua, según se recoge en el articulado, para todas las clases de exposición excepto la I y II.

Para sustituciones de árido reciclado superiores al 20%, las resistencias mínimas compatibles con los requisitos de durabilidad pueden ser superiores a las que se recogen en la Tabla 37.3.2.b.

37.3.4. Resistencia del hormigón frente a la helada

Cuando el hormigón reciclado esté sometido a una clase de exposición H o F, el árido reciclado deberá cumplir la especificación relativa a la estabilidad de los áridos frente a soluciones de sulfato sódico o magnésico.

Cuando el hormigón reciclado esté sometido a una clase de exposición H o F, se deberá introducir un contenido mínimo de aire ocluido del 4,5%.

En el caso de hormigones con más de un 20% de árido reciclado, se deberán realizar ensayos específicos con la dosificación del hormigón reciclado adoptada.

37.3.5. Resistencia del hormigón frente al ataque por sulfatos

En este tipo de clase de exposición, la utilización del árido reciclado está condicionada a que se conozca la procedencia del hormigón de origen, debiendo éste haber sido fabricado con cementos resistentes a los sulfatos.

37.3.6. Resistencia del hormigón frente al ataque del agua de mar

En este tipo de clase de exposición, la utilización del árido reciclado está condicionada a que se conozca la procedencia del hormigón de origen, debiendo éste haber sido fabricado con cementos resistentes al agua de mar.

37.3.7. Resistencia del hormigón frente a la erosión

El árido reciclado debe cumplir las especificaciones que recoge el articulado relativas al coeficiente de Los Ángeles, que debe ser inferior al 30%.

La limitación establecida para el coeficiente de Los Ángeles es difícil de cumplir en los áridos reciclados, ya que éstos suelen presentar un mayor desgaste debido al mortero adherido.

37.3.8. Resistencia del hormigón frente a la reactividad álcali-árido

En ambientes de exposición húmedos, aquellos distintos al I y IIb, se recomienda utilizar áridos reciclados procedentes de un único hormigón de origen controlado, según se recoge en el artículo 28.7.6 del presente anejo. En este caso, los ensayos de reactividad se llevarán a cabo sobre la mezcla de árido reciclado y natural que se vaya a utilizar en la obra.

En estos ambientes, y en el caso de utilizar áridos reciclados de distintas procedencias, como precaución se tomarán las medidas que establece la Instrucción para la utilización de áridos potencialmente reactivos.

37.4. Corrosión de las armaduras

Al igual que en otras propiedades, los hormigones con un contenido de árido reciclado no superior al 20% presentan un comportamiento adecuado frente a la corrosión.

Para hormigones con porcentajes de árido reciclado superiores al 20%, la protección frente a la corrosión es inferior que la que ofrece un hormigón convencional con la misma dosificación, por lo que se recomienda la realización de ensayos específicos en cada caso.

TÍTULO 5.º CÁLCULO
CAPÍTULO VIII. Datos de los materiales para el proyecto
Artículo 39.º Características del hormigón

39.1. Definiciones

Para hormigón reciclado con un porcentaje de árido grueso reciclado no superior al 20% se pueden utilizar las fórmulas del articulado para el cálculo de la resistencia a tracción. Para porcentajes de sustitución mayores del 20% esta propiedad se ve poco afectada, aunque se recomienda la realización de ensayos en cada caso.

39.2. Tipificación de los hormigones

La sigla T indicativa del tipo de hormigón será HRM o HRA para el caso de hormigones en masa o armados, respectivamente, fabricados con árido reciclado. En cuanto a la resistencia característica, se recomienda utilizar la serie incluida en el articulado con el límite superior de 40 N/mm^2.

39.5. Diagrama tensión-deformación de cálculo del hormigón

El diagrama del articulado es válido para los hormigones reciclados con un porcentaje de sustitución del árido grueso no superior al 20%.

Para porcentajes de árido reciclado superiores al 20%, hay dos aspectos del diagrama tensión-deformación que pueden verse afectados:

— Por una parte se produce un aumento de la deformación en pico ε_{c1} a medida que aumenta el porcentaje de árido reciclado, debido a la mayor deformabilidad de estos áridos.

— Por otra parte, se pueden acusar mayores pérdidas de resistencia, en comparación con el hormigón convencional, en ensayos bajo cargas sostenidas.

Por tanto, en estos casos se recomienda la realización de estudios específicos para fijar el diagrama de cálculo que se debe utilizar.

39.6. Módulo de deformación longitudinal del hormigón

La fórmula y las tablas de los comentarios del articulado para calcular el módulo de deformación longitudinal del hormigón, son válidas para hormigones con un porcentaje de árido grueso reciclado no superior al 20%.

Para sustituciones de árido reciclado por encima del 20%, el módulo de deformación longitudinal disminuye progresivamente al aumentar el porcentaje de árido reciclado.

Como valor orientativo, y para un 100% de árido grueso reciclado, el módulo del hormigón será 0,8 veces el del hormigón convencional. Sin embargo, y debido a la variación de la calidad de los áridos reciclados, se puede producir una gran dispersión en el valor del módulo (pudiéndose presentar valores incluso inferiores al apuntado), lo que aconseja realizar ensayos en cada caso.

39.7. Retracción del hormigón

La fórmula y las tablas del articulado, así como sus comentarios, para estimar la retracción del hormigón son válidos para sustituciones de árido grueso reciclado no superiores al 20%.

Para sustituciones de árido reciclado por encima del 20%, la retracción aumenta progresivamente al aumentar el porcentaje de árido reciclado. Como valor orientativo, y para un 100% de árido grueso reciclado, la retracción será 1,5 veces la de un hormigón convencional. Debido a la fluctuación de la calidad de los áridos reciclados, se puede producir una gran dispersión en el valor de la retracción (pudiéndose presentar valores superiores al indicado), por lo que se aconseja realizar ensayos en cada caso.

39.8. Fluencia del hormigón

La fórmula y las tablas del articulado, así como sus comentarios, para estimar la fluencia del hormigón son válidos para sustituciones de árido grueso reciclado no superiores al 20%.

Para sustituciones de árido reciclado por encima del 20%, la fluencia aumenta progresivamente al aumentar el porcentaje de árido reciclado. En el cálculo de la misma, este efecto se refleja a través de la disminución que experimenta el módulo de deformación longitudinal, según lo indicado en el artículo 39.6 del presente anejo. Así, como valor orientativo para un 100% de árido grueso reciclado, la fluencia será 1,25 veces la de un hormigón convencional. Debido a la fluctuación de la calidad de los áridos reciclados, se puede producir una gran dispersión en el valor de la fluencia, pudiéndose presentar valores superiores al indicado, por lo que se aconseja realizar ensayos en cada caso.

CAPÍTULO IX. Capacidad resistente de bielas, tirantes y nudos

Artículo 40.º Capacidad resistente de bielas, tirantes y nudos

La capacidad resistente de bielas y nudos en los hormigones reciclados con un contenido de árido reciclado no superior al 20% es la misma que la de los hormigones convencionales.

Para porcentajes de sustitución superiores al 20% las disminuciones de resistencia bajo carga sostenida pueden ser importantes. En estos casos, tal y como se ha comentado en el artículo 39.5, se recomienda realizar ensayos específicos.

CAPÍTULO X. Cálculos relativos a los estados límite últimos

La redacción del articulado correspondiente a este capítulo se mantiene para hormigones con sustituciones de árido reciclado no superiores al 20%. En otros casos se recomienda realizar estudios específicos, de acuerdo a las consideraciones recogidas en los artículos 39 y 40.

CAPÍTULO XI. Cálculos relativos a los estados límite de servicio

Artículo 49.º Estado límite de fisuración

Se mantiene la redacción del articulado de la Instrucción salvo en lo relativo a la separación máxima entre estribos que, con el fin de mejorar la respuesta frente a fisuración bajo esfuerzo cortante, para hormigón reciclado adopta un valor máximo de 200 mm.

Para porcentajes de árido grueso superiores al 20% deberían realizarse estudios específicos o desarrollar una campaña experimental.

Artículo 50.º Estado límite de deformación

En elementos de hormigón reciclado con sustitución no superior al 20% y que no sean especialmente sensibles a la deformación, son válidas las prescripciones del articulado.

En elementos muy sensibles a la deformación y, especialmente, para porcentajes de árido reciclado superiores al 20%, deberían realizarse estudios específicos o desarrollar una campaña experimental en ensayos previos.

Artículo 51.º Estado límite de vibraciones

En elementos de hormigón con sustitución no superior al 20% de árido reciclado son válidas las prescripciones del articulado.

TÍTULO 6.º ELEMENTOS ESTRUCTURALES

CAPÍTULO XII. Elementos estructurales

Todos los artículos de este capítulo tendrán en cuenta las consideraciones realizadas en este anejo.

TÍTULO 7.º EJECUCIÓN

CAPÍTULO XIII. Ejecución

Artículo 69.º Procesos de elaboración, armado y montaje de las armaduras

69.5. Criterios específicos para el anclaje y empalme de las armaduras

Para hormigones con sustitución no superior al 20% de árido reciclado son válidas las prescripciones recogidas en el articulado de la Instrucción.

Para sustituciones superiores al 20% se ha constatado una ligera reducción en la capacidad adherente entre las barras corrugadas y el hormigón reciclado. A falta de resultados experimentales específicos, se puede adoptar la siguiente expresión para las longitudes básicas de anclaje:

— Para barras en posición I:

$$I_{bI} = 1{,}1 \text{ m } \varnothing^2 \geqslant (f_{yk}/20) \; \varnothing$$

— Para barras en posición II:

$$I_{bII} = 1{,}55 \text{ m } \varnothing^2 \geqslant (f_{yk}/14) \; \varnothing$$

Artículo 71.º Elaboración y puesta en obra del hormigón

71.2.3. Instalaciones de dosificación

La absorción de agua del árido grueso reciclado es elevada, por lo que para hormigones con más del 20% de árido reciclado es aconsejable utilizar los áridos en condiciones de saturación. Para mantener la humedad, se pueden instalar en las plantas de dosificación sistemas que humedezcan los áridos en las cintas transportadoras, o aspersores de agua en las tolvas de los áridos.

71.3 Fabricación del hormigón

Se recomienda que el hormigón con árido reciclado se fabrique en central amasadora.

71.3.1. Suministro y almacenamiento de materiales componentes

Se deberán establecer acopios separados e identificados para los áridos reciclados y los áridos naturales.

71.3.2. Dosificación de materiales componentes

Los métodos de dosificación habituales para los hormigones convencionales son válidos para los hormigones reciclados con un porcentaje de árido reciclado no superior al 20%. En cualquier caso, se recomienda realizar ensayos previos para ajustar la dosificación.

En hormigones reciclados con sustituciones superiores al 20%, y debido a la menor calidad de los áridos reciclados, para mantener la misma resistencia y durabilidad que un hormigón convencional, el hormigón fabricado con áridos reciclados necesitará un contenido mayor de cemento o una menor relación agua/cemento en su dosificación.

Igualmente, para conseguir la consistencia deseada, suele ser necesario añadir más agua a la dosificación para compensar la mayor absorción del árido reciclado. Otras posibilidades pueden ser utilizar aditivos plastificantes o superplastificantes en la dosificación o presaturar el árido reciclado.

71.3.3. Amasado del hormigón

El amasado del hormigón con áridos reciclados en estado seco puede requerir más tiempo que el de un hormigón convencional, lo que permite la humectación de los áridos con objeto de evitar que la absorción de agua por parte del árido reciclado afecte a la consistencia del hormigón.

No obstante, el tiempo de amasado tampoco debe ser excesivamente prolongado para evitar la generación de finos debido a la friabilidad del mortero adherido del árido reciclado. Se recomienda ajustar el tiempo de amasado realizando ensayos característicos.

71.3.4. Designación y características

En la designación del hormigón reciclado quedará reflejado que se trata de hormigón fabricado con áridos reciclados, tal y como se especifica en el apartado 39.2 del presente anejo.

71.4. Transporte y suministro del hormigón

El volumen del hormigón reciclado transportado no excederá en ningún caso los dos tercios del volumen total del tambor del elemento de transporte.

En hormigones con sustituciones superiores al 20% de árido reciclado, puede ser conveniente la realización de ensayos característicos para evaluar la variación de la consistencia durante el transporte, y compensar dicha variación con la incorporación de aditivo plastificante o superplastificante en obra, siguiendo las indicaciones del fabricante del hormigón.

71.5. Puesta en obra del hormigón

En el caso del hormigón bombeado, puede ocurrir que la presión de bombeo altere la homogeneidad de las características del hormigón reciclado, debido a su influencia sobre la absorción del agua por parte del árido reciclado. Se deberá, por tanto, ajustar la dosificación del hormigón realizando ensayos característicos y tomando muestras a la salida de la tubería.

TÍTULO 8.º CONTROL

CAPÍTULO XV. Bases generales del control

Artículo 79.º Condiciones para la conformidad de la estructura

79.3.1. Control documental de los suministros

Cuando el árido reciclado proceda de un único hormigón de origen, el control requerido será el mismo que establece el articulado para los áridos convencionales.

La mayor heterogeneidad que suelen presentar los áridos reciclados cuando proceden de varios tipos de hormigón de origen, hace necesario un mayor control de sus propiedades, especialmente aquellas que son más desfavorables en este tipo de áridos, como son su absorción, contenido de finos, contenido de desclasificados inferiores y contenido de impurezas.

En este caso, la frecuencia de los ensayos de control de producción, determinada a partir del tiempo o de la cantidad de árido reciclado, vendrá definida por el criterio más conservador de los recogidos en la tabla siguiente:

Tabla A.15.2. Frecuencia de ensayos de control de producción

Propiedad	Norma	Frecuencia	
Granulometría. Desclasificados inferiores	UNE-EN 933-1	1/semana	Cada 2.000 t.
Coeficiente de forma	UNE-EN 933-4	1/mes	Cada 10.000 t.
Contenido de finos	UNE-EN 933-2	1/semana	Cada 2.000 t.
Coeficiente de los Ángeles	UNE-EN 1097-2	1/mes	Cada 2.000 t.
Absorción	UNE-EN 1097-6	1/semana	Cada 2.000 t.

Tabla A.15.2. *(Continuación)*

Propiedad	Norma	Frecuencia	
Estabilidad frente a soluciones de MgSO$_4$(*)	UNE-EN 1367-2	1/6 meses	Cada 10.000 t.
Terrones de arcilla	UNE 7133	1/semana	Cada 2.000 t.
Partículas ligeras	UNE 7244	1/mes	Cada 10.000 t.
Determinación de compuestos de azufre (SO$_3$)	UNE-EN 1744-1	1/3 mes	Cada 10.000 t.
Determinación de sulfatos solubres en ácido	UNE-EN 1744-1	1/3 mes	Cada 10.000 t.
Determinación de cloruros totales	UNE-EN 1744-1	1/3 mes	Cada 10.000 t.
Impurezas	UNE-EN 933-11	1/semana	Cada 2.000 t.

(*) Sólo de aplicación en ambiente de helada o sales fundentes.

CAPÍTULO XVI

Artículo 86.º Control del hormigón

86.4. Control previo al suministro

La experiencia en la dosificación del hormigón convencional no es de aplicación directa en el hormigón reciclado, por lo que los ensayos previos resultan muy recomendables. Así, estos ensayos deben servir para analizar la viabilidad y conveniencia de presaturar el árido previamente a su utilización.

En la realización de estos ensayos se ajustará el proceso y el grado de saturación a alcanzar para reducir la variación de la consistencia entre amasadas.

En el caso del hormigón reciclado, la resistencia que debe alcanzarse con estos ensayos, para asegurar que la resistencia característica de obra será satisfactoria, puede ser algo superior a la esperada con un hormigón convencional, teniendo en cuenta el aumento en la dispersión de resultados derivada de la falta de uniformidad del árido reciclado empleado. Por tanto, se recomienda que en la realización de ensayos se utilicen áridos reciclados de diferentes calidades dentro de los límites admisibles.

En elementos especialmente sensibles a la deformación, o cuando se utilicen porcentajes de árido reciclado por encima del 20%, resulta conveniente incluir en el conjunto de los ensayos aquellos que determinen propiedades tales como el módulo de elasticidad, la retracción o la fluencia del hormigón.

86.5. Control durante el suministro

86.5.2. Control de la conformidad de la docilidad del hormigón durante el suministro

La incorporación de áridos reciclados en el hormigón puede producir variaciones en la consistencia, incluso cuando se mantiene la misma relación agua/cemento de las diferentes amasadas, debido a la diferente calidad de los áridos reciclados. Este efecto es más pronunciado en mezclas con más del 20% de sustitución por lo que, en tales casos, se recomienda presaturar el árido reciclado o bien ajustar la consistencia en obra mediante la incorporación de aditivos plastificantes o superplastificantes siguiendo las indicaciones del fabricante del hormigón.

86.5.4. Control estadístico de la resistencia del hormigón durante el suministro

A los efectos del control se dividirá la obra en lotes, siendo válidos los límites máximos establecidos en la Instrucción para el caso de hormigones con sustituciones no superiores al 20%.

La clasificación de la planta según el coeficiente de variación de su producción, deberá realizarse utilizando únicamente resultados de amasadas de hormigón reciclado.

En elementos de especial responsabilidad, o para el caso de hormigones con más del 20% de árido reciclado, se recomienda aumentar el control, reduciendo los lotes que establece la Instrucción y adoptando los recogidos en la siguiente tabla:

Tabla A.15.3. Tamaño recomendado lotes en hormigones con más del 20% de árido reciclado o elementos especiales

Límite superior	Tipo de elementos estructurales		
	Elementos comprimidos	Elementos en flexión simple	Macizos
Volumen de hormigón	50 m^3	50 m^3	100 m^3
Tiempo de hormigonado	2 semanas	2 semanas	1 semana
Superficie construida	500 m^2	500 m^2	—
Número de plantas	1	1	—

En estos casos, el control se realizará determinando la resistencia de $N \geqslant 6$ amasadas por lote.

86.5.6. Control indirecto de la resistencia del hormigón

Para hormigones reciclados con más del 20% de árido grueso reciclado no es recomendable utilizar un control indirecto de la resistencia.

A22. Ensayos previos y característicos del hormigón

A22.2. Ensayos característicos de resistencia

Se deben llevar a cabo los ensayos característicos para comprobar las posibles variaciones en los resultados de consistencia y resistencia del hormigón, debidas a la utilización de diferentes partidas de áridos reciclados procedentes de la planta suministradora.

Asimismo, estos ensayos permitirán ajustar el tiempo de amasado, comprobar el efecto del tiempo de transporte sobre la consistencia y evaluar la necesidad de corregir ésta en obra añadiendo aditivos plastificantes o superplastificantes, siguiendo las indicaciones del fabricante.

Para hormigones reciclados con un contenido no superior del 20% de áridos reciclado son válidas las modalidades de control del articulado.

anejo 16
Recomendaciones para la utilización de hormigón ligero

1. Introducción

Las prescripciones y requisitos incluidos en el articulado de esta Instrucción se refieren al empleo de áridos de peso normal, por lo que es necesario establecer recomendaciones diferentes o complementarias cuando se emplean áridos ligeros para producir hormigones estructurales.

Se puede obtener una amplia gama de densidades y propiedades mecánicas teniendo en cuenta que la sustitución de árido de peso normal por árido ligero puede hacerse en forma parcial, remplazando solamente la fracción gruesa del árido, o total, remplazando también la arena por árido fino ligero.

Para distinguir el hormigón ligero del convencional, a los parámetros tensodeformacionales del hormigón se les añade un subíndice «l».

2. Alcance

Se define, a los efectos de este anejo, como hormigón ligero estructural (HLE) aquel hormigón de estructura cerrada, cuya densidad aparente, medida en condición de seco hasta peso constante, es inferior a 2.000 kg/m^3; pero superior a 1.200 kg/m^3 y que contiene una cierta proporción de árido ligero, tanto natural como artificial. Se excluye a los hormigones celulares, tanto de curado estándar como curados en autoclave.

Es importante resaltar que la densidad aparente (o peso unitario) en el estado fresco es superior al del hormigón de árido normal y depende del grado de saturación del árido ligero y del contenido de agua de amasado.

Para el caso de hormigones ligeros estructurales, la resistencia mínima se establece en 15 o 20 N/mm^2 en tanto que la resistencia máxima depende del tipo de árido ligero que se trate y del diseño particular de la mezcla. Si bien existen aplicaciones de hormigones ligeros de alta resistencia, la resistencia máxima del hormigón ligero estructural considerado en este anejo se limita a 50 N/mm^2.

3. Complementos al texto de esta Instrucción

Seguidamente se indican, por referencia a los Títulos, Capítulos, Artículos y Apartados de esta Instrucción las recomendaciones para el empleo de hormigones ligeros estructurales elaborados con áridos ligeros.

TÍTULO 1.º BASES DE PROYECTO

Son aplicables las bases establecidas en el articulado de la Instrucción.

TÍTULO 2.º ANÁLISIS ESTRUCTURAL

CAPÍTUlO V. Análisis estructural

Son aplicables los principios y métodos de cálculo establecidos en el articulado.

Para el análisis no lineal de estructuras de hormigón ligero, se adaptará un diagrama tensión-deformación basado en la experimentación. No obstante, a falta de datos experimentales podrá adoptarse el diagrama del artículo 21.

En tal caso, el valor de la deformación correspondiente a la tensión máxima que viene definida en las Tablas A.16.1 y A.16.2 se deberá multiplicar por el siguiente coeficiente:

$$\eta_E = \left(\frac{\rho}{2.200}\right)^2$$

donde ρ es la densidad seca aparente del hormigón.

La deformación máxima del hormigón, que se obtiene de la expresión definida en el artículo 21, se deberá multiplicar por el factor K que depende del tipo de árido del hormigón y vale:

— 1,1 para hormigones con áridos ligeros y árido fino normal.
— 1,0 para hormigones solamente elaborados con áridos ligeros.

En el caso de un hormigón con árido fino ligero y densidad de 1.800 kg/m³, la deformación correspondiente a la tensión máxima, $\varepsilon_{cl,1}$, viene definida en la Tabla A.16.1.

Tabla A.16.1.

f_{clk} [N/mm²]	25	30	35	40	45	50
$\varepsilon_{cl,1}$	1,5	1,65	1,8	1,95	2,05	2,2

Para un hormigón ligero con árido fino normal y densidad 2.000 kg/m³, $\varepsilon_{cl,1}$ a Tabla A.16.2.

Tabla A.16.2.

f_{clk} [N/mm²]	25	30	35	40	45	50
$\varepsilon_{cl,1}$	1,35	1,45	1,6	1,75	1,85	2

El coeficiente de dilatación térmica del hormigón con árido ligero depende de las características del árido empleado en su fabricación, con un amplio rango que varía entre $4 \cdot 10^{-6}$ y $14 \cdot 10^{-6}$ °C^{-1}. En caso de ausencia de datos y para el análisis estructural se podrá tomar un valor promedio de $8 \cdot 10^{-6}$ °C^{-1}. A este respecto no es necesario tener en cuenta la diferencias existentes entre el acero de la armadura y el hormigón con árido ligero.

TÍTULO 3.º PROPIEDADES TECNOLÓGICAS DE lOS MATERIALES

CAPÍTULO VI. MATERIALES

Artículo 28.º Áridos

28.1. Generalidades

Hay muchos tipos diferentes de áridos ligeros, tanto naturales como artificiales, aptos para producir hormigones ligeros estructurales. Para determinar aquellos tipos de agregado ligero útiles para elaborar hormigones estructurales, lo más razonable es establecer una vinculación con los rangos de densidad establecidos en el punto 1 de este anejo.

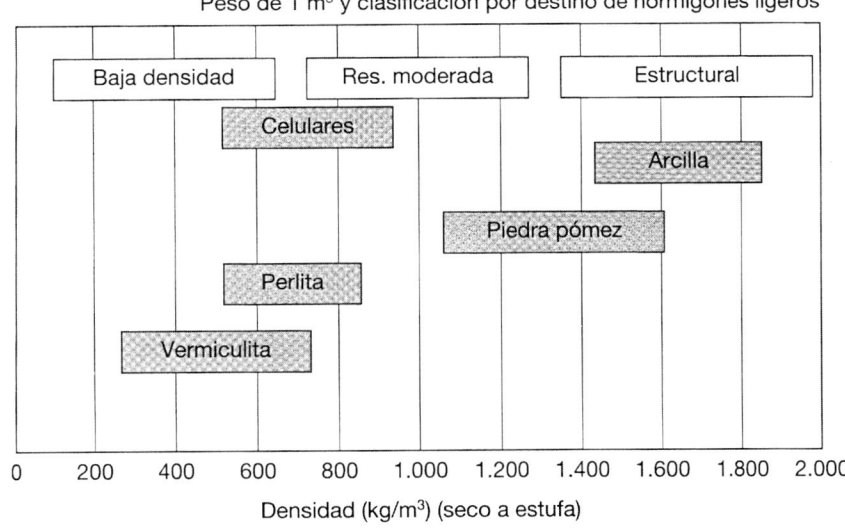

Figura A.16.1.   Rangos de densidad y clasificación de hormigones ligeros.

Los hormigones ligeros estructurales contienen áridos ligeros que se sitúan en la zona alta de la escala, y están constituidos por arcillas, pizarras o esquistos expandidos, piedra pómez o puede tratarse también de áridos sintéticos, a partir de materias primas como las cenizas volantes.

28.2. Designación de los áridos

En la designación de áridos por tamaño, se tendrá en cuenta que no se deben realizar gráficos granulométricos en peso para áridos ligeros. Por ese motivo, es necesario un cambio en la denominación del tamaño máximo D de un árido, pasando de definir un peso a hacerlo en volumen.

28.3. Tamaños máximo y mínimo de un árido

A efectos de la presente Instrucción se denomina tamaño máximo D de un árido ligero a la mínima abertura de tamiz UNE-EN 933-2 por el que pase más del 90% en volumen (% desclasificados superiores a D que el 10%), cuando además pase el total por el tamiz de apertura doble (% desclasificados superiores a $2D$ igual al 0%). Se denomina tamaño mínimo d de un árido, la máxima abertura de tamiz UNE-EN 933-2 por el que pase menos del 10% en volumen (% desclasificados inferiores a *d* menos que el 10%). En *la tabla 28.2* debe sustituirse «% retenido en peso» por «% retenido en volumen» y análogamente, «% que pasa en peso» debe sustituirse por «% que pasa en volumen».

28.3.2. Prescripciones y ensayos (este apartado no se corresponde con ninguno del articulado)

La densidad relativa del árido ligero estructural es esencialmente inferior a 2, por lo que el requisito referido a la limitación de partículas que flotan en un líquido de peso específico 2 no debe aplicarse.

Los áridos ligeros no presentan antecedentes de reacción álcali-árido, por lo que no será necesario proceder a su evaluación con respecto a este tipo de ataque.

28.4. Granulometría de los áridos

En lo que respecta al análisis granulométrico, el procedimiento usual de tamizado y determinación del peso de la fracción retenida no es suficiente, porque las distintas fracciones de tamaño tienen distinta densidad. Si se trabaja con árido de peso normal y cuya densidad no depende de su tamaño, es posible hacer conversiones de peso a volumen en forma directa.

El mismo procedimiento, aplicado a áridos ligeros, aporta información errónea, justamente porque las distintas fracciones o tamaños poseen diferente densidad. Esto puede tenerse en cuenta si se determina la densidad de cada fracción y se calcula el correspondiente volumen. Hecha esta salvedad, es posible considerar los mismos límites granulométricos establecidos para áridos finos de peso normal.

28.5. Forma del árido grueso

Dado que en hormigones ligeros estructurales se emplean áridos artificiales o sintéticos que presentan formas que se aproximan a una esfera o elipsoide, se debe reducir la importancia de los límites impuestos al coeficiente de forma y/o índice de lajas.

28.6. Requisitos físico-mecánicos

Los áridos ligeros son menos resistentes que los áridos de peso normal, tanto a la compresión como frente a efectos de desgaste por abrasión y machaqueo. Ante esta situación, no se debe evaluar la resistencia al desgaste del árido grueso ligero por el método de Los Ángeles, según UNE-EN 1097-2, así como tampoco la limitación a la friabilidad del árido fino ligero, evaluada según el ensayo micro-Deval indicado en UNE 83115 EX

La capacidad de absorción de los áridos ligeros es normalmente alta, ya que su menor peso se logra a partir de una estructura porosa. No debe aplicarse pues la limitación a los valores de absorción de agua aún cuando idealmente se elaboran de modo de presentar una superficie lo más cerrada posible, sobre todo si expresa la absorción en % con respecto al peso del árido, ya que son menos densos.

Dado que se prevé naturalmente una elevada absorción, para evitar que este fenómeno altere sensiblemente las propiedades del hormigón fresco (pérdidas de asentamiento, por ejemplo) deben adoptarse distintos métodos o tratamientos previos del árido durante el proceso de elaboración del hormigón.

En lo que respecta a la resistencia de los hormigones ligeros estructurales frente a la helada, la presencia de aire incorporado en el hormigón contribuye a reducir el deterioro, en forma semejante a lo que ocurre para hormigones de peso normal. En grado de saturación del hormigón (y del árido) es un factor determinante, así como el nivel adecuado de resistencia. La evaluación de la aptitud del árido frente a ciclos de tratamiento con soluciones de sulfato de magnesio, según el método de UNE-EN 1367-2 no puede aplicarse, ya que la baja resistencia intrínseca del árido ligero y su elevada absorción indican una probabilidad remota de cumplimiento. En general, se debe evaluar la aptitud del hormigón frente a ciclos de hielo y deshielo. Una elevada resistencia, la inclusión de aire incorporado y un bajo grado de saturación del árido (y del hormigón) contribuyen a mejorar significativamente el comportamiento.

Artículo 31.º Hormigones

31.1. Composición

En los hormigones ligeros estructurales, la influencia de la utilización de árido ligero, las proporciones de mezcla, el grado de saturación previa del árido ligero e incluso el tipo y variedad de árido ligero tienen influencia directa sobre las propiedades de hormigón ligero estructural, tanto en estado fresco como en estado endurecido. Por este motivo, la composición del hormigón y el procedimiento de pre-acondicionamiento del árido ligero deberán estudiarse previamente, sin excepción, a los efectos de asegurarse de que es capaz de proporcionar hormigones cuyas características mecánicas, reológicas y de durabilidad satisfagan las exigencias del proyecto.

31.4. Valor mínimo de la resistencia

La resistencia de proyecto f_{ck} *(véase 39.1)* no será inferior a 15 N/mm² en hormigón en masa, ni a 25 N/mm² en hormigones armados o pretensados.

31.5. Docilidad del hormigón

Los conceptos establecidos en el apartado 31.5 de esta Instrucción pueden aplicarse sin necesidad de alteraciones. Sin embargo, las características propias del método de ensayo UNE-EN 12350-2 hacen que el asentamiento infravalore la aptitud del hormigón ligero para ser compactado.

El asentamiento en el tronco de cono se debe a la deformación del hormigón bajo su propio peso. La densidad del hormigón ligero es inferior a la del hormigón convencional, razón por la cual ofrece mayor docilidad para asentamientos equivalentes.

Por este mismo motivo, no se considera prudente superar el límite superior para la consistencia fluida, aun con el empleo de aditivos superfluidificantes.

TÍTULO 4.º DURABILIDAD
CAPÍTULO VII. DURABILIDAD

Artículo 37.º Durabilidad del hormigón y de las armaduras

37.2.3. Prescripciones respecto a la calidad del hormigón

Para niveles equivalentes de resistencia, los hormigones ligeros estructurales poseen una matriz de mortero usualmente más resistente que la correspondiente a un hormigón de peso normal. Por ello, es suficiente indicar que la durabilidad se asegura con el cumplimiento de clases resistentes, según se *indica en Tabla 37.3.2.b.* Obviamente, los requisitos relativos al contenido mínimo de cemento y máximo relación agua/cemento también deben cumplirse.

37.2.4. Recubrimientos

Los recubrimientos mínimos para el hormigón ligero estructural deben ser 5 mm superiores a lo que indica el *punto 37.2.4.*

37.3. Durabilidad del hormigón

Los hormigones ligeros estructurales elaborados con árido ligero no presentan en general un buen comportamiento frente a la erosión, dado que el árido ligero es usualmente blando. Con excepción de esta situación, su comportamiento es similar al de los hormigones convencionales de peso normal.

37.3.1. Requisitos de dosificación y comportamiento del hormigón

Para conseguir una durabilidad adecuada del hormigón, se deben cumplir los requisitos siguientes:

a) Requisitos generales
— Mínimo contenido de cemento, *según 37.3.2. (ver Tabla 37.3.2.a).*
— Clase resistente *según Tabla 37.3.2.b.*
La determinación precisa de la relación agua/cemento no es directa, dado que los áridos ligeros se presaturan parcialmente de agua y son capaces de absorción adicional. Por este motivo, se sustituye la limitación a la relación agua/cemento por la clase resistente.

b) Requisitos adicionales
No es prudente exponer hormigones ligeros estructurales al desgaste por abrasión en forma permanente. Ante una acción eventual y mientras las partículas de árido ligero estén cubiertas por una capa de mortero, los hormigones ligeros son capaces de soportar erosión.

37.3.2. Limitaciones a los contenidos de agua y cemento

En función de las clases de exposición a las que vaya a estar sometido el hormigón, definidas de acuerdo con 8.2.2 y 8.2.3, se deberán cumplir las especificaciones recogidas en la Tabla 37.3.2.b relativas a la clase resistente.

37.3.7. Resistencia del hormigón frente a la erosión

No se recomienda el empleo de hormigones ligeros estructurales, elaborados con árido ligero para clase de exposición E. Esto no inhabilita a los hormigones ligeros estructurales para soportar erosión eventual, pero el mecanismo de desgaste no está controlado por la resistencia del árido, como es el caso del hormigón de peso normal.

TITULO 5.º CÁLCULO

CAPÍTULO VIII. Datos de los materiales para el proyecto

Artículo 39.º Características del hormigón

39.1. Definiciones

Las características mecánicas del hormigón con árido ligero (deformación última, módulo de deformación longitudinal, resistencia a tracción), para una misma resistencia a compresión dependen en gran medida de la densidad de éste, siendo mayores conforme aumenta la densidad en seco del hormigón ligero.

39.2. Tipificación de los hormigones

En cuanto a la resistencia característica indicada se empleará la misma serie que para hormigón convencional con la resistencia especificada en N/mm^2:

$$HLE-25, \quad HLE-30, \quad HLE-35, \quad HLE-40, \quad HLE-45 \quad y \quad HLE-50$$

39.3. Diagrama tensión-deformación de cálculo del hormigón

Para estos hormigones se recomienda la utilización de los diagramas parábola-rectángulo o rectangular que se recogen a continuación, los cuales tienen en cuenta la disminución progresiva de la deformación de rotura cuando disminuye la densidad en seco del hormigón ligero:

a) Diagrama parábola – rectángulo:

Se puede utilizar el mismo diagrama del articulado variando la deformación última según:

$$\varepsilon_{cu}) \quad 0{,}0035 \cdot \eta_1$$

donde:

$$\eta_1 = 0{,}40 + 0{,}60 \, \frac{\rho}{2.200}$$

b) Diagrama rectangular:

Es aplicable el diagrama rectangular del articulado, con tensión constante $\sigma_c = \eta(x) f_{cd}$ y altura del bloque comprimido $y = \lambda(x) \cdot h$, variando la deformación última como expresa la ecuación anterior y donde el factor λ para la obtención de $\lambda(x)$ viene definido por la ecuación:

$$\lambda = 0{,}936 \cdot \eta_1 - 0{,}737$$

donde:

$$\eta_1 = 0{,}40 + 0{,}60 \, \frac{\rho}{2.200}$$

39.6. Módulo de deformación longitudinal del hormigón

El módulo de deformación longitudinal tangente de un hormigón con árido fino ligero y densidad de $1.800 \ kg/m^3$ viene dado por la Tabla A.16.3.

Tabla A.16.3.

f_{clk} [N/mm²]	25	30	35	40	45	50
E_{cli} [kN/mm²]	22,1	23	23,9	24,7	25,4	26,1

En el caso de un hormigón ligero con árido fino normal y densidad $2.000 \ kg/m^3$ los valores del módulo de deformación longitudinal tangente se recogen en la Tabla A.16.4.

Tabla A.16.4.

f_{clk} [N/mm²]	25	30	35	40	45	50
E_{cli} [kN/mm²]	27,2	28,4	29,5	30,5	31,4	32,3

CAPÍTULO IX. Capacidad resistente de bielas, tirantes y nudos

Artículo 40.º. Capacidad resistente de bielas, tirantes y nudos

40.3.4 Bielas de hormigón confinado

En el caso de no disponer de más datos, la resistencia característica y el alargamiento último de las bielas de hormigón confinado puede obtenerse mediante:

$$f_{clk,c} = f_{clk}(1,0 + k\alpha\omega_w)$$

donde:

$K = 0,66$ para hormigón ligero con arena.

$K = 0,60$ para hormigón ligero con árido fino ligero.

CAPÍTULO X. Cálculos relativos a los estados límite últimos

Artículo 42.º Estados límite de agotamiento frente a solicitaciones normales

42.1.3. Dominios de deformación

Deberá tenerse en cuenta, en la definición de los dominios de deformación, la reducción de la deformación última en el hormigón en flexión, de acuerdo con lo establecido en este anejo.

Artículo 44º Estados límite de agotamiento frente a cortante

44.2.3.1. Obtención de V_{u1}

El esfuerzo cortante de agotamiento por compresión oblicua del alma se obtendrá del articulado, reduciéndose por el factor υ.

$$\upsilon = 0,50\eta_1\left(1 - \frac{f_{lck}}{250}\right)$$

42.2.3.2. Obtención de V_{u2}

42.2.3.2.1. Piezas sin armadura de cortante

El esfuerzo cortante por tracción en el alma se obtendrá como:

$$V_{u2} = \left[\frac{0,18}{\gamma_c}\eta_1\xi(100\rho_1 f_{clv})^{1/3} + 0,15\alpha_l\sigma'_{cd}\right]b_0 d$$

con un valor mínimo de:

$$V_{u2} = [0,35 f_{lctd} + 0,15\alpha_l\sigma'_{cd}]b_0 d$$

donde:

$$\eta_1 = 0,40 + 0,60\frac{\rho}{2.200}$$

44.2.3.2.2. Piezas con armadura de cortante

La contribución del hormigón a *I* a resistencia a esfuerzo cortante se obtendrá como:

$$V_{cu} = \left[\frac{0{,}15}{\gamma_C} \eta_1 \xi (100 \rho_{1\,clv})^{1/3} + 0{,}15 \alpha_l \sigma'_{cd} \right] \beta b_0 d$$

con un valor mínimo de:

$$V_{u2} = [0{,}35 f_{lctd} + 0{,}15 \alpha_l \sigma'_{cd}] b_0 d$$

donde:

$$\eta_1 = 0{,}40 + 0{,}60 \frac{\rho}{2.200}$$

Artículo 45.º Estados límite de agotamiento por torsión en elementos lineales

45.2.2.1. Obtención de T_{u1}

El esfuerzo torsor de agotamiento por compresión oblicua del alma se obtendrá del articulado, reduciéndose por el factor υ.

$$\upsilon = 0{,}50 \eta_1 \left(1 - \frac{f_{lck}}{250} \right)$$

Artículo 46.º Estado Límite de Agotamiento frente a punzonamiento

46.3. Losas sin armadura de punzonamiento

La tensión máxima resistente en el perímetro crítico, se obtendrá como:

$$\tau_{rd} = \frac{0{,}18}{\gamma_c} \eta_1 \xi (100 \rho_\ell f_{cv})^{1/3} + 0{,}1 \cdot \sigma'_{cd}$$

con un valor mínimo de:

$$\tau_{rd} = 0{,}40 f_{lctd} + 0{,}1 \cdot \sigma'_{cd}$$

TIITULO 6.º EJECUCIÓN

Artículo 69.º Procesos de elaboración, armado y montaje de las armaduras

69.3. Criterios generales para los procesos de ferralla

69.3.4. Doblado

Al objeto de evitar compresiones excesivas y hendimientos del HLE en la zona de curvatura de las barras, el doblado de las mismas para lo formación de ganchos y patillas en U, se realizará con mandriles de diámetro no inferior a los indicados en la Tabla 69.3.4 multiplicados por [1,5].

El resto del contenido de este apartado es aplicable al HLE.

69.4. Armado de la ferralla

69.4.1. Distancia entre barras de armaduras pasivas

69.4.1.1. Barras aisladas

El diámetro máximo de barra a emplear con HAL será $\varnothing = 32$ mm.
El resto del contenido de este punto es aplicable al HAL.

69.4.1.2. Grupos de barras

En HAL los grupos de barras estarán constituidos, como máximo, por dos barras.

69.5. Criterios específicos para el anclaje y empalme de las armaduras

69.5.1. Anclaje de las armaduras pasivas

La longitud básica de anclaje de las barras corrugadas en HLE es la indicada en el texto multiplicada por el factor $[1/\eta_1]$, siendo

$$\eta_1 = 0,40 + 0,60 \, \frac{\rho}{2.200}$$

y donde ρ es el valor de la densidad seca del HAL $\leqslant 2.000$ (kg/m^3).

Artículo 71.º Elaboración y puesta en obra del hormigón

71.3. Fabricación del hormigón

71.3.2. Dosificación de materiales componentes

En el caso de HLE la realización de ensayos previos, con objeto de comprobar que el HLE satisface las condiciones que se le exigen, es el modo establecido para aceptar la dosificación prevista y sancionar el procedimiento de ejecución del hormigón.

La gran cantidad de absorción de agua, que, generalmente, presentan los áridos ligeros en estado seco hace difícil predeterminar la relación «agua/cemento» real que corresponde a la dosificación prevista. Si el estado de aquellos es saturado, lo que no se consigue de modo inmediato, puede ocasionarse, desde la corteza accesible a los fenómenos de capilaridad, un proceso de transferencia de agua a la pasta del hormigón que también altera la relación «agua/cemento» prevista. En el primer caso disminuirá la trabajabilidad del HLE y en el segundo su resistencia.

La complejidad del problema da lugar a diversos procedimientos para ejecutar el hormigón que escapan a una regulación única. Por otra parte el correcto resultado de la dosificación prevista es muy sensible a pequeños ajustes del procedimiento de ejecución. Por tanto se establecen los ensayos previos como método de validación de la dosificación y del procedimiento de ejecución, como proceso único e indivisible.

El resto del contenido de este artículo es aplicable al HLE.

71.3.2.3. Áridos

En la ejecución de HLE la dosificación de los áridos puede realizarse en peso, en volumen, o de modo mixto de modo que el árido ligero se dosifica en volumen y el resto en peso.

El resto del contenido de este artículo es aplicable al HLE.

71.3.3. Amasado del hormigón

Para el amasado del HLE se utilizará, en general, más tiempo que para el Hormigón convencional. Este incremento del tiempo de amasado se destinará a la humectación de los áridos, antes de añadir el cemento, y a homogeneizar la masa después de añadir el aditivo, posteriormente a la adición del agua total de amasado. Estos tiempos están destinados a evitar que la rápida absorción de agua y de aditivo por parte del árido ligero reste trabajabilidad a la masa de hormigón y eficacia a la acción del propio aditivo.

La baja densidad del árido ligero puede ocasionar, al inicio del amasado y en función del grado de saturación de agua que presente al entrar en la amasadora, la flotación del mismo, lo que puede llegar a determinar el aprovechamiento eficaz de la amasadora.

El resto del contenido de este artículo es aplicable al HLE.

71.4. Transporte y suministro del hormigón

71.4.1. Transporte del hormigón

Si se realiza el transporte de HLE por tubería (bombeo) se debe considerar la influencia de la presión de bombeo en el incremento de absorción de agua por parte de los áridos ligeros, así como del decremento correspondiente cuando aquella cesa. En el primer caso se producirá una pérdida de trabajabilidad y en el segundo un exceso en la relación agua/cemento. En el primer supuesto se dificultará la puesta en obra y, fundamentalmente, la propia operación de bombeo y, en el segundo, se producirá una pérdida de resistencia en el hormigón afectado, así como una pérdida de compacidad en su estructura interna. En consecuencia, debe preverse estas alteraciones en la dosificación.

Los correspondientes ensayos previos del HLE, después de bombeado, constituyen el procedimiento de validación del mismo.

El transporte en camión hormigonera permite, mediante un amasado previo al vertido, corregir la tendencia a la disminución de la docilidad que se produce, en todos los casos, durante el mismo, así como la tendencia a la segregación del árido ligero durante el transporte de los hormigones de mayor docilidad.

El resto del contenido de este artículo es aplicable al HLE.

71.5. Puesta en obra del hormigón

71.5.2. Compactación del hormigón

La compactación del HLE exige mayor energía de vibración que la demandada por un hormigón normal. En consecuencia, la compactación se realizará reduciendo la separación entre las posiciones consecutivas de los vibradores al 70% de la utilizada para un hormigón estructural normal.

La tendencia a la flotación del árido ligero crece con vibraciones excesivas. El acabado superficial de la cara por la que se coloca el hormigón debe realizarse mediante un utillaje adecuado para presionar el árido ligero e introducirlo en la masa, de modo que quede recubierto por la lechada.

anejo 17

Recomendaciones para la utilización del hormigón autocompactante

1. Alcance

A los efectos de este anejo, se define como hormigón autocompactante aquel hormigón que, como consecuencia de una dosificación estudiada y del empleo de aditivos superplastificantes específicos, se compacta por la acción de su propio peso, sin necesidad de energía de vibración ni de cualquier otro método de compactación, no presentando segregación, bloqueo de árido grueso, sangrado, ni exudación de la lechada.

El hormigón autocompactante añade a las propiedades del hormigón convencional, en cualquiera de las clases resistentes, la propiedad de autocompactabilidad, descrita anteriormente.

Las prescripciones incluidas en el Articulado de esta Instrucción, están avaladas por la experiencia en hormigones convencionales, cuya docilidad se mide por su asiento en el cono de Abrams, según la UNE-EN 12350-2. En este anejo se recogen unas recomendaciones para el empleo adecuado de estos hormigones que, por su autocompactabilidad, poseen propiedades en estado fresco que le confieren una docilidad que no puede ser evaluada mediante su asiento en el cono de Abrams.

Corresponde al Autor del Proyecto o, en su caso, a la Dirección Facultativa prescribir el tipo de hormigón autocompactante más adecuado en cada caso.

2. Complementos al texto de esta Instrucción

Seguidamente se indican, por referencia a los Títulos, Capítulos, Artículos y Apartados de esta Instrucción (con objeto de facilitar su seguimiento), recomendaciones para el empleo de hormigón autocompactante.

TÍTULO 1.º BASES DE PROYECTO

Son aplicables las bases establecidas en el articulado de la Instrucción.

TÍTULO 2.° ANÁLISIS ESTRUCTURAL

CAPÍTULO V. Análisis estructural

Son aplicables los principios y métodos de cálculo establecidos en el articulado.

Para cualquier análisis en el tiempo, así como para el cálculo de pérdidas o de flechas diferidas, el módulo de elasticidad, la fluencia y la retracción pueden ser diferentes en su valor y desarrollo en el tiempo a los hormigones de compactación convencional.

A falta de ensayos experimentales que proporcionen los parámetros reológicos de este hormigón, éstos se obtendrán de la consulta de textos especializados.

TÍTULO 3.° PROPIEDADES TECNOIÓGICAS DE IOS MATERIALES

CAPÍTULO VI. Materiales

Los materiales componentes utilizados en los hormigones autocompactantes son los mismos que los empleados en los hormigones de compactación convencional de acuerdo con esta Instrucción, incluyendo además otros, más abajo especificados, que deben cumplir con los requisitos normativos de calidad que les corresponda. Es de especial importancia que los hormigones autocompactantes se fabriquen con la mayor regularidad posible por lo que es muy importante la selección inicial y el control de los materiales así como la previa validación de cualquier dosificación.

El hormigón autocompactante se fabricará preferiblemente con los cementos que resulten adecuados para tal fin en función del tipo y cantidad de las adiciones que contengan, o bien con cemento común tipo CEM I, las adiciones al hormigón reglamentadas (artículo 30 de esta Instrucción) y utilizando, cuando así se requiera, un «filler» inerte adecuado como árido de corrección de la granulometría de la arena en los diámetros más finos que pasan por el tamiz 0,063 mm.

De una u otra manera se debe conseguir una cantidad de finos (partículas que pasan por el tamiz 0,125 mm) suficiente para alcanzar la propiedad de autocompactabilidad. La cantidad total de finos menores de 0,125 mm aportada por el cemento, las adiciones al hormigón y los áridos, necesaria para fabricar hormigón autocompactante es del orden del 23%, en peso, de la masa del hormigón, pudiendo determinarse, cuando sea necesario, con mayor precisión mediante los ensayos característicos correspondientes.

En el hormigón autocompactante, se pueden utilizar, cuando sea necesario, al igual que en el hormigón de compactación convencional, otros componentes tales como el agua reciclada de las propias plantas de hormigón, los pigmentos, los aditivos reductores de retracción basados en glicoles, o las fibras, con las mismas limitaciones y especificaciones que en el hormigón convencional.

Artículo 26.° Cementos

Se utilizarán cementos que cumplan la reglamentación específica vigente. Cuando se utilicen cementos para usos especiales específicos para hormigón autocompactante que incluyan en su composición una cantidad de adición complementaria destinada exclusivamente a dotar al hormigón autocompactante de la cantidad de partículas finas (partículas que pasan por el tamiz 0,125 mm) necesaria, las cantidades mínimas a emplear de dichos cementos serán tales que, después de deducir la cantidad de adición complementaria que contengan, cumplan con las exigidas en el artículo 37.3.2 de esta Instrucción. Además, la cantidad de adición complementaria no se computará a los efectos de obtener la relación agua/cemento, ni la cantidad máxima de cemento. Tanto el valor máximo de la relación agua/cemento, como la cantidad máxima de cemento cumplirán con las especificaciones incluidas en el Articulado de esta Instrucción.

Artículo 28.º Áridos

El tamaño máximo de árido para el hormigón autocompactante, definido según el artículo 28.3 de esta Instrucción, se limita a 25 mm, siendo recomendable utilizar tamaños máximos comprendidos entre 12 mm y 20 mm, en función de la disposición de armaduras.

Los materiales fillers son unos áridos cuya mayor parte pasa por el tamiz 0,063 mm y que se obtienen por tratamiento de los materiales de los que provienen.

Son fillers adecuados aquellos que provienen de los mismos materiales que los áridos que cumplen las prescripciones especificadas en el artículo 28 de esta Instrucción.

De acuerdo con la Norma UNE-EN 12620 la granulometría de un filler se define en la tabla siguiente (Tabla A.17.1)

Tabla A.17.1. Granulometría del filler

Tamiz de tamaño (mm)	Porcentaje que pasa en masa
2	100
0,125	85 a 100
0,063	70 a 100

Los ensayos iniciales de tipo, el control de producción en fábrica y la certificación de dicho control, en cuanto al filler se refiere, se establecen en la Norma UNE-EN 12620.

Se recomienda, exclusivamente para el caso de los hormigones autocompactantes, que la cantidad resultante de sumar el contenido de partículas de árido fino que pasan por el tamiz UNE 0,063 y la adición caliza, en su caso, del cemento no sea mayor de 250 kg/m^3 de hormigón autocompactante.

Para el almacenamiento del filler se utilizarán medios similares a los utilizados para el cemento, debiéndose utilizar recipientes o silos impermeables que lo protejan de la humedad y de la contaminación.

La demanda de agua de los finos inertes que pasan por el tamiz UNE 0,063 se debe compensar mediante el empleo de aditivos superplastificantes adecuados que garanticen el cumplimiento de las relaciones agua/cemento especificadas en el artículo 37.3.2 de esta Instrucción, garantizando de este modo la durabilidad.

Artículo 29.º Aditivos

El uso de un aditivo superplastificante es requisito fundamental en el hormigón autocompactante y, en ocasiones, puede ser conveniente el uso de un aditivo modulador de la viscosidad que minimiza los efectos de la variación del contenido de humedad, el contenido de finos o la distribución granulométrica, haciendo que el hormigón autocompactante sea menos sensible, en cuanto a la propiedad de autocompactabilidad se refiere, a pequeñas variaciones en la calidad de las materias primas y en sus proporciones.

Su empleo se realizará después de conocer su compatibilidad con el cemento y las adiciones, comprobando un buen mantenimiento de las propiedades reológicas durante el tiempo previsto para la puesta en obra del hormigón autocompactante, así como las características mecánicas correspondientes mediante la realización de ensayos previos.

Los aditivos superplastificantes cumplirán la Norma UNE-EN 934-2.

Los aditivos moduladores de viscosidad ayudan a conseguir mezclas adecuadas minimizando los efectos de la variación del contenido de humedad, el contenido de finos o la distribución granulométrica.

Los aditivos moduladores de viscosidad deben cumplir los requisitos generales incluidos en la Tabla 1 de UNE-EN 934-2.

Artículo 30.º Adiciones

No se contempla el uso de adiciones que no estén amparadas por el artículo 30º de esta Instrucción.

Artículo 31.º Hormigones

Como se desprende de su definición, el hormigón autocompactante tiene tres propiedades intrínsecas básicas:

— Fluidez o habilidad de fluir sin ayuda externa y llenar el encofrado.
— Resistencia al bloqueo o habilidad de pasar entre las barras de armadura.
— Estabilidad dinámica y estática, o resistencia a la segregación, que le permite alcanzar finalmente una distribución uniforme del árido en toda su masa.

31.1. Composición

Los componentes del hormigón autocompactante son los mismos que los del hormigón estructural convencional, aunque las proporciones de los mismos pueden variar respecto a las habituales para estos últimos, caracterizándose el hormigón autocompactante por un menor contenido de árido grueso, un mayor contenido de finos minerales y, en general, un menor tamaño máximo de árido.

31.3. Características mecánicas

En el hormigón autocompactante el valor de la resistencia a compresión es una referencia imprescindible.

La evolución de la resistencia a compresión con el tiempo puede considerarse equivalente a la de un hormigón de compactación convencional. Sin embargo, como se ha mencionado, se deberá tener en cuenta, en algunos casos, la posibilidad de un retraso en la ganancia de resistencia inicial debido a las dosis mayores de aditivos utilizados.

Para la resistencia a tracción pueden hacerse las mismas consideraciones que para la resistencia a compresión. Por lo tanto, pueden aplicarse las relaciones entre ambas resistencias propuestas por el artículo 39.1 de esta Instrucción para la resistencia a tracción y a flexotracción.

31.5. Docilidad del hormigón

La docilidad del hormigón autocompactante no puede ser caracterizada por los medios descritos en el artículo 31.5 de esta Instrucción para el hormigón convencional. La caracterización de la autocompactabilidad se realiza a través de métodos de ensayo específicos que permiten evaluar las prestaciones del material en términos:

— De fluidez, mediante ensayos de escurrimiento según UNE 83.361 o de ensayos de escurrimiento en embudo en V, según UNE 83.364.
— De resistencia al bloqueo, mediante ensayos del escurrimiento con anillo J, según UNE 83.362 y mediante ensayos de la caja en L, según UNE 83.363.
— De resistencia a la segregación.

Si bien no existen ensayos normalizados para evaluar la resistencia a la segregación, la misma se puede apreciar a partir del comportamiento del material en los ensayos de escurrimiento y embudo en V. En el ensayo de escurrimiento debe observarse una distribución uniforme del árido grueso y ningún tipo de segregación o exudación en el perímetro de la «torta» final del ensayo.

La Tabla A.17.2 muestra los rangos admisibles de los parámetros de autocompactabilidad que deben cumplirse, en cualquier caso, según los diferentes métodos de ensayo. Estos requisitos deberán cumplirse simultáneamente para todos los ensayos especificados. El Autor del proyecto o, en su caso, la Dirección Facultativa podrá definir un grado de autocompactabilidad más concreto mediante las categorías definidas en el apartado 39.2 de este anejo, en función de las características de su obra.

Tabla A.17.2. Requisitos generales para la autocompactabilidad

Ensayo	Parámetro medido	Rango admisible
Escurrimiento	T_{50}	$T_{50} \leqslant 8$ seg
	d_f	550 mm $\leqslant d_f \leqslant$ 850 mm
Embudo en V	T_V	4 seg $\leqslant T_V \leqslant$ 20 seg
Caja en L	C_{bL}	$0{,}75 \leqslant C_{bL} \leqslant 1{,}00$
Escurrimiento con anillo J	d_{Jf}	$\geqslant d_f - 50$ mm

Los hormigones autocompactantes deberán mantener las características de autocompactabilidad durante un período de tiempo, denominado como «tiempo abierto», que sea suficiente para su puesta en obra correcta en función de las exigencias operativas y ambientales del proyecto. Para la determinación del «tiempo abierto» se pueden utilizar los ensayos de caracterización indicados anteriormente, comparando el resultado de diversas repeticiones del mismo ensayo realizadas consecutivamente con la misma muestra.

TÍTULO 4.° DURABILIDAD

CAPÍTULO VII. Durabilidad

Artículo 37.° Durabilidad del hormigón y de las armaduras

37.3. Durabilidad del hormigón

Como consecuencia de la ausencia de vibración y al uso habitual de adiciones y fillers en el hormigón autocompactante, se suele obtener una interfase pasta-árido más densa que en los hormigones convencionales. Como consecuencia de ello, junto con la mayor compacidad general de la estructura granular, suele obtenerse una reducción en la velocidad de ingreso de la mayoría de los agentes agresivos.

La ausencia de vibración redundará, a su vez, en una capa exterior del hormigón de recubrimiento de superior densidad y, por tanto, menos permeable.

No obstante, en cualquier caso deberán respetarse los requisitos de máxima relación a/c y mínimo contenido de cemento exigidos en el punto 37.3.2 de esta Instrucción en función de la clase de exposición.

El comportamiento del hormigón autocompactante frente a ciclos de congelamiento y deshielo puede considerarse equivalente al del hormigón de compactación convencional, debiendo considerarse las mismas precauciones y especificaciones incluidas en el punto 37.3.2 de esta Instrucción para dicho hormigón convencional.

Debido a la microestructura más densa del hormigón autocompactante, el riesgo de desconchamiento explosivo podría resultar mayor para este material. Sin embargo, para hormigones autocompactantes en los que la adición de humo de sílice no sea significativa, el planteamiento de la resistencia al fuego puede ser el mismo que el incluido en el Anejo 7 de esta Instrucción para el hormigón convencional de igual clase resistente, o para los hormigones de alta resistencia cuando dicha adición sea relevante.

TÍTULO 5.° CÁLCULO

CAPÍTULO VIII. Datos de los materiales para el proyecto

Artículo 39.° Características del hormigón

Mientras que las propiedades en estado fresco del hormigón autocompactante difieren en gran medida de las del hormigón de compactación convencional, su comportamiento en términos de resistencias, durabilidad y demás prestaciones en estado endurecido pueden considerarse similares a las de un hormigón convencional de igual relación a/c y elaborado con los mismos materiales componentes. Las propiedades del hormigón autocompactante en estado endurecido, a los que se refieren los siguientes apartados, se evaluarán con los mismos procedimientos de ensayo utilizados para el hormigón de compactación convencional.

En relación con su comportamiento a edad temprana, podrían producirse algunas variaciones en propiedades como la retracción y/o alteraciones en el tiempo de fraguado, como consecuencia de que incorporan, en general, dosis mayores de finos y aditivos.

En aplicaciones donde el módulo de elasticidad, la retracción por secado o la fluencia puedan ser factores críticos y el contenido en pasta o árido grueso varíe de forma sustancial sobre el normalmente utilizado, estas propiedades deben ser analizadas mediante ensayos específicos.

En general, las diferencias con el hormigón convencional son suficientemente pequeñas de forma que permiten utilizar para el hormigón autocompactante la formulación incluida en el Articulado de esta Instrucción. En particular, se pueden utilizar las mismas longitudes de anclaje de las armaduras activas y pasivas, iguales criterios para especificar la resistencia mínima del hormigón y el mismo tratamiento de las juntas de construcción.

39.1. Definiciones

En el hormigón autocompactante, pueden aplicarse las expresiones propuestas por el articulo 39.1 de esta Instrucción que relacionan la resistencia a compresión y la resistencia a tracción y a flexotracción.

39.2. Tipificación de los hormigones

La tipificación de los hormigones autocompactantes es análoga a la de los hormigones de compactación convencional según el artículo 39.2 de esta Instrucción, sin más que utilizar como indicativo C de la consistencia las siglas AC (como, por ejemplo, HA-35/AC/20/IIIa), de acuerdo con la siguiente expresión.

$$\text{T-R} / \text{AC} / \text{TM} / \text{A}$$

Alternativamente, se podrá definir la autocompactabilidad mediante la combinación de las clases correspondientes al escurrimiento (AC-E), viscosidad (AC-V) y resistencia al bloqueo (AC-RB), de acuerdo con la siguiente expresión:

$$\text{T-R} / (\text{AC-E} + \text{AC-V} + \text{AC-RB}) / \text{TM} / \text{A}$$

donde T, M, TM y A tienen el mismo significado que el apartado 39.2 de la Instrucción y AC-E, AC-V y AC-RB, representan las clases correspondientes de acuerdo con las Tablas A.17.3, A.17.4 y A.17.5.

Tabla A.17.3. Clases de escurrimiento

Clase	Criterio, según UNE 83.361
AC-E1	550 mm $\leqslant d_f \leqslant$ 650 mm
AC-E2	650 mm $< d_f \leqslant$ 750 mm
AC-E3	750 mm $< d_f \leqslant$ 850 mm (*)

(*) Donde d_f representa el escurrimiento en el ensayo según UNE 83.361.

Tabla A.17.4. Clases de viscosidad

Clase	Criterio por el ensayo de escurrimiento, según UNE 83.361	Criterio alternativo por el ensayo del embudo en V, según UNE 83.364
AC-V1	2,5 seg $< T_{50} \leqslant$ 8 seg	10 seg $\leqslant T_V \leqslant$ 20 seg
AC-V2	2 seg $< T_{50} <$ 8 seg	6 seg $\leqslant T_V \leqslant$ 10 seg
AC-V3	$T_{50} \leqslant$ 2 seg (*)	4 seg $\leqslant T_V \leqslant$ 6 seg (*)

(*) Donde d_f representa el escurrimiento en el ensayo según UNE 83.361.

Tabla A.17.5. Clases de resistencia al bloqueo

Clase	Exigencia de la característica	Criterio por el ensayo del anillo J, según UNE 83.362 (*)	Criterio por el ensayo de caja en L, según UNE 83.363
AC-RB1	Exigible cuando el tamaño máximo del árido sea superior a 20 mm o el espesor de los huecos por los que pase el hormigón esté comprendido entre 80 y 100 mm.	$d_{Jf} \geqslant d_f$ - 50 mm, con un anillo de 12 barras	$\geqslant$0,80 con 2 barras
AC-RB2	Exigible cuando el tamaño máximo del árido sea igual o inferior a 20 o el espesor de los huecos por los que pase el hormigón esté comprendido entre 60 y 80 mm.	$d_{Jf} \geqslant d_f$ $-$ 50 mm, con un anillo de 20 barras	$\geqslant$0,80, con 3 barras

(*) Donde d_f representa el escurrimiento en el ensayo según UNE 83.361 y D_{Jf} representa el escurrimiento en el ensayo del anillo J, según UNE 83.362.

En el caso de que el hormigón deba pasar por zonas con espesores inferiores a 60 mm, se deberá analizar el comportamiento experimentalmente, diseñando elementos que permitan valorar la resistencia específica al bloqueo para el caso concreto.

En general, se considera la clase de autocompactabilidad AC-E1 como la más adecuada para la mayor parte de los elementos estructurales que se construyen habitualmente. En particular ser recomienda su empleo en los siguientes casos:

— estructuras no muy fuertemente armadas,
— estructuras en las que el llenado de los encofrados es sencillo, el hormigón puede pasar por huecos amplios y los puntos de vertido del mismo no exige que se desplace horizontalmente largas distancias en el interior del encofrado,
— elementos estructurales en que la superficie no encofrada se separa ligeramente de la horizontal.

Por su parte, se recomienda la clase de autocompactabilidad AC-E3 en los siguientes casos:

— Estructuras muy fuertemente armadas.
— Estructuras en los que el llenado de los encofrados es muy difícil, el hormigón debe pasar por huecos muy pequeños y los puntos de vertido del mismo exigen que se desplace horizontalmente distancias muy largas en el interior del encofrado.
— Elementos estructurales horizontales en los que es muy importante conseguir la autonivelación del propio hormigón.
— Elementos estructurales muy altos, de gran esbeltez y muy fuertemente armados.

39.6. Módulo de deformación longitudinal del hormigón

Debido a que los hormigones autocompactantes contienen un mayor volumen de pasta que el hormigón de compactación convencional, y teniendo en cuenta que el módulo de elasticidad de la pasta es menor que el de los áridos, se podría prever un módulo de deformación ligeramente menor (entre un 7% y un 15%) para el caso del hormigón autocompactante.

A falta de datos experimentales, puede calcularse el módulo de deformación utilizando la formulación del articulado de esta Instrucción para el hormigón de compactación convencional. Cuando se requiera un conocimiento detallado del valor del módulo de deformación longitudinal, como por ejemplo en algunas estructuras con un proceso de construcción evolutivo en que el control de las deformaciones resulte crítico, se pueden hacer determinaciones experimentales de dicho valor, al igual que se hace cuando se utiliza hormigón de compactación convencional.

39.7. Retracción del hormigón

En general, es de aplicación la formulación del artículo 39.7 de esta Instrucción. No obstante, debido a la composición del hormigón autocompactante, puede presentarse una mayor retracción, que debe considerarse como se indica a continuación.

Debido a que el hormigón autocompactante tiene una mayor cantidad de finos en su composición y una alta resistencia frente a la segregación, el material prácticamente no exuda agua durante la puesta en obra. Si bien teóricamente este aspecto resulta positivo, en la práctica el efecto puede resultar inverso, ya que muchas veces es el agua de exudación la que compensa el agua que se evapora en estado fresco y, consecuentemente, evita la fisuración por retracción plástica.

De esta manera, debido a las bajas relaciones agua/ligante que en general se consideran, cobra especial importancia el curado del hormigón autocompactante, especialmente en estructuras con altas relaciones superficie/volumen.

En el hormigón autocompactante, más fácilmente que en el hormigón de compactación convencional, puede darse una combinación de factores que podrían conducir a una significativa retracción endógena; un contenido de cemento superior y el uso de un cemento más fino (conducentes a un mayor calor de hidratación), la mayor cantidad de material fino en general y las bajas relaciones agua/finos.

La utilización de cenizas volantes y/o filler calizo puede contribuir a la reducción de la retracción endógena.

Si la retracción endógena del material es un parámetro significativo para la función de la estructura, deberá ser evaluada para la mezcla en cuestión durante un periodo de tiempo no menor a 3 meses a través de ensayos de laboratorio sobre probetas selladas inmediatamente después del desmolde.

De manera equivalente a lo que sucede con el hormigón de compactación convencional, un alto contenido de cemento conducirá a un mayor calor de hidratación, una consecuente dilatación y una posterior retracción térmica, lo cual en elementos de mediana o gran masa podría resultar crítico de cara a la fisuración. Se deben emplear las mismas precauciones que para el hormigón de compactación convencional.

Si la retracción por secado del material es un parámetro significativo para la función de la estructura, deberá ser evaluada para la mezcla en cuestión durante un periodo de tiempo no menor a 6 meses a través de ensayos de laboratorio sobre probetas expuestas a una atmósfera controlada.

39.8. Fluencia del hormigón

En general, puede utilizarse la formulación incluida en el artículo 39.8 de esta Instrucción. El comportamiento en fluencia del hormigón autocompactante puede considerarse equivalente al de un hormigón de compactación convencional de igual relación a/c. Aunque para el mismo nivel resistente podrían producirse deformaciones ligeramente mayores, si el secado al aire es permitido esta diferencia puede desaparecer a causa del mayor refinamiento de la estructura de poros del hormigón autocompactante.

En aplicaciones donde la fluencia pueda ser un factor crítico, esta propiedad deberá ser tenida en cuenta durante el proceso de dosificación y verificada mediante ensayos específicos de laboratorio sobre probetas expuestas a una atmósfera controlada.

CAPÍTULO X. Cálculos relativos a los Estados Límite Últimos

Artículo 44.º Estado Límite de Agotamiento frente a cortante

Aunque no se han detectado diferencias dignas de ser tenidas en cuenta en el proceso de cálculo, debido al menor contenido de árido grueso, y en general de menor tamaño máximo, los hormigones autocompactantes presentan una superficie de fisura más «lisa» que la de los hormigones de compactación convencional de la misma resistencia. Esto reduce ligeramente la componente resistente de trabazón. En cualquier caso el cálculo correspondiente puede realizarse utilizando la formulación del articulado de esta Instrucción para el hormigón de compactación convencional.

TÍTULO 7.º EJECUCIÓN

Artículo 68.º Procesos previos a la colocación de las armaduras

68.2. Cimbras y apuntalamientos

Cuando se utilice hormigón autocompactante se tendrá en cuenta para el cálculo de cimbras, encofrados y moldes, que la ley de presión estática, ejercida por aquel, puede llegar a ser de tipo hidrostático.

68.3. Encofrados y moldes

Si bien el hormigón autocompactante no aumenta las pérdidas de lechada por las juntas del encofrado, es deseable asegurar una buena estanqueidad del mismo, como cuando se utiliza hormigón de compactación convencional.

Artículo 69.º Procesos de elaboración, armado y montaje de las armaduras

69.5. Criterios específicos para el anclaje y empalme de las armaduras

En términos medios, la adherencia entre las barras de armadura y el hormigón resulta superior para el hormigón autocompactante que para un hormigón convencional comparable. Por lo tanto, puede seguir considerándose la tensión de adherencia normalizada.

Artículo 70.º Procesos de colocación y tesado de las armaduras activas

70.2. Procesos previos al tesado de las armaduras activas

70.2.3. Adherencia de las armaduras activas al hormigón

Así mismo, la longitud de anclaje de las armaduras de pretensar puede determinarse con la formulación incluida en el punto 70.2.3 de esta Instrucción. No obstante, es inadmisible la construcción de elementos pretensados con hormigones autocompactantes de clase resistente inferior a la utilizada para su construcción con hormigón convencional.

Artículo 71.º Elaboración y puesta en obra del hormigón

71.2. Instalaciones de fabricación del hormigón

En el proceso de fabricación de hormigones autocompactantes se deben cuidar, especialmente, los siguientes aspectos:

El hormigón autocompactante debe fabricarse en central, que puede pertenecer o no a la obra.

Debe determinarse con precisión la humedad de los áridos durante su almacenamiento, y previamente a la mezcla y amasado de los componentes del hormigón, para evitar variaciones no previstas que afecten a la docilidad del hormigón.

La incorporación de aditivos puede realizarse en planta o en obra. Sin embargo, por las especiales características de este hormigón, es conveniente la combinación de ambas situaciones, bajo el control del fabricante del hormigón.

El transporte se efectuará mediante amasadora móvil o camión hormigonera.

71.3. Fabricación del hormigón

71.3.1. Suministro y almacenamiento de materiales componentes

71.3.1.1. Áridos

En el caso de emplear un filler, se determinarán las características de filler de acuerdo con UNE-EN 12620.

71.3.2. Dosificación de materiales componentes

Al dosificar un hormigón autocompactante, deberán contemplarse las correspondientes exigencias relacionadas con el proyecto, a saber:

Exigencias estructurales: espaciado entre barras de armadura, dimensiones del elemento, complejidad arquitectónica del encofrado, caras vistas, particularidades del proyecto que puedan influir en el escurrimiento del hormigón como variaciones de espesores, abultamientos, etc.

Operativas: modalidad de llenado (bomba, cubilote, canaleta, etc.), velocidad y duración del llenado, características del encofrado, visibilidad del hormigón durante el llenado, distancia a la que ha de llegar el escurrimiento, altura de caída, accesibilidad del camión hormigonera, posicionamiento de los equipos de bombeo, etc.

Ambientales: clima y temperatura ambiente en el momento del llenado, temperatura de los materiales, duración del transporte, eventuales situaciones críticas de tráfico, etc.

De prestaciones: clase de exposición ambiental, resistencia característica, y demás requisitos de proyecto.

Como características generales, en un hormigón autocompactante el contenido total de los finos (tamaño de partícula <0,125 mm), es decir, el cemento, las adiciones y fillers, se encuentra en el intervalo de 450-600 kg/m^3 (180 a 240 litros/m^3). El contenido de cemento está en el rango de 250 a 500 kg/m^3. El volumen de pasta (agua, cemento, adiciones minerales activas, fillers y aditivos) se encuentra habitualmente por encima de los 350 litros/m^3.

Las limitaciones a los contenidos de agua y de cemento quedarán precisadas según las condiciones de exposición definidas en el articulado de esta Instrucción, de acuerdo con el artículo 37.3.2.

Teniendo en cuenta que es básicamente la pasta la encargada de proporcionar la fluidez y arrastrar el árido, resulta lógico pensar en una granulometría continua y, más allá de las condiciones de espaciamiento entre barras, un tamaño máximo de árido no superior a los 25 mm. El volumen de árido grueso resulta menor en el hormigón autocompactante que en el hormigón de compactación convencional, generalmente no superando el 50% del total de áridos.

En el caso de utilizar más de un aditivo, es importante constatar la compatibilidad entre ellos.

Una vez alcanzados los requisitos de autocompactabilidad (ver punto 31.5. de este anejo), es imprescindible que la dosificación sea probada en la situación de suministro industrial a la obra.

71.5. Puesta en obra del hormigón

71.5.1. Vertido y colocación del hormigón

Cuando el hormigón autocompactante se coloque mediante bombeo se tendrá en cuenta el incremento de presión correspondiente.

Cuando se utiliza hormigón autocompactante se recomienda una distancia máxima de colocación de 10 m desde el punto en el que se vierte el hormigón.

El mejor acabado de las superficies vistas y la menor oclusión de aire se obtienen cuando el hormigón se deposita lo más cerca posible del fondo del encofrado, por lo que, cuando se bombea, es recomendable iniciar el hormigonado situando la manguera tan cerca como sea posible del mismo.

71.5.2. Compactación del hormigón

Debido a la condición de autocompactabilidad no es necesario, en general, someter al hormigón a un proceso de compactación.

71.5.3. Puesta en obra del hormigón en condiciones climáticas especiales

71.5.3.2. Hormigonado en tiempo caluroso

Deberán extremarse las medidas para disminuir el riesgo de desecación en las diferentes etapas de fabricación, transporte, puesta en obra y curado, en las primeras horas.

71.6. Curado del hormigón

Es conveniente realizar un buen curado que evite la desecación superficial y los efectos de la retracción plástica a la que el hormigón autocompactante puede resultar más vulnerable que el hormigón de compactación convencional.

TÍTULO 8.º CONTROL

CAPÍTULO XVI. Control de la conformidad de los productos

Artículo 86.º Control del hormigón

Son aplicables los principios establecidos en el articulado.

Las condiciones de aceptación del hormigón autocompactante, en cuanto a las propiedades de autocompactabilidad que la caracterizan como tal, se establecen en función del resultado de los ensayos a los que se refiere el punto 86.3.2 de este anejo y a las especificaciones incluidas en el punto 31.5 del mismo.

86.3.1. Ensayos de docilidad del hormigón

A diferencia de los hormigones de compactación convencional, la docilidad del hormigón autocompactante no se mide mediante la consistencia, sino mediante la propiedad de autocompactabilidad, cuyas especificaciones se recogen en el punto 31.5 de este anejo.

Cuando se utilice hormigón autocompactante el control de las propiedades de autocompactabilidad se realizará en todos y cada uno de los camiones hormigonera o unidades de suministro, mediante un único ensayo de escurrimiento, según UNE 83361, por cada camión hormigonera o unidad de suministro, si se trata de hormigón en masa o armado, con armadura que no presente dificultades al paso del hormigón, o mediante un único ensayo de escurrimiento y otro con anillo J, según UNE 83363, si se trata de un hormigón densamente armado o pretensado.

El resto de los ensayos para la caracterización de la autocompactabilidad, recogidos en el punto 31.5 de este anejo, mediante los métodos del embudo en V y caja en L, según UNE 83364 y 83363, respectivamente, se realizarán únicamente en la central de producción del hormigón, como ensayos previos, para ajustar la dosificación, y ensayos característicos.

86.3.2. Ensayos de resistencia del hormigón

Se realizarán del mismo modo que en hormigón de compactación convencional, pero con la modificación a la UNE 83301 de que las probetas se fabricarán por vertido simple, de una sola vez y sin ningún tipo de compactación. Únicamente se admitirá el acabado superficial con llana.

86.4. Control previo al suministro

Se considera recomendable, en cualquier caso, la realización sistemática de los ensayos previos para optimizar la dosificación a utilizar en los hormigones autocompactantes, prestando especial atención a la característica de autocompactabilidad.

A22. Ensayos previos y característicos del hormigón

A22.2. Ensayos característicos de resistencia

Son aplicables los principios establecidos en el Anejo 22 de esta Instrucción.

anejo 18

Hormigones de uso no estructural

1. Alcance

En esta Instrucción se han definido las especificaciones reglamentarias del Hormigón en Masa Estructural (HM), del Hormigón Armado Estructural (HA) y del Hormigón Pretensado Estructural (HP), y con este anejo se definen también el alcance y las especificaciones que deben tener los Hormigones de Uso No Estructural.

Se definen, a los efectos de este anejo, como hormigones de uso no estructural aquellos hormigones que no aportan responsabilidad estructural a la construcción pero que colaboran en mejorar las condiciones durables del hormigón estructural o que aportan el volumen necesario de un material resistente para conformar la geometría requerida para un fin determinado. Estos hormigones se pueden clasificar en dos clases:

— Hormigón de Limpieza (HL): Es un hormigón que tiene como fin evitar la desecación del hormigón estructural durante su vertido así como una posible contaminación de éste durante las primeras horas de su hormigonado.
— Hormigón No Estructural (HNE): Hormigón que tiene como fin conformar volúmenes de material resistente. Ejemplos de éstos son los hormigones para aceras, hormigones para bordillos y los hormigones de relleno.

En los siguientes apartados de este anejo se desarrollan las especificaciones y recomendaciones pertinentes para aplicar convenientemente esta Instrucción también para los hormigones de uso no estructural.

2. Materiales

2.1. Cementos utilizables

Los cementos utilizables en los hormigones no estructurales son los que figuran en el cuadro siguiente:

Tabla A.18.1. Cementos utilizables

Aplicación	Cementos recomendados
Prefabricados no estructurales	Cementos comunes excepto CEM II/A-Q, CEM II/B-Q, CEM II/A-W, CEM II/B-W, CEM II/A-T, CEM II/B-T, CEM III/C
Hormigones de limpieza y relleno de zanjas	Cementos comunes
Otros hormigones ejecutados en obra	Cemento para usos especiales ESP VI-1 y cementos comunes excepto CEM II/A-Q, CEM II/B-Q, CEM II/A-W, CEM II/B-W, CEM II/A-T, CEM II/B-T, CEM III/C

2.2. Áridos

Para la fabricación del hormigón de uso no estructural, podrán emplearse arenas y gravas rodadas o procedentes de rocas machacadas, o escorias siderúrgicas apropiadas.

Para la fabricación del hormigón no estructural, podrá emplearse hasta un 100% de árido grueso reciclado, siempre que éste cumpla las especificaciones definidas para el mismo en el Anejo 15 de esta Instrucción.

En el caso de que haya evidencia de su buen comportamiento, de acuerdo con el artículo 28º de esta instrucción, podrán emplearse escorias granuladas procedentes de la combustión en centrales térmicas como áridos, siempre que cumplan las mismas especificaciones que contempla el articulado para los áridos siderúrgicos.

2.3. Aditivos

Los hormigones de uso no estructural se caracterizan por poseer bajos contenidos de cemento, por lo que resulta conveniente la utilización de aditivos reductores de agua al objeto de reducir en lo posible la estructura porosa del hormigón en estado endurecido.

3. Características de los hormigones de uso no estructural

3.1. Hormigón de Limpieza (HL)

El único hormigón utilizable para esta aplicación, se tipifica de la siguiente manera:

$$HL\text{-}150/C/TM$$

Como se indica en la identificación, la dosificación mínima de cemento será de 150 kg/m^3.

Se recomienda que el tamaño máximo del árido sea inferior a 30 mm, al objeto de facilitar la trabajabilidad de estos hormigones.

3.2. Hormigón No Estructural (HNE)

La resistencia característica mínima de los hormigones no estructurales será de 15 N/mm^2. Debido a la baja resistencia que requieren estos hormigones y, consecuentemente bajos contenidos de cemento, entre sus requisitos no parece necesario que deba consignarse en su designación ningún tipo de referencia al ambiente, según el apartado 39.2, resultando, por tanto, para los Hormigones No Estructurales (HNE) la siguiente Tipificación:

$$HNE-15/C/TM$$

Se recomienda que el tamaño máximo del árido sea inferior a 40 mm, al objeto de facilitar la puesta en obra de estos hormigones.

En estos hormigones es necesario seguir las instrucciones sobre curado indicadas en el apartado 71.6 de esta Instrucción, especialmente en las aplicaciones de pavimentaciones, acerados y elementos hormigonados con grandes superficies expuestas.

En estos hormigones deberá realizarse el control de los componentes, según el artículo 85 de esta Instrucción y el control de la consistencia, al menos una vez al día o con la frecuencia que se indique en el Pliego de Prescripciones Técnicas Particulares o por la Dirección de Obra. Con independencia de este control reglamentario, en el Pliego de Prescripciones Técnicas Particulares podrán establecerse criterios de control de la resistencia de estos hormigones.

anejo 19

Niveles de garantía y requisitos para el reconocimiento oficial de los distintivos de calidad

1. Introducción

Esta instrucción contempla la posibilidad de que la Dirección Facultativa aplique unas consideraciones especiales para algunos productos y procesos cuando éstos presenten voluntariamente y de acuerdo con el artículo 81, unos niveles de garantía adicionales a los mínimos reglamentariamente exigidos.

En el caso general, dichos niveles de garantía adicionales se demuestran mediante la posesión de un distintivo de calidad oficialmente reconocido por una Administración competente en el ámbito de la construcción y perteneciente a algún Estado miembro de la Unión Europea, a algún Estado firmante del Acuerdo sobre el Espacio Económico Europeo o a algún Estado que tenga suscrito con la Unión Europea un acuerdo para el establecimiento de una Unión Aduanera en cuyo caso, el nivel de equivalencia se constatará mediante la aplicación, a estos efectos, de los procedimientos establecidos en la Directiva 89/106/CEE.

2. Niveles de garantía de productos y procesos

En el caso de productos que deban estar en posesión del marcado CE, de acuerdo con la Directiva 89/106/CEE, el nivel de garantía reglamentariamente exigible es el asociado al citado marcado CE, especificado en las correspondientes normas europeas armonizadas y que permite su libre comercialización en el Espacio Económico Europeo. En el caso de productos o procesos para los que no esté en vigor el marcado CE, el nivel de garantía reglamentariamente exigible es el establecido por el Articulado de esta Instrucción.

Adicionalmente, y de forma voluntaria, el Fabricante de cualquier producto, el Responsable de cualquier proceso o el Constructor puede optar por la posesión de un distintivo de calidad que avale un nivel de garantía superior al mínimo establecido por esta Instrucción. En el caso de productos con marcado CE, dichos distintivos de calidad deberán aportar valores añadidos respecto a características no amparadas por el citado marcado.

Al tratarse de iniciativas voluntarias, los distintivos de calidad pueden presentar diferentes criterios para su concesión en los correspondientes procedimientos particulares. Por ello, este anejo establece las condiciones que permitan discriminar cuándo conllevan un nivel de garantía adicional al mínimo reglamentario y pueden, por lo tanto, ser objeto de reconocimiento oficial por parte de las Administraciones competentes.

3. Bases técnicas para el reconocimiento oficial de los distintivos

La Administración competente que efectúe el reconocimiento oficial del distintivo deberá comprobar que se cumplen los requisitos incluidos en este anejo para el reconocimiento oficial y velar para que estos se mantengan. Para lograr este objetivo, la Administración, guardando la necesaria confidencialidad, podrá intervenir en todas aquellas actividades que considere relevantes para el reconocimiento del distintivo.

La disposición oficial en la que la Administración competente efectúe el reconocimiento deberá hacer constar explícitamente que se efectúa a los efectos de lo indicado en esta Instrucción y de acuerdo con las bases técnicas incluidas en este anejo.

La Administración competente que lleve a cabo el reconocimiento oficial de un distintivo de calidad de producto o proceso, a fin de comprobar el cumplimiento de los requisitos, podrá exigir que representantes, por ella designados, participen en los comités definidos en el organismo certificador para la toma de decisiones en materia de certificación.

La Administración competente tendrá acceso a toda la documentación relacionada con el distintivo, garantizando los compromisos de confidencialidad debida.

4. Requisitos de carácter general de los distintivos

Para su reconocimiento oficial, el distintivo deberá:

— Ser de carácter voluntario y otorgado por un organismo certificador que cumpla los requisitos de este anejo.
— Ser conformes con esta Instrucción e incluir en su reglamento regulador la declaración explícita de dicha conformidad.
— Otorgarse sobre la base de un reglamento regulador que defina sus garantías particulares, su procedimiento de concesión, su régimen de funcionamiento, sus requisitos técnicos y las reglas para la toma de decisiones relativas al mismo. Dicho reglamento deberá estar a disposición pública, estar definido en términos claros y precisos y aportar una información exenta de ambigüedades tanto para el cliente del certificador como para el resto de las partes interesadas. Asimismo, dicho reglamento contemplará procedimientos específicos tanto para el caso de instalaciones ajenas a la obra como para instalaciones que pertenezcan a la misma o para procesos que se realicen en la obra.
— Garantizar la independencia e imparcialidad en su concesión para lo cual, entre otras medidas, no permitirá la participación en las decisiones relativas a cada expediente de personas que desarrollen actividades de asesoría o consultoría relacionadas con el mismo.
— Incluir, en su reglamento regulador, el tratamiento correspondiente para productos certificados en los que se presenten resultados de ensayos del control de producción no conformes para garantizar que se inician inmediatamente las oportunas acciones correctivas y, en su caso, se ha informado a los clientes. En dicho reglamento se definirá también el plazo máximo que podrá transcurrir desde que la no conformidad sea detectada y las acciones correctoras que deban ser llevadas a cabo.
— Establecer las exigencias mínimas que deben cumplir los laboratorios que trabajan en la certificación.

— Establecer como requisito para concesión que debe disponerse de datos del control de producción durante un período de, al menos, seis meses en el caso de productos o procesos desarrollados en instalaciones ajenas a la obra. En el caso de instalaciones de obra, el reglamento regulador contemplará criterios para garantizar el mismo nivel de información de la producción y de garantía al usuario.

— En el caso de productos o procesos no contemplados en este anejo pero sí en esta Instrucción, deberá aportar garantías adicionales sobre características distintas de las exigidas reglamentariamente, pero que puedan contribuir al cumplimiento de los requisitos recogidos en esta Instrucción.

5. Requisitos de carácter específico de los distintivos

Esta Instrucción define, además de los requisitos generales exigidos en el apartado 4 de este anejo, unos requisitos específicos que deben contemplar los distintivos de calidad para poder ser reconocidos oficialmente por una Administración competente.

5.1. Hormigón

El distintivo de calidad del hormigón deberá:

— Garantizar que el control de recepción de los materiales componentes utilizados para la fabricación del hormigón y el sistema de acopios permite la perfecta trazabilidad para cada una de las amasadas mediante un control continuo y documentado de la recepción y consumo de dichos materiales componentes.

— Garantizar que el hormigón se fabrica en instalaciones amasadoras fijas, para lo que los reglamentos reguladores podrán contemplar una situación transitoria hasta el 1 de enero de 2010. Además, deberán garantizar la utilización real de dichas instalaciones mediante sistemas de lacrado o similares que permitan detectar el empleo de dispositivos de tipo «by-pass» destinados a la alimentación de amasadoras móviles. Alternativamente, podrán admitirse otros sistemas de fabricación mediante amasadoras móviles siempre que el organismo de certificación pueda garantizar un control adecuado de la homogeneidad y calidad de su proceso que contemplará, entre otras, la comprobación con periodicidad semestral de la totalidad de los ensayos incluidos en la Tabla 71.2.4.

— Comprobar que las centrales de hormigón cuentan con un sistema de gestión de datos de la fabricación de hormigón para supervisar a tiempo real su producción. Por medio de este sistema quedarán registrados la producción diaria de hormigón con los datos reales de dosificación frente a la prevista, como mínimo de cemento, áridos, aditivo y agua dosificada. Además, se comprobará que dispone de sistemas electrónicos adecuados para garantizar la dosificación prevista de cemento y aditivo, como mínimo. La dosificación se producirá totalmente en automático impidiendo las variaciones no autorizadas en la dosificación y actuará en cuanto detecte desviaciones no admisibles. Las dosificaciones serán auditadas por el sistema de certificación.

— Garantizar que, cuando exista transporte del hormigón fuera de la instalación, como por ejemplo en el caso del hormigón preparado, el producto llega al cliente conservando su homogeneidad y manteniendo las especificaciones definidas mediante, entre otras medidas, el uso de unidades de transporte dotadas de sistemas de registro continuo de la resistencia de las palas, así como del volumen en los depósitos de agua. Alternativamente, se podrán disponer sistemas de lacrado de los depósitos de agua que permitan asegurar que no se ha añadido agua al hormigón antes del suministro, en cuyo caso se comprobará que la correspondiente documentación contiene una declaración firmada por el cliente sobre el correcto estado de los lacres en el momento de la entrega del hormigón. Además, los elementos de transporte deberán estar dotados de sistemas que permitirá en todo momento su localización geográfica desde la central, de forma que pueda hacerse un seguimiento continuo de su recorrido, desde la salida de la central hasta el lugar de suministro final.

— Considerar productos diferentes y, por lo tanto, pertenecientes a producciones independientes, aquellos hormigones designados por características que tengan diferentes resistencias o ambientes.

— Garantizar que la instalación dispone de un procedimiento para mantener la garantía durante los períodos de tiempo en los que, cualquiera que sea la causa, pudiera tener lugar interrupciones en la producción normal de un producto certificado. Asimismo, el distintivo de calidad deberá definir la sistemática para comprobar que dicho procedimiento se cumple si alguna interrupción en la producción tuviera lugar. Para ello, deberá exigir que se efectúe el aviso oportuno cuando se produzca cualquiera de estas circunstancias. Vigilará para que no se mantengan como productos certificados aquellos hormigones que experimenten ceses en su producción superiores a tres meses, en cuyo caso deberá suspenderse la vigencia del distintivo. En el caso de períodos sin producción de un hormigón que sean superiores a un año, deberá procederse a la retirada del distintivo.

— Garantizar que el control de producción seguido por la instalación de hormigón comprende como mínimo una determinación diaria de la resistencia del hormigón para cada tipo de resistencia especificada que se fabrique.

— Definir un control externo de la resistencia que se realizará con una frecuencia nunca inferior a 2 determinaciones al mes para cada tipo de producto del que se haya producido más de 200 m^3. En otros casos, se realizará, al menos, una determinación para los productos fabricados.

— Garantizar que, en ningún caso, se producen interrupciones en las tomas de muestras correspondientes a los productos certificados que sean superiores a 1 mes, en cuyo caso se considerará que el producto ha sufrido una discontinuidad en la producción y deberá ser sancionado según el reglamento regulador del distintivo, además de aplicarle una frecuencia de muestreo equivalente a la de una nueva producción.

— Definir y aplicar, en su caso, un régimen sancionador que garantice el mínimo impacto en el usuario para la producción de hormigones no conformes. A este fin, el fabricante comunicará por escrito al organismo certificador el detalle de las primeras medidas correctivas adoptadas en un plazo no superior a una semana desde la detección de cualquier no conformidad, no pudiendo además transcurrir más de dos meses desde que se detecte una no conformidad relativa a los requisitos del producto hasta que, si no se hubiera solventado, se suspenda el uso de la marca para dicho producto certificado.

— Garantizar que el riesgo del consumidor, entendido como la probabilidad de aceptar un lote defectuoso, para la resistencia especificada del hormigón deberá ser inferior al 45%.

— Garantizar que, en las condiciones establecidas en el párrafo anterior, los valores de las resistencias obtenidas en el control de producción presentan una dispersión acotada, de forma que en cada caso los valores de la desviación típica σ de la población y de su coeficiente de variación δ sean simultáneamente inferiores a los valores de la tabla que aparece en la página siguiente.

— Garantizar las dosificaciones comunicadas al cliente por el fabricante en la declaración certificada de la dosificación del hormigón suministrado al que se refiere el apartado 86.6.

— Garantizar la trazabilidad del hormigón con los materiales componentes, que deberán ser declarados al cliente mediante sistemas de etiquetado adecuados para esta finalidad.

Resistencia especificada para el hormigón f_{ck} (N/mm²)	Desviación típica de la población σ (N/mm²)	Coeficiente de variación de la población δ
20	3,0	0,115
25	3,6	0,110
30	4,2	0,110
35	4,9	0,110
40	5,5	0,108
45	6,0	0,105
50	6,5	0,103
60	7,3	0,098
70	8,1	0,094
80	8,7	0,089
90	9,2	0,085
100	9,6	0,080

5.2. Armaduras pasivas

El distintivo de calidad de las armaduras pasivas deberá:

— Garantizar que la recepción del acero utilizado para la fabricación de armaduras pasivas y el sistema de acopios permite una perfecta trazabilidad mediante un control continuo y documentado del consumo de dicho acero.

— Exigir un sistema informatizado del control de la trazabilidad de las armaduras fabricadas respecto al acero utilizado para las mismas.

— En el caso de las armaduras pasivas normalizadas, cuando entre en vigor el marcado CE, el distintivo de calidad deberá aportar valor añadido respecto a las características que no queden contempladas en dicho marcado. En cualquier caso, el distintivo deberá garantizar valores añadidos que sean coherentes con las consideraciones especiales que contempla esta Instrucción para el caso.

— En el caso de armaduras elaboradas o ferralla armada, garantizar que, como mínimo, se verifica una vez por turno, la altura de corruga, por diámetro y máquina, del material enderezado y la longitud del material cortado, por máquina o útil de corte, en el control de producción definido por el fabricante.

— Garantizar que se ha cumplido la validación de los procesos siguientes:

  • Enderezado: para cada máquina y un diámetro de cada una de las series (fina, media y gruesa), se tomará una muestra mensual antes y después del proceso.

  • Corte: para cada máquina u operador (si el corte es manual), una medida por turno.

  • Doblado: para cada máquina, una armadura por turno.

  • Soldadura: para cada puesto de soldadura, comprobación trimestral de la aptitud al soldeo.

— Exigir que, cuando se produzcan discontinuidades superiores a 1 mes en la fabricación del producto certificado, el fabricante comunicará al organismo certificador dicha discontinuidad, en caso contrario será sancionado según el reglamento regulador del distintivo. Las exigencias a la producción y la intensidad de los controles tras la discontinuidad deberán estar previstas en el reglamento regulador, en función de las causas que la hubiesen motivado.

— Obligar a que los fabricantes de ferralla dispongan de sistemas de etiquetado mediante códigos informatizados que garanticen la trazabilidad de las armaduras y que permitan la gestión posterior de la referida trazabilidad en la obra.

— Definir y aplicar, en su caso, un régimen sancionador que garantice el mínimo impacto en el usuario, para la producción de armaduras no conformes. A este fin, no podrán transcurrir más de 3 meses desde que se detecte una no conformidad relativa a los requisitos del producto hasta que, si no se hubiera solventado, se suspenda el uso de la marca para dicho producto certificado.

5.3. Elementos prefabricados

Un distintivo de calidad para elementos prefabricados deberá:

— Garantizar el cumplimiento de los requisitos impuestos en este anejo para las instalaciones de fabricación de sus elementos constituyentes (hormigón, armaduras pasivas, armaduras activas, etc.), sin perjuicio de lo indicado específicamente en este apartado.

— Garantizar que el Prefabricador dispone de una instalación fija de hormigonado y de un taller de elaboración de armadura pasiva capaces de producir la totalidad de los materiales necesarios para la fabricación de los elementos prefabricados. El Organismo Certificador podrá permitir la utilización de plantas o talleres externos que, en dicho caso, deberán estar también en posesión de un distintivo de calidad.

— Comprobar que las instalaciones de fabricación de elementos prefabricados de hormigón cuentan con un sistema de gestión de datos de la fabricación de hormigón para supervisar a tiempo real su producción. Esta supervisión la llevará a efecto personal técnico ajeno al departamento de producción del hormigón. Por medio de este sistema quedarán registrados la producción diaria de hormigón con los datos reales de dosificación frente a la prevista, como mínimo de cemento, áridos, aditivo y agua dosificada. Además, se comprobará que la central de hormigón dispone de sistemas electrónicos adecuados para garantizar la dosificación prevista de cemento y aditivo, como mínimo. La dosificación se producirá totalmente en automático impidiendo las variaciones no autorizadas en la dosificación y actuará en cuanto detecte desviaciones no admisibles.

— Comprobar que el transporte del hormigón para su vertido en los moldes se hace de forma que el hormigón presente las propiedades idóneas para su utilización. Para garantizarlo, las probetas se tomarán de la descarga del vehículo o medio de distribución del hormigón.

— Comprobar que el control de producción considera pertenecientes a producciones independientes aquellos hormigones que presenten diferencias en su designación.

— Garantizar que el control de producción seguido por la instalación de hormigón comprende, como mínimo, una determinación diaria de la resistencia del hormigón para cada tipo de hormigón producido en el día. Para minimizar el riesgo del consumidor de aceptar un lote defectuoso, esta determinación comprenderá un número suficiente de probetas para realizar un análisis predictivo de la resistencia requerida a 28 días.

— Comprobar que se sigue un procedimiento para mantener la garantía durante los periodos de tiempo en los que, cualquiera que sea la causa, se produzcan interrupciones en la producción normal de cualquier tipo de hormigón.

— Garantizar que, en ningún caso, se producen interrupciones en las tomas de muestras correspondientes a tipos de hormigón empleados que sean superiores a 1 mes.

— Comprobar que el control externo de la resistencia se realiza con una frecuencia igual o superior a 2 determinaciones al mes por cada designación de hormigón fabricado con un volumen de fabricación mensual superior a 200 m³. Para producciones inferiores a 200 m³ al mes deberá realizarse, como mínimo, un ensayo externo.

— Comprobar que el Prefabricador dispone de un laboratorio de autocontrol propio con capacidad para hacer como mínimo ensayos de resistencia del hormigón, y realizará ensayos de contraste en laboratorios externos acreditados. Al frente del laboratorio, deberá figurar un responsable técnico.

— Garantizar que, tanto si se emplea soldadura resistente como si no para la elaboración de las armaduras, los soldadores deberán estar debidamente cualificados de acuerdo al sistema empleado.

— Comprobar que se dispone de los sistemas adecuados para garantizar la trazabilidad, tanto de los materiales empleados, como de los propios elementos prefabricados.

— Comprobar que los fabricantes disponen de sistemas de etiquetado mediante códigos que permitan la gestión informática de los productos prefabricados y garanticen la identificación y trazabilidad del elemento desde su producción hasta la puesta en obra. Este sistema de gestión de los productos terminados deberá permitir generar listados informáticos que contengan los elementos prefabricados suministrados a una obra y sus características principales.

— En el caso de elementos prefabricados destinados a forjados unidireccionales, comprobar que el Prefabricador dispone de una ficha técnica y su correspondiente Memoria de Cálculo de los sistemas de forjados en los que se pueden emplear cada uno de sus elementos y garantizar que su contenido técnico es correcto. Para ello, el organismo certificador sellará las correspondientes fichas, indicando las fechas en que han sido comprobadas y el técnico responsable de esta comprobación. Dicha ficha técnica, que podrá ser facilitada en su caso a los Autores del proyecto, deberá incluir, al menos, la siguiente información:

a) nombre y dirección del fabricante y del técnico autor de la Memoria,

b) todas las características geométricas y mecánicas de los sistemas y elementos constituyentes que se estime conveniente aportar por el fabricante para facilitar la comprobación de los mismos de acuerdo con esta Instrucción, complementando las características de cada elemento particular proporcionadas, en su caso, por su marcado CE,

c) todas las características geométricas y mecánicas de los elementos no sujetos a marcado CE necesarias para comprobar los mismos de acuerdo con esta Instrucción,

d) en particular deberán definirse, como mínimo, las siguientes características:

• las características geométricas y el peso por metro, en el caso de los elementos resistentes del forjado, o por metro cuadrado en el caso de forjados, y de sus elementos constitutivos en caso de no estar recogidas en el marcado CE. Se incluirán secciones detalladas a escala entre 1:2 y 1:50 de cada uno de los elementos que componen el sistema. Cuando el elemento prefabricado resistente incorpore armaduras transversales, éstas se representarán además a escala separadamente del mismo,

• la designación de los materiales empleados, tanto de los elementos prefabricados sin marcado CE como los de la losa superior hormigonada en obra, si la tiene. De cada uno se dará la resistencia de proyecto, límite elástico o carga unitaria máxima, si procede, de acuerdo con esta Instrucción,

• para elementos sin marcado CE, el diámetro y posición de las armaduras dentro de la sección transversal de los elementos prefabricados resistentes. En el caso de los elementos pretensados se indicará, asimismo, la tensión inicial de tesado de las armaduras y las pérdidas estimadas totales,

• las características mecánicas de los elementos resistentes considerados de forma aislada indicando los momentos máximos resistentes sobre sopandas y centro de vano. En el caso de elementos pretensados, se indicará además el módulo resistente inferior, las tensiones debidas al pretensado de la fibra superior e inferior del elemento y el valor del producto de la fuerza de pretensado por la excentricidad del tendón equivalente respecto al centro de gravedad de la sección del elemento,

• las características mecánicas de los diferentes tipos de forjados definidos en la ficha, tanto a flexión negativa como a flexión positiva, indicando los momento flectores último y de fisuración, las rigideces bruta y fisurada, los momentos límite en servicio según las diferentes clases de exposición y el cortante último. Los valores de rigidez y momento de fisuración se calcularán a veintiocho días de edad, indicándose los coeficientes multiplicadores para obtener dichos valores a otras edades.

5.4. Acero para armaduras pasivas

El distintivo de acero para armaduras pasivas deberá:

— Cuando entre en vigor el marcado CE, garantizar un valor añadido respecto a las características que no queden contempladas en dicho marcado.
— Diferenciar las producciones en función de las formas de suministro (barra o rollo).
— Garantizar valores añadidos enfocados a los procesos de transformación en las industrias de ferralla y en el montaje de las armaduras que sean coherentes con las consideraciones especiales que contempla, para dichos casos, esta Instrucción.
— Exigir que los fabricantes dispongan de sistemas de etiquetado mediante códigos informatizados que garanticen la trazabilidad del acero hasta el nivel de colada y que permita la gestión de la referida trazabilidad por el cliente.

5.5. Acero para armaduras activas

El distintivo de acero para armaduras activas deberá:

— Garantizar para los productos de acero suministrados al cliente las condiciones de adherencia suficientes para que puedan aplicarse las longitudes de anclaje y transferencia del pretensado que se contemplan en esta Instrucción.
— Garantizar que la relajación al 80% no supera valores inadmisibles de conformidad con los indicados en el artículo 38.9 de esta Instrucción.
— Definir la realización, con la garantía estadística suficiente, de comprobaciones experimentales sobre probetas y, en su caso, sobre elementos, acotando el riesgo de variabilidad y estableciendo para cada tipo de elemento las características de adherencia.

5.6. Sistemas de aplicación del pretensado

El distintivo de calidad de este proceso de ejecución deberá:

— Exigir la definición de un sistema de aseguramiento de la calidad que cubra todas las actividades del procedimiento de instalación, incluida la inyección.
— Comprobar el cumplimiento del sistema de aseguramiento de la calidad al que se refiere el punto anterior.
— Garantizar la trazabilidad completa del proceso de postesado, que deberá ser realizado por personal con formación específica de acuerdo a procedimientos auditados desde el distintivo de calidad.
— Comprobar que el Aplicador del pretensado dispone de un sistema de seguridad y salud laboral, con garantías adicionales a las exigidas por la reglamentación vigente auditadas por el organismo de certificación.

6. Distintivo de calidad transitorio de hormigón

Hasta el 31 de diciembre de 2010 y con carácter transitorio, las Administraciones Públicas competentes podrán reconocer oficialmente distintivos de calidad de hormigón, aun en el caso de que no alcancen el nivel de garantía establecido al efecto en el apartado 5.1 de este anejo, siempre y cuando se garantice el cumplimiento del resto de requisitos aplicables de este anejo. Este tipo de distintivo con reconocimiento oficial deberá definirse como transitorio en toda la documentación que lo regule.

A fin de evitar confusiones en el mercado, aquellas instalaciones que opten por un distintivo de calidad transitorio, no podrán fabricar productos con distintivos de nivel de garantía conforme al apartado 5.

El distintivo de calidad transitorio de hormigón deberá:

— Garantizar que el control de recepción de los materiales componentes utilizados para la fabricación del hormigón y el sistema de acopios permite la perfecta trazabilidad de cada una de las amasadas.

— Garantizar que el hormigón suministrado es homogéneo.

— Garantizar que, cuando exista transporte del hormigón fuera de la instalación, como por ejemplo en el caso del hormigón preparado, el producto llega al cliente conservando su homogeneidad y manteniendo las especificaciones definidas.

— Considerar pertenecientes a producciones independientes aquellos hormigones que presenten designaciones con distinta resistencia (en adelante producto).

— Garantizar que la instalación dispone de un procedimiento para mantener la garantía durante los períodos de tiempo en los que, cualquiera que sea la causa, pudieran tener lugar interrupciones en la producción normal de un producto certificado. Asimismo, el distintivo de calidad deberá definir la sistemática para comprobar que dicho procedimiento se cumple si alguna interrupción en la producción tuviera lugar, para ello deberá exigir información actualizada cuando se produzcan estas circunstancias.

— Garantizar que el control de producción seguido por la instalación de hormigón comprende como mínimo una determinación por cada 200 m^3 de un producto fabricado y que se cumple como mínimo una verificación semanal.

— Definir un control externo que se realizará con una frecuencia nunca inferior a 2 determinaciones al mes para el total de los productos fabricados, procurando un muestreo equitativo del conjunto de los productos amparados por el distintivo.

— Garantizar que, en ningún caso, se producen interrupciones en las tomas de muestras correspondientes a los productos certificados, por causas ajenas al organismo certificador, que sean superiores a 3 meses, en cuyo caso se considerará que el producto ha sufrido una discontinuidad en la producción y deberá ser sancionado según el reglamento regulador del distintivo, además de aplicarle una frecuencia de muestreo equivalente a la de una nueva producción.

— Definir y aplicar, en su caso, un régimen sancionador que garantice el mínimo impacto en el usuario, de la producción de hormigones no conformes. A este fin, no podrán transcurrir más de 4 meses desde que se detecte una no conformidad que disminuya la confianza en el cumplimiento de los requisitos del producto hasta que, si no se hubiera solventado y fuese preciso, se suspenda el uso de la marca para dicho producto certificado.

— Garantizar que los productos presentan una dispersión medida mediante el coeficiente de variación, inferior a un 13%.

— Garantizar, a través de los criterios estadísticos establecidos en el correspondiente reglamento regulador, que el riesgo del consumidor, entendido como la probabilidad de aceptar un lote defectuoso, para la resistencia especificada del hormigón deberá ser inferior al 50%.

7. Requisitos generales del organismo certificador

Los organismos certificadores que soliciten nuevo reconocimiento con posterioridad a la fecha de aprobación de esta Instrucción, deberán estar acreditados conforme al Real Decreto 2200/1995 de 28 de diciembre, de conformidad con UNE-EN 45011 para el caso de certificación de productos o conforme a UNE-EN ISO/IEC 17021 para el caso de certificación de procesos o sistemas.

Los organismos certificadores que estén reconocidos o hayan solicitado el reconocimiento oficial con anterioridad a la fecha de aprobación de esta Instrucción, dispondrán hasta el 31 de diciembre de 2010 para acreditarse de conformidad con lo indicado en el párrafo anterior.

El organismo certificador pondrá a disposición de la Administración competente que realice el reconocimiento toda la información necesaria para el correcto desarrollo de las actividades que le competen en relación al reconocimiento del distintivo.

Asimismo, el organismo certificador deberá:

— Notificar a la Administración competente que realice el reconocimiento oficial cualquier cambio que se produjese en las condiciones iniciales en las que se concedió el reconocimiento.

— Dotarse de un órgano, específico para cada producto o proceso, que analice la aplicación del reglamento regulador y adopte o, en su caso, proponga la adopción de decisiones relativas a la concesión del distintivo. En su composición deberán estar representados equitativamente los fabricantes, los usuarios y los agentes colaboradores con la certificación (laboratorios, auditores, etc.).

— Comprobar que el laboratorio utilizado para realizar el control de producción cuenta con los recursos materiales y humanos suficientes.

— Comprobar la conformidad de los resultados de ensayo del control de producción con una periodicidad adecuada a la fabricación del producto y, en ningún caso, menos de una vez al semestre. Para ello, sus reglamentos reguladores establecerán criterios de aceptación, tanto estadísticos como puntuales. Para el análisis de estos resultados de ensayo, el reglamento regulador establecerá también los criterios para su corrección, en función de los resultados obtenidos por el laboratorio verificador en los ensayos de contraste. Deberá comprobarse la conformidad estadística tanto de los resultados de autocontrol corregidos, como de los no corregidos.

— Comprobar que, cuando se produce una no conformidad del control de producción, los fabricantes han tomado medidas correctivas en un plazo no superior a una semana, han informado por escrito a sus clientes, aportándoles los resultados del autocontrol. Deberán haber resuelto la no conformidad en un plazo máximo de tres meses. En función de la adopción de medidas correctivas, se podrá conceder un plazo adicional de otros tres meses, a la finalización del cual se procederá a la retirada del distintivo en el caso de mantenerse la no conformidad. En su caso y al efecto de agilizar la adopción de medidas, las alegaciones del fabricante y la propuesta de retirada del distintivo, en su caso, podrá efectuarse por procedimientos informáticos (internet, etc.).

— Efectuar, mediante laboratorios verificadores, ensayos de contraste periódicos de las propiedades de los productos amparados por el distintivo. La toma de muestras para efectuar estos ensayos debe realizarse garantizando la representatividad y la correcta distribución a los laboratorios verificadores y también a los laboratorios propios de los fabricantes, en su caso. El organismo certificador, en función de los resultados obtenidos, efectuará, en su caso, correcciones de los datos obtenidos en el control de producción.

— Organizar programas de ensayo interlaboratorios, con periodicidad mínima anual, que permitan seguir la evolución de los laboratorios.

— Establecer un sistema de seguimiento en el mercado, de forma que todos los productos amparados por el distintivo sean objeto de análisis de forma periódica, tomando muestras para su ensayo y comprobando que la documentación permite, en todo caso, garantizar tanto la trazabilidad como la coincidencia del producto suministrado con las características del mismo que figuran en la hoja de suministro.

— En el caso del hormigón y dado que la certificación debe incluir el transporte hasta el punto de consumo por el cliente, cualquier toma de muestras para autocontrol, para ensayos de contraste o para seguimiento en el mercado, se efectuará siempre sobre probetas tomadas en el destino final.

8. Requisitos generales de los laboratorios verificadores

Deberán ser laboratorios propios del certificador o subcontratados, acreditados según el Real Decreto 2200/1995 de 28 de diciembre conforme a UNE-EN-ISO/IEC 17025 o pertenecientes a alguna Administración Pública con competencias en el ámbito de la construcción de los contemplados en al apartado 78.2.2.1.

El organismo certificador velará para que los laboratorios verificadores designados para cada expediente, sean independientes de los laboratorios que realizan el control de producción.

9. Requisitos relativos al sistema de producción del fabricante

La instalación de producción deberá:

— Tener implantado un sistema de gestión de la calidad auditado por un organismo certificador acreditado según el Real Decreto 2200/1995 de 28 de diciembre, conforme a UNE-EN-ISO/IEC 17021. Dicho sistema será conforme a la norma UNE-EN ISO 9001, en las partes que le sean de aplicación.

— Disponer de un laboratorio para el control continuo de la producción y del producto a suministrar, propio o contratado.

— Tener definido y desarrollado un control de producción continuo en fábrica, de cuyos datos deberá disponerse, al menos, durante un período de seis meses antes de la concesión. Dicho período podrá ser de dos meses en algunos casos especiales en los que se fabrique regularmente el mismo producto, como por ejemplo en el de las instalaciones de obra. Para estos casos, el reglamento regulador incluirá criterios específicos que garanticen el mismo nivel de garantía al usuario que en el caso general, de forma que pueda concederse el distintivo en un plazo máximo de dos meses desde la presentación de los referidos datos de autocontrol.

— Tener suscrita una póliza de seguro que ampare su responsabilidad civil por posibles productos defectuosos por él fabricados, en una cuantía suficiente, de acuerdo con lo establecido por el reglamento regulador del distintivo de calidad.

— Disponer de un sistema de información sobre los resultados del control de producción, que sea accesible para el usuario, mediante procedimientos informáticos (internet, etc.) o, alternativamente, un sistema de evaluación del autocontrol con periodicidad semanal, preferiblemente automatizado por procedimientos informáticos, por parte del organismo certificador. En este último caso, el fabricante pondrá, a disposición de los usuarios que así lo requieran, los resultados del control de producción.

anejo 20

Lista de comprobación para el control de proyecto

El control de proyecto se realizará a partir de los documentos del mismo. Para cada documento, la lista de comprobaciones será la siguiente, de forma orientativa.

1. Memoria de cálculo

1.1. Estudio geométrico

1.2. Informe geotécnico

Se comprobará si el informe especifica:

a) Las recomendaciones pertinentes para la definición de la cimentación;
b) las propiedades resistentes, deformacionales y de estabilidad del terreno;
c) el nivel freático del agua;
d) las características geotécnicas del terreno susceptible de producir o movilizar empujes;
e) las características de agresividad de los terrenos; y
f) las características de agresividad de las aguas freáticas en contacto con las cimentaciones.

1.3. Acciones

1.3.1. Identificación y congruencia

a) Tipos de acciones
   a.1) directas e indirectas;
   a.2) fijas y variables;
   a.3) permanentes, variables y accidentales.
b) Son acordes con
   b.1) normativa de acciones correspondiente al tipo de estructura en cuestión;
   b.2) el informe geotécnico;
   b.3) documentos específicos sobre acciones a considerar, aceptados por la Propiedad.

1.3.2. Acciones durante el proceso constructivo

Se comprobará si se han evaluado las acciones durante el proceso constructivo, analizando

a) su incidencia en el cálculo de esfuerzos; y
b) su influencia en el dimensionamiento.

1.4. Propuesta estructural

Se comprobará si el esquema estructural adoptado garantiza

a) la estabilidad del conjunto de la estructura;
b) la estabilidad de cada una de sus partes; y
c) la estabilidad en las fases del proceso constructivo.

1.5. Modelos estructurales

Se comprobará si:

a) son correctos y congruentes con los criterios de dimensionamiento en lo que respecta a la estructura terminada; y
b) son correctos y congruentes con el dimensionamiento en lo que respecta a las fases del proceso constructivo.

1.6. Cálculo de esfuerzos

1.6.1. Combinaciones de acciones

Se comprobará si

a) las combinaciones de acciones consideradas son las relevantes; y
b) las combinaciones de acciones no consideradas no son relevantes.

1.6.2. Coeficientes de ponderación

Se comprobará si:

a) los coeficientes parciales de seguridad de acciones se ajustan a los establecidos por la reglamentación específica vigente o en su defecto a los indicados en esta Instrucción; y
b) los coeficientes de combinación se ajustan a los establecidos por la reglamentación específica vigente o en su defecto a los indicados en esta Instrucción.
c) se cumplen las condiciones para la disminución, en su caso, de los coeficientes parciales de los materiales.

1.6.3. Programas o métodos de cálculo empleados

Se comprobará si los programas o métodos de cálculo empleados:

a) están correctamente especificados de acuerdo con lo establecido por las normas;
b) están sancionados como aceptables.

1.6.4. La entrada de datos en los programas de cálculo de esfuerzos

Se comprobará si es acorde con:

a) la propuesta estructural adoptada;
b) el modelo adoptado;
c) la geometría de la estructura;
d) las hipótesis de combinación de acciones relevantes.

1.6.5. Las salidas de resultados de los programas de cálculo

Se comprobará si los resultados son congruentes con los modelos empleados y las acciones adoptadas, habiéndose realizado una evaluación por vía independiente de los esfuerzos sobre una muestra significativa de elementos elegida de acuerdo con criterios de importancia estructural y representatividad. De acuerdo con el nivel de control (Tabla 82.2), se dejará constancia de los siguientes aspectos:

a) muestra seleccionada;
b) criterios de selección;
c) procesos de comprobación;
d) hipótesis adoptadas; y
e) resultados obtenidos.

1.6.6. Consideración del proceso constructivo

Se comprobará si se han evaluado los esfuerzos durante el proceso constructivo, en especial durante el cimbrado, para establecer sus limitaciones y los condicionantes sobre la estructura. De acuerdo con el nivel de control (Tabla 82.2), se dejará constancia de si:

a) se valoran las cargas transmitidas durante el cimbrado;
b) son correctas las evaluaciones de cargas transmitidas;
c) son correctas las conclusiones;
d) hace falta realizar estudios complementarios.

1.7. Comprobación de Estados Límite

1.7.1. Congruencia entre resultados del cálculo y esfuerzos de comprobación

Se comprobará la idoneidad de los esfuerzos adoptados en las comprobaciones de estados límite. Para ello, de acuerdo con el nivel de control (Tabla 82.2), se tomará la muestra correspondiente a los elementos estructurales incluidos en dicha tabla.

1.7.2. Características de los materiales y coeficientes de minoración

Se comprobará si están correctamente especificadas las características de los materiales y sus coeficientes parciales de seguridad para:

a) hormigón;
b) acero para armaduras.

1.7.3. Dimensionamiento y comprobación

Se examinará si el dimensionamiento de secciones y elementos así como su comprobación frente a los estados límite últimos y de servicio respeta las imposiciones de las normas. De acuerdo con el nivel de control (Tabla 82.2), se tomará la muestra correspondiente a los elementos estructurales incluidos en dicha tabla.

1.7.4. Durabilidad

Se comprobará si se cumplen las especificaciones relacionadas con la durabilidad en lo referente a:
a) clase de exposición;
b) especificación del hormigón y justificación del tipo de cemento; y
c) recubrimientos.

1.7.5. Resistencia al fuego

Se comprobará si se cumplen las especificaciones relacionadas con la resistencia al fuego en cuanto a:
a) tiempos de resistencia a fuego;
b) recubrimientos mecánicos;
c) espesores; y
d) estudios complementarios necesarios.

1.7.6. Resistencia al sismo

Se comprobará si se cumplen las especificaciones relacionadas con el comportamiento sísmico en cuanto a:
a) idoneidad del planteamiento estructural;
b) zona sísmica;
c) clase de construcción;
d) ductilidad;
e) atados; y
f) otros aspectos

1.7.7. Congruencia del dimensionamiento con los modelos

Se comprobará si los resultados del dimensionamiento son congruentes con los modelos empleados, realizando una evaluación por vía independiente del dimensionamiento, mediante comprobaciones de seguridad, de deformabilidad y de otros estados límite relevantes, en una muestra significativa de elementos elegida de acuerdo con criterios de importancia estructural y representatividad. De acuerdo con el nivel de control (Tabla 82.2), se tomará la muestra correspondiente, identificando:

a) muestra seleccionada;
b) criterios de selección;
c) procesos de comprobación;
d) hipótesis adoptadas; y
e) resultados obtenidos.

1.7.8. Incidencia en el proceso constructivo

Se comprobará si se han evaluado los efectos que en el dimensionamiento tiene el proceso constructivo, en especial durante el cimbrado, para establecer sus limitaciones y los condicionantes sobre la estructura. De acuerdo con el nivel de control (Tabla 82.2), se tomará la muestra correspondiente y se hará constar si:

a) se valoran las cargas transmitidas durante el cimbrado;
b) son correctas las evaluaciones de cargas transmitidas;
c) son correctas las conclusiones;
d) hace falta realizar estudios complementarios.

1.7.9. Caso de elementos singulares

Si existen elementos singulares, tales como apoyos especiales, ménsulas cortas o vigas pared, comprobación por muestreo para evaluar si su dimensionamiento es correcto. De acuerdo con el nivel de control (Tabla 82.2), se tomará la muestra correspondiente, haciendo constar:

a) muestra seleccionada;
b) criterios de selección;
c) procesos de comprobación;
d) hipótesis adoptadas; y
e) resultados obtenidos.

1.7.10. Congruencia con el informe geotécnico

Se comprobará si en el dimensionamiento de los elementos de cimentación se han respetado las conclusiones del informe geotécnico en lo relativo a:

a) tipo de cimentación;
b) tipo de hormigón;
c) recubrimientos;
d) presión admisible; y
e) asientos diferenciales.

2. Planos

2.1. Congruencia con la memoria de cálculo

Se comprobará si se han respetado los resultados del cálculo de esfuerzos y del dimensionamiento mediante la comprobación de una muestra significativa de elementos elegida de acuerdo con criterios de importancia estructural y representatividad. De acuerdo con el nivel de control (Tabla 82.2), se tomará la muestra correspondiente, haciendo constar:

a) muestra seleccionada;
b) criterios de selección;

c) procesos de comprobación;

d) hipótesis adoptadas; y

e) resultados obtenidos.

2.2. Congruencia con otros planos de definición de la obra

Se comprobará si las cotas de replanteo, las escuadrías y dimensiones de los diferentes elementos estructurales, los huecos afectando a los elementos en su comportamiento estructural y otros condicionantes que puedan afectar a la estructura definidos en los planos no estructurales han sido tomados en consideración en los planos estructurales y para definir el modelo estructural.

De acuerdo con el nivel de control (Tabla 82.2), se tomará la muestra correspondiente haciendo constar:

a) muestra seleccionada;

b) criterios de selección;

c) procesos de comprobación;

d) hipótesis adoptadas; y

e) resultados obtenidos.

2.3. Documentación gráfica

De acuerdo con el nivel de control (Tabla 82.2), se tomará la muestra correspondiente en:

a) cimentaciones;

b) muros y estribos;

c) pilares;

d) vigas;

e) losas y forjados; y

f) elementos especiales.

Se hará constar:

a) muestra seleccionada;

b) criterios de selección;

c) procesos de comprobación;

d) hipótesis adoptadas; y

e) resultados obtenidos.

Se comprobará por muestreo, de acuerdo con el nivel de control (Tabla 82.2):

a) si las cotas de replanteo y las escuadrías y dimensiones de los diferentes elementos estructurales son acordes con las previsiones del modelo estructural adoptado;

b) si están previstos los huecos de paso de las instalaciones y si ellos son acordes con las hipótesis adoptadas para el cálculo de esfuerzos y el dimensionamiento;

c) si se definen las disposiciones de la armaduras en la sección transversal de las piezas y los esquemas de armado mediante despieces detallados que permitan elaborar la ferralla y facilitar la colocación de las armaduras en las piezas haciéndolo viable;

d) si están definidos los solapos y anclajes de armaduras y sus radios de doblado o si existen criterios claros para su definición;

e) si están definidas las transiciones de armaduras en los nudos y evaluada su viabilidad constructiva;

f) si están definidos los detalles de apoyo de las piezas prefabricadas o compuestas en función de las coacciones supuestas en el modelo estructural y de sus condiciones exigibles de estabilidad;

g) si están definidos las condiciones de tipo geométrico y otros detalles que deben cumplir los contornos de las piezas de carácter aligerante en función de su influencia en la definición de la sección resistente de las piezas compuestas;

h) si se respetan los recubrimientos de acuerdo con las condiciones de exposición ambiental y la resistencia al fuego;

i) si todos los elementos estructurales están definidos, no existiendo lagunas en la definición de los mismos o carencias graves de información sobre elementos; y

j) si están definidas las características de los materiales, los coeficientes parciales de seguridad adoptados y sus niveles de control asociados.

k) si se describen las características geotécnicas utilizadas para el proyecto.

l) si está definido, en caso que sea necesario, el proceso constructivo propuesto.

3. Pliego de condiciones

3.1. Congruencia con la memoria de cálculo

Se comprobará:

a) si se han respetado las especificaciones de los materiales y de la ejecución y sus niveles de control de recepción asociados que figuran en la memoria de cálculo;

b) si se han especificado aspectos tales como las condiciones de los rellenos en trasdós de muros que condicionan los empujes de tierras respetando las hipótesis establecidas en la memoria de cálculo; y

c) si se han especificado los aspectos esenciales del proceso constructivo que condicionan los modelos estructurales y las acciones adoptadas en el cálculo de esfuerzos y en las comprobaciones de los estados límite últimos y de servicio.

3.2. Congruencia con los planos estructurales

Se comprobará si se han respetado las especificaciones de los materiales y de la ejecución y sus niveles de control de recepción asociados que figuran en la memoria de cálculo.

3.3. Tolerancias

Se comprobará si se han especificado las tolerancias dimensionales o se hace referencia expresa para adoptar las que figuran en las normas.

anejo 21
Documentación de suministro y control

1. Documentación previa al suministro

El Suministrador deberá entregar la documentación relevante contemplada en el apartado 79.3.1 de esta instrucción y que se detalla a continuación.

1.1. Documentación del distintivo de calidad

En su caso, declaración firmada por persona física con capacidad suficiente del documento que lo acredite, donde al menos constará la siguiente información:

— Identificación de la entidad certificadora.
— Logotipo del distintivo de calidad.
— Identificación del fabricante.
— Alcance del certificado.
— Garantía que queda cubierta por el distintivo (nivel de certificación).
— Número de certificado.
— Fecha de expedición del certificado.

La existencia de un distintivo de calidad oficialmente reconocido, conforme a lo establecido en esta Instrucción, podría reducir la documentación exigida en este anejo.

1.2. Otra documentación

1.2.1. Cementos

La documentación a aportar será conforme a la reglamentación específica vigente.

1.2.2. Agua

En el caso de aguas sin antecedentes en su utilización o procedentes del lavado de las cubas en las centrales de hormigonado, se emitirá un certificado de ensayo que garantice el cumplimiento de todas las especificaciones referidas en el artículo 27 de esta Instrucción.

En la documentación, además, constará:
— Nombre del laboratorio.
— En el caso de que no se trate de un laboratorio público de los contemplados en el apartado 78.2.2.1, declaración del laboratorio de estar acreditado conforme a la UNE-EN ISO/IEC 17025 para el ensayo referido.
— Fecha de emisión del certificado.

1.2.3. Áridos

Se entregará, en su caso, la documentación exigida en el marcado CE. En la figura se recoge un ejemplo de modelo de etiqueta para el marcado.

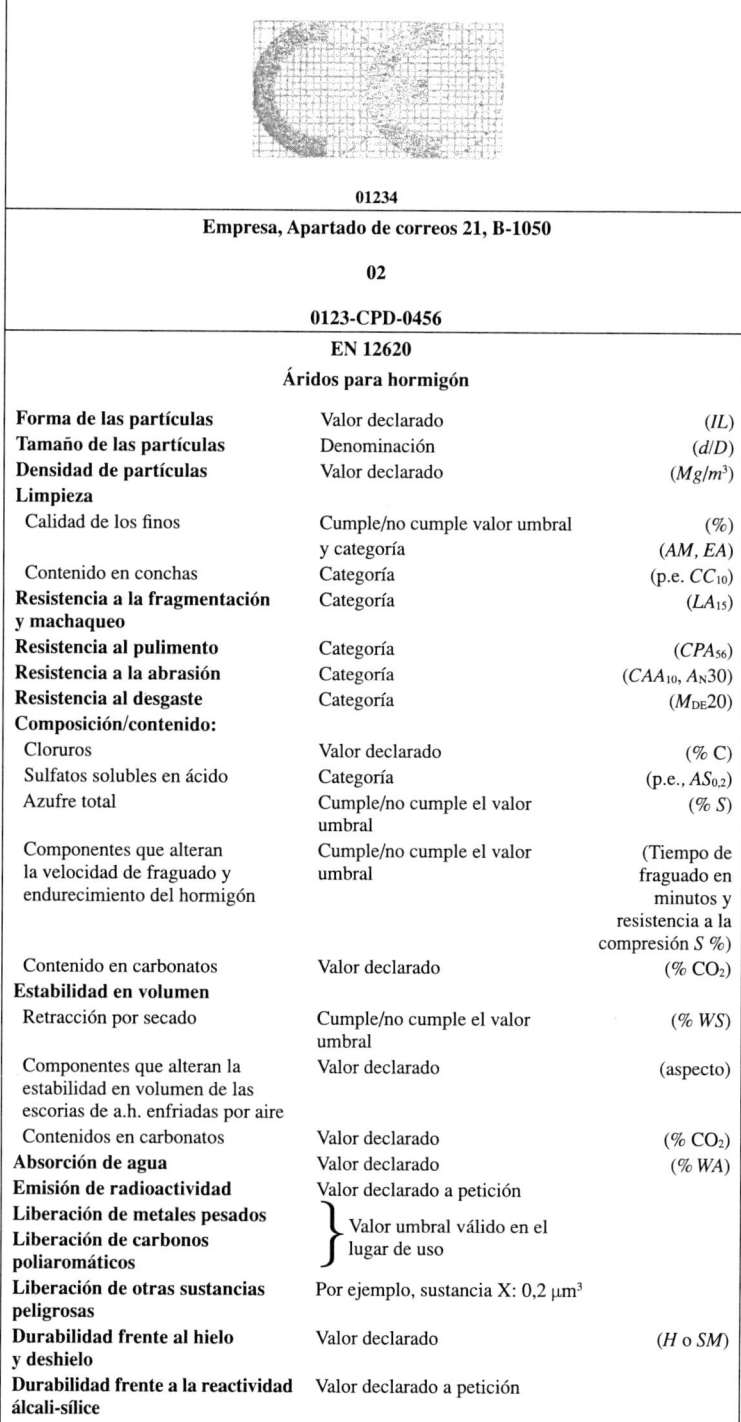

01234

Empresa, Apartado de correos 21, B-1050

02

0123-CPD-0456

EN 12620
Áridos para hormigón

Forma de las partículas	Valor declarado	*(IL)*
Tamaño de las partículas	Denominación	*(d/D)*
Densidad de partículas	Valor declarado	(Mg/m^3)
Limpieza		
Calidad de los finos	Cumple/no cumple valor umbral y categoría	(%) *(AM, EA)*
Contenido en conchas	Categoría	(p.e. CC_{10})
Resistencia a la fragmentación y machaqueo	Categoría	(LA_{15})
Resistencia al pulimento	Categoría	(CPA_{56})
Resistencia a la abrasión	Categoría	$(CAA_{10}, A_N 30)$
Resistencia al desgaste	Categoría	$(M_{DE} 20)$
Composición/contenido:		
Cloruros	Valor declarado	(% C)
Sulfatos solubles en ácido	Categoría	(p.e., $AS_{0,2}$)
Azufre total	Cumple/no cumple el valor umbral	(% S)
Componentes que alteran la velocidad de fraguado y endurecimiento del hormigón	Cumple/no cumple el valor umbral	(Tiempo de fraguado en minutos y resistencia a la compresión S %)
Contenido en carbonatos	Valor declarado	(% CO_2)
Estabilidad en volumen		
Retracción por secado	Cumple/no cumple el valor umbral	(% WS)
Componentes que alteran la estabilidad en volumen de las escorias de a.h. enfriadas por aire	Valor declarado	(aspecto)
Contenidos en carbonatos	Valor declarado	(% CO_2)
Absorción de agua	Valor declarado	(% WA)
Emisión de radioactividad	Valor declarado a petición	
Liberación de metales pesados	Valor umbral válido en el lugar de uso	
Liberación de carbonos poliaromáticos		
Liberación de otras sustancias peligrosas	Por ejemplo, sustancia X: 0,2 μm^3	
Durabilidad frente al hielo y deshielo	Valor declarado	(H o SM)
Durabilidad frente a la reactividad álcali-sílice	Valor declarado a petición	

En el caso de áridos de autoconsumo, se emitirá un certificado de ensayo que garantice el cumplimiento de todas las especificaciones referidas en el marcado CE. En la documentación, además, constará:

— Identificación del laboratorio que ha efectuado dichos ensayos.
— En el caso de que no se trate de un laboratorio público de los contemplados en el apartado 78.2.2.1, declaración del laboratorio de estar acreditado conforme a la UNE-EN ISO/IEC 17025 para el ensayo referido.
— Fecha de emisión del certificado.
— Garantía de que el tratamiento estadístico es equivalente al exigido en el marcado CE.
— Para aquellos áridos que no cumplan el uso granulométrico definido en el apartado 28.4.1, deberán presentar un estudio de finos que justifique experimentalmente su uso.

1.2.4. Aditivos

Se entregará la documentación exigida en el marcado CE. En la figura se recoge un ejemplo de modelo de etiqueta para el marcado.

CE

0123-CPD-0001

AnyCo Ltd, PO Box 21, B-1050

00

0123-CPD-0456

EN 934-2

Aditivo para hormigón
Reductor de agua de alta actividad
superplastificante
EN 934-2:T3.1/3.2

Contenido máximo en cloruros ...., en masa
Contenido máximo en alcalinos ......, en masa
Comportamiento a la corrosión[1]: NEN 3532

Sustancias peligrosas X: menor que ....
ppm

[1] Solamente se requiere cuando se coloca en
el marcado de un miembro nacional con
reglamentaciones sobre esta materia.

1.2.5. Adiciones

Se entregará la documentación exigida en el marcado CE, en su caso. En la figura se recoge un ejemplo de modelo de etiqueta para el marcado.

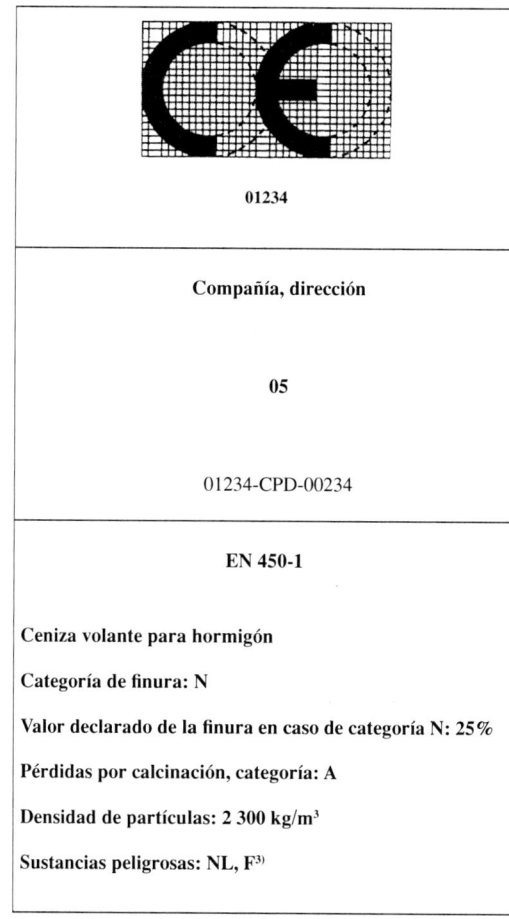

En el caso del humo de sílice, se emitirá un certificado de ensayo que garantice el cumplimiento de todas las especificaciones referidas en el apartado 30.2 de esta Instrucción. En la documentación, además, constará:

— Nombre del laboratorio.
— En el caso de que no se trate de un laboratorio público de los contemplados en el apartado 78.2.2.1, declaración del laboratorio de estar acreditado conforme a la UNE-EN ISO/IEC 17025 para el ensayo referido.
— Fecha de emisión del certificado.
— Garantía de que el tratamiento estadístico es equivalente.

1.2.6. Hormigón

Se entregarán los certificados de ensayo que garanticen el cumplimiento de lo establecido al efecto en esta Instrucción. Como mínimo, constará de:

— Certificado de dosificación referido en el Anejo 22 de esta instrucción.

— En su caso, certificado de los ensayos que sean de aplicación de los contemplados en el Anejo 22: resistencia a compresión y profundidad de penetración de agua.
— Nombre del laboratorio.
— En el caso de que no se trate de un laboratorio público de los contemplados en el apartado 78.2.2.1, declaración del laboratorio de estar acreditado conforme a la UNE-EN ISO/IEC 17025 para el ensayo referido.
— Fecha de emisión del certificado.
— Tipo de probeta utilizada en el ensayo de rotura a compresión.

Se entregará asimismo la siguiente documentación relativa a los materiales empleados en la elaboración del hormigón:

Documentación correspondiente al marcado CE o, en su caso, certificados de los ensayos que garanticen el cumplimiento de las especificaciones referidas en esta Instrucción.

En su caso, declaraciones de estar en posesión de un distintivo de calidad oficialmente reconocido.

1.2.7. Acero para armaduras pasivas

Se entregará la documentación exigida en el marcado CE, en su caso. En la figura se recoge un ejemplo de modelo de etiqueta para el marcado.

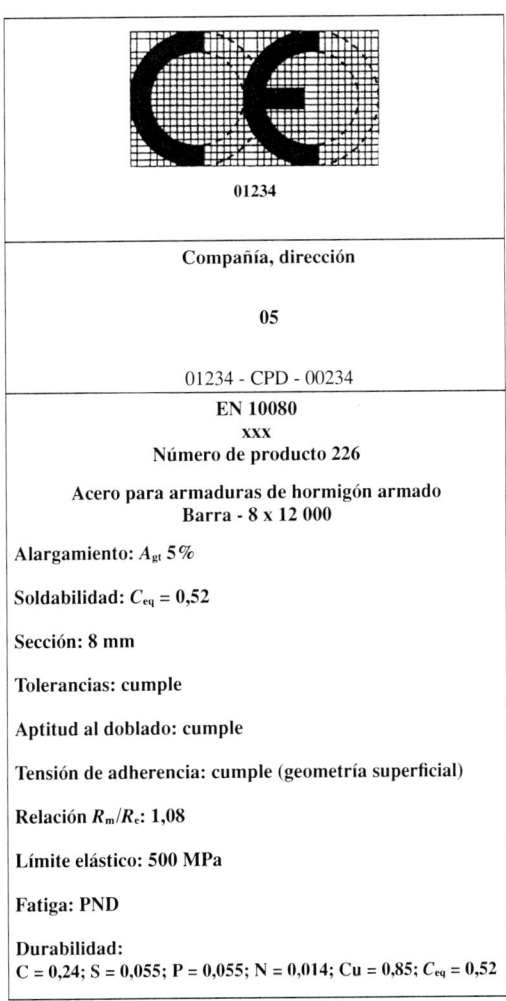

01234

Compañía, dirección

05

01234 - CPD - 00234

EN 10080
xxx
Número de producto 226

Acero para armaduras de hormigón armado
Barra - 8 x 12 000

Alargamiento: A_{gt} **5 %**

Soldabilidad: $C_{eq} = 0,52$

Sección: 8 mm

Tolerancias: cumple

Aptitud al doblado: cumple

Tensión de adherencia: cumple (geometría superficial)

Relación R_m/R_e**: 1,08**

Límite elástico: 500 MPa

Fatiga: PND

Durabilidad:
C = 0,24; S = 0,055; P = 0,055; N = 0,014; Cu = 0,85; $C_{eq} = 0,52$

Hasta la entrada en vigor del marcado CE, se adjuntará un certificado de ensayo que garantice el cumplimiento de todas las especificaciones referidas en el artículo 32 de esta Instrucción. En la documentación, además, constará:

— Nombre del laboratorio.

En el caso de que no se trate de un laboratorio público de los contemplados en el apartado 78.2.2.1, declaración del laboratorio de estar acreditado conforme a la UNE-EN ISO/IEC 17025 para el ensayo referido.

— Fecha de emisión del certificado.
— En su caso, certificado del ensayo de doblado-desdoblado.
— En su caso, certificado del ensayo de doblado simple.

Para los aceros soldables de especial ductilidad, certificados de los ensayos de fatiga y de deformación alternativa.

Cuando el fabricante garantice las características de adherencia mediante el ensayo de la viga contemplado en el apartado 33.2 de esta instrucción, presentará un certificado de homologación de adherencia, en el que constará, al menos:

— Marca comercial del acero.
— Forma de suministro: barra o rollo.
— Límites admisibles de variación de las características geométricas de los resaltos.

1.2.8. Acero para armaduras activas

Se entregará la documentación exigida en el marcado CE, si lo tuviere. En la figura se recoge un ejemplo de modelo de etiqueta para el marcado.

01234

AnyCo Ltd, PO Box 21, B-1050

06

01234-CPD-00234

EN 10138-1

wire, intended to be used for the prestressing of concrete

Force ratio - 0,9

Tensile yield strength - 1 770 MPa

Elongation at maximum force - 3,5%

Relaxation - ≤ 2,5%

Sections and tolerances on sizes - 19,6 mm^2 ± 2%

Surface geometry - Indented type 1

Modulus of elasticity - 205 GPa

Corrosion resistance Class C1 - Pass

Hasta la entrada en vigor del marcado CE, se adjuntará un certificado de ensayo que garantice el cumplimiento de todas las especificaciones referidas en el artículo 34 de esta Instrucción. En la documentación, además, constará:

— Nombre del laboratorio.

En el caso de que no se trate de un laboratorio público de los contemplados en el apartado 78.2.2.1, declaración del laboratorio de estar acreditado conforme a la UNE-EN ISO/IEC 17025 para el ensayo referido.

— Fecha de emisión del certificado.
— Certificado del ensayo de tracción.
— En su caso, certificado del ensayo de doblado-desdoblado.
— En su caso, certificado del ensayo de doblado simple.
— En su caso, certificado del ensayo de tracción desviada.

1.2.9. Armaduras pasivas

En el caso de mallas electrosoldadas y armaduras básicas electrosoldadas en celosía, se entregará la documentación exigida en el marcado CE, a partir de su fecha de entrada en vigor.

Antes de la referida entrada en vigor, se adjuntará un certificado de garantía del fabricante firmado por persona física con representación suficiente y que abarque todas las características contempladas en esta Instrucción.

En el caso de armaduras elaboradas según proyecto, se adjuntará un certificado de garantía que contemple el cumplimiento de todas las especificaciones incluidas al respecto en esta Instrucción, al que se adjuntará un certificado de resultados de ensayos. En la documentación, además, constará:

— Nombre del laboratorio que ha efectuado los ensayos.

En el caso de que no se trate de un laboratorio público de los contemplados en el apartado 78.2.2.1, declaración del laboratorio de estar acreditado conforme a la UNE-EN ISO/IEC 17025 para el ensayo referido.

— Fecha de emisión del certificado.
— En su caso, certificado del ensayo de despegue de nudos.
— En su caso, certificado de los ensayos de doblado-desdoblado y doblado simple.
— En su caso, certificado de cualificación del personal que realiza la soldadura no resistente.
— En su caso, certificado de homologación de soldadores y del proceso de soldadura.

Asimismo, se entregará copia de documentación relativa al acero para armaduras pasivas de acuerdo con el apartado 1.2.7 de este anejo.

1.2.10. Sistemas de pretensado

Se entregará la documentación exigida en el marcado CE. No existe un modelo de etiquetado al que tenga que ajustarse el Suministrador del pretensado, al realizarse mediante un documento de idoneidad técnica europeo específico para cada uno. Cada Suministrador podrá elegir el modelo de etiqueta que considere conveniente, aunque deberá aportar la siguiente información:

Las letras CE deberán ir seguidas del número de identificación del organismo de certificación:

— Nombre y dirección registrada del suministrador.
— Identificación del producto.
— Los dos últimos dígitos del año en que se fijó el marcado.
— Número del certificado de conformidad CE para el producto.

— Número del documento de idoneidad técnica.
— Número de la guía del documento de idoneidad técnica (ETAG 013).

Especificaciones del acero:

— Tipo: barra, alambre o cordón.
— Carga unitaria máxima.
— Sección transversal nominal.
— Relajación a las 1.000 horas para una tensión inicial igual al 70% de la carga máxima unitaria garantizada.
— Módulo de elasticidad.

Especificaciones de los tendones:

— Tipo.
— Protección para la corrosión.
— Especificaciones para los anclajes.
— Peso del tendón.
— Carga máxima unitaria.
— Coeficiente de rozamiento en curva (μ).
— Coeficiente de rozamiento parásito (k).
— Radio mínimo de curvatura
— Diámetro interior y exterior de la vaina y espesor.
— Separación máxima entre apoyos de la vaina.

Especificaciones de los anclajes:

— Tipo de anclaje.
— Mínima separación entre centros de gravedad, con indicación de la resistencia media del hormigón.
— Mínima separación entre placas, con indicación de la resistencia media del hormigón.
— Penetración de cuña.

1.2.11. Elementos prefabricados

En su caso, se entregará la documentación exigida en el marcado CE. En el caso de aquellos elementos prefabricados que declaren que han empleado los materiales especificados en el plano de la fabricación de acuerdo con el proyecto, así como que han sido elaborados conforme a un procedimiento según el cual el proceso de fabricación cumple con las especificaciones del plano de fabricación de acuerdo con el proyecto (método 3 de los contemplados en el ámbito de la Directiva 89/106/CEE), el marcado CE incluirá la siguiente información:

— Propiedades de los materiales empleados.
— Datos geométricos del elemento: dimensiones, secciones y tolerancias.
— Plan de control de calidad del proceso de fabricación.

Para aquellos elementos prefabricados que declaren el cumplimiento de los requisitos esenciales mediante la indicación de los datos geométricos del componente y de las propiedades de los materiales y productos constituyentes utilizados (método 1) deberán incluir en el marcado CE la siguiente información:

— Datos geométricos del elemento: dimensiones, secciones y tolerancias.
— Propiedades de los materiales y productos utilizados que sean necesarias tanto para el cálculo de la capacidad portante como para el resto de propiedades relevantes del elemento: durabilidad, funcionalidad, etc.
— Para aquellos elementos cuyas propiedades se determinen por medio de los Eurocódigos (método 2), el marcado CE incluirá la siguiente información.

— Valores característicos de la resistencia y otras propiedades de la sección transversal que permitan calcular la capacidad portante y el resto de propiedades relevantes del elemento.
— Valores de cálculo de las propiedades del elemento. Para su obtención se considerarán los Parámetros de Determinación Nacional y en el caso de que los Anejos Nacionales no hubiesen sido elaborados, los recomendados en los Eurocódigos.

Para el resto de los productos para los que no esté en vigor el marcado CE, se adjuntará el certificado de ensayo que garantice el cumplimiento de todas las especificaciones que respecto a las armaduras pasivas, las armaduras activas y el hormigón se recogen en esta Instrucción. En la documentación, además, constará:

— Nombre del laboratorio.
— En el caso de que no se trate de un laboratorio público de los contemplados en el apartado 78.2.2.1, declaración del laboratorio de estar acreditado conforme a la UNE-EN ISO/IEC 17025 para el ensayo referido.
— Fecha de emisión del certificado.
— Certificado de dosificación referido en el Anejo 27 de esta instrucción.
— En su caso, certificado de los ensayos que sean de aplicación de los contemplados en el Anejo 22: resistencia a compresión y profundidad de penetración de agua.
— En su caso, certificado de cualificación del personal que realiza la soldadura no resistente.
— En su caso, certificado de homologación de soldadores y del proceso de soldadura.

Previo al suministro se entregará la siguiente documentación relativa a los suministradores de los materiales empleados en la elaboración de las armaduras pasivas:

— Documentación correspondiente al marcado CE o, en su caso, certificados de los ensayos que garanticen el cumplimiento de las especificaciones referidas en esta Instrucción.
— En su caso, declaraciones de estar en posesión de un distintivo de calidad oficialmente reconocido.
— En su caso, certificado del ensayo de adherencia.

2. Documentación durante el suministro

Con la entrega de cualquier material o producto, el suministrador proporcionará una hoja de suministro en la que se recogerá, como mínimo, la información que a continuación se detalla de forma específica para cada uno de ellos.

2.1. Áridos

— Identificación del suministrador.
— Número del certificado de marcado CE, o en su caso, indicación de autoconsumo.
— Número de serie de la hoja de suministro.
— Nombre de la cantera.
— Identificación del peticionario.
— Fecha de entrega.
— Cantidad de árido suministrado.
— Designación del árido según se especifica en el apartado 28.2 de esta Instrucción.
— Identificación del lugar de suministro.

2.2. Aditivos

— Identificación del suministrador.
— Número del certificado de marcado CE.

— Número de serie de la hoja de suministro.
— Identificación del peticionario.
— Fecha de entrega.
— Cantidad suministrada.
— Designación del aditivo según se especifica en el apartado 29.2 de esta Instrucción.
— Identificación del lugar de suministro.

2.3. Adiciones

— Identificación del suministrador.
— Número del certificado de marcado CE, para las cenizas volantes.
— Identificación de la instalación de procedencia (central térmica o alto horno) para las cenizas volantes o escorias.
— Número de serie de la hoja de suministro.
— Identificación del peticionario.
— Fecha de entrega.
— Designación de la adición según se especifica en el artículo 30 de esta Instrucción.
— Cantidad suministrada.
— Identificación del lugar de suministro.

2.4. Hormigón

— Identificación del suministrador.
— Número de serie de la hoja de suministro.
— Nombre de la central de hormigón.
— Identificación del peticionario.
— Fecha y hora de entrega.
— Cantidad de hormigón suministrado.
— Designación del hormigón según se especifica en el apartado 29.2 de esta Instrucción, debiendo contener siempre la resistencia a compresión, la consistencia, el tamaño máximo del árido y el tipo de ambiente al que va a ser expuesto.
— Dosificación real del hormigón que incluirá, al menos,

  • tipo y contenido de cemento,
  • relación agua/cemento,
  • contenido en adiciones, en su caso,
  • tipo y cantidad de aditivos.

— Identificación del cemento, aditivos y adiciones empleados.
— Identificación del lugar de suministro.
— Identificación del camión que transporta el hormigón.
— Hora límite de uso del hormigón.

2.5. Acero para armaduras pasivas

— Identificación del suministrador.
— Número del certificado de marcado CE, o en su caso, indicación de autoconsumo.
— Número de identificación de certificación de homologación de adherencia, en su caso, contemplado en el apartado 32.2 de esta instrucción.
— Número de serie de la hoja de suministro.
— Nombre de la fábrica.
— Identificación del peticionario.
— Fecha de entrega.

— Cantidad de acero suministrado clasificados por diámetros y tipos de acero.
— Diámetros suministrados.
— Designación de los tipos de aceros suministrados.
— Forma de suministro (barra o rollo).
— Identificación del lugar de suministro.

2.6. Acero para armaduras activas

— Identificación del suministrador.
— Número del certificado de marcado CE (a partir de la fecha de entrada en vigor).
— Número de serie de la hoja de suministro.
— Nombre de la fábrica.
— Identificación del peticionario.
— Fecha de entrega.
— Cantidad de acero suministrado clasificado por tipos.
— Diámetros suministrados.
— Designación del alambre, barra o cordón.
— Identificación del lugar de suministro.

2.7. Armaduras pasivas

— Identificación del suministrador.
— Número del certificado de marcado CE, o en su caso, indicación de autoconsumo.
— Número de serie de la hoja de suministro.
— Nombre de la instalación de ferralla.
— Identificación del peticionario.
— Fecha y hora de entrega.
— Identificación del acero utilizado.
— Identificación de la armadura.
— Identificación del lugar de suministro.

2.8. Sistemas de pretensado

— Identificación del suministrador.
— Número del certificado de marcado CE (a partir de la fecha de entrada en vigor) o en su caso, indicación de autoconsumo.
— Número de serie de la hoja de suministro.
— Nombre del aplicador.
— Identificación del peticionario.
— Fecha y hora de entrega.
— Identificación de los materiales empleados.
— Designación de los elementos suministrados.
— Cantidad de elementos suministrados clasificados por elementos.
— Identificación del lugar de suministro.

2.9. Elementos prefabricados

— Identificación del suministrador.
— Número del certificado de marcado CE (a partir de la fecha de entrada en vigor) o en su caso, indicación de autoconsumo.
— Número de serie de la hoja de suministro.

— Nombre de la instalación de prefabricación.
— Identificación del peticionario.
— Fecha y hora de entrega.
— Identificación de los materiales empleados.
— Designación de los elementos suministrados.
— Cantidad de elementos suministrados.
— Identificación del lugar de suministro.

3. Documentación tras el suministro

3.1. Certificado de garantía final del suministro

Los suministradores de materiales o productos incluidos en el ámbito de esta Instrucción proporcionarán un certificado final de suministro, en el que se recogerán la totalidad de los materiales o productos suministrados.

El certificado de suministro deberá mantener la necesaria trazabilidad de los materiales o productos certificados.

En el recuadro se adjunta un modelo con la información mínima que deberá contener el certificado de suministro.

CERTIFICADO DE SUMINISTRO

Nombre de la empresa suministradora: ....
Nombre y cargo del responsable del suministro: ....
Dirección: ....
Identificación del declarante (nombre, domicilio, teléfono/fax, documento de identificación
CIF/NIF/Pasaporte)

Certifico
Que la empresa ....
Identificación del declarante (nombre, domicilio, teléfono/fax, documento de identificación
CIF/NIF/Pasaporte)
ha entregado en .... los suministros que a
Lugar de recepción del material o producto
continuación se detallan:

....
....
Fecha   *N.º albarán*   *Identificación del producto o material*   *Cantidad*

Durante el periodo transcurrido entre la declaración de estar en posesión de un distintivo de calidad reconocido oficialmente y el último suministro, no se ha producido ni suspensión, ni retirada del citado distintivo. *(En el caso de que fuese aplicable)*

Declaro bajo mi responsabilidad la conformidad del suministro arriba detallado con las disposiciones establecidas en la Instrucción de Hormigón Estructural (EHE-08) aprobada mediante Real Decreto 1247/2008 de 18 de julio.

Lugar, fecha y firma.

En el caso de haberse suministrado hormigones con cemento SR, y con el fin de garantizar la trazabilidad de los mismos, el Suministrador de hormigón adjuntará al certificado de suministro anteriormente definido, una copia de los albaranes o del certificado de entrega de dicho cemento en la central suministradora de hormigón, correspondientes al periodo de suministro del homigón.

4. Acta de toma de muestras

El acta de toma de muestras que se realice a los materiales o productos amparados por esta Instrucción tendrá como mínimo la siguiente información:

— Identificación del producto.
— Fecha, hora y lugar de la toma de muestras.
— Identificación y firma de los responsables presentes en la toma.
— Identificación del material o producto del que se extraigan las muestras o probetas, según lo establecido en esta Instrucción.
— Número de muestras obtenidas.
— Tamaño de las muestras.
— Código de las muestras.

anejo 22

Ensayos previos y característicos del hormigón

1. Ensayos previos

Este tipo de ensayos no serán necesarios, salvo en aquellos casos en los que no haya experiencia previa que pueda justificarse documentalmente del empleo de hormigones con los materiales, dosificación y proceso de ejecución que estuvieran previstos en la obra concreta.

El objetivo de los ensayos previos es demostrar mediante ensayos, que se efectuarán sobre hormigones fabricados en laboratorio, que con los materiales, dosificación y proceso de ejecución previstos es posible conseguir un hormigón que posea las condiciones de resistencia y durabilidad que se le exigen en el proyecto.

Para su realización se fabricarán, al menos, cuatro series de probetas procedentes de amasadas distintas, de dos probetas cada una para su ensayo a 28 días de edad, por cada dosificación que se desee emplear en la obra, y operando de acuerdo a los métodos para la fabricación de probetas y para la realización de los ensayos de resistencia y de durabilidad recogidos en esta Instrucción.

En el caso de la resistencia a compresión, se deducirá a partir de los valores así obtenidos un valor de la resistencia media en el laboratorio f_{cm}, que deberá ser lo suficientemente grande como para que sea razonable esperar que, con la dispersión que introduce los procesos de fabricación previstos para su empleo en la obra, la resistencia característica real en obra sea superior, con un margen suficiente, al valor de la resistencia característica especificada en el proyecto.

Los ensayos previos aportan información para estimar el valor medio de la propiedad estudiada pero son insuficientes para establecer la distribución estadística que sigue el hormigón de la obra. Dado que las especificaciones de esta Instrucción, o las adicionales recogidas en el proyecto, no se refieren generalmente a valores medios, como es el caso de la resistencia, es necesario adoptar una serie de hipótesis que permitan tomar decisiones sobre la validez o no de las dosificaciones ensayadas.

Generalmente, se puede admitir una distribución de tipo gaussiano, con una desviación típica poblacional o coeficiente de variación que debe ser función de los datos conocidos del control de producción de la instalación en la que se vaya a fabricar el hormigón. Obviando la variación que existe entre las poblaciones de hormigón de laboratorio y las fabricadas realmente para la obra, en el caso de la resistencia, puede exigirse al menos que

$$\bar{x}_n \geqslant f_{ck} + 2\sigma$$

donde $\bar{x}_n$ es la resistencia media de la muestra obtenida de los ensayos y f_{ck} es la resistencia característica especificada en el proyecto.

La desviación típica σ es un dato básico para poder realizar este tipo de estimaciones. Cuando no se conozca su valor correspondiente a la instalación de fabricación que vaya a emplearse, puede suponerse en una primera aproximación que:

$$\sigma = 4 \text{ N/mm}^2$$

La fórmula anterior se corresponde con unas condiciones medias de dosificación en peso, con almacenamiento separado y diferenciado de todos los materiales componentes y corrección de la cantidad de agua por la humedad incorporada a los áridos donde, además, las básculas y los elementos de medida se comprueban periódicamente y existe un control (de recepción o en origen) de las materias primas.

La información suministrada por los ensayos previos de laboratorio es muy importante para la buena marcha posterior de los trabajos, por lo que conviene que los conozca la Dirección facultativa. En particular, la confección de mayor número de probetas a edades inferiores a los 28 días puede resultar muy útil.

2. Ensayos característicos de resistencia

Este tipo de ensayos no serán necesarios, salvo que no pueda justificarse documentalmente el empleo previo en otros casos, de hormigones con los materiales, dosificación y procesos de ejecución como los que están previstos para la obra. Tienen por objeto comprobar, antes del comienzo del suministro, que las características del hormigón que se va a colocar en la obra no son inferiores a las previstas en el proyecto.

Los ensayos se llevarán a cabo a los 28 días de edad sobre probetas procedentes de seis amasadas diferentes, para cada tipo de hormigón que vaya a emplearse en la obra. Se enmoldarán dos probetas por amasada, que se fabricarán, conservarán y ensayarán de acuerdo con los métodos indicados en esta Instrucción.

Para la resistencia a compresión, se calculará el valor medio correspondiente a cada amasada a partir de los resultados individuales de rotura, lo que permite obtener una serie de seis resultados medios:

$$x_1 \leqslant x_2 \leqslant \cdots \leqslant x_6$$

La Dirección facultativa aceptará la dosificación y el proceso de ejecución correspondiente, a los efectos de resistencia, cuando se cumpla que:

$$\bar{x}_6 - 0{,}8 \cdot (x_6 - x_1) \geqslant f_{ck}$$

En caso contrario, no se producirá la aceptación, debiendo el responsable de la central introducir las oportunas correcciones hasta que se logre cumplir las anteriores condiciones. Mientras tanto, se retrasará el comienzo del suministro del hormigón hasta que, como consecuencia de nuevos ensayos característicos, se llegue al establecimiento de una dosificación y un proceso de fabricación aceptable.

Puede resultar útil ensayar varias dosificaciones iniciales, pues si se prepara una sola y no se alcanza con ella el comportamiento adecuado, hay que comenzar de nuevo el proceso, con el consiguiente retraso para la obra.

3. Ensayos característicos de dosificación

Estos ensayos tienen por objeto comprobar, previamente al inicio del suministro del hormigón, que las dosificaciones a emplear son conformes con los criterios de durabilidad establecidos en esta Instrucción. En el caso de que se efectúen también ensayos característicos de resistencia, podrán efectuarse simultáneamente con éstos.

Se realizarán series independientes de ensayos para cada uno de los tipos de hormigón cuyo empleo esté previsto en la obra, al objeto de caracterizar sus respectivas dosificaciones. Dichos ensayos serán, al menos, los de resistencia a compresión y los de determinación de la profundidad de penetración de agua bajo presión. Asimismo, el Pliego de prescripciones técnicas particulares del proyecto o la Dirección facultativa podrán disponer la realización de otros ensayos para la determinación de características adicionales como, por ejemplo, la determinación de la velocidad de carbonatación o del coeficiente de difusión de iones cloruro cuando el proyecto incluya una estimación de la vida útil de la estructura, según el Anejo 9 de esta Instrucción.

Previamente al inicio del suministro, se procederá a la realización de tres series de cuatro probetas, procedentes de tres amasadas fabricadas en la central con la misma dosificación que se vaya a emplear en la obra. De cada serie, dos probetas se destinarán al ensayo de resistencia y otras dos al ensayo de profundidad de penetración de agua. La toma de muestras deberá realizarse en la misma instalación en la que va a fabricarse el hormigón durante la obra. La selección del momento para realizar la citada operación, así como la del laboratorio encargado de la fabricación, conservación y ensayo de estas probetas deberán ser previamente acordadas por el responsable de la recepción del hormigón, el suministrador del mismo y, en su caso, el constructor o el prefabricador.

Los ensayos se realizarán conforme a lo establecido en el apartado 86.3 de esta Instrucción. Se elaborará un informe con los resultados obtenidos, tanto en los ensayos de resistencia como en los de determinación de la profundidad penetración de agua. Se indicará también la dosificación real empleada en el hormigón ensayado, así como la identificación de sus materias primas.

Los valores medios de los resultados de los ensayos de profundidad de penetración de agua obtenidos para cada serie, se ordenarán de acuerdo con el siguiente criterio:

— las profundidades máximas de penetración: $Z_1 \leqslant Z_2 \leqslant Z_3$
— las profundidades medias de penetración: $T_1 \leqslant T_2 \leqslant T_3$

Para su aceptación, el hormigón ensayado deberá cumplir simultáneamente las siguientes condiciones:

Clase de exposición ambiental	Especificaciones para las profundidades máximas	Especificaciones para las profundidades medias
IIIc, Qc, Qb (sólo en el caso de elementos pretensados)	$Z_m = \dfrac{Z_1 + Z_2 + Z_3}{3} \leqslant 30 \text{ mm}$ $Z_3 \leqslant 40 \text{ mm}$	$T_m = \dfrac{T_1 + T_2 + T_3}{3} \leqslant 20 \text{ mm}$ $T_3 \leqslant 27 \text{ mm}$
IIIa, IIIb, IV, Qa, E, H, F, Qb (en el caso de elementos en masa o armados)	$Z_m = \dfrac{Z_1 + Z_2 + Z_3}{3} \leqslant 50 \text{ mm}$ $Z_3 \leqslant 65 \text{ mm}$	$T_m = \dfrac{T_1 + T_2 + T_3}{3} \leqslant 30 \text{ mm}$ $T_3 \leqslant 40 \text{ mm}$
I, IIa, IIb (sin clase específica)	No requiere esta comprobación	No requiere esta comprobación

A partir de los valores obtenidos en los ensayos de resistencia a compresión, se determinarán los resultados medios para cada serie,

$$x_1 \leqslant x_2 \leqslant x_3 \dots$$

La resistencia característica mínima compatible con los criterios de durabilidad se definirá aplicando una de las siguientes expresiones:

— en el caso de que se realicen simultáneamente ensayos característicos de resistencia, con seis series de probetas:

$$f_{c,dosif} = \bar{x}_6 - 0{,}80 \cdot (x_6 - x_1)$$

— en otro caso, con tres series de probetas:

$$f_{c,dosif} = \bar{x}_3 - 1{,}35 \cdot (x_3 - x_1)$$

donde $\bar{x}_i$ es la resistencia media de un número «i» de series ensayadas.

La Dirección Facultativa podrá aceptar el inicio del suministro del hormigón cuando se cumplan, simultáneamente, las siguientes condiciones:

— el valor de $f_{c,dosif}$ no es inferior al valor correspondiente de la Tabla 37.3.2.b,
— el valor de $f_{c,dosif}$ no es inferior al valor de f_{ck} establecido en el proyecto.

La Dirección facultativa aceptará el inicio del suministro del hormigón si el valor de $f_{c,dosif}$ no es inferior al valor de f_{ck} establecido en el proyecto, ni es inferior en más de 5 N/mm^2 respecto a la establecida en la Tabla 37.3.2.b.

La Dirección facultativa podrá cambiar la especificación del hormigón pedido si el valor de $f_{c,dosif}$ se corresponde con una tipificación de resistencia, de la serie recomendada en 39.2, superior a la especificada en proyecto. El control de recepción de la resistencia, consecuentemente, se realizará conforme a la nueva especificación.

El laboratorio que ha efectuado los ensayos elaborará un certificado de la dosificación en el que constarán, al menos, los siguientes datos:

— acreditación del laboratorio,
— identificación de la central,
— designación tipificada del hormigón,
— en su caso, distintivo de calidad que posea el hormigón y referencia completa de la disposición por la que se ha efectuado su reconocimiento oficial,
— dosificación real del hormigón ensayado, incluida la identificación completa de las materias primas empleadas,
— resultados individuales de la resistencia a compresión obtenidos en los ensayos y valor calculado para $f_{c,dosif}$,
— resultados de la profundidad de penetración de agua obtenidos en los ensayos, en su caso, mención explícita de la conformidad del hormigón ensayado con las exigencias de este artículo,
— fecha de realización de los ensayos y período de validez del certificado, que no podrá ser superior a los seis meses desde aquélla.

anejo 23

Procedimiento de preparación por enderezado de muestras de acero procedentes de rollo, para su caracterización mecánica

1. Introducción

Este anejo tiene por objeto establecer las condiciones en las que debe realizarse la preparación y enderezado de muestras extraídas de suministros de acero corrugado en rollo que deberá realizarse antes de cualquiera de los ensayos de caracterización mecánica establecidos en esta Instrucción.

2. Toma de muestras

Las muestras se extraerán directamente de rollos terminados, en condiciones de suministro. Se procederá para ello a extraer del rollo espiras completas.

Para cada toma de muestras, se obtendrá un total de tres espiras procedentes de cada rollo que sea objeto de control. De cada espira, se obtendrán dos muestras iguales, consistentes en medias espiras.

De cada espira, una de las muestras (media espira) se empleará para los ensayos en el laboratorio de control y la otra, debidamente identificada mediante los correspondientes precintos, quedarán bajo la custodia del responsable de la instalación en la que se efectúe la toma de muestras (instalación siderúrgica, taller de ferralla, obra, etc.) donde se almacenarán, sin deformar ni manipular, por si fueran precisas como muestras de contraensayo durante el plazo de un mes desde la fecha de su toma de muestras.

3. Equipo para la preparación de las muestras por enderezado

Las muestras extraídas del rollo se someterán a un proceso de enderezado mediante una máquina adecuada, que presente un total de ocho rodillos del mismo diámetro (cuatro tractores para arrastrar el acero y otros cuatro libres), capaces de poder ser desplazados verticalmente para ajustarse al eje de la barra y con una disposición al tresbolillo similar a la de la Figura A.23.1. El diámetro de los rodillos y la separación entre los mismos, será el indicado en la Tabla A.23.1.

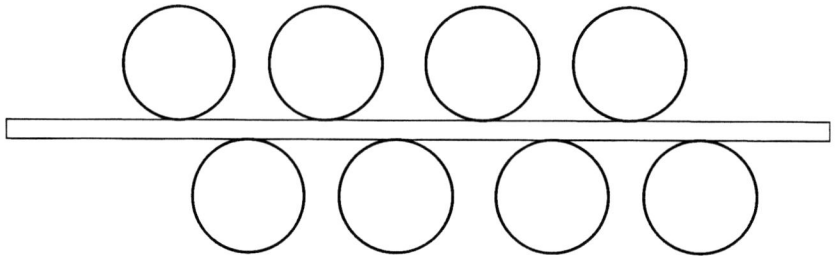

Figura A.23.1

Tabla A.23.1.

Tipo de rodillo	Características geométricas			
	Diámetro rodillo (mm)		Separación horizontal entre rodillos (mm)	
	$\varnothing \leqslant 12$	$\varnothing > 12$	$\varnothing \leqslant 12$	$\varnothing > 12$
Tractor o libre	$140 \pm 2\%$	$180 \pm 2\%$	$175 \pm 2\%$	$330 \pm 2\%$

La enderezadora deberá tener un registro continuo de las condiciones en las que efectúa el enderezado (posición de rodillos, velocidad de enderezado, etc.).

4. Procedimiento de preparación de las muestras por enderezado

Una vez enderezada la muestra, se eliminarán 35 cm de cada extremo de la misma.

A continuación, se comprobará la eficacia del enderezado, procediéndose a rechazar cualquier semiespira enderezada que, una vez eliminados los extremos, tenga una desviación respecto a la alineación recta superior a 5 mm/m. A continuación, se podrá proceder al corte de las probetas para su posterior ensayo de caracterización mecánica, de acuerdo con lo indicado en el articulado de esta Instrucción.

anejo 24

Recomendaciones relativas a elementos auxiliares de obra para la construcción de puentes de hormigón

1. Alcance

En la construcción de puentes, es habitual el empleo de estructuras y elementos auxiliares como medio para facilitar y llevar a cabo su proceso constructivo, y que éste pueda desarrollarse, tanto desde un punto de vista técnico como económico, de la manera más eficaz posible.

Las estructuras y elementos auxiliares utilizados en la construcción de puentes son muy diversas, pudiendo presentar distintas características en función de los sistemas de ejecución y la singularidad de las obras.

Adicionalmente, las técnicas constructivas se ven sometidas a una continua evolución y actualización, incorporando nuevos avances tecnológicos con objeto de mejorar los procesos constructivos, y para cuya aplicación puede requerirse el diseño y construcción de elementos auxiliares específicos.

La diversidad de estructuras y medios auxiliares existentes, y aquéllos otros que pudieran emplearse en un futuro, hace necesario establecer un conjunto de recomendaciones complementarias con la finalidad de facilitar y unificar, en lo posible, lo concerniente a su proyecto, utilización, montaje, operaciones y desmontaje de dichos elementos auxiliares para su utilización en la construcción de puentes.

Este anejo tiene por objeto establecer unas recomendaciones con la finalidad citada, y dirigidas prioritariamente a la mejora continua de la seguridad en las obras.

2. Clasificación de elementos auxiliares utilizados en la construcción de puentes

A los efectos de la aplicación de este anejo, las estructuras y elementos auxiliares para la construcción de puentes pueden clasificarse en:

— elementos auxiliares tipo 1: cimbras cuajadas, cimbras porticadas, encofrados trepantes para pilas, grúas torre, medios de elevación para acceder a pilas y tablero, torres de apoyo y apeo, y,

— elementos auxiliares tipo 2: cimbras móviles, vigas lanzadoras, carros encofrantes para voladizos, carros de avance en voladizo, pescantes, dispositivos y medios para empujes de tableros.

3. Proyecto de medios auxiliares

En cualquier tipo de medio auxiliar que se utilice en la construcción de un puente, el contratista adjudicatario de la obra deberá redactar un proyecto específico completo para su utilización, que será visado por el Colegio Profesional correspondiente. En un anejo a dicho proyecto se incluirán, al menos, los siguientes documentos:

— para elementos auxiliares tipo 1: memoria de cálculo; planos de definición de todos los elementos y manual con los procedimientos de primer montaje, y

— para elementos auxiliares tipo 2, además, de los documentos antes citados, habrá que añadir un manual de movimiento, en el caso de elementos móviles, de operaciones de hormigonado, en su caso, y de desmontaje; estudio cinemático y requisitos técnicos exigidos a los materiales componentes, así como el procedimiento para el control de recepción.

Todos estos documentos deberán estar firmados por un técnico competente, con probados conocimientos en puentes y los elementos auxiliares de construcción de éstos.

Además, en aquellos casos en que los equipos auxiliares se apoyen o modifiquen la estructura del elemento que se construye, el contratista solicitará a la Dirección Facultativa de las obras, previamente a su utilización, un informe suscrito por el autor del proyecto de construcción del elemento en el que se compruebe que éste soporta las cargas que le transmite el medio auxiliar en las mismas condiciones de calidad y seguridad previstas en el mencionado proyecto.

4. Cumplimiento de la reglamentación vigente

Todos los equipos auxiliares empleados en construcción de puentes, y sus elementos componentes, así como los preceptivos proyectos para su utilización, deberán cumplir con la reglamentación específica vigente tanto en España como en la Unión Europea y ostentar el marcado CE, en aquellos casos en que sean de aplicación.

5. Montaje, funcionamiento y desmontaje de elementos auxiliares

Durante las fases de montaje, funcionamiento, traslado y desmontaje de cualquier elemento auxiliar de la construcción de puentes, todas las operaciones relativas a dichas fases deberán estar supervisadas y coordinadas por técnicos con la cualificación académica y profesional suficiente, que deberán estar adscritos a la empresa propietaria del elemento auxiliar y a pie de obra, con dedicación permanente y exclusiva a cada elemento auxiliar, y que deberán comprobar, además, que dichos elementos cumplen las especificaciones del proyecto, tanto en su construcción como en su funcionamiento. En el caso de elementos auxiliares tipo 2, cada técnico tendrá dedicación permanente y exclusiva a cada elemento auxiliar.

Además, después del montaje de la estructura o del elemento auxiliar, y antes de su puesta en carga, se emitirá un certificado por técnico competente de la empresa propietaria del elemento auxiliar, en el que conste que el montaje realizado es correcto y está conforme a proyecto y normas. Dicho certificado deberá contar con la aprobación del contratista en el caso de que no coincida con la empresa propietaria del elemento auxiliar. Copia del certificado correspondiente se remitirá a la Dirección Facultativa de las obras designada por el promotor.

El jefe de obra de la empresa contratista se responsabilizará de que la utilización del medio auxiliar, durante la ejecución de la obra, se haga conforme a lo indicado en el Proyecto y en sus correspondientes manuales y establecerá los volúmenes y rendimientos que se puedan alcanzar en cada unidad, acordes con las características del elemento auxiliar de forma que en todo momento estén garantizadas las condiciones de seguridad previstas en el proyecto.

6. Reutilización de elementos auxiliares

En el caso de elementos auxiliares tipo 2, no se podrán utilizar elementos auxiliares móviles provenientes de otras obras realizadas, que cuenten tan sólo con estudios de adecuación. Se podrán utilizar sus elementos componentes, siempre que el proyecto específico mencionado en el artículo 3 de esta anejo los incluya.